中 国 国 家 标 准 汇 编

381

GB 21828～21866

（2008 年制定）

中国标准出版社　编

中 国 标 准 出 版 社

北　京

图书在版编目（CIP）数据

中国国家标准汇编：2008年制定．381：GB 21828～21866/中国标准出版社编．—北京：中国标准出版社，2009

ISBN 978-7-5066-5326-8

Ⅰ．中… Ⅱ．中… Ⅲ．国家标准-汇编-中国-2008 Ⅳ．T-652.1

中国版本图书馆CIP数据核字（2009）第082095号

中国标准出版社出版发行
北京复兴门外三里河北街16号
邮政编码：100045
网址 www.spc.net.cn
电话：68523946 68517548
中国标准出版社秦皇岛印刷厂印刷
各地新华书店经销
*
开本 880×1230 1/16 印张 40.25 字数 1 195 千字
2009年6月第一版 2009年6月第一次印刷
*
定价 200.00 元

ISBN 978-7-5066-5326-8

9 787506 653268 >

出 版 说 明

1.《中国国家标准汇编》是一部大型综合性国家标准全集。自 1983 年起，按国家标准顺序号以精装本、平装本两种装帧形式陆续分册汇编出版。它在一定程度上反映了我国建国以来标准化事业发展的基本情况和主要成就，是各级标准化管理机构，工矿企事业单位，农林牧副渔系统，科研、设计、教学等部门必不可少的工具书。

2.《中国国家标准汇编》收入我国每年正式发布的全部国家标准，分为“制定”卷和“修订”卷两种编辑版本。

“制定”卷收入上一年度我国发布的、新制定的国家标准，顺延前年度标准编号分成若干分册，封面和书脊上注明“20××年制定”字样及分册号，分册号一直连续。各分册中的标准是按照标准编号顺序连续排列的，如有标准顺序号缺号的，除特殊情况注明外，暂为空号。

“修订”卷收入上一年度我国发布的、被修订的国家标准，视篇幅分设若干分册，但与“制定”卷分册号无关联，仅在封面和书脊上注明“20××年修订-1,-2,-3,……”字样。“修订”卷各分册中的标准，仍按标准编号顺序排列(但不连续)；如有遗漏的，均在当年最后一分册中补齐。需提请读者注意的是，个别非顺延前年度标准编号的新制定的国家标准没有收入在“制定”卷中，而是收入在“修订”卷中。

读者配套购买《中国国家标准汇编》“制定”卷和“修订”卷则可收齐上一年度我国制定和修订的全部国家标准。

3. 由于读者需求的变化，自 1996 年起，《中国国家标准汇编》仅出版精装本。

4. 2008 年我国制修订国家标准共 5946 项。本分册为“2008 年制定”卷第 381 分册，收入国家标准 GB 21828～21866 的最新版本。

中国标准出版社

2009 年 5 月

目　　录

ICS 13.300;13.020.40
A 80

GB

中华人民共和国国家标准

GB/T 21828—2008

化学品　大型溞繁殖试验

Chemicals—*Daphnia magna* reproduction test

2008-05-12 发布　　　　2008-09-01 实施

中华人民共和国国家质量监督检验检疫总局
中国国家标准化管理委员会　发布

前　言

本标准等同采用经济合作与发展组织(OECD)化学品测试导则 No.211(1998 年)《大型溞繁殖试验》(英文版)。

本标准做了下列编辑性修改：

——将术语和定义从原文的附录调整为正文内容；

——将计量单位改为我国法定计量单位。

本标准的附录 A 为规范性附录，附录 B、附录 C、附录 D、附录 E 为资料性附录。

本标准由全国危险化学品管理标准化技术委员会(SAC/TC 251)提出并归口。

本标准负责起草单位：环境保护部化学品登记中心。

本标准参加起草单位：沈阳化工研究院安全评价中心、环境保护部南京环境科学研究所、上海市检测中心。

本标准主要起草人：沈英娃、菅小东、周红、蔡磊明、赵玉艳、周军英、李康。

化学品　大型溞繁殖试验

1　范围

本标准规定了大型溞繁殖试验的原理、仪器和设备、试验准备、试验程序、质量保证与质量控制、数据与报告。

本标准适用于测试与评价可能暴露于水生生态环境的化学品对大型溞繁殖的影响。

2　术语和定义

下列术语和定义适用于本标准。

2.1

亲溞　parent animals

试验开始时用于繁殖的雌溞。

2.2

幼溞　offspring

试验期间亲溞所产的溞。

2.3

死亡　mortality

溞体不动，即不能游动，或轻晃试验容器，15 s 内溞的附肢或后腹部也未见活动。

2.4

最低可观察效应浓度　lowest observed effect concentration，LOEC

与对照相比，对受试生物产生显著($P<0.05$)效应的最低受试物浓度。

2.5

无可观察效应浓度　no observed effect concentration，NOEC

试验中直接低于 LOEC 的受试物设置浓度，即与对照相比，对受试生物未产生显著($P<0.05$)效应的最高受试物设置浓度。

2.6

效应浓度　EC_x

引起受试生物繁殖量降低 x%时的受试物浓度。

2.7

内禀增长率　intrinsic rate of increase

理想状态下种群的最大瞬时增长率。稳定状态的种群，内禀增长率为零；增长的种群，内禀增长率为正；衰退的种群，内禀增长率为负。

2.8

检出限　limit of detection

可以检出但不能定量的最低浓度。

2.9

检测限　limit of determination

可定量测定的最低浓度。

3　受试物信息

a)　结构式；

b) 纯度；

c) 水中溶解度；

d) 蒸气压；

e) 在水中和光中的化学稳定性；

f) 在试验条件下的稳定性；

g) 正辛醇-水的分配系数(P_{ow})；

h) 在水溶液中的可靠的定量分析方法、回收率以及检测限；

i) 大型溞急性毒性试验结果；

j) 快速生物降解性试验结果。

4 原理

将溞龄小于 24 h 的幼雌溞(亲溞)暴露于一定浓度范围的受试物溶液中开始试验。试验周期为 21 d。试验结束时，应对每只存活亲溞繁殖的存活幼溞的总数量进行评价(即不包括试验期间死亡的幼溞)。亲溞的繁殖量也可以用其他方式表示，如从产生头胎幼溞开始平均每只亲溞每天产生的存活幼溞数量，不过这些结果应另外计算。通过对暴露于受试物中的亲溞繁殖量与对照比较，确定最低可观察效应浓度(LOEC)和无可观察效应浓度(NOEC)。如可能，利用回归模型估算 EC_x(如 EC_{50}、EC_{20} 或 EC_{10})。

还应记录存活的亲溞数量和产头胎溞的时间。其他参数，如生长情况(体长)和内禀增长率也应研究。

5 参比物

无推荐参比物。

6 仪器和设备

6.1 接触到试验溶液的试验容器和其他设备最好是全玻璃制品或由其他化学惰性材料制成。试验容器通常为烧杯。

需用下列部分或全部仪器设备：

a) 溶解氧测定仪(带有微电极或其他能够测定少量样品的溶解氧浓度的适当装置)；

b) 适当的温度控制设备；

c) pH 计；

d) 测定水硬度的设备；

e) 总有机碳(TOC)测定仪或化学需氧量(COD)测定仪；

f) 控制光照的设备以及测定光照强度的设备等。

7 试验准备

7.1 受试生物

7.1.1 受试生物的选择

受试生物为大型溞(*Daphnia magna* Straus)。无性繁殖系最好用基因型进行鉴定。研究[1]表明，在本标准给定条件下培育，品系 A(来源于法国的 IRCHA)[3]始终满足质量控制要求，即存活亲溞所产幼溞的平均值不少于 60 只。若能满足质量控制要求，也可以使用其他的溞类品系。

7.1.2 受试生物的驯养

试验开始时，试验用溞应是小于 24 h 的非头胎溞。试验用溞应来源于同一个健康的保种培养，即未表现任何受胁迫现象(如死亡率高，出现雄溞和冬卵，初产延迟，体色异常等)。日常培养的条件(光照、温度、培养液、喂食单位体积的动物数量)必须和试验条件一致,如果试验时溞类培养基与日常使用的培养基不同,试验前最好设置驯养期,一般试验用溞应在试验条件下驯养3周(即一代)以避免新培养基对亲溞产生胁迫作用。

7.2 试验条件

7.2.1 试验用水

a) 推荐使用规定的培养基,如 Elendt M4 和 M7 培养基(见附录 A)。若能满足大型溞培养的要求,也可考虑其他培养基[5],[6]。

b) 如果使用的培养基中含有未规定的添加成分,应在报告中详细说明,特别是含有含碳组分。建议测定培养基的总有机碳(TOC)和(或)化学需氧量(COD)。建议培养基(在添加藻类食物之前)中的 TOC 应小于 2 mg/L[7]。

c) 当受试物含有金属时,应特别注意培养基的性质(如硬度、螯合能力)有可能发生改变并改变受试物的毒性效应。建议不使用 Elendt M4 和 M7 培养基,同样含有已知螯合剂的其他培养基也尽量避免用于含有金属物质的测试。可选择替代培养基,如不含有 EDTA 的 ASTM 新鲜重组水[7],并加入海藻提取物[8]。这种 ASTM 新鲜重组水和海藻提取物的混合物也适合大型溞的长期培养和试验[3],尽管海藻中的有机物与金属也有微弱的螯合作用。

d) 试验开始和试验期间溶解氧浓度应大于 3 mg/L。pH 值在 6～9 范围内,在同一个试验中变化不能超过 1.5 个单位。硬度大于 140 mg/L(以 $CaCO_3$ 计)。

7.2.2 试验液

a) 选择的试验液浓度一般由贮备液稀释而成。贮备液最好是将受试物加入到试验用水中配制而成。

b) 应尽量避免使用溶剂、乳化剂或分散剂,尽管有时需要使用这些物质来配制适当浓度的贮备液。常用的溶剂有丙酮、乙醇、甲醇、二甲基甲酰胺和三甘醇。常用的分散剂有聚氧乙烯化脂肪酸甘油酯、0.01%的甲基纤维素甲醚和聚氧乙烯化氢化蓖麻油。有机溶剂或分散剂在溶液中的最大允许浓度不能超过 0.1 mL/L。在此浓度下,上述溶剂和分散剂无毒且不会提高物质的水中溶解度。任何情况下,受试物的浓度不能超过其在试验用水中的溶解度。

8 试验程序

8.1 暴露条件

8.1.1 试验周期

试验周期为 21 d。

8.1.2 负荷

亲溞分开培养,每个容器一只,容器中培养基体积 50 mL～200 mL。

尽管允许合并各平行的溶液进行化学分析,有时为了分析测定受试物浓度,需要增加溶液的体积。如果溶液体积超过 100 mL,需要加大对大型溞的喂食量,并满足喂食标准。对于流水式试验,由于技术原因,试验可以分成 4 个平行,每组 10 只溞,放在一个较大的容器中,如果试验设计有变化应在报告中注明。

8.1.3 受试生物

a) 对于半静态试验,每个试验浓度至少 10 只溞,并单独分开培养,对照组同样处理。

b) 对于流水式试验,40 只溞分成 4 组,每组 10 只比较适宜[1]。也可以减少试验生物至少 20 只平均分成 2 个或 4 个平行。

注意:这样以来,如果亲溞有死亡,就无法计算试验结束时每只存活亲溞的繁殖量。因此,繁殖量应该以试验开始时亲溞总数所产存活幼溞总数表示。

c) 亲溞应被随机分配到各试验容器中,而且此后的操作也都应该按照随机的方式进行。否则会因偏见导致对浓度影响的错误分析。尤其是按处理组或浓度顺序放置时，一些与时间有关的影响因素，如操作者疲劳或其他过失，都会对高浓度组导致更大的影响。此外，如果试验结果可能受初始因素或环境的影响，如在实验室的位置，应考虑结束试验。

8.1.4 喂食

a) 对于半静态试验，最好每天喂食，至少也应每周 3 次(即更换溶液)。否则(如采用流水式试验)应在报告中注明。

b) 试验期间亲溞的食物可用：小球藻(*Chlorella* sp.)、羊角月牙藻(*Selenatrum capricornutum*)[现为 *Pseudokirchneriella subcapitata*[11]]和栅藻(*Scenedesums subspicatus*)。喂食量应以提供给每只亲溞有机碳数量为基础。研究表明，大型溞的喂食量(以碳计)为 0.1 mg～0.2 mg·(溞$^{-1}$·d^{-1})就可以完全满足繁殖试验的要求[12]。喂食量在试验期间可以保持不变，也可以在初期稍低，随着亲溞的生长逐渐增加，但始终应在推荐的范围内，即 0.1 mg～0.2 mg·(溞$^{-1}$·d^{-1})。

c) 如果用替代测定的方法，如藻细胞数量法或光吸收法，来计算喂食率(由于碳含量测定受时间限制，为方便起见，可用这些方法替代)，每个实验室都应单独建立碳含量和藻细胞浓度之间的直线图(见附录 B)。直线图应至少每年校准一次，如果藻类的培养条件发生变化，还应增加校准频率。此外发现光吸收法比藻细胞数量法更适合做替代测定[13]。

d) 应给大型溞喂食经浓缩的藻液，以减少进入试验容器中的藻培养基。浓缩藻液可通过离心获得，然后用蒸馏水、去离子水或溞培养液使其重新悬浮。

8.1.5 光照

每天 16 h 光照，光照强度不超过 1 110 lx～1 480 lx(15 μE·m^{-2}·s^{-1}～20 μE·m^{-2}·s^{-1})。

8.1.6 温度

试验溶液的温度应控制在 18 ℃～22 ℃。同一试验中，温度变化小于或等于 2 ℃(如 18 ℃～20 ℃，19 ℃～21 ℃或 20 ℃～22 ℃)。可以另外加一个试验容器监测温度变化。

8.1.7 曝气

试验期间无须曝气。

8.1.8 试验浓度

a) 应预先知道受试物的毒性(通过急性毒性试验或浓度范围确认试验得知)，以助于选择适当的试验浓度。

b) 正式试验一般包括 5 个浓度，按几何级数排列，浓度的间隔系数不大于 3.2，每个浓度应有适当的平行数量和溞数。如果试验浓度少于 5 个，应在试验报告中给予合理解释。受试物浓度不能超过其在试验溶液中的溶解度。

c) 设置浓度范围时，应注意：

——若旨在获得 LOEC 和(或) NOEC，最低试验浓度组的繁殖量不能显著低于对照组。否则，应降低试验浓度重新试验；最高试验浓度组的繁殖量应显著低于对照组。否则，应提高试验浓度重新试验。

——若旨在获得 EC_x，应有足够多的试验浓度来计算 EC_x 和置信区间。若评估繁殖效应的 EC_{50}，最高浓度应大于 EC_{50}，否则，尽管也可以推测出 EC_{50}，但 EC_{50} 的置信区间将会过宽，很难用合适的模型评价。

——试验浓度范围最好不包括对亲溞的生长产生显著影响的浓度。否则会改变试验的初衷，使统计分析的参数变得复杂。

——当使用溶剂或分散剂来配制试验溶液时，其在最终溶液中的最大允许浓度不能超过 0.1 mL/L，并且在所有试验组中保持一致。

8.1.9 **对照**

a) 应设置空白对照组，若使用溶剂或分散剂，还应增设溶剂或分散剂对照组，溶剂或分散剂的浓度应与含有受试物的容器中的一致。应设适当的平行数。

b) 对照组每个亲溞间的繁殖量的变异系数应小于或等于25%，对于亲溞使用单独培养方式设计的试验来说，应在报告中注明。

8.1.10 **试验培养基更换**

a) 试验培养基的更换频率取决于受试物的稳定性，但至少每周3次。若在为期最长3 d的稳定性预试验中表明受试物不稳定(如在设定值的80%～120%范围外或低于初始浓度测定值的80%)，应考虑增加更换频率，或使用流水式系统。

b) 半静态试验的溶液更换时，应准备另一套试验容器用于放置亲溞，可以用内径合适的玻璃吸管转移亲溞。转移亲溞时应尽量减少所吸原培养基的体积。

8.2 **观察**

试验期间的观察结果应形成记录表格(见附录C和附录D的示例)。如果要求测定其他参数，其他观察指标也是应该的(见第4章和8.5)。

8.3 **幼溞**

从头胎溞开始，每天从试验器皿中移出幼溞，以避免消耗食物影响母溞。计数存活的幼溞，对死胎和死亡的幼溞也要进行记录。

8.4 **死亡率**

试验期间应每天记录亲溞的死亡情况，至少与幼溞记录次数相同。

8.5 **其他参数**

尽管本准则设计的主要目的是评价对繁殖能力的影响，其他的影响因素也可能被充分定量并满足统计分析的要求。既然有足够的信息表明可能的亚致死效应会比单一的繁殖力更能说明问题，因此生长力测量是非常值得一提的参数；另外建议在试验结束时测定亲溞的体长(不包括尾刺)。其他观察的指标包括：亲溞第一次产溞时间(及尔后产溞时间)、每只亲溞产溞批数和每批数量、死胎数量、雄溞数或冬卵、种群内禀增长率。

8.6 **分析测定频率**

8.6.1 至少每周测定一次对照组和最高试验浓度组的新、旧溶液的溶解氧浓度、温度、硬度和pH值。

8.6.2 试验期间，应定期测定受试物浓度。

8.6.3 半静态试验的受试物浓度应保持在配制浓度的±20%的范围内。建议试验开始第一周内更换试液时至少测定一次最高和最低浓度组的新配制的溶液(新、旧溶液应为同一试液中的样品)。此后，至少每周分析一次。

8.6.4 当受试物浓度不在配制浓度的±20%内，必须分析所有新、旧试验溶液。当初始浓度是可重复且稳定的，即在初始浓度的80%～120%范围内，第2周～第3周内的化学测定可减少到只测最高与最低浓度组。在所有情况下，仅在每一浓度的一个平行容器被更新之前测定受试物浓度。

8.6.5 若采用流水式试验，除无需测定待更新试验液之外，半静态试验中所述采样方法同样适用。在试验第一周，应增加随机采样次数以确保试验浓度保持稳定。应每天检查稀释率及受试物浓度。

8.6.6 在整个试验期间，若证明受试物浓度保持在配制浓度或初始测定浓度的±20%内，那么结果应以配制浓度或初始测定浓度为基础。若偏差大于配制浓度或初始测定浓度的±20%，结果应以时间-加权平均值(参见附录E)表示。

9 质量保证与质量控制

9.1 试验开始时所用亲溞溞龄小于24 h，且为非头胎溞。

9.2 为保证试验的有效性，对照组应符合以下要求：

a) 试验结束时，亲溞的死亡率不能超过20%；

b) 试验结束时，每只存活亲溞所产成活幼溞的平均值不小于60只。

10 数据与报告

10.1 数据处理

10.1.1 按每个试验容器(即平行)计算每只亲溞所产幼溞总数。任一平行中，若亲溞在试验期间死亡或转化成雄溞，则应在结果处理时排除此平行。统计分析应以扣除后的平行数量为基础。

10.1.2 为了求化学品对繁殖量影响的LOEC和NOEC，可用方差分析(ANOVA)计算每一浓度几个平行的繁殖量平均值和组内剩余偏差，这些可用变异分析。采用一个合适的多重比较法，如Dunnett和william检验[14]、[15]、[16]、[17]，对每一浓度的平均值与对照平均值进行比较。并建议形成图表的形式而不是仅仅做一个显著性检验[18]，如Bartlett's检验。如果不做此假设检验，在进行方差分析(ANOVA)前还应先转换数据做齐性检验，或进行加权方差分析(ANOVA)。

10.1.3 应采用统计方法(如最小二乘法)，拟合适当的回归曲线(如对数曲线)。曲线应表明参数，计算EC_{50}、标准误差、置信限。

10.1.4 在最后验证试验的数据分析中[2]，可使用式(1)作对数曲线图，亦可采用其他模型：

$$Y=\frac{c}{1+\left(\frac{x}{x_0}\right)^{b}} \qquad \cdots\cdots(1)$$

式中：

Y——试验结束时每只存活亲溞所产幼体总数(对每一容器进行计算)；

x——浓度；

c——当$x=0$时幼体的期望值；

x_0——种群中的EC_{50}；

b——斜率值。

此模型适用于大多数情况，对于不适合的情况应进行检验。有些情况下，低浓度有促进效应时使用刺激模型是可行的[19]。

也可以估计其他效应浓度，如EC_{10}或EC_{20}，尽管它可以采用与估计EC_{50}不同的模型参数。

10.2 试验报告

试验报告必须报告下列内容：

10.2.1 受试物

a) 物理属性和相关理化性质；

b) 化学鉴定数据，包括纯度。

10.2.2 受试生物

品系(无论是否进行过遗传鉴定)、提供者(如果已知)和培养条件。如果不使用大型溞，而用其他种类，应做鉴定并在报告中注明。

10.2.3 试验条件

a) 试验程序(如半静态或流水式试验，体积，每升负荷溞数)；

b) 光照周期和光照强度；

c) 试验设计(平行数，每一平行的溞数)；

d) 所用培养基的详细说明；

e) 附加有机物，包括成分、来源、制备方法、贮备液中的TOC/COD、试验培养基TOC/COD测定值；

f) 喂食的详细资料，数量和食物类型(包括藻名、品系、培养条件)等；

g) 试验贮备液的配制方法和更新频率(若使用助溶剂,应给出其浓度)。

10.2.4 结果

a) 关于受试物稳定性的任何试验结果;

b) 配制试验浓度和确定试验容器中受试物浓度的所有分析结果,测定方法的回收率与检测限;

c) 每个容器中受试物的实测浓度。添加回收试验的方法和仪器的最低检测限;

d) 试验容器中的水质[pH 值、温度和溶解氧浓度、TOC 和(或)COD、硬度];

e) 每只亲溞所产幼溞的完整记录;

f) 亲溞死亡数及其死亡时间;

g) 对照组繁殖量的变异系数(以试验结束时每只亲溞所产成活幼溞总数为基础);

h) 最低可观察效应浓度(LOEC),无可观察效应浓度(NOEC),若可能,也可记录亲溞死亡的 LOEC 和(或)NOEC;

i) EC_x 和置信区间,用于计算的模型曲线,浓度-效应曲线的斜率及其标准误差;

j) 其他可观察或测定的生物学效应,并加以合理的解释;

k) 对偏离的解释说明。

附　录　A
（规范性附录）
Elendt M4 和 M7 培养基的制备

A.1　对 Elendt M4 和 M7 培养基的适应

根据一些实验室的经验，很难将溞直接转移到 M4 和 M7 培养基中。应通过逐步适应的过程：即将溞从原培养基中取出，放入比例较低的 Elendt 培养基中，如 30%的 Elendt 培养基中，然后增大 Elendt 培养基的比例到 60%，直至 100%。适应期大约需要一个月左右。

A.2　Elendt M4 和 M7 培养基的制备

用去离子水、蒸馏水或反向渗透水（以下均简称水）分别配制贮备液Ⅰ、贮备液Ⅱ和混合维生素贮备液。制备 Elendt 培养基时，用贮备液Ⅰ（含有所有微量元素的混合液）制备贮备液Ⅱ，在使用前最后加入混合维生素贮备液，见表 A.1。

表 A.1　Elendt M7 和 M4 培养基贮备液Ⅱ的制备

贮备液Ⅰ（单一物质）	加入到水中的量/(mg/L)	浓度（与 M4 培养基的关系）	为制备贮备液Ⅱ将贮备液Ⅰ加入到水中的量/(mL/L)	
			M4	M7
H_3BO_3	57 190	20 000 倍	1.0	0.25
$MnCl_2 \cdot 4H_2O$	7 210	20 000 倍	1.0	0.25
$LiCl \cdot H_2O$	6 120	20 000 倍	1.0	0.25
RbCl	1 420	20 000 倍	1.0	0.25
$SrCl_2 \cdot 6H_2O$	3 040	20 000 倍	1.0	0.25
NaBr	320	20 000 倍	1.0	0.25
$Na_2MoO_4 \cdot 2H_2O$	1 260	20 000 倍	1.0	0.25
$CuCl_2 \cdot 2H_2O$	335	20 000 倍	1.0	0.25
$ZnCl_2$	260	20 000 倍	1.0	1.0
$CoCl_2 \cdot 6H_2O$	200	20 000 倍	1.0	1.0
KI	65	20 000 倍	1.0	1.0
Na_2SeO_3	43.8	20 000 倍	1.0	1.0
NH_4VO_3	11.5	20 000 倍	1.0	1.0
$Na_2EDTA \cdot 2H_2O$	5 000	2 000 倍	—	—
$FeSO_4 \cdot 7H_2O$	1 991	2 000 倍	—	—
2 L Fe-EDTA 溶液		1 000 倍	20.0	5.0
注：Na_2EDTA 和 $FeSO_4$ 两者单独制备，混在一起后立即灭菌。				

A.3 M4 和 M7 培养基

M4 和 M7 用贮备液Ⅱ、常量营养元素和维生素配制，具体见表 A.2。

表 A.2 M4 和 M7 培养基的配制

组分	加入到水中的量/(mg/L)	浓度(与 M4 培养基的关系)	加入到含有所有微量元素混合液中(贮备液Ⅰ)的量/(mL/L)	
			M4	M7
贮备液Ⅱ(微量元素混合液)		20 倍	50	50
常量营养贮备液(单一物质)				
$CaCl_2 \cdot 2H_2O$	293 800	1 000 倍	1.0	1.0
$MgSO_4 \cdot 7H_2O$	246 600	2 000 倍	0.5	0.5
KCl	58 000	10 000 倍	0.1	0.1
$NaHCO_3$	64 800	1 000 倍	1.0	1.0
$Na_2SiO_3 \cdot 9H_2O$	50 000	5 000 倍	0.2	0.2
$NaNO_3$	2 740	10 000 倍	0.1	0.1
KH_2PO_4	1 430	10 000 倍	0.1	0.1
K_2HPO_4	1 840	10 000 倍	0.1	0.1
混合维生素贮备液	—	10 000 倍	0.1	0.1

混合维生素贮备液[a] 是将 3 种维生素加到 1 L 水中制成的，如下所示：

盐酸硫胺（维生素 B_1）	750	10 000 倍
氰钴胺（维生素 B_{12}）	10	10 000 倍
钙长石（维生素 H）	7.5	10 000 倍

注：制备培养基时，为了避免盐沉淀，应将适量的贮备液加入到 500 mL～800 mL 水中，然后定容至 1 L。

[a] 混合维生素贮备液应以较小分装冷藏保存。

附 录 B
（资料性附录）
总有机碳(TOC)分析与喂食的藻中TOC含量的线性图绘制

总有机碳中的碳含量通常不能直接测定，但可根据相关性(即线性图)，通过测定藻细胞数或光吸收等来确定碳含量。

测定TOC，高温氧化法优于UV或荧光法。

绘制线性图，应采用离心法将藻从生长的培养基中分离，随后用蒸馏水重新悬浮。在每一浓度用三个平行测定替代参数和TOC浓度。应分析蒸馏水空白并应从藻样TOC浓度推出TOC浓度。

线性图的线性部分应超过碳含量范围要求。如图B.1、图B.2、图B.3的例子所示。

注：这几个图仅为示例，不能用于交流，各实验室必须绘制自己的线性图。

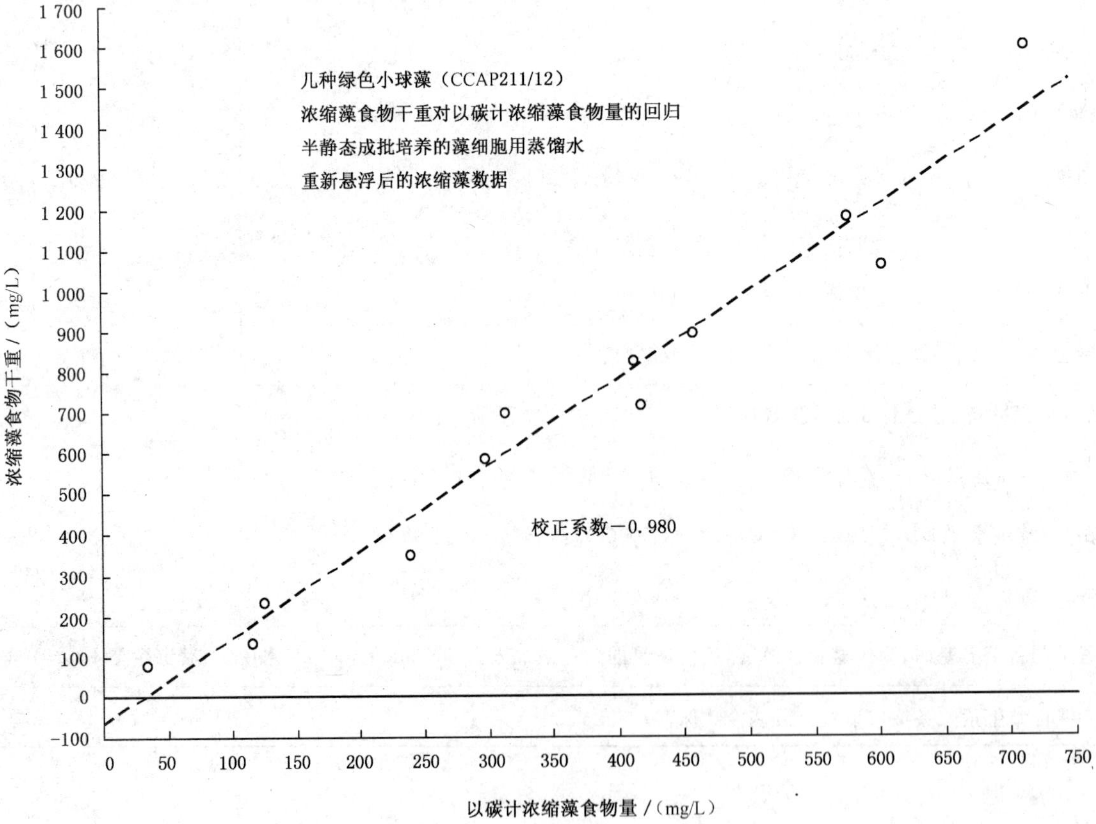

图B.1 线性图示例

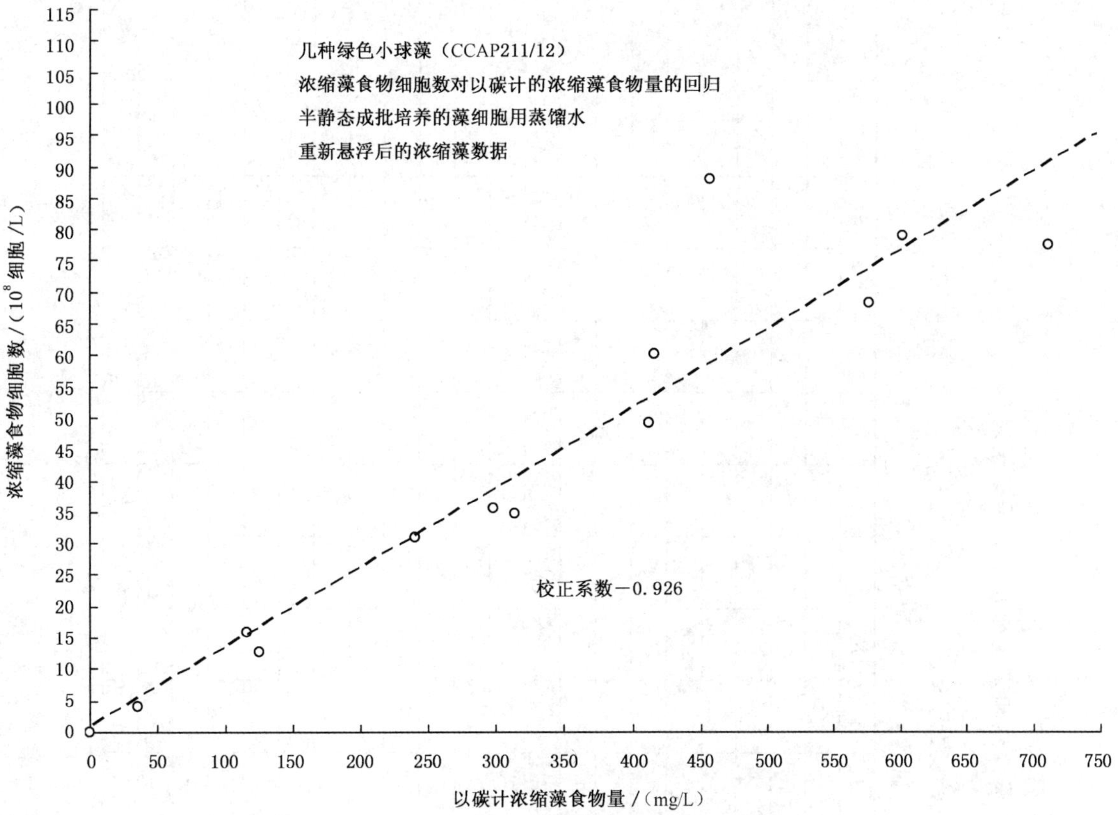

图 B.2　线性图示例

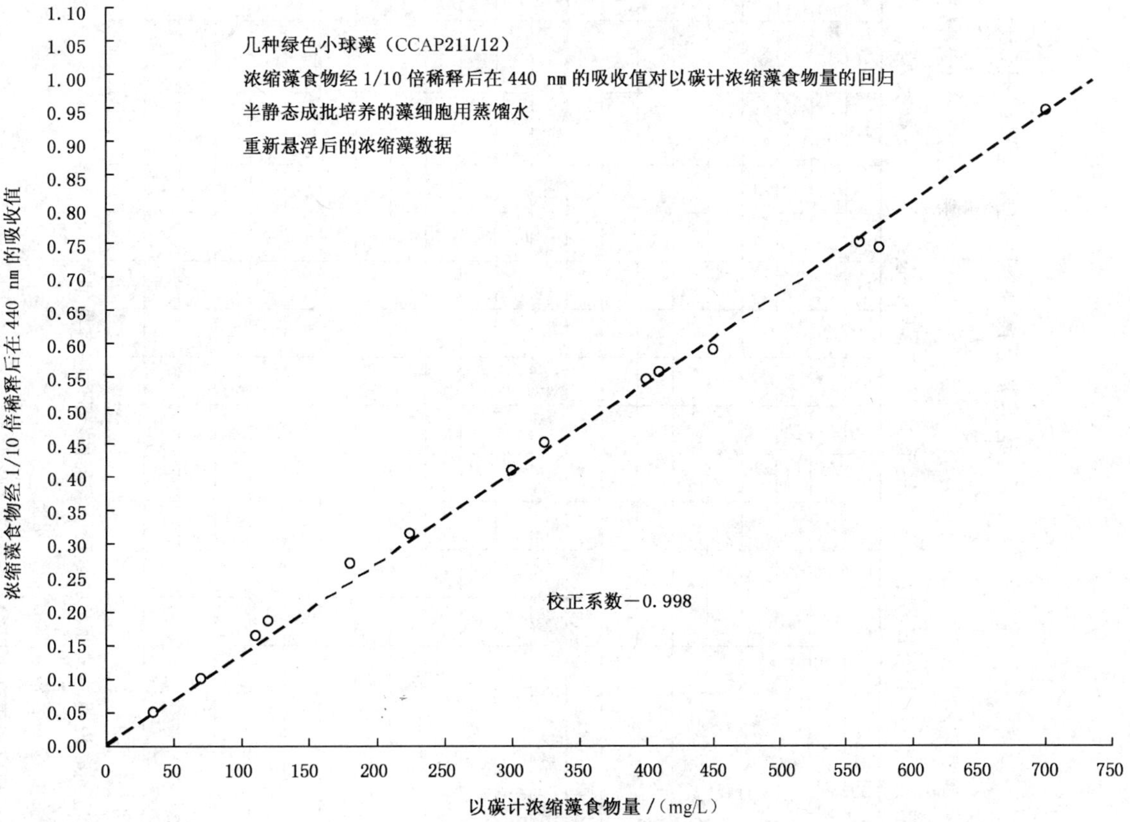

图 B.3　线性图示例

附　录　C
（资料性附录）
培养基更换，物理-化学监测数据，喂食、大型溞繁殖和亲溞死亡率数据记录表

表 C.1　大型溞繁殖试验观察记录表

试验号：　　开始日期：　　品系：　　培养基：　　食物类型：　　受试物：　　配制浓度：

试验时间/d	0	1	2	3	4	5	6	7	8	9	10	11	12	13	14	15	16	17	18	19	20	21		
培养基更新(√)																								
pH[a]																							新	
																							旧	
O_2 浓度[a]/(mg/L)																							新	
																							旧	
温度[a]/℃																							新	
																							旧	
是否提供食物(√)																								
存活幼溞数量[b]																								总数
容器　1																								
2																								
3																								
4																								
5																								
6																								
7																								
8																								
9																								
10																								
																							总数	
亲溞累积死亡率[c]																								

[a] 应同时说明测试针对的是哪个容器的，即说明容器编号。

[b] 在相应的表格以“AB”记录死胎。

[c] 在相应的表格中以“M”记录亲溞死亡率。

附 录 D
（资料性附录）
化学分析结果记录数据表

D.1 化学分析结果记录数据表见表 D.1 和表 D.2。

表 D.1 化学分析测定浓度记录数据表

配制浓度	第一周样品		第二周样品		第三周样品	
	新换的	原来的	新换的	原来的	新换的	原来的

表 D.2 化学分析测定浓度记录数据表（以占配制浓度的百分率表示）

配制浓度	第一周样品		第二周样品		第三周样品	
	新换的	原来的	新换的	原来的	新换的	原来的

附　录　E
（资料性附录）
时间-加权平均值的计算

若受试物浓度在更换培养基期间是下降的，应从生物学和统计学的考虑为基础，选择某个浓度作为亲溞暴露浓度范围的代表。若繁殖多受峰值浓度影响，则应使用最高浓度，若认为受试物的累积和长期效应更为重要，则时间-加权平均浓度更合适。

时间-加权平均浓度的示例如图 E.1 所示。

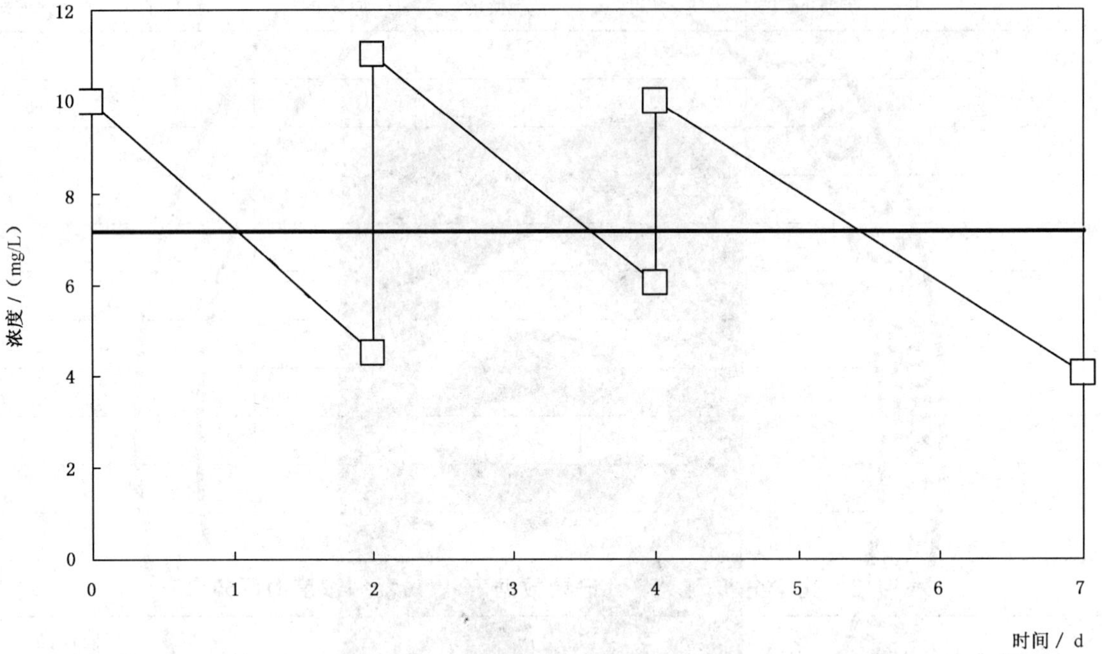

图 E.1　时间-加权平均值示例

图 E.1 是个简化了的试验的示例，试验持续 7 d，在第 0 天、第 2 天、第 4 天更新培养基。

——之字形线代表任意时间点的浓度，假定浓度是沿着某一指数衰减过程下降的。

——6 个菱形点代表在每一个更换周期开始与结束时测定的浓度。

——实线表示时间-加权平均值的位置。

因时间-加权平均值下的面积与浓度曲线下的面积相等，可经计算得出时间-加权平均值。上例的计算见表 E.1。

表 E.1　时间-加权平均值计算

更换编号	x	C_0	C_1	$\ln C_0$	$\mathrm{Ln}(C_1)$	S
1	2	10.000	4.493	2.303	1.503	13.767
2	2	11.000	6.037	2.398	1.798	16.544
3	3	10.000	4.066	2.303	1.403	19.781
总天数：7						总面积：50.092 时间-加权平均值：7.156

每一个更新周期指数曲线下的面积用式(E.1)进行计算。

$$S=\frac{C_0-C_1}{\ln(C_0)-\ln(C_1)}\times d \qquad \cdots\cdots(E.1)$$

式中：

S——每一更新周期指数曲线下的面积；

d——更新周期内的天数；

C_0——每一更新期开始时测定的浓度；

C_1——每一更新期结束时测定的浓度；

$\ln(C_0)$——浓度 C_0 的自然对数；

$\ln(C_1)$——浓度 C_1 的自然对数。

时间-加权平均值(TW)是用总面积除以总天数。

对于溞类繁殖试验，表格必须扩大到 21 d。

显然仅仅是在每次更新期的开始和结束时测定浓度，是不可能确定浓度衰减过程为指数型。不同的曲线计算出不同的面积。但指数衰减过程并非是不真实的，而且可能是在缺乏其他信息情况下的最佳曲线。

若在更新期结束时化学分析未发现任何物质，则需慎重。除非可能估测出物质从溶液中消失的速率，否则不可能获得曲线下可靠的面积，因此，也就不可能获得合理的时间-加权平均值。

参 考 文 献

［1］ OECD Test Guidelines Programme. Report of the Workshop on the *Daphnia magna* Pilot Ring Test, Sheffield University, U. K., 20-21 March 1993.

［2］ OECD Environmental Health and Safety Publications. Series on Testing and Assessment No. 6. Report of the Final Ring Test of the Daphnia magna Reproduction Test. Paris 1997.

［3］ Baird, D. J.; Barber, I.; Bradley, M. C.; Soares, A. M. V. M. and Calow, P. (1991). A comparative study of genotype sensitivity to acute toxic stress using clones of Daphnia magna Straus. Ecotox. and Environ. Safety, 21, 257-265.

［4］ Elendt, B.-P. (1990). Selenium deficiency in Crustacea: An ultrastructural approach to antennal damage in Daphnia magna Straus. Protoplasma, 154, 25-33.

［5］ EPA (1993). Methods for Measuring the Acute Toxicity of Effluents and Receiving Waters to Freshwater and Marine Organisms. (Fourth ed.). EPA/600/4-90/027F. C. I. Weber (ed), USEPA, Cincinnati, Ohio.

［6］ Vigano, L. (1991). Suitability of commercially available spring waters as standard medium for culturing *Daphnia magna*. Bull. Environ. Contam. Toxicol., 47, 775-782.

［7］ ASTM. (1988) Standard Guide for Conducting Acute Toxicity Tests with Fishes, Macroinvertebrates, and Amphibians. E729-88a. American Society for Testing and Materials, Philadelphia, PA. 20 pp.

［8］ Baird, D. J.; Soares, A. M. V. M.; Girling, A; Barber, I; Bradley, M. C. and Calow, P. (1989). The long term maintenance of Daphnia magna Straus for use in ecotoxicological tests; problems and prospects. In: Proceedings of the 1st European Conference on Ecotoxicology. Copenhagen 1988. (H. Løkke, H. Tyle and F. Bro-Rasmussen. Eds.) pp 144-148.

［9］ Parkhurst, B. R., Forte, J. L. and Wright, G. P. (1981) Reproducibility of a life-cycle toxicity test with *Daphnia magna*. Bull. Environ. Contam. and Toxicol., 26: 1-8.

［10］ Cowgill, U. M. and Milazzo, D. P. (1990) The sensitivity of two cladocerans to water quality variables: salinity and hardness. Arch. Hydrobiol., 120(2): 185-196.

［11］ Korshikov (1990) *Pseudokirchneriella subcapitata* Hindak, F-1990. Biologice Prace, 36, 209.

［12］ Sims, I. R., Watson, S. and Holmes, D. (1993) Toward a standard *Daphnia* juvenile production test. Environ. Toxicol. and Chem., 12, 2053-2058.

［13］ Sims, I. (1993). Measuring the growth of phytoplankton: the relationship between total organic carbon with three commonly used parameters of algal growth. Arch. Hydrobiol., 128, 459-466.

［14］ Dunnett C. W. (1955) A multiple comparisons procedure for comparing several treatments with a control. J. Amer. Statist. Assoc., 50, 1096-1121.

［15］ Dunnett C. W. (1964) New tables for multiple comparisons with a control. Biometrics, 20, 482-491.

［16］ Williams D. A. (1971) A test for differences between treatment means when several dose levels are compared with a zero dose control. Biometrics, 27: 103-117.

［17］ Williams D. A. (1972) The comparison of several dose levels with a zero dose control. Biometrics, 28: 510-531.

[18] Draper, N. R. and Smith, H (1981). Applied Regression Analysis, second edition. Wiley, New-York.

[19] Brain, P. and Cousens, R. (1989). An equation to describe dose responses where there is stimulation of growth at low doses. Weed Research, 29, 93-96.

ICS 13.300;13.020.40
A 80

中华人民共和国国家标准

GB/T 21829—2008

化学品 污水好氧处理模拟试验：活性污泥单元法

Chemicals—Simulation test—
Aerobic sewage treatment: Activated sludge units

2008-05-12 发布 2008-09-01 实施

中华人民共和国国家质量监督检验检疫总局
中国国家标准化管理委员会 发布

前　言

本标准等同采用经济合作与发展组织(OECD)化学品测试导则 No.303(2001 年)《模拟试验　污水好氧处理:活性污泥单元法》。

本标准做了下列编辑性修改:

——增加了范围、术语与定义、质量控制;

——将计量单位改为我国法定计量单位。

本标准的附录 A、附录 B、附录 C、附录 D、附录 E、附录 F 为资料性附录。

本标准由全国危险化学品管理标准化技术委员会(SAC/TC 251)提出并归口。

本标准负责起草单位:环境保护部南京环境科学研究所。

本标准参加起草单位:环境保护部化学品登记中心、中国检验检疫科学研究院。

本标准主要起草人:单正军、石利利、刘济宁、杨力、陈琳、陈会明。

化学品　污水好氧处理模拟试验：活性污泥单元法

1　范围

本标准规定了化学品污水好氧处理模拟试验：活性污泥单元试验的方法概述、仪器和设备、试验准备、试验程序、质量控制、数据与报告。

本标准适用于测试与评价可溶于水的、非挥发性的化学品的最大生物降解能力。

2　术语和定义

下列术语和定义适用于本标准。

2.1

生物降解性　biodegradability

受试物与接种物接触表现出的生物降解潜力。

2.2

初级生物降解　primary biodegradation

受试物在微生物作用下化学结构发生变化致使特性丧失的过程。

2.3

化学需氧量　chemical oxygen demand，COD

在强酸性溶液中，一定量的重铬酸盐氧化水样中还原性物质所消耗氧化剂的量，也可表示为每毫克受试物消耗的氧气量(mg/mg)。

2.4

溶解性有机碳　dissolved organic carbon，DOC

溶液中有机碳的含量，或通过 0.45 μm 滤膜过滤后试液中有机碳的含量，或经 4 000 r/min 转速离心 15 min 后上清液中有机碳的含量。

2.5

停滞期　lag phase

试验开始到降解率达到 10%的时期，即微生物的适应期。

2.6

稳定期　plateau phase

连续试验中，降解率达到最大时的持续时间。通常，至少应持续 3 周，测试 15 个有效数据。

3　受试物信息

a)　结构式；

b)　纯度；

c)　水溶性；

d)　挥发性；

e)　吸附性；

f)　微生物毒性。

4 方法概述

4.1 方法原理

本方法将易生物降解的有机培养基和受试化学品作为微生物的碳源和能源，通过活性污泥模拟试验系统中好氧微生物的连续作用，以确定水溶性有机物的去除率、初级和(或)最终生物降解性。

试验中，两个连续运作的试验单元在相同的条件下同时运行。正常情况下，入水平均停留 6 h，活性污泥平均停留 6 d～10 d，受试物浓度 10 mg/L ～ 20 mg/L 为宜(以 DOC 计)。其中的一个试验单元加入有机培养基与受试物，另一个试验单元用于对照处理有机培养基生物降解性的测定。定期采样测定出水中的 DOC 或 COD 浓度(必要时，测定受试物浓度)。假设两个试验单元出水中 DOC 或 COD 之差，是由于受试物及其有机代谢物所引起，那么将该差值与入水的 DOC 或 COD 进行比较，即可确定受试物的去除率。

当生物降解率达 80%～90%时，可判定化学品具有显著生物降解能力。

4.2 结果重现性

通常情况下，受试物的生物降解率为 80% 以上时，重复试验结果的差值小于 15%。少数情况下，在 9 周的试验过程中，重复试验结果可能存在很大的差异(如 10%、90%)。

两种试验装置所获得的试验结果差异很小。

4.3 参比物

本标准推荐脂肪酸、2-苯基苯酚、1-萘酚、联苯甲酸和 1-萘甲酸作为参比物。

5 仪器和设备

5.1 试验装置

活性污泥模拟试验装置大小为 300 mL～2 000 mL。一些接近实际的模拟装置，包括污泥沉淀池，用以贮存循环使用的活性污泥。装置的大小以确保机械设备的良好运转和容纳不影响试验运行的足量试验溶液为宜，即试验装置不应过大，以免浪费过多的空间与材料。

常用的装置有哈斯曼试验单元(见图 A.1)和多孔渗水罐试验单元(见图 A.2)。两种装置均应配备足够容积的入水储液罐与出水收集罐，包括用于受试物溶液混合与分离的输液泵等。

a) 哈斯曼试验装置

每个试验单元由一个容积为 3 L 的曝气罐和一个容积为 1.5 L 的分离器组成。在一定范围内，可以通过调节分离器的高度控制曝气罐中试验溶液的体积。导管的尺寸根据进出水量的大小确定。如果室温不能满足试验要求，导管应外加恒温水套以控制试验温度。通过调节抽气泵或加料泵，可确保活性污泥连续地或定期间歇地从分离器和曝气池中循环。

b) 多孔渗水罐试验装置

多孔渗水罐试验装置中，曝气罐内部为底部锥形的圆形多孔管，外部为直径稍大的、相同形状的密封塑料套。多孔管的合适材料是孔径最大为 90 μm、厚度 2 mm 的多孔聚乙烯，孔径的大小影响试验溶液中污泥的分离效果。出水经曝气罐环形套溢出流入收集罐。整个系统可安装在恒温水浴中，以控制试验温度。

当多孔管壁被堵塞时，首先用虹吸管将污泥吸入干净的贮液桶中，拆除受堵的多孔管，将粘附在密封套上的污泥小心地刮下一并移入贮液桶中。然后洗净多孔管外部密封套，重新装入一个干净的多孔管并将污泥装回曝气罐中。清洁密封套时，首先喷水以去除残留的污泥，然后用漂白液浸泡，最后用清水冲洗干净。

5.2 过滤设备或离心机

a) 膜过滤器

滤膜孔径为 0.45 μm 的膜过滤器。如果过滤器可能释放溶解性有机碳，应用热水仔细冲洗过滤器以去除溶解性有机碳。

b) 离心机

也可使用转速 40 000 m/s^2 的离心机离心分离。

5.3 分析仪器

a) DOC 和 TOC 或 COD 测定仪；

b) 特定的分析仪器(必要时)；

c) 水中悬浮物、pH 值、溶解氧测定仪；

d) 温度、酸度与碱度测定仪；

e) 氨氮、亚硝酸盐和硝酸盐测定仪(试验是在硝化条件下进行时)。

6 试验准备

6.1 活性污泥试验单元

试验时，可采用图 A.1 或图 A.2 活性污泥单元试验装置。一般地，设置受试物处理和空白对照处理两个活性污泥试验单元。如果采用分析受试物浓度的方法，用以确定初级生物降解性，仅需一个试验单元。相同或不同受试物的多个试验可以使用同一个对照试验单元做空白对照。若采用偶联试验法，应分别设置对照试验。

试验期间采用分散器(如沸石)与洁净压缩空气使曝气罐中接种物保持有氧与悬浮状态。

6.2 试验用水

自来水，DOC 小于 3 mg/L。或去离子水，DOC 小于 2 mg/L。

6.3 有机培养基

合成污水、生活污水或者两者的混合物都可以用做有机培养基。有资料显示，如果只使用生活污水，可提高 DOC 的去除率，甚至某些在合成污水中无法进行生物降解的化学品也表现出生物降解特性。同时连续或间歇地加入生活污水可以稳定污泥的活性，取得很好的处理效果。因此，本标准推荐使用生活污水。

应测定每一批有机培养基的 DOC(或 COD)、pH 值。试验过程中，如果曝气池中的试验溶液酸度或碱度偏低，应加入一定量的缓冲剂(碳酸氢钠或者磷酸二氢钾)，使其 pH 值保持在 7.5±0.5。当连续或间断地使用混合液时，均应保持混合液中的 DOC 或 COD 基本恒定(如：采用加水稀释等措施)。

6.4 合成污水

在每升自来水中溶解：蛋白胨 160 mg、牛肉膏 110 mg、尿素 30 mg、磷酸氢二钾 28 mg、氯化钠 7 mg、二水氯化钙 4 mg；七水硫酸镁 2 mg。上述合成污水的 DOC 质量浓度大约为 100 mg/L，与实际污水接近。在保持 DOC 浓度不变的情况下，也可用其他化合物合成人工合成污水。

如果需要配制低浓度合成污水，可用自来水稀释得到。如，用自来水以 1∶1 的比例稀释，可得 DOC 浓度在 50 mg/L 的合成污水。稀释后的污水有助于硝化细菌的生长，适用于污水处理硝化作用的模拟研究。

浓缩合成污水也可用蒸馏水配置，在 1℃下可保存一周。需要时，用自来水稀释后使用。

6.5 生活污水

试验时，应每天从污水处理厂采集新鲜的生活污水。在确保 DOC 或 COD 浓度没有明显下降(小于 20%)的情况下，生活污水可在 4℃左右保存几天(一般不超过 7 d)。为了减少对系统的干扰，使用前，每一批污水的 DOC 或 COD 浓度应调整到一个合适的值(如用自来水稀释)，并保持恒定。

6.6 活性污泥

从城市生活污水处理厂或中试规模的污水处理厂曝气池中采集活性污泥。

7 试验程序

本程序适用于哈斯曼单元试验，也基本适用于多孔渗水罐试验。

7.1 受试物贮备液的配制

a) 取一定量的水溶性受试物溶于去离子水或者合成污水中，得一定浓度（如 1 g/L～5 g/L）的受试物贮备液（难溶解的和易挥发的物质的处理，见附录 E）。分别测定每一批新配制贮备液的 DOC 和 TOC 浓度。如果 DOC 和 TOC 的差别超过 20%，则应检查受试物的水溶性。比较贮备液的 DOC 测定值（或受试物测定浓度）与理论值，回收率应大于 90%。

   对于分散体系，应分析 DOC 作为测量参数是否合适，或采用特定的分析技术测定受试物浓度。每一批分散体系的贮备液都要进行离心处理，然后用于测定。

b) 测定贮备液的 pH 值，分析受试物是否会影响试验系统中活性污泥的 pH 值。必要时，可加少量的无机酸或碱调节贮备液，以确保试验溶液 pH 值为 7±0.5，避免受试物沉淀。

c) 若受试物对活性污泥有抑制作用或受试物在低质量浓度（mg/L）水平下的试验时，受试物处理可分别按附录 D、附录 F 进行试验。

7.2 接种物的制备

试验开始前 24 h 内，试验溶液中接种活性污泥或含少量微生物的接种物，接种物初始质量浓度为 2.5 g/L（以干重计），接种液室温曝气培养直至使用。也可以采用污水处理厂的出水（浓度以2 mL/L～10 mL/L 为宜）、地表水或其他来源的接种物。

7.3 培养基与受试物的加入量

组配活性污泥试验单元，确保试验系统清洁、无其他微生物。将试验系统安装在恒温室中，以保持试验温度 20℃～25℃（或用水套控制温度）。

曝气罐和分离器中加入有机培养基与接种物（活性污泥作为接种物时，接种浓度约为 2.5 g/L，以干重计），通气使活性污泥保持悬浮和有氧状态。贮液罐中加入受试物溶液，浓度以 10 mg/L～20 mg/L 为宜，不应超过 50 mg/L（以 DOC 计）；若受试物水中溶解度较低或对接种物有毒性，浓度可降低至 5 mg/L（以 DOC 计）。开启抽气泵，使活性污泥从分离器中循环至曝气罐中，试验溶液以 0.5 L/h 流速进入曝气罐中，平均滞留时间为 6 h。空白对照中不加入受试物只加有机培养基或合成（或生活）污水。

定期测定贮存罐中有机培养基的体积，及时调整受试物在曝气罐中的停留时间。当试验系统运行至有机培养基 DOC 去除约 80%时，试验系统达到稳定状态。否则重新调整系统，直至试验系统达到稳定运行。

7.4 活性污泥的处置

试验系统运行中，活性污泥浓度应稳定在 1 g/L～3 g/L（以干重计），或控制污泥的平均泥龄为 6 d～10 d。例如，若活性污泥的保留时间为 8 d，那么曝气罐中每天将有 1/8 被去除。每天及时清除曝气罐壁粘附的污泥，使其重新处于悬浮状态。保持所有管路清洁，防止生物膜形成。多孔罐试验单元中没有活性污泥循环使用，但曝气罐中液面显著升高时应及时更换多孔渗水罐内套。

采用哈斯曼试验单元时，可以采用以下措施避免污泥难以沉降或污泥的损失等问题：

a) 定期（如每周）加入新鲜污泥或凝聚剂（如每罐中加 2 mL 50 g/L $FeCl_3$），但是要确保受试物不因 $FeCl_3$ 而发生反应或者出现沉淀；

b) 采用蠕动泵代替空气泵，使污泥稳速循环；

c) 污泥间歇地从分离器泵入曝气罐中（如每 2.5 h 泵 5 min，可以重复利用 1 L/h～1.5 L/h）；

d) 使用的最低浓度的无毒除泡剂（如硅酮油）防止由于泡沫而产生的损失；

e) 空气短暂冲击分离器中的污泥（如 10 s/h）；

f) 有机培养基间歇地持续加入曝气罐中（如 3 min/h～10 min/h）。

7.5 采样与分析

定期测定曝气罐中活性污泥的溶解氧浓度、温度和 pH 值，确保溶解氧浓度不低于 2 mg/L、温度保持在 20℃～25℃。当发生硝化作用时，可产生酸，其中氧化 1 mg 氮相当于产生约 7 mg NO_3^-。通过在曝气罐或入水中加入适量的无机酸或无机碱，或者在有机培养基中加入缓冲液（碳酸氢钠或者磷酸氢钾），调节 pH 值为 7.5±0.5，以保持试验系统的稳定。

测定试验处理单元和对照试验单元中入水的 DOC 或 COD 浓度，通过特定分析方法分析或以受试物贮备液浓度估算入水中受试物浓度。

从出水中取样后，经 0.45 μm 微孔滤膜过滤或经离心机以 40 000 m/s^2 转速离心 15 min。当样品难以过滤时，应使用离心处理样品。测定最终生物降解性时，每个样品至少平行测定两次 COD 或 DOC；必要时，采用特定分析技术测定受试物浓度以确定初级生物降解性。

受试物浓度较低时，COD 分析灵敏度较低，试验时应加入较高的 COD 浓度（如 30 mg/L）。对于强吸附性受试物，应采用特定分析技术分析污泥中受试物的含量。

依据试验预期的持续时间确定取样次数，推荐采样频率为每周 3 次。为获得理想的试验结果，从系统开始稳定运行至受试物降解率大于 90%时，持续三周采样测定 15 个有效数据。通常，加入受试物后，试验持续时间最长不超过 12 周。

若受试物发生硝化作用，则每周采样测定一次铵、硝酸盐或亚硝酸盐浓度。

样品采样后应尽快分析，尤其氮的分析。否则样品在黑暗与 4℃条件下密闭保存。若样品保存超过 48 h，在确保不影响测定结果时，采用低温（0℃以下）、加入酸液（如每升溶液中加入 400 g/L 硫酸溶液 10 mL）或添加适当的有毒物质（如每升溶液中加入 10 g/L 氯化汞溶液 20 mL）保存样品。

7.6 试验单元偶联

如果试验中采用偶联单元（见附录 C）时，试验单元和空白单元每天交换相同量的活性污泥（如 150 mL～1 500 mL）。若受试物在活性污泥中吸附性较强时，只需交换分离器中的上清液。采用 9.1 中 d）方法校正试验结果。

8 质量控制

a） 试验两周后，对照组中 DOC 或 COD 的去除率大于 80%；且未观察到异常现象；

b） 如果参比物具有快速生物降解性，降解率应大于 90%；

c） 如试验在消化条件下进行，则出水中氨-氮浓度应小于 1 mg/L、亚硝酸盐-氮浓度小于 2 mg/L。

9 数据与报告

9.1 数据处理

a） t 时刻受试物 DOC 或 COD 去除率按式（1）计算。

$$D_t = \frac{C_s - (E - E_0)}{C_s} \times 100 \qquad \cdots\cdots(1)$$

式中：

D_t——t 时刻 DOC 或 COD 的去除率，以%表示；

C_s——入水中受试物 DOC 或 COD 浓度，最好由受试物贮备液浓度估算得到，单位为毫克每升（mg/L）；

E——t 时刻试验组出水中 DOC 或 COD 浓度，单位为毫克每升（mg/L）；

E_0——t 时刻对照组出水中 DOC 或 COD 浓度，单位为毫克每升（mg/L）。

b） 对照处理中，有机培养基 DOC 或 COD 的去除率（D_B，%）有助于评价活性污泥的生物活性，可用式（2）计算。

$$D_B = \frac{C_M - E_0}{C_M} \times 100 \qquad \cdots\cdots(2)$$

式中：

C_M——对照处理入水中有机培养基的 DOC 或 COD 浓度，单位为毫克每升(mg/L)。

试验处理中，受试物与有机培养基 DOC 或 COD 的去除率(D_T)可按式(3)计算。

$$D_T = \frac{C_T - E}{C_T} \times 100 \qquad \cdots\cdots(3)$$

式中：

D_T——入水中 DOC 或 COD 总去除率，以%表示；

C_T——试验处理入水中 DOC 或 COD 的总体浓度，最好由受试物贮备液浓度估算得到，单位为毫克每升(mg/L)。

c) 用式(4)计算受试物的初级生物降解百分率(D_{ST},%)。

$$D_{ST} = \frac{S_i - S_e}{S_i} \times 100 \qquad \cdots\cdots(4)$$

式中：

D_{ST}——受试物初级生物降解百分率，以%表示；

S_i——试验处理入水中受试物浓度，单位为毫克每升(mg/L)；

S_e——t 时刻试验处理出水中受试物的浓度，单位为毫克每升(mg/L)。

d) 如果采用偶联模式，应对生物降解率进行修正。若平均停留时间为 6 h，可按式(5)修正降解率。

$$D_{tc} = \frac{4D_t - 100}{3} \qquad \cdots\cdots(5)$$

式中：

D_t——t 时刻 DOC 或 COD 的去除率，以%表示；

D_{tc}——修正后 t 时刻 DOC 或 COD 的去除率，以 % 表示。

e) 结果表述

绘制去除百分率 D_t(或 D_{tc})、D_{ST} 与时间的曲线，根据受试物降解曲线阐述降解过程与有关结论。降解曲线实例见附录 B。

9.2 试验报告

试验报告应该包括以下内容：

a) 受试物

——基本信息(如组成、分子式、分子量、结构式等)；

——有关的物理性状与理化性质。

b) 试验条件

——两个单元的型号；当受试物为不溶于水或挥发性物质时，试验系统的更改；

——有机培养基的类型；

——有条件，提供污水中工业废水的比例和特性；

——接种物种类、取样地点、浓度和预处理方式；

——受试物贮备液：DOC 和 TOC 浓度，悬浊液的制备方法，如果受试物 DOC 浓度在 10 mg/L～20 mg/L范围之外，应说明原因，初次添加的日期等；

——污泥泥龄与入水平均停留时间，污泥损耗途径，罐装方法，污泥的损失量等；

——采用的分析方法；

——试验温度；

——污泥性质、污泥容量指数、混合液悬浮物等；

——程序偏离及解释说明。

c) 结果

——所有测定数据(如 DOC、COD、受试物浓度、pH 值、温度、溶解氧等)；

——所有计算得到的数据 D_t(或 D_{tc})，D_B，D_{ST}；

——停滞期和稳定期的信息，试验持续时间，受试物与对照试验中培养基的去除率，生物降解能力和试验有效性声明等；

——结果讨论。

附 录 A
（资料性附录）
生物降解性评价试验装置

生物降解性评价试验装置常用哈斯曼试验单元与多孔渗水罐试验单元，其中哈斯曼试验单元示意图见图 A.1，多孔渗水罐试验单元示意图见图 A.2。图 A.3 为多孔渗水曝气罐(3 L)尺寸详图。

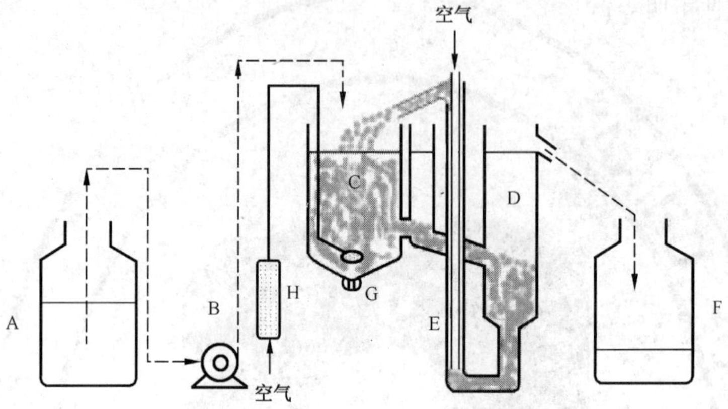

A——贮液罐；
B——加料泵；
C——曝气罐(3 L 容量)；
D——分离器；
E——抽气泵；
F——收集罐；
G——通气器；
H——空气流量计。

图 A.1 哈斯曼试验单元示意图

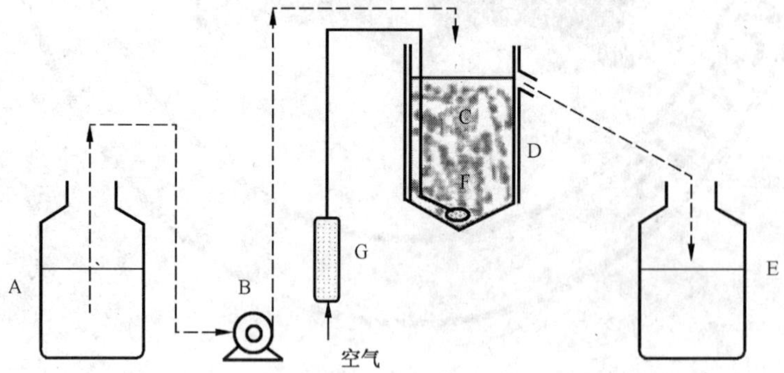

A——贮液罐；
B——加料泵；
C——曝气罐(3 L 容量)；
D——防渗外套；
E——收集罐；
F——分散器；
G——空气流量计。

图 A.2 多孔渗水罐试验单元示意图

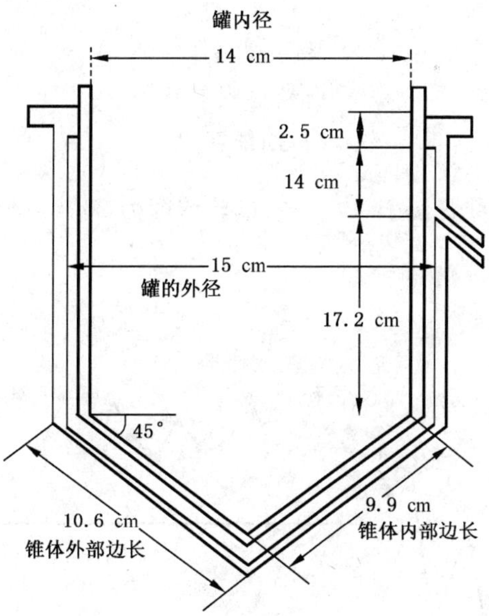

图 A.3　多孔渗水曝气罐(3 L)尺寸详图

附 录 B
（资料性附录）
降解曲线实例

聚乙二醇 400 的生物降解曲线见图 B.1，其中，试验浓度为 20 mg/L(以 DOC 计)。

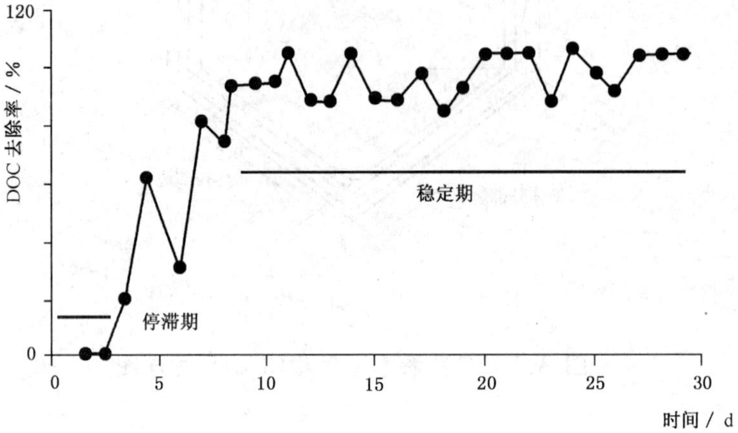

图 B.1 聚乙二醇 400 的生物降解曲线

附 录 C
（资料性附录）
偶联试验装置

为了使试验单元中的微生物均匀分布，可以在污水中添加受试物，而对照试验中则只加污水，并且每天互换一定量的污泥，该程序就叫偶联，该试验方法也称为偶联试验系统。偶联可用于哈斯曼活性污泥试验系统，也可用于多孔渗水罐试验系统。

污泥互换可以提高去除效果，根据试验的改变内容与入水平均保留时间，降解率的计算应进行必要的修正，计算公式见式(C.1)。

$$D_{tc}=\frac{(D_t-100\times a\times r\div 12)}{(1-a\times r\div 12)}\times 100 \quad\cdots\cdots\cdots\cdots(\text{C.1})$$

式中：

D_{tc}——修正后 t 时刻的 DOC 或 COD 去除率，以%表示；

D_t——t 时刻 DOC 或 COD 的去除率，以%表示；

a——互换污泥的体积，单位为毫升(mL)；

r——入水平均保留时间，单位为小时(h)。

例如，如果曝气罐内一半的污泥被互换(a=0.5)，入水平均保留时间为 6 h，那么修正公式见式(C.2)。

$$D_{tc}=\frac{4D_t-100}{3} \quad\cdots\cdots\cdots\cdots(\text{C.2})$$

式中：

D_t——t 时刻 DOC 或 COD 的去除率，以%表示；

D_{tc}——修正后 t 时刻 DOC 或 COD 的去除率，以%表示。

附 录 D
（资料性附录）
受试物对活性污泥的抑制作用

模拟试验中，一些化学品可能并不能被降解或去除，甚至可能对污泥中的微生物产生抑制作用。有些化学品在低浓度时能降解，但在较高浓度时就会产生抑制作用（毒物兴奋效应）。抑制效应可能在试验初期就会显现，或者也可以使用类似的或相同的接种物，通过毒性试验来确定。试验方法有活性污泥呼吸抑制试验或活性污泥微生物生长抑制试验。

模拟试验中抑制效应可以通过受试物处理与对照处理出水中 DOC 或 COD 的差异来证明，当对照处理出水中 DOC 或 COD 反而大于受试物处理出水 DOC 或 COD 时，表明受试物对微生物具有抑制作用。换言之，试验系统中有机培养基的 DOC[包括 BOD、COD 和（或）氨氮]的去除率会因受试物的存在而下降。如果出现抑制现象，应降低受试物浓度至无抑制水平重新试验；或减少受试物浓度至受试物能生物降解。若任何浓度下均产生抑制作用，表明受试物难生物降解。可采用不同来源的活性污泥或将污泥进一步驯化重新试验。

相反，如果模拟试验中首次试验受试物就被生物降解，当要求了解受试物是否具有抑制作用时，应增加受试物浓度进一步试验。

测定抑制率与活性污泥微生物种群变化的相关性，可确定受试物的容许量。

受试物处理和对照处理 BOD、DOC、COD 等的去除率，可由式（D.1）计算得到。

$$R_o = \frac{(C_I - C_E)}{C_I} \times 100 \qquad \text{(D.1)}$$

式中：

R_o——BOD、DOC、COD 等的去除百分率，以%表示；

C_I——入水 BOD、DOC、COD 等的浓度，单位为毫克每升（mg/L）；

C_E——出水 BOD、DOC、COD 等的浓度，单位为毫克每升（mg/L）。

对于 DOC，C_I 和 C_E 应进行修正，否则抑制率的计算就会不准确。

根据受试物处理与对照处理 BOD、DOC、COD 等的去除率，按式（D.2）可计算求得受试物对微生物的抑制率。

$$I_n = \frac{(R_c - R_t)}{R_c} \times 100 \qquad \text{(D.2)}$$

式中：

I_n——受试物对微生物的抑制率，以%表示；

R_c——对照处理 BOD、DOC、COD 等的去除率，以%表示；

R_t——受试物处理 BOD、DOC、COD 等的去除率，以%表示。

附　录　E
（资料性附录）
弱水溶性和挥发性物质的处理

E.1　弱水溶性物质

关于弱水溶性和难溶于水物质的模拟试验报道较少。目前，没有一种单一的溶解方法可适用于所有不溶物质。ISO 10634:1995 的 4 种方法中，有两种方法可能适用于模拟试验中弱水溶性受试物的溶解。使用乳化剂或超声的方法，可以确保受试物至少在 24 h 内是稳定分散的。稳定的受试物溶液应存储于持续搅拌的容器中，并与生活（或合成）污水分别加入到曝气罐中。

如果溶液稳定，应研究确定如何检测分散状态下的受试物。在这种情况下，测定 DOC 可能并不适合。必须建立受试物的特定分析方法用于测定流出液、固体流出物和活性污泥中受试物的浓度。活性污泥模拟试验中受试物的归趋，可以通过分析受试物在溶解态和固态中的含量来获得。根据“质量守恒”原理，可以判断受试物是否被生物降解。但是，这种方法只能表征初级生物降解。最终生物降解必须通过呼吸试验来表征。

E.2　挥发性物质

挥发性物质的模拟试验是存在问题、有争议的。与弱水溶性受试物相比，关于挥发性物质的模拟试验的报道非常少。可采用完全混合装置，该装置由密封通气管和沉淀池组成，由流量计来测量并控制空气流量，排出气体通过收集装置收集挥发性有机物。有时，使用真空泵，使出气通过冷阱或装有硅胶等吸附剂的捕集阱，可用气相色谱法分析冷阱或捕集阱中的受试物。

试验分为两部分。首先将合成污水和一定量的受试物加入到曝气罐中，不加污泥。连续几天收集并测试入水、出水及排出气体中受试物的浓度。通过测得的数据，可计算受试物由于挥发作用而导致的去除率(R_{VP})。

然后，开始生物试验（加入污泥），试验条件应与非生物试验（不加污泥）相同。可通过分析 DOC 和 COD 含量确认试验是否正常运行。试验的第一阶段（停滞期）可偶尔测试入水、出水和排出气体中受试物的浓度，停滞期过后要经常测试受试物的浓度。通过分析稳定期受试物的浓度，可以计算出所有作用（包括物理和生物作用）下，受试物的去除百分率(R_T)。同样可计算试验系统中受试物由于挥发作用而导致的去除百分率(R_V)。

a)　在非生物降解试验中，受试物的去除率(R_{VP})可按式(E.1)计算。

$$R_{VP} = \frac{S_{VP}}{S_{IP}} \times 100 \qquad \cdots\cdots\cdots\cdots (E.1)$$

式中：

R_{VP}——由于挥发产生的受试物去除率，以百分数表示；

S_{VP}——收集装置中受试物的浓度，换算为出水中的浓度，单位为毫克每升(mg/L)；

S_{IP}——入水中受试物的浓度，单位为毫克每升(mg/L)。

b)　生物降解试验中，受试物的去除率(R_V)可按式(E.2)计算。

$$R_V = \frac{S_V}{S_I} \times 100 \qquad \cdots\cdots\cdots\cdots (E.2)$$

式中：

R_V——由于挥发导致的受试物去除率，以%表示；

S_V——收集装置中受试物的浓度，换算为出水中的浓度，单位为毫克每升(mg/L)；

S_I——入水中受试物的浓度，单位为毫克每升(mg/L)。

c) 生物降解试验中，受试物总去除率(R_T)按式(E.3)计算。

$$R_T = 1 - \frac{S_E}{S_I} \times 100 \qquad \cdots\cdots (E.3)$$

式中：

R_T——受试物总去除率，以%表示；

S_E——出水中受试物的浓度，单位为毫克每升(mg/L)；

S_I——入水中受试物的浓度，单位为毫克每升(mg/L)。

d) 当活性污泥对受试物有较强吸附作用时，由于生物降解作用和吸附作用产生的受试物去除率(R_{BA})按式(E.4)计算。

$$R_{BA} = R_T - R_V \qquad \cdots\cdots (E.4)$$

式中：

R_{BA}——由于生物降解作用和吸附作用产生的受试物总去除率，以%表示；

R_T——受试物总去除率，以%表示；

R_V——由于挥发作用导致的受试物去除率，以%表示。

e) 通过对生物降解试验与非生物降解试验系统中受试物去除率的比较，可以看出受试物挥发性对去除率的影响。

例如：受试物　苯

条件：污泥停留时间 4 d，合成污水停留时间 8 h

$S_{IP} = S_I = 150$ mg/L，$S_{VP} = 150$ mg/L($S_{EP} = 0$)

$S_V = 22.5$ mg/L，$S_E = 50$ μg/L

假设：苯不被污泥吸附

那么：$R_{VP} = 100\%$，$R_V = 15\%$，$R_T = 100\%$，$R_{BA} = 85\%$。

附 录 F
（资料性附录）
低浓度(μg/L)水平下的试验

F.1 前言

许多化学品在水环境(包括污水)中浓度(μg/L)很低。在这样的浓度水平下,它们就不可能作为微生物生长的主要碳源。但是,与各种自然的含碳化合物同时存在时,又可能作为第二碳源被降解。

低浓度条件下,可采用本标准正文介绍的试验程序,但该标准仅适合于相对低浓度(<100 μg/L)和使用特定分析方法的初级生物降解试验。如果考虑非生物降解作用(吸附、挥发等),按本标准正文中式(4)可计算生物降解率。Nyholm 等使用一个 4 h 循环系统进行过相似的研究。他们通过在合成污水中加入 5 种浓度为 5 μg/L～100 μg/L 的受试物,得到了一级降解常数。对于最终降解性的测定可以使用^{14}C标记受试物。但^{14}C标记受试物试验超出了本方法范围,它们还不是既定的程序,尽管 ISO 14592:1998提到了使用^{14}C标记受试物。

目前,低浓度受试物的试验采用比较简单的两阶段试验:半连续活性污泥法(SCAS)、短期试验。

F.2 半连续活性污泥法

应首先已知活性污泥损耗率,并采用改进的合成污水或生活污水。合成污水的改进通过加入磷酸缓冲溶液、酵母膏、氯化铁和微量元素(盐)进行,增加蛋白胨和牛肉膏的浓度,使 COD 增加至大约750 mg/L。该系统 24 h 循环工作,即加入含有受试物(100 μg/L,相当于短期试验浓度)的合成污水后,通气 23 h,待污泥沉降后,除去悬浮物。每周用新鲜污泥更换一次 10%的污泥,以维持微生物种群的稳定。试验开始与结束时,采样测定受试物浓度。直至受试物去除率稳定时停止试验。

F.3 短期试验

短期试验用来测定初级动力学速率常数,以确定受试物在活性污泥中的消减。其中,污泥样品取自 SCAS 反应系统-低浓度有机物试验曝气结束阶段(即微生物适应期)。考虑对比性,也可以从一个平行的没有加受试物的 SCAS 系统中取样。在 1 μg/L～50 μg/L 的浓度范围内,加入两个或多个浓度的受试物和污泥混合物,曝气时不加合成污水或其他有机物质。定期测定溶液中的受试物残留浓度,如在不超过 24 h 的情况下,根据受试物的降解性每小时测定一次。分析前样品要经离心处理。

F.4 结论

受试物去除率的计算方法见本标准式(4),平均速率常数(K_1)由式(F.1)计算得到。

$$K_1 = \frac{1}{t} \times \ln \frac{c_e}{c_i} \times \frac{1}{c_{ss}} \qquad \text{(F.1)}$$

式中:

K_1——平均速率常数,单位为升每小时克(L/(h.g));

t——曝气时间,以 23 h 计;

c_e——曝气结束时受试物浓度,单位为微克每升(μg/L);

c_i——爆气开始时受试物浓度,单位为微克每升(μg/L);

c_{ss}——活性污泥浓度,单位为克每升(以干重计,g/L)。

参 考 文 献

[1] Swisher RD"Surfactant Biodegradation",2nd Edn. Marcel Dekker Inc. New York,1085 pp (1987).

[2] German Government(1962). Ordinance of the degradability of detergents in washing and cleaning agents. Bundesgesetzblatt,Pt. 1 No. 49:698-706.

[3] Painter H A and King E F(1978,a). WRc porous-pot method for assessing biodegradability. Technical Report No. 70,Water Research Centre,Medmenham,UK.

[4] Painter H A and King E F(1978,b). The effect of phosphate and temperature on growth of activated sludge and on biodegradation of surfactants. Wat. Res. ,12,909-915.

[5] Eckenfelder,W. W(19)[to come from USEPA].

[6] Gerike,P and Fischer,W K(1979). A correlation study of biodegradability determinations with various chemicals in various tests. Ecotox. Env. Saf. ,3,157-173.

[7] Gerike,P and Fischer,W K(1981),as(6). II Additional results and conclusions. Ecotox. Env. Saf. ,5,45-55.

[8] Painter,H A and Bealing,D(1989). Experience and data from the OECD activated sludge simulation test. pp 113-138,In:Laboratory tests for simulation of water treatment processes. CEC Water Pollution Report 18. Eds. Jacobsen BN,Muntau,H,Angeletti,G.

[9] OECD Test Guideline 303A. Paris(1981).

[10] International Organization for Standardization,ISO Standard 11,733. Evaluation of the elimination and biodegradability of organic compounds in an aqueous medium-activated sludge simulation test(1995).

[11] Birch,R R(1982). The biodegradability of alcohol ethoxylates. XIII Jornado Com. Espanol. Deterg. ,33-48.

[12] Birch,R R(1984). Biodegradation of noniomic surfactants. J. A. O. C. S. ,61(2)340-343.

[13] Gerike P,Fischer W K and Holtmann W(1980). Biodegradability determinations in trickling filter units compared with the OECD confirmatory test. Wat. Res. ,14,753-758.

[14] Baumann U,Kuhn G and Benz M. (1998). Einfache Versuchsanordnung zur Gewinnung gew sser kologisch relevanter Daten,UWSF-Z. Umweltchem. kotox. ,10,214-220.

[15] Her Majesty's Stationery Office(1982). Assessment of biodegradability. Methods for the examination of waters and associated materials. pp. 91-98 ISBN 011 751661 9.

[16] ISO 14,593(1998). Water Quality-Evaluation in an aqueous medium of the ultimate biodegradability of organic compounds. Method by the analysis of inorganic carbon in sealed vessels.

ICS 13.300;13.020.40
A 80

中华人民共和国国家标准

GB/T 21830—2008

化学品　溞类急性活动抑制试验

Chemicals—*Daphnia* sp.,acute immobilisation test

2008-05-12 发布　　2008-09-01 实施

中华人民共和国国家质量监督检验检疫总局
中国国家标准化管理委员会　发布

前言

本标准等同采用经济合作与发展组织(OECD)化学品测试导则 No.202(2004 年)《溞类急性活动抑制试验》(英文版)。

本标准做了下列编辑性修改：

——将术语和定义从原文的附录调整为正文内容；

——将计量单位改为我国法定计量单位。

本标准的附录 A 为规范性附录，附录 B 为资料性附录。

本标准由全国危险化学品管理标准化技术委员会(SAC/TC 251)提出并归口。

本标准负责起草单位：环境保护部化学品登记中心。

本标准参加起草单位：沈阳化工研究院安全评价中心、广东出入境检验检疫局、广东省微生物研究所。

本标准主要起草人：菅小东、周红、赵圆、蔡磊明、赵玉艳、许崇辉、梅承芳。

化学品　溞类急性活动抑制试验

1　范围

本标准规定了化学品　溞类急性活动抑制试验的原理、仪器和设备、试验准备、试验程序、质量保证与质量控制、数据与报告。

本标准适用于测试与评价可能暴露于水生生态环境的化学品对溞类急性活动的抑制作用。

2　术语和定义

下列术语和定义适用于本标准。

2.1

半数效应浓度(EC_{50})　median effective concentration

引起50%的受试溞活动抑制的受试物浓度。

2.2

活动抑制　immobilisation

轻晃试验容器，15 s 内溞体不能游动，视为活动受到抑制。

3　受试物信息

a）结构式；
b）纯度；
c）水中溶解度；
d）蒸气压；
e）在水中和光中的化学稳定性；
f）正辛醇-水的分配系数(P_{ow})；
g）在水溶液中的可靠的定量分析方法、回收率以及检测限；
h）快速生物降解性试验结果。

4　原理

幼溞(试验开始时溞龄小于 24 h)以一定的浓度范围暴露于受试物溶液中 48 h，相对于空白对照组，观察记录 24 h 和 48 h 受试物对溞类活动抑制情况。通过对结果分析计算 48 h 的 EC_{50}。亦可选 24 h的 EC_{50} 结果。

5　参比物

推荐使用重铬酸钾($K_2Cr_2O_7$)，其 24 hEC_{50} 值范围为 0.6 mg/L～2.1 mg/L，参见参考文献[1]、[5]。

6　仪器和设备

6.1　接触到试验溶液的试验容器和其他设备最好是全玻璃制品或由其他化学惰性材料制成。试验容器通常为试管或烧杯，每次使用前必须按照标准的实验室程序清洗干净；试验容器应便于加盖，以减少水分蒸发造成的损失，并避免灰尘进入溶液。挥发性物质应在足够大的完全密闭的容器中进行，以免溶解氧受限或过低。

6.2 需用下列部分或全部仪器设备：

——溶解氧仪(带有微电极或其他能够测定少量样品的溶解氧浓度的适当装置)；

——pH 计；

——适当的温度控制设备；

——总有机碳(TOC)测定仪；

——化学需氧量(COD)测定仪；

——测定水硬度的设备等。

7 试验准备

7.1 受试生物

7.1.1 受试生物的选择

首选大型溞(*Daphnia magna Straus*)，也可以使用其他溞类，如蚤状溞(*Daphnia pulex*)。试验开始时试验用溞应是小于 24 h 的非头胎溞。试验用溞应来源于同一个保种培养的健康溞，即未表现任何受胁迫现象(如：死亡率高、出现雄溞和冬卵、头胎延迟、体色异常等)。

7.1.2 受试生物的驯养

保种培养的条件(光照、温度、培养液)应和试验条件一致，试验前最好设置驯养期，一般试验用溞应在试验条件下驯养至少 48 h。

7.2 试验条件

7.2.1 试验用水

a) 只要能够使溞类在培养、驯化及试验期间存活，天然水(地表/地下水)、重组水或去氯自来水及其他水均可(应符合附录 A 规定)。试验期间水质应保持稳定，重组水组成应为将已知特定含量的分析纯的试剂添加到去离子水或蒸馏水中，重组水如附录 B 所示，相关的参考文献见[1]、[6]。注意：培养液中应含有已知的螯合剂，如附录 B 中的 M4 和 M7 培养液应避免用于含有金属的受试物的测试。对于大型溞(*Daphnia magna Straus*)来说，水质条件为：pH 值为 6～9，硬度(以 $CaCO_3$ 计)为 140 mg/L～250 mg/L，如果用于其他溞类，也可以适当降低硬度。稀释水在使用前应充分曝气使溶解氧浓度达到饱和。

b) 如果采用天然水，应至少每年两次(或怀疑水质可能发生明显变化时)取样测定水质，并测定重金属(如 Cu、Pb、Zn、Hg、Cd、Ni 等)含量；如果采用去氯自来水，应每天分析残留氯的含量；如果采用地表/地下水，应测定电导率并分析水中的总有机碳(TOC)或化学需氧量(COD)。

7.2.2 试验液

a) 选择的试验液浓度一般由贮备液稀释而成。贮备液最好是将受试物加入到试验用水中配制而成。应尽量避免使用助溶剂、乳化剂或分散剂，尽管有时需要使用这些物质来配制适当浓度的贮备液。有关助溶剂、乳化剂或分散剂的准则见参考文献[4]。任何情况下，受试物的浓度不能超过其在试验用水中的溶解度。

b) 通常不能调节试验液的 pH 值。如果溶液的 pH 不在 6～9 范围内，调节贮备液的 pH 值同时进行第二套试验。调节 pH 值可以使用 HCl 或 NaOH，但必须保证贮备液的性质、浓度不发生改变，即不发生化学反应或沉淀作用。

8 试验程序

8.1 暴露条件

8.1.1 试验组和对照组

a) 试验容器中盛有适当体积的试验用水和受试物溶液。对照组和试验组的容器中的空气与溶液的体积比应相同，然后放入溞。每个试验浓度组和对照组至少 20 只溞，分成 4 组，每组 5 只溞。负荷量为每只溞不小于 2 mL。当受试物浓度不稳定时可以采用半静态或流水式系统进行试验。

b) 除受试物组外，还应至少设置一组空白对照组，如果使用溶剂还应包括溶剂对照组，溶剂对照组中的溶剂浓度应与受试物组中的溶剂浓度一致。

8.1.2 **试验浓度**

a) 正式试验前应先进行预试验以确定浓度范围，除非受试物已有可用的毒性资料。因此先将溞类暴露于较大范围浓度系列的受试物溶液中 48 h，每个浓度 5 只溞，不设平行。若在短时间内即能够确定可用的浓度范围，预试验的暴露期也可缩短(24 h 或更短)。

b) 根据预试验的结果进行正式试验，在包括使溞全部产生活动抑制的最低浓度和未产生活动抑制的最高浓度之间(即 EC_0～EC_{100})以几何级数设置浓度系列。至少设 5 个浓度，公比不大于 2.2。如果试验浓度少于 5 个，应在试验报告中给予合理解释。

8.1.3 **培养条件**

温度 18℃～22℃，同一试验中，温度变化小于或等于 1℃；光照周期(光暗比)为 16 h：8 h，若受试物易光解，亦可在完全黑暗的条件下进行测试。

试验期间试验容器中不能充气，不能调节 pH 值，不能喂食受试溞类。

8.1.4 **试验周期**

试验周期为 48 h。

8.2 **观察**

试验后 24 h 和 48 h 分别观察每个试验容器中试验溞类的受抑制情况。除了活动受抑制外，其他任何异常症状或表现均应记录。

8.3 **分析测量**

8.3.1 试验开始和结束时，应测定对照组和最高浓度组试验液的溶解氧浓度和 pH 值。对照组溶解氧浓度应符合标准的规定。在同一测试中，试验期间 pH 值通常不能超过 1.5 个单位。测定对照组容器中的温度或环境空气温度，至少在试验开始和结束时分别测定温度，最好连续记录温度。

8.3.2 应测定试验液中受试物的浓度，至少在试验开始和结束时分别测定最高浓度组和最低浓度组试验液中受试物的浓度[4]。建议用测定浓度计算试验结果。如果能够提供有力证据证明试验期间受试物的浓度能维持在配制浓度(或初始测定浓度)±20%的范围内，可以用配制浓度或初始测定浓度来计算。

8.4 **限度试验**

限度试验的浓度为 100 mg/L 或受试物在试验溶液中的最大溶解度(二者中选浓度低者)，以表明 EC_{50} 大于其限度浓度。限度试验需用 20 只溞(最好分成 4 组，每组 5 只)，对照组相同。如果试验结束时，抑制率超过 10%，还应进行完整的试验。并记录受试溞类的任何异常反应和行为。

9 质量保证与质量控制

9.1.1 对照组(包括空白对照组和溶剂对照组)溞类的受抑制率不能超过 10%；其受抑制情况包括：活动受抑制、有疾病症状或受损伤，例如变色、行为异常(如飘浮于液面)等。

9.1.2 试验结束时对照组和试验组的溶解氧浓度应不小于 3 mg/L。

10 数据与报告

10.1 数据

10.1.1 以表格形式列出 24 h 和 48 h 对照组和各试验组试验溞数、活动受抑制溞数及百分率。以24 h 和 48 h 抑制百分率与受试物浓度作剂量-效应曲线，选择合适的统计方法(如概率单位法)计算 24 h EC_{50}(可选)和 48 h EC_{50} 及其 95%的置信区间[7]、[8]。

10.1.2 当获得的数据使用标准的方法无法统计时，无抑制作用的最高浓度和引起 100%抑制的最低

浓度可用于推导 EC_{50}(可以认为其为两者浓度的几何平均值)。

10.2 试验报告

试验报告应包括以下内容:

10.2.1 受试物

a) 物理属性和相关理化性质;

b) 化学标识鉴别数据,包括纯度。

10.2.2 受试生物

溞类的来源和种类,提供者(若已知),培养条件(包括食物的种类、来源、喂食量以及喂食频率)。

10.2.3 试验条件

a) 试验容器:试验容器的类型和容积,试验液的体积,每个容器中溞类的数量,每个浓度的平行数;

b) 贮备液和试验液制备的方法,包括助溶剂、分散剂和乳化剂的使用及其浓度;

c) 试验用水:来源和水质特征(包括 pH 值、硬度、Ca/Mg、Na/K、碱度和电导率等)。若使用重组水,应提供其组成和制备方法;

d) 培养条件:温度、光照强度和光照周期、溶解氧、pH 值等。

10.2.4 结果

a) 各观察时间点内对照组和试验组中溞类活动受抑制或行为异常的数量和百分数;

b) 参比物的试验结果;

c) 每个容器中受试物的配制浓度和所有分析测定受试物浓度的结果,分析方法的回收率和检测限;

d) 试验期间水质测定结果,包括温度、pH 值和溶解氧;

e) 24 h EC_{50}(可选)和 48 h EC_{50} 及其 95%置信区间,以及剂量-效应曲线及其标准误差。用于计算 EC_{50} 的统计程序;

f) 如果出现偏离,需说明偏离及对试验结果的影响。

附 录 A
(规范性附录)
合格试验用水的部分化学特性

A.1 合格试验用水的部分化学特性见表 A.1。

表 A.1 合格试验用水的部分化学特性

物 质	浓 度
颗粒物	<20 mg/L
总有机碳(TOC)	<2 mg/L
游离氨	<1 μg/L
残留氯	<10 μg/L
总有机磷农药	<50 ng/L
总有机氯农药与多氯联苯(PCB)	<50 ng/L
总有机氯	<25 ng/L

附　录　B
（资料性附录）
推荐的重组水和培养液

B.1　重组水

适宜的重组水示例见表 B.1。

表 B.1　ISO 试验用水（见参考文献[1]）

贮备液（单一物质）		每升水[a] 贮备液的加入量/mL
物质	每升水[a] 的加入量/g	
$CaCl_2 \cdot 2H_2O$	11.76	25
$MgSO_4 \cdot 7H_2O$	4.93	25
$NaHCO_3$	2.59	25
KCl	0.23	25

[a] 水为纯水，如去离子水、蒸馏水或反向渗透水，其电导率不能超过 10 μS/cm。

B.2　培养液

B.2.1　对 Elendt M4 和 M7 培养基的适应

根据一些实验室的经验，很难将溞直接转移到 M4 和 M7 培养基中。应通过逐步适应的过程：即将溞从原培养基中取出，放入比例较低的 Elendt 培养基中，如 30％的 Elendt 培养基中，然后增大 Elendt 培养基的比例到 60％，直至 100％。适应期大约需要一个月左右。

B.2.2　Elendt M4 和 M7 培养基的制备

用去离子水、蒸馏水或反向渗透水（以下均简称水）分别配制贮备液Ⅰ、贮备液Ⅱ和混合维生素贮备液。制备 Elendt 培养基时，用贮备液Ⅰ（含有所有微量元素的混合液）制备贮备液Ⅱ，在使用前最后加入混合维生素贮备液，见表 B.2。

表 B.2　Elendt M4 和 M7 培养基的制备

贮备液Ⅰ（单一物质）	加入到水中的量/(mg/L)	浓度（与 M4 培养基的关系）	为制备贮备液Ⅱ将贮备液Ⅰ加入到水中的量/(mL/L)	
			M4	M7
H_3BO_3	57 190	20 000 倍	1.0	0.25
$MnCl_2 \cdot 4H_2O$	7 210	20 000 倍	1.0	0.25
$LiCl \cdot H_2O$	6 120	20 000 倍	1.0	0.25
RbCl	1 420	20 000 倍	1.0	0.25
$SrCl_2 \cdot 6H_2O$	3 040	20 000 倍	1.0	0.25
NaBr	320	20 000 倍	1.0	0.25
$Na_2MoO_4 \cdot 2H_2O$	1 260	20 000 倍	1.0	0.25
$CuCl_2 \cdot 2H_2O$	335	20 000 倍	1.0	0.25
$ZnCl_2$	260	20 000 倍	1.0	1.0
$CoCl_2 \cdot 6H_2O$	200	20 000 倍	1.0	1.0

表 B.2（续）

贮备液Ⅰ（单一物质）	加入到水中的量/(mg/L)	浓度（与 M4 培养基的关系）	为制备贮备液Ⅱ将贮备液Ⅰ加入到水中的量/(mL/L)	
			M4	M7
KI	65	20 000 倍	1.0	1.0
Na_2SeO_3	43.8	20 000 倍	1.0	1.0
NH_4VO_3	11.5	20 000 倍	1.0	1.0
$Na_2EDTA \cdot 2H_2O$	5 000	2 000 倍	—	—
$FeSO_4 \cdot 7H_2O$	1 991	2 000 倍	—	—
2L Fe-EDTA 溶液		1 000 倍	20.0	5.0
注：Na_2EDTA 和 $FeSO_4$ 两者单独制备，混在一起后立即灭菌。				

B.2.3 M4 和 M7 培养基

M4 和 M7 用贮备液Ⅱ、常量营养元素和维生素配制。具体见表 B.3。

表 B.3 M4 和 M7 培养基的配制

组分	加入到水中的量/(mg/L)	浓度（与 M4 培养基的关系）	加入到含有所有微量元素混合液中（贮备液Ⅰ）的量/(mL/L)	
			M4	M7
贮备液Ⅱ（微量元素混合液）		20 倍	50	50
常量营养贮备液（单一物质）				
$CaCl_2 \cdot 2H_2O$	293 800	1 000 倍	1.0	1.0
$MgSO_4 \cdot 7H_2O$	246 600	2 000 倍	0.5	0.5
KCl	58 000	10 000 倍	0.1	0.1
$NaHCO_3$	64 800	1 000 倍	1.0	1.0
$Na_2SiO_3 \cdot 9H_2O$	50 000	5 000 倍	0.2	0.2
$NaNO_3$	2 740	10 000 倍	0.1	0.1
KH_2PO_4	1 430	10 000 倍	0.1	0.1
K_2HPO_4	1 840	10 000 倍	0.1	0.1
混合维生素贮备液	—	10 000 倍	0.1	0.1
注 1：混合维生素贮备液[a] 是将 3 种维生素加到 1 L 水中制成的，如下所示： 盐酸硫胺（维生素 B_1）　750　10 000 倍 氰钴胺（维生素 B_{12}）　10　10 000 倍 钙长石（维生素 H）　7.5　10 000 倍 注 2：制备培养基时，为了避免盐沉淀，应将适量的贮备液加入到 500 mL～800 mL 水中，然后定容至 1 L。				
[a] 混合维生素贮备液应以较小分装冷藏保存。				

参 考 文 献

[1] ISO 6341. (1996). Water quality—Determination of the inhibition of the mobility of *Daphnia magna* Straus(Cladocera,Crustacea)—Acute toxicity test. Third edition,1996.

[2] EPA OPPTS 850. 1010. (1996). Ecological Effects Test Guidelines—Aquatic Invertebrate Acute Toxicity Test,Freshwater Daphnids.

[3] Environment Canada. (1996) Biological test method. Acute Lethality Test Using *Daphnia* spp. EPS 1/RM/11. Environment Canada,Ottawa, Ontario,Canada.

[4] Guidance Document on Aquatic Toxicity Testing of Difficult Substances and Mixtures. OECD Environmental Health and Safety Publication. Series on Testing and Assessment. No. 23. Paris 2000.

[5] Commission of the European Communities. Study D8369. (1979). Inter-laboratory Test Programme concerning the study of the ecotoxicity of a chemical substance with respect to *Daphnia*.

[6] OECD Guidelines for the Testing of Chemicals. Guideline 211:*Daphnia magna* Reproduction Test, adopted September 1998.

[7] Stephan C. E. (1977). Methods for calculating an LC50. In Aquatic Toxicology and Hazard Evaluation(edited by F. I. Mayer and J. L. Hamelink). ASTM STP 634—American Society for Testing and Materials. 65-84.

[8] Finney D. J. (1978). Statistical Methods in Biological Assay. 3rd ed. London. Griffin, Weycombe,UK.

ICS 13.300;13.020.40
A 80

GB

中华人民共和国国家标准

GB/T 21831—2008

化学品　快速生物降解性：密闭瓶法试验

Chemicals—Ready biodegradability：Closed bottle test

2008-05-12 发布　　2008-09-01 实施

中华人民共和国国家质量监督检验检疫总局
中国国家标准化管理委员会　发布

前　言

本标准等同采用经济合作与发展组织(OECD)化学品测试导则 No.301D(1992年)《密闭瓶试验》(英文版)。

本标准做了下列编辑性修改:

——将计量单位改为我国法定计量单位。

本标准的附录A、附录B、附录C、附录D和附录E为资料性附录。

本标准由全国危险化学品管理标准化技术委员会(SAC/TC 251)提出并归口。

本标准负责起草单位:环境保护部化学品登记中心。

本标准参加起草单位:环境保护部南京环境科学研究所、上海市环境科学研究院、沈阳化工研究院安全评价中心。

本标准主要起草人:孙锦业、刘纯新、侯琳、刘济宁、石利利、沈根祥、杨海荣。

化学品　快速生物降解性：密闭瓶法试验

1　范围

本标准规定了化学品　快速生物降解性：密闭瓶法试验的方法概述、试验准备、试验程序、质量保证与质量控制、数据与报告。

本标准适用于测试可溶于水的或难溶于水的、不挥发性、挥发性或有吸附作用的化学品的快速生物降解性。

2　术语和定义

下列术语和定义适用于本标准。

2.1

快速生物降解性　ready biodegradability

受试物在限定时间内与接种物接触表现出的生物降解能力。

2.2

生化需氧量　biochemical oxygen demand，BOD

微生物分解有机物所消耗氧的量，可表示为每毫克受试物消耗的氧气毫克数(mg/mg)。

2.3

化学需氧量　chemical oxygen demand，COD

在强酸并加热条件下，一定量的重铬酸盐氧化水样中还原性物质所消耗氧化剂的量，可表示为每毫克受试物消耗的氧气毫克数(mg/mg)。

2.4

理论需氧量　theoretical oxygen demand，ThOD

根据分子式计算得到的受试物完全被氧化需要的氧的总量，可表示为每毫克受试物消耗的氧气毫克数(mg/mg)。

2.5

停滞期　lag phase

试验开始到降解率达到10％的时期。

2.6

十天观察期　10-d window

生物降解率达到10％之后的10 d试验时间。

2.7

降解期　degradation phase

停滞期结束到降解率达到最大降解率的90％的时期。

3　受试物信息

a)　分子式；

b)　水中溶解度；

c)　蒸气压；

d) 结构式;
e) 纯度;
f) 主要成分组成比例;
g) 吸附性;
h) 微生物毒性。

4 方法简介

4.1 原理

通常在含有 2 mg/L~5 mg/L 受试物的试验培养基中接种少量的接种物,在恒温避光条件下保持受试物溶液完全充满密闭瓶。根据在 28 d 中溶解氧的消耗来计算降解率。受试物生物降解时接种物消耗的氧量经平行试验空白对照校正后,以占 ThOD 或 COD 的百分数表示降解率。

4.2 参比物

本标准推荐苯胺(新蒸馏)、醋酸钠或苯甲酸钠作为参比物。若使用其他参比物,试验报告中应加以说明。

5 试验准备

5.1 设备

a) 具塞 BOD 瓶(250 mL~300 mL 或 100 mL~125 mL);
b) 水浴或培养箱(±1℃);
c) 烧杯(2 L ~5 L);
d) 溶解氧测定仪。

5.2 接种物

5.2.1 接种物选择

接种物可以采自生活污水处理厂或处理生活污水的中试规模单元的二级出水。采集一个新鲜样品并在运输中保持有氧状态。样品沉淀 1 h 或用粗滤纸过滤后,保持上清液或滤出液在有氧状态直至使用。接种物最佳用量根据接种物浓度确定,通常每 1 L 试验培养基中加入滤出液 0.5 mL 到 5 mL。

接种物也可采用河水、湖水等地表水,并保持其有氧条件直到使用。接种物最佳用量应通过预试验确定。

5.2.2 接种物预处理

如有需要,试验温度下对接种物曝气处理 5 d ~ 7 d。

5.3 试验用水

使用去除毒性物质 (如 Cu^{2+})的高纯度去离子水或蒸馏水,确保有机碳含量不得高于受试物浓度的 10%,同系列试验使用同一批水。

5.4 培养基

5.4.1 试验培养基贮备液

用分析纯试剂制备下列贮备液:

a) 磷酸盐缓冲液:称取 8.50 g 磷酸二氢钾(KH_2PO_4)、21.75 g 磷酸氢二钾(K_2HPO_4)、33.40 g 二水合磷酸氢二钠($Na_2HPO_4 \cdot 2H_2O$)和 0.5 g 氯化铵(NH_4Cl),用水溶解,定容至 1 L,pH 为 7.4。
b) 氯化钙溶液:称取 27.50 g 无水氯化钙($CaCl_2$)或 36.40 g 二水合氯化钙($CaCl_2 \cdot 2H_2O$),用水溶解,定容至 1 L。
c) 硫酸镁溶液:称取 22.50 g 七水合硫酸镁($MgSO_4 \cdot 7H_2O$),用水溶解,定容至 1 L。
d) 氯化铁溶液:称取 0.25 g 六水合氯化铁($FeCl_3 \cdot 6H_2O$),用水溶解,定容至 1 L。加入 0.05 mL 浓盐酸或 0.4 g/L EDTA 二钠盐缓冲溶液保存。

上述贮备液中如果出现沉淀，则需重新配制。

5.4.2 试验培养基的制备

取磷酸盐缓冲液、氯化钙溶液、硫酸镁溶液和氯化铁溶液各 1 mL 于 800 mL 试验用水中，定容至 1 L。

6 试验程序

6.1 组别设计

a) 通常，试验中需要设置下列组别：

——含受试物和接种物的试验组；

——仅含接种物的接种物空白对照组；

——含参比物和接种物的程序对照组。

b) 必要时：

——含受试物、参比物和接种物的毒性对照组(见附录 A)。

6.2 受试物贮备液

受试物或参比物的水中溶解度若超过 1 g/L，则称取 1 g ～ 10 g，用试验用水溶解并定容至 1 L。否则，将受试物直接加入试验培养基中，确保受试物溶液均质化。

6.3 试验操作

对试验培养基至少进行高强度曝气 20 min 后，在试验温度下静置 20 h。试验所用培养基为同一批配制，试验操作时应保持试验培养基无气泡。

将充分曝气的试验培养基放入 BOD 瓶中，大约 1/3 体积。在各 BOD 瓶中分别加入适量的受试物和参比物贮备液(或以其他方式加入，见附录 B)，试验烧瓶中受试物的最终浓度一般不超过 10 mg/L。为确保接种物的活性，BOD 瓶中溶解氧浓度不得低于 0.5 mg/L，通常使受试物浓度限制在 2 mg/L 以内，一般从受试物的 ThOD(mg/mg)可估计大致的最高浓度。对不易降解的和 ThOD 较低的化合物，浓度可设置在 5 mg/L ～ 10 mg/L 之间。

如果发现受试物对接种物具有微生物毒性，则必须设置毒性对照，同时加入受试物和参比物，使其含受试物的最终浓度与其他试验组相当。

向所有试验瓶中加入接种物，将软管插到装有试验培养基的烧杯底部 1/4 处(不要从底部)吸取试验培养基至各 BOD 瓶中，使所有 BOD 瓶完全充满。当受试物是难溶性物质时，添加的方法见附录 B，通过搅拌确保药液混合均匀，轻轻拍打以去除气泡，塞好瓶塞，确保没有气泡附着，在 20 ℃黑暗中培养。

在 28 d 培养期中，以固定的时间间隔(至少每周一次)从各瓶组抽取至少两瓶进行溶解氧测定。每周采样一次测定溶解氧可确定 14 d 观察期去除百分率，如要确定十天观察期的去除百分率，则需要每 3 d～4 d 取样。

对于含氮受试物，需要校正硝化作用的氧消耗。测定溶解氧浓度的同时，从 BOD 瓶中取样测定亚硝酸根和硝酸根含量。

7 质量保证与质量控制

a) 在稳定期、试验结束时或十天观察期结束时，平行试验间的降解率最大差别低于 20%；

b) 试验进行到 14 d 时，参比物程序对照的降解率(以占 ThOD 的百分数计)不低于 60%；

c) 28 d 后接种物空白对照的溶解氧损耗不高于 1.5 mg/L；

d) 试验期间，试验瓶中溶解氧的残余浓度不低于 0.5 mg/L。

8 数据与报告

8.1 数据处理

首先用每一时间点的受试物瓶的氧消耗减去相应的接种物空白对照的氧损耗，除以受试物的浓度

(mg/L),得到以氧/受试物(mg/mg)表示的 BOD。再用此 BOD 除以 ThOD 或者 COD 就得到生物降解百分率。见式(1)。

$$BOD = \frac{m_1 - m_2}{m_3} \qquad \cdots\cdots(1)$$

式中:

m_1——受试物氧消耗,单位为毫克(mg);

m_2——空白对照氧消耗,单位为毫克(mg);

m_3——受试物加入量,单位为毫克(mg)。

生物降解百分率可从式(2)或式(3)中获得。

$$D = \frac{BOD}{ThOD} \times 100 \qquad \cdots\cdots(2)$$

$$D = \frac{BOD}{COD} \times 100 \qquad \cdots\cdots(3)$$

式中:

D——生物降解率,以%表示。

注意这两种方法可能得到不同的降解率,本标准推荐使用前者。

ThOD 和 COD 的计算和确定见附录 C。当受试物含氮时,根据已知或估计出现的硝化作用选择使用适当的 ThOD(NH_4 或 NO_3)。如果硝化作用不完全,可根据 28 d 试验期的硝酸根和亚硝酸根浓度校正硝化作用的氧消耗(见附录 D)。

8.2 结果报告

试验报告应包括以下内容:

a) 受试物信息

——物理属性及基本理化性质;

——受试物鉴别数据。

b) 试验条件

——接种物:状态和取样地点,浓度和预处理方式;

——污水中工业废水的比例和状况(若已知);

——试验周期与温度;

——水中难溶受试物溶液/悬浮液制备方法;

——采用的测试方法;程序改变的原因及解释说明。

c) 结果

——将数据填入"数据表"(见附录 E);

——任何观察到的抑制现象;

——任何观察到的非生物降解;

——化学物质分析数据(若适用);

——受试物降解产物的分析数据(若适用);

——受试物及参比物的降解曲线,包括停滞期、降解期和十天观察期;

——稳定期、试验结束时和(或)十天观察期结束时的降解百分率。

d) 结果讨论

附 录 A
（资料性附录）
受试物对接种物的生长抑制的处理

A.1 受试物对接种物的生长抑制的处理

当快速生物降解试验中受试物表现为无生物降解性时，为判别是源于受试物对接种物的抑制作用还是因为受试物的惰性，推荐采用以下措施：

a) 微生物毒性试验和生物降解试验采用类似或相同的接种物；
b) 微生物毒性试验可以单独或联合采用以下方法：活性污泥呼吸抑制试验、BOD 和（或）微生物生长抑制试验；
c) 生物降解性试验中，为避免受试物抑制接种物的活性，建议受试物浓度设置为 EC_{50} 的 1/10（或低于 EC_{20}）。若受试物对接种物 EC_{50} 大于 300 mg/L 时，可判定受试物对接种物无抑制影响；
d) 当受试物对接种物 EC_{50} 低于 20 mg/L 时，应设置较低的受试物浓度。推荐采用密闭瓶法试验或使用 ^{14}C 标记材料评价生物降解性；若采用经受试物驯化的接种物，试验时可设置较高的受试物浓度，但试验结果不能用于评价快速生物降解性。

附　录　B
（资料性附录）
难溶性受试物的处理

B.1　难溶性受试物的处理

对于难溶于水的受试物的生物降解性试验，应特别注意以下问题：

鉴于均质的液体很少有采样问题，因此应采用适当的方法使固体物质均质化，避免非均质造成的误差。当需要从混合物或含大量杂质的受试物中采集几毫克的代表样品时，尤其应特别小心；

试验过程中可采用多种搅拌方式，要注意搅拌力足以使受试物分散、但又不过强以致于出现过热、泡沫过多；

可使用乳化剂使受试物呈稳定的分散状态，但乳化剂在试验条件下应对接种物无毒、不降解，也不起泡；

对溶剂的要求同乳化剂；

对于固体受试物，乳化剂不得属于固体载运剂，但油性受试物可以使用载运剂；

当使用辅助物质如乳化剂、溶剂和载运剂时，应设置辅助物质空白对照。

附 录 C
（资料性附录）
有关参数的计算和确定

C.1 理论耗氧量(ThOD)

当元素组成确定或已知时,可以计算得出理论耗氧量。对于化合物 $C_cH_hCl_{cl}N_nNa_{na}O_oP_pS_s$,通常基于形成铵盐的降解方式计算 ThOD,其理论需氧量为式(C.1)。

$$ThOD_{NH_3}=\frac{16\left[2c+\frac{1}{2}(h-cl-3n)+3s+\frac{5}{2}p+\frac{1}{2}na-o\right]}{MW} \quad \cdots\cdots(C.1)$$

如果预测到或可确定发生硝化作用时,就要基于形成硝酸盐的降解方式来计算 $ThOD_{NO_3}$,其理论需氧量为式(C.2)。

$$ThOD_{NO_3}=\frac{16\left[2c+\frac{1}{2}(h-cl)+\frac{5}{2}n+3s+\frac{5}{2}p+\frac{1}{2}na-o\right]}{MW} \quad \cdots\cdots\cdots(C.2)$$

式(C.1)和式(C.2)中:

ThOD——理论需氧量,以每毫克化学品消耗的氧气量表示(mg/mg);
c——化合物分子中碳原子个数;
h——化合物分子中氢原子个数;
cl——化合物分子中氯原子个数;
n——化合物分子中氮原子个数;
s——化合物分子中硫原子个数;
p——化合物分子中磷原子个数;
na——化合物分子中钠原子个数;
o——化合物分子中氧原子个数;
MW——化合物分子量。

若硝化作用不完全但确已发生,则需通过测定硝酸盐和亚硝酸盐的浓度进行校正 ThOD。

C.2 化学需氧量(COD)

水中可溶性有机物的化学需氧量可用现有方法进行测定。

化学需氧量通常最好用其他方法来测定,即有压力平衡装置的密闭系统 Kelkenberg 法,特别是对于难溶物质的试验中,用该方法可以测定常规方法很难测定的化合物。然而,该方法不能测定像嘧啶类的物质。若重铬酸钾的浓度从 0.002 6 mol/L 增至 0.041 6 mol/L,就可容易地测定 5 mg～10 mg 直接称量加入的物质,这将满足难溶于水物质的化学需氧量测定。

附 录 D
（资料性附录）
硝化作用氧消耗的校正

在呼吸计法中，铵氧化过程消耗的氧将显著影响试验氧消耗的测定。

用氧消耗法对不含氮受试物进行生物降解性试验时，即使试验和对照瓶中介质含的铵氮随机发生氧化，不考虑硝化作用的结果误差也很小（小于或等于5%）；但对于含氮受试物，如果不校正铵氧化为硝酸根和亚硝酸根所消耗的氧，试验结果将严重失真。当发生完全的硝化作用或铵转化硝酸根时，氧化过程见式（D.1）。

$$NH_4^+ + 2O_2 \longrightarrow NO_3^- + 2H^+ + H_2O \quad \cdots\cdots\cdots\cdots (D.1)$$

氧化14 g氮成为硝酸根将消耗64 g氧，亦即生成硝酸根消耗的氧是硝态氮增加量乘以4.57。如果发生不完全硝化作用，氧化过程见式（D.2）和式（D.3）。

$$NH_4^+ + 3/2O_2 \longrightarrow NO_2^- + 2H^+ + H_2O \quad \cdots\cdots\cdots\cdots (D.2)$$

$$NO_2^- + 1/2O_2 \longrightarrow NO_3^- \quad \cdots\cdots\cdots\cdots (D.3)$$

氧化14 g氮成为亚硝酸根将消耗48 g氧，即换算系数为3.43。

根据存在的微生物菌种的不同，上述二个反应是连续的平衡反应，即亚硝酸根含量可能增加也可能减少，而在后一情形，则生成等当量的硝酸根。这样，生成硝酸根的耗氧量是硝态氮含量增加量乘以4.57，而生成亚硝酸根的耗氧量是亚硝态氮含量增加量乘以3.43。

如果仅测定了被氧化的总氮，其耗氧量最好应计为氧化态氮增加量乘以4.57。

生物降解率则计算为经校正后的碳氧化耗氧量除以无消耗作用的理论耗氧量（$ThOD_{NH_3}$的计算见附录C）。

附 录 E
（资料性附录）
密闭瓶试验数据单

E.1 试验室

E.2 开始试验日期

E.3 受试物

名称：
接种物储备液浓度： mg/L
瓶中的初始浓度： mg/L
ThOD 或 COD： mg/mg

E.4 接种物

来源：
处理方法：
预处理，如有：
试验混合物中的浓度： mg/L

E.5 测定

表 E.1 氧测定结果

试验组别	瓶序号	氧测定结果	n 天后的氧浓度/(mg/L)			
			0	n_1	n_2	n_3
仅含接种物的空白对照	1	c_1				
	2	c_2				
	空白对照均值	$m_b=\frac{c_1+c_2}{2}$				
含受试物和接种物的试验组	1	a_1				
	2	a_2				
注：参比物和毒物对照试验可使用类似的格式。						

E.6 硝化作用的校正

表 E.2 硝化作用校正结果

硝化作用的氧消耗	培养时间/d				
	0	n_1	n_2	n_3	n_x
(1)硝酸盐浓度(以 N 计)/(mg/L)					
(2)硝酸根浓度的变化(以 N 计)/(mg/L)					

表 E.2（续）

硝化作用的氧消耗	培养时间/d				
	0	n_1	n_2	n_3	n_x
(3)相当的氧量/(mg/L)					
(4)亚硝酸根浓度(以 N 计)/(mg/L)					
(5)亚硝酸根浓度的变化(以 N 计)/(mg/L)					
(6)相当的氧量/(mg/L)					
(7)相当的氧总量/(mg/L)					

E.7 氧消耗

表 E.3 降解率测定结果

降解率测定结果	n 天后的损耗/(mg/L)			
	n_1	n_2	n_3	n_x
$(m_b-a_1)^a$				
$(m_b-a_2)^a$				
$D_{a_1}=\frac{(m_b-a_1)^a}{c\times ThOD}\times 100$				
$D_{a_2}=\frac{(m_b-a_2)^a}{c\times ThOD}\times 100$				
$D_{mean}{}^b=\frac{D_{a_1}+D_{a_2}}{2}$				

a 这里假定：$m_{b(0)}=a_{1(0)}=a_{2(0)}$，

式中：

$m_{b(0)}$——第 0 天的空白试验值；

$a_{1(0)}$——第 0 天时瓶 1 中受试物的值；

$a_{2(0)}$——第 0 天时瓶 2 中受试物的值。

若 $m_{b(0)}$ 与 $a_{1(0)}$ 或 $a_{2(0)}$ 不等时，使用：$(a_{1(0)}-a_{1(x)})-(m_{b(0)}-m_{b(x)})$ 和 $(a_{2(0)}-a_{2(x)})-(m_{b(0)}-m_{b(x)})$

式中：

$m_{b(x)}$——第 x 天时空白试验的平均值；

$a_{1(x)}$——第 x 天时瓶 1 中受试物的值；

$a_{2(x)}$——第 x 天时瓶 2 中受试物的值。

b 重复试验的结果若有相当大的差别时不要取平均值。

E.8 空白对照的氧损耗

空白对照的氧消耗量：$(m_{b(0)}-m_{b(28)})$ mg/L。这一消耗量对试验的有效性非常重要，此值应小于 1.5 mg/L。

用 E.6 中的(7)来校正任何硝化作用。

ICS 77.140.75
H 48

中华人民共和国国家标准

GB/T 21832—2008

奥氏体-铁素体型双相不锈钢焊接钢管

Austenitic-Ferritic（duplex）grade stainless steel welded tubes and pipes

2008-05-13 发布　　2008-11-01 实施

中华人民共和国国家质量监督检验检疫总局
中国国家标准化管理委员会　发布

前　言

本标准参照 ASTM A789M—05b《一般用途无缝和焊接铁素体/奥氏体不锈钢管子》、ASTM A 790M—05a《无缝和焊接铁素体/奥氏体不锈钢管》、ASTM A928M—05《添加填充金属的电熔化焊接铁素体/奥氏体(双相)不锈钢管》制定。

本标准的附录 A 为资料性附录。

本标准由中国钢铁工业协会提出。

本标准由全国钢标准化技术委员会归口。

本标准起草单位:浙江久立特材科技股份有限公司、江苏武进不锈钢管厂集团有限公司。

本标准主要起草人:邵羽、曹志樑、蔡兴强、吉海、宋建新、章建新。

奥氏体-铁素体型双相不锈钢焊接钢管

1 范围

本标准规定了奥氏体-铁素体型双相不锈钢焊接钢管(以下简称钢管)的尺寸、外形、重量、技术要求、试验方法、检验规则、包装、标志及质量证明书。

本标准适用于承压设备、流体输送及热交换器用耐腐蚀的奥氏体-铁素体型双相不锈钢焊接钢管。

2 规范性引用文件

下列文件中的条款通过本标准的引用而成为本标准的条款。凡是注日期的引用文件,其随后所有的修改单(不包括勘误的内容)或修订版均不适用于本标准,然而,鼓励根据本标准达成协议的各方研究是否可使用这些文件的最新版本。凡是不注日期的引用文件,其最新版本适用于本标准。

GB/T 222 钢的成品化学成分允许偏差

GB/T 223.11 钢铁及合金化学分析方法 过硫酸铵氧化容量法测定铬量

GB/T 223.18 钢铁及合金化学分析方法 硫代硫酸钠分离-碘量法测定铜量

GB/T 223.19 钢铁及合金化学分析方法 新亚铜灵-三氯甲烷萃取光度法测定铜量

GB/T 223.23 钢铁及合金化学分析方法 丁二酮肟分光光度法测定镍量

GB/T 223.25 钢铁及合金化学分析方法 丁二酮肟重量法测定镍量

GB/T 223.26 钢铁及合金化学分析方法 硫氰酸盐直接光度法测定钼量

GB/T 223.28 钢铁及合金化学分析方法 α-安息香肟重量法测定钼量

GB/T 223.36 钢铁及合金化学分析方法 蒸馏分离-中和滴定法测定氮量

GB/T 223.40 钢铁及合金 铌含量的测定 氯磺酚S分光光度法

GB/T 223.43 钢铁及合金化学分析方法 钨量的测定

GB/T 223.58 钢铁及合金化学分析方法 亚砷酸钠-亚硝酸钠滴定法测定锰量

GB/T 223.60 钢铁及合金化学分析方法 高氯酸脱水重量法测定硅含量

GB/T 223.62 钢铁及合金化学分析方法 乙酸丁酯萃取光度法测定磷量

GB/T 223.63 钢铁及合金化学分析方法 高碘酸钠(钾)光度法测定锰量

GB/T 223.68 钢铁及合金化学分析方法 管式炉内燃烧后碘酸钾滴定法测定硫含量

GB/T 223.69 钢铁及合金化学分析方法 管式炉内燃烧后气体容量法测定碳含量

GB/T 228 金属材料 室温拉伸试验方法(GB/T 228—2002, eqv ISO 6892:1998)

GB/T 230.1 金属洛氏硬度试验方法 第1部分:试验方法(A、B、C、D、E、F、G、H、K、N、T标尺)(GB/T 230.1—2004,ISO 6508-1:1999,MOD)

GB/T 231.1 金属布氏硬度试验 第1部分:试验方法(GB/T 231.1—2002, eqv ISO 6506-1:1999)

GB/T 232 金属材料 弯曲试验方法(GB/T 232—1999,eqv ISO 7438:1985)

GB/T 241 金属管 液压试验方法

GB/T 245 金属管 卷边试验方法(GB/T 245—1997,eqv ISO 8494:1986)

GB/T 246 金属管 压扁试验方法(GB/T 246—2007,ISO 8492:1998,IDT)

GB/T 2102 钢管的验收、包装、标志和质量证明书

GB/T 2650 焊接接头冲击试验方法

GB/T 2975 钢及钢产品力学性能试验取样位置及试样制备(GB/T 2975—1998,eqv ISO 377:1997)

GB/T 3323 钢熔化焊对接接头射线照相和质量分级

GB/T 6401—1986 铁素体奥氏体型双相不锈钢中 α-相面积含量金相测定法

GB/T 7735 钢管涡流探伤检验方法(GB/T 7735—2004,ISO 9304:1989,MOD)

GB/T 11170 不锈钢的光电发射光谱分析方法

GB/T 20066 钢和铁 化学成分测定用试样的取样和制样方法(GB/T 20066—2006,ISO 14284:1996,IDT)

GB/T 20123 钢铁 总碳硫含量的测定 高频感应炉燃烧后红外吸收法(常规方法)(GB/T 20123—2006, ISO 15350:2000, IDT)

GB/T 20124 钢铁 氮含量的测定 惰性气体熔融热导法(常规方法)(GB/T 20124—2006, ISO 15351:1999, IDT)

GB/T 20878—2007 不锈钢和耐热钢 牌号及化学成分

GB/T 21835 焊接钢管尺寸及单位长度重量(GB/T 21835—2008, ISO 1127:1992、ISO 4200:1991 NEQ)

3 分类及代号

钢管分为以下 6 个制造类别:

Ⅰ类——钢管采用添加填充金属的双面自动焊接方法制造,且焊缝 100%全长射线探伤;

Ⅱ类——钢管采用添加填充金属的单面自动焊接方法制造,且焊缝 100%全长射线探伤;

Ⅲ类——钢管采用添加填充金属的双面自动焊接方法制造,且焊缝局部射线探伤;

Ⅳ类——钢管采用除根部焊道不添加填充金属外,其他焊道应添加填充金属的单面自动焊接方法制造,且焊缝 100%全长射线探伤;

Ⅴ类——钢管采用添加填充金属的双面自动焊接方法制造,且焊缝不做射线探伤;

Ⅵ类——钢管采用不添加填充金属的自动焊接方法制造。

4 订货内容

按本标准订购钢管的合同或订单应包括下列内容:

a) 标准编号;

b) 产品名称;

c) 钢的牌号;

d) 尺寸规格(外径×壁厚,单位为毫米);

e) 订购的数量;

f) 选择性要求(钢管制造类别、射线探伤比例);

g) 其他特殊要求。

5 尺寸、外形及重量

5.1 外径和壁厚

5.1.1 钢管的公称外径(D)和公称壁厚(S)应符合 GB/T 21835 的规定。根据需方要求,经供需双方协商,可供应其他外径和壁厚的钢管。

5.1.2 钢管公称外径和公称壁厚的允许偏差应符合表 1 的规定。当合同中未注明钢管尺寸允许偏差级别时,钢管外径和壁厚的允许偏差按普通级交货。

根据需方要求,经供需双方协商,并在合同中注明,可供应表 1 规定以外尺寸允许偏差的钢管。

表 1 公称外径和壁厚的允许偏差

单位为毫米

序号	公称外径 D	外径允许偏差[a]		壁厚允许偏差
		高级	普通级	
1	≤38	±0.13	±0.40	±12.5%S
2	>38～89	±0.25	±0.50	±10%S 或±0.2 mm，两者取较大值
3	>89～159	±0.35	±0.80	
4	>159～219.1	±0.75	±1.00	
5	>219.1	—	±0.75%D	

[a] 当需方在合同中注明钢管用作热交换器用途时，钢管应按外径允许偏差的高级交货。

5.2 长度

5.2.1 钢管的通常长度为 3 000 mm～12 000 mm。

5.2.2 根据需方要求，经供需双方协商，并在合同中注明，钢管可按定尺长度或倍尺长度交货。定尺和倍尺总长度应在通常长度范围内，其全长允许偏差为 $^{+15}_{0}$ mm。每个倍尺长度应留切口余量 5 mm～10 mm。

5.2.3 经供需双方协商，并在合同中注明，外径不小于 508 mm 的钢管允许有与纵向焊缝相同质量的环缝接头，但不得出现十字焊缝。

5.3 弯曲度

钢管的弯曲度应不大于 1.5 mm/m。

5.4 不圆度

钢管的不圆度应不超过外径允许偏差，但对于壁厚与外径之比不大于 3% 的薄壁钢管，其不圆度应不超过公称外径的 1.5%。

5.5 端头外形

钢管两端端面应与钢管轴线垂直，并应清除切口毛刺。

根据需方要求，经供需双方协商，并在合同中注明，钢管两端可加工坡口交货。

5.6 重量

钢管按理论重量交货，亦可按实际重量交货。钢管每米的理论重量按公式(1)计算：

$$W = \pi\rho(D - S) \times S/1\ 000 \qquad (1)$$

式中：

W——钢管的理论重量，单位为千克每米(kg/m)；

π——3.141 6；

ρ——钢的密度，单位为千克每立方分米(kg/dm^3)，022Cr19Ni5Mo3Si2N 的密度取 7.70 kg/dm^3，其他牌号的密度取 7.80 kg/dm^3；

D——钢管的公称外径，单位为毫米(mm)；

S——钢管的公称壁厚，单位为毫米(mm)。

6 技术要求

6.1 钢的牌号和化学成分

6.1.1 钢的牌号和化学成分(熔炼分析)应符合表 2 的规定。

6.1.2 根据需方要求，经供需双方协商，并在合同中注明，钢管可进行成品分析，成品钢管的化学成分允许偏差应符合 GB/T 222 的规定。

表 2　钢的牌号和化学成分

序号	GB/T 20878 中序号	统一数字代号	牌号	化学成分(质量分数)/%										
				C	Si	Mn	P	S	Ni	Cr	Mo	N	Cu	其他
1	68	S21953	022Cr19Ni5Mo3Si2N	≤0.030	1.30～2.00	1.00～2.00	≤0.035	≤0.030	4.50～5.50	18.00～19.50	2.50～3.00	0.05～0.10	—	—
2	70	S22253	022Cr22Ni5Mo3N	≤0.030	≤1.00	≤2.00	≤0.030	≤0.020	4.50～6.50	21.00～23.00	2.50～3.50	0.08～0.20	—	—
3	71	S22053	022Cr23Ni5Mo3N	≤0.030	≤1.00	≤2.00	≤0.030	≤0.020	4.50～6.50	22.00～23.00	3.00～3.50	0.14～0.20	—	—
4	72	S23043	022Cr23Ni4MoCuN	≤0.030	≤1.00	≤2.50	≤0.035	≤0.030	3.00～5.50	21.50～24.50	0.05～0.60	0.05～0.20	0.05～0.60	—
5	73	S22553	022Cr25Ni6Mo2N	≤0.030	≤1.00	≤2.00	≤0.030	≤0.030	5.50～6.50	24.00～26.00	1.20～2.50	0.10～0.20	—	—
6	74	S22583	022Cr25Ni7Mo3WCuN	≤0.030	≤0.75	≤1.00	≤0.030	≤0.030	5.50～7.50	24.00～26.00	2.50～3.50	0.10～0.30	0.20～0.80	W:0.10～0.50
7	75	S25554	03Cr25Ni6Mo3Cu2N	≤0.04	≤1.00	≤1.50	≤0.035	≤0.030	4.50～6.50	24.00～27.00	2.90～3.90	0.10～0.25	1.50～2.50	—
8	76	S25073	022Cr25Ni7Mo4N	≤0.030	≤0.80	≤1.20	≤0.035	≤0.020	6.00～8.00	24.00～26.00	3.00～5.00	0.24～0.32	≤0.50	—
9	77	S27603	022Cr25Ni7Mo4WCuN	≤0.030	≤1.00	≤1.00	≤0.030	≤0.010	6.00～8.00	24.00～26.00	3.00～4.00	0.20～0.30	0.50～1.00	W:0.50～1.00 Cr+3.3Mo+16N≥40

6.2 制造方法

6.2.1 钢的冶炼方法

钢应采用电弧炉加炉外精炼或电渣重熔法冶炼。经供需双方协商，并在合同中注明，也可采用其他冶炼方法。

6.2.2 钢管的制造方法

6.2.2.1 钢管应采用添加或不添加填充金属的单面或双面自动电弧焊接方法制造。具体的制造方法由供需双方协商，并在合同中注明。

6.2.2.2 填充金属材料应与母材规定的化学成分相匹配。根据需方要求，经供需双方协商，并在合同中注明，可选择较高合金含量的填充金属。

6.2.2.3 经供需双方协商，并在合同中注明，钢管在焊接之后及最终热处理之前可进行冷加工，并可规定冷加工的最小变形量。

6.3 交货状态

6.3.1 钢管应经热处理并酸洗交货。经保护气氛热处理的钢管，可不经酸洗交货。钢管的推荐热处理制度见表3。

6.3.2 经供需双方协商，并在合同中注明，钢管还可按以下状态交货：

a) 制造钢管的钢板已经按照表3规定经过热处理的，钢管可以不经热处理而以焊态交货，但应在钢管上作出标志“H”。

b) 钢管表面进行抛光处理。

表3 推荐热处理制度及钢管力学性能

序号	GB/T 20878中序号	统一数字代号	牌号	推荐热处理制度		拉伸性能 抗拉强度 R_m/(N/mm²)	拉伸性能 规定非比例延伸强度 $R_{p0.2}$/(N/mm²)	拉伸性能 断后伸长率 A/%	硬度[a] HBW	硬度[a] HRC
						不小于			不大于	
1	68	S21953	022Cr19Ni5Mo3Si2N	980℃～1 040℃	急冷	630	440	30	290	30
2	70	S22253	022Cr22Ni5Mo3N	1 020℃～1 100℃	急冷	620	450	25	290	30
3	71	S22053	022Cr23Ni5Mo3N	1 020℃～1 100℃	急冷	655	485	25	290	30
4	72	S23043	022Cr23Ni4MoCuN	925℃～1 050℃	急冷 $D\leqslant 25$ mm	690	450	25	—	—
					急冷 $D>25$ mm	600	400	25	290	30
5	73	S22553	022Cr25Ni6Mo2N	1 050℃～1 100℃	急冷	690	450	25	280	—
6	74	S22583	022Cr25Ni7Mo3WCuN	1 020℃～1 100℃	急冷	690	450	25	290	30

表 3(续)

序号	GB/T 20878 中序号	统一数字代号	牌号	推荐热处理制度		拉伸性能			硬度[a]	
						抗拉强度 R_m/(N/mm²)	规定非比例延伸强度 $R_{p0.2}$/(N/mm²)	断后伸长率 A/%	HBW	HRC
						不小于			不大于	
7	75	S25554	03Cr25Ni6Mo3Cu2N	≥1 040℃	急冷	760	550	15	297	31
8	76	S25073	022Cr25Ni7Mo4N	1 025℃～1 125℃	急冷	800	550	15	300	32
9	77	S27603	022Cr25Ni7Mo4WCuN	1 100℃～1 140℃	急冷	750	550	25	300	—
[a] 未要求硬度的牌号，只提供实测数据，不作为交货条件。										

6.4 力学性能

6.4.1 钢管的纵向或横向力学性能应符合表 3 的规定。

6.4.2 当钢管的外径不小于 219.1 mm 时，试样可沿钢管的横向或从焊接试板上截取。焊接试板应与钢管同牌号、同炉号、同一焊接工艺、同热处理制度。沿钢管的横向截取拉伸试样时，焊缝应位于试样中心，并与试样轴线垂直。

6.4.3 硬度试验

根据需方要求，经供需双方协商，并在合同中注明，对于壁厚不小于 1.7 mm 的钢管可做母材洛氏或布氏硬度试验，其结果的平均值应符合表 3 的规定。

6.5 工艺性能

6.5.1 压扁试验

外径不大于 219.1 mm 的钢管应进行压扁试验。压扁试验时，焊缝应位于与施力方向成 90°的位置，试样应压至两平板间距为 H，H 按公式(2)计算。压扁试验后，试样上不允许出现裂缝或裂口。

$$H = \frac{S(1+\alpha)}{\alpha + S/D} \qquad \cdots\cdots(2)$$

式中：

H——压扁后平行压板间距离，单位为毫米(mm)；

α——单位长度变形系数，本标准所有钢管取 0.07；

S——钢管的公称壁厚，单位为毫米(mm)；

D——钢管的公称外径，单位为毫米(mm)。

6.5.2 焊缝弯曲试验

外径大于 219 mm 的钢管应进行焊缝横向弯曲试验。弯曲试样从钢管或焊接试板上截取，焊接试板应与钢管同牌号、同炉号、同一焊接工艺、同热处理制度。

一组弯曲试验应包括一个面弯试验和一个背弯试验(即钢管外焊缝和内焊缝分别处于最大弯曲表面)。壁厚大于 10 mm 的钢管，可采用两个侧向弯曲试验代替面弯试验和背弯试验。

弯曲试验时，弯芯直径为 4 倍试样厚度。弯曲角度为 180°。弯曲后焊缝区域不允许出现裂缝或裂口。

6.6 液压试验

钢管应逐根进行液压试验，试验压力按公式(3)计算，最大试验压力为 20 MPa。在试验压力下，稳压时间应不少于10 s，钢管不允许出现渗漏现象。

$$P = 2SR/D \quad \cdots\cdots (3)$$

式中：

P——试验压力，单位为兆帕（MPa）；

S——钢管的公称壁厚，单位为毫米（mm）；

R——允许应力，为表3规定 $R_{p0.2}$ 的50%，单位为牛顿每平方毫米（N/mm^2）（1 N/mm^2＝1 MPa）；

D——钢管的公称外径，单位为毫米（mm）。

供方可用涡流探伤代替液压试验。用涡流探伤时对比样管人工缺陷应符合GB/T 7735中验收等级A的规定。

6.7 金相检验

热处理状态下成品钢管的金相组织应为奥氏体和铁素体，母材区域的奥氏体含量应为40%～60%，焊缝区域的奥氏体含量由供需双方协商确定。

6.8 焊缝无损检测

6.8.1 钢管应根据不同使用要求和制造类别，按GB/T 3323进行焊缝射线探伤，探伤比例应由供需双方协商并在合同中注明。

6.8.2 焊缝全长100%X射线探伤的，按GB/T 3323检测和判定，Ⅱ级为合格。

6.8.3 焊缝局部射线探伤的，按GB/T 3323检测和判定，Ⅲ级为合格。

6.9 表面质量

6.9.1 钢管的内外表面不允许存在裂纹、折叠、分层、过酸洗及氧化皮。上述缺陷应完全清除，清除深度应不超过公称壁厚的负偏差，清理处的实际壁厚应不小于壁厚所允许的最小值。不超过壁厚允许负偏差的其他局部缺陷允许存在。

6.9.2 补焊

除热交换器用途的钢管外，焊缝缺陷允许修补，但修补后的焊缝应重新进行检测，以热处理状态交货的钢管还应重新进行热处理。

6.9.3 焊缝余高

6.9.3.1 制造类别为Ⅰ、Ⅲ、Ⅴ类的钢管，其钢管内外表面的焊缝余高应与母材齐平或不超过2 mm的均匀余高；

6.9.3.2 制造类别为Ⅱ、Ⅳ类的钢管，其钢管外焊缝的余高应与母材齐平或不超过2 mm的均匀余高，其内焊缝余高应符合以下规定：

a) $D<133$ mm的钢管，不大于壁厚的10%。

b) $D\geqslant133$ mm～325 mm的钢管，不大于壁厚的15%。

c) $D>325$ mm的钢管，不大于壁厚的20%，且最大不超过3 mm。

6.9.3.3 制造类别为Ⅵ类的钢管，其外焊缝余高应与母材齐平，内侧焊缝余高应不大于壁厚的10%。

6.10 特殊要求

需方有下述特殊要求时，须经供需双方协商，并在合同中注明：

a) 缩小表2规定的化学成分范围；

b) 进行腐蚀试验；

c) 增加钢管卷边试验；

d) 增加焊接接头的冲击性能试验；

e) 增加有害沉淀相检验；

f) 增加水下气密试验；

g) 其他要求。

7 试验方法

7.1 钢管的尺寸和外形、焊缝余高应采用符合精度要求的量具逐根测量。

7.2 钢管的内外表面质量应在充分照明条件下逐根目视检查。

7.3 钢管其他检验项目、试验方法应符合表4的规定。

表4 钢管检验项目、取样数量和试验方法

序号	检验项目	取样数量	取样方法	试验方法
1	化学成分	每炉取1个试样	GB/T 20066	GB/T 223、GB/T 11170、GB/T 20123、GB/T 20124
2	拉伸试验	每批在两根钢管上各取1个试样	GB/T 2975	GB/T 228
3	硬度试验	每批在两根钢管上各取1个试样	GB/T 2975	GB/T 230.1、GB/T 231.1
4	压扁试验	每批在两根钢管上各取1个试样	GB/T 246	GB/T 246
5	焊缝弯曲试验	每批在两根钢管上各取1个试样	GB/T 232	GB/T 232
6	卷边试验	每批在两根钢管上各取1个试样	GB/T 245	GB/T 245
7	液压试验	逐根	—	GB/T 241
8	涡流探伤	逐根	—	GB/T 7735
9	X射线探伤	逐根	—	GB/T 3323
10	金相检验	每批在两根钢管上各取1个试样	GB/T 6401	GB/T 6401
11	腐蚀试验	协议	协议	协议
12	焊接接头冲击试验	每批在两根钢管上各取一组3个试样	GB/T 2650	GB/T 2650
13	有害沉淀相检验	协议	协议	协议
14	水下气密试验	逐根	—	协议

8 检验规则

8.1 检查和验收

钢管的检查和验收由供方技术质量监督部门进行。

8.2 组批规则

钢管按批检查和验收，每批应由同一牌号、同一炉号、同一规格、同一焊接工艺和同一热处理制度(炉次)的钢管组成，每批钢管的数量应不超过如下规定：

a) $D \leqslant 57$ mm，400根；

b) $D > 57$ mm～219.1 mm，200根；

c) $D > 219.1$ mm，100根。

8.3 取样数量

每批钢管各项试验的取样数量应符合表4的规定。

8.4 复验与判定规则

钢管的复验与判定规则应符合GB/T 2102的规定。

9 包装、标志和质量证明书

9.1 每根钢管应按照本标准第3章规定的制造类别代号Ⅰ、Ⅱ、Ⅲ、Ⅳ、Ⅴ或Ⅵ进行标志，其余标志内容应符合GB/T 2102的规定。

9.2 钢管的包装和质量证明书应符合GB/T 2102的规定。

附　录　A
（资料性附录）
各标准中双相不锈钢牌号对照表

各标准中双相不锈钢牌号对照见表 A.1。

表 A.1　本标准与 ASTM、JIS、EN 钢管标准的牌号对照

序号	GB/T 20878 中的序号	中国		美国	日本	欧洲	原习惯用牌号
		统一数字代号	本标准的牌号	ASTM A790-05a	JIS G3463:2006	EN 10217-7:2005	
1	68	S21953	022Cr19Ni5Mo3Si2N	S31500	—	—	00Cr18Ni5Mo3Si2N
2	70	S22253	022Cr22Ni5Mo3N	S31803	SUS329J3LTB	X2CrNiMoN22-5-3 1.4462	00Cr22Ni5Mo3N
3	71	S22053	022Cr23Ni5Mo3N	S32205	—	—	00Cr22Ni5Mo3N，2205
4	72	S23043	022Cr23Ni4MoCuN	S32304	—	X2CrNiN23-4 1.4362	00Cr23Ni4N
5	73	S22553	022Cr25Ni6Mo2N	S31200	—	—	00Cr25Ni6Mo2N
6	74	S22583	022Cr25Ni7Mo3WCuN	S31260	SUS329J4LTB	—	00Cr25Ni7Mo3WCuN
7	75	S25554	03Cr25Ni6Mo3Cu2N	S32550	—	—	0Cr25Ni6Mo3Cu2N
8	76	S25073	022Cr25Ni7Mo4N	S32750	—	X2CrNiMoN25-7-4 1.4410	00Cr25Ni7Mo4N，2507
9	77	S27603	022Cr25Ni7Mo4WCuN	S32760	—	X2CrNiMoCuWN25-7-4 1.4501	0Cr25Ni7Mo4WCuN

ICS 77.140.75
H 48

GB

中华人民共和国国家标准

GB/T 21833—2008

奥氏体-铁素体型双相不锈钢无缝钢管

Austenitic-Ferritic (duplex) grade stainless steel seamless tubes and pipes

2008-05-13 发布　　2008-11-01 实施

中华人民共和国国家质量监督检验检疫总局
中国国家标准化管理委员会　发布

前　言

本标准与 ASTM A 789M—05b《一般用途无缝和焊接铁素体/奥氏体不锈钢管》、ASTM A 790M—05a《无缝和焊接铁素体/奥氏体不锈钢管》的一致性程度为非等效。

本标准的附录 A 和附录 B 为资料性附录。

本标准由中国钢铁工业协会提出。

本标准由全国钢标准化技术委员会归口。

本标准起草单位：宝山钢铁股份有限公司、中国钢研科技集团公司、江苏武进不锈钢管厂集团有限公司、浙江久立特材科技股份有限公司、江苏银环精密钢管股份有限公司。

本标准主要起草人：俞信霞、宋志刚、孙纪涛、宋建新、郑文杰、赵钧良、黄妍凭、沈忆、邵羽、庄建新。

奥氏体-铁素体型双相不锈钢无缝钢管

1 范围

本标准规定了奥氏体-铁素体型双相不锈钢无缝钢管的尺寸、外形、重量、技术要求、试验方法、检验规则、包装、标志和质量证明书。

本标准适用于耐腐蚀的奥氏体-铁素体型双相不锈钢无缝钢管。

2 规范性引用文件

下列文件中的条款通过本标准的引用而成为本标准的条款。凡是注日期的引用文件，其随后所有的修改单(不包括勘误的内容)或修订版均不适用于本标准，然而，鼓励根据本标准达成协议的各方研究是否可使用这些文件的最新版本。凡是不注日期的引用文件，其最新版本适用于本标准。

GB/T 222 钢的成品化学成分允许偏差

GB/T 223.4 钢铁及合金化学分析方法 硝酸铵氧化容量法测定锰量

GB/T 223.11 钢铁及合金化学分析方法 过硫酸铵氧化容量法测定铬量

GB/T 223.16 钢铁及合金化学分析方法 变色酸光度法测定钛量

GB/T 223.18 钢铁及合金化学分析方法 硫代硫酸钠分离-碘量法测定铜量

GB/T 223.19 钢铁及合金化学分析方法 新亚铜灵-三氯甲烷萃取光度法测定铜量

GB/T 223.23 钢铁及合金化学分析方法 丁二酮肟分光光度法测定镍量

GB/T 223.25 钢铁及合金化学分析方法 丁二酮肟重量法测定镍量

GB/T 223.26 钢铁及合金化学分析方法 硫氰酸盐直接光度法测定钼量

GB/T 223.28 钢铁及合金化学分析方法 α-安息香肟重量法测定钼量

GB/T 223.36 钢铁及合金化学分析方法 蒸馏分离-中和滴定法测定氮量

GB/T 223.43 钢铁及合金化学分析方法 钨量的测定

GB/T 223.60 钢铁及合金化学分析方法 高氯酸脱水重量法测定硅含量

GB/T 223.62 钢铁及合金化学分析方法 乙酸丁酯萃取光度法测定磷量

GB/T 223.63 钢铁及合金化学分析方法 重碘酸钠(钾)光度法测定锰量

GB/T 223.68 钢铁及合金化学分析方法 管式炉内燃烧后碘酸钾滴定法测定硫含量

GB/T 223.69 钢铁及合金化学分析方法 管式炉内燃烧后气体容量法测定碳含量

GB/T 228 金属材料 室温拉伸试验方法(GB/T 228—2002,eqv ISO 6892:1998)

GB/T 230.1 金属洛氏硬度试验 第1部分:试验方法(A、B、C、D、E、F、G、H、K、N、T标尺)(GB/T 230.1—2004,ISO 6508-1:1999,MOD)

GB/T 231.1 金属布氏硬度试验 第1部分:试验方法(GB/T 231.1—2002,eqv ISO 6506-1:1999)

GB/T 241 金属管 液压试验方法

GB/T 242 金属管 扩口试验方法(GB/T 242—2007,ISO 8493:1998,IDT)

GB/T 246 金属管 压扁试验方法(GB/T 246—2007,ISO 8492:1998,IDT)

GB/T 2102 钢管的验收、包装、标志和质量证明书

GB/T 2975 钢及钢产品力学性能试验取样位置及试样制备(GB/T 2975—1998,eqv ISO 377:1997)

GB/T 4338 金属材料 高温拉伸试验(GB/T 4338—2006,ISO 783:1999,MOD)

GB/T 5777　无缝钢管超声波探伤检验方法

GB/T 6401—1986　铁素体奥氏体型双相不锈钢中 α-相面积含量金相测定法

GB/T 7735　钢管涡流探伤检验方法(GB/T 7735—2004,ISO 9304:1989,MOD)

GB/T 11170　不锈钢的光电发射光谱分析方法

GB/T 17395　无缝钢管尺寸、外形、重量及允许偏差

GB/T 20066　钢和铁　化学成分测定用试样的取样和制样方法(GB/T 20066—2006,ISO 14284:1996,IDT)

GB/T 20123　钢铁　总碳硫量的测定　高频感应炉燃烧后红外吸收法(常规方法)(GB/T 20123—2006,ISO 15350:2000,IDT)

GB/T 20124　钢铁　氮含量的测定　惰性气体熔融热导法(常规方法)(GB/T 20124—2006,ISO 15351:1999,IDT)

GB/T 20878　不锈钢和耐热钢　牌号及化学成分

3　订货内容

按本标准订购钢管的合同或订单应包括下列内容：

a)　本标准编号；

b)　交货状态；

c)　产品名称；

d)　钢的牌号；

e)　尺寸规格(外径×壁厚,单位为毫米)；

f)　订购的数量；

g)　选择性要求(尺寸精度级别)；

h)　其他特殊要求。

4　尺寸、外形及重量

4.1　外径和壁厚

4.1.1　钢管的公称外径(D)和公称壁厚(S)应符合 GB/T 17395 的规定。根据需方要求,经供需双方协商,可供应 GB/T 17395 中规定以外尺寸的钢管。

4.1.2　钢管公称外径和壁厚的允许偏差应符合表 1 的规定。当合同中未注明钢管尺寸允许偏差级别时,钢管外径和壁厚的允许偏差按普通级交货。根据需方要求,经供需双方协商,并在合同中注明,可供应表 1 规定以外尺寸允许偏差的钢管。

4.2　长度

4.2.1　通常长度

钢管一般以通常长度交货,通常长度为 3 000 mm～12 000 mm。

4.2.2　定尺长度和倍尺长度

根据需方要求,经供需双方协商,并在合同中注明,可供应定尺长度和倍尺长度钢管或其他特定长度要求的钢管。定尺和倍尺总长度一般应在通常长度范围内,全长允许偏差为 $^{+15}_{0}$ mm,每个倍尺长度应留切口余量 5 mm～10 mm。

4.3　弯曲度

钢管的弯曲度应符合如下规定：

a)　$S \leqslant 15$ mm 时,钢管的弯曲度应不大于 1.5 mm/m；

b)　$S > 15$ mm～30 mm 时,钢管的弯曲度应不大于 2.0 mm/m；

c) $S>30$ mm 时，钢管的弯曲度应不大于 3.0 mm/m。

4.4 不圆度和壁厚不均

钢管的不圆度和壁厚不均应分别不超过外径和壁厚公差的 80%。

表 1 外径和壁厚的允许偏差

单位为毫米

制造方法	钢管的尺寸			允许偏差	
				普通级	高级
热轧(热挤压)钢管	公称外径 D	≤51		±0.40	±0.30
		>51～≤219	$S\leq35$	±0.75%D	±0.5%D
			$S>35$	±1%D	±0.75%D
		>219		±1%D	±0.75%D
	公称壁厚 S	≤4.0		±0.45	±0.35
		>4.0～20		$^{+12.5}_{-10}\%S$	±10%S
		>20	$D<219$	±10%S	±7.5%S
			$D\geq219$	$^{+12.5}_{-10}\%S$	±10%S
冷拔(轧)钢管	公称外径 D	12～30		±0.20	±0.15
		>30～50		±0.30	±0.25
		>50～89		±0.50	±0.40
		>89～140		±0.8%D	±0.7%D
		>140		±1%D	±0.9%D
	公称壁厚 S	≤3		±14%S	$^{+12}_{-10}\%S$
		>3		$^{+12}_{-10}\%S$	±10%S

4.5 端头外形

钢管两端端面应与钢管轴线垂直，并应清除切口毛刺。

4.6 重量

钢管按实际重量交货，也可按理论重量交货。钢管每米理论重量按式(1)计算：

$$W=\frac{\pi\rho}{1\,000}(D-S)S \qquad \cdots\cdots(1)$$

式中：

W——钢管的理论重量，单位为千克每米(kg/m)；

π——3.141 6；

ρ——钢的密度，单位为千克每立方分米(kg/dm^3)，022Cr19Ni5Mo3Si2N 的密度取 7.70 kg/dm^3，其他牌号的密度取 7.80 kg/dm^3；

D——钢管的公称外径，单位为毫米(mm)；

S——钢管的公称壁厚，单位为毫米(mm)。

5 技术要求

5.1 钢的牌号和化学成分

5.1.1 钢的牌号和化学成分(熔炼分析)应符合表 2 的规定。

表 2 钢的牌号和化学成分

序号	统一数字代号	牌　号	化学成分(质量分数)/%										
			C	Si	Mn	P	S	Ni	Cr	Mo	N	Cu	W
1	S21953	022Cr19Ni5Mo3Si2N	≤0.030	1.40～2.00	1.20～2.00	≤0.030	≤0.030	4.30～5.20	18.00～19.00	2.50～3.00	0.05～0.10	—	—
2	S22253	022Cr22Ni5Mo3N	≤0.030	≤1.00	≤2.00	≤0.030	≤0.020	4.50～6.50	21.00～23.00	2.50～3.50	0.08～0.20	—	—
3	S23043	022Cr23Ni4MoCuN	≤0.030	≤1.00	≤2.50	≤0.035	≤0.030	3.00～5.50	21.50～24.50	0.05～0.60	0.05～0.20	0.05～0.60	—
4	S22053	022Cr23Ni5Mo3N	≤0.030	≤1.00	≤2.00	≤0.030	≤0.020	4.50～6.50	22.00～23.00	3.00～3.50	0.14～0.20	—	—
5	S25203	022Cr24Ni7Mo4CuN	≤0.030	≤0.80	≤1.50	≤0.035	≤0.020	5.50～8.00	23.00～25.00	3.00～5.00	0.20～0.35	0.50～3.00	—
6	S22553	022Cr25Ni6Mo2N	≤0.030	≤1.00	≤2.00	≤0.030	≤0.030	5.50～6.50	24.00～26.00	1.20～2.00	0.14～0.20	—	—
7	S22583	022Cr25Ni7Mo3WCuN	≤0.030	≤0.75	≤1.00	≤0.030	≤0.030	5.50～7.50	24.00～26.00	2.50～3.50	0.10～0.30	0.20～0.80	0.10～0.50
8	S25073	022Cr25Ni7Mo4N	≤0.030	≤0.80	≤1.20	≤0.035	≤0.020	6.00～8.00	24.00～26.00	3.00～5.00	0.24～0.32	≤0.50	—
9	S25554	03Cr25Ni6Mo3Cu2N	≤0.04	≤1.00	≤1.50	≤0.035	≤0.030	4.50～6.50	24.00～27.00	2.90～3.90	0.10～0.25	1.50～2.50	—
10	S27603	022Cr25Ni7Mo4WCuN[a]	≤0.030	≤1.00	≤1.00	≤0.030	≤0.010	6.00～8.00	24.00～26.00	3.00～4.00	0.20～0.30	0.50～1.00	0.50～1.00
11	S22693	06Cr26Ni4Mo2	≤0.08	≤0.75	≤1.00	≤0.035	≤0.030	2.50～5.00	23.00～28.00	1.00～2.00	—	—	—
12	S22160	12Cr21Ni5Ti	0.09～0.14	≤0.80	≤0.80	≤0.035	≤0.030	4.80～5.80	20.00～22.00	—	—	Ti:5×(C%−0.02)～0.80	

[a] 022Cr25Ni7Mo4WCuN 中:Cr%+3.3Mo%+16N%≥40%。

5.1.2 钢管应进行成品化学成分分析，成品钢管的化学成分允许偏差应符合 GB/T 222 的规定。

5.2 制造方法

5.2.1 钢的冶炼方法

钢应采用电弧炉加炉外精炼或电渣重熔法冶炼。经供需双方协商，并在合同中注明，也可采用其他冶炼方法。

5.2.2 钢管的制造方法

钢管应采用热轧（热挤压）或冷拔（轧）无缝生产工艺制造。

5.3 交货状态

5.3.1 钢管应经热处理并酸洗交货。经保护气氛热处理的钢管，可不经酸洗交货。

钢管的推荐热处理制度见表 3。经供需双方协商，并在合同中注明，钢管可采用表 3 规定以外的其他热处理制度。

5.3.2 根据需方要求，并在合同中注明，钢管也可以冷加工状态交货，其弯曲度、力学性能、工艺性能、金相组织由供需双方协商。

5.4 力学性能

5.4.1 热处理状态交货钢管的纵向力学性能应符合表 3 的规定。

5.4.2 壁厚大于等于 1.7 mm 的钢管应进行布氏或洛氏硬度试验，钢管的硬度值应符合表 3 的规定。

表 3 推荐热处理制度及钢管力学性能

序号	牌号	推荐热处理制度		拉伸性能			硬度[a]	
				抗拉强度 R_m/(N/mm²)	规定非比例延伸强度 $R_{p0.2}$/(N/mm²)	断后伸长率 A/%	HBW	HRC
				不小于			不大于	
1	022Cr19Ni5Mo3Si2N	980℃～1 040℃	急冷	630	440	30	290	30
2	022Cr22Ni5Mo3N	1 020℃～1 100℃	急冷	620	450	25	290	30
3	022Cr23Ni4MoCuN	925℃～1 050℃	急冷 $D \leqslant 25$ mm	690	450	25		
			急冷 $D > 25$ mm	600	400	25	290	30
4	022Cr23Ni5Mo3N	1 020℃～1 100℃	急冷	655	485	25	290	30
5	022Cr24Ni7Mo4CuN	1 080℃～1 120℃	急冷	770	550	25	310	
6	022Cr25Ni6Mo2N	1 050℃～1 100℃	急冷	690	450	25	280	
7	022Cr25Ni7Mo3WCuN	1 020℃～1 100℃	急冷	690	450	25	290	30
8	022Cr25Ni7Mo4N	1 025℃～1 125℃	急冷	800	550	15	300	32
9	03Cr25Ni6Mo3Cu2N	≥1 040℃	急冷	760	550	15	297	31
10	022Cr25Ni7Mo4WCuN	1 100℃～1 140℃	急冷	750	550	25	300	
11	06Cr26Ni4Mo2	925℃～955℃	急冷	620	485	20	271	28
12	12Cr21Ni5Ti	950℃～1 100℃	急冷	590	345	20		

[a] 表中未规定硬度的牌号提供其硬度实测数据，不作为交货条件。

5.5 液压试验

钢管应逐根进行液压试验，试验压力按式(2)计算，最大试验压力为 20 MPa。在试验压力下，稳压时间应不少于 10 s，钢管不允许出现渗漏现象。

$$P = 2SR/D \qquad \cdots\cdots(2)$$

式中：

P——试验压力，单位为兆帕(MPa)；

S——钢管的公称壁厚，单位为毫米(mm)；

R——允许应力，为表 3 规定的 $R_{p0.2}$ 值的 50%，单位为牛顿每平方毫米(N/mm^2)，$1\ N/mm^2 = 1\ MPa$；

D——钢管的公称外径，单位为毫米(mm)。

供方可用涡流探伤或超声波探伤代替液压试验。用涡流探伤时，对比样管人工缺陷应符合 GB/T 7735 中验收等级 A 的规定；用超声波探伤时，对比样管纵向刻槽深度等级应符合 GB/T 5777 中验收等级 L4 的规定。

5.6 压扁试验

壁厚不大于 10 mm 的钢管应做压扁试验。试样压扁后不允许有裂缝和裂口，压扁后的两平行压板间距 H 按式(3)计算：

$$H = \frac{S(1+\alpha)}{\alpha + S/D} \qquad \cdots\cdots(3)$$

式中：

H——压扁后平行压板间距离，单位为毫米(mm)；

α——单位长度变形系数，本标准所有牌号取 0.07；

S——钢管的公称壁厚，单位为毫米(mm)；

D——钢管的公称外径，单位为毫米(mm)。

5.7 扩口试验

公称外径不大于 150 mm、壁厚不大于 10 mm 的钢管应做扩口试验。扩口试验的顶心锥度为 60°，扩口后试样的外径最小扩口率为 10%，扩口后试样不允许出现裂缝和裂口。

5.8 表面质量

钢管的内外表面不允许有裂纹、折叠、轧折、离层和结疤存在。这些缺陷应完全清除，清除深度应不超过公称壁厚的负偏差，清理处的实际壁厚应不小于壁厚所允许的最小值。不超过壁厚负偏差的其他局部缺陷允许存在。

5.9 金相检验

热处理状态下成品钢管的金相组织应为奥氏体和铁素体，奥氏体含量应为 40%～60%。

5.10 特殊要求

需方有下述特殊要求时，须经供需双方协商，并在合同中注明：

a) 缩小表 2 规定的化学成分范围；

b) 提供弹性模量和热膨胀系数数据；

c) 进行腐蚀试验；

d) 进行有害沉淀相试验；

e) 提供高温力学性能实测数据；

f) 增加冲击试验；

g) 规定不同于 5.9 要求的奥氏体或铁素体含量；

h) 钢管沿纵向加色标；

i) 控制钢管抗拉强度上限；

j) 增加无损探伤检验；

k) 其他要求。

6 试验方法

钢管的检验项目和试验方法应符合表4的规定。

表4 钢管检验项目、取样数量、取样方法和试验方法

序号	检验项目	取样数量	取样方法	试验方法
1	化学成分	每炉取一个试样	GB/T 20066	GB/T 223、GB/T 11170、GB/T 20123、GB/T 20124
2	拉伸试验	每批2个	不同根钢管，GB/T 2975	GB/T 228
3	高温力学试验	协议	不同根钢管，GB/T 2975	GB/T 4338
4	硬度试验	每批2个	不同根钢管	GB/T 230.1、GB/T 231.1
5	液压试验	逐根	—	GB/T 241
6	涡流探伤	逐根	—	GB/T 7735
7	超声波探伤	逐根	—	GB/T 5777
8	压扁试验	每批2个	不同根钢管	GB/T 246
9	扩口试验	每批2个	不同根钢管	GB/T 242
10	金相检验	每批2个	不同根钢管	GB/T 6401
11	腐蚀试验	协议	协议	协议
12	有害沉淀相试验	协议	协议	协议
13	冲击试验	协议	协议	协议
14	尺寸、外形	逐根	整根钢管	用符合精度要求的量具测量
15	表面	逐根	整根钢管	目视

7 检验规则

7.1 检查和验收

钢管的检查和验收由供方技术质量监督部门进行。

7.2 组批规则

钢管按批检查和验收，每批应由同一牌号、同一炉号、同一规格和同一热处理制度(炉次)的钢管组成，每批钢管的数量应不超过如下规定：

a) $D \leqslant 25.4$ mm：400根；

b) $D > 25.4$ mm～51 mm：200根；

c) $D > 51$ mm：100根。

7.3 取样数量和取样方法

每批钢管各项试验的取样数量和取样方法应符合表4的规定。

7.4 复验与判定规则

钢管的复验与判定规则应符合GB/T 2102的规定。

8 包装、标志和质量证明书

钢管的包装、标志和质量证明书应符合GB/T 2102的规定。

附 录 A
（资料性附录）
部分牌号的高温力学性能数据

部分牌号的高温力学性能数据见表A.1。

表A.1 部分牌号钢管固熔状态下，壁厚不大于30 mm，高温下最小强度值

牌号	$R_{p0.2}$ 最小/MPa				
	50℃	100℃	150℃	200℃	250℃
022Cr18Ni5Mo3Si2N	430	370	350	330	325
022Cr22Ni5Mo3N	415	360	335	310	295
022Cr23Ni4MoCuN	370	330	310	290	280
022Cr24Ni7Mo4CuN	485	450	420	400	380
022Cr25Ni7Mo4N	530	480	445	420	405
022Cr25Ni7Mo4WCuN	502	450	420	400	380
注：1 MPa=1 N/mm²。					

附 录 B
（资料性附录）
各标准中双相不锈钢牌号对照

各标准中双相不锈钢牌号对照见表 B.1。

表 B.1 本标准与 GB/T 20878、ISO、ASTM、EN、JIS 和 ГOCT 钢管标准的牌号对照

序号	中国				美国	欧洲	国际	日本	前苏联	原习惯用牌号
	GB/T 20878 中的序号	统一数字代号	GB/T 20878 中的牌号	本标准	ASTM A789M-05b	EN 10216-5:2004	ISO 15156-3:2003	JIS G3459—2004	ГOCT 5632—1972	
1	68	S21953	022Cr18Ni5Mo3Si2N	022Cr19Ni5Mo3Si2N[a]	S31500	X2CrNiMoSi18-5-3 1.4424				00Cr18Ni5Mo3Si2N, 3RE60
2	70	S22253	022Cr22Ni5Mo3N	022Cr22Ni5Mo3N	S31803	X2CrNiMo22-5-3 1.4462	S31803/2205	SUS329J3LTP		00Cr22Ni5Mo3N, 2205
3	72	S23043	022Cr23Ni4MoCuN	022Cr23Ni4MoCuN	S32304	X2CrNiN23-4 1.4362				00Cr23Ni4N
4	71	S22053	022Cr23Ni5Mo3N	022Cr23Ni5Mo3N	S32205					00Cr22Ni5Mo3N,2205
5		S25203		022Cr24Ni7Mo4CuN	S32520	X2CrNiMoCuN25-6-3 1.4507	S32520/52N+			00Cr25Ni7Mo4CuN, UR52N+
6	73	S22553	022Cr25Ni6Mo2N	022Cr25Ni6Mo2N[a]	S31200		S31200/44LN			00Cr25Ni6Mo2N
7	74	S22583	022Cr25Ni7Mo3WCuN	022Cr25Ni7Mo3WCuN	S31260			SUS329J4LTP		00Cr25Ni7Mo3WCuN
8	76	S25073	022Cr25Ni7Mo4N	022Cr25Ni7Mo4N	S32750	X2CrNiMoN25-7-4 1.4410	S32750/2507			00Cr25Ni7Mo4N,2507
9	75	S25554	03Cr25Ni6Mo3Cu2N	03Cr25Ni6Mo3Cu2N	S32550		S32550/255			0Cr25Ni6Mo3Cu2N FERRALIUM alloy 255
10	77	S27603	022Cr25Ni7Mo4WCuN	022Cr25Ni7Mo4WCuN	S32760	X2GrNiMoCuWN25-7-4 1.4501	S32760a/Z100			0Cr25Ni7Mo4WcuN, Zeron100
11		S22693		06Cr26Ni4Mo2	S32900			SUS329J1LTP		0Cr26Ni5Mo2
12	69	S22160	12Cr21Ni5Ti	12Cr21Ni5Ti					12X21H5T	1Cr21Ni5Ti,ЭИ811

[a] 本牌号的化学成分规定与 GB/T 20878 中对应牌号的化学成分规定不一致，个别元素加严了要求。

ICS 77.080.20
H 11

GB

中华人民共和国国家标准

GB/T 21834—2008

中低合金钢　多元素成分分布的测定
金属原位统计分布分析法

Medium and low alloy steel—Determination of the distribution of multi-element contents—Original position statistic distribution analysis method

2008-05-13 发布　　2008-11-01 实施

中华人民共和国国家质量监督检验检疫总局
中国国家标准化管理委员会　发布

前　言

本标准是首次制定。

本标准附录A、附录B、附录C为规范性附录。

本标准由中国钢铁工业协会提出。

本标准由全国钢标准化技术委员会归口。

本标准负责起草单位：中国钢研科技集团公司、宝钢股份公司、唐山钢铁股份有限公司、马鞍山钢铁股份有限公司、首钢总公司、济南钢铁股份有限公司、天津大无缝钢管厂、天津天铁冶金集团有限公司、湖南华菱湘潭钢铁有限公司。

本标准主要起草人：李美玲、陈吉文、王辉、张秀鑫、吴超、贾云海、王海舟。

中低合金钢　多元素成分分布的测定
金属原位统计分布分析法

警告：使用本标准的人员应有正规实验室工作的实践经验。本标准并未指出所有可能的安全问题。使用者有责任采取适当的安全和健康措施，并保证符合国家有关法规规定的条件。

1　范围

本标准规定了用金属原位统计分布分析法测定碳、硅、锰、磷、硫、铬、镍、铜、钛、铌、钼、钒、铝等成分的分布。

本标准适用于测定横截面包含长为 30 mm～120 mm，宽为 30 mm～120 mm 的长方形或正方形区域，高为 10 mm～50 mm 的块状中低合金钢样品。一般分析面积最大不超过 6 400 mm^2，分析长度最大不超过 120 mm。各元素质量分数测定范围见表 1。

表 1

测定元素	测定范围(质量分数)/%
碳	0.01～1.5
硅	0.01～1.5
锰	0.005～2.5
磷	0.005～0.15
硫	0.002～0.07
铬	0.01～5
镍	0.01～5.0
铜	0.01～1.5
钛	0.005～1.0
铌	0.01～1.0
钼	0.01～1.0
钒	0.01～1.0
铝	0.005～1.0

2　规范性引用文件

下列文件中的条款通过本标准的引用而成为本标准的条款。凡是注日期的引用文件，其随后所有的修改单(不包括勘误的内容)或修订版均不适用于本标准，然而，鼓励根据本标准达成协议的各方研究是否可使用这些文件的最新版本。凡是不注日期的引用文件，其最新版本适用于本标准。

GB/T 4236　钢的硫印检验方法

YB/T 4002　连铸钢方坯低倍组织缺陷评级图

YB/T 4003　连铸钢板坯低倍组织缺陷评级图

3 原理

块状试样经过适当的铣床或磨样机出平整且具一定清晰纹路的表面。将制备好的块状样品作为一个电极，采用金属放电电极对相对运动的样品实施连续的火花激发放电；将所激发的火花光谱色散成特定波长的线状光谱；高速、实时记录单次火花放电的位置和光谱信号，将单次火花信号转化为电信号，输入信号存储器；对选用的参比线和分析线的发射谱线强度进行测量，用计算机对上述单次火花放电的线状光谱进行统计分布分析，根据标准样品制作的校准曲线，求出分析样品测量区域内各测量元素的化学成分分布。经过含量统计分布分析，得到用于评价各元素含量分布和偏析的各种指标：特定位置含量、最大偏析度、含量二维等高图、含量三维视图、含量频度分布图、含量线分布图、统计符合度及统计偏析度等。

4 仪器

金属原位分析仪主要由以下单元组成。

4.1 激发光源

激发光源是能提供一个能量可控、并能长时间连续放电的光源装置。

4.2 连续激发台

能够放置和激发大样品，并能支持其连续移动的激发平台。该装置可使用高纯氩气进行气氛保护。

4.3 对电极

采用45°顶角纯钨电极，直径为3 mm。每个实验室根据分析样品数量的具体情况确定更换对电极的时间。

4.4 分光计

分光计的一级光谱色散的倒数应小于0.6 nm/mm，焦距为0.75 m～1.0 m，波长范围为170.0 nm～400.0 nm。分光计的真空度应在3 Pa以下。

4.5 分光单元

由准直透镜、入射狭缝、凹面光栅以及出射狭缝组成，光经过准直透镜进入入射狭缝、凹面光栅分光，由出射狭缝系统选择各自元素的特征谱线，整套光路系统均在真空系统下运行。

4.6 信号高速采集系统

信号高速采集系统由光电倍增管、高压板、放大板和高速采集板（A/D板）组成，此系统可以高速采集放电区域内的所有单次火花的激发信号。该系统高速连续采集由连续激发光源对待测样品放电所产生的大量单次火花信号强度，并加以存储。

4.7 扫描系统

试样扫描方式为线性面扫描，沿 X 轴方向连续扫描，扫描速度为1 mm/s；Y 轴方向为平移方式，间隔为2 mm。

4.8 数据处理系统

由于一个火花脉冲中包含多个单次放电，每个单次放电信号与放电位置的状态相关，因此该系统把由高速采集系统所采集存储到的大量单次火花信号强度进行数理统计分析，即可得到与原始位置相对应的元素成分位置含量分布及相关缺陷状态分布的信息。

该统计分析方法处理系统以含量二维等高图、含量三维视图、含量线分布图、含量-频度统计分布图、致密度分布图以及夹杂物分布图来直观表征待测元素在样品中的分布规律，并以平均含量、最大偏析度、统计偏析度、统计符合度、平均表观致密度以及夹杂物含量来表征元素的分布规律。

5 制样

样品的切割和表面处理。采用线切割或锯床对样品进行切割，制备出规定大小尺寸的样品。然后用铣床对样品表面进行加工。铣完后的样品表面应平整、纹路清晰，并保持洁净。没有铣床时，按分析样品的要求配置氧化铝或氧化锆磨样材料，粒度为0.25 mm～0.40 mm。

6 标准样品和标准化样品

6.1 标准样品

原位分布分析专用标准样品用于绘制校准曲线。标准样品的扫描面积一般为20 mm×20 mm。

6.2 标准化样品

标准化样品应非常均匀，并且要有适当的含量，可用于校正仪器的漂移。

6.3 控制样品

控制样品是与待测样品成分、冶炼工艺类似且成分分布均匀的样品为原位分布分析专用控制样品，可用来对校准曲线进行监控。

7 仪器的准备

放置金属原位分析仪的实验室应防震、洁净，一般室内温度应保持在25℃左右，在同一个再标准化周期内室内温度变化不超过3℃，相对湿度应在40%～70%。

7.1 仪器的稳定

为使仪器工作稳定，开始工作前应使激发光源有适当的通电时间，使光室和激发平台加热至恒温，分光计的真空度达3 Pa以下。

长时间停机后重新开机，一般应保证通电时间不少于8 h。

7.2 电极的更换和调整

电极应定期清理、更换并用定距规调整其间隙的距离，使其保持正常工作状态。

7.3 光学系统的检查

聚光镜应定期清理，光路应定期校准。

8 分析样品

8.1 取样

按分析要求从试样预分析的部位截取具有一定尺寸、形状规整以方便夹持的样品，待分析面一般包含某些特征区域，如板坯的中心、方坯的中心等(见B.1)。

8.2 样品的制备

标准样品、标准化样品以及分析样品应在同一条件下制备和研磨，并保证样品表面平整，无沾污。

9 分析步骤

9.1 根据样品的种类、化学成分选择标准样品、标准化样品。

9.2 根据样品的种类、化学成分选择参比线(中低合金钢一般采用Fe谱线)、分析线、工作条件、激发参数等工作条件。

9.3 按7.1～7.3对仪器准备工作的要求，设定和校准仪器。

9.4 分析工作前先激发一块样品，确保仪器稳定后开始分析。

9.5 校准曲线的绘制

在所选定的工作条件下，扫描激发一系列标准样品。以每个待测元素的绝对强度或相对强度与标准样品中该元素的含量绘制校准曲线。

9.6 校准曲线的标准化

应定期采用标准化样品对校准曲线进行标准化，标准化的间隔时间取决于仪器的稳定性。必要时，可进一步采用与待测样品成分、冶炼工艺类似的控制样品对校准曲线进行监控。

9.7 测定结果的控制

对标准样品进行扫描测定,确定分析结果的准确性和可靠性。

9.8 样品分析

根据需要确定分析样品的取样区和扫描区。采用与绘制校准曲线相同的工作条件对样品进行激发并保存数据(见 B.2)。

10 结果的表述

根据各元素的绝对强度或相对强度,从校准曲线上计算出扫描区域的含量。通过成分统计分布分析,得到扫描分析范围内用于评价各元素分布的各种指标:特定位置含量、最大偏析度、含量二维等高图、含量三维视图、含量频度分布图、含量线分布图、统计符合度及统计偏析度等。

如需要,可将硫元素的统计偏析度转化为硫印的评级结果,转化的硫印结果保留一位小数。转化的定量公式为:$y = k\ln S + b$,其中 y 为硫印评级数,S 为统计偏析度,k、b 为与钢种相关的常数。定量转化公式中参数 k、b 的确定见 C.4。

11 试验报告

试验报告应包括下列内容:

a) 鉴别试料、实验室和分析日期等资料;

b) 遵守本标准规定的程度;

c) 分析结果及其表示;

d) 测定中观察到的异常现象;

e) 对分析结果可能有影响而本标准未包括的操作或者任选的操作。

附　录　A
（规范性附录）
原位统计分布分析结果的表述

统计分布分析计算方法包括“位置含量、最大偏析度、含量二维等高图、含量三维分布图、含量频度分布图、沿线分布曲线、统计符合度，95％置信度时的含量置信区间及统计偏析度”等。

A.1　特定位置含量

在待测样品表面已分析面内，与每一单次火花放电位置所对应的某特定元素的含量。

A.2　最大偏析度（M）

在待测样品已分析面内，某元素的最大偏析度的计算有两种方式：点最大偏析度 $M(x,y)$ 与微区最大偏析度 $M(\mathrm{s})$。

$M(x,y)$ 以统计分析方法解析出的某特定元素最高位置含量与总体平均位置含量的比值来表示（见式（A.1））：

$$M(x,y)=\frac{c_i}{\bar{c}} \qquad\qquad \cdots\cdots(\mathrm{A.1})$$

$M(\mathrm{s})$ 以统计分析方法解析出的某特定元素最高位置含量为中心的 1 mm^2 面积内的平均位置含量与总体平均位置含量的比值来表示（见式（A.2））：

$$M(\mathrm{s})=\frac{c_{\mathrm{s}}}{\bar{c}} \qquad\qquad \cdots\cdots(\mathrm{A.2})$$

式中：

c_i——单次放电位置处某元素最高位置含量；

c_{s}——某特定元素最高位置含量为中心的 1 mm^2 面积内的平均位置含量；

$\bar{c}$——某元素总体平均位置含量。

A.3　含量二维等高图

显示特定元素在扫描区域内不同坐标（X，Y）所对应的元素含量分布，并采用不同颜色或灰度表征其含量与位置对应关系的一种图谱（示例图 A.1）。

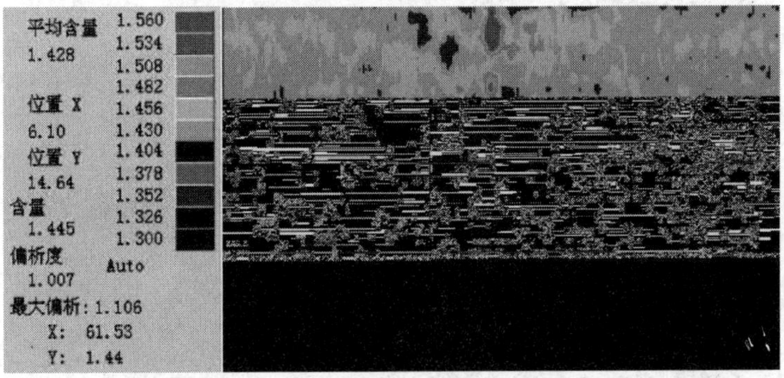

示例图 A.1　Mn 元素含量分布

A.4 含量三维视图

在含量二维等高图基础上，同时以 Z 轴方向的高低来表征元素含量高低的图谱（示例图 A.2）。

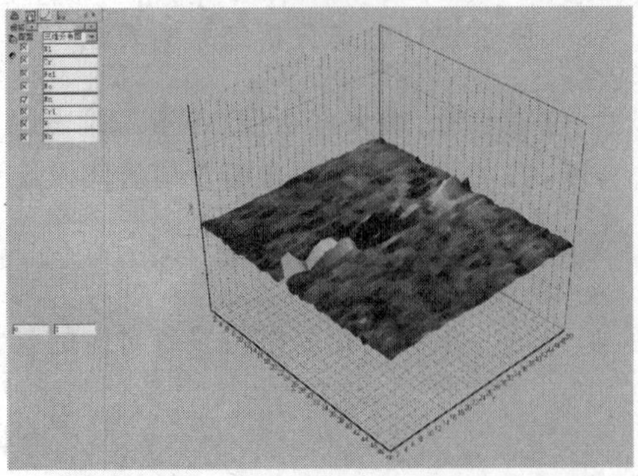

示例图 A.2 Mn 元素含量三维视图

A.5 含量线分布图

当 Y（或 X）值固定时，某特定元素的位置含量沿 X（或 Y）方向的变化曲线（示例图 A.3）。

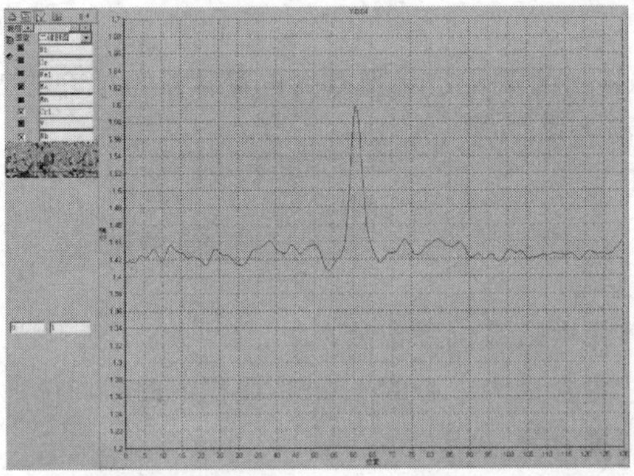

示例图 A.3 Mn 元素含量当 Y=8.64 mm 时，沿 X 方向的线分布

A.6 频度-含量分布图

即在已分析面内，以特定位置含量为横坐标，以特定位置含量相对全部位置含量数据的权重比率为纵坐标的含量-频度图（示例图 A.4）。

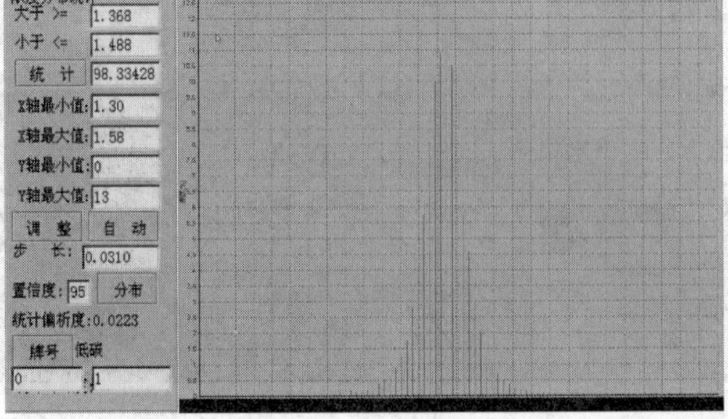

示例图 A.4 Mn 元素含量-频度统计分布图

A.7 含量分段统计结果统计分布图

以某一规定含量段为基准，整个扫描范围内不同含量范围段内的含量数据相对整个位置含量数据的权重比率(示例图 A.5)。分区统计分布图上同时显示中位值和95%置信度下的置信区间。

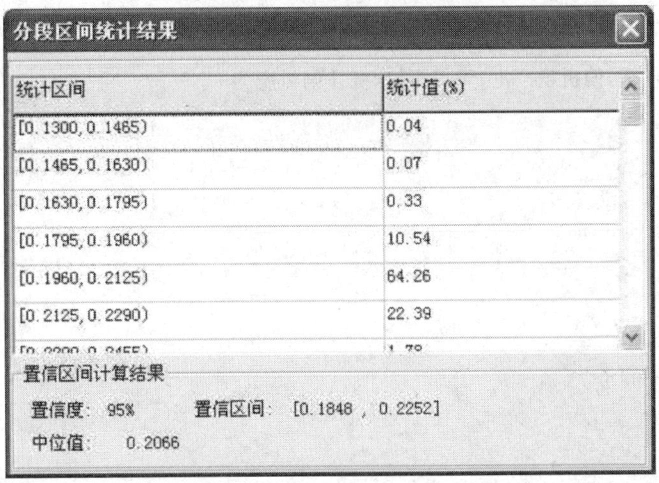

示例图 A.5 分区统计分布图

A.8 区域统计分布图

扫描范围内的任何一个给定的区域，也可以进行频度-含量统计计算。即以位置含量为横坐标，以该区域内特定位置含量相对该区域内全部位置含量数据的权重比率为纵坐标的频度-含量图(示例图 A.6)，为区域统计分布图。

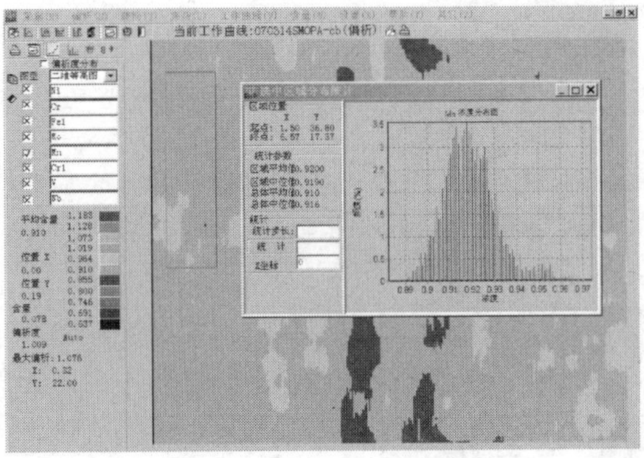

示例图 A.6 区域统计结果

A.9 统计符合度(C_f)

在测量的分析面内，某元素的所有位置含量与所设定的含量范围一致性的百分比(示例图 A.4 左侧“统计”的右侧读数)。

A.10 含量置信区间

含量置信区间是一个随机区间，是一定置信度下，以中位值为中心的含量分布范围。如：某个元素以中位值为中心，当置信度为95%的含量置信区间为[0.184 8,0.225 2](示例图 A.5)。

A.11　统计偏析度(S)

在扫描分析的范围内，以数理统计方式对某特定元素的含量分布进行解析，求得该元素95%置信度下，以中位值为中心的含量置信区间为$[c_1, c_2]$，则

$$S = (c_2 - c_1)/2c_0$$

式中：

c_0——含量中位值。

注：统计偏析度数值越大，偏析越严重；无偏析时，统计偏析度为0。

附 录 B
（规范性附录）
原位统计分布分析取样和扫描方法

B.1 取样方法

B.1.1 板坯

板坯一般按照工艺要求取样，分析其横截面，观察易产生偏析的中心部位的含量分布。因此，一般在板坯沿宽度方向的中部取样，并应包含板坯的厚度中心。

对于板厚小于 140 mm 的板坯样品，在中部直接裁取横截面积为“板厚×60 mm”的样品即可（见图 B.1）。

对于厚度为 140 mm～180 mm 的板坯，则于厚度方向 3/4 处进行取样，裁取横截面积为“3/4 板厚×60 mm”的样品（见图 B.2）。

对于厚度大于 180 mm 的样品，若要对整个横截面进行综合解析，则根据需要进行分区取样。取样时建议包含中心部位。

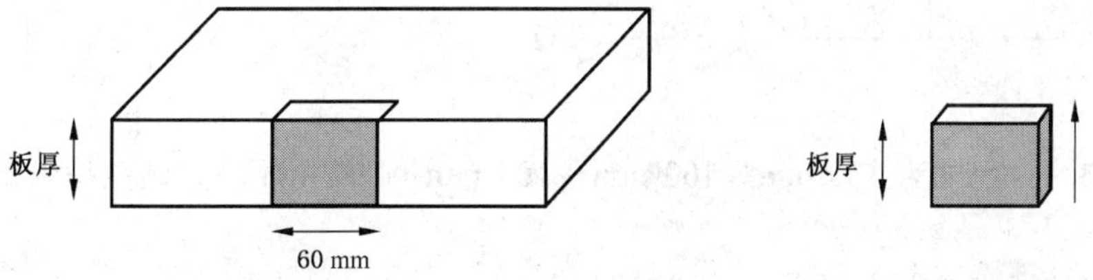

A 板坯　　　　B 样品及扫描方向

图 B.1 板厚小于 140 mm 板坯样品取样示意图

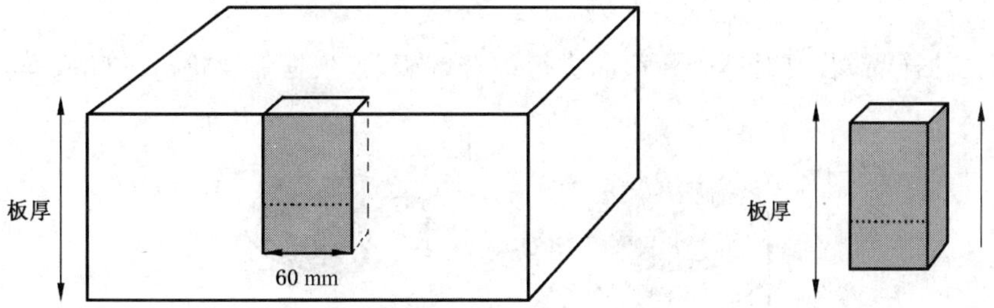

A 板坯　　　　B 样品及扫描方向

图 B.2 板厚为 140 mm～180 mm 板坯样品取样示意图

B.1.2 方坯

方坯一般按照工艺要求取样，分析其横截面，尤其是易产生偏析的中心部位。因此，取样时应尽量包含方坯的中心。

对于横截面小于 100 mm×100 mm 的方坯，直接裁取即可（见图 B.3）。

对于横截面为 100 mm×100 mm～180 mm×180 mm 的方坯，于边长的 3/4 处裁样，裁取横截面积为“3/4 边长×60 mm”的样品（见图 B.4）。

对于尺寸更大的样品，若要对整个横截面进行综合解析，则根据需要进行分区取样。

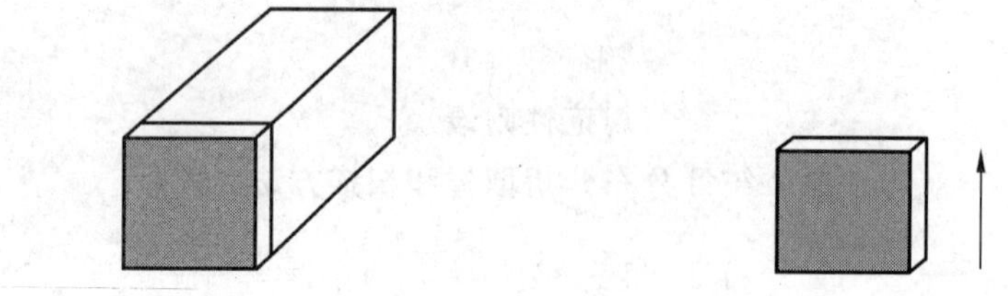

A　方坯　　　　　　　　　　B　样品及扫描方向

图 B.3　尺寸小于 100 mm×100 mm 的方坯取样示意图

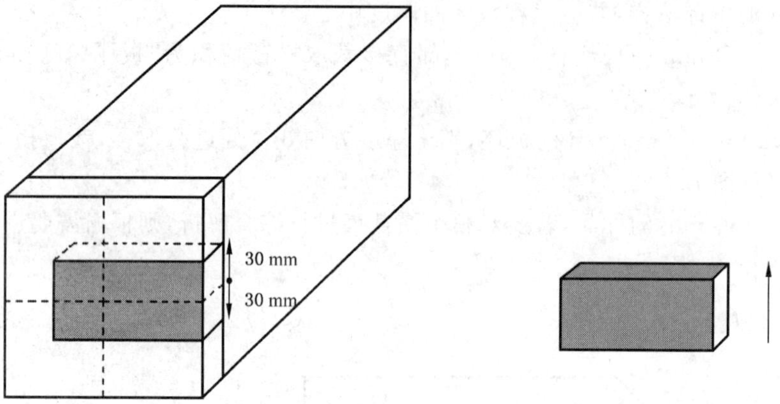

A　方坯　　　　　　　　　　B　样品及扫描方向

图 B.4　尺寸为 100 mm×100 mm～180 mm×180 mm 的方坯取样示意图

B.1.3　圆坯

圆坯方坯一般按照工艺要求取样，分析其横截面，尤其是易产生偏析的中心部位。因此，取样时应尽量包含圆坯的中心。

对于直径小于 100 mm 的圆坯，直接裁取即可(见图 B.5)。

对于直径为 100 mm～180 mm 的圆坯，于直径的 3/4 处裁样，裁取宽度为 60 mm 的样品进行分析(见图 B.6)。

对于更大直径的样品，若要对整个横截面进行综合解析，则根据需要进行分区取样。

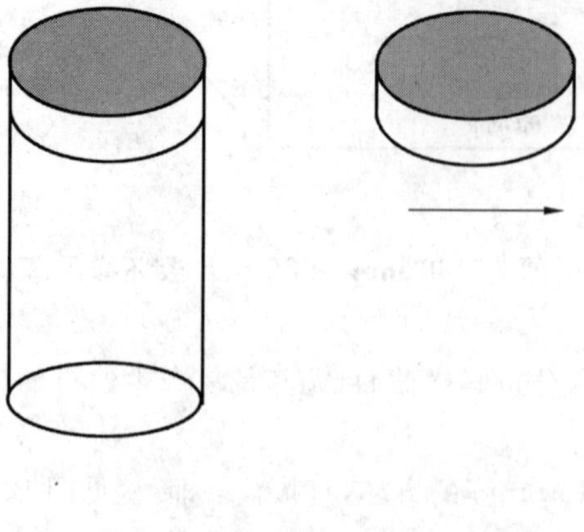

A　圆坯　　　　　　B　样品及扫描方向

图 B.5　直径小于 100 mm 的圆坯取样示意图

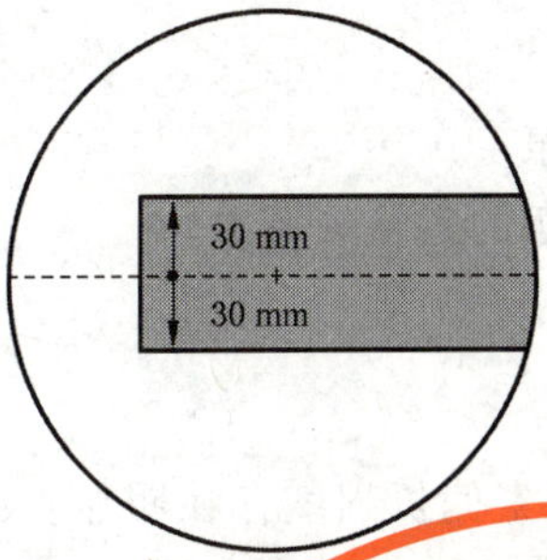

A　圆坯

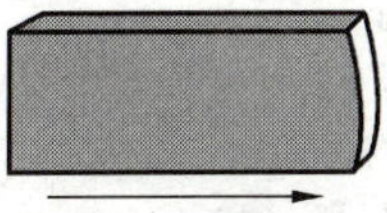

B　样品及扫描方向

图 B.6　直径为 100 mm～180 mm 的圆坯取样示意图

B.2　扫描方法

根据分析要求、样品的面积和形状，设置样品的原点、*X* 值、*Y* 值等扫描参数确定样品的扫描范围。

对于板坯、方坯和圆坯，扫描范围一般应包含易产生偏析的特征区域，如板坯的中心线、方坯和圆坯的中心位置等。

对于板坯或类似样品，一般采用扫描方向与板坯厚度中心线垂直的方式进行扫描。

附 录 C
（规范性附录）
统计偏析度与硫印评级的定量关系

C.1 样品

选取的样品应是某一工艺条件下，有代表性的、硫元素偏析程度存在明显差异的系列样品，至少不少于4块(0.5级，1级，2级，3级)。

取制样满足本标准和GB/T 4236的要求。

每个样品均进行原位分析和硫印腐蚀实验，且原位分析扫描区域应尽量接近硫印腐蚀区域，即：将原位实验完毕的同一块样品的激发面进行重新加工，铣去厚度约0.3 mm～0.5 mm。然后进行硫印实验。

C.2 金属原位统计分布分析

各种原位分析条件及实验依据本标准进行。

C.3 硫印试验

按GB/T 4236进行制样和硫印实验，并按照YB/T 4002、YB/T 4003进行硫印评级。

C.4 统计偏析度与硫印评级的定量关系

将系列样品硫元素的统计偏析度与硫印评级结果进行列表，并以硫元素的统计偏析度为横坐标，硫印评级数为纵坐标，进行对数回归，确定对数方程式 $y = k\ln S + b$ 中的常数项 k、b。其中 y 为由原位结果转换的硫印评级数，S 为硫元素统计偏析度，k、b 为此钢种的转化常数。结果保留一位小数。

采用该方程可将任一样品硫元素的统计偏析度转化为硫印评级的结果。

ICS 77.140.75
H 48

中华人民共和国国家标准

GB/T 21835—2008

焊接钢管尺寸及单位长度重量

Dimensions and masses per unit length of welded steel pipes

2008-05-13 发布　　　　2008-11-01 实施

中华人民共和国国家质量监督检验检疫总局
中国国家标准化管理委员会　发布

前 言

本标准对应于 ISO 4200:1991《平端焊接及无缝钢管——尺寸及单位长度重量表》(英文版)和 ISO 1127:1992《不锈钢管——尺寸、公差和单位长度常规重量》(英文版)。本标准与 ISO 4200:1991 和 ISO 1127:1992 的一致性程度为非等效。

本标准由中国钢铁工业协会提出。

本标准由全国钢标准化技术委员会归口。

本标准主要起草单位:番禺珠江钢管有限公司、锦西钢管有限公司。

本标准主要起草人:陈昌、刘庆才、齐惠娟、王利树、黄克坚。

焊接钢管尺寸及单位长度重量

1 范围

本标准规定了焊接钢管的公称尺寸及单位长度重量。

本标准适用于制定各类用途的圆形平端焊接钢管标准时，选择公称尺寸和单位长度重量。

2 规范性引用标准

下列文件中的条款通过本标准的引用而成为本标准的条款。凡是注日期的引用文件，其随后所有的修改单(不包括勘误的内容)或修订版均不适用于本标准，然而，鼓励根据本标准达成协议的各方研究是否可使用这些文件的最新版本。凡是不注日期的引用文件，其最新版本适用于本标准。

GB/T 8170　数值修约规则

GB/T 20878—2007　不锈钢和耐热钢　牌号及化学成分

3 分类

本标准给出的焊接钢管分为普通焊接钢管、精密焊接钢管和不锈钢焊接钢管。

4 公称尺寸

4.1 尺寸系列

4.1.1 焊接钢管的外径分为三个系列：系列1、系列2和系列3。系列1是通用系列，属推荐选用系列；系列2是非通用系列；系列3是少数特殊、专用系列。

普通焊接钢管的外径分为系列1、系列2和系列3，精密焊接钢管的外径分为系列2和系列3，不锈钢焊接钢管的外径分为系列1、系列2和系列3。

4.1.2 普通焊接钢管的壁厚分为系列1和系列2。系列1是优先选用系列，系列2是非优先选用系列。

4.2 外径和壁厚

4.2.1 普通焊接钢管的外径和壁厚见表1。

4.2.2 精密焊接钢管的外径和壁厚见表2。

4.2.3 不锈钢焊接钢管的外径和壁厚见表3。

5 单位长度理论重量

5.1 普通焊接钢管和精密焊接钢管

普通焊接钢管和精密焊接钢管单位长度理论重量按式(1)计算(钢的密度取7.85 kg/dm^3)，其计算值分别列于表1和表2。

$$W = 0.0246615(D-S)S \qquad \cdots\cdots(1)$$

式中：

W——单位长度重量，单位为千克每米(kg/m)；

D——钢管的公称外径，单位为毫米(mm)；

S——钢管的公称壁厚，单位为毫米(mm)。

单位长度理论重量计算值的修约规则应符合GB/T 8170的规定。当计算值小于1.00 kg/m时，单位长度理论重量计算结果修约到最接近的0.001 kg/m；当计算值不小于1.00 kg/m时，单位长度理论重量计算结果修约到最接近的0.01 kg/m。

5.2 不锈钢焊接钢管

不锈钢焊接钢管单位长度理论重量按式(2)计算。

$$W = \frac{\pi}{1\,000}S(D-S)\rho \qquad \cdots\cdots(2)$$

式中：

W——钢管的理论重量，单位为千克每米(kg/m)；

π——圆周率，取3.141 6；

S——钢管的公称壁厚，单位为毫米(mm)；

D——钢管的公称外径，单位为毫米(mm)；

ρ——钢的密度，单位为千克每立方分米(kg/dm^3)，各牌号钢的密度按GB/T 20878中的给定值。

表 1 普通焊接钢管尺寸及单位长度理论重量

系列			壁厚/mm																		
系列 1			0.5	0.6	0.8	1.0	1.2	1.4		1.6		1.8		2.0		2.3		2.6		2.9	
系列 2									1.5		1.7		1.9		2.2		2.4		2.8		3.1
外径/mm			单位长度理论重量/(kg/m)																		
系列 1	系列 2	系列 3																			
10.2			0.120	0.142	0.185	0.227	0.266	0.304	0.322	0.339	0.356	0.373	0.389	0.404	0.434	0.448	0.462	0.487	0.511	0.522	
	12		0.142	0.169	0.221	0.271	0.320	0.366	0.388	0.410	0.432	0.453	0.473	0.493	0.532	0.550	0.568	0.603	0.635	0.651	0.680
	12.7		0.150	0.179	0.235	0.289	0.340	0.390	0.414	0.438	0.461	0.484	0.506	0.528	0.570	0.590	0.610	0.648	0.684	0.701	0.734
13.5			0.160	0.191	0.251	0.308	0.364	0.418	0.444	0.470	0.495	0.519	0.544	0.567	0.613	0.635	0.657	0.699	0.739	0.758	0.795
		14	0.166	0.198	0.260	0.321	0.379	0.435	0.462	0.489	0.516	0.542	0.567	0.592	0.640	0.664	0.687	0.731	0.773	0.794	0.833
	16		0.191	0.228	0.300	0.370	0.438	0.504	0.536	0.568	0.600	0.630	0.661	0.691	0.749	0.777	0.805	0.859	0.911	0.937	0.986
17.2			0.206	0.246	0.324	0.400	0.474	0.546	0.581	0.616	0.650	0.684	0.717	0.750	0.814	0.845	0.876	0.936	0.994	1.02	1.08
		18	0.216	0.257	0.339	0.419	0.497	0.573	0.610	0.647	0.683	0.719	0.754	0.789	0.857	0.891	0.923	0.987	1.05	1.08	1.14
	19		0.228	0.272	0.359	0.444	0.527	0.608	0.647	0.687	0.725	0.764	0.801	0.838	0.911	0.947	0.983	1.05	1.12	1.15	1.22
	20		0.240	0.287	0.379	0.469	0.556	0.642	0.684	0.726	0.767	0.808	0.848	0.888	0.966	1.00	1.04	1.12	1.19	1.22	1.29
21.3			0.256	0.306	0.404	0.501	0.595	0.687	0.732	0.777	0.822	0.866	0.909	0.952	1.04	1.08	1.12	1.20	1.28	1.32	1.39
		22	0.265	0.317	0.418	0.518	0.616	0.711	0.758	0.805	0.851	0.897	0.942	0.986	1.07	1.12	1.16	1.24	1.33	1.37	1.44
	25		0.302	0.361	0.477	0.592	0.704	0.815	0.869	0.923	0.977	1.03	1.082	1.13	1.24	1.29	1.34	1.44	1.53	1.58	1.67
		25.4	0.307	0.367	0.485	0.602	0.716	0.829	0.884	0.939	0.994	1.05	1.10	1.15	1.26	1.31	1.36	1.46	1.56	1.61	1.70
26.9			0.326	0.389	0.515	0.639	0.761	0.880	0.940	0.998	1.06	1.11	1.17	1.23	1.34	1.40	1.45	1.56	1.66	1.72	1.82
		30	0.364	0.435	0.576	0.715	0.852	0.987	1.05	1.12	1.19	1.25	1.32	1.38	1.51	1.57	1.63	1.76	1.88	1.94	2.06
	31.8		0.386	0.462	0.612	0.760	0.906	1.05	1.12	1.19	1.26	1.33	1.40	1.47	1.61	1.67	1.74	1.87	2.00	2.07	2.19
	32		0.388	0.465	0.616	0.765	0.911	1.06	1.13	1.20	1.27	1.34	1.41	1.48	1.62	1.68	1.75	1.89	2.02	2.08	2.21
33.7			0.409	0.490	0.649	0.806	0.962	1.12	1.19	1.27	1.34	1.42	1.49	1.56	1.71	1.78	1.85	1.99	2.13	2.20	2.34
		35	0.425	0.509	0.675	0.838	1.00	1.16	1.24	1.32	1.40	1.47	1.55	1.63	1.78	1.85	1.93	2.08	2.22	2.30	2.44
	38		0.462	0.553	0.734	0.912	1.09	1.26	1.35	1.44	1.52	1.61	1.69	1.78	1.94	2.02	2.11	2.27	2.43	2.51	2.67
	40		0.487	0.583	0.773	0.962	1.15	1.33	1.42	1.52	1.61	1.70	1.79	1.87	2.05	2.14	2.23	2.40	2.57	2.65	2.82

表 1（续）

系列			壁厚/mm																	
系列 1			3.2		3.6		4.0		4.5		5.0		5.4		5.6		6.3		7.1	
系列 2				3.4		3.8		4.37		4.78		5.16		5.56		6.02		6.35		7.92
外径/mm			单位长度理论重量/(kg/m)																	
系列 1	系列 2	系列 3																		
10.2																				
	12																			
	12.7																			
13.5																				
		14																		
	16		1.01	1.06	1.10	1.14														
17.2			1.10	1.16	1.21	1.26														
		18	1.17	1.22	1.28	1.33														
	19		1.25	1.31	1.37	1.42														
	20		1.33	1.39	1.46	1.52	1.58	1.68												
21.3			1.43	1.50	1.57	1.64	1.71	1.82	1.86	1.95										
		22	1.48	1.56	1.63	1.71	1.78	1.90	1.94	2.03										
	25		1.72	1.81	1.90	1.99	2.07	2.22	2.28	2.38	2.47									
		25.4	1.75	1.84	1.94	2.02	2.11	2.27	2.32	2.43	2.52									
26.9			1.87	1.97	2.07	2.16	2.26	2.43	2.49	2.61	2.70	2.77								
		30	2.11	2.23	2.34	2.46	2.56	2.76	2.83	2.97	3.08	3.16								
	31.8		2.26	2.38	2.50	2.62	2.74	2.96	3.03	3.19	3.30	3.39								
	32		2.27	2.40	2.52	2.64	2.76	2.98	3.05	3.21	3.33	3.42								
33.7			2.41	2.54	2.67	2.80	2.93	3.16	3.24	3.41	3.54	3.63								
		35	2.51	2.65	2.79	2.92	3.06	3.30	3.38	3.56	3.70	3.80								
	38		2.75	2.90	3.05	3.21	3.35	3.62	3.72	3.92	4.07	4.18								
	40		2.90	3.07	3.23	3.39	3.55	3.84	3.94	4.15	4.32	4.43								

表 1（续）

系列			壁厚/mm																	
系列 1			8.0		8.8		10		11		12.5		14.2		16		17.5		20	
系列 2				8.74		9.53		10.31		11.91		12.7		15.09		16.66		19.05		20.62
外径/mm			单位长度理论重量/(kg/m)																	
系列 1	系列 2	系列 3																		
10.2																				
	12																			
	12.7																			
13.5																				
		14																		
	16																			
17.2																				
		18																		
	19																			
	20																			
21.3																				
		22																		
	25																			
		25.4																		
26.9																				
		30																		
	31.8																			
	32																			
33.7																				
		35																		
	38																			
	40																			

表 1（续）

系列			壁厚/mm																	
系列 1			22.2		25		28		30		32		36		40	45	50	55	60	65
系列 2				23.83		26.19		28.58		30.96		34.93		38.10						
外径/mm			单位长度理论重量/(kg/m)																	
系列 1	系列 2	系列 3																		
10.2																				
	12																			
	12.7																			
13.5																				
		14																		
	16																			
17.2																				
		18																		
	19																			
	20																			
21.3																				
		22																		
	25																			
		25.4																		
26.9																				
		30																		
	31.8																			
	32																			
33.7																				
		35																		
	38																			
	40																			

表 1（续）

系列			壁厚/mm																		
系列 1			0.5	0.6	0.8	1.0	1.2	1.4		1.6		1.8		2.0		2.3		2.6		2.9	
系列 2									1.5		1.7		1.9		2.2		2.4		2.8		3.1
外径/mm			单位长度理论重量/(kg/m)																		
系列 1	系列 2	系列 3																			
42.4			0.517	0.619	0.821	1.02	1.22	1.42	1.51	1.61	1.71	1.80	1.90	1.99	2.18	2.27	2.37	2.55	2.73	2.82	3.00
		44.5	0.543	0.650	0.862	1.07	1.28	1.49	1.59	1.69	1.79	1.90	2.00	2.10	2.29	2.39	2.49	2.69	2.88	2.98	3.17
48.3				0.706	0.937	1.17	1.39	1.62	1.73	1.84	1.95	2.06	2.17	2.28	2.50	2.61	2.72	2.93	3.14	3.25	3.46
	51			0.746	0.990	1.23	1.47	1.71	1.83	1.95	2.07	2.18	2.30	2.42	2.65	2.76	2.88	3.10	3.33	3.44	3.66
		54		0.79	1.05	1.31	1.56	1.82	1.94	2.07	2.19	2.32	2.44	2.56	2.81	2.93	3.05	3.30	3.54	3.65	3.89
	57			0.835	1.11	1.38	1.65	1.92	2.05	2.19	2.32	2.45	2.58	2.71	2.97	3.10	3.23	3.49	3.74	3.87	4.12
60.3				0.883	1.17	1.46	1.75	2.03	2.18	2.32	2.46	2.60	2.74	2.88	3.15	3.29	3.43	3.70	3.97	4.11	4.37
	63.5			0.931	1.24	1.54	1.84	2.14	2.29	2.44	2.59	2.74	2.89	3.03	3.33	3.47	3.62	3.90	4.19	4.33	4.62
	70				1.37	1.70	2.04	2.37	2.53	2.70	2.86	3.03	3.19	3.35	3.68	3.84	4.00	4.32	4.64	4.80	5.11
		73			1.42	1.78	2.12	2.47	2.64	2.82	2.99	3.16	3.33	3.50	3.84	4.01	4.18	4.51	4.85	5.01	5.34
76.1					1.49	1.85	2.22	2.58	2.76	2.94	3.12	3.30	3.48	3.65	4.01	4.19	4.36	4.71	5.06	5.24	5.58
		82.5			1.61	2.01	2.41	2.80	3.00	3.19	3.39	3.58	3.78	3.97	4.36	4.55	4.74	5.12	5.50	5.69	6.07
88.9					1.74	2.17	2.60	3.02	3.23	3.44	3.66	3.87	4.08	4.29	4.70	4.91	5.12	5.53	5.95	6.15	6.56
	101.6						2.97	3.46	3.70	3.95	4.19	4.43	4.67	4.91	5.39	5.63	5.87	6.35	6.82	7.06	7.53
		108					3.16	3.68	3.94	4.20	4.46	4.71	4.97	5.23	5.74	6.00	6.25	6.76	7.26	7.52	8.02
114.3							3.35	3.90	4.17	4.45	4.72	4.99	5.27	5.54	6.08	6.35	6.62	7.16	7.70	7.97	8.50
	127									4.95	5.25	5.56	5.86	6.17	6.77	7.07	7.37	7.98	8.58	8.88	9.47
	133									5.18	5.50	5.82	6.14	6.46	7.10	7.41	7.73	8.36	8.99	9.30	9.93
139.7										5.45	5.79	6.12	6.46	6.79	7.46	7.79	8.13	8.79	9.45	9.78	10.44
		141.3								5.51	5.85	6.19	6.53	6.87	7.55	7.88	8.22	8.89	9.56	9.90	10.57
		152.4								5.95	6.32	6.69	7.05	7.42	8.15	8.51	8.88	9.61	10.33	10.69	11.41
		159								6.21	6.59	6.98	7.36	7.74	8.51	8.89	9.27	10.03	10.79	11.16	11.92

表 1（续）

系列			壁厚/mm																
系列 1			3.2		3.6		4.0		4.5		5.0		5.4		5.6		6.3		7.1	
系列 2				3.4		3.8		4.37		4.78		5.16		5.56		6.02		6.35		7.92
外径/mm			单位长度理论重量/(kg/m)																	
系列 1	系列 2	系列 3																		
42.4			3.09	3.27	3.44	3.62	3.79	4.10	4.21	4.43	4.61	4.74	4.93	5.05	5.08	5.40				
		44.5	3.26	3.45	3.63	3.81	4.00	4.32	4.44	4.68	4.87	5.01	5.21	5.34	5.37	5.71				
48.3			3.56	3.76	3.97	4.17	4.37	4.73	4.86	5.13	5.34	5.49	5.71	5.86	5.90	6.28				
	51		3.77	3.99	4.21	4.42	4.64	5.03	5.16	5.45	5.67	5.83	6.07	6.23	6.27	6.68				
		54	4.01	4.24	4.47	4.70	4.93	5.35	5.49	5.80	6.04	6.22	6.47	6.64	6.68	7.12				
	57		4.25	4.49	4.74	4.99	5.23	5.67	5.83	6.16	6.41	6.60	6.87	7.05	7.10	7.57				
60.3			4.51	4.77	5.03	5.29	5.55	6.03	6.19	6.54	6.82	7.02	7.31	7.51	7.55	8.06				
	63.5		4.76	5.04	5.32	5.59	5.87	6.37	6.55	6.92	7.21	7.42	7.74	7.94	8.00	8.53				
	70		5.27	5.58	5.90	6.20	6.51	7.07	7.27	7.69	8.01	8.25	8.60	8.84	8.89	9.50	9.90	9.97		
		73	5.51	5.84	6.16	6.48	6.81	7.40	7.60	8.04	8.38	8.63	9.00	9.25	9.31	9.94	10.36	10.44		
76.1			5.75	6.10	6.44	6.78	7.11	7.73	7.95	8.41	8.77	9.03	9.42	9.67	9.74	10.40	10.84	10.92		
		82.5	6.26	6.63	7.00	7.38	7.74	8.42	8.66	9.16	9.56	9.84	10.27	10.55	10.62	11.35	11.84	11.93		
88.9			6.76	7.17	7.57	7.98	8.38	9.11	9.37	9.92	10.35	10.66	11.12	11.43	11.50	12.30	12.83	12.93		
	101.6		7.77	8.23	8.70	9.17	9.63	10.48	10.78	11.41	11.91	12.27	12.81	13.17	13.26	14.19	14.81	14.92		
		108	8.27	8.77	9.27	9.76	10.26	11.17	11.49	12.17	12.70	13.09	13.66	14.05	14.14	15.14	15.80	15.92		
114.3			8.77	9.30	9.83	10.36	10.88	11.85	12.19	12.91	13.48	13.89	14.50	14.91	15.01	16.08	16.78	16.91	18.77	20.78
	127		9.77	10.36	10.96	11.55	12.13	13.22	13.59	14.41	15.04	15.50	16.19	16.65	16.77	17.96	18.75	18.89	20.99	23.26
	133		10.24	10.87	11.49	12.11	12.73	13.86	14.26	15.11	15.78	16.27	16.99	17.47	17.59	18.85	19.69	19.83	22.04	24.43
139.7			10.77	11.43	12.08	12.74	13.39	14.58	15.00	15.90	16.61	17.12	17.89	18.39	18.52	19.85	20.73	20.88	23.22	25.74
		141.3	10.90	11.56	12.23	12.89	13.54	14.76	15.18	16.09	16.81	17.32	18.10	18.61	18.74	20.08	20.97	21.13	23.50	26.05
		152.4	11.77	12.49	13.21	13.93	14.64	15.95	16.41	17.40	18.18	18.74	19.58	20.13	20.27	21.73	22.70	22.87	25.44	28.22
		159	12.30	13.05	13.80	14.54	15.29	16.66	17.15	18.18	18.99	19.58	20.46	21.04	21.19	22.71	23.72	23.91	26.60	29.51

表 1（续）

系列			壁厚/mm																	
系列 1			8.0		8.8		10		11		12.5		14.2		16		17.5		20	
系列 2				8.74		9.53		10.31		11.91		12.7		15.09		16.66		19.05		20.62
外径/mm			单位长度理论重量/(kg/m)																	
系列 1	系列 2	系列 3																		
42.4																				
		44.5																		
48.3																				
	51																			
		54																		
	57																			
60.3																				
	63.5																			
	70																			
		73																		
76.1																				
		82.5																		
88.9																				
	101.6																			
		108																		
114.3			20.97																	
	127		23.48																	
	133		24.66																	
139.7			25.98																	
		141.3	26.30																	
		152.4	28.49																	
		159	29.79	32.39																

表 1（续）

系列			壁厚/mm																	
系列 1			22.2		25		28		30		32		36		40	45	50	55	60	65
系列 2				23.83		26.19		28.58		30.96		34.93		38.10						
外径/mm			单位长度理论重量/(kg/m)																	
系列 1	系列 2	系列 3																		
42.4																				
		44.5																		
48.3																				
	51																			
		54																		
	57																			
60.3																				
	63.5																			
	70																			
		73																		
76.1																				
		82.5																		
88.9																				
	101.6																			
		108																		
114.3																				
	127																			
	133																			
139.7																				
		141.3																		
		152.4																		
		159																		

表 1（续）

系列			壁厚/mm																		
系列 1			0.5	0.6	0.8	1.0	1.2	1.4		1.6		1.8		2.0		2.3		2.6		2.9	
系列 2									1.5		1.7		1.9		2.2		2.4		2.8		3.1
外径/mm			单位长度理论重量/(kg/m)																		
系列 1	系列 2	系列 3																			
		165								6.45	6.85	7.24	7.64	8.04	8.83	9.23	9.62	10.41	11.20	11.59	12.38
168.3										6.58	6.98	7.39	7.80	8.20	9.01	9.42	9.82	10.62	11.43	11.83	12.63
		177.8										7.81	8.24	8.67	9.53	9.95	10.38	11.23	12.08	12.51	13.36
		190.7										8.39	8.85	9.31	10.23	10.69	11.15	12.06	12.97	13.43	14.34
		193.7										8.52	8.99	9.46	10.39	10.86	11.32	12.25	13.18	13.65	14.57
219.1												9.65	10.18	10.71	11.77	12.30	12.83	13.88	14.94	15.46	16.51
		244.5												11.96	13.15	13.73	14.33	15.51	16.69	17.28	18.46
273.1														13.37	14.70	15.36	16.02	17.34	18.66	19.32	20.64
323.9																		20.60	22.17	22.96	24.53
355.6																		22.63	24.36	25.22	26.95
406.4																		25.89	27.87	28.86	30.83
457																					
508																					
		559																			
610																					
		660																			
711																					
	762																				
813																					
		864																			
914																					
		965																			

表 1（续）

系列			壁厚/mm																	
系列 1			3.2		3.6		4.0		4.5		5.0		5.4		5.6		6.3		7.1	
系列 2				3.4		3.8		4.37		4.78		5.16		5.56		6.02		6.35		7.92
外径/mm			单位长度理论重量/(kg/m)																	
系列 1	系列 2	系列 3																		
		165	12.77	13.55	14.33	15.11	15.88	17.31	17.81	18.89	19.73	20.34	21.25	21.86	22.01	23.60	24.66	24.84	27.65	30.68
168.3			13.03	13.83	14.62	15.42	16.21	17.67	18.18	19.28	20.14	20.76	21.69	22.31	22.47	24.09	25.17	25.36	28.23	31.33
		177.8	13.78	14.62	15.47	16.31	17.14	18.69	19.23	20.40	21.31	21.97	22.96	23.62	23.78	25.50	26.65	26.85	29.88	33.18
		190.7	14.80	15.70	16.61	17.52	18.42	20.08	20.66	21.92	22.90	23.61	24.68	25.39	25.56	27.42	28.65	28.87	32.15	35.70
		193.7	15.03	15.96	16.88	17.80	18.71	20.40	21.00	22.27	23.27	23.99	25.08	25.80	25.98	27.86	29.12	29.34	32.67	36.29
219.1			17.04	18.09	19.13	20.18	21.22	23.14	23.82	25.26	26.40	27.22	28.46	29.28	29.49	31.63	33.06	33.32	37.12	41.25
		244.5	19.04	20.22	21.39	22.56	23.72	25.88	26.63	28.26	29.53	30.46	31.84	32.76	32.99	35.41	37.01	37.29	41.57	46.21
273.1			21.30	22.61	23.93	25.24	26.55	28.96	29.81	31.63	33.06	34.10	35.65	36.68	36.94	39.65	41.45	41.77	46.58	51.79
323.9			25.31	26.87	28.44	30.00	31.56	34.44	35.45	37.62	39.32	40.56	42.42	43.65	43.96	47.19	49.34	49.73	55.47	61.72
355.6			27.81	29.53	31.25	32.97	34.68	37.85	38.96	41.36	43.23	44.59	46.64	48.00	48.34	51.90	54.27	54.69	61.02	67.91
406.4			31.82	33.79	35.76	37.73	39.70	43.33	44.60	47.34	49.50	51.06	53.40	54.96	55.35	59.44	62.16	62.65	69.92	77.83
457			35.81	38.03	40.25	42.47	44.69	48.78	50.23	53.31	55.73	57.50	60.14	61.90	62.34	66.95	70.02	70.57	78.78	87.71
508			39.84	42.31	44.78	47.25	49.72	54.28	55.88	59.32	62.02	63.99	66.93	68.89	69.38	74.53	77.95	78.56	87.71	97.68
		559	43.86	46.59	49.31	52.03	54.75	59.77	61.54	65.33	68.31	70.48	73.72	75.89	76.43	82.10	85.87	86.55	96.64	107.64
610			47.89	50.86	53.84	56.81	59.78	65.27	67.20	71.34	74.60	76.97	80.52	82.88	83.47	89.67	93.80	94.53	105.57	117.60
		660					64.71	70.66	72.75	77.24	80.77	83.33	87.17	89.74	90.38	97.09	101.56	102.36	114.32	127.36
711							69.74	76.15	78.41	83.25	87.06	89.82	93.97	96.73	97.42	104.66	109.49	110.35	123.25	137.32
	762						74.77	81.65	84.06	89.26	93.34	96.31	100.76	103.72	104.46	112.23	117.41	118.34	132.18	147.29
813							79.80	87.15	89.72	95.27	99.63	102.80	107.55	110.71	111.51	119.81	125.33	126.32	141.11	157.25
		864					84.84	92.64	95.38	101.29	105.92	109.29	114.34	117.71	118.55	127.38	133.26	134.31	150.04	167.21
914							89.76	98.03	100.93	107.18	112.09	115.65	121.00	124.56	125.45	134.80	141.03	142.14	158.80	176.97
		965					94.80	103.53	106.59	113.19	118.38	122.14	127.79	131.56	132.50	142.37	148.95	150.13	167.73	186.94

表 1（续）

系列			壁厚/mm																	
系列 1			8.0		8.8		10		11		12.5		14.2		16		17.5		20	
系列 2				8.74		9.53		10.31		11.91		12.70		15.09		16.66		19.05		20.62
外径/mm			单位长度理论重量/(kg/m)																	
系列 1	系列 2	系列 3																		
		165	30.97	33.68																
168.3			31.63	34.39	34.61	37.31	39.04	40.17	42.67	45.93	48.03	48.73								
		177.8	33.50	36.44	36.68	39.55	41.38	42.59	45.25	48.72	50.96	51.71								
		190.7	36.05	39.22	39.48	42.58	44.56	45.87	48.75	52.51	54.93	55.75								
		193.7	36.64	39.87	40.13	43.28	45.30	46.63	49.56	53.40	55.86	56.69								
219.1			41.65	45.34	45.64	49.25	51.57	53.09	56.45	60.86	63.69	64.64	71.75							
		244.5	46.66	50.82	51.15	55.22	57.83	59.55	63.34	68.32	71.52	72.60	80.65							
273.1			52.30	56.98	57.36	61.95	64.88	66.82	71.10	76.72	80.33	81.56	90.67							
323.9			62.34	67.93	68.38	73.88	77.41	79.73	84.88	91.64	95.99	97.47	108.45	114.92	121.49	126.23	132.23			
355.6			68.58	74.76	75.26	81.33	85.23	87.79	93.48	100.95	105.77	107.40	119.56	126.72	134.00	139.26	145.92			
406.4			78.60	85.71	86.29	93.27	97.76	100.71	107.26	115.87	121.43	123.31	137.35	145.62	154.05	160.13	167.84	181.98	190.58	196.18
457			88.58	96.62	97.27	105.17	110.24	113.58	120.99	130.73	137.03	139.16	155.07	164.45	174.01	180.92	189.68	205.75	215.54	221.91
508			98.65	107.61	108.34	117.15	122.81	126.54	134.82	145.71	152.75	155.13	172.93	183.43	194.14	201.87	211.69	229.71	240.70	247.84
		559	108.71	118.60	119.41	129.14	135.39	139.51	148.66	160.69	168.47	171.10	190.79	202.41	214.26	222.83	233.70	253.67	265.85	273.78
610			118.77	129.60	130.47	141.12	147.97	152.48	162.49	175.67	184.19	187.07	208.65	221.39	234.38	243.78	255.71	277.63	291.01	299.71
		660	128.63	140.37	141.32	152.88	160.30	165.19	176.06	190.36	199.60	202.74	226.15	240.00	254.11	264.32	277.29	301.12	315.67	325.14
711			138.70	151.37	152.39	164.86	172.88	178.16	189.89	205.34	215.33	218.71	244.01	258.98	274.24	285.28	299.30	325.08	340.82	351.07
	762		148.76	162.36	163.46	176.85	185.45	191.12	203.73	220.32	231.05	234.68	261.87	277.96	294.36	306.23	321.31	349.04	365.98	377.01
813			158.82	173.35	174.53	188.83	198.03	204.09	217.56	235.29	246.77	250.65	279.73	296.94	314.48	327.18	343.32	373.00	391.13	402.94
		864	168.88	184.34	185.60	200.82	210.61	217.06	231.40	250.27	262.49	266.63	297.59	315.92	334.61	348.14	365.33	396.96	416.29	428.88
914			178.75	195.12	196.45	212.57	222.94	229.77	244.96	264.96	277.90	282.29	315.10	334.52	354.34	368.68	386.91	420.45	440.95	454.30
		965	188.81	206.11	207.52	224.56	235.52	242.74	258.80	279.94	293.63	298.26	332.96	353.50	374.46	389.64	408.92	444.41	466.10	480.24

表 1（续）

系列			壁厚/mm																
系列 1			22.2		25		28		30		32		36		40	45	50	55	60	65
系列 2				23.83		26.19		28.58		30.96		34.93		38.1						
外径/mm			单位长度理论重量/(kg/m)																	
系列 1	系列 2	系列 3																		
		165																		
168.3																				
		177.8																		
		190.7																		
		193.7																		
219.1																				
		244.5																		
273.1																				
323.9																				
355.6																				
406.4			210.34	224.83	235.15	245.57	261.29	266.30	278.48											
457			238.05	254.57	266.34	278.25	296.23	301.96	315.91											
508			265.97	283.54	297.79	311.19	331.45	337.91	353.65	364.23	375.64	407.51	419.05	441.52	461.66	513.82	564.75	614.44	662.90	710.12
		559	293.89	314.51	329.23	344.13	366.67	373.85	391.37	403.17	415.89	451.45	464.33	489.44	511.97	570.42	627.64	683.62	738.37	791.88
610			321.81	344.48	360.67	377.07	401.88	409.80	429.11	442.11	456.14	495.38	509.61	537.36	562.28	627.02	690.52	752.79	813.83	873.63
		660	349.19	373.87	391.50	409.37	436.41	445.04	466.10	480.28	495.60	538.45	554.00	584.34	611.61	682.51	752.18	820.61	887.81	953.78
711			377.11	403.84	422.94	442.31	471.63	480.99	503.83	519.22	535.85	582.38	599.27	632.26	661.91	739.11	815.06	889.79	963.28	1 035.54
	762		405.03	433.81	454.39	475.25	506.84	516.93	541.57	558.16	576.09	626.32	644.55	680.18	712.22	795.70	877.95	958.96	1 038.74	1 117.29
813			432.95	463.78	485.83	508.19	542.06	552.88	579.30	597.10	616.34	670.25	689.83	728.10	762.53	852.30	940.84	1 028.14	1 114.21	1 199.04
		864	460.87	493.75	517.27	541.13	577.28	588.83	617.03	636.04	656.59	714.18	735.11	776.02	812.84	908.90	1 003.72	1 097.31	1 189.67	1 280.22
914			488.25	523.14	548.10	573.42	611.80	624.07	654.02	674.22	696.05	757.25	779.50	823.00	862.17	964.39	1 065.38	1 165.13	1 263.66	1 360.94
		965	516.17	553.11	579.55	606.36	647.02	660.01	691.76	713.16	736.29	801.19	824.78	870.92	912.48	1 020.99	1 128.26	1 234.31	1 339.12	1 442.70

表 1（续）

系列			壁厚/mm																		
系列 1			0.5	0.6	0.8	1.0	1.2	1.4		1.6		1.8		2.0		2.3		2.6		2.9	
系列 2									1.5		1.7		1.9		2.2		2.4		2.8		3.1
外径/mm			单位长度理论重量/(kg/m)																		
系列 1	系列 2	系列 3																			
1 016																					
1 067																					
1 118																					
	1 168																				
1 219																					
	1 321																				
1 422																					
	1 524																				
1 626																					
	1 727																				
1 829																					
	1 930																				
2 032																					
	2 134																				
2 235																					
	2 337																				
	2 438																				
2 540																					

表 1（续）

系列			壁厚/mm																	
系列 1			3.2		3.6		4.0		4.5		5.0		5.4		5.6		6.3		7.1	
系列 2				3.4		3.8		4.37		4.78		5.16		5.56		6.02		6.35		7.92
外径/mm			单位长度理论重量/(kg/m)																	
系列 1	系列 2	系列 3																		
1 016							99.83	109.02	112.25	119.20	124.66	128.63	134.58	138.55	139.54	149.94	156.87	158.11	176.66	196.90
1 067											130.95	135.12	141.38	145.54	146.58	157.52	164.80	166.10	185.58	206.86
1 118											137.24	141.61	148.17	152.54	153.63	165.09	172.72	174.08	194.51	216.82
	1 168										143.41	147.98	154.83	159.39	160.53	172.51	180.49	181.91	203.27	226.59
1 219											149.70	154.47	161.62	166.38	167.58	180.08	188.41	189.90	212.20	236.55
	1 321														181.66	195.22	204.26	205.87	230.06	256.47
1 422															195.61	210.22	219.95	221.69	247.74	276.20
	1 524																235.80	237.66	265.60	296.12
1 626																	251.65	253.64	283.46	316.04
	1 727																		301.15	335.77
1 829																			319.01	355.69
	1 930																			
2 032																				
	2 134																			
2 235																				
	2 337																			
	2 438																			
2 540																				

表 1（续）

系列			壁厚/mm																	
系列 1			8.0		8.8		10		11		12.5		14.2		16		17.5		20	
系列 2				8.74		9.53		10.31		11.91		12.70		15.09		16.66		19.05		20.62
外径/mm			单位长度理论重量/(kg/m)																	
系列 1	系列 2	系列 3																		
1 016			198.87	217.11	218.58	236.54	248.09	255.71	272.63	294.92	309.35	314.23	350.82	372.48	394.58	410.59	430.93	468.37	491.26	506.17
1 067			208.93	228.10	229.65	248.53	260.67	268.67	286.47	309.90	325.07	330.21	368.68	391.46	414.71	431.54	452.94	492.33	516.41	532.11
1 118			218.99	239.09	240.72	260.52	273.25	281.64	300.30	324.88	340.79	346.18	386.54	410.44	434.83	452.50	474.95	516.29	541.57	558.04
	1 168		228.86	249.87	251.57	272.27	285.58	294.35	313.87	339.56	356.20	361.84	404.05	429.05	454.56	473.04	496.53	539.78	566.23	583.47
1 219			238.92	260.86	262.64	284.25	298.16	307.32	327.70	354.54	371.93	377.81	421.91	448.03	474.68	493.99	518.54	563.74	591.38	609.40
	1 321		259.04	282.85	284.78	308.23	323.31	333.26	355.37	384.50	403.37	409.76	457.63	485.98	514.93	535.90	562.56	611.66	641.69	661.27
1 422			278.97	304.62	306.69	331.96	348.22	358.94	382.77	414.17	434.50	441.39	493.00	523.57	554.79	577.40	606.15	659.11	691.51	712.63
	1 524		299.09	326.60	328.83	355.94	373.38	384.87	410.44	444.13	465.95	473.34	528.72	561.53	595.03	619.31	650.17	707.03	741.82	764.50
1 626			319.22	348.59	350.97	379.91	398.53	410.81	438.11	474.09	497.39	505.29	564.44	599.49	635.28	661.21	694.19	754.95		
	1 727		339.14	370.36	372.89	403.65	423.44	436.49	465.51	503.75	528.53	536.92	599.81	637.07	675.13	702.71	737.78	802.40		
1 829			359.27	392.34	395.02	427.62	448.59	462.42	493.18	533.71	559.97	568.87	635.53	675.03	715.38	744.62	781.80	850.32		
	1 930		379.20	414.11	416.94	451.36	473.50	488.10	520.58	563.38	591.11	600.50	670.90	712.62	755.23	786.12	825.39	897.77		
2 032			399.32	436.10	439.08	475.33	498.66	514.04	548.25	593.34	622.55	632.45	706.62	750.58	795.48	828.02	869.41	945.69	992.38	1 022.83
	2 134				461.21	499.30	523.81	539.97	575.92	623.30	653.99	664.39	742.34	788.54	835.73	869.93	913.43	993.61	1 042.69	1 074.70
2 235					483.13	523.04	548.72	565.65	603.32	652.96	685.13	696.03	777.71	826.12	875.58	911.43	957.02	1 041.06	1 092.50	1 126.06
	2 337						573.87	591.58	630.99	682.92	716.57	727.97	813.43	864.08	915.93	953.34	1 001.04	1 088.98	1 142.81	1 177.93
	2 438						598.78	617.26	658.39	712.59	747.71	759.61	848.80	901.67	955.68	994.83	1 044.63	1 136.43	1 192.63	1 229.29
2 540							623.94	643.20	686.06	742.55	779.15	791.55	884.52	939.63	995.93	1 036.74	1 088.65	1 184.35	1 242.94	1 821.16

表 1（续）

系列			壁厚/mm																	
系列 1			22.2		25		28		30		32		36		40	45	50	55	60	65
系列 2				23.83		26.19		28.58		30.96		34.93		38.1						
外径/mm			单位长度理论重量/(kg/m)																	
系列 1	系列 2	系列 3																		
1 016			544.09	583.08	610.99	639.30	682.24	695.96	729.49	752.10	776.54	845.12	870.06	918.84	962.78	1 077.58	1 191.15	1 303.48	1 414.58	1 524.45
1 067			572.01	613.05	642.43	672.24	717.45	731.91	767.22	791.04	816.79	889.05	915.34	966.76	1 013.09	1 134.18	1 254.04	1 372.66	1 490.05	1 606.20
1 118			599.93	643.03	673.88	705.18	752.67	767.85	804.95	829.98	857.04	932.98	960.61	1 014.68	1 063.40	1 190.78	1 316.92	1 441.83	1 565.51	1 687.96
	1 168		627.31	672.41	704.70	737.48	787.20	803.09	841.94	868.15	896.49	976.06	1 005.01	1 061.66	1 112.73	1 246.27	1 378.58	1 509.65	1 639.50	1 768.11
1 219			655.23	702.38	736.15	770.42	822.41	839.04	879.68	907.09	936.74	1 019.99	1 050.28	1 109.58	1 163.04	1 302.87	1 441.46	1 578.83	1 714.96	1 849.86
	1 321		711.07	762.33	799.03	836.30	892.84	910.93	955.14	984.97	1 017.24	1 107.85	1 140.84	1 205.42	1 263.66	1 416.06	1 567.24	1 717.18	1 865.89	2 013.36
1 422			766.37	821.68	861.30	901.53	962.59	982.12	1 029.86	1 062.09	1 096.94	1 194.86	1 230.51	1 300.32	1 363.29	1 528.15	1 691.78	1 854.17	2 015.34	2 175.27
	1 524		822.21	881.63	924.19	967.41	1 033.02	1 054.01	1 105.33	1 139.97	1 177.44	1 282.72	1 321.07	1 396.16	1 463.91	1 641.35	1 817.55	1 992.53	2 166.27	2 338.77
1 626			878.06	941.57	987.08	1 033.29	1 103.45	1 125.90	1 180.79	1 217.85	1 257.93	1 370.59	1 411.62	1 492.00	1 564.53	1 754.54	1 943.33	2 130.88	2 317.19	2 502.28
	1 727		933.35	1 000.92	1 049.35	1 098.53	1 173.20	1 197.09	1 255.52	1 294.96	1 337.64	1 457.59	1 501.29	1 586.90	1 664.16	1 866.63	2 067.87	2 267.87	2 466.64	2 664.18
1 829			989.20	1 060.87	1 112.23	1 164.41	1 243.63	1 268.98	1 330.98	1 372.84	1 418.13	1 545.46	1 591.85	1 682.74	1 764.78	1 979.83	2 193.64	2 406.22	2 617.57	2 827.69
	1 930		1 044.49	1 120.22	1 174.50	1 229.64	1 313.37	1 340.17	1 405.71	1 449.96	1 497.84	1 632.46	1 681.52	1 777.64	1 864.41	2 091.91	2 318.18	2 543.22	2 767.02	2 989.59
2 032			1 100.34	1 180.17	1 237.39	1 295.52	1 383.81	1 412.06	1 481.17	1 527.83	1 578.34	1 720.33	1 772.08	1 873.47	1 965.03	2 205.11	2 443.95	2 681.57	2 917.95	3 153.10
	2 134		1 156.18	1 240.11	1 300.28	1 361.40	1 454.24	1 483.95	1 556.63	1 605.71	1 658.83	1 808.19	1 862.63	1 969.31	2 065.65	2 318.30	2 569.72	2 819.92	3 068.88	3 316.60
2 235			1 211.48	1 299.47	1 362.55	1 426.64	1 523.98	1 555.14	1 631.36	1 682.83	1 738.54	1 895.20	1 952.30	2 064.21	2 165.28	2 430.39	2 694.27	2 956.91	3 218.33	3 478.50
	2 337		1 267.32	1 359.41	1 425.43	1 492.52	1 594.42	1 627.03	1 706.82	1 760.71	1 819.03	1 983.06	2 042.86	2 160.05	2 265.90	2 543.59	2 820.04	3 095.26	3 369.25	3 642.01
	2 438		1 322.61	1 418.77	1 487.70	1 557.75	1 664.16	1 698.22	1 781.55	1 837.82	1 898.74	2 070.07	2 132.53	2 254.95	2 365.53	2 656.17	2 944.58	3 232.26	3 518.70	3 803.91
2 540			1 378.46	1 478.71	1 550.59	1 623.63	1 734.59	1 770.11	1 857.01	1 915.70	1 979.23	2 157.93	2 223.09	2 350.79	2 466.15	2 768.87	3 070.36	3 370.61	3 669.63	3 967.42

表 2 精密焊接钢管尺寸及单位长度理论重量

外径/mm		壁厚/mm																							
		0.5	(0.8)	1.0	(1.2)	1.5	(1.8)	2.0	(2.2)	2.5	(2.8)	3.0	(3.5)	4.0	(4.5)	5.0	(5.5)	6.0	(7.0)	8.0	(9.0)	10.0	(11.0)	12.5	(14)
系列 2	系列 3	单位长度理论重量/(kg/m)																							
8		0.092	0.142	0.173	0.201	0.240	0.275	0.296	0.315																
10		0.117	0.182	0.222	0.260	0.314	0.364	0.395	0.423	0.462															
12		0.142	0.221	0.271	0.320	0.388	0.453	0.493	0.532	0.586	0.635	0.666													
	14	0.166	0.260	0.321	0.379	0.462	0.542	0.592	0.640	0.709	0.773	0.814	0.906												
16		0.191	0.300	0.370	0.438	0.536	0.630	0.691	0.749	0.832	0.911	0.962	1.08	1.18											
	18	0.216	0.309	0.419	0.497	0.610	0.719	0.789	0.857	0.956	1.05	1.11	1.25	1.38	1.50										
20		0.240	0.379	0.469	0.556	0.684	0.808	0.888	0.966	1.08	1.19	1.26	1.42	1.58	1.72										
	22	0.265	0.418	0.518	0.616	0.758	0.897	0.988	1.07	1.20	1.33	1.41	1.60	1.78	1.94	2.10									
25		0.302	0.477	0.592	0.704	0.869	1.03	1.13	1.24	1.39	1.53	1.63	1.86	2.07	2.28	2.47	2.64								
	28	0.339	0.517	0.666	0.793	0.980	1.16	1.28	1.40	1.57	1.74	1.85	2.11	2.37	2.61	2.84	3.05								
	30	0.364	0.576	0.715	0.852	1.05	1.25	1.38	1.51	1.70	1.88	2.00	2.29	2.56	2.83	3.08	3.32	3.55	3.97						
32		0.388	0.616	0.765	0.911	1.13	1.34	1.48	1.62	1.82	2.02	2.15	2.46	2.76	3.05	3.33	3.59	3.85	4.32	4.74					
	35	0.425	0.675	0.838	1.00	1.24	1.47	1.63	1.78	2.00	2.22	2.37	2.72	3.06	3.38	3.70	4.00	4.29	4.83	5.33					
38		0.462	0.704	0.912	1.09	1.35	1.61	1.78	1.94	2.19	2.43	2.59	2.98	3.35	3.72	4.07	4.41	4.74	5.35	5.92	6.44	6.91			
40		0.487	0.773	0.962	1.15	1.42	1.70	1.87	2.05	2.31	2.57	2.74	3.15	3.55	3.94	4.32	4.68	5.03	5.70	6.31	6.88	7.40			
	45		0.872	1.09	1.30	1.61	1.92	2.12	2.32	2.62	2.91	3.11	3.58	4.04	4.49	4.93	5.36	5.77	6.56	7.30	7.99	8.63			
50			0.971	1.21	1.44	1.79	2.14	2.37	2.59	2.93	3.26	3.48	4.01	4.54	5.05	5.55	6.04	6.51	7.42	8.29	9.10	9.86			
	55		1.07	1.33	1.59	1.98	2.36	2.61	2.86	3.24	3.60	3.85	4.45	5.03	5.60	6.17	6.71	7.25	8.29	9.27	10.21	11.10	11.94		
60			1.17	1.46	1.74	2.16	2.58	2.86	3.14	3.55	3.95	4.22	4.88	5.52	6.16	6.78	7.39	7.99	9.15	10.26	11.32	12.33	13.29		
70			1.35	1.70	2.04	2.53	3.03	3.35	3.68	4.16	4.64	4.96	5.74	6.51	7.27	8.01	8.75	9.47	10.88	12.23	13.54	14.80	16.01		
80			1.56	1.95	2.33	2.90	3.47	3.05	4.22	4.78	5.33	5.70	6.60	7.50	8.38	9.25	10.11	10.95	12.60	14.21	15.76	17.26	18.72		
	90				2.63	3.27	3.92	4.34	4.76	5.39	6.02	6.44	7.47	8.48	9.49	10.48	11.46	12.43	14.33	16.18	17.98	19.73	21.43		
100					2.92	3.64	4.36	4.83	5.31	6.01	6.71	7.18	8.33	9.47	10.60	11.71	12.82	13.91	16.05	18.15	20.20	22.20	24.14		
	110				3.22	4.01	4.80	5.33	5.85	6.63	7.40	7.92	9.19	10.46	11.71	12.95	14.17	15.39	17.78	20.12	22.42	24.66	26.86	30.06	
120							5.25	5.82	6.39	7.24	8.09	8.66	10.06	11.44	12.82	14.18	15.53	16.87	19.51	22.10	24.64	27.13	29.57	33.14	
	140						6.13	6.81	7.48	8.48	9.47	10.14	11.78	13.42	15.04	16.65	18.24	19.83	22.96	26.04	29.08	32.06	34.99	39.30	
160							7.02	7.79	8.56	9.71	10.86	11.62	13.51	15.39	17.26	19.11	20.96	22.79	26.41	29.99	33.51	36.99	40.42	45.47	
	180															21.58	23.67	25.75	29.87	33.93	37.95	41.92	45.85	51.64	
200																		28.71	33.32	37.88	42.39	46.86	51.27	57.80	
	220																		36.77	41.83	46.83	51.79	56.70	63.97	71.12
	240																		40.22	45.77	51.27	56.72	62.12	70.13	78.03
	260																		43.68	49.72	55.71	61.65	67.55	76.30	84.93

注：( )内壁厚不推荐使用。

表 3　不锈钢焊接钢管尺寸

外径/mm			壁厚/mm																										
系列 1	系列 2	系列 3	0.3	0.4	0.5	0.6	0.7	0.8	0.9	1.0	1.2	1.4	1.5	1.6	1.8	2.0	2.2(2.3)	2.5(2.6)	2.8(2.9)	3.0	3.2	3.5(3.6)	4.0	4.2	4.5(4.6)	4.8	5.0	5.5(5.6)	6.0
	8		●	●	●	●	●	●	●	●	●																		
		9.5	●	●	●	●	●	●	●	●	●																		
	10		●	●	●	●	●	●	●	●	●	●																	
10.2			●	●	●	●	●	●	●	●	●	●	●	●	●	●													
	12		●	●	●	●	●	●	●	●	●	●	●	●	●	●													
	12.7		●	●	●	●	●	●	●	●	●	●	●	●	●	●													
13.5					●	●	●	●	●	●	●	●	●	●	●	●	●	●	●	●									
		14			●	●	●	●	●	●	●	●	●	●	●	●	●	●	●	●	●	●							
		15			●	●	●	●	●	●	●	●	●	●	●	●	●	●	●	●	●	●							
	16				●	●	●	●	●	●	●	●	●	●	●	●	●	●	●	●	●	●							
17.2					●	●	●	●	●	●	●	●	●	●	●	●	●	●	●	●	●	●							
		18			●	●	●	●	●	●	●	●	●	●	●	●	●	●	●	●	●	●							
	19				●	●	●	●	●	●	●	●	●	●	●	●	●	●	●	●	●	●							
		19.5			●	●	●	●	●	●	●	●	●	●	●	●	●	●	●	●	●	●							
	20				●	●	●	●	●	●	●	●	●	●	●	●	●	●	●	●	●	●							
21.3					●	●	●	●	●	●	●	●	●	●	●	●	●	●	●	●	●	●	●	●					
		22			●	●	●	●	●	●	●	●	●	●	●	●	●	●	●	●	●	●	●	●					
	25				●	●	●	●	●	●	●	●	●	●	●	●	●	●	●	●	●	●	●	●					
		25.4			●	●	●	●	●	●	●	●	●	●	●	●	●	●	●	●	●	●	●	●					
26.9					●	●	●	●	●	●	●	●	●	●	●	●	●	●	●	●	●	●	●	●	●				
		28			●	●	●	●	●	●	●	●	●	●	●	●	●	●	●	●	●	●	●	●	●				
		30			●	●	●	●	●	●	●	●	●	●	●	●	●	●	●	●	●	●	●	●	●				
	31.8				●	●	●	●	●	●	●	●	●	●	●	●	●	●	●	●	●	●	●	●	●				
	32				●	●	●	●	●	●	●	●	●	●	●	●	●	●	●	●	●	●	●	●	●				
33.7								●	●	●	●	●	●	●	●	●	●	●	●	●	●	●	●	●	●	●	●		
		35						●	●	●	●	●	●	●	●	●	●	●	●	●	●	●	●	●	●	●	●		
		36						●	●	●	●	●	●	●	●	●	●	●	●	●	●	●	●	●	●	●	●		
	38							●	●	●	●	●	●	●	●	●	●	●	●	●	●	●	●	●	●	●	●		

表 3（续）

外径/mm			壁厚/mm																			
系列 1	系列 2	系列 3	6.5(6.3)	7.0(7.1)	7.5	8.0	8.5	9.0(8.8)	9.5	10	11	12(12.5)	14(14.2)	15	16	17(17.5)	18	20(22.2)	24	25	26	28
	8																					
		9.5																				
	10																					
10.2																						
	12																					
	12.7																					
13.5																						
		14																				
		15																				
	16																					
17.2																						
		18																				
	19																					
		19.5																				
	20																					
21.3																						
		22																				
	25																					
		25.4																				
26.9																						
		28																				
		30																				
	31.8																					
	32																					
33.7																						
		35																				
		36																				
	38																					

表 3（续）

外径/mm			壁厚/mm																										
系列 1	系列 2	系列 3	0.3	0.4	0.5	0.6	0.7	0.8	0.9	1.0	1.2	1.4	1.5	1.6	1.8	2.0	2.2(2.3)	2.5(2.6)	2.8(2.9)	3.0	3.2	3.5(3.6)	4.0	4.2	4.5(4.6)	4.8	5.0	5.5(5.6)	6.0
	40							●	●	●	●	●	●	●	●	●	●	●	●	●	●	●	●	●	●	●	●	●	
42.4								●	●	●	●	●	●	●	●	●	●	●	●	●	●	●	●	●	●	●	●	●	
		44.5						●	●	●	●	●	●	●	●	●	●	●	●	●	●	●	●	●	●	●	●	●	
48.3								●	●	●	●	●	●	●	●	●	●	●	●	●	●	●	●	●	●	●	●	●	
	50.8							●	●	●	●	●	●	●	●	●	●	●	●	●	●	●	●	●	●	●	●	●	●
		54						●	●	●	●	●	●	●	●	●	●	●	●	●	●	●	●	●	●	●	●	●	●
	57							●	●	●	●	●	●	●	●	●	●	●	●	●	●	●	●	●	●	●	●	●	●
60.3								●	●	●	●	●	●	●	●	●	●	●	●	●	●	●	●	●	●	●	●	●	●
		63						●	●	●	●	●	●	●	●	●	●	●	●	●	●	●	●	●	●	●	●	●	●
	63.5							●	●	●	●	●	●	●	●	●	●	●	●	●	●	●	●	●	●	●	●	●	●
	70							●	●	●	●	●	●	●	●	●	●	●	●	●	●	●	●	●	●	●	●	●	●
76.1								●	●	●	●	●	●	●	●	●	●	●	●	●	●	●	●	●	●	●	●	●	●
		80									●	●	●	●	●	●	●	●	●	●	●	●	●	●	●	●	●	●	●
		82.5									●	●	●	●	●	●	●	●	●	●	●	●	●	●	●	●	●	●	●
88.9											●	●	●	●	●	●	●	●	●	●	●	●	●	●	●	●	●	●	●
	101.6										●	●	●	●	●	●	●	●	●	●	●	●	●	●	●	●	●	●	●
		102									●	●	●	●	●	●	●	●	●	●	●	●	●	●	●	●	●	●	●
		108												●	●	●	●	●	●	●	●	●	●	●	●	●	●	●	●
114.3														●	●	●	●	●	●	●	●	●	●	●	●	●	●	●	●
		125												●	●	●	●	●	●	●	●	●	●	●	●	●	●	●	●
		133												●	●	●	●	●	●	●	●	●	●	●	●	●	●	●	●
139.7														●	●	●	●	●	●	●	●	●	●	●	●	●	●	●	●
		141.3												●	●	●	●	●	●	●	●	●	●	●	●	●	●	●	●
		154												●	●	●	●	●	●	●	●	●	●	●	●	●	●	●	●
		159												●	●	●	●	●	●	●	●	●	●	●	●	●	●	●	●
168.3														●	●	●	●	●	●	●	●	●	●	●	●	●	●	●	●
		193.7												●	●	●	●	●	●	●	●	●	●	●	●	●	●	●	●
219.1														●	●	●	●	●	●	●	●	●	●	●	●	●	●	●	●
		250												●	●	●	●	●	●	●	●	●	●	●	●	●	●	●	●

表 3（续）

外径/mm			壁厚/mm																				
系列 1	系列 2	系列 3	6.5(6.3)	7.0(7.1)	7.5	8.0	8.5	9.0(8.8)	9.5	10	11	12(12.5)	14(14.2)	15	16	17(17.5)	18	20	22(22.2)	24	25	26	28
	40																						
42.4																							
		44.5																					
48.3																							
	50.8																						
		54																					
	57																						
60.3																							
		63																					
	63.5																						
	70																						
76.1																							
		80	●	●	●	●																	
		82.5	●	●	●	●																	
88.9			●	●	●	●																	
	101.6		●	●	●	●																	
		102	●	●	●	●																	
		108	●	●	●	●																	
114.3			●	●	●	●																	
		125	●	●	●	●	●	●	●	●													
		133	●	●	●	●	●	●	●	●													
139.7			●	●	●	●	●	●	●	●	●												
		141.3	●	●	●	●	●	●	●	●	●	●											
		154	●	●	●	●	●	●	●	●	●	●											
		159	●	●	●	●	●	●	●	●	●	●											
168.3			●	●	●	●	●	●	●	●	●	●											
		193.7	●	●	●	●	●	●	●	●	●	●											
219.1			●	●	●	●	●	●	●	●	●	●	●										
		250	●	●	●	●	●	●	●	●	●	●	●										

表 3（续）

外径/mm			壁厚/mm																							
系列 1	系列 2	系列 3	0.3	0.4	0.5	0.6	0.8	1.0	1.2	1.4	1.5	1.6	1.8	2.0	2.2(2.3)	2.5(2.6)	2.8(2.9)	3.0	3.2	3.5(3.6)	4.0	4.2	4.5(4.6)	4.8	5.0	5.5(5.6)	6.0
273.1														●	●	●	●	●	●	●	●	●	●	●	●	●	●
323.9																●	●	●	●	●	●	●	●	●	●	●	●
355.6																●	●	●	●	●	●	●	●	●	●	●	●
		377														●	●	●	●	●	●	●	●	●	●	●	●
		400														●	●	●	●	●	●	●	●	●	●	●	●
406.4																●	●	●	●	●	●	●	●	●	●	●	●
		426															●	●	●	●	●	●	●	●	●	●	●
		450															●	●	●	●	●	●	●	●	●	●	●
457																	●	●	●	●	●	●	●	●	●	●	●
		500															●	●	●	●	●	●	●	●	●	●	●
508																	●	●	●	●	●	●	●	●	●	●	●
		530															●	●	●	●	●	●	●	●	●	●	●
		550															●	●	●	●	●	●	●	●	●	●	●
		558.8															●	●	●	●	●	●	●	●	●	●	●
		600																	●	●	●	●	●	●	●	●	●
610																			●	●	●	●	●	●	●	●	●
		630																	●	●	●	●	●	●	●	●	●
		660																	●	●	●	●	●	●	●	●	●
711																			●	●	●	●	●	●	●	●	●
	762																		●	●	●	●	●	●	●	●	●
813																			●	●	●	●	●	●	●	●	●
		864																	●	●	●	●	●	●	●	●	●
914																			●	●	●	●	●	●	●	●	●
		965																	●	●	●	●	●	●	●	●	●
1 016																			●	●	●	●	●	●	●	●	●
1 067																			●	●	●	●	●	●	●	●	●
1 118																			●	●	●	●	●	●	●	●	●
	1 168																		●	●	●	●	●	●	●	●	●

表 3（续）

外径/mm			壁厚/mm																				
系列 1	系列 2	系列 3	6.5(6.3)	7.0(7.1)	7.5	8.0	8.5	9.0(8.8)	9.5	10	11	12(12.5)	14(14.2)	15	16	17(17.5)	18	20	22(22.2)	24	25	26	28
273.1			●	●	●	●	●	●	●	●	●	●	●										
323.9			●	●	●	●	●	●	●	●	●	●	●	●	●								
355.6			●	●	●	●	●	●	●	●	●	●	●	●	●								
		377	●	●	●	●	●	●	●	●	●	●	●	●	●								
		400	●	●	●	●	●	●	●	●	●	●	●	●	●	●	●	●					
406.4			●	●	●	●	●	●	●	●	●	●	●	●	●	●	●	●					
		426	●	●	●	●	●	●	●	●	●	●	●	●	●	●	●	●	●	●	●		
457			●	●	●	●	●	●	●	●	●	●	●	●	●	●	●	●	●	●	●		
		450	●	●	●	●	●	●	●	●	●	●	●	●	●	●	●	●	●	●	●	●	●
		500	●	●	●	●	●	●	●	●	●	●	●	●	●	●	●	●	●	●	●	●	●
508			●	●	●	●	●	●	●	●	●	●	●	●	●	●	●	●	●	●	●	●	●
		530	●	●	●	●	●	●	●	●	●	●	●	●	●	●	●	●	●	●	●	●	●
		550	●	●	●	●	●	●	●	●	●	●	●	●	●	●	●	●	●	●	●	●	●
		558.8	●	●	●	●	●	●	●	●	●	●	●	●	●	●	●	●	●	●	●	●	●
		600	●	●	●	●	●	●	●	●	●	●	●	●	●	●	●	●	●	●	●	●	●
610			●	●	●	●	●	●	●	●	●	●	●	●	●	●	●	●	●	●	●	●	●
		630	●	●	●	●	●	●	●	●	●	●	●	●	●	●	●	●	●	●	●	●	●
		660	●	●	●	●	●	●	●	●	●	●	●	●	●	●	●	●	●	●	●	●	●
711			●	●	●	●	●	●	●	●	●	●	●	●	●	●	●	●	●	●	●	●	●
	762		●	●	●	●	●	●	●	●	●	●	●	●	●	●	●	●	●	●	●	●	●
813			●	●	●	●	●	●	●	●	●	●	●	●	●	●	●	●	●	●	●	●	●
		864	●	●	●	●	●	●	●	●	●	●	●	●	●	●	●	●	●	●	●	●	●
914			●	●	●	●	●	●	●	●	●	●	●	●	●	●	●	●	●	●	●	●	●
		965	●	●	●	●	●	●	●	●	●	●	●	●	●	●	●	●	●	●	●	●	●
1 016			●	●	●	●	●	●	●	●	●	●	●	●	●	●	●	●	●	●	●	●	●
1 067			●	●	●	●	●	●	●	●	●	●	●	●	●	●	●	●	●	●	●	●	●
1 118			●	●	●	●	●	●	●	●	●	●	●	●	●	●	●	●	●	●	●	●	●
	1 168		●	●	●	●	●	●	●	●	●	●	●	●	●	●	●	●	●	●	●	●	●

表 3（续）

外径/mm			壁厚/mm																								
系列 1	系列 2	系列 3	0.3	0.4	0.5	0.6	0.8	1.0	1.2	1.4	1.5	1.6	1.8	2.0	2.2(2.3)	2.5(2.6)	2.8(2.9)	3.0	3.2	3.5(3.6)	4.0	4.2	4.5(4.6)	4.8	5.0	5.5(5.6)	6.0
1 219																			●	●	●	●	●	●	●	●	●
	1 321																		●	●	●	●	●	●	●	●	●
1 422																			●	●	●	●	●	●	●	●	●
	1 524																		●	●	●	●	●	●	●	●	●
1 626																			●	●	●	●	●	●	●	●	●
	1 727																		●	●	●	●	●	●	●	●	●
1 829																			●	●	●	●	●	●	●	●	●

表 3（续）

外径/mm			壁厚/mm																				
系列 1	系列 2	系列 3	6.5(6.3)	7.0(7.1)	7.5	8.0	8.5	9.0(8.8)	9.5	10	11	12(12.5)	14(14.2)	15	16	17(17.5)	18	20	22(22.2)	24	25	26	28
1 219			●	●	●	●	●	●	●	●	●	●	●	●	●	●	●	●	●	●	●	●	●
	1 321		●	●	●	●	●	●	●	●	●	●	●	●	●	●	●	●	●	●	●	●	●
1 422			●	●	●	●	●	●	●	●	●	●	●	●	●	●	●	●	●	●	●	●	●
	1 524		●	●	●	●	●	●	●	●	●	●	●	●	●	●	●	●	●	●	●	●	●
1 626			●	●	●	●	●	●	●	●	●	●	●	●	●	●	●	●	●	●	●	●	●
	1 727		●	●	●	●	●	●	●	●	●	●	●	●	●	●	●	●	●	●	●	●	●
1 829			●	●	●	●	●	●	●	●	●	●	●	●	●	●	●	●	●	●	●	●	●

注 1：( )内尺寸表示由相应英制规格换算成的公制规格。

注 2：“●”表示常用规格。

ICS 73.060.20
D 32

中华人民共和国国家标准

GB/T 21836—2008

软磁铁氧体用四氧化三锰

Manganous manganic oxide for soft magnetic ferrites

2008-05-13 发布　　2008-11-01 实施

中华人民共和国国家质量监督检验检疫总局
中国国家标准化管理委员会　发布

前　言

本标准的附录A为规范性附录。

本标准由中国钢铁工业协会提出。

本标准由冶金工业信息标准研究院归口。

本标准起草单位：全国锰业技术委员会、金瑞新材料科技股份有限公司、中钢集团安徽天源科技股份有限公司、湖南特种金属材料厂。

本标准主要起草人：谭立群、汤晓壮、揭超、陈述、王克玉、曾克新。

软磁铁氧体用四氧化三锰

1 范围

本标准规定了软磁铁氧体用四氧化三锰的产品分类、技术要求、试验方法、检验规则和包装、储运、标志及质量证明书。

本标准适用于用电解金属锰或锰矿石为原料生产的软磁铁氧体用四氧化三锰，该产品主要用于电子行业制造软磁铁氧体磁芯。

2 规范性引用文件

下列文件中的条款通过本标准的引用而成为本标准的条款。凡是注日期的引用文件，其随后所有的修改单(不包括勘误的内容)或修订版均不适用于本标准，然而，鼓励根据本标准达成协议的各方研究是否可使用这些文件的最新版本。凡是不注日期的引用文件，其最新版本适用于本标准。

GB/T 1479　金属粉末松装密度的测定　第一部分　漏斗法

GB/T 5314—1985　粉末冶金用粉末的取样方法

GB/T 8654.10　金属锰化学分析方法　红外线吸收法测定硫量

GB/T 13390　金属粉末比表面积的测定氮吸附法

3 产品分类

按软磁铁氧体用四氧化三锰产品的比表面积和硒含量将产品分为四个牌号：RM-06A、RM-06B、RM-15A 和 RM-15B，其中 RM 表示软磁铁氧体用四氧化三锰的软和锰的汉语拼音第一个字母，06 为低比表面积产品、15 为高比表面积产品；A 表示含硒产品、B 为无硒(或低硒)产品。

4 技术要求

4.1 外观、化学成分和物理性能

4.1.1 外观：红棕色、棕色或棕黄色粉末。

4.1.2 软磁铁氧体用四氧化三锰的化学成分应符合表 1 的规定。

表 1　软磁铁氧体用四氧化三锰化学成分

牌　号			RM-06A	RM-06B	RM-15A	RM-15B
化学成分(质量分数)/%	锰(Mn)	≥	71.0	71.0	70.0	70.0
	二氧化硅(SiO_2)	≤	0.01	0.01	0.01	0.01
	氧化钙(CaO)	≤	0.01	0.01	0.01	0.01
	氧化镁(MgO)	≤	0.01	0.01	0.01	0.01
	氧化钠(Na_2O)	≤	0.005	0.005	0.005	0.005
	氧化钾(K_2O)	≤	0.005	0.005	0.005	0.01
	三氧化二铁(Fe_2O_3)	≤	0.70	0.70	0.70	0.70
	硫(S)	≤	0.05	0.05	0.05	0.05
	硒(Se)	≤		0.002		0.002
注：以上化学成分均以干基计。						

4.1.3 软磁铁氧体用四氧化三锰的物理性能应符合表2的规定。

表2 软磁铁氧体用四氧化三锰物理性能

项目		RM-06A	RM-06B	RM-15A	RM-15B
水分(质量分数)/%	≤	0.5	0.5	1.0	1.0
比表面积/(m^2/g)		4~7	4~7	12~17	12~17
松装密度/(g/cm^3)		0.6~0.8	0.6~0.8	0.6~0.8	0.6~0.8

4.2 特殊要求

需方如对化学成分或物理性能有特殊要求时,可由供需双方另行商定。

5 试验方法

5.1 取样和制样

按GB/T 5314—1985中6.6的规定确定采样单元数。采样器自包装袋的上方斜插至料层深层深度3/4处采样,将采得的样品混匀后,按四分法缩分至约500 g,分装于两份密封保存并粘贴标签,注明:生产厂名、产品名称、等级、批号、采样日期和采样者姓名。一份为实验室样品,另一份保存三个月备查。

5.2 化学分析方法与物理性能试验方法

软磁铁氧体用四氧化三锰化学成分的化学分析方法与物理性能试验方法按表3的规定进行。

表3 化学分析方法与物理性能试验方法

序号	元素	分析方法
1	Mn	按附录A规定进行
2	SiO_2	按附录A规定进行
3	CaO	按附录A规定进行
4	MgO	按附录A规定进行
5	Na_2O	按附录A规定进行
6	K_2O	按附录A规定进行
7	Fe_2O_3	按附录A规定进行
8	S	按GB/T 8654.10规定进行
9	Se	按附录A规定进行
10	水分	按附录A规定进行
11	比表面积	按GB/T 13390规定进行
12	松装密度	按GB/T 1479规定进行

6 检验规则

6.1 质量检查和验收

软磁铁氧体用四氧化三锰产品由生产厂按本标准进行检验,并出具质量说明书,需方可对收到的产品按本标准规定抽检、验收,如有异议,应在到货20 d内提出。

6.2 组批

软磁铁氧体用四氧化三锰产品应成批交货,每批由同一牌号组成;每批产品不小于10 t。

7 包装、储运、标志和质量证明书

7.1 包装

产品采用内膜外编或铁桶包装,袋装每袋净重25 kg,也可根据特殊要求,由供需双方协商包装。

7.2 **储运**

软磁铁氧体用四氧化三锰入库应分牌号、批号在室内存放，避免与酸、碱等化学物品接触，防潮。

软磁铁氧体用四氧化三锰的运输宜用篷车，如敞车发运时，需用帆布盖好，防止渗水。

7.3 **标志与质量证明书**

产品外包装上注明厂名、厂址、产品牌号、净重、批号。并附有产品质量说明书。

附 录 A
（规范性附录）
软磁铁氧体用四氧化三锰化学分析方法

A.1 滴定法测定锰含量

A.1.1 范围

本章规定了硫酸亚铁铵滴定法测定锰含量。

本章适用于软磁铁氧体用四氧化三锰中锰含量的测定。测定范围（质量分数）：68%～72%。

A.1.2 原理

试样以磷酸、硝酸在高温下溶解，用硝酸铵或高氯酸将二价锰氧化为三价锰，冷却后，在N-苯代邻氨基苯甲酸指示剂存在下，用硫酸亚铁铵标准溶液滴定至亮黄色为终点。

A.1.3 试剂和材料

分析中除另有说明外，仅使用认可的分析纯试剂和蒸馏水或与其纯度相当的水。

A.1.3.1 硝酸铵。

A.1.3.2 磷酸（ρ1.69 g/mL）。

A.1.3.3 硫酸（ρ1.84 g/mL）。

A.1.3.4 高氯酸（ρ1.67 g/mL）。

A.1.3.5 硝酸（ρ1.42 g/mL）。

A.1.3.6 过氧化氢（体积分数为30%）。

A.1.3.7 重铬酸钾标准溶液，$c\left(\frac{1}{6}K_2Cr_2O_7\right)=0.050\ 00$ mol/L。称取4.903 8 g基准重铬酸钾（预先在150℃干燥2 h并在干燥器中冷却至室温），置于250 mL烧杯中，加适量水溶解，移入2 000 mL容量瓶中，用水稀释至刻度，混匀。

A.1.3.8 硫酸亚铁铵标准溶液（约0.1 mol/L）：将39 g硫酸亚铁铵溶于1 000 mL硫酸（5+95）溶液中，混匀。

标定：取25.00 mL重铬酸钾标准溶液（A.1.3.7）于锥形瓶中，加入150 mL～200 mL水、5 mL硫酸（A.1.3.3）和5 mL磷酸（A.1.3.2），用硫酸亚铁铵标准溶液（A.1.3.8）滴定至黄色近消失，加入N-苯代邻氨基苯甲酸指示剂（A.1.3.9）2滴，继续滴定至亮绿色为终点。标定要平行进行三次，取其平均值。硫酸亚铁铵标准溶液浓度计算公式如下：

$$c=\frac{c_1\times V_1}{V-V_0} \qquad \cdots\cdots\cdots\cdots(A.1.1)$$

式中：

c——硫酸亚铁铵标准溶液（A.1.3.8）的浓度，单位为摩尔每升（mol/L）；

c_1——重铬酸钾标准溶液（A.1.3.7）的浓度，单位为摩尔每升（mol/L）；

V——滴定时消耗的硫酸亚铁铵标准溶液（A.1.3.8）的体积，单位为毫升（mL）；

V_0——滴定空白时消耗的硫酸亚铁铵标准溶液（A.1.3.8）的体积，单位为毫升（mL）；

V_1——移取的重铬酸钾标准溶液（A.1.3.7）的体积，单位为毫升（mL）。

空白值的测定：取10.00 mL重铬酸钾标准溶液（A.1.3.7）于锥形瓶中，加入150 mL～200 mL水、5 mL硫酸（A.1.3.3）和5 mL磷酸（A.1.3.2），用硫酸亚铁铵标准溶液（A.1.3.8）滴定至黄色近消失，加入N-苯代邻氨基苯甲酸指示剂（A.1.3.9）2滴，继续滴定至亮绿色为终点。再取10.00 mL重铬酸钾标准溶液（A.1.3.7）于上述锥形瓶中，继续用硫酸亚铁铵标准溶液（A.1.3.8）滴定至终点，其两次滴定体积之差即为空白值。

A.1.3.9 N-苯代邻氨基苯甲酸指示剂，2 g/L。将 0.2 gN-苯代邻氨基苯甲酸溶于含有 0.2 g 无水碳酸钠的 100 mL 水中，加热溶解，混匀。

A.1.4 仪器和设备

分析中使用通常的实验室仪器。

A.1.5 分析步骤

A.1.5.1 试样量

称取试样 0.10 g(精确至 0.000 1 g)，将试样移入 300 mL 锥形瓶中，用少量水冲洗瓶壁，加入几滴过氧化氢(A.1.3.6)和 1 mL 硝酸(A.1.3.5)，加 20 mL 磷酸(A.1.3.2)，加热溶解试样至完全，于刚冒磷酸白烟时取下锥形瓶，按下列方法之一进行操作。

A.1.5.1.1 硝酸铵氧化法

稍冷至瓶内看到微白烟，立即加入 2 g～3 g 硝酸铵(A.1.3.1)(加入硝酸铵时温度应在 220℃～240℃)，并充分摇动锥形瓶，使二价锰氧化完全，驱尽黄色氧化氮气体。

A.1.5.1.2 高氯酸氧化法

取下稍冷，加入 2 mL 高氯酸(A.1.3.4)，加热至溶液液面平静，使二价锰氧化完全，取下。

A.1.5.2 测定

冷却至 70℃左右，加 50 mL 水，充分摇动溶解盐类，流水冷却至室温。用硫酸亚铁铵标准滴定溶液(A.1.3.8)滴定至浅红色，滴加 2 滴 N-苯代邻氨基苯甲酸指示剂溶液(A.1.3.9)，继续滴定至亮黄色即为终点。

A.1.5.3 空白试验

随同试料进行空白试验。

A.1.6 结果计算

按式(A.1.2)计算试样中锰含量(质量分数)，数值以%表示：

$$w(\mathrm{Mn}) = \frac{54.94 \times c \times (V_2 - V_3)}{1\,000 \times m_0} \times 100 \qquad \text{(A.1.2)}$$

式中：

c——硫酸亚铁铵标准溶液的浓度，单位为摩尔每升(mol/L)；

V_2——滴定时消耗硫酸亚铁铵标准溶液的体积，单位为毫升(mL)；

V_3——滴定空白时消耗硫酸亚铁铵标准溶液的体积，单位为毫升(mL)；

m_0——称取的试样量，单位为克(g)；

54.94——锰的摩尔质量，单位为克每摩尔(g/mol)。

A.1.7 允许差

取平均测定结果的算术平均值为测定结果，平均测定结果的绝对差值不大于 0.4%。

A.2 硅钼蓝光度法测定二氧化硅的含量

A.2.1 范围

本章规定了硅钼蓝光度法测定二氧化硅含量。

本章适用于软磁铁氧体用四氧化三锰中二氧化硅含量的测定。

A.2.2 原理

试样经盐酸溶解，加高氯酸脱水后，经碱熔，将硅转为可溶性硅酸盐。在酸性介质，硅酸根与钼酸铵反应形成硅钼杂多酸，用还原剂将其还原成硅钼蓝，测其吸光度，计算二氧化硅的含量。

A.2.3 试剂和材料

除非另有说明，在分析中仅使用确认为分析纯的试剂和蒸馏水或与其纯度相当的水。

A.2.3.1 无水碳酸钠。

A.2.3.2 高氯酸(ρ1.67 g/mL)。

A.2.3.3 盐酸(ρ1.19 g/mL):优级纯。

A.2.3.4 盐酸(1+1):优级纯。

A.2.3.5 盐酸(1+3):优级纯。

A.2.3.6 盐酸(1+10):优级纯。

A.2.3.7 甲基红(2 g/L):60%乙醇介质。

A.2.3.8 钼酸铵溶液(140 g/L):称70 g钼酸铵于塑料烧杯中,用水溶解后,移入500 mL容量瓶中,加水稀释至刻度后,混匀,转入塑料瓶中保存。使用前若有沉淀需过滤后再用。

A.2.3.9 草酸溶液(100 g/L)。

A.2.3.10 硫酸(1+3)。

A.2.3.11 抗坏血酸溶液(10 g/L):临时配制。

A.2.3.12 硅标准溶液

A.2.3.12.1 取0.250 0 g二氧化硅(基准试剂),置于白金坩埚中,加3 g无水碳酸钠(A.2.3.1),混匀后,置于逐渐升温至1 000℃的高温炉中熔融5 min~10 min,取出冷却,用水浸取,溶解完全后冷却至室温,转入500 mL容量瓶中,加水稀释至刻度,混匀,转入塑料瓶中保存。此溶液1 mL相当于500 μg/mL二氧化硅溶液。

A.2.3.12.2 用硅标准溶液(A.2.3.12.1)经稀释配制成100 μg/mL二氧化硅溶液,现用现配。

A.2.4 仪器和设备

分析中使用通常的实验室仪器。

A.2.5 分析步骤

A.2.5.1 校准曲线的绘制

吸取硅标准溶液(A.2.3.12.2)0 mL、0.50 mL、2.00 mL、4.00 mL和5.00 mL分别放入50 mL容量瓶中,用水补充至约15 mL,加入2mL盐酸(A.2.3.4)和5 mL钼酸铵溶液(A.2.3.8),混匀,放置10 min,加入5 mL草酸溶液(A.2.3.9),混匀,放置5 min,加15 mL硫酸(A.2.3.10),2.5 mL抗坏血酸溶液(A.2.3.11),加水稀释至刻度,混匀,放置10 min。在分光光度计上测量吸光度,波长650 mm,液槽厚度2 cm,试剂空白作参比溶液。

以吸光度为纵坐标,二氧化硅含量为横坐标绘制校准曲线。

A.2.5.2 试样的测定

称取试样2.00 g(精确至0.000 1 g),置于300 mL烧杯中,用少量水润湿,小心加入25 mL盐酸(A.2.3.3)溶解试样,加10 mL高氯酸(A.2.3.2),盖上表面皿,加热至冒高氯酸白烟,继续加热15 min~20 min,取下冷却,加温水50 mL,用慢速定量滤纸过滤,用温热的盐酸(A.2.3.5)洗涤烧杯和沉淀,将沉淀全部转移到漏斗中,用热水洗沉淀和滤纸至无氯离子(用硝酸银检查)。将滤纸和沉淀一起置于白金坩埚中,低温灰化,加入1 g无水碳酸钠(A.2.3.1)于高温炉中1 000℃加热熔融完全,取出冷却,加温水溶解熔融物后,转移到200 mL容量瓶中,滴加盐酸溶液(A.2.3.4)至甲基红指示剂(A.2.3.7)刚变红色,加水稀释至刻度,混匀。

分取适量溶液于50 mL容量瓶中,加水至15 mL,加入2mL盐酸溶液(A.2.3.4),以下操作同校准曲线的绘制。

试样测定时同时做空白试验。

A.2.6 结果计算

按式(A.2.1)计算试样中二氧化硅含量(质量分数),数值以%表示:

$$w(SiO_2)=\frac{m_1\times 10^{-6}}{m_0\times \gamma}\times 100 \qquad \cdots\cdots\cdots\cdots(A.2.1)$$

式中：

m_1——从校准曲线上查得的二氧化硅的质量，单位为微克(μg)；

γ——试液分取体积比；

m_0——称取的试样量，单位为克(g)。

A.2.7 允许差

取平行测定结果的算术平均值为测定结果，平行测定结果的绝对差值不大于0.002%。

A.3 火焰原子吸收光谱法测定氧化钙含量

A.3.1 范围

本章规定了火焰原子吸收光谱法测定氧化钙含量。

本章适用于软磁铁氧体用四氧化三锰中氧化钙含量的测定。

A.3.2 原理

试样经盐酸溶解后，将试样喷入空气-乙炔火焰中，用钙空心阴极灯作光源，于原子吸收光谱仪波长422.7 nm处测量吸收光度，从而确定氧化钙的含量。

A.3.3 试剂和材料

除非另有说明，在分析中仅使用确认为分析纯的试剂和蒸馏水或与其纯度相当的水。

A.3.3.1 盐酸(ρ1.19 g/mL)：优级纯。

A.3.3.2 过氧化氢(体积分数为30%)。

A.3.3.3 氧化镧溶液(200 g/L)。

A.3.3.4 氧化钙标准溶液

A.3.3.4.1 准确称取1.784 6 g经预先在105℃～110℃干燥至恒重的碳酸钙(基准试剂)于250 mL烧杯中，加入少量水，盖上表皿，沿杯嘴慢慢加入5 mL盐酸(A.3.3.1)，低温加热溶解至完全，煮沸除去二氧化碳，转入1 000 mL容量瓶中，加水稀释至刻度，混匀。此溶液含氧化钙1.000 mg/mL。

A.3.3.4.2 用氧化钙标准溶液(A.3.3.4.1)经稀释配制，浓度为50 μg/mL氧化钙标准溶液。

A.3.4 仪器和设备

原子吸收光谱仪，配备有空气-乙炔燃烧器，钙空心阴极灯。

在最佳工作条件下，所用仪器应达到下列指标：

A.3.4.1 最低灵敏度：校准曲线中最高质量浓度校准溶液的吸光度应不小于0.25。

A.3.4.2 校准曲线的线性：用同样的方法测定时，校准曲线顶部20%与底部20%质量浓度范围的斜率值(表示为吸光度的变化)之比不应小于0.7。

A.3.4.3 最低稳定性：最高质量浓度校准溶液与零浓度校准溶液，经多次重复测定，吸光度的标准偏差与最高质量浓度校准溶液吸光度平均值之比应分别小于1.5%和0.5%。

A.3.5 测定步骤

A.3.5.1 称取试样10.00 g(精确至0.000 1 g)，置于烧杯中，用少量水湿润，加40 mL盐酸(A.3.3.1)，加热溶解，滴加过氧化氢(A.3.3.2)使暗色褪掉，小心蒸干，加10 mL盐酸(A.3.3.1)和少量水，加热溶解盐类，冷却后转入200 mL容量瓶中，加水稀释至刻度，混匀。

A.3.5.2 分取20 mL试液五份，分别置于50 mL容量瓶中，其中一份不加标准溶液，其余四份分别加入不同体积氧化钙标准溶液(A.3.3.4.2)，各瓶中加1 mL氧化镧溶液(A.3.3.3)，加水稀释至刻度，混匀。与试样同时做空白实验。以空白调零，用标准加入法方式测定。

A.3.6 结果计算

按式(A.3.1)计算试样中氧化钙含量(质量分数)，数值以%表示：

$$w(CaO)=\frac{c\times f\times V\times 10^{-6}}{m_0}\times 100 \quad \cdots\cdots (A.3.1)$$

式中：

c——测得的试液中氧化钙的质量浓度，单位为微克每毫升(μg/mL)；

f——稀释倍数；

V——溶液总体积，单位为毫升(mL)；

m_0——称取的试样量，单位为克(g)。

A.3.7 允许差

取平均测定结果的算术平均值为测定结果，平均测定结果的绝对差值不大于0.002%。

A.4 火焰原子吸收光谱法测定氧化镁含量

A.4.1 范围

本章规定了火焰原子吸收光谱法测定氧化镁含量。

本章适用于软磁铁氧体用四氧化三锰中氧化镁含量的测定。

A.4.2 原理

试样经盐酸溶解后，将试样喷入空气-乙炔火焰中，用镁空心阴极灯作光源，于原子吸收光谱仪波长285.2 nm处测量吸收光度，从而确定氧化镁的含量。

A.4.3 试剂和材料

除非另有说明，在分析中仅使用确认为分析纯的试剂和蒸馏水或与其纯度相当的水。

A.4.3.1 盐酸(ρ1.19 g/mL)：优级纯。

A.4.3.2 过氧化氢(体积分数为30%)。

A.4.3.3 氧化镧溶液(200 g/L)。

A.4.3.4 氧化镁标准溶液

A.4.3.4.1 准确称取1.000 0 g经预先在400℃～500℃灼烧1 h的高纯氧化镁于250 mL烧杯中，加入10 mL盐酸(A.4.3.1)，加热至溶解完全，冷却后移入1 000 mL容量瓶中，加水稀释至刻度，混匀。此溶液含氧化镁1.000 mg/mL。

A.4.3.4.2 准确吸取10.00 mL氧化镁标准溶液(A.4.3.4.1)于500 mL容量瓶中，加水稀释至刻度，混匀。此溶液含有氧化镁20.00 μg/mL。

A.4.4 仪器和设备

原子吸收光谱仪，配备有空气-乙炔燃烧器，镁空心阴极灯。

在最佳工作条件下，所用仪器应达到下列指标：

A.4.4.1 最低灵敏度：校准曲线中最高质量浓度校准溶液的吸光度应不小于0.30。

A.4.4.2 校准曲线的线性：用同样的方法测定时，校准曲线顶部20%与底部20%质量浓度范围的斜率值(表示为吸光度的变化)之比不应小于0.7。

A.4.4.3 最低稳定性：最高质量浓度校准溶液与零质量浓度校准溶液，经多次重复测定，吸光度的标准偏差与最高质量浓度校准溶液吸光度平均值之比应分别小于1.5%和0.5%。

A.4.5 测定步骤

A.4.5.1 称取试样1.00 g(精确至0.000 1 g)，置于烧杯中，用水湿润，加5 mL盐酸(A.4.3.1)，加热溶解，滴加过氧化氢(A.4.3.2)使暗色消失，小心蒸干，加5 mL盐酸(A.4.3.1)和少量水，用水洗杯壁，加热使盐溶解，冷却后转入100 mL容量瓶中，加水稀释至刻度，混匀。

A.4.5.2 分取10 mL试液五份，分别置于50 mL容量瓶中，其中一份不加标准溶液，其余四份分别加入不同体积氧化镁标准溶液(A.4.3.4.2)，各瓶中加1 mL氧化镧溶液(A.4.3.3)，加水稀释至刻度，混匀。与试样同时做空白实验。以空白调零，用标准加入法方式测定。

A.4.6 结果计算

按式(A.4.1)计算试样中氧化镁含量(质量分数),数值以%表示:

$$w(\mathrm{MgO}) = \frac{c \times f \times V \times 10^{-6}}{m_0} \times 100 \quad \cdots\cdots\cdots\cdots(\mathrm{A.4.1})$$

式中:

c——测得的试液中氧化镁的质量浓度,单位为微克每毫升(μg/mL);

f——稀释倍数;

V——溶液总体积,单位为毫升(mL);

m_0——称取的试样量,单位为克(g)。

A.4.7 允许差

取平均测定结果的算术平均值为测定结果,平均测定结果的绝对差值不大于0.002%。

A.5 火焰原子吸收光谱法测定氧化钠含量

A.5.1 范围

本章规定了火焰原子吸收光谱法测定氧化钠含量。

本章适用于软磁铁氧体用四氧化三锰中氧化钠含量的测定。

A.5.2 原理

试样经盐酸溶解后,将试样喷入空气-乙炔火焰中,用钠空心阴极灯作光源,于原子吸收光谱仪波长589.0 nm处测量吸光度,从而确定氧化钠的含量。

A.5.3 试剂和材料

除非另有说明,在分析中仅使用确认为分析纯的试剂和蒸馏水或与其纯度相当的水。

A.5.3.1 盐酸(ρ1.19 g/mL):优级纯。

A.5.3.2 过氧化氢(体积分数为30%)。

A.5.3.3 氧化钠标准溶液

A.5.3.3.1 准确称取1.889 5 g经预先在500℃~600℃灼烧至恒重的高纯氯化钠于200 mL烧杯中,用水溶解,移入1 000 mL容量瓶中,加水稀释至刻度,混匀,转入干燥的塑料瓶中保存。此溶液含氧化钠1.000 mg/mL。

A.5.3.3.2 准确吸取25.00 mL氧化钠标准溶液(A.5.3.3.1)于500 mL容量瓶中,加水稀释至刻度,混匀。此溶液含有氧化钠20.00 μg/mL。

A.5.4 仪器和设备

原子吸收光谱仪,配备有空气-乙炔燃烧器,钠空心阴极灯。

在最佳工作条件下,所用仪器应达到下列指标:

A.5.4.1 最低灵敏度:校准曲线中最高质量浓度校准溶液的吸光度应不小于0.30。

A.5.4.2 校准曲线的线性:用同样的方法测定时,校准曲线顶部20%与底部20%质量浓度范围的斜率值(表示为吸光度的变化)之比不应小于0.7。

A.5.4.3 最低稳定性:最高质量浓度校准溶液与零质量浓度校准溶液,经多次重复测定,吸光度的标准偏差与最高质量浓度校准溶液吸光度平均值之比应分别小于1.5%和0.5%。

A.5.5 测定步骤

A.5.5.1 称取试样10.00 g(精确至0.000 1 g),置于烧杯中,用少量水湿润,加40 mL盐酸(A.5.3.1),加热溶解,滴加过氧化氢(A.5.3.2)使暗色褪去,小心蒸干,加5 mL盐酸(A.5.3.1)和少量水,用水洗杯壁,加热使盐溶解,冷却后转入100 mL容量瓶中,加水稀释至刻度,混匀。

A.5.5.2 分取10 mL试液五份,分别置于50 mL容量瓶中,其中一份不加标准溶液,其余四份分别加入不同体积氧化钠标准溶液(A.5.3.3.2),加水稀释至刻度,混匀。与试样同时做空白实验。以空白调零,用标准加入法方式测定。

A.5.6 结果计算

按式(A.5.1)计算试样中氧化钠含量(质量分数),数值以%表示：

$$w(Na_2O) = \frac{c \times f \times V \times 10^{-6}}{m_0} \times 100 \qquad \text{(A.5.1)}$$

式中：

c——测得的试液中氧化钠的质量浓度,单位为微克每毫升(μg/mL)；

f——稀释倍数；

V——溶液总体积,单位为毫升(mL)；

m_0——称取的试样量,单位为克(g)。

A.5.7 允许差

取平均测定结果的算术平均值为测定结果,平均测定结果的绝对差值不大于0.001%。

A.6 火焰原子吸收光谱法测定氧化钾含量

A.6.1 范围

本章规定了火焰原子吸收光谱法测定氧化钾含量。

本章适用于软磁铁氧体用四氧化三锰中氧化钾含量的测定。

A.6.2 原理

试样经盐酸溶解后,将试样喷入空气-乙炔火焰中,用钾空心阴极灯作光源,于原子吸收光谱仪波长766.5 nm处测量吸收光度,从而确定氧化钾的含量。

A.6.3 试剂和材料

除非另有说明,在分析中仅使用确认为分析纯的试剂和蒸馏水或与其纯度相当的水。

A.6.3.1 盐酸(ρ1.19 g/mL):优级纯。

A.6.3.2 过氧化氢(体积分数为30%)。

A.6.3.3 氧化钾标准溶液

A.6.3.3.1 准确称取1.583 0 g经预先在500℃～600℃灼烧至恒重的高纯氯化钾于200 mL烧杯中,用水溶解,然后转入1 000 mL容量瓶中,加水稀释至刻度,混匀。转入干燥的塑料瓶中保存。此溶液含氧化钾1.000 mg/mL。

A.6.3.3.2 准确吸取25.00 mL氧化钾标准溶液(A.6.3.3.1)于500 mL容量瓶中,加水稀释至刻度,混匀,转入干燥的塑料瓶中保存。此溶液含有氧化钾50.00 μg/mL。

A.6.4 仪器和设备

原子吸收光谱仪,配备有空气-乙炔燃烧器,钾空心阴极灯。

在最佳工作条件下,所用仪器应达到下列指标：

A.6.4.1 最低灵敏度:校准曲线中最高质量浓度校准溶液的吸光度应不小于0.25。

A.6.4.2 校准曲线的线性:用同样的方法测定时,校准曲线顶部20%与底部20%质量浓度范围的斜率值(表示为吸光度的变化)之比不应小于0.7。

A.6.4.3 最低稳定性:最高质量浓度校准溶液与零质量浓度校准溶液,经多次重复测定,吸光度的标准偏差与最高质量浓度校准溶液吸光度平均值之比应分别小于1.5%和0.5%。

A.6.5 测定步骤

A.6.5.1 称取10.00 g试样(精确至0.000 1 g),置于烧杯中,用少量水湿润,加40 mL盐酸(A.6.3.1),加热溶解,滴加过氧化氢(A.6.3.2)使暗色褪去,小心蒸干,加10 mL盐酸(A.6.3.1)和少量水,用水洗杯壁,加热溶解盐类,冷却后转入200 mL容量瓶中,加水稀释至刻度,混匀。

A.6.5.2 分取 20 mL 试液五份，分别置于 50 mL 容量瓶中，其中一份不加标准溶液，其余四份分别加入不同体积氧化钾标准溶液(A.6.3.3.2)，加水稀释至刻度，混匀。与试样同时做空白实验。以空白调零，用标准加入法方式测定。

A.6.6 结果计算

按式(A.6.1)计算试样中氧化钾含量(质量分数)，数值以%表示：

$$w(K_2O)=\frac{c\times f\times V\times 10^{-6}}{m_0}\times 100 \qquad \cdots\cdots (A.6.1)$$

式中：

c——测得的试液中氧化钾的质量浓度，单位为微克每毫升(μg/mL)；

f——稀释倍数；

V——溶液总体积，单位为毫升(mL)；

m_0——称取的试样量，单位为克(g)。

A.6.7 允许差

取平均测定结果的算术平均值为测定结果，平均测定结果的绝对差值不大于 0.001%。

A.7 示波极谱法测定硒含量

A.7.1 范围

本章规定了示波极谱法测定硒含量。

本章适用于软磁铁氧体用四氧化三锰中硒含量的测定。测定范围(质量分数)≤0.01%。

A.7.2 原理

在亚硫酸钠-氨性底液中，硒代硫酸钠与汞吸附于电极表面，然后在电极上还原，产生良好的示波极谱波。

A.7.3 试剂和材料

除非另有说明，在分析中仅使用确认为分析纯的试剂和蒸馏水或与其纯度相当的水。

A.7.3.1 高氯酸(ρ1.67 g/mL)。

A.7.3.2 过氧化氢(体积分数为 30%)。

A.7.3.3 硝酸(1+1)。

A.7.3.4 亚硫酸钠溶液(200 g/L)。

A.7.3.5 氨性底液：20 g 氯化铵，80 mL 氨水，用水稀释至 200 mL，混匀。

A.7.3.6 硒的标准溶液

A.7.3.6.1 准确称取 0.100 0 g 金属硒于烧杯中，加 20 mL 硝酸，于水浴上加热至完全溶解，移入 1 L 容量瓶中，稀释至刻度，混匀。此溶液含硒 100 μg/ mL。

A.7.3.6.2 用硒标准溶液(A.7.3.6.1)配制成含硒 10 μg/ mL 和 1 μg/ mL 溶液(保持 2 g/L 硝酸)。

A.7.4 仪器和设备

示波极谱仪。

A.7.5 分析步骤

A.7.5.1 称取试样 0.10 g(精确至 0.000 1 g)，加硝酸(A.7.3.3)10 mL、过氧化氢(A.7.3.2)5 滴，加热溶解，移入 50 mL 容量瓶中，稀释至刻度，混匀。分取适量于 25 mL 烧杯中，加 6 滴高氯酸(A.7.3.1)，在石棉板上低温蒸至高氯酸冒烟，取下冷至室温，加亚硫酸钠溶液(A.7.3.4)4 mL，氨性底液(A.7.3.5)5 mL，混匀。在示波极谱仪上于起始电位约－0.65 伏处作图，测定其峰高。从校准曲线上查出相应的硒量。

A.7.5.2 校准曲线：取硒标准溶液(A.7.3.6.2)0 mL，0.20 mL、0.50 mL、1.00 mL、2.00 mL、5.00 mL 烧杯中，以下按(A.7.5.1)操作步骤进行。

A.7.6 结果计算

按式(A.7.1)计算试样中硒含量(质量分数),数值以%表示:

$$w(\mathrm{Se})=\frac{m_1\times10^{-6}}{m_0\times\gamma}\times100 \qquad \cdots\cdots(A.7.1)$$

式中:

m_1——从校准曲线上查得的硒的质量,单位为微克(μg);

γ——试液分取体积比;

m_0——称取的试样量,单位为克(g)。

A.7.7 允许差

取平均测定结果的算术平均值为测定结果,平均测定结果的绝对差值不大于0.000 4%。

A.8 火焰原子吸收光谱法测定三氧化二铁含量

A.8.1 范围

本章规定了火焰原子吸收光谱法测定三氧化二铁含量。

本章适用于软磁铁氧体用四氧化三锰中三氧化二铁含量的测定。

A.8.2 原理

试样经盐酸溶解后,将试样喷入空气-乙炔火焰中,用铁空心阴极灯作光源,于原子吸收光谱仪波长248.3 nm处测量吸收光度,从而确定三氧化二铁的含量。

A.8.3 试剂和材料

A.8.3.1 盐酸(ρ1.19 g/mL):优级纯。

A.8.3.2 过氧化氢(体积分数为30%)。

A.8.3.3 三氧化二铁标准溶液:准确称取0.100 0 g经预先在105℃~110℃干燥至恒重的三氧化二铁,加少量水润湿,加10 mL盐酸(A.8.3.1),加热溶解。冷却后移入1 000 mL容量瓶中,加水稀释至刻度,混匀。该溶液含有三氧化二铁100 μg/mL。

A.8.4 仪器和设备

原子吸收光谱仪,配备有空气-乙炔燃烧器,铁空心阴极灯。

在最佳工作条件下,所用仪器应达到下列指标:

A.8.4.1 最低灵敏度:校准曲线中最高质量浓度校准溶液的吸光度应不小于0.30。

A.8.4.2 校准曲线的线性:用同样的方法测定时,校准曲线顶部20%与底部20%质量浓度范围的斜率值(表示为吸光度的变化)之比不应小于0.7。

A.8.4.3 最低稳定性:最高质量浓度校准溶液与零质量浓度校准溶液,经多次重复测定,吸光度的标准偏差与最高质量浓度校准溶液吸光度平均值之比应分别小于1.5%和0.5%。

A.8.5 分析步骤

A.8.5.1 称取试样1.00 g(精确至0.000 1 g),置于150 mL烧杯中,用少量水湿润,加5 mL盐酸(A.8.3.1),加热溶解,滴加过氧化氢(A.8.3.2),蒸干,加1 mL盐酸(A.8.3.1)和少量水,溶解盐类,冷却后转入100 mL容量瓶中,加水稀释至刻度,混匀。

A.8.5.2 分取5 mL试液五份,分别置于50 mL容量瓶中,其中一份不加标准溶液,其余四份分别加入不同量三氧化二铁标准溶液(A.8.3.3),各瓶中加2 mL盐酸(A.8.3.1),加水稀释至刻度,混匀。与试样同时做空白实验。以空白调零,用标准加入法进行测定。

A.8.6 结果计算

按式(A.8.1)计算试样中三氧化二铁含量(质量分数),数值以%表示:

$$w(Fe_2O_3)=\frac{c\times f\times V\times 10^{-6}}{m_0}\times 100 \qquad (A.8.1)$$

式中：

c——测得的试液中三氧化二铁的质量浓度，单位为微克每毫升(μg/mL)；

f——稀释倍数；

V——溶液总体积，单位为毫升(mL)；

m_0——称取的试样量，单位为克(g)。

A.8.7 允许差

取平均测定结果的算术平均值为测定结果，平均测定结果的绝对差值应不大于下表所列允许差。

表 A.1 允许差 %

三氧化二铁量(质量分数)	允许差
≤0.05	0.005
>0.05～0.2	0.01
>0.2～0.7	0.05

A.9 重量法测定水分含量

A.9.1 范围

本章规定了重量法测定水分含量。

本章适用于软磁铁氧体用四氧化三锰中水分含量的测定。

A.9.2 原理

试样在105℃～110℃的空气中干燥至恒量，记录质量的损失。

A.9.3 仪器和设备

实验室常用仪器：

A.9.3.1 称量瓶：玻璃或金属制的，直径为50 mm左右。

A.9.3.2 烘箱：温度可控制在105℃～110℃。

A.9.4 分析步骤

称取10.00 g试样(精确至0.000 1 g)，放入已干燥且恒重的称量瓶中，将打开盖的称量瓶连同盖子一起放入烘箱里，在105℃～110℃下干燥1 h。取出，盖上称量瓶盖，置于干燥器内冷却20 min～30 min后，稍打开称量瓶盖，再迅速盖上后称重。在105℃～110℃下重复干燥30 min，置于干燥器内冷却20 min～30 min，反复多次直至分析试样的质量恒重为止，即连续二次称量的差不超过0.002 g，记下恒重的质量。

A.9.5 结果计算

按式(A.9.1)计算试样中水分含量(质量分数)，数值以%表示：

$$w(H_2O)=\frac{m_1-m_2}{m}\times 100 \qquad (A.9.1)$$

式中：

m_1——干燥前试样、称量瓶和瓶盖的质量，单位为克(g)；

m_2——干燥后试样、称量瓶和瓶盖的质量，单位为克(g)；

m——称取的试样量，单位为克(g)。

A.9.6 允许差

取平均测定结果的算术平均值为测定结果，平均测定结果的绝对差值不大于0.1%。

ICS 77.040.20;77.140.65
H 26

中华人民共和国国家标准

GB/T 21837—2008

铁磁性钢丝绳电磁检测方法

Practice for electromagnetic examination of ferromagnetic steel wire rope

2008-05-13 发布 2008-11-01 实施

中华人民共和国国家质量监督检验检疫总局
中国国家标准化管理委员会 发布

前　言

请注意本标准的某些内容有可能涉及专利。本标准的发布机构不应承担识别这些专利的责任。

本标准修改采用 ASTM E 1571-01《铁磁性钢丝绳电磁检测方法》(英文版)。

本标准根据 ASTM E 1571-01 重新起草。

考虑到我国国情,在采用 ASTM E 1571-01 时,本标准做了一些修改。有关技术性差异如下:

a) 增加剩磁方法,见第 1 章、4.1.4、图 5 和 7.4;

b) 将英制单位转化为国际单位制时,某些不影响本标准实施的带小数点的数值进行了圆整,如:第 1 章中的"63.5"改为"64",10.2.2 中若干数值等;

c) 删除 ASTM 标准的 3.2.1 和 3.2.4,以弱化对仪器种类的描述和依赖;

d) 增加 9.4,有关检测报告的要求;

e) 删除 ASTM 标准的第 11 章,相关要求已在 6.2 有表述;

f) 删除 ASTM 标准的第 12 章,该内容不符合 GB/T 1.1—2000 的规定。

本标准由中国钢铁工业协会提出。

本标准由全国钢标准化技术委员会归口。

本标准起草单位:上海材料研究所、中国特种设备检测研究院、上海宝钢工业检测公司、冶金工业信息标准研究院、逖悉开钢丝绳检测技术有限公司、北京杰安泰无损检测技术有限公司、上海且华虚拟仪器技术有限公司、欧美大地仪器设备中国有限公司、上海上材电磁设备有限公司、上海苏州美柯达探伤器材有限公司。

本标准主要起草人:金宇飞、沈功田、罗云东、王玲君、戴石锋、杨旭、贾社民、董信华、翟晶、赵成。

铁磁性钢丝绳电磁检测方法

1 范围

本标准规定了采用电磁、磁通、漏磁和剩磁方法检测铁磁性钢丝绳金属横截面积变化和损伤的仪器校准和应用规则。

如果合同各方同意，本标准可适用于各种铁磁性钢丝绳。

2 规范性引用文件

下列文件中的条款通过本标准的引用而成为本标准的条款。凡是注日期的引用文件，其随后所有的修改单(不包括勘误的内容)或修订版均不适用于本标准，然而，鼓励根据本标准达成协议的各方研究是否可使用这些文件的最新版本。凡是不注日期的引用文件，其最新版本适用于本标准。

GB/T 5616　无损检测　应用导则

GB/T 8706　钢丝绳　术语、标记和分类(GB/T 8706—2006，ISO 17893:2004，IDT)

GB/T 9445　无损检测　人员资格鉴定与认证(GB/T 9445—2005，ISO 9712:2005，IDT)

GB/T 20737　无损检测　通用术语和定义(GB/T 20737—2006，ISO/TS 18173:2005，IDT)

3 术语和定义

GB/T 8706 和 GB/T 20737 确立的以及下列术语和定义适用于本标准。

3.1

局部损伤　local flaw

LF

钢丝绳中的不连续，诸如断丝、钢丝的蚀坑、较深的钢丝磨损或其他钢丝绳局部物理状态的退化等。

3.2

金属横截面积损失　loss of metallic cross-sectional area

LMA

钢丝绳上特定区域中材料(质量)缺损的相对度量，它是用仪器进行检测，并通过比较检测点与钢丝绳上象征最大金属横截面积的基准点来测定的。

4 概述

4.1 仪器的工作原理

4.1.1 交流电磁类仪器

交流电磁类检测仪器的工作原理类同于变压器原理，初级和次级线圈环绕在钢丝绳上，钢丝绳犹如变压器的铁芯(见图1)。初级(激励)线圈的电源为 10 Hz～30 Hz 的低频交流电。次级(探测)线圈测定钢丝绳的磁特性。钢丝绳磁特性的任何关键变化会通过次级线圈的电压变化(幅度和相位)反映出来。电磁类仪器通常是在较低磁场强度的条件下工作，因此在开始检测前，有必要将钢丝绳彻底退磁。此类仪器主要用于检测金属横截面积变化。

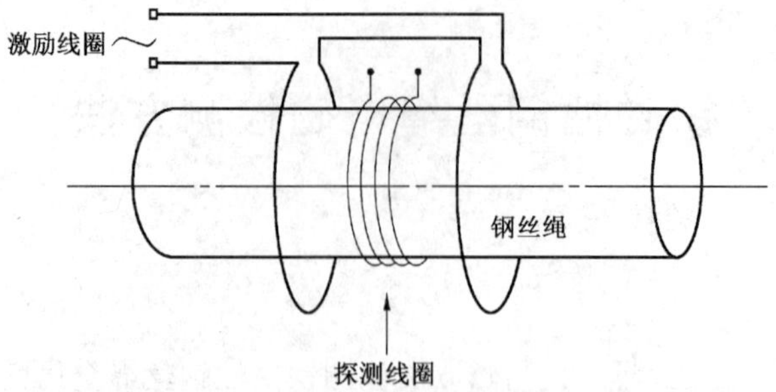

图 1　电磁类仪器传感器头示意图

4.1.2　直流和永磁(磁通)类仪器

直流和永磁类仪器提供恒定磁通,通过传感器头(磁回路)磁化一段钢丝绳(见图 2 和图 3)。钢丝绳中的轴向总磁通,能通过霍尔效应传感器、环绕(感应)线圈,或其他能有效测定磁场或稳恒磁场变化的适当装置来测定。传感器输出的是电信号,在磁回路可感应范围内,其输出的电压与钢含量或金属横截面积变化成正比。此类仪器用于测定金属横截面积变化。

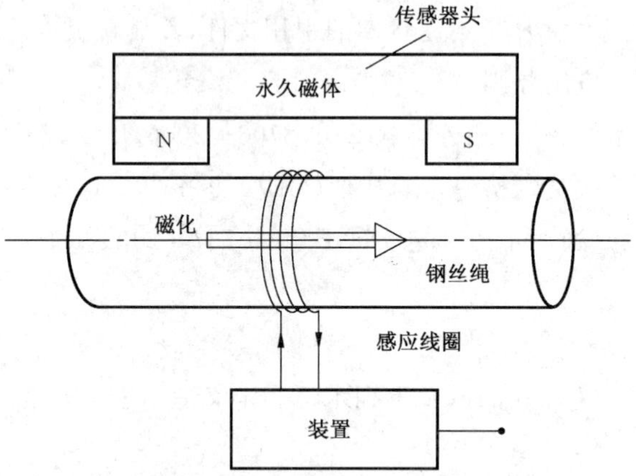

图 2　用感应线圈测量金属横截面积损失的永磁类设备传感器头示意图

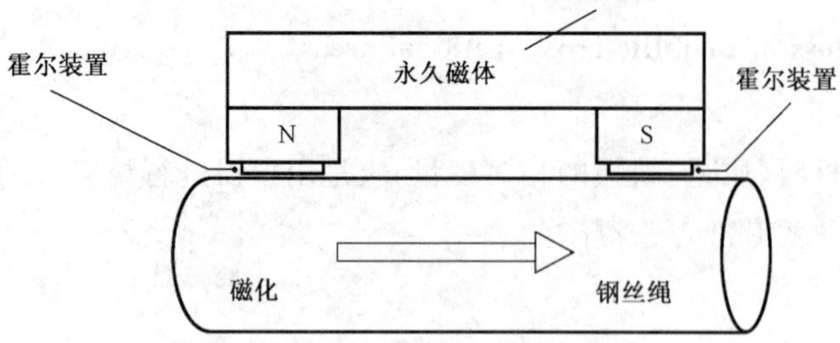

图 3　用霍尔装置测量金属横截面积损失的永磁类设备传感器头示意图

4.1.3　漏磁类仪器

直流或永磁类仪器提供恒定磁通,通过传感器头(磁回路)来磁化一段钢丝绳(见图 4)。钢丝绳中不连续(例如断丝)所引起的漏磁,能用不同传感器(例如霍尔效应传感器、感应线圈或其他适当装置)来检测。传感器输出的是电信号,并被记录。此类仪器用于测定 LF。但它不能明确给出有关损伤的确切数量方面的信息,只能给出钢丝绳中断丝、内腐蚀和磨损等是否存在的提示性信息。

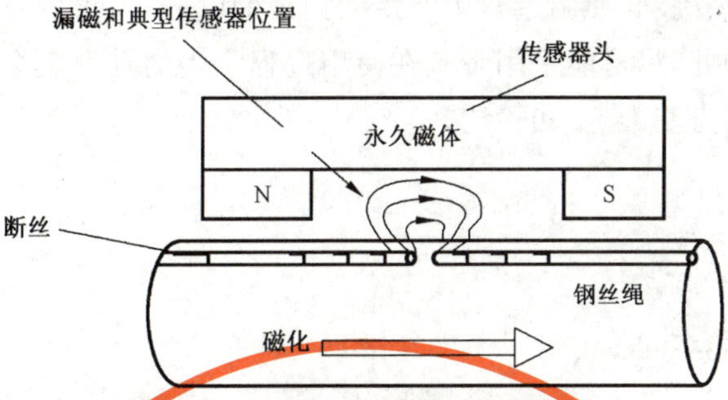

图 4　断丝导致漏磁的示意图

4.1.4　剩磁类仪器

直流或永磁类磁化装置对钢丝绳磁化后，在确保外加磁场已移去或无外磁场影响的情况下，利用铁磁性钢丝绳的剩磁特性，采用能有效测定剩余磁场变化的适当检测装置，来测定钢丝绳内剩磁场的变化。此类仪器能用于测定金属横截面积的变化和局部损伤的存在。

注：该方法是新开发的一种钢丝绳检测技术，有待进一步的跟踪研究和应用验证。

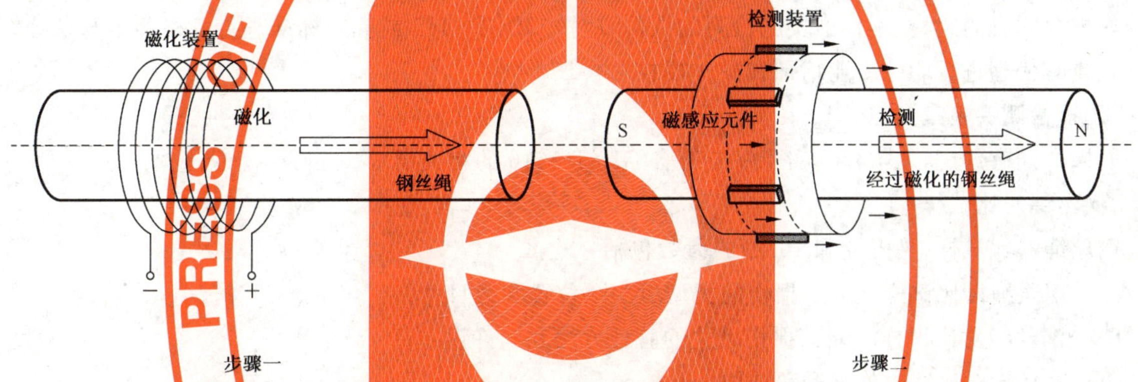

a）磁化和检测分步方式

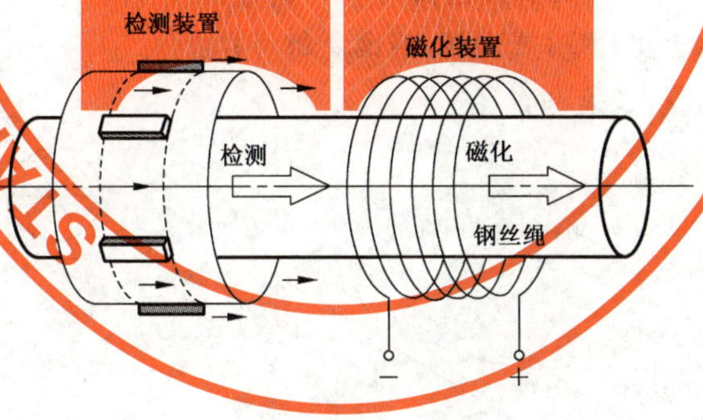

b）磁化和检测同步方式

图 5　剩磁类仪器测量金属横截面积损失的示意图

4.2　检测原理

钢丝绳检测原理基于 4.1 所述的一种或多种方法。检测金属横截面积损失能用 4.1.1、4.1.2 和 4.1.4 所述检测原理的仪器。检测断丝和内(或外)腐蚀能用 4.1.3 所述的漏磁类仪器。检测应按第 9 章。一台仪器可同时具有磁通和漏磁检测原理。

5　意义和用途

5.1　本标准阐述了采用电磁、磁通、漏磁、剩磁或不同方法组合的专用仪器来检测铁磁性钢丝绳产品的规程以及仪器校准规程。

5.2 仪器对钢丝绳在制造、安装和使用过程中产生的损伤的响应，与仪器对钢丝断口或增加钢丝等人工损伤的响应可能不同。因此，尽可能采用带有在使用过程产生的且肯定会影响使用性能的真实损伤的钢丝绳，来进行标定（即设定基准点）和检测。

6 应用要点

6.1 检测合同

检测合同宜包括下列内容：

a) 验收准则；

b) 测定 LMA 或 LF，或两者都检测；

c) 钢丝绳检测区段（整段检测可要求设定多次，分段内检测可设定一次）；

d) 采用的校准方法：钢丝绳对比试样、钢条对比试样或两者都要；

e) 设备校准的最大时间间隔。

6.2 人员资格

如果合同有约定，按本标准实施检测的人员，应按 GB/T 9445 或等效标准进行资格鉴定与认证，并由雇主或其代理进行职位专业培训和操作授权。

6.3 无损检测实验室资格

如果合同有约定，无损检测实验室应符合 GB/T 5616 的相关要求。

6.4 钢丝绳对比试样

钢丝绳对比试样（见图 6 和 10.2）的参数包括：

a) 钢丝绳对比试样上人工损伤的类型、尺寸、位置和数目；

b) 钢丝绳对比试样上人工损伤尺寸的验证方法和允许误差；

c) 钢丝绳对比试样的直径和结构。

6.5 钢条对比试样

钢条对比试样（见图 7 和 10.3）的参数包括：

a) 钢条对比试样是用于实验室，或现场，或两者都可；

b) 钢条对比试样的数量、长度和直径。

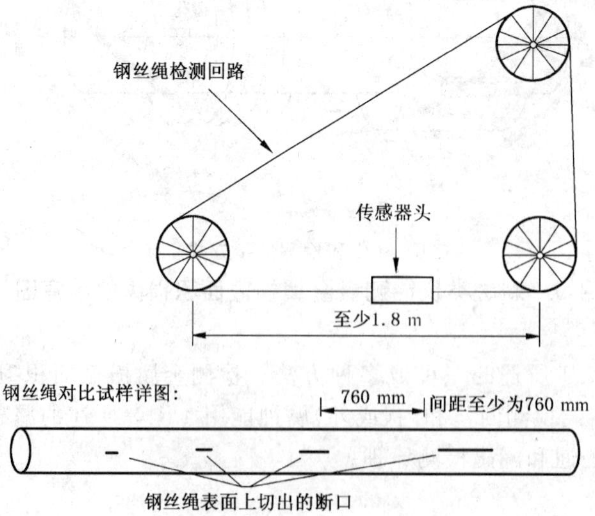

图 6 钢丝绳对比试样示例

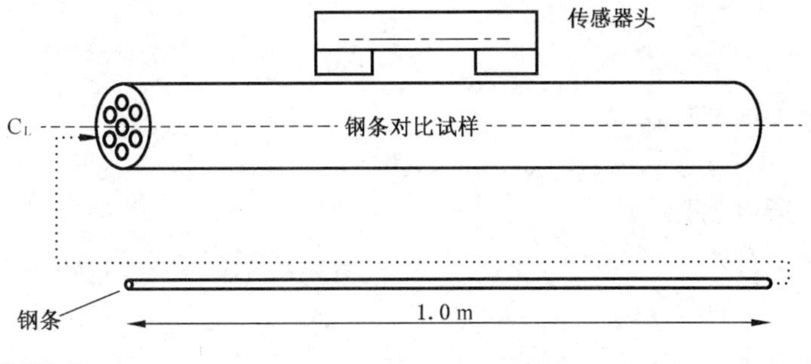

图7 钢条对比试样示例

7 局限性

7.1 概述

7.1.1 本标准仅限于检测铁磁性钢丝绳。

7.1.2 较难检测出钢丝绳端部或接近端部和铁磁性钢连接处的损伤。

7.1.3 不易辨别纯金属学性质(脆性、疲劳等)引起的退化。

7.1.4 给定大小的传感器头仅适用于有限直径范围的钢丝绳。

7.2 电磁和磁通方法的固有局限性

7.2.1 仪器所测得的金属横截面积变化,只能表示这是相对于仪器校准基准点处的变化。

7.2.2 这些方法的灵敏度,随损伤离钢丝绳表面的深度增大和断丝处断口的减小而降低。

7.3 漏磁方法的固有局限性

7.3.1 不大可能辨别出较细的断丝、小断口断丝或接近于多断丝处的单根断丝。不大可能辨别出带有蚀坑的断丝。

7.3.2 由于纯金属学性质引起的退化不易辨别,当钢丝绳是否报废是基于断丝增加的百分率时,在检测发现有断丝后,有必要增加检测的频次。

7.4 剩磁方法的固有局限性

7.4.1 仪器所测得的金属横截面积变化,只能表示这是相对于仪器校准基准点处的变化。

7.4.2 对于引起金属横截面积变化程度较小的磨损和锈蚀,剩磁类仪器可能不易辨别。

7.4.3 由于剩磁通常比较微弱,在有外磁场干扰下进行检测可能失效。

7.4.4 剩磁的大小通常随时间而有所变化,不同时间段的检测结果可能会不同。

7.4.5 剩磁方法不适用于相对磁导率很低的铁磁性材料。

8 系统

8.1 所用仪器应按设计规定来检测铁磁性钢丝绳产品。传感器头中的磁化组件,应包括永磁体或电磁体,或交流或直流线圈。除交流螺旋线圈外,磁化组件应能充分磁化仪器所设计范围(大小和结构)的钢丝绳。传感器头和其他部件宜设计成适用于不同直径的钢丝绳。钢丝绳宜放在传感器头的近似中心。仪器宜有连接器或其他辅助工具,用以传输输出信号至纸带记录仪、数据记录仪或多功能计算机。为方便仪器设定、校准和检测,必要时仪器也可包含仪表、条形指示器或其他显示装置。仪器宜具有检测距离和钢丝绳速度的输出,以显示当前检测移动距离和钢丝绳速度,如有必要,还宜具有一图示速度与钢丝绳速度同步且成正比的动态图像控制器。

8.2 应配置如下之一的辅助设备,以便于记录和永久保存检测结果:

a) 纸带记录仪;

b) 数据记录仪;

c) 多功能计算机。

9 检测

9.1 电子系统应在检测前进行校准。

9.2 应在合同中规定，对钢丝绳是检测 LF 或 LMA，还是两者都检测。可根据被检对象，选择适宜的仪器。宜按如下要求进行检测。

9.2.1 用电磁类仪器检测之前，钢丝绳必须先退磁。用磁通或漏磁类仪器，则有必要反复检测钢丝绳是否均匀磁化。

9.2.2 传感器头必须与钢丝绳大致处在同一轴心线上。

9.2.3 仪器必须按检测工艺规程进行调节。开始检测前，宜通过对插入的已知横截面积的铁磁性钢条或钢丝的验证来设定灵敏度。此校准信号宜记录保存，以便日后对比用。

9.2.4 钢丝绳检测宜采用相对一致的速度：或移动传感器头，或移动钢丝绳。相关的信号必须用适当介质予以记录，例如纸带记录仪、磁带记录仪或计算机文件等，以便以后复核分析用。

9.2.5 下列信息作为检测数据应予记录，以便于分析：

a) 检测日期；
b) 检测编号；
c) 客户标识；
d) 钢丝绳标识(用途、位置、卷盘和绳号)；
e) 钢丝绳直径和结构；
f) 仪器序列号；
g) 仪器校准状态；
h) 记录仪状态；
i) 记录速度；
j) 传感器头在钢丝绳上的评定基准点位置，即检测始点和再次设定运行开始之处；
k) 钢丝绳或传感器头的移动方向；
l) 被检钢丝绳总长度；
m) 检测速度。

9.2.6 为确保检测结果的可重复性，应至少进行两次的重复操作。

9.2.7 当钢丝绳全部工作长度需要多次检测时，每次调整的传感器头磁极方向相对于钢丝绳宜前后一致。为了与记录仪联用，宜在钢丝绳上两次相邻运行点的地方打上临时标记(铁磁性标记在记录装置中呈现出一个显示)。检测信号宜由同一台仪器按同一标准且在检测同一根钢丝绳时得到。

9.2.8 当测定 LMA 的百分率时，必须明确这是与钢丝绳上象征钢丝绳最大金属横截面积的基准点在做比较。基准点的状况有可能已在钢丝绳运转中恶化而不再与所象征的最初的(新的)钢丝绳值相同。因此，基准点必须经目视或其他方法检测，以评定其现状。

9.2.9 如果检测显示在钢丝绳某些部位上存在严重的恶化，该部位宜实施附加检测，以对显示进行反复核实。在附加的检测中，检测显示有严重恶化的钢丝绳部位必须进行目视检测。

9.3 有关 LF 和 LMA/LF 仪器的局部损伤基准数据，可在最初检测(新)钢丝绳的时候建立。只要可行，检测同一根钢丝绳时，宜通过调节与被检钢丝绳相匹配的钢条或钢丝上的已知损伤，使产生的幅度彼此相同，如此反复而设定。

9.4 如果合同有约定，检测结果应出具报告。

10 对比试样

10.1 概述

10.1.1 仪器宜按合同约定的验收准则进行校准。

10.1.2 在仪器首次使用、定期校验期间或出现可疑故障时宜进行校准。

10.1.3 仪器宜采用一个或多个钢丝绳对比试样(见图6)或钢条对比试样(见图7)进行校准。

10.1.4 从实验室角度看,10.2和10.3对于充分了解仪器的局限性是有用的。

10.2 钢丝绳对比试样

10.2.1 用于对比试样的钢丝绳宜先做检测,以确定和解决存在有妨碍人工损伤用途的先前已存在的损伤(如果存在)。对比试样的钢丝绳应与所使用的仪器和传感器头以及被检钢丝绳相匹配,除非用的是钢条对比试样。对比试样应有足够的长度,以满足人工损伤所要求的间距,以及拥有足够空间来避免钢丝绳端部效应。应按合同约定来选择钢丝绳对比试样。

10.2.2 钢丝绳对比试样上的人工损伤,应包括采用去除或增加在外层钢丝上形成的断口的方法。典型的断口长度应为1.5 mm、3 mm、6 mm、12 mm、25 mm、50 mm、100 mm、200 mm、400 mm和800 mm。断口间的典型距离为760 mm。断口距钢丝绳端部应至少有1 200 mm。有些断口的长度可不作要求。所有钢丝的端部应平直且与钢丝垂直。

10.2.3 如果检测仪器被证实是可行的,并得到合同各方的同意,局部损伤和金属横截面积变化的要求可比上述更严格。

10.3 钢条对比试样

10.3.1 钢条对比试样是按总横截面积与被检钢丝绳金属横截面积相等的方式做成的。钢条束放进传感器头中,模拟钢丝绳沿传感器头轴向放置时所发生的情况。移动单根钢条,来模拟由磨损、腐蚀或缺丝等造成的钢丝绳中的金属横截面积损失。此规程能用于调节和校准仪器,非常精确地给出和控制仪器响应的变化。

10.3.2 实验室校准规程中所用的钢条对比试样,最小宜为1 m长或按仪器制造商的推荐长度,以使由钢条端部引起的端部效应最小化。

10.3.3 检测前的磁场校验,可使用较短的钢条或钢丝。

10.4 系统灵敏度的调节与校准

设定和校验系统灵敏度的规程如下:

a) 对比试样应按合同规定制作;

b) 传感器头应根据被检材料尺寸进行调节;

c) 传感器头应环绕对比试样安置;

d) 对比试样应进行扫描,只要可行,增益和复零电位计、图像记录仪刻度或其他控制器应调节至所要求的状态;

e) 如果是静态校准,如电磁类仪器(4.1.1),钢丝绳对比试样应以检测时的速度穿过检测仪器中的磁场,以此来充分论证检测仪器的动态性能。按校准要求规定进行的仪器设定应做记录。

ICS 77.040.10
H 22

中华人民共和国国家标准

GB/T 21838.1—2008

金属材料　硬度和材料参数的仪器化压痕试验　第1部分:试验方法

Metallic materials—Instrumented indentation test for hardness and materials parameters—Part 1:Test method

(ISO 14577-1:2002,MOD)

2008-05-13 发布　　2008-11-01 实施

中华人民共和国国家质量监督检验检疫总局
中国国家标准化管理委员会　发布

前　言

GB/T 21838《金属材料　硬度和材料参数的仪器化压痕试验》分为如下4个部分：

——第1部分：试验方法；

——第2部分：试验机的检验与校准；

——第3部分：标准块的标定；

——第4部分：金属和非金属覆盖层的试验方法。

本部分为GB/T 21838的第1部分。

本部分修改采用国际标准ISO 14577-1:2002《金属材料　硬度和材料参数的仪器化压痕试验　第1部分：试验方法》(英文第1版)。

本部分在文本结构和技术内容方面与ISO 14577-1:2002一致，为了便于使用，做了下列修改：

——用“GB/T 21838的本部分”代替了“ISO 14577的本部分”；

——用小数点“.”代替英文采用的小数点逗号“,”；

——删除了国际标准的前言；

——修改了公式A.8、公式A.9、公式A.10和附录B中的图B.1b；

——在第2章“规范性引用文件”中直接引用了与ISO 14577-1:2002中引用的国际标准相对应的我国国家标准；并增加引用GB/T 21838.4—2008。

本部分的附录A、附录C和附录E为规范性附录，附录B、附录D和附录F为资料性附录。

本部分由中国钢铁工业协会提出。

本部分由全国钢标准化技术委员会归口。

本部分起草单位：上海材料研究所、上海市纳米技术孵化基地、钢铁研究总院。

本部分主要起草人：王春亮、王滨、杨力、高怡斐、杨宏伟。

引　言

硬度的经典定义是一种材料抵抗另一种较硬材料压入产生永久压痕的能力。进行洛氏、维氏和布氏硬度试验时得到的试验结果是在卸除试验力以后测定的。因此,忽略了在压头作用下材料弹性形变的影响。

GB/T 21838的制定,使用户能够在材料的塑性和弹性变形过程中通过研究力和形变两者的关系来评定材料的压痕特性。通过监测试验力施加和卸除的整个周期,本方法能够测定出与传统硬度值等效的硬度值。具有重要意义的是,本方法还能够测定压痕模量和弹-塑性条件下的性能,不需要采用光学法测量压痕,就能计算上述所有的值。

GB/T 21838的制定得以对各种试验后的数据进行深入分析。

金属材料　硬度和材料参数的仪器化压痕试验　第1部分:试验方法

1　范围

本部分规定了表1所给的三个范围内金属材料仪器化压痕试验法测定硬度和材料参数的方法。

表1　应用范围

常规范围	显微范围	纳米范围
2 N≤F≤30 kN	F<2 N,h>0.2 μm	h≤0.2 μm
注：对纳米范围,试样受力后的变形严重依赖于压头的实际形状,所用试验机的压头接触面积函数影响着材料参数的计算。因此,为了使不同仪器测得的材料参数的复现性在可接受范围内,需要仔细校准仪器和压头形状。		

硬度和其他材料参数的测定见附录A。

常规范围内通常使用硬质合金压头,因为接触压力大时压头易损坏。对于硬度值和弹性模量较高的样品,宜考虑压头变形对试验结果的影响。

注：本标准也适用于薄的金属和非金属覆盖层以及非金属材料。在这种情况下,宜参考相关的标准(见6.3)。

2　规范性引用文件

下列文件中的条款通过本部分的引用而成为本部分的条款。凡是注日期的引用文件,其随后所有的修改单(不包括勘误的内容)或修订版均不适用于本部分,然而,鼓励根据本部分达成协议的各方研究是否可使用这些文件的最新版本。凡是不注日期的引用文件,其最新版本适用于本部分。

GB/T 3505　产品几何技术规范　表面结构　轮廓法　表面结构的术语、定义及参数(GB/T 3505—2000,ISO 4287:1997,MOD)

GB/T 21838.2—2008　金属材料　硬度和材料参数的仪器化压痕试验　第2部分:试验机的检验和校准(ISO 14577-2:2002,MOD)

GB/T 21838.4—2008　金属材料　硬度和材料参数的仪器化压痕试验　第4部分:金属和非金属覆盖层的试验方法》(ISO 14577-4:2007,MOD)

JJF 1059　测量不确定度评定与表示[JJF 1059—1999,IDT ISO测量不确定度表示指南(GUM)]

3　符号和说明

本标准使用的符号和相应的说明见表2、图1及图2。

表2　符号和说明

符　　号	说　　明	单　　位
$A_p(h_c)$	从压头顶端到 h_c 处的压头接触投影面积	mm^2
$A_s(h)$	从压头顶端到 h 处的压头表面积	mm^2
S	接触刚度	N/nm
C_{IT}	压痕蠕变	%
E_{IT}	压痕模量	N/mm^2

表 2(续)

符　　号	说　　明	单　　位
F	试验力	N
F_{max}	最大试验力	N
h	施加试验力下的压痕深度	mm
h_c	最大试验力下压头与试样的接触深度	mm
h_{max}	最大试验力下的最大压痕深度	mm
h_p	卸除试验力后残余压痕深度	mm
h_r	曲线 b 的最大试验力处的切线 c 与压痕深度坐标轴的交点(见图 1)	mm
H_{IT}	压痕硬度	N/mm^2
HM	马氏硬度	N/mm^2
HM_s	根据施加试验力-压痕深度曲线的斜率测得的马氏硬度	N/mm^2
r	球形压头的半径	mm
R_{IT}	压痕松弛	%
W_{elast}	压痕弹性形变功	N・m
W_{total}	压痕总机械功	N・m
α	表征锥形压头形状的角度	(°)
η_{IT}	W_{elast} / W_{total} 之比	%
注：1 N/mm^2 = 1 MPa。		

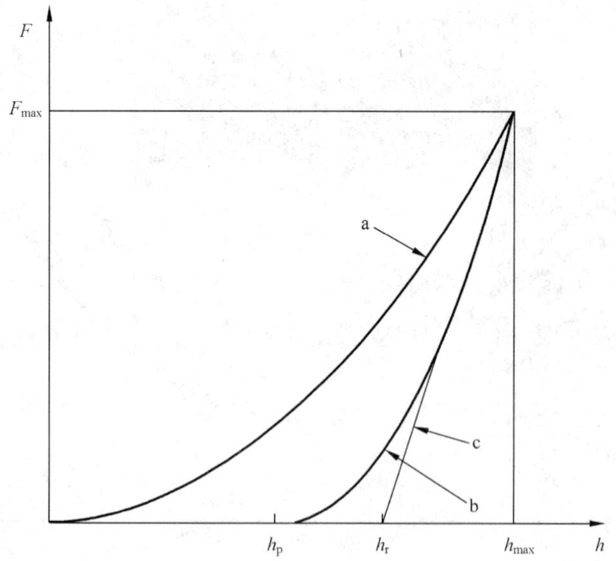

a——施加试验力；
b——卸除试验力；
c——曲线 b 在 F_{max} 处的切线。

图 1　试验过程的示意图

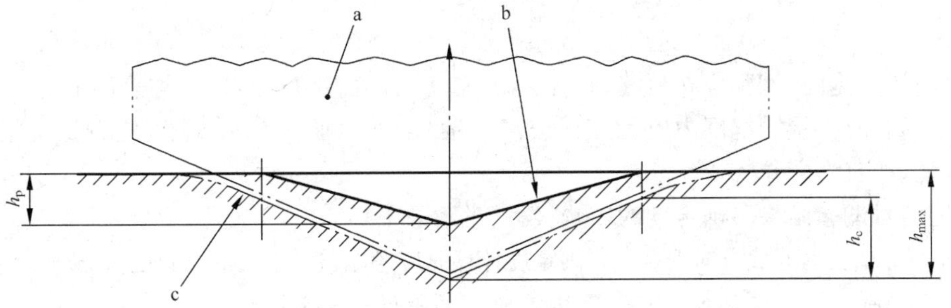

a——压头；

b——试样残余压痕表面；

c——最大压痕深度和试验力下试样的表面。

图 2　压痕横截面的示意图

4　试验原理

采用一个硬度高于试样的压头，通过对试验力和压痕深度的连续记录，测定材料的硬度和其他性能参数（见图 1 和图 2）。压头的形状、材料如下：

a)　顶端两相对面夹角为 136°的正四棱锥金刚石压头（维氏压头，见图 A.1）；

b)　正三棱锥体的金刚石压头（玻氏压头，见图 A.1）；

c)　硬质合金球形压头（尤其适用于材料弹性性能的测定）；

d)　金刚石球形压头。

使用其他几何形状的压头时，宜注意对其测试结果的解释，也可使用其他材料的压头（如蓝宝石等）。

注：金刚石的晶体结构，使其压头的形状只能是接近于球形的多面体而不是理想的球形。

试验过程可以采用控制试验力方法，也可以采用控制位移方法。记录整个试验过程中试验力 F，相应的压痕深度 h 和时间。试验结果是一组作为时间函数的试验力及相应的压痕深度数据（见图 1 和附录 B）。

为保证试验力与压痕深度数据的复现性，每次试验时应设定试验力/压痕深度的零点（见 7.3）。

下列与时间相关的参数也能测定：

a)　采用控制试验力方法，在给定时间内保持试验力恒定，测量该试验力下压痕深度随时间的变化（见图 A.3 和图 B.1）；

b)　采用控制压痕深度方法，在给定时间内保持压痕深度恒定，测量该压痕深度下试验力随时间的变化（见图 A.4 和图 B.2）。

图 B.1 a）和图 B.2 b）中曲线上的线段 b 给出了采用两种控制方法测得的完全不同的结果。

5　试验机

5.1　试验机应能在要求的范围内施加预定的试验力，并符合 GB/T 21838.2 要求。

5.2　试验机应能测量和记录整个试验循环中施加的试验力、压痕深度和时间。

5.3　试验机应能补偿机架柔度和选用合适的压头面积函数（见附录 C 和 GB/T 21838.2—2008 中的 4.5 和 4.6）。

5.4　试验机可使用 GB/T 21838.2 中规定的各种形状的压头（关于金刚石压头的详细信息见附录 D）。

5.5　在通常的工作温度范围内，试验机应能维持它的校准状态。

试验机应在 7.1 所规定的温度范围内工作，并应在 GB/T 21838.2—2008 中 4.4.3 描述的范围内维持它的校准状态。

6 试样

6.1 对于不同压痕范围，试验应在能够确定测量试验力/压痕深度曲线的试样表面上进行，以达到规定的不确定度要求。压头接触范围内应无液体或润滑剂（除非试验本身有要求，应在试验报告中详细描述）及外来污物（如灰尘颗粒）。

表面粗糙度对试验结果不确定度的影响很大（见附录 E）。

试样表面应与试验力施加方向垂直。不确定度计算时应考虑试样表面的倾斜度，一般倾斜度不超过 1°。

6.2 试样表面的制备应使受热或冷加工等因素对表面硬度的影响减至最小。

由于显微和纳米范围试验时的压痕深度很浅，在试样制备时应采取特殊工艺，对于特殊材料应采取适当的抛光工艺（如电解抛光）。

6.3 应使试样厚度足够大或压痕深度足够小，以保证试验结果不受试样支承台的影响。试样厚度至少应为压痕深度的 10 倍或压痕直径的 3 倍（见 7.7），取其较大者。

测试覆盖层时，覆盖层厚度即试样厚度。

注：以上是经验数据。试样支承台对试验的实际影响取决于压头的几何形状、试样和支承台材料的特性。

7 试验方法

7.1 试验时应记录试验温度，试验一般在室温（10℃～35℃）下进行。

试验室温度的稳定性比实际温度更重要。应同时报告校准修正值和校准不确定度。推荐试验（尤其在纳米和显微范围内的试验）在温度为 23℃±5℃，相对湿度低于 50％的条件下进行。

对深度测量精确度要求高的个别试验，应在稳定的温度下进行。即：

——试验前试样应与环境温度一致；

——试验机工作温度应稳定；

——试验时引起温度变化的其他外部因素应能被控制。

为使温度变化导致的位移漂移减至最小，在一次试验循环的时间内，或者保持试验机温度恒定，或者测量并修正位移漂移（见 7.5 和 GB/T 21838.2—2008 的 4.4.3）。报告中应给出位移漂移或位移漂移修正中的不确定度。

7.2 试样应被牢固支撑，确保试验机柔度无明显增加。试样应放置在与压痕方向一致的刚性样品架上或固定在适当的样品支承台上。试样或样品架与支承台间的接触面应无可能增加机架柔度的外来污物。

7.3 每次试验时都应单独设置力与压痕深度曲线的零点（该零点为压头和试样表面第一次接触点），并应给出零点的不确定度。对于常规和显微范围内的试验，零点设置的不确定度不应超过最大压痕深度的 1％；对于纳米范围的试验，零点设置的不确定度可能超过 1％，此时应在试验报告中给出其不确定度的估算值。

试验时应记录接近零点与施加试验力-压痕深度曲线上最初的 10％位移的有效数据点，以便在允许的不确定度内设置零点。推荐采用下列任一方法设置零点：

a) 方法 1：通过拟合曲线的外推法计算零点（如 2 次多项式拟合曲线）。拟合曲线的取值范围应在从零点到最大压痕深度的 10％之间。该方法计算得到的零点的不确定度取决于拟合参数、拟合方程和外推量的大小。

   压痕曲线的初始部分（如压痕深度最初的 5％部分）可能受振动或其他噪声影响，拟合曲线的上限宜选在小于接触响应发生改变（例如由开裂和塑性屈服引起）的压入深度。

b) 方法 2：测得的试验力或接触刚度第一次增加时的接触点为零点。为得到这个接触点，力或位移的步进量应尽量小，以保证零点的不确定度在允许范围内。

注：对于常规范围内的试验，力的步进量推荐为 $10^{-4}F_{max}$；对于显微和纳米范围内的试验，力的步进量应小于 5 μN。

7.4 试验循环应采用控制试验力或控制压痕深度方法。控制参数可采用连续式变化或步进式变化。试验报告应给出试验循环所有部分的详细信息,包括:

a) 控制方法(如控制试验力或位移,控制参数采取步进式变化或连续式变化);

b) 最大试验力(或位移);

c) 施加试验力(或位移)的速率;

d) 每次保持恒定过程的时间长度和位置;

e) 数据采集频率(或数据量)。

注:一般情况下,试验力施加和卸除的时间各为 30 s;在最大试验力时保持时间为 30 s;为测量热漂移在接触点或卸除最大试验力的 90%时保持时间为 60 s。

为获得具有可比性的试验结果,试验时间应考虑在内。

7.5 试验力施加过程中不应有严重影响试验结果的冲击和振动,直至达到试验力或压痕深度规定值。试验报告应给出每个时间段的试验力和位移值。

在确定压头和试样接触点的过程中,宜缓慢移动压头,以避免碰撞引起试样表面力学性能的变化。

对显微范围内的试验,压头的移动速度不宜超过 2 μm/s。一般情况下,对显微或纳米范围内的试验,在接近试样表面时,压头的移动速度在 10 nm/s~20 nm/s 之间或者更小。

注:目前,对常规范围内的试验,压头确切的移动速度范围尚不清楚。建议使用者给出移动速度。

只有在相同的试验循环中,试验力、压痕深度和时间数据才具有可比性。采用作为时间函数的试验力及相应的压痕深度数据详细描述试验循环。两个最常见的试验循环如下:

a) 恒定的施加试验力速率;

b) 恒定的位移速率。

试验力的卸除速率的选定应使卸除试验力过程中的数据量满足试验后数据分析的需要。

对显微和纳米范围内的试验,每次试验循环应测量漂移速率。该值可以在压头与试样接触后或者在试验力卸除后的某一点(通常为最大试验力的 10%~20%)保持试验力一段时间测得。

对常规范围内的试验,漂移速率可以从温度数据和试验机的漂移响应中推算得出。

试验力和压痕深度的数据宜采用所测的漂移速率来修正。

最大试验力的保持时间应能确保在试验力卸除前完成与时间相关的形变。

7.6 在试验过程中试验机应避免严重影响试验结果的振动和冲击、空气流动和温度波动。

7.7 为保证试验结果不受界面、自由表面的存在或前期试验中压痕塑性变形的影响(这些影响取决于压头的几何形状和试样的材料特性),任一压痕中心距界面或试样边缘的距离至少应为压痕直径的三倍,两相邻压痕中心之间距离至少应为最大压痕直径的五倍。

以上所述的压痕直径是球形压头在试样表面上所产生的圆形压痕的直径。对于非圆形压痕,压痕直径为压痕最小外接圆直径。当压痕边角出现裂纹时,压痕直径宜包含这个裂纹。

注:以上规定的最小间距适用于陶瓷材料、铁及其合金等金属材料。对其他材料,推荐间距至少为十倍压痕直径。

如有异议,建议将第一点压痕值和随后所进行的一系列压痕值进行比较,如果存在明显差异,说明压痕过于密集,宜增大压痕间距(建议将压痕间距加大一倍)。

8 试验结果的不确定度

应按照 JJF 1059 进行完整的不确定度评估。

结果的不确定度与很多参数有关,可分为如下两类:

a) A 类不确定度,包括:

——零点的确定;

——力和位移的测量值(包括环境条件波动和磁场强度变化的影响);

——卸除试验力曲线的拟合方法;

——热漂移速率；

——由于表面粗糙度引起的接触面积的变化。

b） B类不确定度，包括：

——试验力和位移的校准；

——试验机柔度的校准；

——压头面积函数的校准值；

——上次校准后，由于试验机温度变化和时间推移引起的校准值的漂移；

——试验面的倾斜度。

定量地给出所有的不确定度分量有时是不可能的。此时，可以采用试样的多次压痕试验的统计分析来进行A类标准不确定度的评估。注意可能与A类标准不确定度相关的B类标准不确定度不能被重复计算。

9 试验报告

试验报告应包括如下内容：

a） 本标准编号；

b） 与试样有关的详细资料；

c） 所用压头的材料、形状和详细的面积函数；

d） 试验循环（控制方法和试验过程的完整描述）；包括：

1） 设置点的值；

2） 试验力或位移的施加速率和施加时间；

3） 试验力或位移保持恒定的开始位置和持续时间；

4） 试验循环中每阶段数据的采集频率或采集的数据量；

e） 试验结果，总的扩展不确定度和试验次数；

f） 零点确定的方法；

g） 本部分规定以外或本部分可选的各种操作；

h） 各种可能影响试验结果的细节；

i） 试验温度；

j） 试验日期和时间；

k） 分析方法；

l） 如有要求，给出所有信息，包括从试验力-压痕深度曲线上测定的数值和有关不确定度估算的详细信息。

注：通常要求试验报告中描述试样上压痕的位置。

附　录　A
（规范性附录）
根据试验力-压痕深度数据测定材料参数

A.1　总则

从仪器化压痕试验得到的试验力-压痕深度数据中可求出许多材料参数。

A.2　马氏硬度 *HM*[2]

A.2.1　马氏硬度 *HM* 的测定

马氏硬度是从施加试验力时的试验力-压痕深度曲线上(最好是在达到规定的试验力后)测得。它包含塑性变形和弹性变形,可适用于所有的材料。

马氏硬度所采用的两种棱锥形压头见图 A.1 所示,它不适用于努氏压头或球形压头。

马氏硬度值是试验力 F 除以压头过接触零点后的表面积 $A_s(h)$ 所得的商,单位为 N/mm^2,见式(A.1)。

a)　维氏压头

$$HM=\frac{F}{A_s(h)}=\frac{F}{26.43\times h^2}\qquad\cdots\cdots(A.1)$$

$$A_s(h)=\frac{4\times\sin\left(\frac{\alpha}{2}\right)}{\cos^2\left(\frac{\alpha}{2}\right)}\times h^2\qquad\cdots\cdots(A.2)$$

b)　玻氏压头

$$HM=\frac{F}{A_s(h)}=\frac{F}{26.43\times h^2}\qquad\cdots\cdots(A.1)$$

$$A_s(h)=\frac{3\times\sqrt{3}\times\tan\alpha}{\cos\alpha}\times h^2\qquad\cdots\cdots(A.2)$$

当压痕深度 $h<6\ \mu m$ 时,由于所有的尖压头的顶端都有一定的圆角,顶端为球形的压头(如球形压头和圆锥压头)也不可能有唯一的曲率半径,因此压头的面积函数不能假设为理想的几何形状的数学函数,此时,压头精确的面积函数测定非常重要。当压痕深度 $h\geqslant 6\ \mu m$ 时,压头面积函数的测定也有益。

当压痕深度 $h<6\ \mu m$ 时,计算中应使用实际表面积 $A_s(h)$,见附录 C 和参考文献[3]。

为便于硬度值的比较,试验力宜选择 1 N、2.5 N、5 N、10 N 或它们的十倍关系的数值。

对于特定的用途,有时需要在规定的时间内保持规定的试验力恒定。试验力保持时间宜精确至 0.5 s。

马氏硬度的适用范围见图 A.2。

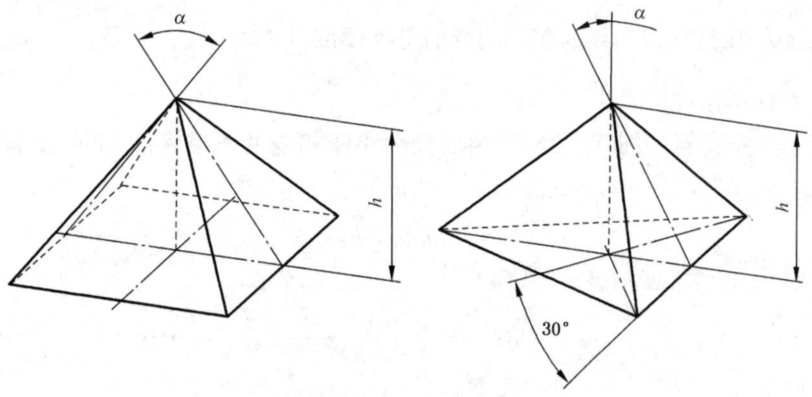

图 A.1　测定 *HM* 值时的压头形状

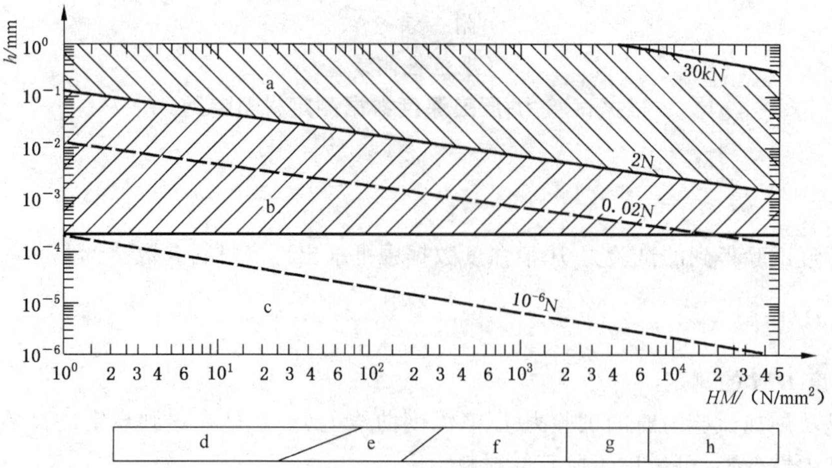

a——常规范围；

b——显微范围；

c——纳米范围；

d——橡胶；

e——塑料；

f——有色金属；

g——钢；

h——硬质合金，陶瓷。

图 A.2　马氏硬度、压痕深度和试验力之间的关系

A.2.2　马氏硬度 *HM* 的表示方法

示例：

*HM*0.5 / 20 / 20 = 8 700 N/mm²

- 8 700 N/mm²——硬度值
- 第二个 20——试验力保持时间，单位为秒(s)
- 第一个 20——试验力施加时间，单位为秒(s)
- 0.5——试验力，单位为牛顿(N)

A.3　根据施加试验力-压痕深度曲线的斜率测得的马氏硬度，HM_s

A.3.1　马氏硬度 HM_s 的测定

式(A.3)适用于匀质材料(表面区域不均匀的尺寸小于相应的压痕深度)上的试验力/压痕深度曲线的部分区域(最好为 $50\%F_{max}$～$90\%F_{max}$)。

$$h = m \times \sqrt{F} \qquad \cdots\cdots\cdots\cdots(A.3)$$

斜率 m 可由式(A.3)线性回归得到，从而：

$$HM_s = \frac{1}{m^2 A_s(h)/h^2} \qquad \cdots\cdots\cdots\cdots(A.4)$$

对维氏压头，$\frac{A_s(h)}{h^2} = 26.43$

对玻氏压头，$\frac{A_s(h)}{h^2} = 26.43$

A.3.2 马氏硬度 HM_s 的表示方法

示例：

HM_s10 / 10 / 20 = 4 010 N/mm²

- 4 010 N/mm²——硬度值
- 20——试验力保持时间，单位为秒(s)
- 10——试验力施加时间，单位为秒(s)
- 10——试验力，单位为牛顿(N)

注：此方法测定马氏硬度优点是可以不考虑试验零点的确定和试样表面粗糙度引起的不确定度，试验结果受试验机振动的影响也很小。对硬度随压痕深度变化的试样，HM_s 和由式(A.1)计算得到的 HM 有差异。

A.4 压痕硬度 H_{IT}

A.4.1 压痕硬度 H_{IT} 的测定

压痕硬度 H_{IT} 表征材料抵抗永久变形或损伤的能力，可按式(A.5)进行计算：

$$H_{IT}=\frac{F_{max}}{A_p} \qquad \text{(A.5)}$$

式中：

F_{max}——施加的最大试验力；

A_p——由试验力-压痕深度曲线和压头面积函数测得的压头与试样间接触投影(横截面)面积(见 GB/T 21838.2—2008 中的 4.6.2)。

式(A.5)表明 H_{IT} 硬度值是最大试验力除以压头与试样接触投影面积所得的商[4]。

当压痕深度<6 μm 时，由于所有的尖压头在其顶端存在一定程度的曲率半径而顶端球形的压头(球形和锥形)其半径不可能一致，从而压头的面积函数不能假设为理论几何形状。对压痕深度<6 μm 时要求测定实际面积函数，对更大的压痕深度时面积函数的测定也有益(见 GB/T 21838.2—2008 中 4.2.1 和 4.6)。

注1：压头的面积函数通常表示为至压头顶端的任意距离所对应的投影面积或表面积的数学函数，当相对简单(三次曲线或多项式)的数学函数不能描述面积函数时，则面积函数可以用图解或查表的方法进行估算。换句话说，不同的数学函数能够用来描述压头的不同部位或采用的仿样函数。

当压痕深度≥6 μm 时，可根据压头的理论几何形状算出投影面积 A_p 的第一次近似值。

对于维氏压头

$A_p = 24.50 \times h_c^2$

对于玻氏压头

$A_p = 23.96 \times h_c^2$

对于改进的玻氏压头(见 GB/T 21838.2—2008 中的 4.2.3)

$A_p = 24.50 \times h_c^2$

式中：

h_c——压头与试样的接触深度，可用式(A.6)计算：

$$h_c = h_{max} - \varepsilon(h_{max} - h_r) \qquad \text{(A.6)}$$

图 2 给出了压痕试验过程中不同深度的示意图。参考文献[5]给出了测定接触深度方法的理论基础。接触深度由 h_r、h_{max} 以及根据 Sneddon 理论计算出的不同几何形状压头的修正因子 ε(见表 A.1)[6]。

表 A.1　不同几何形状压头的修正因子 ε

压头几何形状	ε
圆柱形	1
圆锥形	2(π-2)/π=0.73
旋转抛物面(包括球形)	3/4
玻氏，维氏	3/4

确定 h_r 值的方法很多，主要有以下两种：

a)　线性外推法(见参考文献[11])：假设卸除试验力曲线的初始部分是线性的，其延长线与位移坐标轴的截距即 h_r。

注 2：该方法对于铝、钨等延性材料是很好的近似方法。

b)　幂指数法(见参考文献[5])：事实上卸除试验力曲线的初始部分是非线性的，采用简单的幂指数函数关系，如式(A.7)：

$$F = K(h - h_p)^m \qquad \cdots\cdots\cdots\cdots(\text{A.7})$$

式中：

K——常数；

m——与压头几何形状有关的指数。

根据卸除试验力曲线的不同，通常取卸除试验力曲线的 50% 以上或 80% 以上部分，用最小二乘法拟合成幂指数函数。该函数在最大试验力时的切线和位移坐标轴的截距即 h_r。

附录 F 给出了修正 H_{IT} 和其他硬度范围之间的关系。

A.4.2　压痕硬度 H_{IT} 的表示方法

示例：

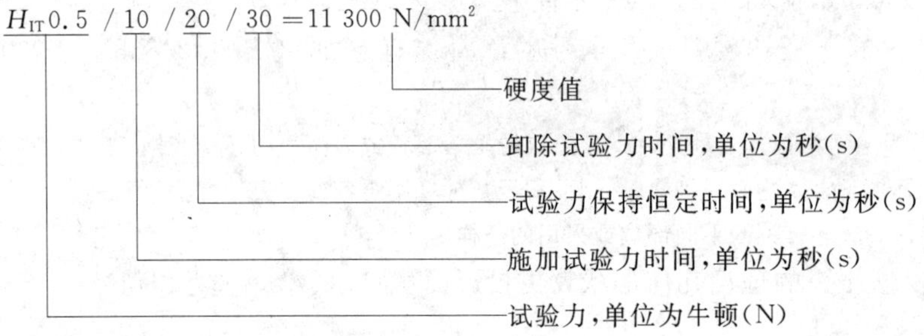

A.5　压痕模量 E_{IT}

A.5.1　压痕模量 E_{IT} 的测定

压痕模量 E_{IT} 可通过计算卸除试验力曲线切线的斜率得出[见式(A.8)、式(A.9)]，它和材料的杨氏模量具有可比性。但压痕若出现凸起或凹陷现象，则压痕模量 E_{IT} 和杨氏模量明显不同。

$$E_{IT} = \frac{1 - \nu_s^2}{\dfrac{1}{E_r} - \dfrac{1 - \nu_i^2}{E_i}} \qquad \cdots\cdots\cdots\cdots(\text{A.8})$$

$$E_r = \frac{\sqrt{\pi}}{2C\sqrt{A_p}} \qquad \cdots\cdots\cdots\cdots(\text{A.9})$$

式中：

ν_s——试样的泊松比；

ν_i——压头材料的泊松比(如金刚石为 0.07，见参考文献[7])；

E_r——约化弹性模量；

E_i——压头材料的模量(如金刚石为 1.14×10^6 N/mm²,见参考文献[7])；

C——接触柔度,它等于最大试验力时卸除试验力曲线的 dh/dF(接触刚度的倒数)；

A_p——接触投影面积,根据 GB/T 21838.2—2008 中 4.6 的接触深度得到的压头面积函数值。

对于 $h>6$ μm,则有：

对于维氏压头和改进的玻氏压头，$\sqrt{A_p}=4.950\times h_c$

对于玻氏压头，$\sqrt{A_p}=4.895\times h_c$

注：式(A.9)基于接触面为轴对称的假设,参考文献[15]给出了锥形压头的修正值。

A.5.2 压痕模量 E_{IT} 的表示方法

示例：

E_{IT} 0.5 / 10 / 20 / 30 = 222 000 N/mm²

- 222 000 N/mm²——压痕模量值
- 30——卸除试验力时间,单位为秒(s)
- 20——保持试验力时间,单位为秒(s)
- 10——施加试验力时间,单位为秒(s)
- 0.5——试验力,单位为牛顿(N)

注：参考文献[8]和参考文献[9]给出了部分金属及合金的杨氏模量与 E_{IT} 之间的修正关系。

A.6 压痕蠕变 C_{IT}

A.6.1 压痕蠕变 C_{IT} 的测定

压痕蠕变是指在恒定试验力下压痕深度的相对变化量(见图 B.1a)，图 B.1b)和图 A.3),按式(A.10)计算,结果以%表示：

$$C_{IT}=\frac{h_2-h_1}{h_1}\times100 \qquad \text{(A.10)}$$

式中：

h_1——开始保持试验力时(t_1)的压痕深度,单位为毫米(mm)；

h_2——结束保持试验力时(t_2)的压痕深度,单位为毫米(mm)。

注：热漂移对蠕变数据有重要影响。

A.6.2 压痕蠕变 C_{IT} 的表示方法

压痕深度的相对变化(蠕变)用 C_{IT} 表示。

示例：

C_{IT} 0.5 / 10 / 50 = 2.5%

- 2.5%——压痕蠕变(压痕深度的相对变化)
- 50——试验力保持恒定时间(t_2-t_1),单位为秒(s)
- 10——施加试验力时间,单位为秒(s)
- 0.5——规定试验力,单位为牛顿(N)

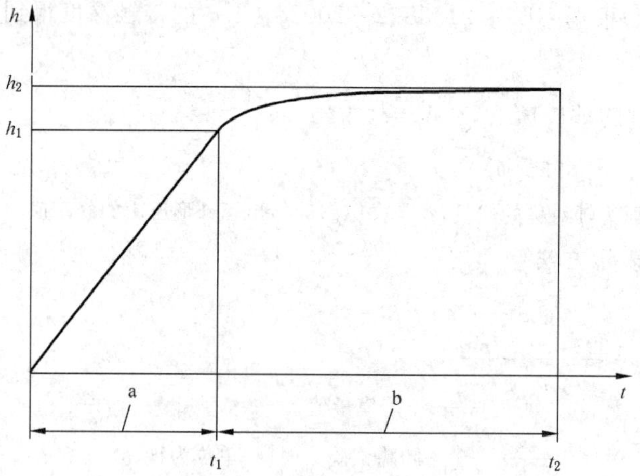

a——施加试验力时间；

b——保持试验力恒定时间(t_2-t_1)。

图 A.3　压痕蠕变的说明

A.7　压痕松弛 R_{IT}

A.7.1　压痕松弛 R_{IT}的测定

压痕松弛 R_{IT}是指在保持恒定的压痕深度时试验力的相对变化量(见图 B.2a)，图 B.2b)和图A.4)，按式(A.11)计算，结果以%表示：

$$F_{IT}=\frac{F_1-F_2}{F_1}\times 100 \qquad \cdots\cdots(A.11)$$

式中：

F_1——压痕深度达到恒定时的试验力，单位为牛顿(N)；

F_2——压痕深度保持恒定一段时间后的试验力，单位为牛顿(N)。

A.7.2　压痕松弛 R_{IT}的表示方法

示例：

R_{IT}3 / 10 / 50 =0.01%

- 0.01%——压痕松弛(试验力的相对变化)
- 50——压痕深度保持恒定时间(t_2-t_1)，单位为秒(s)
- 10——施加试验力时间，单位为秒(s)
- 3——规定压痕深度，单位为毫米(mm)

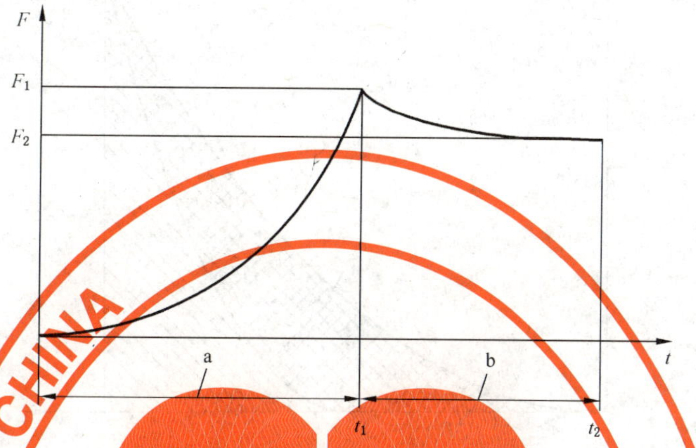

a——压痕深度增加时间；
b——保持压痕深度恒定时间(t_2-t_1)。

图 A.4　压痕松弛的说明

A.8　压痕功的塑性部分和弹性部分

A.8.1　压痕功的塑性部分和弹性部分的测定

压痕试验过程中，机械功 W_{total} 只有一部分以塑性变形功 W_{plast} 的形式消耗。在卸载过程中，其余部分作为可逆的弹性变形功 W_{elast} 得到释放。根据机械功的定义 $W=\int F dh$，两部分功用图 A.5 中的两部分面积表示。

$$\eta_{IT}(\%)=\frac{W_{elast}}{W_{total}}\times 100 \qquad \text{(A.12)}$$

式(A.12)适用于表征试样的性能，其中

$W_{total}=W_{elast}+W_{plast}$

塑性部分 W_{plast}/W_{total} 如式(A.13)：

$$100\%-\eta_{IT} \qquad \text{(A.13)}$$

A.8.2　压痕功弹性部分 η_{IT} 的表示方法

示例：

η_{IT}0.5 / 10 / 20 =36.5%

- 36.5%——弹性变形功
- 20——保持试验力时间，单位为秒(s)
- 10——施加试验力时间，单位为秒(s)
- 0.5——试验力，单位为牛顿(N)

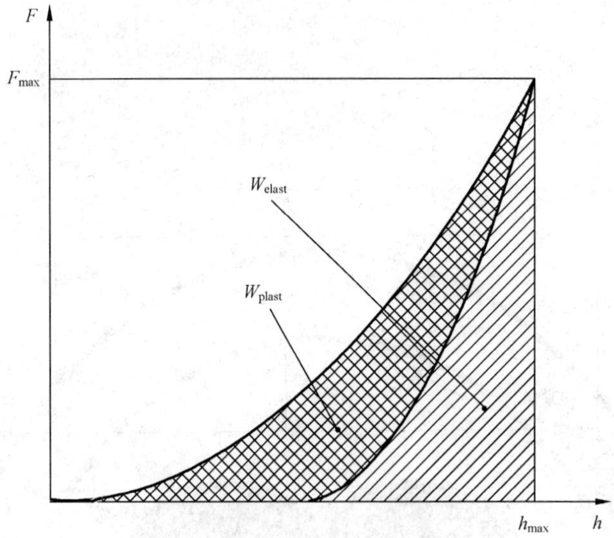

图 A.5 压痕功的塑性部分和弹性部分

附 录 B
（资料性附录）
压痕试验过程所用的控制方式

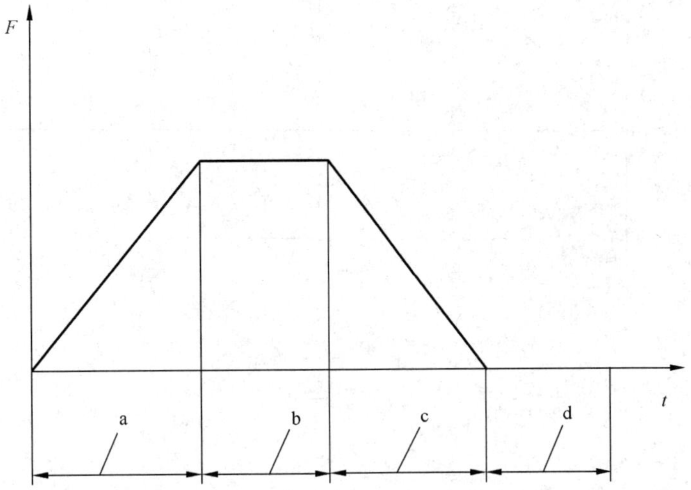

a)

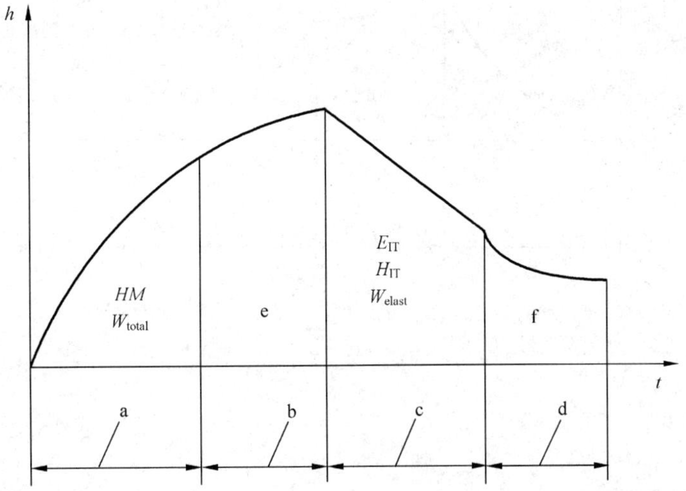

b)

a——施加试验力；
b——最大试验力；
c——卸除试验力；
d——试验力=0 N；
e——压痕蠕变；
f——试验力恢复到零。

图 B.1 控制试验力方式示意图

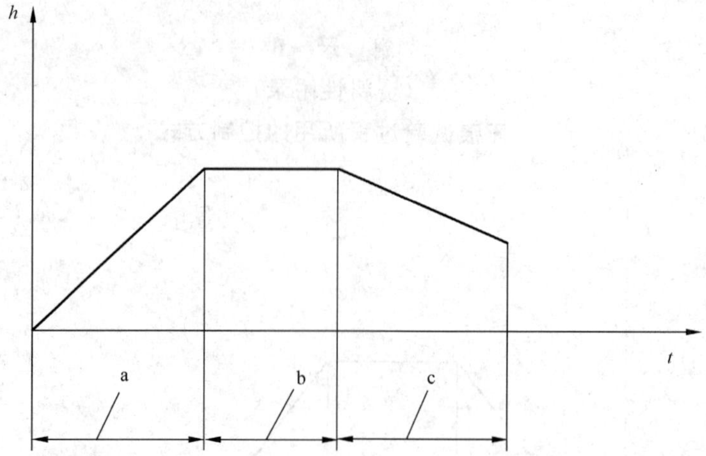

a)

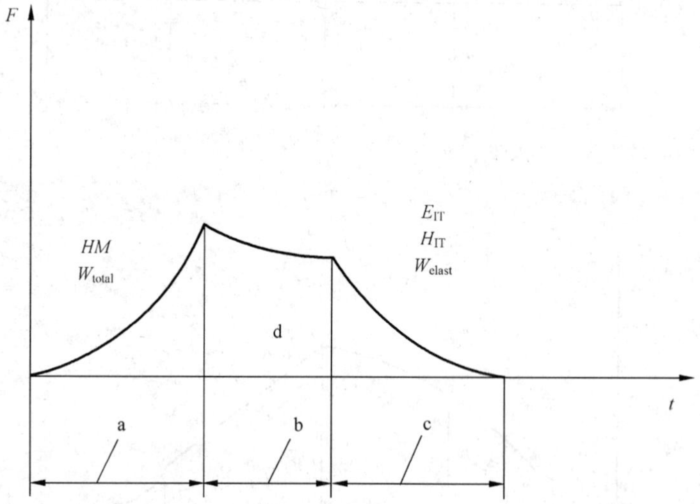

b)

a——压痕深度增加；

b——最大压痕深度；

c——压痕深度减小；

d——最大压痕深度下的应力松弛。

图 B.2 控制压痕深度方式示意图

附 录 C
（规范性附录）
试验机柔度和压头面积函数

C.1 试验机柔度

施加的试验力不仅作用在试样表面上，同时也作用在试验机上并使其产生了部分弹性变形，从而导致压痕深度测量值的增加。

通常由试验机变形所引起的附加的压痕深度与所施加的试验力成正比。压痕模量试验时对所有的试验力范围都必须考虑附加柔度的影响，因为它增加了 h_{max} 以及减少了卸除试验力曲线斜率。尤其对于大载荷时，h_{max} 的增加量更大。

试验机供应商应提供一个可接受的测量试验机柔度的试验方法，见 GB/T 21838.2—2008 中的 4.5、GB/T 21838.4—2008 中的附录 A 和参考文献[11]、参考文献[14]。对底平面为位移测量基准面的试验机，其柔度严重影响试验结果。制造商应在交货前测定试验机柔度。

C.2 压头面积函数

A.2、A.4 和 A.5 中所描述的材料参数的计算均需要已知压头的接触面积（或投影面积），但试验中所得到的只有压痕深度。压头的实际接触面积与假设为理想几何形状所计算出来的面积相比差异很大，且压痕深度越小这种差异越大。

这些差异来源于压头尖端的曲率半径，维氏压头尖端的横刃以及压头角度的偏差，它是由于生产水平的限制和压头使用磨损造成的。

为保证试验结果的再现性，必须用所测的压头实际的接触面积（或投影面积）计算材料参数。

可用以下三种方法测定压头面积函数：

——采用可溯源的原子力显微镜（AFM）进行直接测量[12]；

——利用压入已知杨氏模量的材料进行间接测量[11]；

——根据所测试验力和相应的压痕深度计算硬度，并通过硬度的偏差间接测定面积函数。在已知的标准物质（如熔融硅、BK7 玻璃等，它们的硬度与压痕深度无关）上进行压痕试验，根据所测试验力和相应的压痕深度计算硬度，并与标准值比较来间接测定面积函数。该方法既适用于压痕硬度，也适用于马氏硬度[13]。测定马氏硬度时，可根据施加试验力-压痕深度曲线计算表面积函数。

测定马氏硬度的面积函数时，推荐采用高塑性的标准物质。

对于所有的间接方法，应首先测定试验机柔度，并依此修正相应的压痕深度数据，修正数据时，可采用迭代法。

压头的面积函数通常表示为至压头顶端的任意距离所对应的投影面积或表面积的数学函数，当相关的简单（三次曲线或多项式）数学函数不能描述压痕深度时，则面积函数可以用图解或查表的方法进行估算。换句话说，不同的数学函数能够用来描述压头的不同部位或采用的仿样函数。

GB/T 21838.2—2008 附录 B 给出了压头面积函数的测定方法。

注：采用迭代法和多个标准物质，可同时测得压头的面积函数和试验机的柔度的修正值[14]。

附　录　D
（资料性附录）
关于金刚石压头的说明

实际经验表明一些原本令人满意的压头在使用较短时间后就会有缺陷。这是由于压头表面上的小裂纹、凹坑或其他瑕疵造成的。如果能及时发现这些缺陷并打磨，许多压头也许可以重新使用，否则，压头表面上的小缺陷会迅速扩大，导致压头报废。

因此：

——宜定期检查压头上的污物或缺陷。对用于常规范围试验的压头，可按 GB/T 21838.2—2008 中 6.3 的规定，观察其压入标准块或定期检查用试验材料中压痕的形状；

——对用于显微和纳米范围的压头，推荐定期使用 400 倍的光学显微镜检查其污物和大缺陷；

——检查亚微米损伤或污物可按以下方法：建立良好的维护记录、按 GB/T 21838.2—2008 中 6.2 和 6.3 的规定进行间接校验和定期检查、用扫描探针显微镜检查压痕或压头；

——压头出现缺陷，则应重新测定面积函数；

——压头经重新打磨或其他修复后，应进行重新校准和检验。

压头表面污物可能影响试验结果。污物通常来自污染的试样，对用于显微和纳米范围试验的压头，清洗程序如下：

——将压头固定牢并多次压入新鲜解理的泡沫聚苯乙烯表面（这种泡沫聚苯乙烯具有很好的吸附性，不会损伤金刚石压头的顶端）。用浸过丙酮或无水乙醇的小棉花球轻轻擦拭压头，在 400 倍 或更高倍数的光学显微镜下观察，直至看不见污物；

——如果重复上述过程仍不能去除污物，则可按上述清洗程序将压头压入铝、玻璃、木匙等以有效去除污物；

——上述压入过程中，不宜使压头承受大的垂直力和侧向力，这样会损坏压头。因此，可选用一个重量小于压头通常试验所施加的试验力的样品，并轻轻地将其放在顶端朝上的压头上，这样样品缓慢降低可以限制施加到压头上的最大力。

附　录　E
（规范性附录）
试样表面粗糙度对试验结果准确度的影响

本附录仅来源于实验室间维氏压头比对试验结果。

压痕深度较小时，由于粗糙的表面产生的不确定度将增大，压痕深度较大时，其接触面积的不确定度将减小，通常压痕深度的不确定度和表面粗糙度值 Ra 成正比。

为保证由于表面粗糙度导致的压痕深度的不确定度小于 5%，h 至少应为表面粗糙度 Ra 值的 20 倍，即式(E.1)：

$$h \geqslant 20Ra \qquad \cdots\cdots(E.1)$$

表 E.1 给出了不同试验力下不同材料的表面粗糙度的实例。

表 E.1　不同试验力 F 下样品最大允许表面粗糙度 Ra 的实例

样品材质	不同试验力下的表面粗糙度 Ra/μm			马氏硬度 HM/(N/mm^2)
	0.1 N	2 N	100 N	
铝	0.13	0.55	4.00	600
钢	0.08	0.30	2.20	2 000
硬质合金	0.03	0.10	0.80	15 000

注：实验室间比对试验(见参考文献[10])结果表明压痕深度的标准偏差 S_h 近似等于表面粗糙度 Ra。对 h 的不确定度<5%的要求可导出最小压痕深度。

在纳米范围和显微范围的下限对较高硬度的试样进行试验时也许不能满足式(E.1)的要求。为了降低试验结果平均值的不确定度，可增加试验次数，并在试验报告中说明。

在纳米范围和显微范围试验时，推荐对压头压痕接触面积区域的表面粗糙度进行测量，或采用合适的方法观察。通常，表面粗糙度可从已知粗糙度试样的对比或分批抽样中得出。对常规范围试验，肉眼观察下，样品表面光滑、抛光或镜面抛光就足够了。

附　录　F
（资料性附录）
压痕硬度 H_{IT} 与维氏硬度 HV 的换算

对大多数材料，通过选用适当的换算因子，压痕硬度 H_{IT} 可以换算到维氏硬度 HV，但由此得到的任何等效的 HV 值并不能代替实际 HV 值。

对一个理想的几何形状的维氏压头或一个已知投影面积的维氏压头可导出一个简单的面积函数。此时，测出的硬度 H_{IT} 乘以换算因子可得到维氏硬度值 HV。对任一压痕深度，理想维氏压头投影面积和表面积之比是一个常数，即式(F.1)：

$$\frac{A_p}{A_s}=\frac{24.50}{26.43}=0.9270 \quad \cdots\cdots\cdots(F.1)$$

传统维氏硬度试验时所测量的对角线长度和 A_p 的关系为式(F.2)：

$$d^2=2A_p;HV=\frac{F\times A_p}{A_p\times A_s\times g_n} \quad \cdots\cdots\cdots(F.2)$$

因此有式(F.3)

$$HV=\frac{H_{IT}\times A_p}{g_n\times A_s}=0.0945H_{IT} \quad \cdots\cdots\cdots(F.3)$$

式中：

g_n——重力加速度，通常取 9.806 65 m/s^2。

对玻氏压头，由式(F.4)推出式(F.5)：

$$\frac{A_p}{A_s}=\frac{23.96}{26.43}=0.9065 \quad \cdots\cdots\cdots(F.4)$$

$$HV=\frac{H_{IT}\times A_p}{g_n\times A_s}=0.0924\times H_{IT} \quad \cdots\cdots\cdots(F.5)$$

对于改进的玻氏压头，由式(F.6)推出式(F.7)：

$$\frac{A_p}{A_s}=\frac{24.50}{26.97}=0.9084 \quad \cdots\cdots\cdots(F.6)$$

$$HV=\frac{H_{IT}\times A_p}{g_n\times A_s}=0.0926\times H_{IT} \quad \cdots\cdots\cdots(F.7)$$

值得注意的是对于较浅的压痕深度($h<6\ \mu$m)，通常无法获得理想几何形状的压痕，因此这种简单的换算关系将不存在。

通常，较小压痕深度时将产生较大的误差。

参考文献[5]和参考文献[8]给出了部分材料 H_{IT}(1/10/20/30)和 HV(0.1)之间的换算关系。

参 考 文 献

[1] ISO 14577-3, Metallic materials-Instrumented indentation test for hardness and materials parameters-Part 3: Calibration of reference blocks.

[2] WILDE, H.-R. and WEHRSTEDT, A., Martens hardness HM-An international accepted designation for "Hardness under test force", Zeitschrift Materialprufung 42(2000) 11-12 pp. 468-470.

[3] WEILER W. and BEHNCKE, H.-H., Anforderungen an den Eindringkorper fur die Universalharteprufung Materialprufung 32(1990), 10, pp. 301-303.

[4] Meyer, E., Z. Ver. Dtsch Ing. 52 (1908) 645.

[5] Oliver, W. C. and PHARR, G. M., An improved technique for determining hardness and elastic modulus using load and displacement sensing indentation experiments J. Mater. Res., 7, No. 6, June 1992, pp. 1564-1583.

[6] SNEDDON, I. N., The relation between load and penetration in the axisymmetric Boussinesq problem for a punch of arbitrary profile, Int. J. Engng. Sci.,3(1965)pp. 47-57.

[7] FIELD, J. E. and TELLING, R. H., Research Note The Young modulus and Poisson ratio of diamond, PCS Cavendish Laboratory, Dep. Of Physics, Madingly Road, Cambridge, CB3 OHE, UK, February 1999.

[8] HEERMANT, C and DENGEL, D., Zur Abschatzung "klassischer" Werkstoffkennwerte mittels Universalharteprufung Zeitschrift Materialprufung 38(1996)9, pp. 374-378.

[9] BEHNCKE, H.-H., Bestimmung der Universalharte und anderer Kennwerte an dunnen Schichten, insbesondere Hartstoffschichten Harterei-Technische Mitteilung HTM, 48 (1993) 5, pp. 3-10.

[10] GRAU, P., ULLNER, Ch. and BEHNCKE, H.-H. Uncertainty of depth sensing hardness Tagung "Werkstoffprufung '96" and Zeitschrift Materialprufung 39(1997)9, pp. 362-367.

[11] DOERNER, M. F. and Nix, W. D., A method for interpreting the data from depth sensing indentation instruments, J. Mater. Res., 1(1986), pp. 601-609.

[12] PETZOLD, M., HAGENDORF, C., FUTING, M. and OLAF, J. M. Scanning force microscopy of indenter tips and hardness indentations (VDI Bericht 1194,1195).

[13] TRINCALE, A. C., CAVALEIRO, A. and FERNANDES, J. V., J. Testing and Evaluation, 22(1994),p. 365.

[14] HERRMANN, K., JENNETT, N. M., WEGENER, W.,MENEVE, J., HASCHE, K. and SEEMANN, R., Progress in determination of the area function of indenters used for nanoindentation. Thin Solid Films 377-378(2000) pp. 394-400.

[15] KING, R. B., Elastic analysis of some punch problems for a layered medium Int. J. Solids Structures 23(1987)12, 1657-1664.

ICS 19.060;77.040.10
N 71

中华人民共和国国家标准

GB/T 21838.2—2008

金属材料 硬度和材料参数的仪器化压痕试验 第2部分:试验机的检验和校准

Metallic materials—Instrumented indentation test for hardness and materials parameters—Part 2: Verification and calibration of testing machines

(ISO 14577-2:2002,MOD)

2008-06-20 发布　　2009-01-01 实施

中华人民共和国国家质量监督检验检疫总局
中国国家标准化管理委员会　发布

前　言

请注意本标准的某些内容有可能涉及专利，本标准的发布机构不应承担识别这些专利的责任。

GB/T 21838《金属材料　硬度和材料参数的仪器化压痕试验》分为如下四个部分：

——第1部分：试验方法；

——第2部分：试验机的检验和校准；

——第3部分：标准块的标定；

——第4部分：金属和非金属覆盖层的试验方法。

本部分为GB/T 21838的第2部分。

本部分修改采用国际标准ISO 14577-2：2002《金属材料　硬度和材料参数的仪器化压痕试验　第2部分：试验机的检验和校准》(英文第一版)。

本部分是根据ISO 14577-2：2002采用翻译法起草的，在文本结构和技术内容方面与ISO 14577-2：2002一致，但根据我国编写标准的有关规定做了如下编辑性修改：

——用“GB/T 21838的本部分”代替了“ISO 14577的本部分”；

——用中文惯用的小数点符号“.”代替英文采用的小数点符号“,”；

——重新编写了前言，代替ISO 14577-2：2002的前言；

——在第2章“规范性引用文件”中直接引用了与ISO 14577-2：2002中引用的国际标准相对应的我国国家标准；

——在“规范性引用文件”中增加了国家标准“GB/T 21838.4—2008 金属材料　硬度和材料参数的仪器化压痕试验　第4部分：金属和非金属覆盖层的试验方法(ISO 14577-4：2007，MOD)；

——4.5.1中增加了“参见GB/T 21838.4—2008的附录A”；

——在正文中对应4.5.1修改的条文位置处用垂直单线予以标识。

本部分的附录B为规范性附录，附录A、附录C、附录D为资料性附录。

本部分由中国机械工业联合会提出。

本部分由全国试验机标准化技术委员会(SAC/TC 122)归口。

本部分负责起草单位：长春试验机研究所。

本部分参加起草单位：上海市纳米技术孵化基地、上海材料研究所、钢铁研究总院、深圳市材料表面分析检测中心。

本部分主要起草人：刘智力、巴发海、王滨、高怡斐、杨宏伟。

本部分为首次发布。

引　言

硬度的经典定义是一种材料抵抗另一种较硬材料压入产生永久压痕的能力。进行洛氏、维氏和布氏试验时得到的试验结果是在卸除试验力以后测定的。因此，忽略了在压头作用下压痕弹性变形的影响。

GB/T 21838的制定，使用户能够在材料的塑性和弹性变形过程中通过研究力和变形两者的关系来评定材料的压痕。通过监测试验力施加和卸除的整个周期，能够测定出与传统硬度值等效的硬度值。具有重要意义的是，还能够测定诸如压痕模量和弹-塑硬度等一些额外的材料性能，不需要采用光学法测量压痕，就能计算出这些值。

GB/T 21838的制定得以对各种试验后的数据进行深入分析。

金属材料　硬度和材料参数的仪器化压痕试验　第2部分：试验机的检验和校准

1　范围

GB/T 21838的本部分规定了按照GB/T 21838.1进行仪器化压痕试验用的试验机的检验和校准方法。

本部分描述了检查试验机主要功能的直接检验法和适合于测定试验机重复性的间接检验法。除直接检验法外，间接检验法也用于使用中的试验机例行的周期检验。

对于每种试验方法应单独对试验机进行间接检验。

本部分也适用于便携式试验机。

2　规范性引用文件

下列文件中的条款通过GB/T 21838的本部分的引用而成为本部分的条款。凡是注日期的引用文件，其随后所有的修改单(不包括勘误的内容)或修订版均不适用于本部分，然而，鼓励根据本部分达成协议的各方研究是否可使用这些文件的最新版本。凡是不注日期的引用文件，其最新版本适用于本部分。

GB/T 230.2　金属洛氏硬度试验　第2部分：硬度计(A、B、C、D、E、F、G、H、K、N、T标尺)的检验与校准[GB/T 230.2—2002，ISO 6508-2：1999，Metallic materials—Rockwell hardness test—Part 2：Verification and calibration of testing machines(scales A，B，C，D，E，F，G，H，K，N，T)，MOD]

GB/T 7997　硬质合金维氏硬度试验方法(GB/T 7997—1987，eqv ISO 3878：1983)

GB/T 13634　单轴试验机检验用标准测力仪的校准(GB/T 13634—2008/ISO 376：2004，ISO 376：2004，Metallic material—Calibration of force-proving instruments used for the verification of uniaxial testing machines，IDT)

GB/T 21838.1—2008　金属材料　硬度和材料参数的仪器化压痕试验　第1部分：试验方法(ISO 14577-1：2002，MOD)

GB/T 21838.3—2008　金属材料　硬度和材料参数的仪器化压痕试验　第3部分：标准块的标定(ISO 14577-3：2002，MOD)

GB/T 21838.4—2008　金属材料　硬度和材料参数的仪器化压痕试验　第4部分：金属和非金属覆盖层的试验方法(ISO 14577-4：2007，MOD)

ISO GUM：1995　测量不确定度表示指南

3　一般要求

3.1　准备

试验机的设计应能通过下述方法对其进行检验。

在检验和校准之前应先检查试验机以确保满足3.2～3.4规定的要求。

3.2　安装条件

试验机的安装应便于操作，安装环境应满足本部分和GB/T 21838.1规定的要求，如可能，还应满足GB/T 21838.3的要求。试验机应防止振动。对于在显微和纳米范围的试验，试验机也应防止空气流动和温度波动，这种影响应通过力-压痕深度曲线的重复测量来检测。

3.3 压头

为了保证试验力-压痕深度数据测量的重复性，压头柄应牢固地安装在试验机的主轴上。

压头柄的设计宜使其对试验机的整体柔度的影响减到最小(参见附录A)。

3.4 试验力的施加

试验力的施加和卸除不应产生对试验结果有很大影响的冲击或振动。应能对试验力的施加、保持和卸除的过程进行检验。

4 直接检验和校准

4.1 总则

4.1.1 直接检验应在(23±5)℃的温度内进行。

如果要求控制温度范围，则直接检验宜在所规定的整个温度范围内合适的温度点上进行，以便确定作为温度函数校准的有效性。必要时，可能要测定校准修正函数或在规定的操作温度下确定有效的一组校准数据。

4.1.2 用于检验和校准的仪器应尽可能溯源到国家基准。

4.1.3 直接检验包括：

a) 压头的检验；

b) 试验力的校准；

c) 位移测量装置的测定；

d) 试验机柔度的校准；

e) 若压痕深度小于6 μm，压头面积函数的检测；

f) 试验循环的检测。

4.2 压头的检验

4.2.1 总则

应对用于压痕试验的压头进行校准。满足本部分要求的压头应由有资质的校准实验室出具校准证书和最近没有变化的压头面积函数的间接检验数据。后者应注明所使用的附录B所述的检验方法和所用的合适的有证标准物质。应测量所有的几何尺寸并记入校准证书中。压头的性能应定期检验(见第6章)。

如果压头的角度与理想的几何尺寸的标称值有偏差，那么在所有的实际计算中宜使用检定合格的压头角度的平均值，例如：136°的维氏压头0.2°的角度误差会导致1%的系统误差。

棱锥和圆锥压头的角度应在表1给定的压痕深度范围内测量(见图1的图解)。用于纳米和显微范围试验的压头(压痕深度不大于6 μm)对应其使用的整个压痕深度范围应具有经校准的面积函数。

4.2.2 维氏压头

4.2.2.1 金刚石正四棱锥体的四个面应光滑且无表面缺陷和污物。清理压头表面的注意事项参见GB/T 21838.1—2008的附录D。

压头表面的粗糙度与试样表面的粗糙度都对测量不确定度有影响。当在纳米范围试验时，宜考虑压头表面的粗糙度。

4.2.2.2 金刚石棱锥体顶端的两相对面之间的夹角应为136°±0.3°(见图2)。

应测量 h_1 和 h_2 范围之间的角度(见表1和图1)。应在整个校准后的压头深度范围，即从压头的顶端 h_0 到校准的最大压痕深度 h_2 控制压头的几何尺寸和粗糙度。

4.2.2.3 金刚石棱锥体的轴线与压头柄轴线(垂直于安装面)之间的夹角应不大于0.5°。

4.2.2.4 四个面应相交于一点。两相对面交线的最大允许长度在表2中给出(见图3)。

4.2.2.5 用于显微范围试验的压头，其顶端半径应不大于0.5 μm（见图4）。

4.2.2.6 应使用显微镜或其他合适的装置对压头的形状进行检验。

建议用原子力显微镜（AFM）检验在显微或纳米范围试验的压头。

4.2.3 玻氏压头、改进的玻氏压头和直角立方体压头

4.2.3.1 总则

表1 棱锥体和圆锥体压头角度的测量范围值

单位为微米

压痕深度	常规范围	显微范围
h_1	6	0.2
h_2	200	120

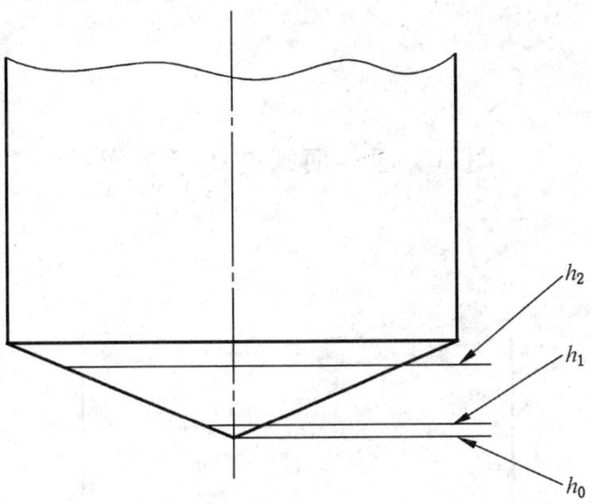

图1 表1中给出的测量范围的图解

表2 交线的最大允许长度

压痕深度范围/μm	交线的最大允许长度/μm
$h>30$	1
$30\geqslant h>6$	0.5[a]
$h\leqslant 6$	≤0.5[b]

a 当用400倍光学显微镜检测压头没有检测到交线时，即可假定此规定已经达到。

b 考虑了压头形状的修正，见GB/T 21838.1—2008中C.2。

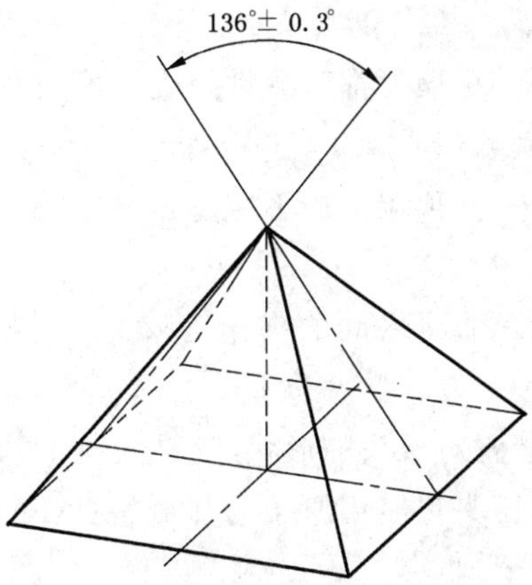

图2 维氏金刚石棱锥体压头的角度

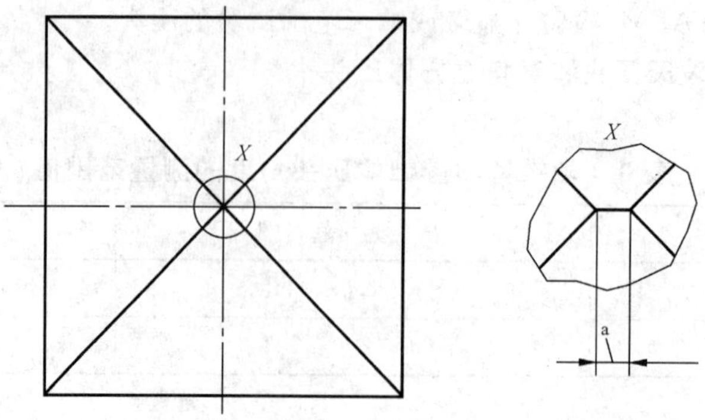

a 交线。

图 3　压头顶端交线示意图

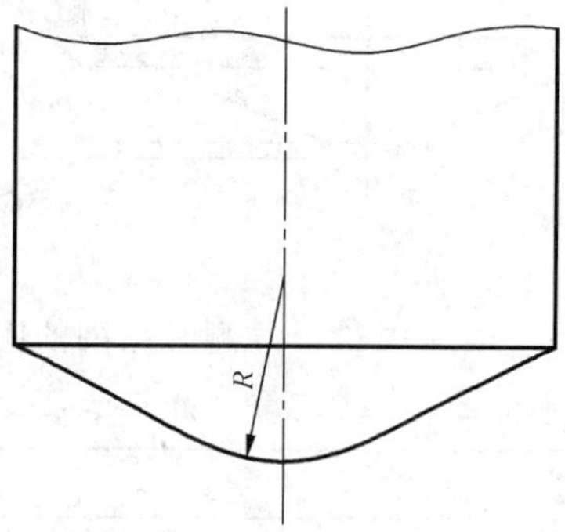

图 4　压头顶端的半径

实际上常用的玻氏棱锥体金刚石压头有两种类型：对应任一给定的压痕深度，玻氏压头[2]具有与维氏压头相同的表面积，改进的玻氏压头[3]具有与维氏压头相同的投影面积。

4.2.3.2　金刚石三棱锥体的三个面应光滑且无表面缺陷和污物。清理压头表面的注意事项参见 GB/T 21838.1—2008 的附录 D。

压头表面的粗糙度与试样表面的粗糙度都对测量不确定度有影响。当在纳米范围试验时，宜考虑压头表面的粗糙度。

4.2.3.3　用于显微范围试验的压头，其顶端半径不应超过 0.5 μm，用于纳米范围试验的压头，其顶端半径应不大于 0.2 μm（见图 4）。

4.2.3.4　金刚石三棱锥体轴线与三个面之间的夹角为 α。金刚石三棱锥体三个面之间的夹角应为 60°±0.3°（见图 5）。

4.2.3.5　应使用显微镜或合适的装置对压头的形状进行检验。

对用于显微和纳米范围试验的压头宜使用原子力显微镜（AFM）进行检测。对于纳米范围试验的压头，建议采用这种检测方法。

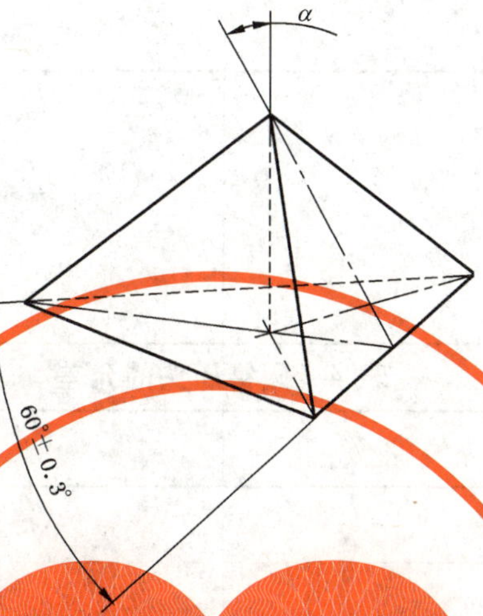

玻氏压头：$\alpha=65.03°\pm0.3°$

改进的玻氏压头：$\alpha=65.27°\pm0.3°$

直角立方体压头：$\alpha=35.26°\pm0.3°$

图 5　玻氏和直角立方体压头的角度

4.2.4　硬质合金球压头

4.2.4.1　硬质合金球应具有下列特性：

——硬度：按 GB/T 7997 测定时，硬度不应低于 1 500HV10；

——密度：$\rho=14.8\ g/cm^3\pm0.2\ g/cm^3$。

推荐的化学成分如下：

——钴(Co)	5.0%～7.0%
——除碳化钨以外的所有碳化物	2.0%
——碳化钨(WC)	余量

4.2.4.2　硬质合金球应有已检验合格的几何尺寸，采用分批检验法即可。检验证书应给出不同位置的至少三个测量点直径的平均值。如果有任一值超出标称直径的允许值(见表 3)，那么该球不应用作压头。

4.2.5　圆锥压头

顶端为球形的圆锥压头的特性在表 4 中给出(见图 6)。

从接触零点测得的任一压痕深度 h 对应的球顶瞬时曲率半径[$R(h)$]不应大于平均半径的 2 倍且不应小于平均半径的 0.5 倍，即：

$$0.5\leqslant|R(h)/R_{av}|\leqslant 2$$

顶端为球形的圆锥压头应用在许多场合。这些压头通常用金刚石制造但是也有用其他材料制造的，例如红宝石、蓝宝石或硬质合金。它们仅嵌入圆锥压头的顶端。如果用赫兹接触力学解释压痕的特性曲线，那么使用的压头半径的值是关键性的。因此建议使用合适的测量系统对每个压头的形状直接进行测定，或通过在已知性能的标准物质上的压痕进行间接测定。

表面粗糙度参数 Ra 宜减到最小。粗糙度会造成压头与试样的接触零点难以确定。由于表面粗糙使接触半径与球头半径的平均值明显不同，所以性能差别很大。如果可能，金刚石压头表面粗糙度参数 Ra 的值宜小于常规压痕深度的 1/20。

注：建议锥顶的几何结构：在圆锥角为 2α 的圆锥上与半径为 R_{av} 的球相切的球头高度 h_s 由下式确定：

$$h_s=R_{av}[1-\sin(\alpha)]$$

实际上，球头与圆锥相切的位置有一个逐渐过渡段，很难规定它们的几何形状。假定是这样，就要允许 R_{av} 和 α 有偏差(见表 4)，每当压痕深度大于 $0.5h_s$ 时宜予以注意。

表 3 压头用硬质合金球的允差

单位为毫米

球直径	允差
10	±0.005
5	±0.004
2.5	±0.003
1	±0.003
0.5	±0.003

表 4 圆锥压头的允差

特征	允差
$R_{av} \leqslant 50\ \mu m$	$\pm 0.25\ R_{av}$
$50\ \mu m$[a]$< R_{av} < 500\ \mu m$	$\pm 0.1\ R_{av}$
圆锥夹角，2α	
120°	±5°[a]
90°	±5°
60°	±5°
圆锥侧面角 α	
60°	±5°
45°	±2.5°
30°	±2.5°
注：圆锥中心线相对镶装中心线应在 0.01 mm 以内。	
[a] 洛氏金刚石压头(见 GB/T 230.2)满足此要求。	

4.3 试验力的校准

4.3.1 对所使用的每一个力的范围，应以进程和回程两个方向进行校准。在试验力范围内应至少校准平均分布的 16 个点，即施加试验力过程中的 16 个点和卸除试验力过程中的 16 个点。此过程应重复三遍。

4.3.2 试验力应采用可溯源的方法测量，例如：

a) 使用 GB/T 13634 规定的 1 级标准测力仪测量；

b) 用校准过质量的砝码通过机械效益施加一个准确到±0.2%以内的力，使该力与被测试验力相平衡；

c) 对于纳米范围，使用准确度与最大试验力的 0.1%或 10 μN 相当的电子天平。

4.3.3 试验力的重复性应在表 5 规定的试验力标称值的允差之内。

表 5 试验力的允差

试验力的范围/N	允差/%
$F \geqslant 2$	±1.0
$0.1 \leqslant F < 2$	±1.5
$0.001 \leqslant F < 0.1$	±2.5[a]
[a] 对于纳米范围极力推荐±1%的允差。	

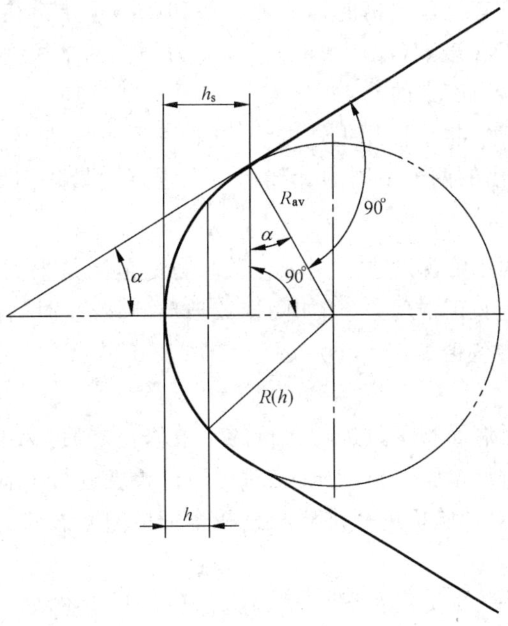

图 6　圆锥压头几何特征示意图

4.4　位移测量装置的校准

4.4.1　所要求的位移测量装置的估测能力取决于要测量的最小压痕深度的尺寸。对于显微范围该值为 0.2 μm，对于常规范围应不小于 2 μm。

位移测量装置标尺的分度应使其对压痕深度的估测能力符合表 6 的规定。

4.4.2　对于每个使用范围，位移测量装置应采用合适的方法和与其相应的系统在试验机上进行校准。应在测量装置每个方向的整个行程均匀分布的至少 16 个点上进行校准。此过程应重复测量三遍。

4.4.3　通常温度的变化是位移漂移的根源。为了使温度引起的位移漂移减到最小，在一个完整的校准循环内，应保持装置温度的稳定，以使最大位移漂移不超过表 6 规定的最大允许误差。漂移率应在每个校准循环中、之前或之后立即测量出漂移量，例如：通过施加一个恒定的试验力并保持一段合适的时间，监测其间的位移。

表 6 给出了每个适用范围的最大允许误差。附录 C 中给出了位移测量装置不同的直接检验方法。

表 6　位移测量装置的估测能力和最大允许误差

应用范围	位移测量装置的估测能力/nm	最大允许误差
常规	≤100	1%h
显微	≤10	1%h
纳米	≤1	2nm[a]
[a] 对于纳米范围极力推荐±1%h 的允差。		

4.5　试验机柔度的检验与校准

4.5.1　总则

参见 GB/T 21838.1—2008 的附录 C 和 GB/T 21838.4—2008 的附录 A。

应按照 4.3 和 4.4 对试验力和位移测量装置校准后再进行此检验和校准。

4.5.2　方法

至少在 5 个不同的试验力下通过测量硬度和(或)压痕模量对试验机柔度进行检验和校准。

对于不小于 6 μm 的压痕深度没必要考虑压头实际接触的面积函数。对于试验机柔度的检验和校准应使用与压痕深度无关的具有检定合格的标准硬度块和(或)检定合格的标准压痕模量块,例如标准维氏硬度块、钢(深压痕时)、BK7 玻璃(浅压痕时)。试验力的范围是根据 6 μm 压痕深度的最小试验力和试验机最大允许可能的试验力确定的。

对于小于 6 μm 的压痕深度,也应使用上述方法,这种情况下压头要具有已校准的面积函数且在硬度值明显不同,即至少相差 2 倍的两个不同的标准物质上进行测量。例如熔融石英和钨。通常建议使用 $E/\sqrt{H_{IT}}$ 比值大的标准块。

在每一种物质上以相同的压痕深度进行测量。试验力的范围是根据压痕深度大于 0.5 μm 和试验机的最大试验力或试样不产生非正常现象(例如陶瓷或玻璃的破裂)时的最大试验力确定的。

作为相关试验力函数的测量值的误差不应超过表 7、表 8 和 5.2.6 规定的试验机百分数误差的最大允许值。

如果对试验机的柔度和压痕面积函数进行通行的有效修正之后,标准块的测量值与检定值之差超过最大允许误差值而且使用新近检验合格的压头(对试验机柔度进行了有效修正的那一个压头)也不能复现证书上的检定值,那么应对试验机进行维修和进行全面的直接校准。试验机柔度通行的修正方法在[3]和[4]中给出。

试验机柔度可受结构、压头的安装及固定样品方法的影响。例如,在塑料(例如聚氯乙烯)上固定样品会在测量中引入一个附加柔度。宜使用以后测量将要使用的压头对试验机的柔度进行检验和校准。

4.6 压头面积函数的检验

4.6.1 总则

参见 GB/T 21838.1—2008 的附录 C。

4.6.2 方法

压头面积函数的测定方法在附录 B 中给出。

压头面积函数的检验方法是将测量过的压头面积函数与检定证书上的压头面积函数进行比较,检定证书上的压头面积函数是用新近检定且校准合格的压头测定的。

注:压头面积函数和试验机柔度修正能用迭代的方法和多种标准物质同时测定[4]。

如果在标准物质上检定的值不在 5.2 规定的范围内并且用新近检定合格的压头做相应正确的试验机柔度修正却无法得到标准值,那么该压头的检验无效,应重新校准。如果在压头校准范围内的任意压痕深度所测量的面积函数值与检定证书上的面积函数值(按附录 B 所述的方法测得,每个测得的压痕深度用原证书所对应的面积值的百分数表示)之差超过 30%,那么压头应作废。

4.7 试验循环的检测

应测量试验循环中的试验力的施加、最大试验力的保持和试验力的卸除时间,允差为 0.1 s。试验循环每个阶段的持续时间应满足 GB/T 21838.1 的要求。

5 间接检验

5.1 总则

间接检验应定期或在有较高准确度要求的试验之前进行。如果试验机在显微或纳米范围使用,建议在较短的时间间隔,至少一周进行间接检验。

宜在(23±5)℃的温度下,使用按 GB/T 21838.3 标定的标准块进行间接检验。这些标准块的硬度、压痕模量和(或)其他材料参数均能被标定。

5.2 方法

5.2.1 间接检验应至少在两个最频繁使用的试验力下进行。对于压痕深度小于 6 μm 的试验,该检验方法还能对接触面积函数做一些检验。对应每个试验力,应选择尽可能覆盖较宽应用范围的两块不同的标准块。

示例 1：

$$HM、H_{IT} \leqslant 2\ 500\ N/mm^2$$

$$2\ 500\ N/mm^2 < HM、H_{IT} \leqslant 7\ 000\ N/mm^2$$

$$7\ 000\ N/mm^2 < HM、H_{IT}$$

示例 2：

$$50\ 000\ N/mm^2 < E_{IT} \leqslant 100\ 000\ N/mm^2$$

$$100\ 000\ N/mm^2 < E_{IT} < 450\ 000\ N/mm^2$$

5.2.2 如果试验机只使用一个试验力，那么应只在该试验力下，至少使用检定值能够覆盖待试样品试验值的两个不同的标准块对其进行检验。

5.2.3 在每个标准块上，建议按 GB/T 21838.1 测量 5 点。当压痕深度小于 6 μm 时，对应每一试验力在每个标准块上建议至少测量 10 点，以降低测量平均值重复性的不确定度。

5.2.4 对于每个标准块，按照公式(1)计算 n 个测量值 $q_1, \cdots, q_n$ 的算术平均值$\bar{q}$：

$$\bar{q} = \frac{q_1 + \cdots + q_n}{n} \quad \cdots\cdots(1)$$

按公式(2)计算实验标准差，作为描述测量值分散性的参数：

$$s(q) = \sqrt{\frac{\sum_{i=1}^{n}(q_i - \bar{q})^2}{n-1}} \quad \cdots\cdots(2)$$

式中：

q——材料参数。

测量值的相对分散性是用百分数表示的变异系数，按公式(3)计算：

$$V = \frac{s(q)}{\bar{q}} \times 100 \quad \cdots\cdots(3)$$

5.2.5 试验机的重复性是在特定检验条件下通过测量值的变异系数确定的。

如果试验机满足表 7 给定的条件，则试验机的重复性合格。

表 7 试验机的重复性

材料参数	显微范围		常规范围
	0.2 μm≤h≤1 μm	h>1 μm	
HM，H_{IT}	5%	2%	2%
E_{IT}[a]	5%	5%	5%

[a] 对于接近理想的塑料材料，可能达不到规定的这些限值。

5.2.6 试验机的误差用下面的差值表征：

$$|\bar{q} - q|$$

式中：

$\bar{q}$——根据各个点的测量值计算出的算术平均值；

q——所用标准块的标定值。

使用 t 分布归一化后，见公式(4)：

$$t = \frac{\bar{q} - q}{s(q)} \times \sqrt{n} \quad \cdots\cdots(4)$$

以(n－1)的自由度，在 95%的置信水平下，对于双尾试验，试验机回归的 t 值不应超过临界值 t_c(见表 8 的示例值)。

表 8 有关 n 和 t_c 的示例值

n	5	10	20
t_c	2.78	2.26	2.09

更精确的算法见公式(5)：

$$\frac{s(q)}{\sqrt{n}}=\left[\frac{(n-1)s^2+(n_{cal}-1)s_{cal}^2}{n+n_{cal}-2}\right]^{1/2}\times\left(\frac{1}{n}+\frac{1}{n_{cal}}\right)^{1/2} \quad\cdots\cdots(5)$$

式中：

s_{cal}——校准时测定的实验标准差；

n_{cal}——检定合格的标准块的平均值对应的标定点数。

如果 n 和 n_{cal} 较大，通常 $s(q)\approx s$ 非常近似，而且这个值相当适用。当确定 t 分布的临界值时，使用韦尔奇-萨特思韦特公式能更好地定义所使用的有效自由度的数目，见 ISO GUM:1995 的附录 K。

6 检验周期

6.1 直接检验

6.1.1 新制造的试验机应全部进行直接检验。

6.1.2 在下列情况下应按 4.3、4.4 和 4.7 进行简化的直接检验：

a) 试验机安装时、拆卸并重新装配后或改变安装地点时；

b) 间接检验的结果不合格时；

c) 最长间隔时间不超过 3 年。

6.1.3 在 6.1.1 和 6.1.2 两种情况下，每次直接检验后应进行间接检验。

6.2 间接检验

间接检验的周期不应超过一年。建议根据试验机使用的频次来确定是否进行较多次的间接检验。

6.3 日常检查

在任何一组试验前或定期地(例如每天)在每组试验中，应在两个不同的试验力下在已知材料参数的试样上进行试验。这个试验结果应记录在合适的图表内，参见附录 D。如果试验结果超出再现性的标称范围，应进行间接检验。

在每批样品试验前后进行压痕试验是一种良好的习惯做法。

压头状态的日常检查，见 GB/T 21838.1—2008 的附录 D。

7 检验报告与校准证书

检验报告与校准证书应至少包括下列内容：

a) 注明采用本部分，即 GB/T 21838.2—2008；

b) 检验方法[直接和(或)间接检验]；

c) 试验机的标识；

d) 检验器具(标准块、标准测力仪等)；

e) 试验力；

f) 检验温度；

g) 按照 GB/T 21838.1 要求的格式报告检验结果；

h) 检验日期和检验机构。

附 录 A
（资料性附录）
压头的图例

单位为毫米

表面粗糙度参数值的单位为微米

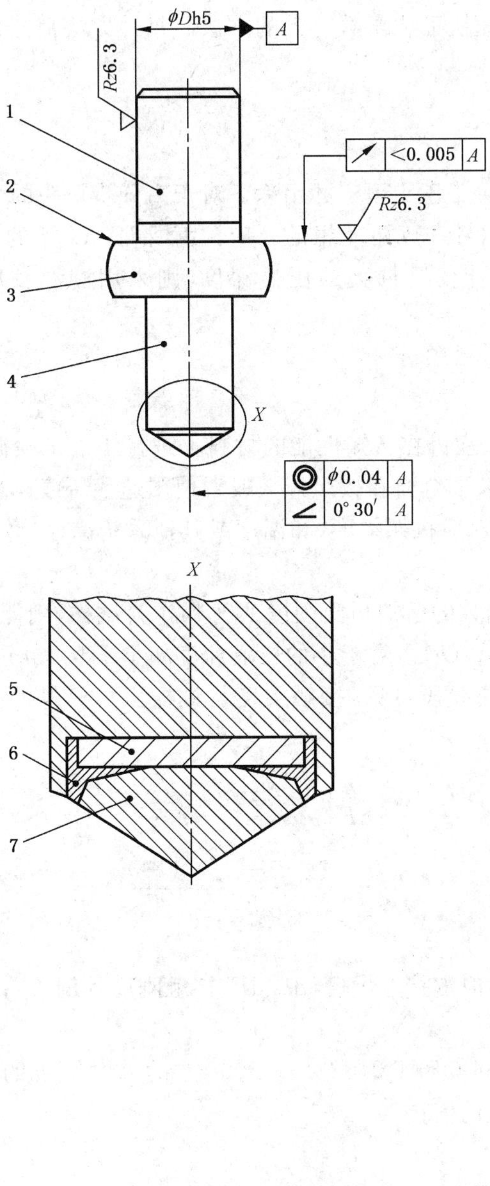

1——压头柄；

2——安装面；

3——压头座；

4——颈部；

5——压头支承垫(硬质合金)；

6——镶嵌料；

7——头部。

图 A.1 压头的合理设计示例

附 录 B
（规范性附录）
压头面积函数的测定方法

B.1 总则

本附录描述了下列测定压头面积函数有效的方法。每种方法都能得到在允差范围内的同一压头的面积函数。

B.2 直接测量法

最合适的直接测量法取决于压头预定的用途。对于高分辨压头的形状尺寸直到 1 μm 左右时，使用经溯源校准的原子力显微镜（AFM）是理想的。应注意保证 AFM 的测量考虑了误差和测量不确定度的各种因素[5]、[6]。如果预计仅测量大的压痕深度，则采用溯源校准的电子或光学显微镜可能比较便利。

B.3 间接测量法

B.3.1 这些方法依赖于用试验机在已知性能的材料上进行压痕试验循环。因此要求使用的所有试验机应按照本部分的要求全部校准合格和按照 4.5 或者使用迭代压痕模量的基本方法确定对试验机柔度的修正量[4]。当力-位移数据对应机架柔度（和温度或其他系统漂移）做过修正后，就可以使用以下两种方法。

B.3.2 如果将作为试验力函数的已知马氏硬度的材料作为试样，则能够得出在试验力 F 下测得的每一单位压痕深度 h 所对应的 $A_S(h)$。对于小的压痕深度如小于 0.2 μm，通常这种方法是不实用的。

B.3.3 根据卸除试验力的曲线段可见，接触柔度与试样压痕模量的关系如公式（B.1）和公式（B.2）所示：

$$\left|\frac{\mathrm{d}h}{\mathrm{d}F}\right|_{F_{\max}} = C = \frac{\sqrt{\pi}}{2E_R}\frac{1}{\sqrt{A_P}} \qquad \text{（B.1）}$$

其中：

$$\frac{1}{E_R}=\frac{1-v_s^2}{E_S}+\frac{1-v_i^2}{E_i} \qquad \text{（B.2）}$$

式中：

C——对应施加的最大力时的接触柔度，$\mathrm{d}h/\mathrm{d}F$（接触刚度的倒数）；

E_R——约化杨氏模量；

A_P——投影接触面积，如同 GB/T 21838.1—2008 中的 A.4 硬度的计算一样，对应确定的接触深度时的压头面积函数的值；

v_s——试样的泊松比；

v_i——压头的泊松比（对于金刚石 0.07）；

E_S——试验材料的杨氏模量；

E_i——压头的杨氏模量（对于金刚石 1.14×10^6 N/mm²）。

因此，如果使用已知压痕（或杨氏）模量的材料作为试样，通过重新整理上述关系（见 GB/T 21838.1—2008 有关接触深度测定的 A.4 章），对应每一特定的接触深度和 h_c 能够得出 A_P。使用迭代法和多种标准物质允许在压头面积函数测量的同时对试验机的柔度进行修正[4]。

试验力的选择应包括可能的压痕深度的全范围。对于控制压痕的力，需要做一些预备实验以确定在标准物质上产生合适的压痕深度所需要的力的范围。为了覆盖所要求的范围应选择一组至少 10 个不同的试验力，对应每一个试验力，在标准物质上至少应进行10次压痕试验，并用其平均值确定A_P。由此得到了A_P与压痕接触深度h_c的关系曲线。使用模量作为标准值的优点之一是试样的弹性性能对加工硬化、热处理或蠕变的精确值不敏感。就压痕实验的卸载速率而论，要求完全忽略卸载过程中的蠕变速率。另一个优点是可以采用非压痕试验技术单独地测出杨氏模量。这样也消除了标准溯源的环节。

这种方法也适用于不同参数有证标准物质的应用，例如硬度H_{IT}（见GB/T 21838.1—2008中的A.4）或马氏硬度HM（见GB/T 21838.1—2008中的A.2）。如果马氏硬度被用来测定面积函数，重新整理的公式不给出投影面积，而给出以相同的方法得到的A_s（对应最大压痕深度时的表面积）。在这种情况下，得出A_s与最大压痕深度h_{max}关系曲线的表面积函数。两个函数不相同而且不能互换。

压头的面积函数通常表示为至压头顶端的任意距离所对应的投影面积或表面积的数学函数，当相对简单（三次曲线或多项式）的数学函数不能描述压痕深度时，则面积函数可以用图解或查表的方法进行估算。换句话说，不同的数学函数能够用来描述压头的不同部位或采用的仿样函数。

B.3.2和B.3.3描述的两种方法是最常用的方法。

附 录 C
（资料性附录）
位移测量装置直接检验的示例

建议遵照下列方法测量有关压头的位移：

a） 激光干涉法；

b） 电感法；

c） 电容法；

d） 压电转换法。

附　录　D
（资料性附录）
间接检验结果报告的示例

为全程监测试验机的性能，将常规检查和间接检验的结果绘制成图表是有益的。每次间接检验宜至少包括 3 个或 5 个试验力-压痕深度曲线。将所测定的材料参数的平均值和标准偏差以$\bar{q}$-s 图的形式（见图 D.1 和图 D.2）予以记录并形成文件。图表中合适的参数示例是与两个预定试验力例如 F_{max}和 $0.1F_{max}$相对应的压痕模量或压痕深度。

在$\bar{q}$-s 两种图表中均能看出试验力和位移单元或受污染的压头在整个检验周期中的不稳定度。用 $0.1F_{max}$的力测量出的结果绘制成的$\bar{q}$-s 图来检测压头顶部的磨损是最敏感的。

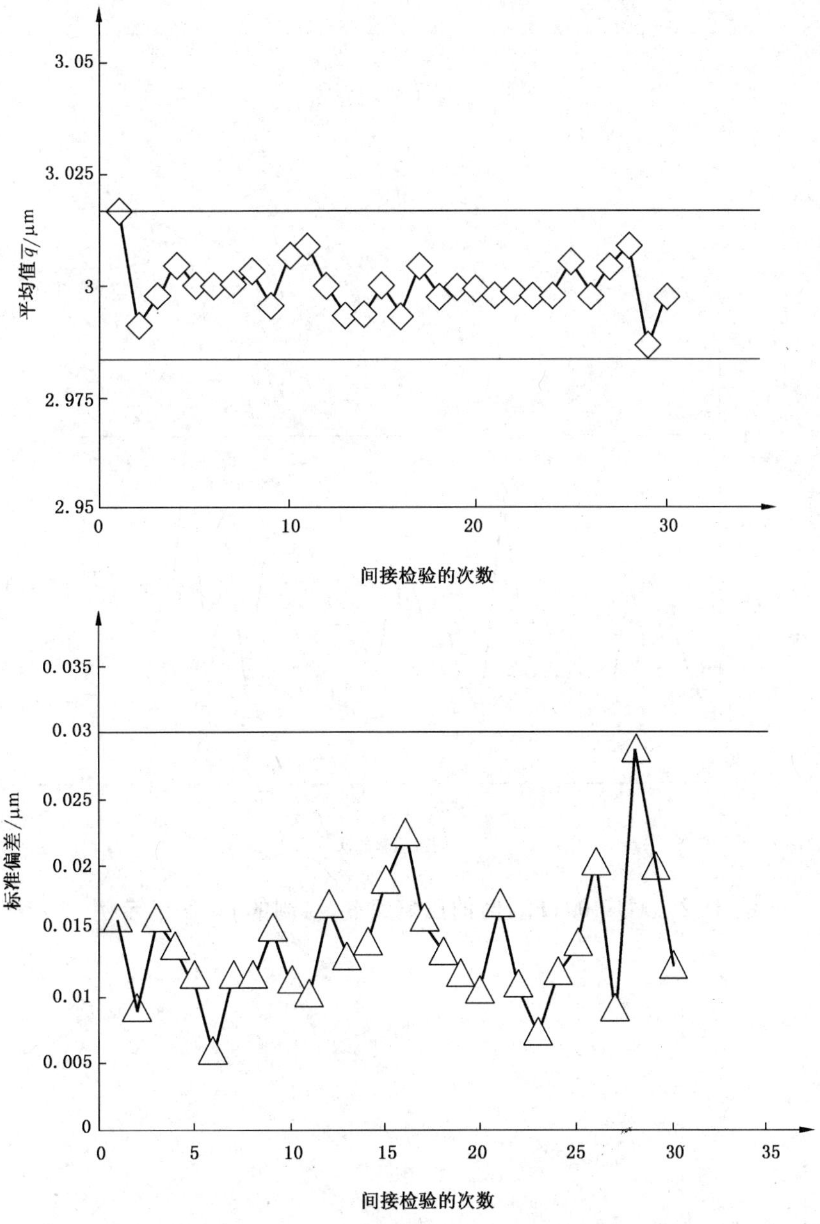

图 D.1　对应 F_{max}时的压痕深度，绘制的$\bar{q}$-s 图的示例

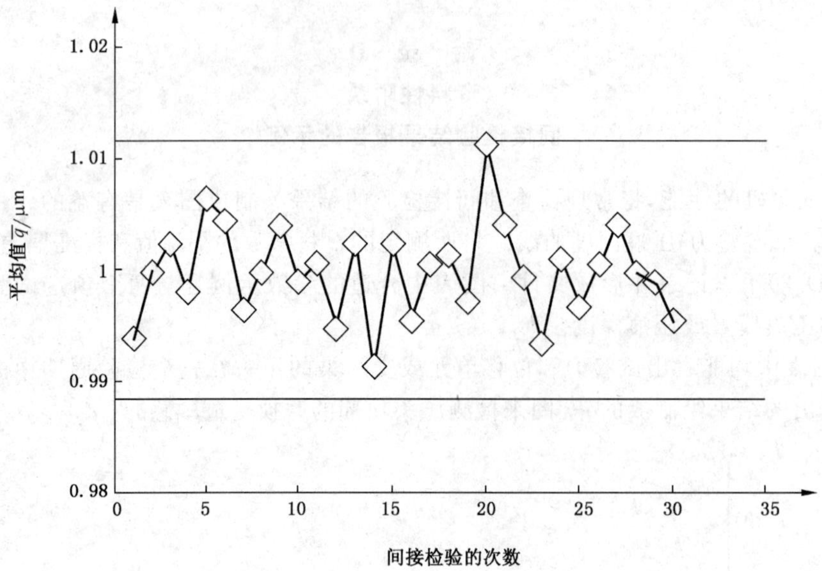

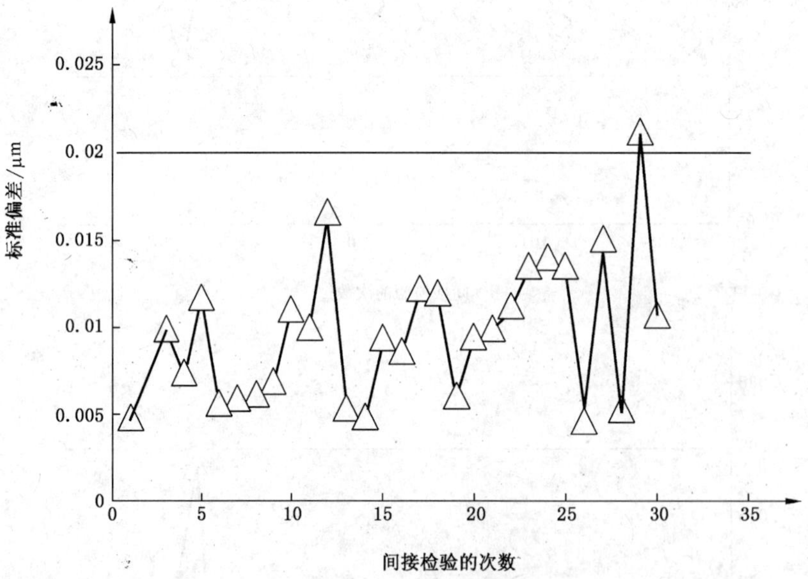

图 D.2　对应 0.1F_{max} 时的压痕深度，绘制的$\overline{q}$-s 图的示例

参 考 文 献

[1] ISO/IEC 17025 General requirements for the competence of testing and calibration laboratories.

[2] BERKOVICH, E. S., Three faceted diamond pyramid for micro-hardness testing, Industrial Diamond Review, 11, N°127, June 1951.

[3] OLIVER, W. C. and PHARR, G. M., An improved technique for determining hardness and elastic modulus using load and displacement sensing indentation experiments. J. Mater. Res., 7, N°6, June 1992, p. 1564-1583.

[4] HERRMANN, K., JENNETT, N. M., WEGENER, W., MENEVE, J., HASCHE, K. and SEEMANN, R., Progress in determination of the area function of indenters used for nanoindentation. Thin Solid Films 377-378(2000) p. 394-400.

[5] JENNETT, N. M., SHAFIRSTEIN, G. and SAUNDERS, S. R. J., A Comparison of indenter tip shape mea surement using a calibrated AFM and indentation into fused silica VDI Bericht 1194 p. 201-210 VDI-Verlag GmbH Düsseldorf, 1995.

[6] PETZOLD, M., HAGENDORF, C., FüTING, M. and OLAF, J. M., Atomare Rasterkraftmikroskopie an Inden terspitzen und Härteeindrücken VDI Berichte 1194, S. 97-108. VDI-Verlag GmbH Düsseldorf, 1995.

[7] DOERNER, M. F. and NIX, W. D., A method for interpreting the data from depth-sensing indentation instruments J. Mater. Res., 1, (1986)601-609.

ICS 19.060;77.040.10
N 71

中华人民共和国国家标准

GB/T 21838.3—2008

金属材料　硬度和材料参数的仪器化压痕试验　第3部分:标准块的标定

Metallic materials—Instrumented indentation test for hardness and materials parameters—Part 3:calibration of reference blocks

(ISO 14577-3:2002, MOD)

2008-06-20 发布　　2009-01-01 实施

中华人民共和国国家质量监督检验检疫总局
中国国家标准化管理委员会　发布

前　言

请注意本标准的某些内容有可能涉及专利，本标准的发布机构不应承担识别这些专利的责任。

GB/T 21838《金属材料　硬度和材料参数的仪器化压痕试验》分为如下四个部分：

——第1部分：试验方法；

——第2部分：试验机的检验和校准；

——第3部分：标准块的标定；

——第4部分：金属和非金属覆盖层的试验方法。

本部分为GB/T 21838的第3部分。

本部分修改采用国际标准ISO 14577-3：2002《金属材料　硬度和材料参数的仪器化压痕试验 第3部分：标准块的标定》(英文第一版)。

本部分是根据ISO 14577-3：2002采用翻译法起草的，在文本结构和技术内容方面与ISO 14577-3：2002一致，但根据我国编写标准的有关规定做了如下编辑性修改：

——用"GB/T 21838的本部分"代替了"ISO 14577的本部分"；

——用中文惯用的小数点符号"."代替英文采用的小数点符号","；

——重新编写了前言，代替ISO 14577-3：2002的前言；

——在第2章"规范性引用文件"中直接引用了与ISO 14577-3：2002中引用的国际标准相对应的我国国家标准。

本部分的附录A为资料性附录。

本部分由中国机械工业联合会提出。

本部分由全国试验机标准化技术委员会(SAC/TC 122)归口。

本部分起草单位：长春试验机研究所、上海市纳米技术孵化基地、钢铁研究总院、上海材料研究所。

本部分主要起草人：金宏波、杨力、王滨、高怡斐。

引　言

硬度的经典定义是一种材料抵抗另一种较硬材料压入产生永久压痕的能力。进行洛氏、维氏和布氏试验时得到的试验结果是在卸除试验力以后测定的。因此，忽略了在压头作用下压痕弹性变形的影响。

GB/T 21838 的制定，使用户能够在材料的塑性和弹性变形过程中通过研究力和变形两者的关系来评定材料的压痕。通过监测试验力施加和卸除的整个周期，能够测定出与传统硬度值等效的硬度值。具有重要意义的是，还能够测定诸如压痕模量和弹-塑硬度等一些额外的材料性能，不需要采用光学法测量压痕，就能计算出这些值。

GB/T 21838 的制定得以对各种试验后的数据进行深入分析。

金属材料　硬度和材料参数的仪器化压痕试验 第3部分：标准块的标定

1　范围

GB/T 21838的本部分规定了按照GB/T 21838.2—2008的规定对仪器化压痕试验机间接检验用的标准块的标定方法。

注：标准块可按试验机的应用领域或欲测定的材料参数进行标定。

2　规范性引用文件

下列文件中的条款通过GB/T 21838的本部分的引用而成为本部分的条款。凡是注日期的引用文件，其随后所有的修改单(不包括勘误的内容)或修订版均不适用于本部分，然而，鼓励根据本部分达成协议的各方研究是否可使用这些文件的最新版本。凡是不注日期的引用文件，其最新版本适用于本部分。

GB/T 3505　产品几何技术规范　表面结构　轮廓法　表面结构的术语、定义及参数(GB/T 3505—2000,eqv ISO 4287:1997)

GB/T 13634　单轴试验机检验用标准测力仪的校准(GB/T 13634—2008,ISO 376:2004,Metallic materials—Calibration of force-proving instruments used for the verification of uniaxial testing machines,IDT)

GB/T 21838.1—2008　金属材料　硬度和材料参数的仪器化压痕试验　第1部分：试验方法(ISO 14577-1:2002,MOD)

GB/T 21838.2—2008　金属材料　硬度和材料参数的仪器化压痕试验　第2部分：试验机的检验和校准(ISO 14577-2:2002,MOD)

ISO GUM:1995　测量不确定度表示指南

3　标准块的制造

3.1　标准块应专门制备，制造厂需要重视所使用的制造工艺过程，以使标准块获得必要的均质性、均匀度和组织稳定性。

3.2　每一待标定的标准块的厚度，对于纳米范围，不应小于2 mm；对于显微范围，不应小于6 mm；对于常规范围，不应小于16 mm。

注：如果制造工艺过程需要，厚度可以减少。

3.3　标准块应无磁性，对于钢制的块，建议制造者确保在其制造工艺结束时经过退磁处理。

3.4　标准块的制造，应保证当其放置在试验机上时，倾斜度在GB/T 21838.1规定的极限值以内。

注：如果标准块是以支承面放在试验机上，则应满足以下条件，标准块的试验面与支承面的平面度的最大偏差不超过0.005 mm/50 mm，平行度的最大误差不超过0.010 mm/50 mm。

3.5　试验面应无影响压痕测量的划痕，允许压痕在划痕之间。

对常规和显微范围，试验面表面粗糙度参数 Ra 不应大于15 nm，支承面不应大于0.8 μm，取样长度应为0.80 mm(见GB/T 3505)。

对纳米范围，试验面表面粗糙度参数 Ra 不应大于10 nm，如果用原子力显微镜(AFM)测量时，取样长度应为 10 μm。

注：在纳米范围，考虑粗糙度的空间波长以及振幅是重要的。

3.6 为检查其后不从标准块去除任何材料，标定时应在标准块上标注其厚度，准确到 10 μm，或者应在其试验面上做出鉴别标记（见第 8 章）。

注 1：对一些纳米范围的标准物质，在试验前用去除表面层的方法来制备试验面是很重要的一步。在这种情况下，宜使用标注确定的深度的方法以表明材料表面层被去除的深度。可以确认纳米范围的压痕覆盖标准块的深度远小于 10 μm。

注 2：标准块材料的示例见附录 A。

4 标准机

4.1 一般要求

标准机除应满足 GB/T 21838.2—2008 规定的一般要求外，还应满足 4.2～4.5 的要求。应对标准机进行直接检验，检验周期不超过 12 个月。直接检验包括：

a) 试验力的校准；

b) 压头的检验；

c) 位移测量装置的校准；

d) 试验循环的检验。

用于检验和校准的器具应尽可能溯源到国家基准。

4.2 试验力的校准

每一试验力应准确到 GB/T 21838.1 规定的试验力标称值的：

a) ±0.25％以内（对于常规范围）；

b) ±0.5％以内（对于显微范围）；

c) ±0.5％或±10 μN 以内（对于纳米范围），取其较大者。

应按 GB/T 21838.2—2008 中 4.3.1 的规定校准试验力。

应使用满足 GB/T 13634—2008 要求的 0.5 级标准测力仪或相同准确度的其他方法校准试验力。

4.3 压头的检验

4.3.1 一般要求

压头检定后的测量值（例如角度、半径等）应用于所有的计算中。若压痕的深度不大于 6 μm，则应标定压头面积函数。

注：在纳米范围和小的显微范围（h<1 000 nm），压头角度的允差通常很难达到，压头尖锐的顶端可能对测量有着非常显著的影响。就像 AFM 的探针半径一样，测量优于±10 nm 的压头的曲率半径是困难的。对用户来说使用有证模量标准块测量压痕的方法是很容易的，它不但给出投影面积值，并且不需要明确的压头形状。鉴于压头面积函数测量值这一重要指标规定的不确定度较小。因此，对于纳米和小的显微范围的标准块的标定，建议认真考虑所使用的压头的类型和材料参数。

4.3.2 维氏压头

4.3.2.1 金刚石正四棱锥体的四个面应高度抛光，且无表面缺陷，其平面度在 0.000 3 mm。

4.3.2.2 金刚石棱锥体锥顶的两相对面夹角应为 136°±0.3°，见 GB/T 21838.2—2008 的图 2。夹角的最大不确定度在置信概率为 95％时，应为 0.15°。

金刚石锥体轴线与压头柄轴线（垂直于座的安装面）的夹角应小于 0.3°。

注：金刚石压头的顶端宜使用高倍测量显微镜或优先使用干涉显微镜、原子力显微镜检验。

4.3.2.3 若四个面不相交于一点，两相对面交线的长度应小于 0.001 mm。用于显微和纳米范围的压头，交线长度不应大于 0.000 25 mm。

4.3.2.4 用垂直于金刚石棱锥体轴线的平面，截取棱锥体得到具有 90°±0.2°角的四边形（见图 1）应进行检验。

4.3.3 **玻氏、改进玻氏、直角立方体压头、硬质合金球压头和圆锥压头**

对于这些形状的压头，建议使用 GB/T 21838.2—2008 中的 4.2.3 、4.2.4 和 4.2.5 规定的允差作为最低要求。对于三棱锥压头检验面角度的最大不确定度在置信概率为 95％时，应为 0.15°。

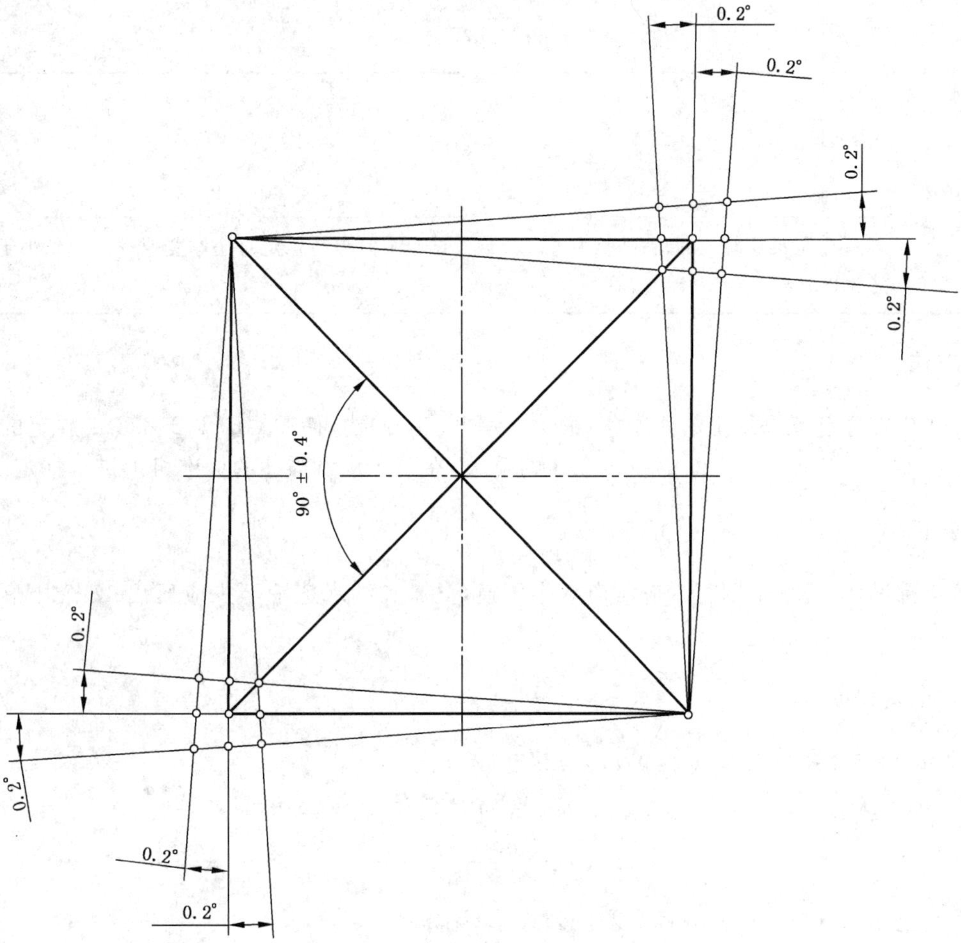

图 1 棱锥体正方形横截面的允许偏差

4.4 位移测量装置的检验

4.4.1 位移测量装置所要求的估测能力取决于被测量的最小压痕尺寸。

位移测量装置标尺的分度和对压痕深度的估测能力应符合表 1 的规定。

表 1 位移测量装置的估测能力和最大允许误差

应用范围	位移测量装置的估测能力	最大允许误差
常规	10 nm	0.5％ *h* 或 30 nm[a]
显微和纳米	0.2 nm	1％*h* 或 5 nm[a]

[a] 取其较大者，极力推荐纳米范围选用±1％*h* 允差。

4.4.2 位移测量装置应按 GB/T 21838.2—2008 中的 4.4.2 的规定进行检验。

最大允许误差不应超出表 1 规定的值。

4.5 试验循环的检测

标定程序中各个步骤的时间和速度见表 2。

对显微范围的硬度试验，标准机上的最大允许振动加速度为 0.005g_n(g_n=9.806 65 m/s^{2}是标准重力加速度)。为便于控制，需测定力-压痕深度曲线。

表 2　试验循环时间

应用范围	施加试验力的时间/s	压头接触标准块时最大的接近速度/(μm/s)	试验力的保持时间/s	卸除试验力的时间/s
常规	20	5～20	10	20
显微	20	1	10	20
纳米	20	0.1	10	20
注：标定压痕模量标准块时，在卸除试验力过程中最大试验力宜保持恒定直至蠕变速率减少到小于初始位移速率的 1%为止。				

5　标定方法

标准块应在标定证书规定的温度(一般为 23 ℃±5 ℃)内，使用 GB/T 21838.1 规定的一般试验方法并考虑到 GB/T 21838.2—2008 中 4.3.3 的要求，在第 4 章所描述的标准机上进行标定。

6　压痕数目

对每一标准块，常规范围至少应压出 5 个压痕，显微和纳米范围至少应压出 15 个压痕。这些压痕应均匀分布在整个试验面上。

7　标准块的均匀度

注：在下列各公式中，标定值(材料参数)通常使用符号 q。

7.1　每一标准块的 n 个测量值 q_1，……，q_n 的算术平均值 $\bar{q}$，按公式(1)计算：

$$\bar{q}=\frac{q_1+\cdots\cdots+q_n}{n} \qquad (1)$$

作为测量结果分散性的实验标准差按公式(2)计算：

$$s(q)=\sqrt{\frac{\sum_{i=1}^{n}(q_i-\bar{q})^2}{n-1}} \qquad (2)$$

硬度测量值的相对分散性用变异系数或相对实验标准差，以百分数表示，见公式(3)：

$$V=\frac{s(q)}{\bar{q}}\times 100 \qquad (3)$$

7.2　对于 HM、H_{IT}、E_{IT}间接检验来说，最大允许的变异系数为 2%。

注：用于测定机器柔度的标准块(例如：钨)，可能有较大的变异系数。

8　标志

8.1　每一标准块上应标记下列内容：

a)　在标定试验时测得的标定值的算术平均值，例如 HM0.1=249 N/mm^2 或E_{IT}=220 000 N/mm^2；

b)　供方或制造者的名称或标志；

c)　编号；

d)　标定机构的名称或标志；

e) 块的厚度或试验面上的鉴别标记(见3.6);

f) 标定年份(如果在编号中未标出时)。

8.2 当试验面朝上时,标在标准块侧面上的任何标记均应是正立的。

8.3 随提供的每一标准块应附有证书并且至少标明如下内容:

a) 注明采用本部分,即GB/T 21838.3—2008;

b) 块的标识;

c) 标定日期;

d) 标定温度;

e) 压头材质和形状、使用的位置、压头面积函数的详细记录;

f) 试验循环(控制方法和试验过程的详细描述);宜包括:

  1) 设定点的值;

  2) 施加力的速度和时间;

  3) 力保持点的位置和持续时间;

  4) 试验循环各段数据的采集频率或记录的点数;

g) 确定零点的方法;

h) 分析方法;

i) 单个标定值和所有标定值的算术平均值、实验标准差、变异系数;包括:

——用于导出上述值的数据量;

——按照GB/T 21838.1—2008第8章,置信概率为95%时,标定值的不确定度;

j) 用于计算标准块标定值的力-位移数据(包括零点)的图表。

注:材料参数的扩展不确定度在置信概率为95%时为$\pm t_p(v_{eff})\times U_C(y)$,式中$t_p$是有效自由度($v_{eff}$)以及95%置信概率相对应的"双尾检验"统计分布中的t值。

当$v_{eff}=14$时,$t_{95}=2.14$;当$v_{eff}=5$时,$t_{95}=2.78$。

式中:

v_{eff}——按照韦尔奇-萨特思韦特公式计算出的有效自由度(见ISO GUM:1995附录G);

$U_C(y)$——用方和根方法(如果不相关)得到的测定参数的合成标准不确定度,所有影响结果的参数方差都计算在内。

9 有效性

满足第3章要求的标准块,只对标定时的试验条件有效。

建议标定的有效期限为5年。

附 录 A
（资料性附录）
标准块的示例

表 A.1 标准块的示例

材　　料	硬度范围 HM0.25/（N/mm^2）	E_{IT}范围/（N/mm^2）
钢	1 000～8 400	210 000
玻璃	3 000～5 000	65 000～85 000
BK7 玻璃	4 200	82 000
SF6 玻璃	2 800	56 000
陶瓷	10 000～18 000	200 000～380 000
钨	4 000～5 000	411 000
熔融石英	4 800～5 200	72 000

参 考 文 献

[1] GB/T 4340.3—1999 金属维氏硬度试验 第3部分:标准硬度块的标定(idt ISO 6507-3:1997).

ICS 77.040.10
H 22

中华人民共和国国家标准

GB/T 21838.4—2008

金属材料　硬度和材料参数的仪器化压痕试验　第4部分:金属和非金属覆盖层的试验方法

Metallic materials—Instrumented indentation test for hardness and materials parameters—Part 4: Test method for metallic and non-metallic coatings

(ISO 14577-4:2007,MOD)

2008-05-13 发布　　2008-11-01 实施

中华人民共和国国家质量监督检验检疫总局
中国国家标准化管理委员会　发布

前　言

GB/T 21838《金属材料　硬度和材料参数的仪器化压痕试验》分为如下四个部分：

——第1部分：试验方法；

——第2部分：试验机的检定和校准；

——第3部分：标准块的校准；

——第4部分：金属和非金属覆盖层的试验方法。

本部分为GB/T 21838的第4部分。

本部分修改采用国际标准ISO 14577-4:2007《金属材料　硬度和材料参数的仪器化压痕试验　第4部分：金属和非金属覆盖层的试验方法》(英文第1版)。

本部分在文本结构和技术内容方面与ISO 14577-4:2007一致，为了便于使用，做了下列修改：

——用“GB/T 21838的本部分”代替了“ISO 14577的本部分”；

——用小数点“.”代替英文采用的小数点逗号“,”；

——删除了国际标准的前言；

——在第2章“规范性引用文件”中直接引用了与ISO 14577-4:2007中引用的国际标准相对应的我国国家标准。

本标准的附录A和附录B是规范性附录。

本标准由中国钢铁工业协会提出。

本标准由全国钢标准化技术委员会归口。

本标准起草单位：上海市纳米技术孵化基地、上海材料研究所、钢铁研究总院。

本标准起草人：沙菲、王滨、巴发海、高怡斐。

引　言

覆盖层的弹性和塑性性能是确定覆盖层产品质量的重要指标，实际上许多产品表面增加覆盖层是为了提高其耐磨性，而高的硬度通常是提高耐磨性的前提。覆盖层硬度的测量常被作为一种质量控制手段。杨氏模量对覆盖层组分设计中的应力计算很重要。如，覆盖层抵抗外力的能力是覆盖层部件的一个重要特性。

采用仪器化压痕试验可以相对简单地测定块体材料的硬度和压痕模量。然而，当在覆盖层表面进行压痕试验时，基体材料的性能对试验结果有影响，影响的程度取决于试验力、覆盖层性质和厚度等。

GB/T 21838 本部分的目的是提供可忽略基体影响和可测量这些基体影响的试验条件的指南，以及可能从复合测量中得出覆盖层性能的分析方法。有时，覆盖层性能也可通过在其横截面上测量直接得到。

金属材料 硬度和材料参数的仪器化压痕试验 第4部分：金属和非金属覆盖层的试验方法

1 范围

GB/T 21838 本部分规定了金属和非金属覆盖层硬度和材料参数的仪器化压痕试验方法，它特别适用于纳米/显微范围内薄的覆盖层试验。

当在试样表面进行压痕试验时，本方法仅限于单层覆盖层，但如果相对于压痕尺寸来说，每一层的厚度足够大或梯度足够小，则也可在其横截面上测量梯度和多层覆盖层材料的性能。

本标准不限定材料的类型，它适用于金属、非金属和有机覆盖层。

仅在使用顶端曲率半径足够小、足以使覆盖层产生塑性变形的棱锥或圆锥形压头时，可应用本部分进行硬度测量。对粘弹性或易发生蠕变的材料，试验时间对其硬度测量影响很大。

注1：GB/T 21838.1、GB/T 21838.2 和 GB/T 21838.3 规定了在所有力和位移范围内块体材料的仪器化压痕试验方法。

注2：如果压痕深度很小以致于在任何可能情况下能忽略基体材料影响而将覆盖层当作块体材料时，不需要采用本标准，此时要给出试验的限制条件。

注3：这里采用的分析中未考虑压痕的凸起或凹陷。使用原子力显微镜评价压痕的形状以确定压痕周围表面的凸起或凹陷，这些表面效应导致分析中接触面积的低估（凸起）或高估（凹陷），进而可能影响测量结果。凸起通常发生在完全加工硬化的材料上。由于覆盖层塑性变形区域中应力的约束，软的延性好的薄覆盖层材料更易形成凸起。据报道测量硬度时凸起材料会导致实际接触面积的增加，而这种影响对压痕模量的测量不明显，因为产生凸起材料的刚性偏低[1,2]。

2 规范性引用文件

下列文件中的条款通过 GB/T 21838 的本部分的引用而成为本部分的条款。凡是注日期的引用文件，其随后所有的修改单（不包括勘误的内容）或修订版均不适用于本部分，然而，鼓励根据本部分达成协议的各方研究是否可使用这些文件的最新版本。凡是不注日期的引用文件，其最新版本适用于本部分。

GB/T 3505 产品几何技术规范 表面结构 轮廓法 表面结构的术语、定义及参数（GB/T 3505—2000，ISO 4287:1997，MOD）

GB/T 9271 色漆和清漆 标准试板（GB/T 9271—1988，ISO 1514:1984，MOD）

GB 9278 涂料试样状态调节和试验的温湿度（GB/T 9278—1988，ISO 3270:1984，MOD）

GB/T 13452.2 色漆和清漆 漆膜厚度的测定（GB/T 13452.2—1992，ISO 2808:1974，MOD）

GB/T 21838.1—2008 金属材料 硬度和材料参数的仪器化压痕试验 第1部分：试验方法（ISO 14577-1:2002，MOD）

GB/T 21838.2 金属材料 硬度和材料参数的仪器化压痕试验 第2部分：试验机的检验和校准（GB/T 21838.2—2008，ISO 14577-2:2002，MOD）

GB/T 21838.3 金属材料 硬度和材料参数的仪器化压痕试验 第3部分：标准块的校准（GB/T 21838.3—2008，ISO 14577-3:2002，MOD）

3 符号和说明

GB/T 21838.1、GB/T 21838.2 和 GB/T 21838.3 以及表1中的符号和说明适用于本部分。

表 1 符号和说明

符号	说明	单位	试验报告中要求
F	试验力	mN	√
$A_p(h_c)$	从压头顶端到 h_c 处的压头投影接触面积	μm^2	—
H_c	覆盖层的压痕硬度	GPa	√
ν_i	压头的泊松比[a]	—	—
ν_s	试样的泊松比	—	—
α	接触面积等效半径	μm	—
t_c	覆盖层厚度	μm	√
C_f	机架柔度	$\mu m/mN$	√
C_s	接触柔度(试样)	$\mu m/mN$	—
C_t	总的测量柔度	$\mu m/mN$	—
E	杨氏模量	GPa	—
$E_c{}^*$	覆盖层的平面应变压痕模量[b]	GPa	—
$E_{IT}{}^*$	平面应变压痕模量	GPa	√
E_r	约化弹性模量	GPa	—
Ra	评定轮廓的平均线高度的算术平均偏差(见 GB/T 3505)	μm	—

a 对金刚石压头 $\nu_i=0.07$

b $E_c{}^*=E_{IT}{}^*$(在 $\alpha/t_c=0$ 点)

4 试验机的检验和校准

试验机应按照 GB/T 21838.2 和附录 A 进行校准。

为证明压头不需要进行重新直接检验和压头顶端无缺陷或污物，应使用标准物质对其进行间接检验。如果这些最初的压痕结果显示压头有污物或缺陷，在下一步试验前，压头宜按 GB/T 21838.1 建议的步骤清洗。建议清洗后使用大于 400 倍的光学显微镜检查压头或压痕的亚微米级的缺陷或污物，发现损坏压头应根据 GB/T 21838.2 进行更换，新压头使用前应进行机架柔度 C_f 的测定和面积函数 $A_p(h_c)$ 的检验，见图 1。

在开始压痕试验循环之前，仪器化压痕试验机应达到所要求的机械和热稳定性，见 6.2。

压痕试验可根据覆盖层和基体系统需要的最优化的弹性和塑性变形来选择各种不同形状的压头。典型的压头形状是维氏、玻氏、锥形、球形和直角立方体。

对覆盖层塑性性能的测量，建议使用尖锐的压头，覆盖层的厚度越小，所选用的压头宜越尖锐。对覆盖层弹性性能的测量，如已知其面积函数，则可使用任何形状压头。如仅测量覆盖层的弹性性能，在可能的条件下，建议在完全弹性范围内进行压痕试验，以避免覆盖层出现开裂、凸起和高的蠕变变形。在试验力较大时，顶端曲率半径大的压头(或半径大的球形压头)比顶端曲率半径小的压头更易在覆盖层内产生完全弹性变形。曲率半径太大，表面状况(表面粗糙度、表面层等)对不确定度的影响将很大；曲率半径太小，塑性变形开始前的最大试验力或位移将很小。可根据初步试验或模型优化试验条件(见 7)。

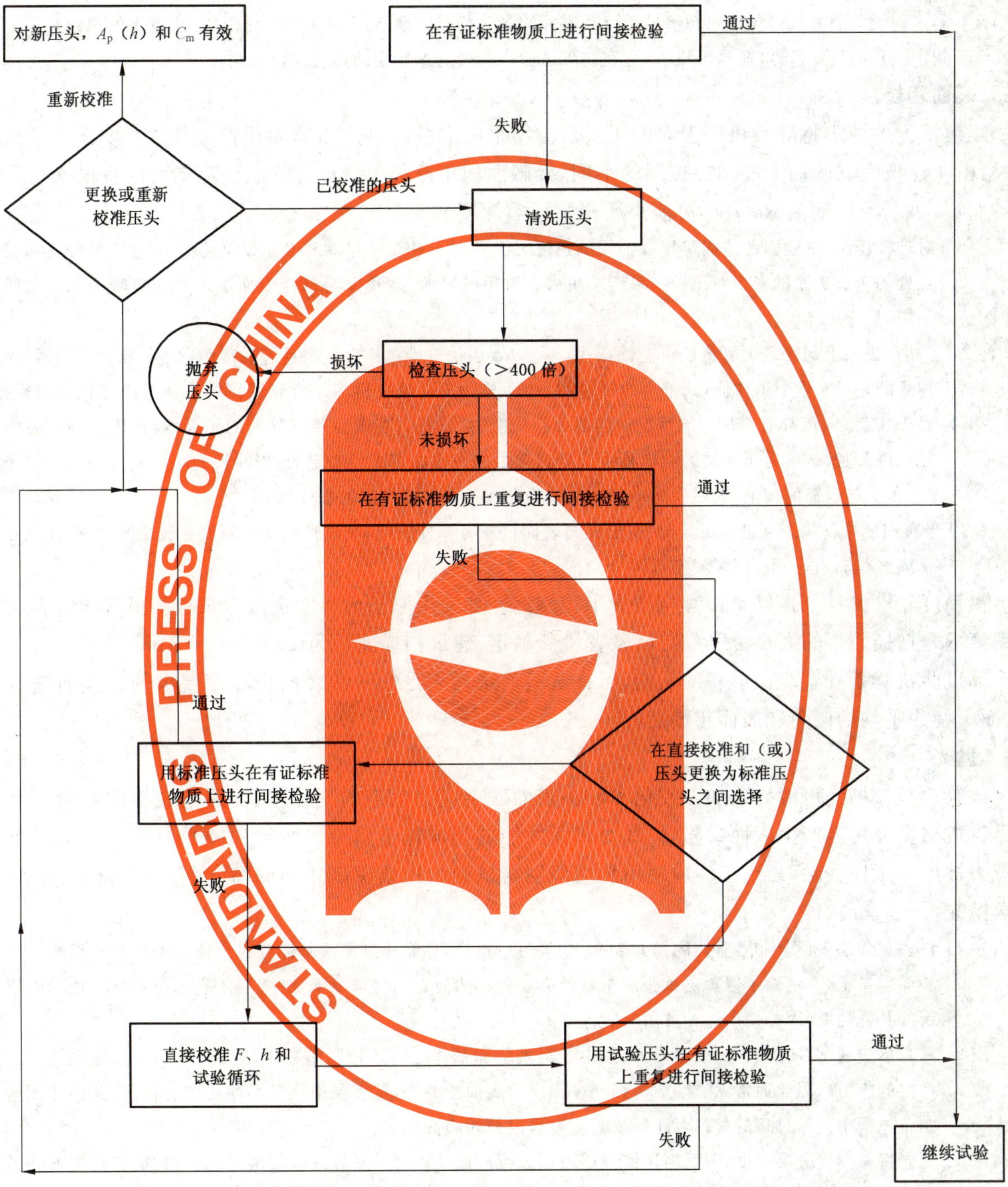

注：标准压头是经过校准的、使用频次很低的压头，只用于通过间接检验检查试验机和压头的测量标准。

图1　间接检验失败时应对措施的流程图

5　试样

5.1　总则

如可能，应尽量减少试样表面的加工，若试样表面状况满足5.2、5.3和5.4的要求，试验宜在试样接收状态下进行。

试样应采用与测定或检验试验机机架柔度同样的方法进行固定，试验面应垂直于压头轴线，拟试验位置处的平面与压头轴线的垂直面的倾角小于±5°。

注：测定该倾角的方法可包括用高倍显微镜观察并测量试样表面两点间焦平面间的距离，从镜头的焦距知识可得到该倾角的估计值；对非球形压头，可在实际试验中通过观察压痕的形貌求出倾角。

5.2 表面粗糙度

压痕深度的减小将导致粗糙表面上压痕试验结果的离散。显然当表面粗糙度值 Ra 接近于压痕深度时，由于压痕在试验面上峰和谷位置的不同，接触面积相差很大。最终的表面粗糙度值宜根据经验和设备而定，表面粗糙度值 Ra 宜尽可能小于最大压痕深度的 5%。

注 1：对玻氏压头，试验面的法线与压痕轴线的角度大于 7°时会使试验结果产生较大的误差[3]。压痕轴线和接触点处的表面法线的夹角对试验结果影响更大。对粗糙表面，该角度与试样表面法线和压痕轴线的夹角明显不同，见注 2。

注 2：虽然在表面上遇到最大峰值的可能性很小，但是 Ra 还是被推荐作为实用且容易理解的表面粗糙度参数，值得注意的是，Ra 是个平均值，其单个的峰值和谷值可能比 Ra 值大得多。研究覆盖层表面粗糙度模型可得出，对于任意 Ra 值都有两种极限情况。当表面粗糙度的“波长”(在覆盖层试验面的平面内)比压头顶端曲率半径大得多时，试验力压入时的响应是由该处覆盖层的表面曲率半径决定的；当波长远小于压头顶端曲率半径时，压头与粗糙面接触，其结果近似于样品表面存在一个较低模量的覆盖层。

注 3：当在试样接收状态下进行试验时，由于试样表面可能有各种缺陷，如试验机配有压痕在线成像系统，建议选择远离这些缺陷的“平坦”区域进行试验。

粗糙度轮廓测量仪探针半径宜与压头半径相近。如采用原子力显微镜测定某一扫描区域的表面粗糙度值 Ra，扫描面积的大小由客户与试验者协商确定，建议扫描面积为 10 μm×10 μm。

如试验机具备观察表面形貌的功能，可在试验前选择满足倾角和表面粗糙度要求的试验面进行试验，而不使用平均的倾角和表面粗糙度。

5.3 抛光

试验面机械抛光可能导致加工硬化和(或)表面残余应力状态的变化，从而影响硬度的测量。对陶瓷尽管机械抛光可能产生表面缺陷，但其对表面性能的影响比金属少。研磨和抛光应使前一工序产生的应力被后一工序去除，最终工序应使用粒度级别与试验中压痕深度相当的抛光剂，如可能，宜采用电化学抛光。

注 1：许多覆盖层表面复制着基体的抛光表面，如果可以这样，那么通过保证基体有一个适当的抛光表面可减少试验面制备工艺，消除了覆盖层试验面制备的必要性。然而在一些情况下，改变基体表面粗糙度可能影响覆盖层的其他性能，因此使用这种方法时宜注意。

注 2：覆盖层中通常存在较大的残余应力(如由于覆盖层和基体之间热膨胀系数不匹配和(或)覆盖层沉积工艺而产生的应力)，因此通常无法期望得到一个无应力表面。此外，覆盖层中一般都存在应力梯度，这样在试验面制备过程中去除过多的材料可能导致其明显偏离原始表面状态。

注 3：抛光将减少覆盖层厚度，因此当在覆盖层表面进行压痕试验时其基体效应将增大，此时数据分析需要知道准确的覆盖层厚度，抛光后需重新测量覆盖层厚度。这里再次强调尽量减少试样表面加工的必要性。

5.4 试验面清洗

通常，若试验面无明显的表面污物，宜避免表面清洗。如要求清洗时，应采用对表面损坏最小的方法，如：

——使用干的、无油的过滤气体；

——使用净化的含有 CO_2 微粒的气体(注意表面温度不能低于露点)；

——使用溶剂清洗(化学试剂与试样应不起反应)，然后使其干燥。

如果这些方法无效且试验面很牢固，试验面可以用浸泡在溶剂中的无绒布擦洗以去除夹杂在上面的灰尘，试验面应按上面方法清洗。超声方法会造成或增加覆盖层的损坏，使用时宜注意。

5.5 色漆和清漆的特别要求

5.5.1 基体材料

允许采用的基体材料是钢、玻璃、铝、塑料和木材。按5.5.2和5.5.3的规定制备试验试板，试验面不能有可见损伤；如果样品取自覆盖层产品，注意取样面宜平整且切割时不能弯曲；当受力时，试验试板不宜出现屈服或振动。

牢固固定小样品以避免其在试验过程中发生变形。

5.5.2 基体材料的制备和涂覆

基体材料应按GB/T 9271的规定进行制备和按照试验产品或系统涂覆程序进行涂覆。当测定材料的确切数值时，覆盖层厚度宜大于压痕深度的10倍。

5.5.3 试验覆盖层的烘干和状态调节

覆盖层试验试板宜在设定时间和状态下(在GB/T 9278规定的标准状态下至少存放24 h)烘干、硬化和老化。覆盖层厚度宜按GB/T 13452.2规定的任一方法进行测定。

6 试验方法

6.1 试验条件

6.1.1 应根据所测量的覆盖层和所用的仪器参数选择压头几何形状、最大试验力和(或)位移以及试验循环，见图2。

仅当样品发生塑性变形且试验力卸除后存在残余压痕时，硬度值才有效。

注1：硬度测量时一般选用小曲率半径(＜250 nm)的玻氏压头，模量测量时一般选用大曲率半径(＜25 μm)的压头。在特定情况下，可以通过施加试验力值的变化来避免更换压头。可按照附录B中的公式估计弹性变形范围。

注2：7.3的注4给出了简单应力分析的实例。

6.1.2 在覆盖层表面或横截面内进行多点压痕试验时，压痕的定位和间距应满足GB/T 21838.1—2008中7.7的要求。

注3：覆盖层各向异性可能很明显，因此试验位置和试验面(表面或横截面)的选择对压痕硬度值的测量有很大影响，对模量值的测量有时也有很大影响。

6.1.3 按照GB/T 21838.1—2008中7.4的规定选择仪器化压痕试验参数，影响测试结果的覆盖层和基体参数如下：

a) 基体材料硬度、杨氏模量和泊松比；

b) 覆盖层厚度；

c) 表面粗糙度值；

d) 覆盖层和基体的结合力(宜避免覆盖层分层)。

如要进行两个或多个试样试验结果的直接比较，以上这些参数宜保持恒定。

要考虑所测材料参数与时间的关系。

注1：结合力影响硬度值和杨氏模量值[4-8]。

注2：除硬度和模量外，试样参数的变化影响其值的测试。如果压痕深度远小于覆盖层厚度，或者对选定样品的覆盖层厚度可以合理估计，并且各个测试点上的估算值一致，则不测量实际厚度也可测出 E_c^* 和 H_c。然而，如果要比较的性能参数是相对压痕深度的函数，则必须测量实际厚度，临界值取决于覆盖层和基体性能之比。

测量不同厚度的覆盖层性能时应使用规范化程序。

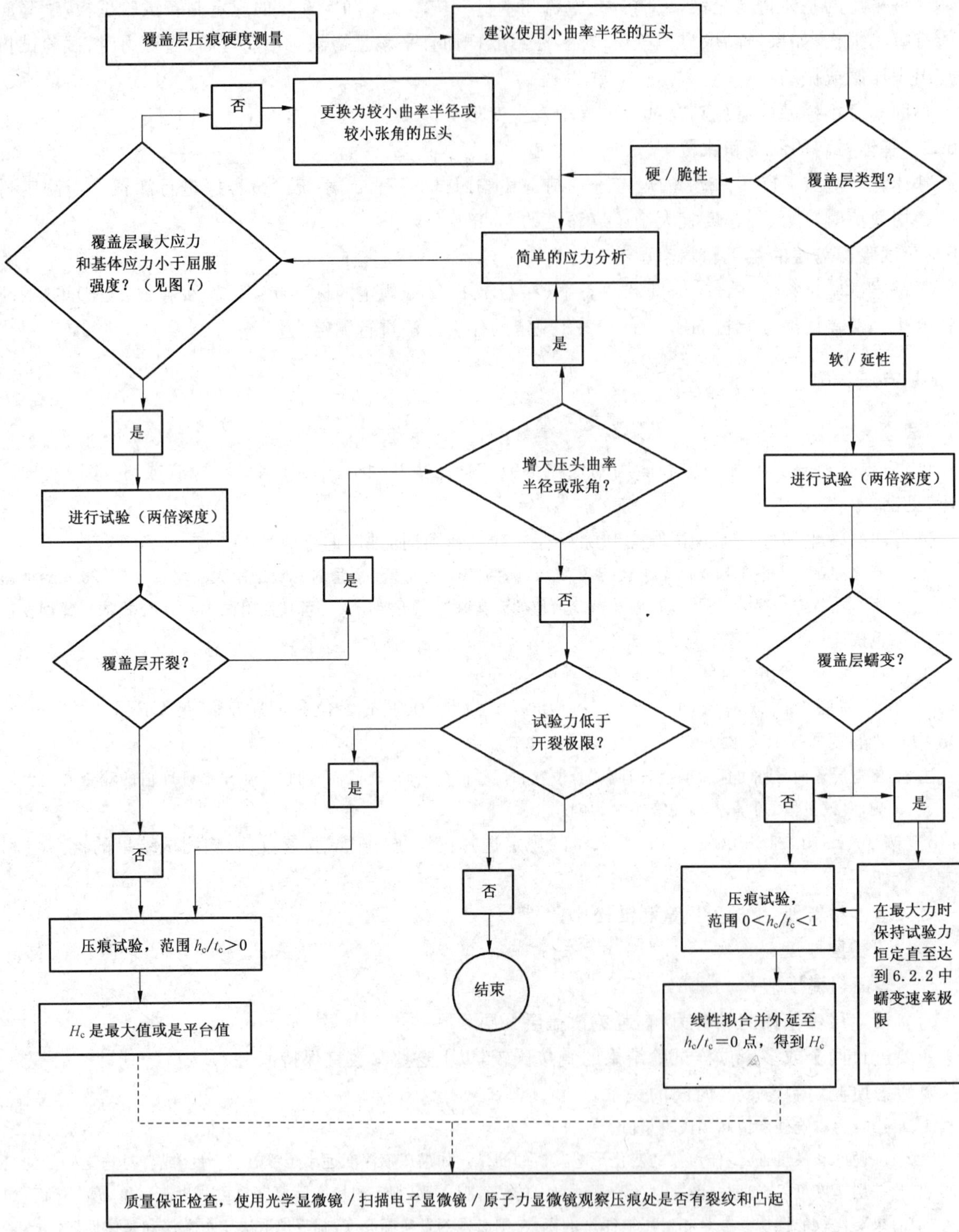

a）覆盖层的压痕硬度测量

图 2　测量覆盖层性能的压头几何形状和压痕参数选择流程图

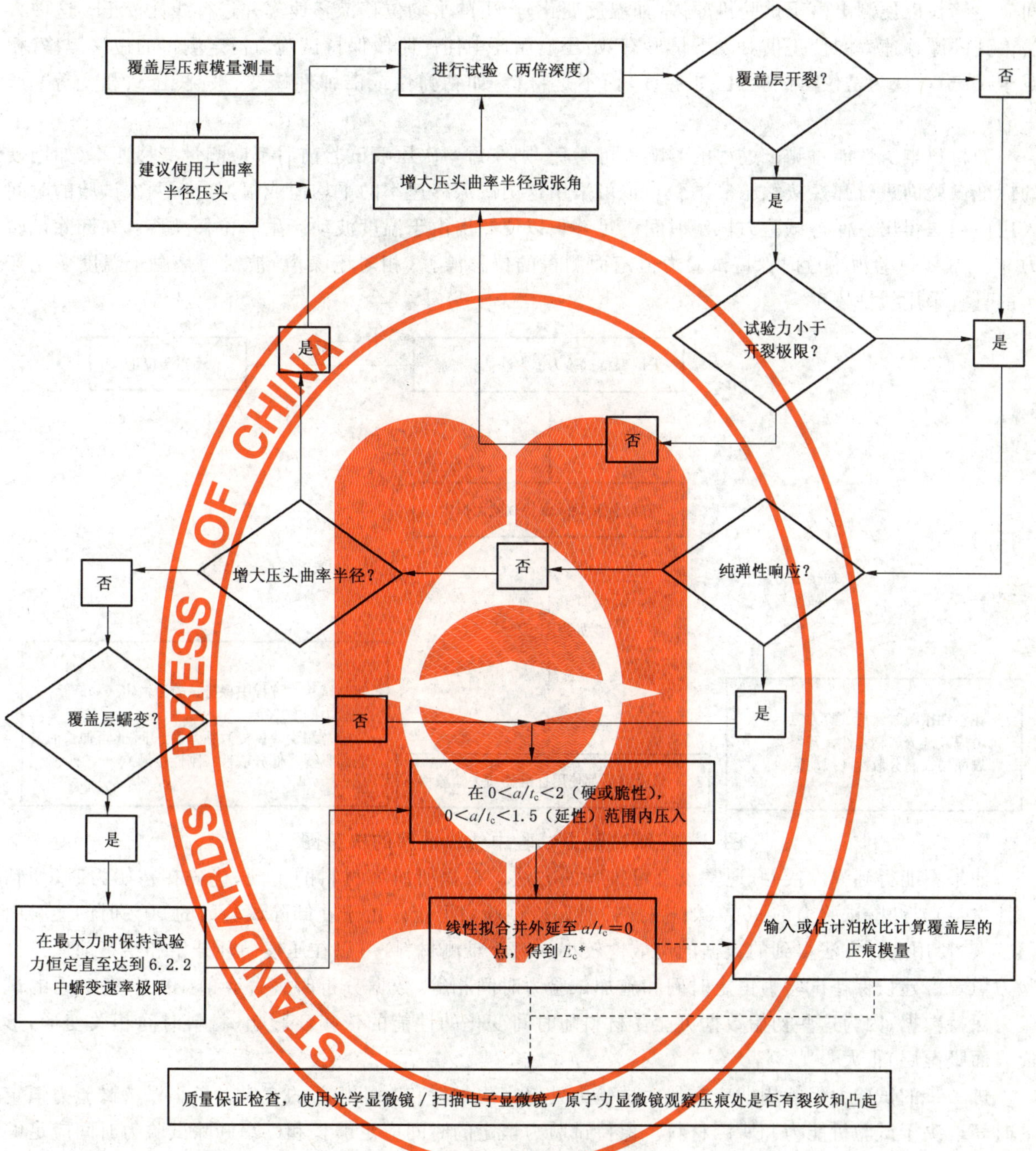

b) 覆盖层的压痕模量测量

图 2（续）

6.2 试验程序

6.2.1 总则

放入已制备好的试样并定位以便在要求的位置上进行试验。

按所选择的试验条件进行预先选定次数的压痕试验循环。

6.2.2 控制试验力试验

采用一个单一的施加试验力和卸除试验力循环。图3给出了试验中估算漂移的决策图。如果漂移速率很大，位移值应根据漂移速率来校正，漂移速率可采用在零试验力附近保持试验力恒定或卸除试验力至合适位置(如卸除试验力的90%)保持试验力恒定的方法测得。如可获得完全弹性的压痕(见附录B)，则优先在压痕较浅时保持试验力恒定，此时可避免材料蠕变、粘弹性和破裂等现象的发生。保持时间应足够长以便测出由于试验机原因(如温度变化)产生的平均位移漂移速率并进行线性校正。这种方法得到的漂移速率的校正仅对以下情形有效:压痕循环中任一阶段保持试验力恒定测得的位移漂移(相对于噪声)被认为是仅由试验机(如温度)而不是材料(如粘弹性或滞弹性蠕变、破裂、压致相变等)产生的。

如材料本身性能对测试过程的影响不可避免,则在每一次压痕试验前后都应测量漂移速率(如用硬的标准试验面进行弹性接触压痕试验),也可采用这两次漂移速率的平均值或根据前后两次试验的时间采用内插法得出。保持试验力恒定时间应足够长以便测出由于温度波动产生的位移漂移。在卸除试验力 90%或零试验力附近时保持试验力恒定而测得的位移漂移(相对于噪声)被认为是由于温度变化产生的且宜采用线性校正。

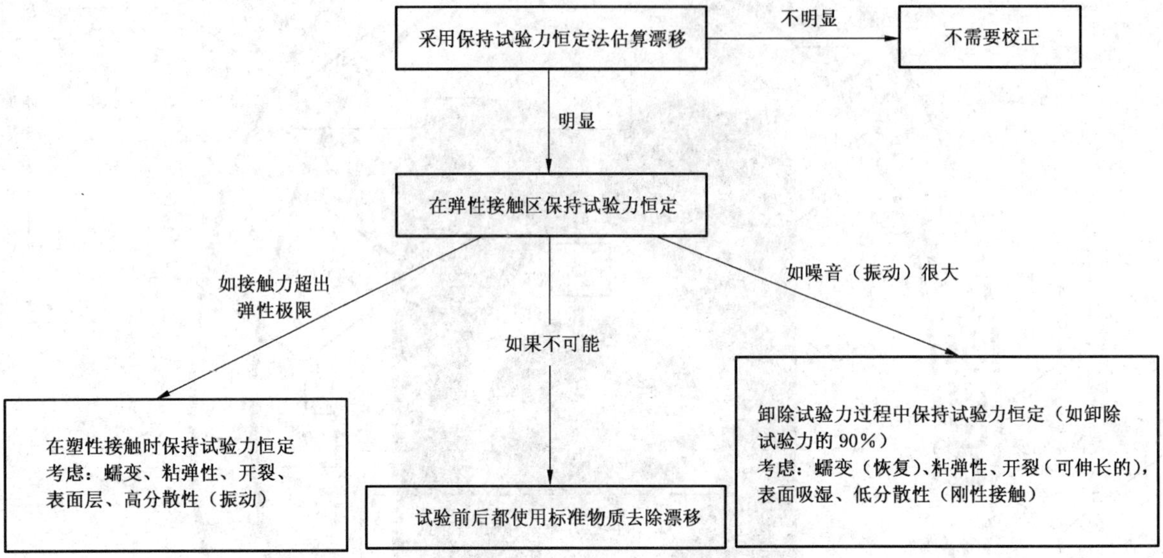

图 3　控制试验力试验中估算漂移的决策图

如果不能得到弹性接触,通常没有可推荐的方法。根据所研究材料的不同,优先在初始力时(如粘弹性材料)或卸除试验力的 90%(如软材料)时保持试验力恒定。由于在卸除试验力的 90%时的接触面积较大,使用这种方法得到的数据的离散性较小。对于难测材料,可以在压痕循环开始和结束前保持试验力恒定。建议保持试验力恒定时间和施加试验力时间相等,数据分析时宜舍弃前 10 s～20 s 间的试验力保持数据,因为这些初始数据可能受材料随时间变化的性能的依赖性影响(材料时间相关变形,形成表面吸湿层)很大[9,10]。

进一步的试验力保持周期应在最大试验力处以完成材料和时间相关的变形。最小保持试验力恒定的时间取决于试验机能力和所测材料。保持试验力恒定的时间应足够长和(或)卸除试验力时间应足够短以满足式(1):

$$q_F > 10 \times q_C / C_t \qquad \cdots\cdots (1)$$

式中:

q_F——试验力卸除速率;

q_C——蠕变速率。

蠕变速率定义为试验力卸除前最后至少 30 组位移与时间数据的线性拟合直线的斜率。

注 1:柔度的测量误差(由于试验力卸除时蠕变速率产生的)取决于卸除试验力阶段数据拟合的范围、采用的拟合方法、绝对接触柔度和试验力卸除速率。接触柔度在最坏条件下的误差估计值可由下式(2)计算:

$$error(\%) = \frac{q_C}{\left[\left(\frac{\sqrt{\pi}}{2} \cdot \frac{\sqrt{H}}{E_r} \cdot \frac{1}{\sqrt{F_{max}}}\right) \cdot \left(\frac{dF}{dt}\right)\right]} \times 100 \qquad \cdots\cdots (2)$$

如果使用非自相似压头,硬度值和模量值可能与压痕深度关系很大。

注2：当测量粘弹性材料时，增加最大试验力时的保持恒定的时间漂移速率未必减小。甚至在粘弹性恢复开始时卸除试验力，漂移速率将反转。不推荐采用卸除试验力前测量的蠕变速率来校正卸除试验力数据。使用比粘弹性时间常数更快的压痕循环或采用动态压痕法更易获得粘弹性材料的弹性模量。

试验力卸除和施加速率可以是相同的，但如有可能，建议试验力卸除速率高于施加速率以便将蠕变影响降至最低。缓慢施加试验力可减少在最大试验力时保持试验力恒定的时间，使得蠕变速率降低。

注3：已有材料蠕变行为对硬度和模量试验结果影响的报道[9]。结果表明，如果保持试验力恒定时间太短，特别是对硬度/模量之比小的材料(包括大多数金属)，模量结果将不可靠。由于蠕变产生的模量测量误差可能超过50%。保持试验力恒定时间的变化导致硬度值的变化可达18%。参考文献[9]提出保持试验力恒定时间的长短取决于材料类型，熔融硅为8 s，铝为187 s。其所用的标准为降低蠕变速率以使每分钟深度的增加小于压痕深度的1%。注意在近于完全塑性材料中(如金属)，总压痕深度的1%的蠕变可能引起表观接触刚度很大的变化。

建议在初始试验中估算蠕变速率。试验力卸除速率宜尽可能最大但要保证有足够的试验力卸除数据用于后续分析。

6.2.3 控制位移试验

与控制试验力试验时保持恒定的试验力一样保持恒定的位移测定漂移。对位移漂移速率来说，宜校正目标位移速率。对机架柔度来说，也宜校正这些速率。

7 覆盖层表面压痕试验的数据分析和结果评估

7.1 总则

分析压痕试验得到的数据之前，有必要校正受热漂移影响严重的位移数据，测定$A_p(h_c)$值和通过修正机架柔度C_f得到C_s(接触柔度)。可使用GB/T 21838.1—2008附录A中的公式计算试样的硬度和压痕模量。附录A给出了C_s和C_f的测定方法。因此，根据GB/T 21838.1—2008计算得出的是覆盖层和基体的复合性能。7.2和7.3给出了假设覆盖层性能与深度无关时，从所测的覆盖层和基体复合性能中得出覆盖层硬度和压痕模量的方法。

注1：如采取6.1.2推荐的方法，按照GB/T 21838.1在横截面上所测压痕试验结果被认为是覆盖层的。

注2：参考文献[11]给出了钢表面上电镀覆盖层的硬度测量的经验准则，建议压痕深度不超过覆盖层厚度的1/10，而漆膜覆盖层，压痕深度允许达到覆盖层厚度的1/3[12]。在许多情况下，这些近似不能令人满意且只能用于硬度测量。

延性和脆性覆盖层的试验参数应单独考虑。

在覆盖层表面进行压痕试验时，对所有覆盖层来说，尽管硬基体上厚的柔性覆盖层的弹性形变可以忽略，但基体的弹性变形总会发生。因此，所测的模量总是覆盖层和基体的复合模量且所得到的数值是压痕深度的函数。

对硬度测量，建议尽可能使用小曲率半径压头(如尽可能尖锐)以限制覆盖层内塑性变形。在没有覆盖层的基体上进行硬度测量对于正确分析硬基体上的软覆盖层具有指导作用。在某种情况下，识别出所测硬度为常数的压痕深度范围(如在基体塑性变形开始前)，然后可以在这个范围进行压痕试验。

覆盖层硬度和模量值可通过覆盖层表面压痕试验从E_{IT}和H_{IT}的复合值中估算出来，这些复合值是根据覆盖层厚度归一化的接触面积等效半径a或压痕深度h_c的函数。对获得准确的中间值来说，覆盖层厚度t_c是不要求的。然而，如果来自不同厚度覆盖层的数据被一起绘制成曲线，或利用有效数据中压痕深度的最大范围时，推荐测量覆盖层的实际厚度以保证试验数据的最好的再现性。对于不同几何形状的压头(如玻氏、维氏、球形、锥形等)，a近似为与压头接触投影面积相等的圆的半径，即：

$$a=\sqrt{\frac{A_p}{\pi}} \qquad (3)$$

球形和圆锥形压头的a值相等。随着压头轴对称性的减小，该值越来越小，即$a_{圆锥形}=a_{球形}>a_{维氏}>a_{玻氏}$。

注 3：测量延性覆盖层的硬度或脆性覆盖层的弹性模量是相对容易的。而测定脆性或硬的覆盖层的硬度，或延性覆盖层的弹性模量则较为困难。

注 4：不测量 t_c 时，可使用 t_c 的标称值，但不同厚度覆盖层之间的压痕数据的可比性较差。

7.2 覆盖层压痕模量

在控制试验力循环和试样压痕试验结果未知的情况下，应进行一组试验性压痕试验（如在两个差别较大的试验力下）和分析，以获得以下规定的 a/t_c 范围内所需试验力的估计值。图 2 b）给出了适用的压头几何形状和压痕试验参数的选择方法。

对软的/延性的覆盖层，应选择使所测的试验数据落在 $a/t_c<1.5$ 范围内的试验力（位移）和压头类型。在不同压痕深度下进行一组压痕试验，线性拟合平面应变压痕模量与 a/t_c 曲线，外推至 a/t_c 为零，即可得到覆盖层的平面应变压痕模量 $E_c{}^*$，见图 4。

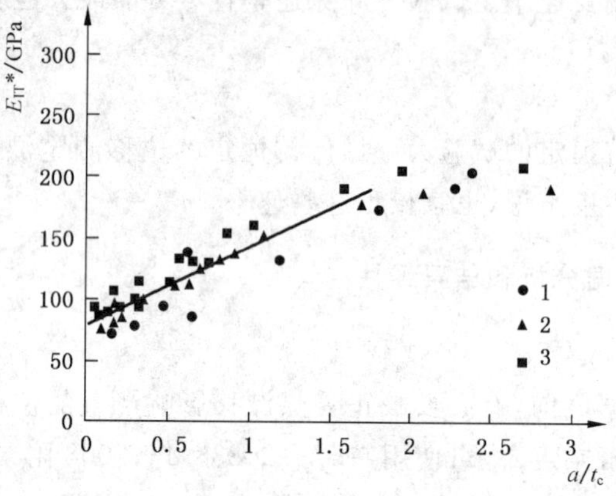

1——球形压头；

2——玻氏压头；

3——维氏压头。

图 4 镍基体上金覆盖层平面应变压痕模量与归一化的接触半径（球形、玻氏和维氏压头）

对硬的/脆性的覆盖层，应选择使所测的试验数据落在 $a/t_c<2$ 范围内的试验力（或位移）和压头类型。在不同压痕深度下进行一组压痕试验，线性拟合平面应变压痕模量与 a/t_c 曲线，外推至 a/t_c 为零，即可得到覆盖层平面应变压痕模量 $E_c{}^*$，见图 5。

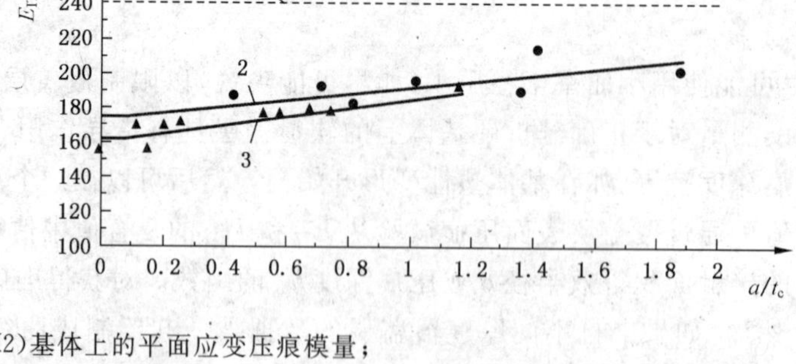

1——高速工具钢（M2）基体上的平面应变压痕模量；

2——球形压头所测值的线性拟合；

3——玻氏压头所测值的线性拟合。

图 5 高速工具钢（M2）基体上类金刚石（DLC）覆盖层的平面应变压痕模量和归一化的接触半径

注 1：平面应变压痕模量与 a/t_c 之比的线性拟合为零的值是一次近似。然而，通常情况下，它们之间呈非线性关系且可通过有限元（FEA）方法模拟。由于它们的非线性关系表达式是未知的，其线性拟合所表述的是在限定范围内的粗略的一次近似，超过这个范围则不适用。

在3个或3个以上的a/t_c或h_c/t_c取值范围内进行至少15次压痕试验才可能进行有效外推。建议在5个或5个以上的a/t_c或h_c/t_c取值范围内至少进行50次压痕试验以减少外推法的不确定度。通常建议增加多个在不同a/t_c或h_c/t_c取值范围的进行试验次数，其优于在少量的a/t_c或h_c/t_c取值范围内进行多次试验。

注2：为获得在要求的a/t_c或h_c/t_c范围内的压痕结果，测定所需施加试验力范围的最快速和最可靠的测定方法是在不同的试验力下进行几次试验性的压痕试验。画出卸除试验力曲线初始阶段斜率的平行线可以快速估计最大试验力较低时h_c的大约值。

7.3 覆盖层压痕硬度

同样的归一化参数a/t_c可用来估计硬度值。然而，由于该方法要求使用自相似几何压头（尖锐的压头），因此，也可采用无量纲参数h_c/t_c（接触深度和覆盖层厚度之比）估计硬度值。图2a）给出了适用的压头几何形状和压痕参数的选择方法。

对硬基体上软的/延性的覆盖层，假设基体只有弹性变形，在$0<h_c/t_c<1$范围内，线性拟合H_{IT}与h_c/t_c曲线，外推至h_c/t_c为零，即得到覆盖层压痕硬度。

注1：线性曲线图h_c/t_c的最大极限值取决于覆盖层和基体硬度之比。如，对于镍基体上金覆盖层，硬度比约为2.5，h_c/t_c极限值<1；对于光学玻璃（BK7）基体上铝覆盖层，硬度比约为8，h_c/t_c极限值约为5。由于压头钝化，对于硬度的测量，接触深度的极限值变小。h_c大于压头顶端曲率半径的20%（对于压头顶端曲率半径为250 nm，h_c为50 nm）时测得的硬度值再现性较好。

推荐在5个或5个以上的a/t_c或h_c/t_c取值范围内进行至少50次压痕试验以减少外推法的不确定度，通常建议增加在不同a/t_c或h_c/t_c取值范围的试验次数，其优于在少量的a/t_c或h_c/t_c取值范围内进行多次试验。这对于软基体上的硬/脆性的覆盖层更加适合，此时可测得硬度稳定时的值。

对软基体上的硬覆盖层，覆盖层压痕硬度只能用可使覆盖层产生屈服的尖锐的压头（小曲率半径）测定，建议使用半径等效于自相似几何形状压头顶端曲率半径的球形压头，对覆盖层和基体系统进行弹性应力分析，这将决定压痕试验时覆盖层和基体谁将首先产生屈服，是否可能测量覆盖层硬度。如有必要，推荐测出基体的硬度值进行比较。通过达到基体硬度值范围（甚至低的h_c/t_c）的密集的硬度测量可鉴别出覆盖层的分层或裂纹。注意，在较低试验力时，尖压头比钝压头更可能引起裂纹。

选择使h_c/t_c或a/t_c落在H_{IT}为最大值的一个范围内的试验力（或位移）和压头形状。一般这个范围是$0<h_c/t_c<0.5$。如果在这个范围内，测得的H_{IT}最大值为平台，该值就是覆盖层的硬度H_c。如果在H_{IT}中最大值只出现一次，且在这个值时厚覆盖层产生屈服，这就更加证明该值就是覆盖层的硬度值。否则该值仅是覆盖层压痕硬度的最小估计值，见图6。

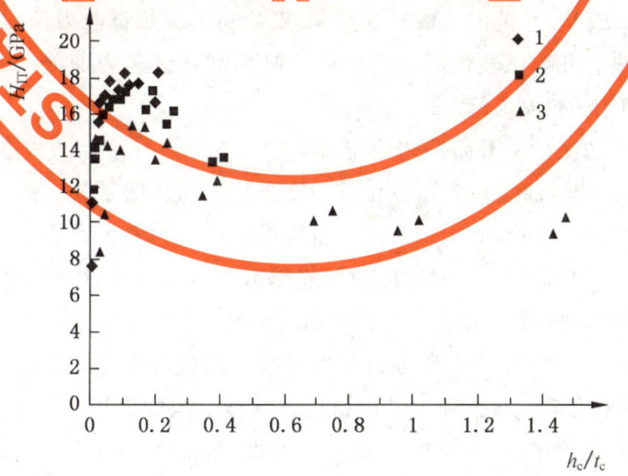

1——t_c=2 510 nm；

2——t_c=1 470 nm；

3——t_c=460 nm。

注：基体屈服的影响（对最薄的覆盖层），所用压头为玻氏压头，覆盖层的压痕硬度H_C=18 GPa。

图6 高速工具钢（M2）基体上类金刚石（DLC）覆盖层压痕硬度与归一化的接触半径

注2：基体塑性变形程度取决于许多因素，包括覆盖层和基体之间硬度和模量的相对差别，附着力，覆盖层厚度，压头的曲率半径(尖锐度)和最大试验力。对于软基体的硬质覆盖层，基体的早期屈服是一个特别的问题。然而，如果覆盖层的模量比基体模量小得多时，也可能引起基体早期屈服(如钨基体上的二氧化硅覆盖层)，在下面两种情况下选择一个折中方案：

a) 试验力足够大时(如接近但不超过基体塑性变形开始时的极限)，测得最大试验力-压痕深度数据，提高测量的精密度；

b) 压痕深度足够小时进行试验，使压痕的塑性变形区对基体和覆盖层界面没有影响，减小测量中基体的影响。见图7。

注3：在小试验力时，尖锐的压头(压头顶端曲率半径和包覆角较小)通常比较钝的压头更易引起覆盖层破裂。在控制试验力压痕试验中，试验力-位移曲线中出现突然不连续或突进现象，通常意味着覆盖层出现了破裂。

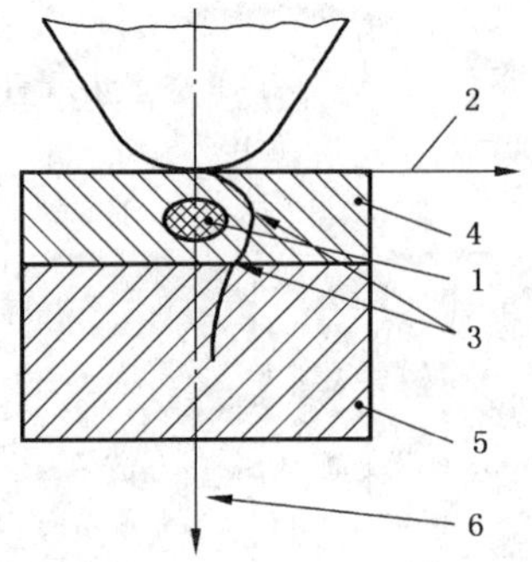

1——塑性变形；

2——作为压痕深度函数的主剪切力；

3——每种材料的最大剪切力；

4——覆盖层；

5——基体；

6——深度。

注：仅在覆盖层先于基体发生屈服时才能测量覆盖层的硬度。

图7 主剪切力作为压痕深度函数的图表叠加在覆盖层基体压痕图表上

注4：为测量覆盖层厚度，在基体发生屈服前覆盖层宜先充分屈服。最理想的情况是最大主剪切应力出现在覆盖层内部并使其产生塑性变形，而同时覆盖层下的基体所受的应力不超过基体屈服应力。压头为球形接触时，对泊松比 $\nu=0.3$ 的材料，在 $0.5a$ 处最大主剪切应力约为0.47倍平均应力。

注5：为获得在要求的 a/t_c 或 h_c/t_c 范围内的压痕结果，测定所需施加试验力范围的最快速和最可靠的测定方法是在不同的试验力下进行几次试验性的压痕试验。画出卸除试验力曲线初始阶段斜率的平行线可以快速估计最大试验力较低时 h_c 的大约值。

注6：通过评估试验力-压痕曲线的上升阶段来确定基体塑性变形的开始点的很多方法已公开发表，但都仍未被国际上共同认可。将力-位移曲线微分后以位移为横坐标重新作图是其中的一个方法，图中的拐点所对应的位移被认为是基体塑性变形开始时的深度[13]。也有人提出的力和位移平方开始偏离线性也是基体塑性变形开始的标志[14]。然而，不能保证所测出的屈服或偏离是基体造成的。力和位移平方之间轻微的线性偏移总是存在的，特别是压痕深度受压头钝化影响的压痕试验。

注7：对于覆盖层系统的压痕试验，建议采用分析和数字模型进行处理。分析模型通常仅用于弹性变形，作为一种试验的近似，这些模型也都未被国际上共同认可。文献[15-26]列出了一些近似模型的进展。对于多层覆盖层或性能呈梯度变化的覆盖层，提出模型明显更加困难，目前尚无可接受的模型。如果完全的弹性测量是可能的(如使用大曲率半径的球形压头)，则从所测的复合模量值中计算得到精确的覆盖层模量也是可能的。

8 试验报告

试验报告应符合GB/T 21838.1的要求，并应增加下列信息：

a) 试验机的制造商，型号和唯一性标识；

b） 试样描述，如尺寸、覆盖层的标称厚度、覆盖层材料和层数。如已知，建议报告下列信息：

——试样制备过程；

——表面粗糙度值 Ra；

——基体材料性能（成分，硬度和杨氏模量）；

——压痕试验处的实际覆盖层厚度；

c） 试验结果（覆盖层的平面应变压痕模量和（或）覆盖层的压痕硬度和由于蠕变产生的 C_t 误差的最大值）；

d） 试验力、位移、机架柔度和压头面积函数（包括压头顶端曲率半径）采用的校准或检验程序，包括用来校准的标准块的选择和仪器重复性的检验；

e） 描述是否采用热漂移修正，如采用，说明采用方法；

f） 压痕间距。

不确定度应包括下列内容：试验力、位移、零点的确定、面积函数、机架柔度、蠕变速率、外推截距。

附 录 A
（规范性附录）
机架柔度校准程序

A.1 总则

以下详细给出了使用均质、各向同性标准物质（见 GB/T 21838.3）的校准程序，并假设杨氏模量和泊松比与压痕深度无关，其中一些程序需用已知杨氏模量和泊松比的标准物质。报告中应给出校准时所选择的程序，包括试验力 F 和压痕深度 h 的范围。

注：理论上，标准物质需要有证书（有证标准物质 CRMs）。目前尚无这方面的有证标准物质 CRMs，但这方面的工作已经开始，多数材料上都存在着表面层的事实促使了 CRMs 需求的上升。由于没有有证标准物质，当压痕深度较小时，增大了对其所测弹性和塑性性能的影响，降低了压头面积函数和机架柔度的准确度。目前，推荐的标准物质材料是新抛光的钨和熔融硅。使用时施加的试验力不宜超过裂纹萌生的阈值（对于一般的玻氏压头，压入熔融硅时的试验力约 80 mN～100 mN）。

A.2 原理

总的测量柔度 C_t 是接触柔度 C_s 和机架柔度 C_f 之和，见式（A.1）：

$$C_t = C_s + C_f \qquad \text{(A.1)}$$

式中，C_t 可从未校正的卸除试验力曲线在最大试验力时的微分值得到，见式（A.2）：

$$C_t = \left[\frac{dF}{dh}\right]^{-1} \qquad \text{(A.2)}$$

一些仪器使用压头校准程序自动给出机架柔度值。此时，所测得的机架柔度（如使用本附录中的两种标准物质迭代法）是测定压头面积函数时软件所设定的机架柔度之和。

C_s 是压头和试样接触柔度，按式（A.3）计算：

$$C_s = \frac{\sqrt{\pi}}{2E_r}\frac{1}{\sqrt{A_p(h_c)}} \qquad \text{(A.3)}$$

式中

$$\frac{1}{E_r} = \frac{1}{E_{IT}^*} + \frac{1-\nu_i^2}{E_i} \qquad \text{(A.4)}$$

式中，E_i 和 ν_i 分别是压头的杨氏模量和泊松比。

$$h_c = h_{max} - \varepsilon F_{max} C_t \text{（见 GB/T 21838.1—2008 中 A.4）} \qquad \text{(A.5)}$$

因此总的柔度按式（A.6）或式（A.7）计算：

$$C_t = \frac{\sqrt{\pi}}{2E_r}\frac{1}{\sqrt{A_p(h_c)}} + C_f \qquad \text{(A.6)}$$

或

$$C_t = \frac{\sqrt{\pi}}{2E_r}\frac{\sqrt{H_{IT}}}{\sqrt{F_{max}}} + C_f \qquad \text{(A.7)}$$

式中，H_{IT} 为压痕硬度（见 GB/T 21838.1—2008 中 A.4）。

下面给出了一些在各向同性标准物质上进行压痕试验测定机架柔度的方法。这些方法按照压痕深度递减时力和准确度递增的次序排列。表 A.1 汇集了所选方法的假设条件。

表 A.1 所选方法的假设条件

方法	E_r=常数	H_{IT}=常数	C_f=常数	需要输入参数	参考文献
1	是	是	是	没有	
2	是	否	是	$A_p(h_c)$	[32]
3	是	否	是	没有	[33]
4	是	否	否	$A_p(h_c)$,E_r	[30]
5	是	否	否	E_{r1},E_{r2}	[31]
6	是	否	否	E_{r1},E_{r2},弹性变形	[28]

A.3 方法

使用自动校准函数前,操作者要确认对其非常了解以保证其准确无误。对可计算机架柔度值的软件,当按下述方法计算最终机架柔度时应考虑软件计算的机架柔度值。

A.3.1 方法 1

如果约化模量 E_r 和压痕硬度 H_{IT} 是常数,则 C_t(未修正的机架柔度)与 $1/\sqrt{F_{max}}$(式 A.7)成线性关系,该直线与柔度坐标轴的交点为机架柔度 C_f。该方法不适用于采用球形压头或大曲率半径压头进行小压痕深度的试验。

注 1:如果材料的塑性性能随深度变化很大,或压痕深度(压入试验力)不足以形成一个完全的塑性区,则 H_{IT} 不是常数,C_t 与 $1/\sqrt{F_{max}}$ 的曲线也不是线性的。

注 2:GB/T 21838.1—2008 中的硬度是材料对特定形状压头产生压痕的响应。对小压痕深度,压头从一个自相似的形状变为实际的球形状,因此硬度值不是常数且所测材料的 E/H 值随压痕深度而变化。

A.3.2 方法 2

如果压痕硬度与压痕深度有关,则通过重复性试验或原子力显微镜另外测定面积函数 $A_p(h_c)$。C_t(未修正的机架柔度)与 $1/\sqrt{A_p(h_c)}$[(式 A.6)]成线性关系,该直线与柔度坐标轴的交点为机架柔度 C_f。

注:典型的最大试验力为 10 mN~100 mN。为得到有效的校准值,建议在任一试验力下至少重复十次压痕试验。钨被认为是合适的标准物质,因为其在通常的试验力范围内可得到大的刚性压痕。

A.3.3 方法 3

如果面积函数未知,则采用组合迭代法。使用理想压头的面积函数(见 GB/T 21838.1—2008,附录 A.4)和有证标准物质计算得出 E_r,通过绘制两个最大压痕深度的 C_t(未修正的机架柔度)与 $1/\sqrt{A_p(h_c)}$[(式 A.6)]的曲线得到 C_f 的初步估计值[33]。然后,重复式(A.8)计算其他压痕尺寸的面积函数。

$$A_p(h_c)=\frac{\pi}{4}\frac{1}{E_r^2}\frac{1}{(C_t-C_f)^2} \qquad \cdots\cdots(A.8)$$

将新的面积函数代入式(A.6)重新计算 C_f。再根据式(A.8)计算出新的面积函数。如此逐步逼近以致最后一次得到的值与前一次值相同。

注:常选用铝和熔融硅为标准物质,在适当的试验力(铝为 3 mN~120 mN,熔融硅为 0.1 mN~120 mN)下,重复进行十次压痕试验。h_c 较小时,用熔融硅计算面积函数。

A.3.4 方法 4

如已知压头面积函数和所用标准物质的模量,将其及 C_t 代入式(A.6)则可直接计算机架柔度 C_f。用这个机架柔度的初步估计值修正原始数据可得出 F_{max} 时实际接触深度 h_c 的更好估计值,再用式(A.6)重新计算机架柔度,如此逐步逼近以致最后一次得到的值与前一次值相同[30]。

注:钨是首选的标准物质,因为它弹性各向同性、均质、与铝相比不易产生加工损坏、模量较高且可产生足够的塑性

变形以获得高的接触刚度和坚固的机架柔度。为得到有效的校准值,建议试验力增至 80mN 并至少重复进行十次压痕试验。

测量距压头尖端相对远处的面积函数值(如使用原子力显微镜测量)对本方法的准确度有重要影响,因为试验结果对此输入值很敏感。

A.3.5 方法 5

如果面积函数未知,则可采用方法 4 的组合迭代法,在不同硬度和弹性性能的两种材料上进行试验。应选用较大的试验力(100 mN～200 mN)在单晶钨(100)等刚性材料上进行试验以测得机架柔度值,选用较小的试验力(1 mN～100 mN)在熔融硅上进行压痕试验以测得压头面积函数,通过几次迭代后就可以得到实际的机架柔度和压头面积函数,后者与通过原子力显微镜测得的面积函数是一致的[31]。

注:也可用蓝宝石和熔融硅作为标准物质,每一组使用 0.1 mN～500 mN 范围内的试验力重复进行十次压痕试验。

A.3.6 方法 6

如果压头尖端近似于球形,则在试验力施加的初始阶段(见附录 B)可产生弹性压痕。采用弹性模量分别为 E_{r1},E_{r2} 的两种标准物质可测得机架柔度 C_f(见式(A.10))和球形压头的半径(用尖端曲率半径 R,代替面积函数,见式(A.9))[28]。

$$R=\left(\frac{3}{4}\right)^{2}\frac{F^{2}}{(h_{1}-h_{2})^{3}}\left(\frac{1}{E_{r1}{}^{2/3}}-\frac{1}{E_{r2}{}^{2/3}}\right)^{3} \qquad \text{(A.9)}$$

$$C_{f}=\frac{h_{1}-\left(\frac{3}{4}\frac{F}{E_{r1}}\right)^{2/3}\left(\frac{1}{R}\right)^{1/3}}{F} \qquad \text{(A.10)}$$

这个结果仅对试验力为 F,并且压痕深度在 h_1,h_2 之间时有效。

附 录 B
（规范性附录）
接触点和完全弹性范围

为准确测定压痕深度，确定压头与试样表面的第一次接触点是必须的。接触点可采用下列方法确定：测定最初施加试验力循环中试验力的首次变化、接触刚度的首次变化、试验力或位移速率的首次变化以及采用振动压头时测定压头位移与激励间的位相变化。不同仪器使用不同方法确定接触点，但是接近表面前后的试验力、位移、试验力施加速率、位移速率或位相的步进量应足够小，以保证零点的测定值能达到要求的不确定度（见 GB/T 21838.1—2008 中 7.3）。

如果得到的是完全弹性范围的初始数据，则对于球形压头可以采用 Hertzian 的反向外推法确定接触点[1,28,31]。

注 1：零点的不确定度受下列因素影响：试样的不均匀性（包括本征氧化层的破裂）、表面粗糙度、压头几何形状、由于振动产生的噪声、数据趋势以及外推长度（如初始试验力的大小）与数学函数的吻合程度。对压痕位置处的平均粗糙度小于 1 nm 的均质材料表面，测得的位移波动小于 1 nm，将试验数据的拟合曲线反推得到的初始试验力在 0.002 mN～0.05 mN 之间，则测得的零点不确定度估计在 0.1 nm～2 nm。实际试验中不确定度受上述一个或所有因素影响很大时这个估计值是不可信的。

完全弹性位移时压痕深度 h 和接触面积等效半径 a 的计算见式（B.1）、式（B.2）：

$$h=\left(\frac{3F}{4E_r}\right)^{2/3}R^{-1/3} \qquad \text{(B.1)}$$

$$a=\sqrt{2hR\left(1-\frac{h}{2R}\right)} \qquad \text{(B.2)}$$

所谓弹性接触，是指假设采用至少两倍的接触力作为最大试验力进行压痕试验时，试验力施加和卸除曲线的偏移足够小，即热漂移校正后，位移偏移应不超过 1 nm 或最大压痕深度的 3%（取较小值）。

注 2：对给定初始试验力，未校正深度偏移引入的位移误差的初步估计值可从弹性理论式（B.1）中得到。表 B.1 给出了初始接触试验力为 1 μN、5 μN 和 10 μN 时采用不同曲率半径压头在不同杨氏模量材料上的弹性位移，它是假设没有塑性的最小估计值。表 B.2 给出了上述弹性区域的上限，但有待于试验证明。

注 3：对所有情况，宜考虑表面膜（表面吸湿）对表面检测或表面确定的影响。这些表面膜可能在压痕试验时附加一个额外的未被测量的力，从而使材料的真实响应不明显。

表 B.1 不同曲率半径压头的弹性压痕深度

参 数	$F/\mu N$	不同曲率半径压头(nm)的弹性压痕深度 h/nm					
		50	100	200	500	1 000	10 000
E=5 GPa ν_i=0.3	1	7.22	5.72	4.55	3.35	2.66	1.23
	5	21.11	16.75	13.30	9.80	7.78	3.61
	10	33.51	26.60	21.11	15.55	12.34	5.73
E=20 GPa ν_i=0.3	1	2.89	2.30	1.82	1.34	1.07	0.49
	5	8.46	6.71	5.33	3.93	3.12	1.45
	10	13.42	10.66	8.46	6.23	4.95	2.30
E=70 GPa ν_i=0.3	1	1.29	1.03	0.81	0.60	0.48	0.22
	5	3.78	3.00	2.38	1.76	1.39	0.65
	10	6.01	4.77	3.78	2.79	2.21	1.03

表 B.1（续）

参数	$F/\mu N$	不同曲率半径压头(nm)的弹性压痕深度 h/nm					
		50	100	200	500	1 000	10 000
E=100 GPa ν_i=0.3	1	1.04	0.82	0.65	0.48	0.38	0.18
	5	3.04	2.41	1.91	1.41	1.12	0.52
	10	4.82	3.82	3.04	2.24	1.78	0.82
E=200 GPa ν_i=0.3	1	0.69	0.55	0.44	0.32	0.25	0.12
	5	2.02	1.61	1.27	0.94	0.75	0.35
	10	3.21	2.55	2.02	1.49	1.18	0.55
E=400 GPa ν_i=0.3	1	0.48	0.38	0.30	0.22	0.18	0.08
	5	1.41	1.12	0.89	0.65	0.52	0.24
	10	2.23	1.77	1.41	1.04	0.82	0.38
压痕试验后按 A.3.6 规定的方法计算试验结果。应检查硬度和模量计算值的合理性。对金刚石，E=1 140 GPa，ν_i=0.07。							

表 B.2 假设完全弹性变形时，不同杨氏模量材料的压痕深度(根据式(B.1)的计算值)

参数	压头曲率半径=50 nm		压头曲率半径=500 nm		压头曲率半径=10 000 nm	
	$F/\mu N$	h/nm	$F/\mu N$	h/nm	$F/\mu N$	h/nm
E=5 GPa ν_i=0.3	1	7.2	1	3.4	1	1.2
			100	72	40 000	1 444
E=70 GPa ν_i=0.3	1	1.3	1	0.6	1	0.2
	14	7.5	1 400	75	600 000	1 574
E=200 GPa ν_i=0.3	1	0.7	1	0.3	1	0.1
	50	9.4	5 000	94	1 800 000	1 750
注：压痕深度是在试验力为 1 μN 和试验力所产生的应力达到杨氏模量 10%时计算得出的(E/10 为所有已知材料在塑性变形开始前所能承受的最大估计应力)。						

参 考 文 献

［1］ Jennett et al, Final Report EU-SMT Project: Determination of Hardness and Modulus of Thin Films and Coatings by Nanoindentation (INDICOAT), Contract No. SMT4-CT98-2249, NPL Report MATC(A)24, May 2001

［2］ A Bolshakov and G M Pharr, Influences of pile-up and the measurement of mechanical properties by load and depth sensing indentation techniques, J Mat. Res., 13(1998)1049-1058

［3］ N J McCormick, M G Gee and D J Hall, The calibration of the nanoindenter, Mat. Res. Soc. Symp. Proc., 308(1993)195—200

［4］ P J Burnett and D S Rickerby, The scratch adhesion test: An elastic-plastic indentation analysis, Thin Solid Films, 157(1988)233

［5］ P J Burnett and D S Rickerby, The relationship between hardness and scratch adhesion, Thin Solid Films, 154(1987)403,

［6］ P J Burnett and D S Rickerby, The mechanical properties of wear-resistant coatings: I: Modelling of hardness behaviour, Thin Solid Films, 148(1987)41

［7］ P J Burnett and D S Rickerby, The mechanical properties of wear-resistant coatings: II: Experimental studies and interpretation of hardness, Thin Solid Films, 148(1987)51

［8］ T F Page and S V Hainsworth, Using nanoindentation techniques for the characterization of coated systems: a critique, Surf. Coat. Technol., 61(1993)201

［9］ T Chudoba, F Richter, Investigation of creep behaviour under load during indentation experiments and its influence on hardness and modulus results, presented at the PSE 2000 Conference, Garmisch-Partenkirchen, 17-21September2000, Surf. Coat. Technol., 148/2/3(2001)191—198

［10］ N Schwarzer, F Richter, G Hecht, Elastic Field in a Coated Half Space under Hertzian pressure distribution, Surf. Coat. Technol., 114(1999)292

［11］ ISO 4516:2002, Metallic and other inorganic coatings-Vickers and Knoop microhardness tests

［12］ ASTM D-1474, Indentation Hardness of Organic Coatings

［13］ B Rother, T Lunow and G Lenohardt, Inerface strength of titanium nitride coatings on hardened high—speed steel, Surface Coatings and Technology, 71(1995)229,

［14］ S V Hainsworth, H W Chandler and T F Page, Analysis of nanoindentation load-displacement loading curves, J Materials Research, 11(1996)1987,

［15］ H F Wang and H Bangert, Three-dimensional finite element simulation of Vickers indentation on coated system, Mat. Sci. &Eng, A163(1993)43

［16］ K Mao, Y Sun and T Bell, Contact mechanics if engineering surfaces: state-of-the-art, Surface Engineering, 10(1994)297

［17］ J C Pivin, D Lebouvier, H M Pollock and F Fielder, Fields of plastic deformation in indented bilayers: comparsion between kinematic calculations and experimental data obtained at scales ranging from one centimeter to ten nanometers, J Phys. D., 22(1989)1443

［18］ B Jönsson, S Hogmark, Hardness measurements of thin films, Thin Solid Films, 114 (1984)257

［19］ P J Burnett, T, F, Page, Surface softening in silicon by ion implantation, J Mater. Sci., 19

(1984)845

[20] B D Fabes, W. C. Oliver, R. A. McKee, F. J. Walker, The determination of film hardness from the composite response of film and substrate to nanometer scale indentations, J Mat. Res., 7(1992)3056,

[21] I J Ford, A cavity model of the indentation hardness of a coated substrate, Thin Solid Films, 245(1994)122,

[22] D Chicot, J Lesage, Absolute hardness of films and coatings, Thin Solid Films 254 (1995)123

[23] N G Chechenin, J Btiger, J P Krog, Nanoindentation of amorphous aluminum oxide films I, The influence of the substrate on the plastic properties, Thin Solid Films, 261(1995)219,

[24] A M Korsunsky, M RMcGurk, S J Bull, T F Page, On the hardness of coated systems, Surf. Coat. Technol, 99(1998)171

[25] H Gao, C-H Chiu, J Lee, Elastic contact versus indentation modeling of multi-layered materials, Int. J. Solid Structures, 29(1992)2471,

[26] J Mencik, D Munz, E Quandt, E R Weppelmann, Determination of elastic modulus of thin layers using nanoindentation, J Mater. Res., 12 No, 9(1997)2475,

[27] T Chudoba, N Schwarzer, F Richter, New possibilities of mechanical surface characterization with spherical indenters by comparison of experimental and theoretical results, Thin Solid Films, 355-356(1999)284

[28] T Chudoba, N Schwarzer, F Richter, Determination of elastic properties of thin films by indentation measurements with a spherical indenter, Sur. Coat. Technol., 127(2000)9

[29] T Chudoba, N Schwarzer, F Richter, U Beck, Determination of mechanical film properties of a bilayer system due to elastic indentation measurements with a spherical indenter, Thin Solid Films, 377-378(2000)363-373

[30] J Meneve, J F Smith, N M Jennett and S R J Saunders, Applied Surface Science, 100/101 (1996)64-68, Surface Mechanical Property Testing by Depth Sensing Indentation, Proc. 13th Int Vac Conf and 9th Int. Conf., Solid Surface Sept 25-29 1995 Yokohama, Japan

[31] K Hermann, N M Jennett, W Wegnner, J Meneve, K Hasche and R Seemann, Progress in determination of the area function of indenters used for nanoindenation, Proc ICMCTF100 Thin Solid Films—Thin Solid Films, 377-378(2000)394-400

[32] M F Doerner and W D Nix, A method for interpreting the data from depth-sensing indentation instruments, J Mater. Res., 1 (1986)601-609

[33] W C Oliver and G M Pharr, An Improved technique for the determining the hardness and elastic modulus using load displacement sensing indentation experiments, J Mater. Res., 7 (1992) 1564-1583

[34] K J VanVliet, L Prchlik and J F Smith, Direct measurement of indentation frame compliance, J Mater. Res., 19(2004)325-331

[35] ISO/IEC 17025, General requirements for the competence of testing and calibration laboratories

[36] ISO Guide to the Expression of Uncertainty in Measurement (GUM), BIPM, IEC, IFCC, ISO, IUPAC, IUPAP, OIML

ICS 77.140.15;77.040.01
H 20

中华人民共和国国家标准

GB/T 21839—2008

预应力混凝土用钢材试验方法

Steel for prestressed concrete—Test methods

(ISO 15630-3:2002,Steel for
the reinforcement and prestressing of concrete—
Test methods—Part 3:Prestressing steel,MOD)

2008-05-13 发布 2008-11-01 实施

中华人民共和国国家质量监督检验检疫总局
中国国家标准化管理委员会 发布

前　言

本标准修改采用 ISO 15630-3:2002《钢筋混凝土用钢和预应力混凝土用钢试验方法——第 3 部分：预应力用钢》(英文版)。

本标准是根据 ISO 15630-3:2002 重新起草。

由于我国相关规范的规定和工业的实际要求，本标准在采用国际标准时进行了修改。这些技术性差异用垂直单线标识在它们所涉及的条款的页边空白处。本标准与对应国际标准 ISO 15630-3:2002 的章节对照见附录 B。

为了方便我国预应力行业生产厂和用户的使用，与对应国际标准相比本标准主要做了如下技术性修改：

——增加了第 8 章　扭转试验；

——增加了第 9 章　缠绕试验；

——增加了附录 A《预应力混凝土用多丝钢绞线试验方法》。

本标准的附录 A、附录 B 为资料性附录。

本标准由中国钢铁工业协会提出。

本标准由全国钢标准化技术委员会归口。

本标准起草单位：国家建筑钢材质量监督检验中心、天津高力预一预应力钢绞线有限公司、宝钢集团上海二钢有限公司、冶金工业信息标准研究院。

本标准主要起草人：朱建国、张莹、崔丽鑫、毛爱菊、刘立军、李文佳、张恩炜、周代义、王玲君、戴石锋。

预应力混凝土用钢材试验方法

1 范围

本标准规定了预应力混凝土用钢材的拉伸、弯曲、反复弯曲、扭转、缠绕、等温松弛、疲劳、应力腐蚀、偏斜拉伸、化学分析、几何尺寸测量和相对肋面积确定等试验方法。

本标准适用于预应力钢丝、钢棒、钢绞线等产品相关性能的测定。

2 规范性引用文件

下列文件中的条款通过本标准的引用而成为本标准的条款。凡是注日期的引用文件，其随后所有的修改单(不包括勘误的内容)或修订版均不适用于本标准，然而，鼓励根据本标准达成协议的各方研究是否可使用这些文件的最新版本。凡是不注日期的引用文件，其最新版本适用于本标准。

GB/T 228 金属材料 室温拉伸试验方法(GB/T 228—2002,eqv ISO 6892:1998)

GB/T 230.1 金属洛氏硬度试验 第1部分:试验方法(A、B、C、D、E、F、G、H、K、N、T标尺)(GB/T 230.1—2004, ISO 6508-1:1999, MOD)

GB/T 232 金属材料 弯曲试验方法(GB/T 232—1999, eqv ISO 7438:1985)

GB/T 238 金属线材 线材 反复弯曲试验方法(GB/T 238—2002, ISO 7801:1984,IDT)

GB/T 239 金属线材扭转试验方法(GB/T 239—1999, eqv ISO 7800:1984)

GB/T 2976 金属线材缠绕试验方法(GB/T 2976—2004, ISO 7802:1983,IDT)

GB/T 3505 产品几何技术规范表面结构轮廓法表面结构的术语、定义及参数(GB/T 3505—2000,eqv ISO 4287:1997)

GB/T 12160—2002 单轴试验用引伸计的标定(GB/T 12160—2002, ISO 9513:1999,IDT)

GB/T 16825.1 静力单轴试验机的检验 第1部分:拉力和(或)压力试验机测力系统的检验与校准(GB/T 16825.1—2002,ISO 7500-1:1999,IDT)

3 符号说明

本标准使用的符号见表1。

表1 符号

符号	单位	说明	涉及章节
h_m	mm	中点肋高	15.3,16.2
h_{max}	mm	刻痕深度最大值/最高点肋高	15.3
$h_{s,i}$	mm	肋在单位长度 Δl 上的平均高度	16.2
$h_{1/4}$	mm	在1/4点处的肋高	15.3,16.2
$h_{3/4}$	mm	在3/4点处的肋高	15.3,16.2
A_{gt}	%	最大力总伸长率	5
A	%	断后伸长率	5.3.1
A_t	%	断裂总伸长率	5.3.1
c	mm	肋或刻痕距	15.3

表 1（续）

符号	单位	说　　明	涉及章节
C	mm	偏斜拉伸试验用的芯轴凹槽宽度	13.3.4
d	mm	预应力钢棒、钢丝、钢绞线的公称直径	11.2,11.4.6,12.3.4
d_a	mm	偏斜拉伸试验用芯轴公称直径	13.3.4
d_b	mm	偏斜拉伸试验用两量棒放在芯轴凹槽中的直径	13.3.4
d_e	mm	偏斜拉伸试验用量棒的直径	13.3.4
d_i	mm	偏斜拉伸试验用芯轴凹槽的内径	13.3.4
D	%	偏斜拉伸试验中最大力减少率的平均值	13.2,13.4
D_c	mm	应力腐蚀试验中容器内径	12 .3.4
D_i	%	偏斜拉伸试验中单根试样最大力减少的百分比	13.4
e	mm	两排相邻的肋或刻痕之间的平均间隙	15.3.1.4,15.3.2.4
E	N/mm^2	弹性模量	5.3
f	H_Z	轴向疲劳试验中负荷循环频率	11.1,11.4.2
f_R	1	相对肋面积	16
$F_{a,i}$	N	偏斜拉伸试验中单根试样破断力	13.4
F_m	N	最大力	5.3
$F_{m,m}$	N	最大力平均值	10.2,12.2,13.2
$F_{p0.1}$	N	0.1%屈服力	5.3
$F_{p0.2}$	N	0.2%屈服力	5.3
F_r	N	轴向疲劳试验中的应力范围	11.1,11.3,11.4.2
F_{rt}	N	松弛试验 t 时间试样上的剩余力	10.1
ΔF_{rt}	N	松弛试验 t 时间试样松弛损失的力	10.1
F_R	mm^2	横肋轴向剖面面积	16.2
F_{up}	N	轴向疲劳试验中的最大力	11.1,11.3,11.4.2
F_0	N	应力松弛试验和应力腐蚀试验中的初始力	10.1,10.3,10.4,12.4.2
G	mm	偏斜拉伸试验用芯轴凹槽深度	13.3.4
h_b	mm	预应力钢材平面矢高	15.3.4
L_t	mm	应力腐蚀试验中试样的长度	12.2
L_0	mm	等温松弛试验原始标距，应力腐蚀试验中试样在溶液中的浸入长度	10.1,10.3,10.4 12.2,12.3.4,12.4.5
ΔL_0	mm	等温应力松弛试验中在力 F_0 时标距 L_0 的伸长	10.1,10.3,10.4
L_1	mm	偏斜拉伸试验中固定端长度	13.3.2
L_2	mm	偏斜拉伸试验中活动端长度	13.3.2
P	mm	钢绞线捻距	15.3.3
R	mm	偏斜拉伸试验中芯轴凹槽底部圆角半径	13.3.4
Ra	μm	偏斜拉伸试验中芯轴表面粗糙度	13.3.4

表 1（续）

符号	单位	说　明	涉及章节
S_n	mm^2	试样公称横截面积	5.3.2
t_a	h	应力腐蚀试验中最大规定时间	12.4.5
$t_{f,i}$	h	应力腐蚀试验中单根试样的断裂时间	12.4.5
$t_{f,m}$	h	应力腐蚀试验中试样断裂时间中值	12.4.6
t_0	s	恒温松弛试验和应力腐蚀试验中开始时间	10.4.2,12.4
V_0	mm^3	应力腐蚀试验容器中溶液的体积	12.4.3
α	(°)	偏斜拉伸试验中偏斜角度	13.3.2
β	(°)	钢棒或钢丝的横肋或刻痕与中心线的夹角	15.3
ρ	%	松弛率	10.4.8
Σe_i	mm	横肋间隙周长	15.3.1.4,15.3.2.4,16.2
注：$1N/mm^2 = 1MPa$。			

4　试样的一般规定

除非另有其他协议，试样一般在成品包装前在成品中截取。

当样品是包装产品时(例如成卷或成捆)，截取试样应特别小心，防止试样因发生塑性变形而改变其性能。

注：必要时，可在相关条款中对试样的要求进行补充。

5　拉伸试验

5.1　试样

试样应符合第 4 章的规定。

5.2　试验设备

试验设备应按 GB/T 16825.1 进行校验和校准，并至少为 1 级精度。

测定 $F_{p0.1}$ 或 $F_{p0.2}$ 时，引伸计的精度应为 GB/T 12160 中 1 级；用于测定 A_{gt} 的引伸计可以为 GB/T 12160中 2 级精度。

应使用合适的夹具，避免试样在夹具内或在夹具附近断裂。

5.3　试验程序

5.3.1　概述

拉伸试验应按 GB/T 228 的要求执行。

在测定弹性模量(E)、0.1%屈服力和 0.2%屈服力($F_{p0.1}$ 和 $F_{p0.2}$)及最大力总伸长率(A_{gt})时，应使用引伸计。引伸计的标距按相关产品标准的要求确定。

注 1：A_{gt} 的精确值只能用引伸计来测得。如果试样上的引伸计不能延伸到试样断裂时，可按下列方法测定伸长率 A_t，用测定 A_t 替代 A_{gt}：

——继续加载直至引伸计记录的伸长率稍大于 $F_{p0.2}$ 时的伸长率，此时取下引伸计，记录试验机上下工作台的距离。继续加载至试样断裂，记录此时试验机上下工作台的最终距离。

——计算出两次试验机上下工作台的距离之差，将此差值与试验机上下工作台的初始距离之比和用引伸计测得的百分数相加即为断裂总伸长率 A_t。

对于钢丝和钢棒，也允许在试样自由长度上划等距离标记的方法测定 A，用测定 A 替代 A_{gt}。标记间的距离应根据钢丝和钢棒的直径确定，可为 20 mm，10 mm 或 5 mm。

注 2：在装引伸计前，最好给试样预加一负荷，例如该预加负荷为试样预期最大负荷的约 10%。

如果 A_{gt} 不是完全用引伸计测定的，应在试验报告中注明。

拉伸性能值，$F_{p0.1}$，$F_{p0.2}$，F_m 均用力的单位表示。

当试样在距夹具 3 mm 之内发生断裂，原则上试验应判为无效，应允许重新试验。然而，如果所有试验数据大于或等于相应的规定值，其试验结果有效。

5.3.2 弹性模量的测定

在力-伸长率曲线中，用 $0.2F_m$ 到 $0.7F_m$ 范围内的直线段的斜率除以试样的公称横截面积（S_n）测定弹性模量（E）。

斜率可以通过对测定数据进行线性回归得出，也可以用最优拟合目测法得出。

注 3：在一些特定情况下，例如热轧钢棒和拉拔钢棒，上述方法不适用；需要在 $0.05F_m$ 到 $0.7F_m$ 范围内测定弹性模量。

除 5.3.1 规定的要求外，测定弹性模量时，在力值范围内应力速率应保持不变。

6 弯曲试验

6.1 试样

试样应符合第 4 章规定。

6.2 试验设备

6.2.1 试验设备的弯曲原理如图 1 所示。

注 1：图 1 为弯曲设备的外形构造，可以是芯轴 1 和支撑 2 旋转，支座 3 被固定；也可以是支座 3 旋转，支撑 2 或芯轴 1 被固定。

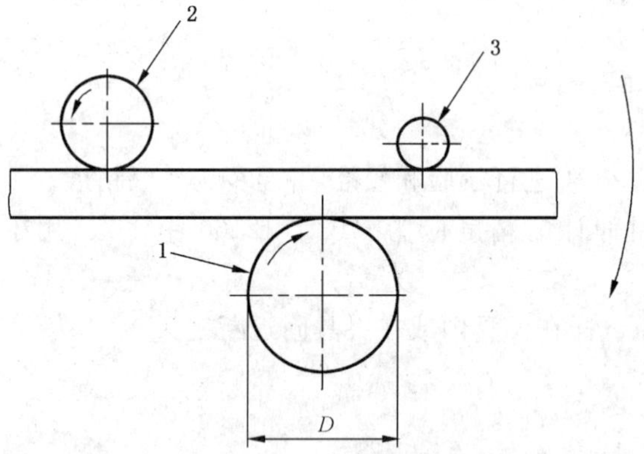

1——芯轴；
2——支撑；
3——支座。

图 1 弯曲设备的原理

6.2.2 弯曲试验也可以按 GB/T 232 中带有支撑和芯轴的装置来进行。

6.3 试验程序

弯曲试验应在 10℃～35℃的温度进行，试样应沿着芯轴进行弯曲。

注 2：弯曲速率应大约在 60°/s。

弯曲角度和芯轴的直径应该符合相关产品标准的要求。

6.4 试验结果的判定

弯曲试验结果的判定应符合相关产品标准的要求。

当产品标准没有规定时，若弯曲试样无目视可见的裂纹，则判定该试样为合格。

7 反复弯曲试验

7.1 试样

除符合第4章规定外，试样的制备应符合 GB/T 238 中的相关规定。

7.2 试验设备

试验设备应符合 GB/T 238 中的相关规定。

7.3 试验程序

反复弯曲试验应按 GB/T 238 的要求执行。

8 扭转试验

8.1 试样

除按第4章规定外，试样的制备应符合 GB/T 239 中的相关规定。

8.2 试验设备

8.2.1 试验设备应符合 GB/T 239 中的相关规定。

8.2.2 试验机夹头之间的标准长度取钢丝公称直径的50倍，当试验机不能用50倍标距长度时，经协议可改用30倍标距长度，但最小标距长度不小于210 mm。当相关产品标准有规定时，按产品标准执行。

8.3 试验程序

8.3.1 扭转试验按照 GB/T 239 执行。

8.3.2 使用的扭转速率不大于30 r/min。

8.3.3 使用的轴向拉紧力为线材公称抗拉强度相应拉力负荷的0.5%～2%。

9 缠绕试验

9.1 试样

试样应符合第4章的规定。

9.2 试验设备

试验设备应符合 GB/T 2976 中的相关规定。

9.3 试验程序

反复弯曲试验应按 GB/T 2976 的要求执行。

10 等温松弛试验

10.1 试验原理

等温应力松弛试验是在给定温度下(除另有其他规定，通常为20℃)，将试样保持一定长度($L_0+\Delta L_0$)，从初始力 F_0 开始，测定试样上力的变化(见图2)。

力的损失用给定时间内与初始力的百分数表示。

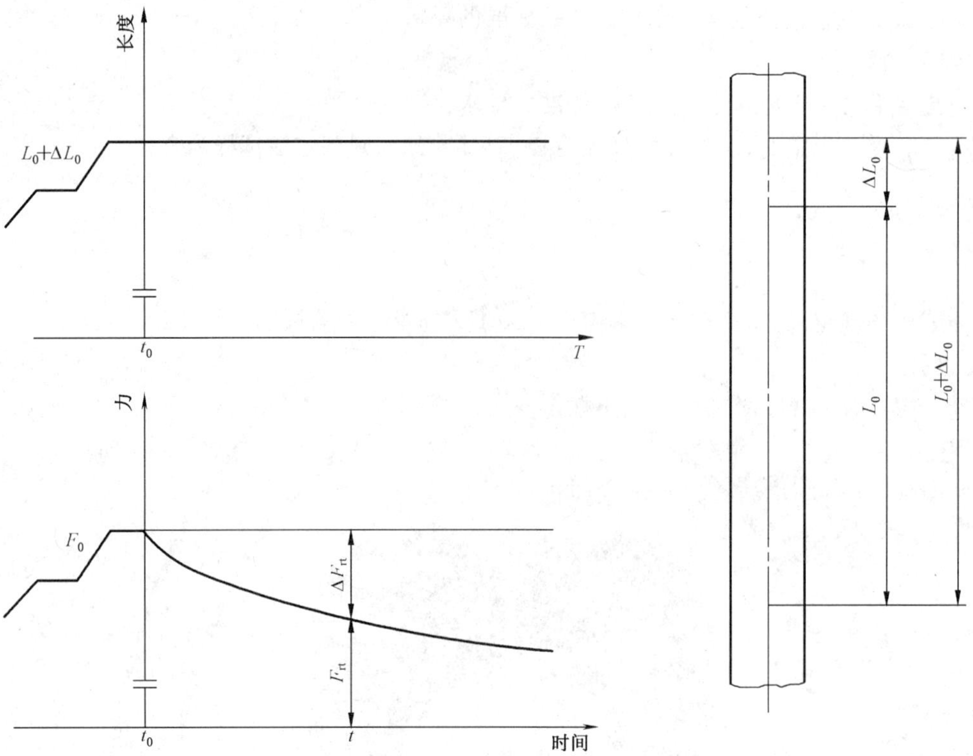

图 2　等温应力松弛试验原理

10.2　试样

10.2.1　试样应符合第 4 章规定。

10.2.2　松弛试验用试样应保持伸直状态。试样在夹具间的自由段不应有任何形式的机械损伤和处理。

10.2.3　在松弛试验取样的附近再取两个试样，该两试样用于测定试样最大应力 $F_{m,m}$ 的平均值，松弛试验的初始力为 $F_{m,m}$ 的某个百分数，如 70%$F_{m,m}$。

10.3　试验设备

10.3.1　机架

机架的任何变形都应处于不影响试验结果的范围之内。

10.3.2　测力装置

10.3.2.1　可以使用同轴测力传感器或其他合适的装置(如杠杆式加载系统)。

10.3.2.2　测力传感器应按照 GB/T 16825.1 校准，在不大于 1 000 kN 时其精度为 ±1%，在大于 1 000 kN时为 ±2%。其他合适的装置应具有与上述测力传感器相同的规定精度。

10.3.2.3　力的测量装置的输出分辨率应不小于 $5\times10^{-4}F_0$。

10.3.3　长度的测量装置(引伸计)

标距 L_0 不小于 200 mm，尤其对钢绞线，当实际长度($L_0+\Delta L_0$)是在钢绞线中同一根钢丝上测量时，其标距宜为 1 000 mm 或者为钢绞线捻距的整数倍。

引伸计的精度范围应为 ±1%，并且分辨率为 $5\times10^{-6}L_0$。

10.3.4　夹持装置

夹持装置应保证试样在试验期间不产生滑动和转动。

10.3.5　加载装置

加载装置应对试样平稳加载而不能有振荡。在试验过程中，随着试样中力的减少，加载装置应使得试样的长度($L_0+\Delta L_0$)保持在 10.4.5 中规定的范围内。

10.4 试验程序

10.4.1 试样

在试验前,试样应至少在松弛试验室内放置 24 h。

试样应用试验夹具夹紧,以保证试样在加载和试验期间不产生任何滑动。

10.4.2 加载

10.4.2.1 在整个试验过程中,力的施加应平稳,无振荡。

10.4.2.2 前 20%F_0 可按需要加载。从 20%F_0～80%F_0 应连续加载或者分为三个或多个均匀阶段,或以均匀的速率加载,并在 6 min 内完成。当达到 80%F_0 后,80%F_0～100%F_0 的过程应连续加载,并在 2 min 内完成。

10.4.2.3 当达到初始载荷 F_0 时,力值应在 2 min 内保持恒定,2 min 后,应立即建立并记录 t_0。其后对力的任何调整只能用于保证 $L_0+\Delta L_0$ 保持恒定。

10.4.2.4 加载过程如图 3 所示。

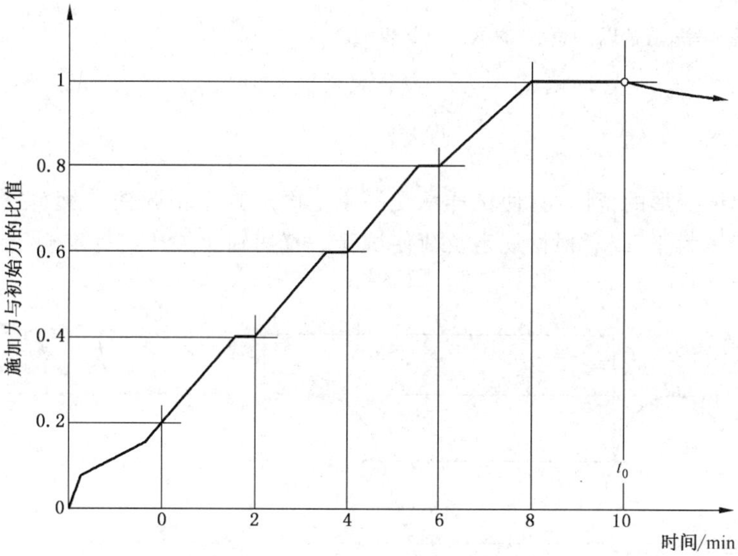

图 3 松弛试验中力的施加

10.4.3 初始力

初始力按相关产品标准的规定。F_0 的测定值应符合表 2 规定的允许偏差。

表 2 F_0 的允许偏差

F_0/kN	F_0 的允许偏差/%
$F_0 \leqslant 1\ 000$	±1
$F_0 > 1\ 000$	±2

10.4.4 试验过程中的力

任何时间力不允许超出表 2 给出的初始力 F_0 偏差范围。

10.4.5 应变的保持

在 t_0 时刻,初始力 F_0 产生的应变应采用合适的机械、电子或光学引伸计测量,其测量精度与 10.3.3所选定的初始标距 L_0 测量精度相同,在测量期间,$\Delta L_0/L_0$ 的变化范围不应超过 5×10^{-6},在随后的两次连续测量中的变化不应超过 5×10^{-5}。

10.4.6 温度

试验室的温度及试样的温度应保持在 20℃±2℃范围内。

10.4.7 力值记录频率

试验开始后，至少按照表3给出的标准时间间隔连续记录或测量力的损失，然后至少每周测量或记录一次。

表3 记录力的标准时间

分钟	1	2	4	8	15	30	60
小时	2	4	6	24	48	96	120

10.4.8 试验时间

试验的时间应不少于120 h。

注1：通常试验时间为120 h或1 000 h。

注2：1 000 h(大于1 000 h)的应力松弛值可以用不少于120 h的松弛试验值进行外推，但应提供充分证据证明外推1 000 h(大于1 000 h)的松弛值与实测1 000 h(大于1 000 h)的松弛值相当，在这种情况下，试验报告中应注明外推方法。

目前的外推方法按照公式：$\log\rho = A\log t + B$

式中，ρ代表松弛率，通常以%表示，时间t以h表示。

11 轴向疲劳试验

11.1 试验原理

疲劳试验是在弹性变形的范围内，使试样承受一个呈固定频率正弦曲线交替变动的轴向拉力。试验一直进行到试样损坏为止，或者根据规定负荷使试验一直达到相关产品标准规定的次数为止。

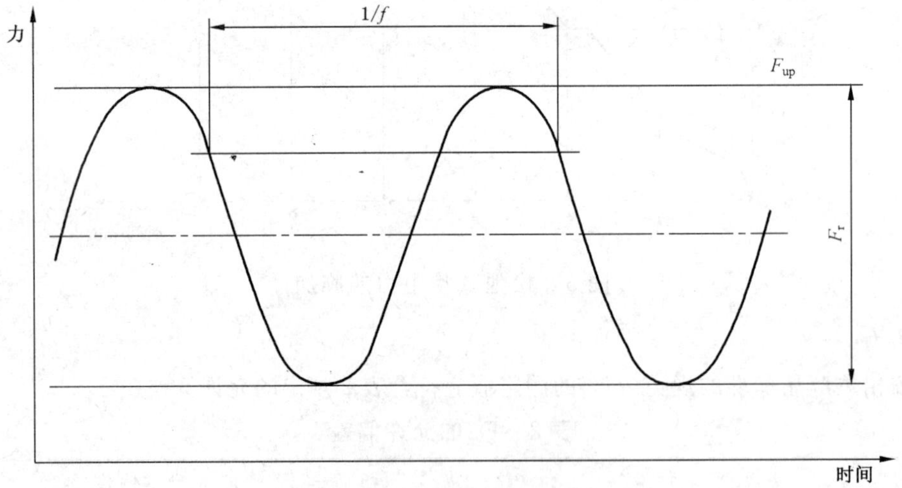

图4 载荷循环曲线

11.2 试样

11.2.1 试样应符合第4章规定。

11.2.2 试样的自由长度应符合表4规定。

11.2.3 夹具间的试样的自由长度部分不应承受任何形式的处理。

表4 试样的自由长度

钢丝或钢棒	140 mm或公称直径的14倍(二者取大者)
钢绞线	500 mm或大于两倍捻距(二者取大者)

11.3 试验设备

疲劳试验机应定期校准，精度等级至少应为±1%，试验机应能够保持加载(F_{up})误差范围应在规定值的±2%之内，应力范围(F_r)应保持在规定值的±4%之内。

11.4 试验程序

11.4.1 试样

试样应按轴向受力方向夹持在试验机中，使试样上不受弯曲。对于钢绞线来说，最重要的是保持所有钢丝受力均匀。

11.4.2 循环力和频率的稳定性

试样应当在稳定的最大力(F_{up})、应力范围(F_r)和频率(f)下进行。整个试验过程中循环负荷不应出现停顿。然而，当试验出现意外中断时可允许继续试验。任何中断应在试验报告中注明。

11.4.3 循环次数的记录

应力循环次数应当从第一个完整的循环开始记录。

11.4.4 循环频率

试验中，载荷循环的频率应保持稳定，在一系列试验中应保持同一频率。试验频率应：

a) 对钢丝和钢棒，循环频率不超过 120 Hz。

b) 对钢绞线，循环频率不超过 20 Hz。

11.4.5 温度

试样温度在整个试验过程中不应超过 40℃。除非另有要求，试验室环境温度应保持在 10℃～35℃范围内。对于在可控制条件下完成试验，试验室温度应为 23℃±5℃。

11.4.6 试验终止

当试样发生损坏或钢绞线中一根或多根钢丝发生断裂时试验应终止，或未发生损坏且达到产品标准规定的循环次数时试验应终止。

11.4.7 试验的有效性

如果试样在夹具内断裂或者距离夹具 $2d$ 范围内断裂或者试样有缺陷，试验应视为无效。

12 硫氰酸盐溶液中的应力腐蚀试验

12.1 试验原理

本试验用来测定试样在一恒定拉力作用下，浸在给定的恒定温度的硫氰酸盐溶液(见 12.3.5)中直至断裂时所用的时间。

12.2 样品及试样

试样应符合第 4 章规定，应提供不少于 6 个试件用于应力腐蚀试验和 2 个试样通过轴向拉力试验确定 $F_{m,m}$，初始力表示为 $F_{m,m}$的某个百分数，例如 80%$F_{m,m}$。

试样长度 L_t 应足够长以使得夹持端引起的弯曲最小，建议 L_t 为 L_0 的两倍长度。

12.3 试验设备

12.3.1 机架

应使用刚性机架。通过杠杆装置、液压或机械装置，在封闭框架上沿着水平方向或垂直方向对试样进行加载。

12.3.2 测力装置

按 GB/T 16825.1 标准校准，测力装置的校准及使用中的精度至少为±2%。

12.3.3 时间测量装置

时间测量装置应至少有 0.01 h 分辨率，测量时装置应带有自动控制设备，在断裂时能自动停止并保留或记录断裂时的时间，记录精度达±0.1 h。也可以人工记录断裂前的最终断裂时间。

12.3.4 试验容器

12.3.4.1 含有溶液的容器应为圆柱形，两端封闭，内径 D_c 的最小值由式(1)确定：

$$D_c \geqslant \sqrt{(200+d)\times d} \quad (\text{所有的量的单位为毫米}) \quad \cdots\cdots(1)$$

表5中给出的是内径 D_c 的推荐值。

表5　试验容器的内径 D_c

单位为毫米

试样的直径(d)	D_c 推荐值
$d \leqslant 19$	$\geqslant 70$
$19 < d \leqslant 50$	$\geqslant 100$

12.3.4.2　容器应具有足够的长度，使得浸在溶液中的试样长度 L_0 不小于200 mm。

12.3.4.3　容器的制作材料在50℃时应能抵抗试验溶液浸蚀。

12.3.4.4　容器应在试验中保持封闭并避免空气进入。

12.3.5　试验溶液

试验溶液可在以下两种规定溶液中选择，这两种溶液分别为高浓度和低浓度的硫氰酸盐溶液：

——溶液A：将200 g NH_4SCN(分析纯)溶解在800 mL蒸馏水(或去除矿物质水)中制成的硫氰酸铵溶液。

——溶液B：K_2SO_4，KCl，KSCN溶解在蒸馏水(或去除矿物质水)中。试验溶液B应含有5 g/L SO_4^{2-}，0.5 g/L Cl^- 和1 g/L SCN^-。

用于制备溶液A和B的水的导电率不应超过20 μS/cm。

注：两种溶液给出的结果没有互比性。

12.4　试验程序

12.4.1　试样的制备

试样应用软布擦拭和用丙酮(CH_3COCH_3)进行脱脂处理，并在空气中晾干。

试样在进入容器内至少50 mm长的部分应用涂漆等防止腐蚀的方法进行防护。试验长度(L_0)是试样与溶液接触的长度。

12.4.2　加载及持荷

试样从容器中穿过，放到机架中，对试样加载直到 F_0。

在整个试验期间显示的试验力 F_0 的变化应保持在±2%之内。

F_0 值应在 t_0 时刻记录，并对力值进行确认，如果必要，在试验中应以适当的时间间隔调整。

12.4.3　容器的填充

加载完成之后，容器应密封好以防泄漏，每次测试时溶液都要重新更换。试验溶液应预先加热到50℃～55℃，再注入到容器中。溶液的体积 V_0 应保证沿着试样的长度 L_0 每平方厘米表面至少有5 mL。溶液的填充应在1 min之内完成，然后计时装置开始计时 t_0。

测试中，溶液不能循环流动。

12.4.4　测试中的温度

在时间 t_0 到(t_0+5)min内，对于钢丝及钢绞线溶液的温度应调整到50℃±1℃；对于钢棒溶液温度应调整到50℃±2℃；在试验过程中温度应保持在相应的范围之内。

12.4.5　试验的终止

在发生断裂或达到规定时间 t_a 时，试验被认为完成。

在测试绞线时，当至少一根钢丝断裂时试验终止。如果试样的断裂发生在测试长度 L_0 以外，试验判定无效。

测量并记录断裂时间 $t_{f,i}$，记录精度为0.1 h。如果在时间 t_a 之内试样未发生断裂，结果应被记录为 $t_{f,i} > t_a$。

12.4.6　断裂时间中值 $t_{f,m}$ 的确定

当所有的一系列试样测试完成后，结果 $t_{f,i}$ 应按照断裂时的时间排序记录下来，中值 $t_{f,m}$ 应是排序数值中的中间，试样是偶数时中值 $t_{f,m}$ 是两个中值的算术平均值。

13 偏斜拉伸试验

13.1 试验原理

本试验用5根直径大于或等于12.5 mm的钢绞线试样，来确定最大力的减缩系数。试样固定在与芯轴成20°角的偏斜装置上进行轴向拉伸试验。

13.2 样品与试样

13.2.1 试样应符合第4章规定，应一次截取一根足够长度的样品获得至少12根试样，在样品的两端各取一根进行轴向拉伸试验确定钢绞线的最大力 $F_{m,m}$，剩余样品再截成至少10根试样用于偏斜拉伸试验。

注：5个有效的试验结果就足够计算出偏斜系数(见13.4)，但考虑到有无效试验情况，建议至少取10根试样。

13.2.2 每个试样长度应适合拉伸和夹持装置。

13.2.3 试样除被切割外不能进行任何的加工处理。

13.3 试验设备

13.3.1 概述

试验机应具有刚性机架，以符合13.3.2～13.3.5规定的试验要求。试验机包括一个固定的被动锚固夹头和带测力装置的活动锚固夹头，一个加载装置和一个带凹槽的具有规定尺寸的固定芯轴。

13.3.2 尺寸

图5中试验装置的尺寸应符合下列要求：

L_1：(700±50) mm；

L_2：≥750 mm；

α：20°±0.5°

芯轴轴线应与活动夹具、固定夹具和芯轴中心组成的平面相垂直。

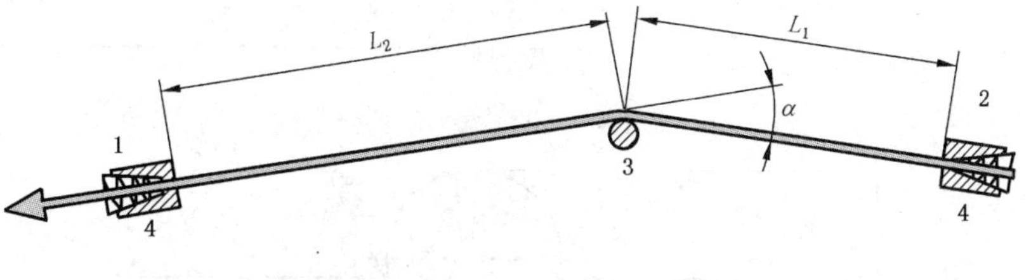

1——活动端；

2——固定端；

3——芯轴中心；

4——夹具。

图5 偏斜拉伸试验装置主要尺寸

13.3.3 夹具

试样两端轴向中心线应垂直于锚固夹头的轴承平面，不适当的几何定位会导致错误的试验结果。锚固夹头应满足下列要求：

——偏斜拉伸试验中使用的夹具应能承受第5章中单轴拉伸试验规定最大力的95%以上力。

——单向拉伸试验中，在90%最大力 F_m 时中心钢丝与外层钢丝的相对位移量应小于0.5 mm。

——夹片与锚环之间的位移应小于表6中给出的值。

——在试验过程中夹片与锚环之间应该是扣紧的。

——夹片带齿部位的长度为钢绞线直径的2.5至3倍。

表6 夹片的位移量

最大力的百分比	允许最大位移量[a]
从0%到破断	5 mm
从50%到破断	2.5 mm

[a] 试验之前夹片所产生的嵌入滑移应忽略不计。

13.3.4 芯轴

13.3.4.1 芯轴应用工具钢制造。其化学成分、显微组织及热处理应使其具有高韧性和高耐磨性能。测定的表面硬度应达到58 HRC～62 HRC，测量方法应按GB/T 230.1的要求执行。

13.3.4.2 新加工的芯轴凹槽表面粗糙度，Ra 最大值为1.6 μm，测量方法应按GB/T 3505的要求执行。

13.3.4.3 芯轴尺寸(见图6)在表7中给出。

表7 芯轴尺寸

单位为毫米

参数	钢绞线尺寸		
	12.5～13.0	15～16	17～18
芯轴公称直径，d_a	40	49	59
凹槽侧面角度	60°±12′	60°±12′	60°±12′
凹槽底部半径，R	2±0.2	2±0.2	2±0.2
凹槽深度，G	7.6	9.5	12
在芯轴公称直径为 d_a 时凹槽宽度，C	14.4	17.9	21.9
凹槽底部直径，d_i	24.7±0.1	29.9±0.1	34.9±0.1
两量棒置于凹槽中的直径，d_b	57.0±0.1	72.0±0.1	81.0±0.1
量棒直径，d_e	14	18	20

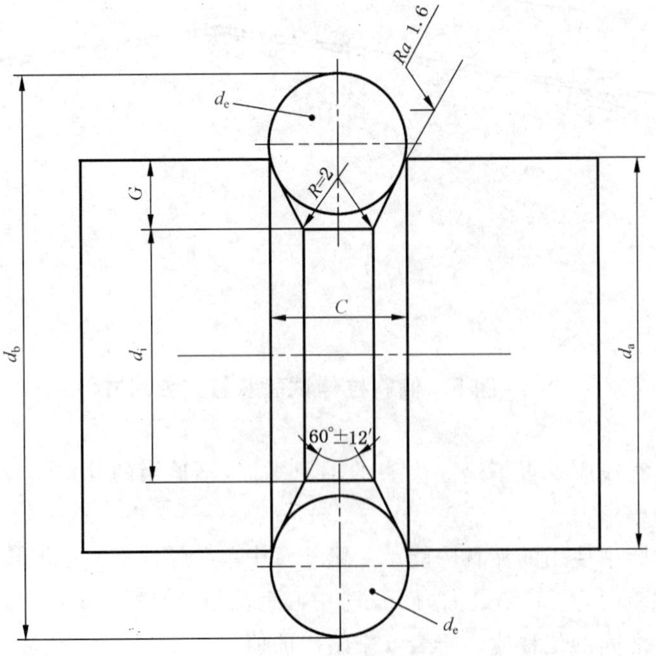

图6 芯轴

13.3.4.4 芯轴应刚性固定不能有任何旋转和移动。

13.3.5 **加载装置**

加载设备最好有测力传感器并定期校准，在力值读数大于等于满量程的10%时，其精度应至少为±1%。

加载速度应可调节，试验期间应控制加载速度，当负荷上升到预计破断负荷的50%时，加载速度应控制在30 MPa/s～60 MPa/s，并保持到试样断裂。

13.4 **试验程序**

——试验前芯轴凹槽表面应仔细清理，如钢绞线有轻微弯曲，曲率应与偏斜方向一致。

——加载之前安装锚具过程中应正确调整钢绞线。加载期间钢绞线与夹片之间不能有任何滑移，以保证锚固效果。

——加载速度应符合13.3.5。

——当钢绞线的一根或多根钢丝的断裂处不在与芯轴接触的位置时，试验无效。

——有效试验的 $F_{a,i}$ 应按13.3.5要求精确的记录，对应的偏斜拉伸系数 D_i 可按式(2)进行计算：

$$D_i = (1 - F_{a,i}/F_{m,m}) \times 100\% \qquad (2)$$

——D 值应取5个 D_i 的平均值，按式(3)进行计算：

$$D = \frac{1}{5}\sum_{i=1}^{5} D_i \qquad (3)$$

14 化学分析

在通常情况下化学成分由光谱分析方法确定。

当出现异议时，化学成分应当选择相应的国家标准仲裁试验方法进行分析。

15 几何尺寸测量

15.1 **试样**

试样应符合第4章规定。

试样应足够长以满足15.3测量的需要。

15.2 **试验设备**

测量几何特征的设备应至少具有下列精度要求：

——钢丝或钢棒的肋高和刻痕钢丝的深度的精度要求0.01 mm。

——钢棒或刻痕钢丝相邻两肋的间隙或槽宽的精度要求0.05 mm。

——肋或痕的间距或钢绞线的捻距的精度要求0.5 mm。

——肋或痕的螺旋角度的精度要求为1°。

15.3 **试验程序**

15.3.1 **横肋的测量**

15.3.1.1 **最高点肋高(h_{max})**

最高点肋高(h_{max})应当在每一排肋上测量 $n(n\geqslant5)$ 个肋的顶点，计算平均值。

15.3.1.2 **给定位置的肋高**

给定位置的肋高，如在1/4点、中点、3/4点，分别用 $h_{1/4}$、h_m、$h_{3/4}$ 表示，应当在每一排肋上测量 $n(n\geqslant3)$ 个以上相应点的高度，计算平均值。

15.3.1.3 **肋间距(c)**

横肋间距应当用测量的长度除以长度内的肋数。

测量长度被认为是在同一排肋上、平行于产品中心线的直线上，一个肋至另一个肋的中心的距离。测量的距离至少为10个肋长。

15.3.1.4 **横肋间隙周长($\sum e_i$)**

横肋间隙周长($\sum e_i$)应当由计算两相邻肋排末端平均间隙总和来确定。

平均间隙(e)应当取至少三次测量值的平均值。

15.3.1.5 **横肋的倾斜角 β**

横肋的倾斜角(β)应当由计算每一排肋的倾斜角测量值的平均值来确定。

15.3.2 **刻痕尺寸的测量**

15.3.2.1 **概述**

钢绞线刻痕尺寸的测量应在绞线试样上拆取的单丝上进行。在测量前,应从钢绞线上拆股取丝,并在钢丝表面不会发生变化的前提下进行矫直。生产过程中未矫直的刻痕钢丝,测量前应在钢丝表面不会发生变化的前提下进行矫直。

15.3.2.2 **最深点的深度(h_{max})**

在最深点 h_{max} 的刻痕深度的确定应当在每排刻痕上测量 n($n \geqslant 5$)个点的深度,计算平均值。

15.3.2.3 **刻痕间距(c)**

刻痕间距(c)应当用测量的长度除以长度内的刻痕数。

测量长度应当是在同一排刻痕上、平行于钢丝中心线的直线上,一个刻痕至另一个刻痕的中心的距离。测量的距离至少为 10 个刻痕长。

15.3.2.4 **刻痕间隙周长($\sum e_i$)**

刻痕间隙周长($\sum e_i$)应当由计算两相邻刻痕排末端平均间隙总和来确定。

平均间隙应当取至少三次测量值的平均值。

15.3.2.5 **刻痕的倾斜角(β)**

刻痕的倾斜角(β)应当由计算每一排刻痕的倾斜角测量值的平均值来确定。

15.3.3 **钢绞线的捻距(P)**

绞线的捻距(P)应当用同一根钢丝两个连续的相应的点的距离来确定。

推荐测量放在绞线上的纸的拓记。

15.3.4 **伸直性**

预应力钢材的伸直性用矢高(h_b)表示,其测量方法是,把预应力钢材放置在间距为 1 m 的两个固定支撑点上,在同一平面内测量出预应力钢材的矢高(见图 7)。

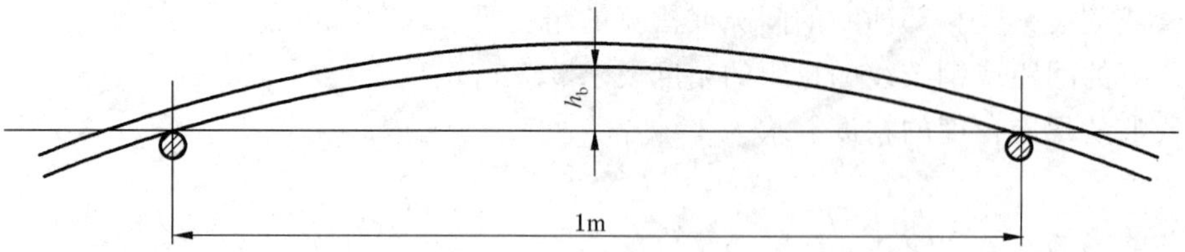

图 7 矢高的测量

16 相关肋面积的确定(f_R)

16.1 **概述**

相关肋面积(f_R)的确定应当采用 15.3.1 的测量结果。

16.2 **f_R 的计算**

钢筋相关肋面积由式(4)定义:

$$f_{\mathrm{R}}=\frac{1}{\pi d}\sum_{i=1}^{n}\frac{\frac{1}{m}\sum_{j=1}^{m}F_{R,i,j}\sin\beta_{i,j}}{c_i} \qquad \cdots\cdots(4)$$

式中：

n——一周上横肋的头数。

m——横断面上倾斜的肋数。

$f_{\mathrm{R}}=\sum_{i=1}^{p}(a_{s,i}\Delta l)$是一个肋纵截面的面积(见图 8)

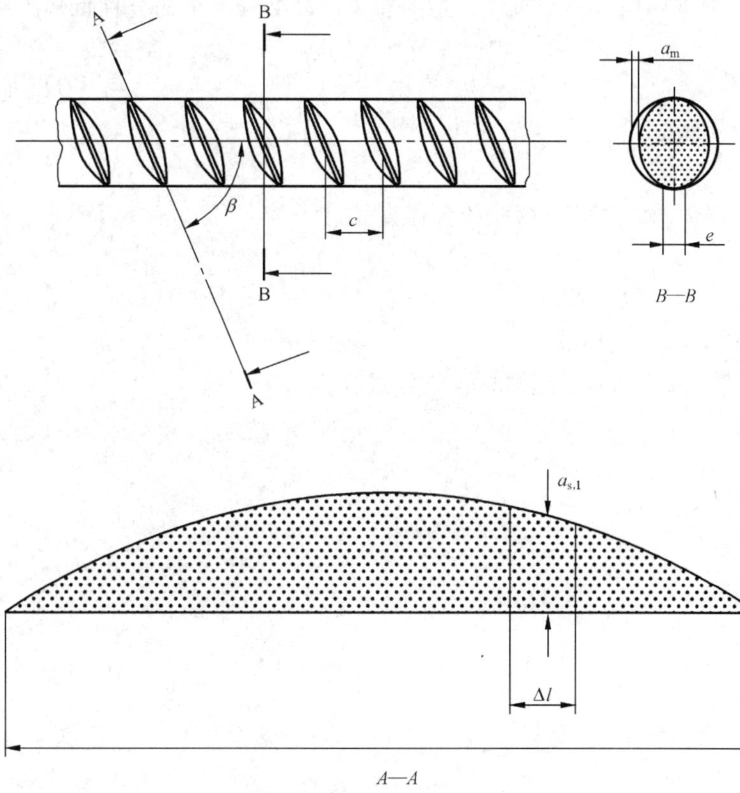

图 8　纵截面面积 f_{R} 的确定

在不需要应用上面给出的通用公式进行严格设计计算时，可采用下列简化公式(式(5)～式(8))：

a)　梯形公式：

$$f_{\mathrm{R}}=(h_{1/4}+h_{\mathrm{m}}+h_{3/4})(\pi d-\sum e_i)\frac{1}{4\pi dc} \qquad \cdots\cdots(5)$$

b)　辛普森定律公式：

$$f_{\mathrm{R}}=(2h_{1/4}+h_{\mathrm{m}}+2h_{3/4})(\pi d-\sum e_i)\frac{1}{6\pi dc} \qquad \cdots\cdots(6)$$

c)　抛物线公式：

$$f_{\mathrm{R}}=\frac{2a_{\mathrm{m}}}{3\pi dc}(\pi d-\sum e_i) \qquad \cdots\cdots(7)$$

d)　经验公式：

$f_{\mathrm{R}}=\lambda\frac{a_{\mathrm{m}}}{c}$，　λ是一个经验系数，可以表示 f_{R} 与钢丝剖面特殊关系。……………(8)

$h_{1/4}$、h_{m}、$h_{3/4}$的值可以根据 15.3.1.2 给出的测量方法确定。

$\sum e_i$ 可根据 15.3.1.4 给定的方法确定。

用来计算 f_R 的公式应当在试验报告中注明。

17 每米公称质量偏差的确定

17.1 试样

根据第 4 章的规定，试样应从端部垂直切取。

17.2 测量精度

试样的长度和质量测量精度至少为±0.5%。

17.3 试验程序

每米质量的偏差应当由试样实际的每米质量与相关产品标准给出的公称每米质量的差决定。

18 试验报告

试验报告应包括以下信息：

a) 本标准号；

b) 试样的标记（包括钢丝、钢棒、绞线的公称直径）；

c) 试样长度；

d) 试验类型和相应的试验结果；

e) 适用时，给出产品的相关标准；

f) 涉及的补充资料，包括试样、试验设备、试验过程。

附 录 A
（资料性附录）
预应力混凝土用钢绞线拉伸试验方法

A.1 范围

A.1.1 本方法规定了预应力混凝土用多丝钢绞线拉伸试验程序。本方法旨在用于评价在预应力钢绞线标准规范中描述的钢绞线的特性。

A.2 注意事项

A.2.1 如果试样存在任何由试验机夹持装置造成的凹口、切割或弯曲，可能会导致试样的早期损坏。

A.2.2 如果七丝结构钢绞线受力不均可导致试验误差。

A.2.3 在试样准备期间额外受热，可能会对钢绞线机械性能产生显著影响。

A.2.4 这些问题按照 A.4 推荐的夹持方法可能会最小化。

A.3 夹持装置

A.3.1 当钢绞线试样的破断发生在试验机夹具之间的自由跨度部分时，钢绞线真实的机械性能可以被确定。因此，应采用适宜的试验设备，建立一套完善的试验步骤以得到稳定的试验结果。

由于每台试验机具有固有的特性，因此，实验室应从 A.3.2 至 A.3.8 中选择一种最适合所用试验设备的夹持方法。

A.3.2 带齿（注 1）标准 V 型夹具。

A.3.3 带齿（注 1）标准 V 型夹具并使用衬垫材料，该方法是将一些材料放置在夹具和试样之间，使齿咬入的影响最小化。可选用过的材料有铅箔、铝箔、金刚砂布等，材料的种类、厚度取决于夹具齿的形状、条件和粗糙程度。

A.3.4 带齿（注 1）标准 V 型夹具，对试样被夹持的部分进行特殊的准备——使用的方法之一是镀锡，这时，夹持的部分被清洁、助熔。多次浸入刚高于熔点的熔化的锡合金中。试样准备的另一种方法就是将夹持部分装入金属或柔韧性的导管，使用环氧树脂粘接，装入部分应近似是钢绞线捻距的两倍。

A.3.5 平滑的特殊夹具，半圆柱状凹槽（注 2）——凹槽和试样的被夹持部分应涂磨料浆，使试样固定在平滑凹槽中以防止打滑。磨料浆是由氧化铝以水或甘油为载体的物质组成。

A.3.6 用于钢丝绳类型的标准铸头——试样的被夹持部分被锚固在锌合金中，应按照钢丝绳行业中的铸头工艺进行。

A.3.7 耐张线夹——这些装置的尺寸设计应适合每一种被试验的钢绞线的尺寸。

A.3.8 夹具装置——不推荐使用预制场张拉钢绞线的夹具进行钢绞线拉伸试验。

注 1：齿的数量大约在每厘米 5 个～10 个，最小有效夹持长度大约 102 mm。

注 2：凹槽曲率半径应近似相同于被试验钢绞线的半径，圆心应在超出夹具板面 0.79 mm，防止试样在夹具中间夹持时两夹具表面紧密靠拢。

A.4 制样

A.4.1 如果在镀锡过程中或用金属材料铸头过程中金属融熔温度太高，超过大约 370℃，试样可能受到热影响，从而引起强度和延展性的损失。如果使用这些方法制样，应小心控制温度。

A.5 程序

A.5.1 屈服力——为确定屈服力，使用在 GB/T 12160 中描述的 B-1 级别的引伸计（注 3），在试样上加预期最小破断负荷10%的初始负荷，然后挂上引伸计，调整引伸计读数0.1%标距，然后加载直到引伸计达到1%，记录这时的伸长负荷为屈服力。当屈服强度确定后，引伸计可以从试样上摘下。

A.5.2 伸长率——为确定伸长率，使用一个在GB/T 12160中描述的D级引伸计(注3)，标距至少500 mm，在试样上施加规定最小破断力10%的初始负荷，然后挂上引伸计(注3)，调整引伸计读数到0点，当超过最小伸长率，在试样断裂之前可以摘下引伸计。没有必要确定最终的伸长率。

A.5.3 破断力——绞线中一根或多根钢丝断裂时的最大力为破断力。

注3：屈服力引伸计和伸长率引伸计可能是同样的仪器或两个分开的仪器。两个分开的引伸计是可行的，由于屈服力引伸计更灵敏，当钢绞线断裂时可能会损坏，因此当确定了屈服力后，引伸计可以摘下。伸长率引伸计可以使用稍低灵敏度或者试样断裂时不易损坏的引伸计。

注4：试样在引伸计外部断裂或在夹具中断裂，达到最小规定值时，认为产品符合产品标准要求。不论采用什么夹持方式，试样断在夹具中且未达到最小规定值时，建议进行重新试验。试样断在夹具和引伸计之间，未达到最小规定值时，需要按照相关标准规定确定是否进行重新试验。

附　录　B
（资料性附录）
本标准与 ISO 15630-3:2002 条款的对照一览表

表 B.1

本国家标准的章条编号	对应的国际标准的章条编号
8	—
9	—
10	8
11	9
12	10
13	11
14	12
15	13
16	14
17	15
18	16
附录 A	—
附录 B	—
注：表中的章条以外的本标准其他章节编号与 ISO 15630-3:2002 其他章条编号均相同且内容相对应。	

ICS 83.040.20
G 71

中华人民共和国国家标准

GB/T 21840—2008

硫化促进剂 TBBS

Vulcanizing accelerator TBBS

2008-05-15 发布　　　　2008-11-01 实施

中华人民共和国国家质量监督检验检疫总局
中国国家标准化管理委员会　发布

前　言

本标准与日本工业标准JIS K 6220-2:2001《橡胶用配合剂　试验方法　第2部分:有机硫化促进剂及有机硫化剂》的一致性程度为非等效。

本标准与JIS K 6220-2:2001的主要差异如下:

——本标准为产品标准;

——本标准熔点测定装试样的毛细管采用内径1.2 mm～1.4 mm,玻璃厚度为0.2 mm～0.3 mm的一端封闭的硬质玻璃制品;而JIS K 6220-2:2001采用毛细管内径0.9 mm～1.1 mm,玻璃厚度为0.1 mm～0.15 mm的一端封闭的硬质玻璃制品(本版的4.2;JIS K 6220-2:2001的11.3.1)。

本标准代替HG/T 2744—1996《硫化促进剂　NS》,HG/T 2744—1996《硫化促进剂　NS》同时作废。

本标准由中国石油和化学工业协会提出。

本标准由全国橡胶与橡胶制品标准化技术委员会化学助剂分技术委员会(SAC/TC 35/SC 12)归口。

本标准负责起草单位:索普集团镇江振邦化工有限公司。

本标准参加起草单位:山东省单县化工有限公司、(河北)沈阳东北助剂化工有限公司、天津市科迈化工有限公司、鹤壁市山城区康博联合橡胶化学厂。

本标准主要起草人:张荣军、朱言萍、范秀莉。

硫化促进剂 TBBS

1 范围

本标准规定了 *N*-叔丁基-2-苯骈噻唑次磺酰胺(硫化促进剂 TBBS)的要求、试验方法、检验规则、标志、包装、运输和贮存。

本标准适用于由叔丁胺、硫化促进剂 MBT 经氧化制成的硫化促进剂 TBBS。

化学名称:*N*-叔丁基-2-苯骈噻唑次磺酰胺

分子式:$C_{11}H_{14}N_2S_2$

结构式:

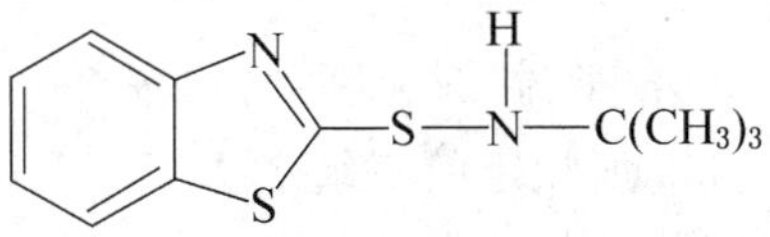

相对分子质量:238.37(按 2005 年国际相对原子质量)

2 规范性引用文件

下列文件中的条款通过本标准的引用而成为本标准的条款。凡是注日期的引用文件,其随后所有的修改单(不包括勘误的内容)或修订版均不适用于本标准,然而,鼓励根据本标准达成协议的各方研究是否可使用这些文件的最新版本。凡是不注日期的引用文件,其最新版本适用于本标准。

GB/T 191 包装储运图示标志(GB/T 191—2008,ISO 780:1997,MOD)

GB/T 601 化学试剂 标准滴定溶液的制备

GB/T 603 化学试剂 试验方法中所用制剂及制品的制备(GB/T 603—2002,ISO 6353-1:1982,NEQ)

GB/T 1250 极限数值的表示方法和判定方法

GB/T 6003.1 金属丝编织网试验筛

GB/T 6679 固体化工产品采样通则

GB/T 6682 分析实验室用水规格和试验方法(GB/T 6682—1992,neq ISO 3696:1987)

GB/T 11409.1 橡胶防老剂、硫化促进剂熔点测定方法

GB/T 11409.4 橡胶防老剂、硫化促进剂加热减量的测定方法

GB/T 11409.5—1989 橡胶防老剂、硫化促进剂筛余物的测定方法

GB/T 11409.7 橡胶防老剂、硫化促进剂灰分的测定方法

3 要求

硫化促进剂 TBBS 应符合表 1 所示的技术要求。

表 1 硫化促进剂 TBBS 的技术要求

项 目		指 标
外观		白色或淡黄色粉末、粒状
初熔点/℃	≥	104.0
加热减量的质量分数/%	≤	0.40

表 1（续）

项　　目		指　　标
灰分的质量分数/%	≤	0.30
筛余物[a] 的质量分数(150 μm)/%	≤	0.10
甲醇不溶物的质量分数/%	≤	1.0
游离胺[b] 的质量分数/%	≤	0.50
纯度[c] 的质量分数(HPLC)/%	≥	96.0
[a] 筛余物不适用于粒状产品； [b、c] 游离胺、纯度指标为根据用户要求检测项目。		

4 试验方法

除非另有说明，在分析中所用标准溶液、制剂和制品，均按 GB/T 601、GB/T 603 规定制备。使用确认为分析纯的试剂和符合 GB/T 6682 所规定的三级水。

检验结果的判定按 GB/T 1250 中修约值比较法进行。

4.1 外观

用目视法判断。

4.2 初熔点的测定

按 GB/T 11409.1 的规定进行。装试样的毛细管内径 1.2 mm～1.4 mm，玻璃厚度为 0.2 mm～0.3 mm，填装试样 3 mm～6 mm。传热液温度比预测熔点低 25℃时，按 3℃/min 升温，升至比预测熔点低 10℃时，将装试样的毛细管附于温度计上，使试样中心与温度计水银球的中部在同一高度，插入传热液中，并以(1±0.2)℃/min 升温。

4.3 加热减量的测定

按 GB/T 11409.4 的规定进行，称样量约 2 g(精确至 0.1 mg)，电热恒温干燥箱的温度控制在(70±2)℃，加热时间为 3 h。

4.4 灰分的测定

按 GB/T 11409.7 的规定进行，称样量约 3 g(精确至 0.1 mg)，高温炉温度控制在(750±25)℃，灼烧时间为 2 h。

4.5 筛余物的测定

按 GB/T 11409.5—1989 中第 2 章干法规定进行测定，试验筛(GB/T 6003.1)：ϕ200 mm×50 mm/150 μm。

4.6 甲醇不溶物的测定

4.6.1 试剂

甲醇[67-56-1]。

4.6.2 仪器

4.6.2.1 表面皿：直径 150 mm。

4.6.2.2 烧杯：500 mL。

4.6.2.3 砂芯坩埚：G_4。

4.6.2.4 磁力搅拌器。

4.6.2.5 烘箱：能保持温度在(70±2)℃。

4.6.2.6 吸滤瓶：容量 500 mL。

4.6.2.7 洗瓶：容量 500 mL。

4.6.3 分析步骤

称取研细的试样约2.5 g(精确至0.1 mg)置于烧杯中,用一块表面皿盖住杯口,加入125 mL甲醇,在磁力搅拌器上于(25±5)℃搅拌30 min,溶解后,用预先在(70±2)℃下恒量的砂芯坩埚抽真空过滤,用约25 mL甲醇分三次洗涤烧杯,过滤结束后,用约25 mL甲醇洗涤砂芯坩埚两次,保持2 min后立即用真空抽吸,此时砂芯坩埚应无可见残渣。将砂芯坩埚置于(70±2)℃的烘箱中干燥1 h,取出,在干燥器中冷却至室温,称量(精确至0.1 mg)。

4.6.4 结果的计算

甲醇不溶物以质量分数 w_1 计,数值以%表示,按式(1)计算:

$$w_1 = \frac{m_2 - m_1}{m_0} \times 100 \qquad \cdots\cdots(1)$$

式中:

m_2——空砂芯坩埚和甲醇不溶物的质量的数值,单位为克(g);

m_1——空砂芯坩埚的质量的数值,单位为克(g);

m_0——试样质量的数值,单位为克(g)。

4.7 游离胺含量的测定

4.7.1 试剂

4.7.1.1 无水乙醇[64-17-5]。

4.7.1.2 盐酸标准滴定溶液:$c(HCl)=0.1$ mol/L。

4.7.1.3 氢氧化钠标准滴定溶液:$c(NaOH)=0.1$ mol/L。

4.7.1.4 溴酚蓝指示液(10 g/L):溶解1 g溴酚蓝于少量无水乙醇中,用0.1 mol/L氢氧化钠标准滴定溶液中和至绿色,转移至一个100 mL的容量瓶中,用无水乙醇稀释至刻度。

4.7.2 仪器

4.7.2.1 移液管:25 mL。

4.7.2.2 滴定管:25 mL,分度值0.1 mL。

4.7.2.3 烧杯:250 mL。

4.7.3 分析步骤

称取试样约1.6 g(精确至0.1 mg),移入烧杯中。加入50 mL无水乙醇,搅拌至溶解,如果需要,在不高于55℃温度下加热此溶液,可以保留轻微的浑浊。冷却至室温,加3滴溴酚蓝指示液,用0.1 mol/L盐酸标准滴定溶液滴定游离胺到蓝绿色的终点,记录盐酸标准滴定溶液的体积(V)。

4.7.4 游离胺结果的计算

游离胺以质量分数 w_2 计,数值以%表示,按式(2)计算:

$$w_2 = \frac{VcM}{1\,000\,m} \times 100 \qquad \cdots\cdots(2)$$

式中:

V——加入0.1 mol/L盐酸标准滴定溶液的体积的数值,单位为毫升(mL);

c——加入0.1 mol/L盐酸标准滴定溶液的浓度的准确数值,单位为摩尔每升(mol/L);

m——试样质量的数值,单位为克(g);

M——叔丁胺摩尔质量的数值,单位为克每摩尔(g/mol)。($M=73.137$)。

4.8 纯度的测定

4.8.1 方法提要

试样用二氯甲烷与甲醇的混合液(二氯甲烷与甲醇的体积比为60:40)溶解,以乙腈+水为流动相,使用C18为填料的不锈钢柱和紫外检测器(280 nm),对试样中的TBBS进行反相高效液相色谱分离和测定。

4.8.2　**试剂和溶液**

4.8.2.1　水：经过 0.45 μm 孔径过滤膜过滤的二级水或超纯水。

4.8.2.2　乙腈[25-05-8]：色谱纯。

4.8.2.3　冰醋酸[64-19-7]：色谱纯。

4.8.2.4　二氯甲烷[75-09-2]：色谱纯。

4.8.2.5　甲醇[67-56-1]：色谱纯。

4.8.3　**仪器**

4.8.3.1　高效液相色谱仪。

4.8.3.2　记录仪：色谱数据处理机或色谱工作站。

4.8.3.3　检测器：紫外检测器。

4.8.3.4　色谱柱：C18(ODS)4.6 mm×150 mm，5 μm(粒度)，能提供每米 40 000 理论板(分析需要至少 10 000 个板)。

4.8.3.5　微量注射器：50 μL 或自动进样器。

4.8.3.6　超声波振荡器。

4.8.4　**高效液相色谱操作条件**

4.8.4.1　流动相：乙腈与水的混合液(乙腈与水的体积比为 75∶25)，经滤膜过滤，并进行脱气。

4.8.4.2　流量：2.0 mL/min。

4.8.4.3　柱温：26℃(温差变化应不大于 2℃)。

4.8.4.4　检测波长：280 nm。

4.8.4.5　进样体积：20 μL。

4.8.4.6　保留时间：约 4.0 min。

上述操作参数是典型的，可根据不同仪器特点，对给定的操作参数作适当调整，以期获得最佳效果。

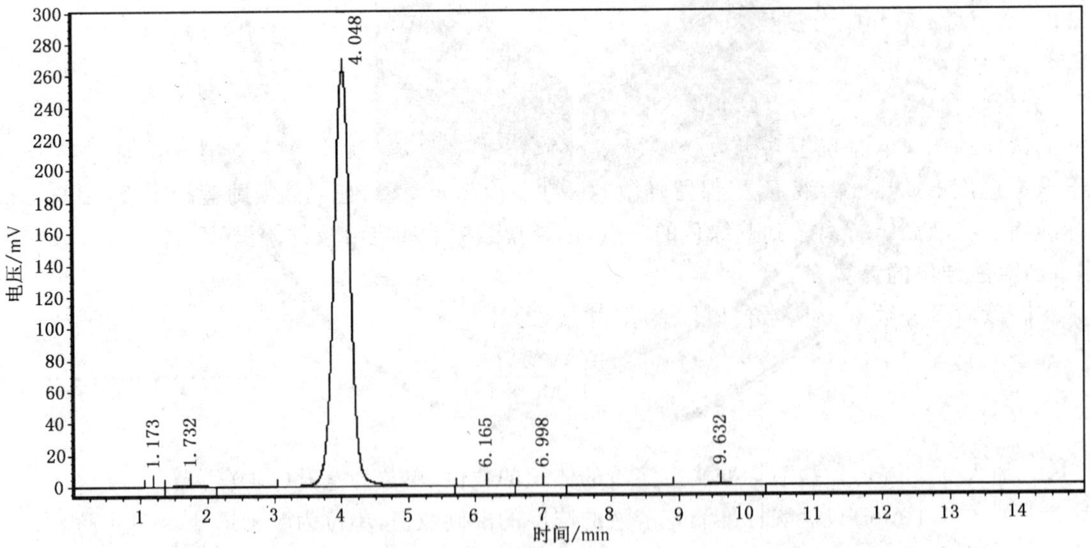

图 1　硫化促进剂 TBBS 的典型高效液相色谱图

4.8.5　**测定步骤**

4.8.5.1　**标样溶液的制备**

称取约 20 mg(精确到 0.1 mg)的硫化促进剂 TBBS 标准物于一个 100 mL 的容量瓶中，用二氯甲烷和甲醇的混合液稀释至刻度，在超声波浴槽中振荡 3 min，使其溶解。

4.8.5.2 试样溶液的制备

称取约 20 mg(精确到 0.1 mg)的硫化促进剂 TBBS 试样于一个 100 mL 的容量瓶中,用二氯甲烷和甲醇的混合液稀释至刻度,在超声波浴槽中振荡 3 min,使其溶解。

4.8.5.3 测定

在上述操作条件下,待仪器稳定后,连续注入数针标样溶液,直至相邻两针 TBBS 峰面积相对变化小于 1.2%后,按照标样溶液、试样溶液、试样溶液、标样溶液的顺序进行测定。

4.8.6 校正因子的计算

校正因子(f_s)按式(3)计算:

$$f_s = \frac{M_s}{A_s} X_s \quad \cdots\cdots(3)$$

式中:

M_s——TBBS 标准物质量的数值,单位为克(g);

X_s——TBBS 标准物的纯度;

A_s——TBBS 标准物的峰面积的数值。

4.8.7 纯度的计算

硫化促进剂 TBBS 的纯度 X 以质量分数计,数值以%表示,按式(4)计算:

$$X = \frac{f_s A_i}{M_i} \times 100 \quad \cdots\cdots(4)$$

式中:

f_s——校正因子;

A_i——试样中 TBBS 的峰面积;

M_i——试样质量的数值,单位为克(g)。

注:如应用色谱工作站,则无需计算校正因子,用外标法由工作站曲线直接得出试样纯度。

4.8.8 允许差

两次平行测定结果之差应不大于 1.2%,取其算术平均值作为测定结果。

5 检验规则

5.1 检验分类

本标准所规定的检验项目中除游离胺和纯度两项为根据用户要求检验外,其余项目均为出厂检验项目。

5.2 生产厂检验

本产品应由生产厂的质量监督检验部门按本标准检验合格后方可出厂,并附有一定格式的质量证明书,其内容包括:产品名称、标准号、生产厂名、注册商标、批号等。

5.3 组批规则

本产品以同等质量的均匀产品为一批。

5.4 采样

按 GB/T 6679 进行采样,采样量不少于 600 g,分装于两个清洁、干燥的磨口瓶(塑料袋)中,密封并贴上标签,注明生产厂名、产品名称、批号、采样日期及采样人姓名,一瓶(袋)由检验部门进行检验,另一瓶(袋)密封保存 3 个月备查。

5.5 复检

出厂项目检验结果中有一项指标不符合本标准要求时,应重新自两倍量的包装件中采样进行复检。复检结果仍有一项指标不符合本标准的要求,则该批产品为不合格。

6 标志、包装、运输和贮存

6.1 标志

6.1.1 每个外包装上应有清晰、牢固的标志，其内容包括：产品名称、标准号、生产厂名称、地址、联系电话、注册商标、净含量、生产日期、批号。

6.1.2 每个包装好的产品应附有产品出厂合格证，其内容包括：产品名称、标准号、批号、净含量等。

6.2 包装

6.2.1 本产品用木纤维桶或内衬塑料薄膜袋的编织袋包装，每袋（或桶）净含量 25 kg 或 20 kg。

6.2.2 若需要其他包装方式，则按照合同执行。

6.3 运输

产品运输时应符合 GB/T 191，避免日晒和受潮，在搬运时轻装轻卸，严禁用手钩。

6.4 贮存

6.4.1 本产品应贮存在清洁、干燥的库房内，袋（或桶）与墙的距离应大于 0.5 m，并不得靠近自来水管、下水道和取暖装置，以防止潮湿或变质，更不能靠近火源。

6.4.2 在规定的运输、贮存条件下，自生产之日起贮存期为 6 个月。

ICS 83.040.20
G 71

中华人民共和国国家标准

GB/T 21841—2008

防老剂 6PPD

Antioxidant 6PPD

2008-05-15 发布

2008-11-01 实施

中华人民共和国国家质量监督检验检疫总局
中国国家标准化管理委员会
发布

前　言

本标准与日本工业标准 JIS K 6220-3:2001《橡胶用配合剂　试验方法　第 3 部分:防老剂》的一致性程度为非等效。

本标准与 JIS K 6220-3:2001 的主要差异如下:

——本标准控制指标采用 JIS K 6220-3:2001 附表 3 的部分内容;

——本标准采用测定结晶点控制产品质量,而 JIS K 6220-3:2001 则采用熔点(本版的第 3 章;JIS K 6220-3:2001的附表 3);

——纯度测定选择气相色谱法,操作条件略有差异。

本标准代替 HG/T 3644—1999《防老剂　4020》,HG/T 3644—1999《防老剂　4020》同时作废。

本标准由中国石油和化学工业协会提出。

本标准由全国橡胶与橡胶制品标准化技术委员会化学助剂分技术委员会(SAC/TC 35/SC 12)归口。

本标准起草单位:中石化南京化学工业有限公司、山东圣奥化工股份有限公司、山西化工研究院。

本标准主要起草人:钱迎春、范秀莉、杜建国。

防老剂 6PPD

1 范围

本标准规定了 *N*-(1,3-二甲基丁基)-*N*′-苯基对苯二胺(防老剂 6PPD)的要求、试验方法、检验规则以及标志、包装、运输和贮存。

本标准适用于由 4-氨基二苯胺(RT 培司)与甲基异丁基甲酮缩合还原而制得的防老剂 6PPD。

化学名称:*N*-(1,3-二甲基丁基)-*N*′-苯基对苯二胺

分子式:$C_{18}H_{24}N_2$

结构式:

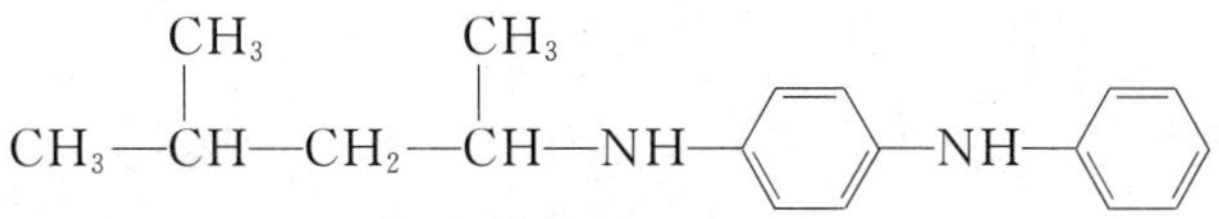

相对分子质量:268.40(按 2005 年国际相对原子质量)

2 规范性引用文件

下列文件中的条款通过本标准的引用而成为本标准的条款。凡是注日期的引用文件,其随后所有的修改单(不包括勘误的内容)或修订版均不适用于本标准,然而,鼓励根据本标准达成协议的各方研究是否可使用这些文件的最新版本。凡是不注日期的引用文件,其最新版本适用于本标准。

GB/T 191　包装储运图示标志(GB/T 191—2008,ISO 780:1997,MOD)

GB/T 1250　极限数值的表示方法和判定方法

GB/T 6679　固体化工产品采样通则

GB/T 11409.2　橡胶防老剂、硫化促进剂结晶点测定方法

GB/T 20646　橡胶配合剂　对苯二胺(PPD)防老剂　试验方法(GB/T 20646—2006,ISO 11236:2000,MOD)

3 要求

防老剂 6PPD 应符合表 1 所示的技术要求。

表 1　防老剂 6PPD 的技术要求

项　目		指　标	
		优等品	合格品
外观		紫褐色至黑褐色颗粒或片状	
纯度的质量分数/%(面积归一)	≥	96.0	95.0
结晶点/℃	≥	46.0	45.0
加热减量的质量分数/%	≤	0.50	0.50
灰分的质量分数/%	≤	0.10	0.20

4 试验方法

除非另有说明，在分析中仅使用确认为分析纯的试剂。

检验结果的判定按 GB/T 1250 中修约值比较法进行。

4.1 外观

用目视法判断。

4.2 纯度的测定

4.2.1 方法提要

用气相色谱法进行测定，检测器用氢火焰离子化检测器，计算方法采用面积归一法。

4.2.2 分析方法

按 GB/T 20646 的规定进行测定。

其中：色谱柱：毛细管色谱柱，含 5%苯基的甲基硅氧烷，如 SE-54。

测试样品浓度：15 g/L。

进样量：1 μL。

根据不同仪器，选取其最佳操作条件。本色谱操作条件如表 2 所示。

表 2 色谱操作条件

柱子尺寸，长度×内径×膜厚		30 m×0.32 mm×1 μm
载气		氢气
载气流量/(mL/min)		1.9
检测器温度/℃		300
汽化室温度/℃		300
燃烧气(氢气)流量/(mL/min)		30
助燃气(空气)流量/(mL/min)		300
补偿气		氮气
补偿气流量/(mL/min)		29
分流比		30：1
升温程序	初始柱温/℃	90
	保持时间/min	0
	升温速率/(℃/min)	9
	最终温度/℃	280
	终温保持时间/min	10
定量方法		面积归一法
积分参数设置		最小峰面积的设置需低于主峰的 0.1%

4.2.3 允许差

两次平行测定结果之差不大于 0.5%，取其算术平均值作为测定结果。

4.2.4 色谱图(见图 1)

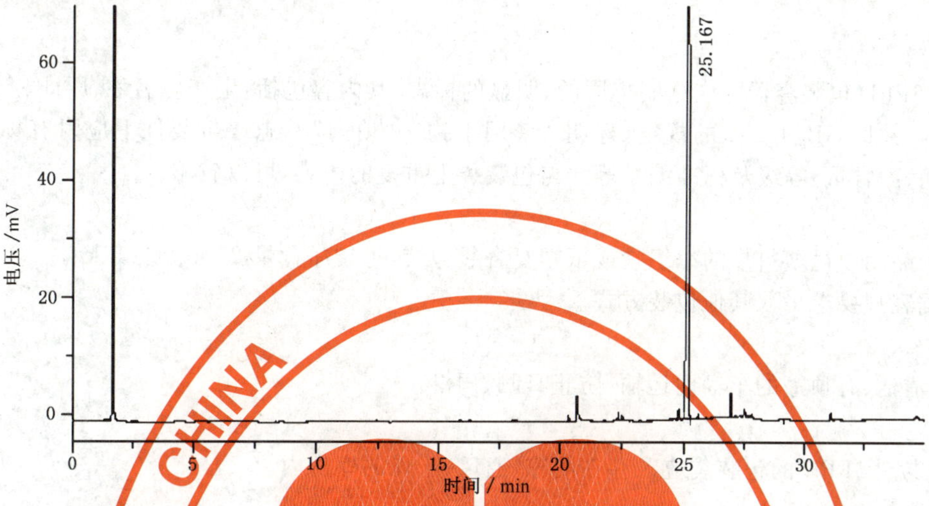

图 1 防老剂 6PPD 的色谱图

4.3 加热减量的测定

按 GB/T 20646 的规定进行测定。电热恒温干燥箱的温度控制在 65℃～70℃,试料量约 5 g(精确至 0.000 1 g),干燥时间 3 h。

4.4 结晶点的测定

按 GB/T 11409.2 的规定进行测定。其中,试料量约 50 g,熔化温度在 65℃～70℃。熔化后的试料在冷却浴(必要时可用冰水)中搅拌降温,至试料黏稠时取出倒入结晶管中测定。

两次平行测定结果之差不大于 0.2℃,取其算术平均值作为测定结果。

4.5 灰分的测定

按 GB/T 20646 的规定测定。高温炉的温度控制在(750±25)℃,试料量 1.5 g～2 g(精确至 0.000 1 g),灼烧时间 2 h。

5 检验规则

5.1 检验分类

本标准第 3 章中规定的全部项目为出厂检验项目。

5.2 出厂检验

防老剂 6PPD 应由生产厂的质量检验部门进行检验。生产厂应保证所有出厂的防老剂 6PPD 均符合本标准的要求。

5.3 组批规则

本产品以一次混合均匀的产品为一批。

5.4 采样

按 GB/T 6679 的规定采样。以批为单位采样,所采产品的包装必须完好,采样时勿使外界杂物落入产品中。将选取具有代表性的试样混匀,采样量不少于 1 000 g,分装两个清洁、干燥的塑料袋或磨口瓶中,粘贴标签,注明:生产厂名称、产品名称、批号、采样日期及采样人姓名,一份由检验部门检验,一份密封保存备查。

5.5 复检

检验结果中若有一项指标不符合本标准要求时,应从同批产品中重新自两倍量的包装件中采样进行复检,复检结果即使只有一项指标不符合本标准的要求,则判该批产品为不合格产品。

6 标志、包装、运输和贮存

6.1 标志

防老剂 6PPD 包装容器上应涂刷牢固的、明显的标志，其内容包括：生产厂名称、厂址、产品名称、商标、净含量等，并按 GB/T 191 的规定，标明“禁用手钩”、“怕雨”标志。包装件上应附有标签，标明批号、生产日期、净含量、等级及标准编号等。与包装袋上重复的内容，可以省略。

6.2 包装

6.2.1 本产品用内衬塑料袋的编织袋或纸塑复合袋包装，每袋净含量 20 kg 或 25 kg。

6.2.2 根据客户要求采取其他包装方式。

6.3 运输

应装于清洁、有顶篷的车辆内运输，防止日晒、雨淋。

6.4 贮存

装有防老剂 6PPD 的包装袋应贮存在阴凉、通风、干燥的库房内。

ICS 67.040
C 53

中华人民共和国国家标准

GB/T 21842—2008

牙膏中二甘醇的测定

Determination of diethylene glycol in toothpaste

2008-05-05 发布　　　　2008-12-01 实施

中华人民共和国国家质量监督检验检疫总局
中国国家标准化管理委员会　发布

前　言

本标准的附录 A、附录 B 为资料性附录。

本标准由中国国家标准化管理委员会提出。

本标准由全国食品安全应急标准化工作组归口。

本标准起草单位：江苏省产品质量监督检验研究院（国家化妆品质量监督检验中心）、北京市海淀区产品质量监督检验所（国家食品质量安全监督检验中心）、大连市产品质量监督检验所。

本标准主要起草人：黄晓风、胡建华、常宇文、姜俊、高巍、李伟、李海燕、徐春祥、王峰、周相娟、佟克兴、杨洋、赵玉琪。

本标准系首次发布。

牙膏中二甘醇的测定

1 范围

本标准规定了牙膏中二甘醇的气相色谱和气相色谱-质谱的测定方法。

本标准适用于牙膏中二甘醇含量的测定。

本标准的方法检出限：气相色谱法为 0.05 g/kg，气相色谱-质谱法为 0.03 g/kg。

2 气相色谱法

2.1 原理

样品经过甲醇超声提取、过滤后，以气相色谱-氢火焰离子化检测器进行分离和测定，外标法定量。

2.2 试剂

2.2.1 甲醇：色谱纯。

2.2.2 二甘醇：纯度≥99%。

2.2.3 二甘醇标准储备液：准确称取二甘醇标准品 0.5 g，用甲醇定容至 100 mL。此溶液二甘醇含量为 5 mg/mL，作为储备液。

2.2.4 二甘醇标准工作溶液：取标准储备液，用甲醇配制稀释成浓度为 0.01，0.05，0.10，0.20，0.50，1.00 mg/mL 的标准工作溶液，用于绘制标准曲线。

2.3 仪器设备

2.3.1 气相色谱仪，带氢火焰离子化检测器。

2.3.2 超声波清洗器。

2.3.3 分析天平。

2.3.4 0.45 μm 有机性样品滤膜。

2.4 分析步骤

2.4.1 试样提取

称取 2 g 样品（精确至 0.01 g），于 25 mL 具塞比色管中，加入 20 mL 甲醇，以玻璃棒间歇搅拌，超声提取 10 min，用甲醇定容至 25 mL，振摇后静置，经 0.45 μm 滤膜过滤后待测。

2.4.2 气相色谱参考条件

2.4.2.1 色谱柱：HP-INNOWAX 石英毛细管柱（30 m×0.32 mm×0.25 μm）或其他相当柱效的色谱柱。

2.4.2.2 色谱柱温度：程序升温，140℃保持 3 min，以每分钟 8℃的速度升至 220℃，保持 5 min。

2.4.2.3 载气：氮气，流速 1.5 mL/min。

2.4.2.4 进样口温度：250℃。

2.4.2.5 检测器温度：300℃。

2.4.2.6 进样方式：分流进样，分流比为 20：1。

2.4.3 测定

吸取试样液和系列标准工作溶液各 1 μL 注入气相色谱仪，以峰面积或峰高与标准系列比较定量。如试样液响应值超出标准系列响应值，则需将试样稀释适宜倍数后进样。

2.5 计算

二甘醇的含量按式（1）进行计算。

$$X = \frac{c \times V \times f}{m} \quad \cdots\cdots(1)$$

式中：

X——二甘醇的含量,单位为克每千克(g/kg)；

c——从标准工作曲线上得到的被测组分溶液浓度,单位为毫克每毫升(mg/mL)；

V——样品定容体积,单位为毫升(mL)；

f——试样液稀释倍数；

m——试样的质量,单位为克(g)。

计算结果保留两位有效数字。

2.6 精密度

在重复条件下获得的两次独立测定结果的绝对差值不得超过算术平均值的10%。

3 气相色谱-质谱法(GC-MS)

3.1 原理

样品经过有机溶剂甲醇超声提取、过滤后,进入气质联用,采用选择离子监测(SIM)的质谱扫描模式进行定量分析。

3.2 试剂

试剂同2.2。

3.3 仪器设备

3.3.1 气相色谱-质谱联用仪(GC-MS)。

3.3.2 其余仪器设备同2.3.2、2.3.3、2.3.4。

3.4 分析步骤

3.4.1 试样提取

同2.4.1。

3.4.2 气相色谱-质谱法参考条件

3.4.2.1 气相色谱柱:HP-INNOWAX(30 m×0.25 mm×0.25 μm)或其他相当柱效的色谱柱。

3.4.2.2 柱温:程序升温,初始温度50℃,保持3 min,然后以每分钟20℃的速度升至230℃,保持3 min。

3.4.2.3 载气:氦气,流速1.0 mL/min。

3.4.2.4 进样口温度:250℃。

3.4.2.5 离子源温度:200℃。

3.4.2.6 接口温度:250℃。

3.4.2.7 离子源电压:EI离子源,70 eV。

3.4.2.8 测定方式:选择离子监测(SIM),m/z 45、75和76;定量离子,m/z 45。

3.4.2.9 溶剂延迟:5 min。

3.4.2.10 进样方式:分流进样,分流比为20∶1。

3.5 测定

吸取试样液和系列标准工作溶液各1 μL注入气质联用仪中,以标样的保留时间和监测离子(m/z 45、75和76)定性。待测样品中三个离子(m/z 45、75和76)的丰度比不得超过标准溶液的相同离子丰度比的±20%。采用外标法以定量离子(m/z 45)峰面积定量。如试样液响应值超出标准系列响应值,则需将试样稀释适宜倍数后进样。

3.6　计算

同2.5。

3.7　精密度

在重复条件下获得的两次独立测定结果的绝对差值不得超过算术平均值的10%。

附 录 A
（资料性附录）
牙膏中二甘醇的气相色谱图

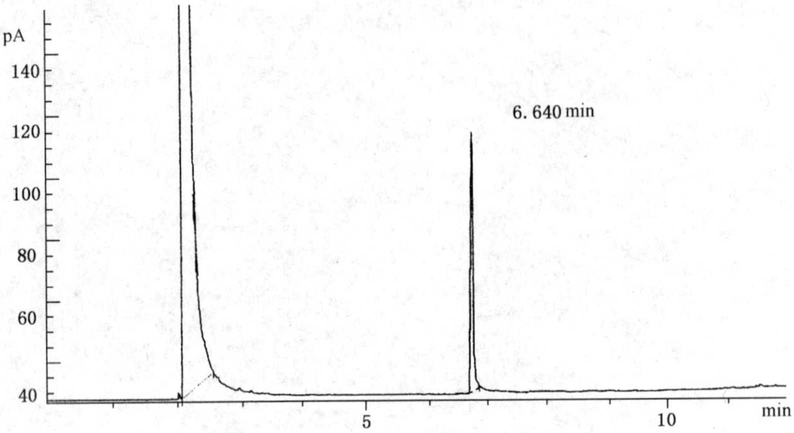

图 A.1 二甘醇的标准色谱图

附　录　B
（资料性附录）
牙膏中二甘醇相关气相色谱-质谱的图谱

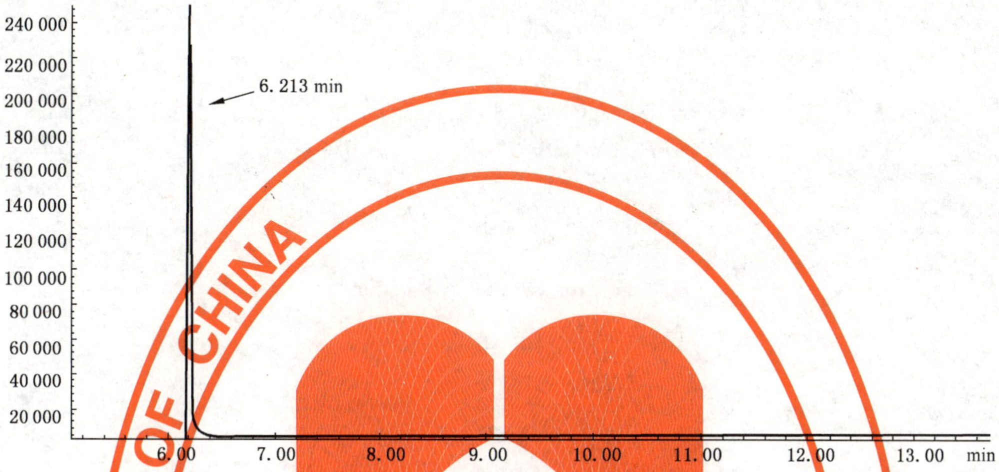

图 B.1　二甘醇的总离子流色谱图

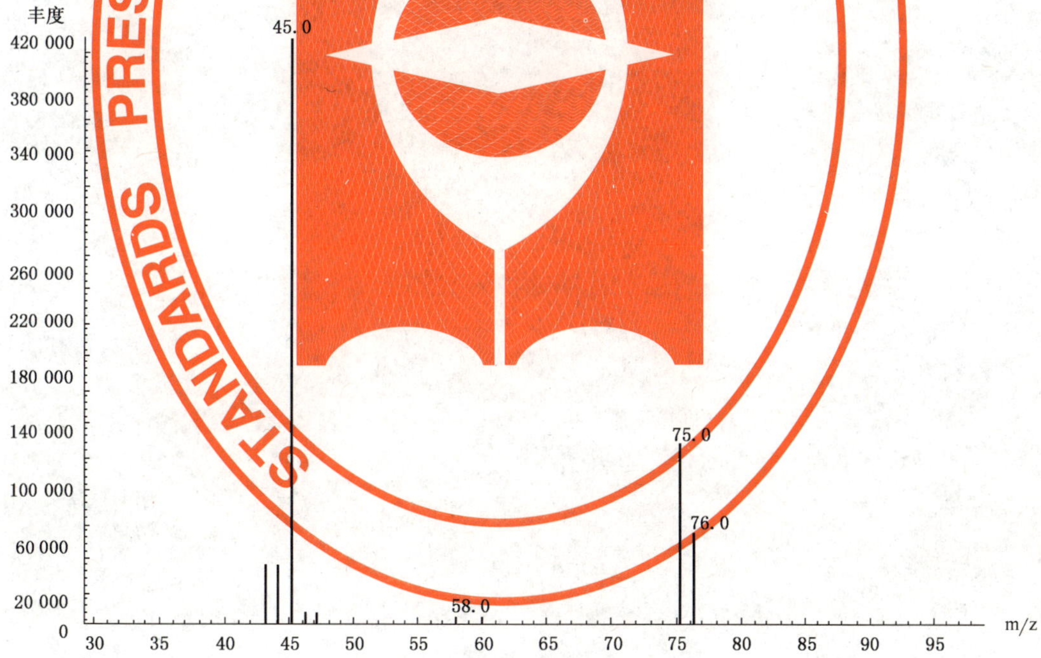

图 B.2　二甘醇的质谱图

ICS 83.080.20
G 32

中华人民共和国国家标准

GB/T 21843—2008

塑料　氯乙烯均聚和共聚树脂用机械筛测定粒径

Plastics—Vinyl chloride homopolymer and copolymer resins—Particle size determination by mechanical sieving

(ISO 22498:2005,MOD)

2008-05-15 发布　　2008-11-01 实施

中华人民共和国国家质量监督检验检疫总局
中国国家标准化管理委员会　发布

前言

本标准修改采用ISO 22498:2005(E)《塑料　氯乙烯均聚和共聚树脂　用机械筛测定粒径》(英文版)。

本标准根据ISO 22498:2005(E)重新起草,与其主要技术性差异如下:

——规范性引用文件中的引用标准没有等同采用与其对应的国际标准;

——修改了结果的计算和表达,增加了筛余物的偏差要求;

——第10章“精密度”未提供数据,故此删除。

为便于使用,本标准作了下列编辑性修改:

a) “本国际标准”一词改为“本标准”;

b) 用小数点“.”代替作为小数点的逗号“,”;

c) 删除了国际标准的前言。

本标准由中国石油和化学工业协会提出。

本标准由全国塑料标准化技术委员会聚氯乙烯树脂产品分会(SAC/TC 15/SC 7)归口。

本标准起草单位:锦西化工研究院、中国石化股份有限公司齐鲁分公司氯碱厂、浙江巨化股份有限公司电化厂。

本标准主要起草人:陈沛云、孙丽娟、翟怀吉、郝晶、邓建明。

请注意本标准的某些内容有可能涉及专利,本标准的发布机构不应承担识别这些专利的责任。

塑料　氯乙烯均聚和共聚树脂用机械筛测定粒径

1　范围

本标准规定了通过测量存留在选定的具有不同筛孔尺寸的筛子上的树脂质量，测定氯乙烯均聚和共聚树脂粒径分布的方法。

结果可以用单个筛子上的筛余物或者整个试样的平均粒径来表示。

本方法不推荐采用筛孔尺寸小于 0.038 mm 的筛子。

2　规范性引用文件

下列文件中的条款通过本标准的引用而成为本标准的条款。凡是注日期的引用文件，其随后所有的修改单(不包括勘误的内容)或修订版均不适用于本标准，然而，鼓励根据本标准达成协议的各方研究是否可使用这些文件的最新版本。凡是不注日期的引用文件，其最新版本适用于本标准。

GB/T 2411　塑料邵氏硬度试验方法[GB/T 2411—1980，ISO 868:1978 Plastics and ebonite—Determination of indentation hardness by means of a durometer(Shore hardness)，MOD]

GB/T 6005　试验筛　金属丝编织网、穿孔板和电成型薄板筛孔的基本尺寸(GB/T 6005—1997，ISO 565:1990，MOD)

3　术语和定义

下列术语和定义适用于本标准。

3.1

筛余物　sieve retention

在试验过程结束时，存留在给定筛子上的树脂，以质量分数表示。

3.2

接料盘余量　pan retention

在试验过程结束时，存留在筛组底部或在单个筛子之下的接料盘上的树脂，以质量分数表示。

3.3

平均粒径　mean particle size

单一值，精确至 0.001 mm，代表整个试样的主要粒子。

4　原理

借助机械振摇，使树脂试样通过一单筛或一组不同筛孔尺寸筛子被筛分。若选用几个筛子组成筛组，应按筛孔尺寸向上增加的顺序装配筛子，以使筛孔尺寸最大的筛子置于顶部。

5　材料

5.1　抗静电剂，氧化铝粉末、炭黑或等效物。

5.2　不粘胶块，邵氏 A 硬度为(70～80)，尺寸约为 40 mm×10 mm×15 mm。

6　仪器

6.1　天平，准确至 0.001 g。

6.2 天平,准确至0.1 g,范围和规格应能满足用于称量每个筛子及其上存留树脂。

6.3 试验筛,依据GB/T 6005,筛框直径为200 mm,具盖和接料盘。推荐采用筛孔尺寸为0.425 mm、0.250 mm、0.150 mm、0.106 mm、0.075 mm及最小值为0.063 mm的筛子。若有争议,所用筛孔尺寸应与相关方取得一致。

6.4 振筛机,装配了自动定时开关的机械装置为最佳。该装置应能通过在每一冲程末的“敲动”或“振击”使筛子或筛组进行统一的垂直运动。振动频率为(150±15)次/min。图1给出了典型的机械振筛装置的示意图。

6.5 软毛刷。

6.6 真空吸尘器,适用于非常细的粉末且用电安全。

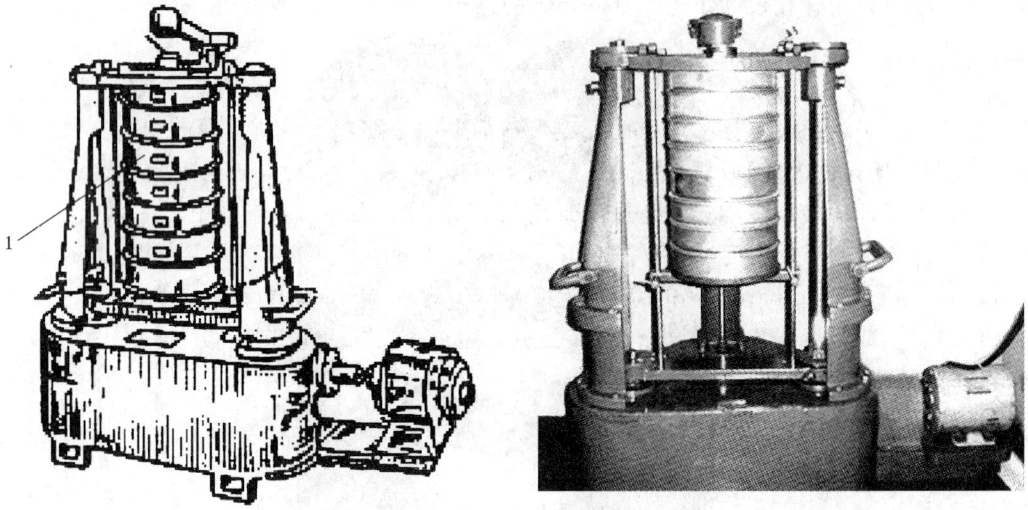

1——金属丝编制网试验筛。

图1 典型的机械振筛装置

7 步骤

7.1 用真空吸尘器(6.6)清扫以确保筛子或筛组、盖及接料盘上无树脂颗粒,用软毛刷(6.5)轻轻除去顽固存留物。

7.2 检查筛子或筛组是否有筛网损坏或筛体变形,如有上述缺陷需更换筛子。

7.3 称量筛子或筛组中每个筛子,精确至0.1 g。

7.4 称量接料盘,精确至0.1 g。

7.5 装配筛子或筛组及接料盘,逐层加高,每层筛子中加入(2～3)块胶块(5.2)。当装配筛组时,应确保按筛孔尺寸向上增加的顺序安装,以使最大筛孔尺寸的筛子置于顶部。

当采用筛组测定平均粒径(见9.2)时,需对筛孔尺寸进行选择以使存留在最顶部筛子和接料盘上的树脂总和小于试样量的4.0%。选用的筛子应形成筛孔尺寸的梯度分布。6.3给出了可行的组合。

7.6 称量(20.0±0.1)g树脂试样,加入抗静电剂(5.1)。所用抗静电剂的量应恰好满足能使粉末易流动,但在任何情况下也不应超过试样质量的0.1%。

7.7 用刮刀混合已称量的试样和抗静电剂,将其移入最顶部的筛子,避免洒落及带入灰尘。如有必要用软毛刷使试样完全转移。

7.8 用盖盖上筛子或筛组，安装在机械振筛机上。

7.9 设置振筛机定时器为(13±2)min 并打开电源。

7.10 振筛后，从顶部开始小心分离筛子或筛组，小心取下胶块，将粘在上面的粉末刷入对应筛子。将筛子或筛组中每个筛子、接料盘及其上树脂一起称量。

8 测量次数

每一试样进行两次测定。

9 结果的计算和表达

9.1 筛余物及接料盘余量的计算及偏差要求

9.1.1 筛余物及接料盘余量的计算

分别对每一个筛子及接料盘计算筛余物及接料盘余量 R(%)，以两次计算结果的算术平均值表示，见式(1)。

$$R=\frac{(m_2-m_1)\times 100}{m_0} \qquad \cdots\cdots(1)$$

式中：

m_1——筛子或接料盘的质量的数值，单位为克(g)；

m_2——筛子或接料盘加上存留树脂的质量的数值，单位为克(g)；

m_0——所取试样的质量的数值，单位为克(g)。

9.1.2 偏差

同一试样连续两次或同台筛机二组筛一次测定，如果不满足下列条件，则结果无效。应重复进行试验，直至满足条件为止。

a) 筛余物大于或等于 5%时，两次测定值之差的绝对值小于或等于 3%；

b) 筛余物小于 5%时，两次测定值之差的绝对值小于或等于 2%；

c) 按第 9.1.1 计算筛余物及接料盘余量 R，其总和应超过 99%。

9.2 平均粒径的计算

9.2.1 从筛组顶部开始，将筛组中每相邻的筛子分为一对，计算每对中下面的(具较小筛孔尺寸的)筛子上存留树脂颗粒的平均粒径见式(2)：

$$D=\frac{d_1+d_2}{2} \qquad \cdots\cdots(2)$$

式中：

D——较小筛孔尺寸筛子上树脂平均粒径的数值，单位为毫米(mm)；

d_1——较大筛孔尺寸筛子的筛孔尺寸的数值，单位为毫米(mm)；

d_2——较小筛孔尺寸筛子的筛孔尺寸的数值，单位为毫米(mm)。

9.2.2 按式(3)计算试样的平均粒径：

$$\text{平均粒径}=(D_1\times R_1)+(D_2\times R_2)+\cdots+(D_n\times R_n) \qquad \cdots\cdots(3)$$

式中：

$D_1,D_2\cdots,D_n$——用式(2)计算的，表示构成筛组的每对筛子的平均粒径的数值，单位为毫米(mm)；

$R_1,R_2\cdots,R_n$——每一对中较小筛孔尺寸筛子上两次测定筛余物的平均值的数值。

计算平均粒径时，最大筛孔尺寸筛子及接料盘上的树脂应忽略不计。

10 试验报告

试验报告至少应包括以下部分：

a） 参照本标准；

b） 识别被试验树脂所需全部资料；

c） 所用的抗静电剂；

d） 适宜的检测值，即不同筛孔尺寸筛子上的筛余物和/或整个试样的平均粒径；

e） 试验日期。

ICS 13.300
A 80

中华人民共和国国家标准

GB/T 21844—2008

化合物(蒸气和气体)易燃性浓度限值的标准试验方法

Standard test method for concentration limits of flammability of chemicals(vapors and gases)

2008-05-12 发布　　2008-09-01 实施

中华人民共和国国家质量监督检验检疫总局
中国国家标准化管理委员会　发布

前　言

本标准等同采用美国材料与试验协会(ASTM)E 681:04《化合物(蒸气和气体)易燃性浓度限值的标准试验方法》(英文版)。

本标准的附录A是规范性附录,附录B是资料性附录。

本标准由全国危险化学品管理标准化技术委员会(SAC/TC 251)提出并归口。

本标准起草单位:中国检验检疫科学研究院、国家民用爆破器材质量监督检验中心。

本标准主要起草人:陈会明、王立峰、王军兵、于文莲、周新、徐森、刘大斌。

本标准为首次发布。

化合物(蒸气和气体)易燃性浓度限值的标准试验方法

1 范围

本标准规定了在测试温度和常压下,化学物质的蒸气与空气形成可燃混合物的燃烧上限及下限浓度的测定方法。测试中可以使用惰性气体作为稀释剂,但不能使用氧化性比空气强的物质。

本标准适用于蒸气和气体物质。

注1:燃烧下限(LFL)和燃烧上限(UFL)有时也分别被称之为爆炸下限(LEL)和爆炸上限(UEL)。然而,LEL和UEL有时也可表示浓度,但非本标准中定义的极限,因此当引用LEL和UEL时,一定要理清其确切的定义。

2 规范性引用文件

下列文件中的条款,通过本标准的引用而成为本标准的条款。凡是注日期的引用文件,其随后所有的修改单(不包括勘误的内容)或修订版均不适用于本标准,然而,鼓励根据本标准达成协议的各方研究是否可使用这些文件的最新版本。凡是不注日期的引用文件,其最新版本适用于本标准。

ASTM E171 状态调节和试验挠性屏障材料的标准大气压的标准规范

ASTM E582 气体混合物中最小点火能量和淬熄距离用标准试验方法

ASTM E1445 化学制品潜在危险性的相关标准术语

ASTM E1515 易燃粉尘最小爆炸浓度的标准试验方法

ASTM E2079 气体和蒸气中限制的氧(氧化剂)浓度用标准试验方法

NFPA 69 爆炸防护系统标准

3 术语和定义

下列术语和定义适用于本标准。

3.1

燃烧下限浓度(LFL) lower limit of flammability or lower flammable limit

在测试条件下能够使火焰在可燃物和气态氧化剂的均相混合物中传播的最小可燃物浓度。

3.2

火焰的传播 propagation of flame

在本试验中,火焰前沿从点火源向上或向外到达器壁或至少离器壁13 mm处的运动过程。向外扩散运动说明火焰前沿存在水平分量。

3.3

燃烧上限浓度(UFL) upper limit of flammability or upper flammable limit

在测试条件下能够使火焰在可燃物和气态氧化剂的均相混合物中传播的最大可燃物浓度。

4 方法概要

在密闭容器内点燃气体或蒸气与空气的均相混合物，用目视法观察火焰从点火源向上和向外的传播过程。每次试验可燃物的浓度都不同，直到找到刚好可以维持火焰传播的浓度为止。

5 使用意义

5.1 气体和蒸气的 LFL 和 UFL 值定义了其在空气中的可燃浓度范围。

5.2 气体燃烧极限值可为易挥发化学品的安全操作提供准则，也可以对通风进行评估。

注 1：对于碳氢化合物而言，在燃烧下限上燃与不燃的断点范围很小，但上限浓度的断点不明显。按 13.1，重复性不好的材料，如胺、卤化烃等，其淬火距离较长且较难点火，这时上下限浓度都不明显。这就是说，燃与不燃浓度之间有着很大的范围存在(见 A.1)。

注 2：本方法测试火焰向上传播(部分向外)的 LFL 和 UFL 值。向下的火焰传播极限比较窄。

6 注意事项

6.1 本测试方法不适用于本身具有氧化性的化学物。蒸气和空气混合时如发生明显氧化反应，则会产生不可靠的结果。对于此类物质，可设计一个流动系统将混合操作时间最小化。

6.2 测试容器壁对火焰的淬火效应将影响所测得的燃烧极限值。本试验采用足够大的测试容器以消除其对大多数材料(或条件下)火焰淬火的影响。

注 1：试验，特别是低压状况下进行的试验可能存在着淬火效应。对于较难点火的材料，需更大容积的容器或较强点火源试验时(见图 A.1)，则在装配有火花塞或熔丝点火源的 5L 瓶中可能看不到火焰的传播。这一试验方法是小规模试验，在危害评估时必须考虑可能的极限性。

6.3 空气中氧气的浓度对于 UFL 值影响很大。一般使用室内空气。若用压缩空气来代替室内空气，则其氧浓度必须为 20.94%±0.1%。每一钢瓶内空气中氧的浓度各不相同，因此必须对氧浓度进行验证。

7 试验仪器

7.1 图 1 为试验装置的示意图；其具体细节及尺寸将在附录 B 中陈述。试验装置由如下几部分组成：玻璃测试容器、绝热室、电点火装置、磁性搅拌器以及密封盖。

7.2 若试验在升温的环境下进行，需按 B.1 要求对测试容器进行加热。容器内的温度偏差控制在±3℃以内。配置热电偶监测容器内的气体温度。对于测试容器以外的其他活动(连接)容器，温度必须保持在测试物质凝结温度以上。加热时使用电加热记录仪记录加热情况。

注 1：如果使用裸露热电偶产生催化氧化反应，使温度读数偏高，应更换其他热电偶。

7.3 压力传感器——使用低量程压力传感器测量向测试容器添加气体和蒸气时的分压增量。传感器及信号调整/放大器须有足够的精度，保证获取测量最低浓度时气体分压的变化。在传感器外设隔离阀，防止爆燃产生的压力破坏传感器。需对压力测试仪及管子的体积所引起的误差进行分析。

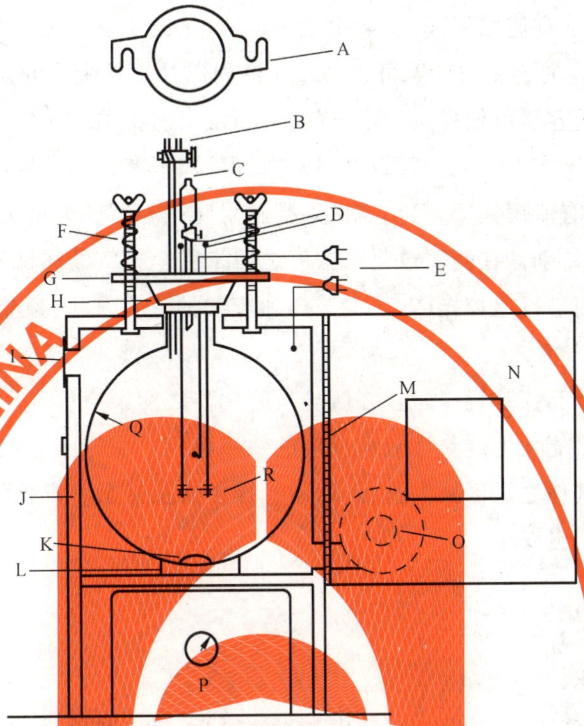

A——盖夹；
B——空气进出口；
C——试样进口；
D——点火接点；
E——内外温度测量装置；
F——弹簧；
G——盖夹；
H——橡皮塞；
I——泄气阀；
J——绝热腔体；
K——磁性转子；
L——定位架；
M——合页；
N——安全观察窗；
O——加热空气源；
P——磁性搅拌器；
Q——5L 玻璃瓶；
R——电极。

图 1 测试装置简图

8 安全防护

8.1 由于爆炸的剧烈程度随氧化剂氧化性的增强而增强，因此氧化性比空气强的物质不宜在本装置中进行测试。本玻璃装置中不宜使用氧气、一氧化二氮、二氧化氮及氯气等气体。

8.2 附录B的B.1中描述的金属防护罩可以防止仪器内爆及爆炸带来的伤害。

8.2.1 高真空状态下测试容器可能发生内爆，因此必须设有防护层防止碎片伤害。

8.2.2 在可燃范围内（浓度在LFL及UFL之间）进行测试时，有可能发生高能爆炸。虽然玻璃测试容器上的轻质压紧板和松盖有泄爆作用，但仍需额外措施来防止容器破裂带来危害。

8.2.3 在极少数情况下，特别是在测试过上限浓度之后未完全排空的测试容器时可能会引起自燃。为避免自燃发生，可以对阀门进行遥控操作，改变试样和空气的进入顺序，设置简单的防护板及运用其他措施等来确保安全操作。

8.2.4 测试区域应装备电互锁装置以防止在防护措施到位之前误点火。

8.3 本试验不适用于有可能发生爆炸性分解反应的热不稳定物质。

8.4 试验应在通风橱或其他通风区域内进行，以防止操作人员接触有毒化学物或燃烧产物。

8.5 确保高压点火源的用电安全。

9 校准

9.1 精确测定烧瓶的体积。

9.1.1 称取干净、干燥的烧瓶重量，然后往瓶内加入蒸馏水，盖上瓶盖，让多余的水外流，并擦干瓶外壁面后再称重。记录其重量差，再利用水的密度求出烧瓶的体积。

9.2 对压力、温度及液体测量装置进行校准。

10 试验程序

10.1 按图1组装仪器，置于通风橱或其他通风区域内。抽空系统并用空气冲刷，反复进行三次。

10.2 将烧瓶温度调至测试温度。测试温度必须高于混合物的蒸气凝点。

10.2.1 如被测物质的凝结点较低，则应对瓶盖及供应管道加热，防止蒸气凝结。

10.3 记录测试时当地的大气压力。

10.4 重复两次检查所有的安全防护措施是否到位。

10.5 液体试样的试验程序

10.5.1 清除上次试验的残留物。可通过抽真空使瓶内压力小于2.7 kPa来完成清洗。

10.5.2 使用注射器取一定体积的液体。初始试验的液体体积可由附录B中B.2给出的方法判定。将液体移至进口处的分离漏斗（见10.5.4.1）。

10.5.3 将搅拌器开至最小转速400 r/min。若同时还使用了其他的搅拌器（见图2），则转速可以再调低些。

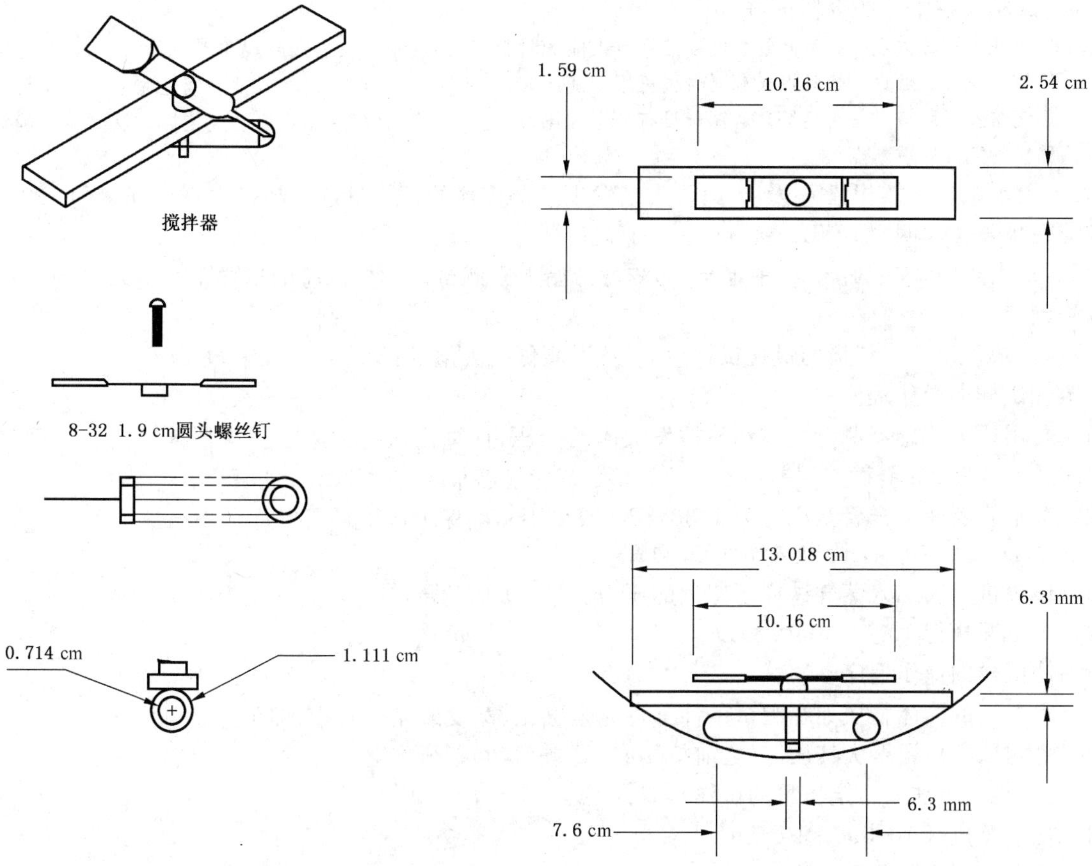

图 2　磁力搅拌驱动示意图(5 L 烧瓶用)

10.5.4　打开进口活塞,使试样流入瓶内。当所有液体流入瓶内时关闭活塞。在进口分离漏斗上加上盖子。

10.5.4.1　在分离漏斗处可设置分离膜。这样便可将针管穿过分离膜直接往瓶内注入试样。若有针头或管内残留的液体较多,则应对液体体积进行修正。

10.5.5　当试样完全气化后,移除分离漏斗上的盖子,并打开活塞,使空气缓慢进入测试容器(见 8.2.3)。

10.5.6　松开盖子撑架,关闭橱门。

10.5.7　至少连续搅拌 5 min,使其完全混合并达到热平衡。最后一组试验应搅拌更长的时间使其充分混合。

10.5.8　关闭搅拌器。

10.5.9　记录测试温度 T。

10.5.10　断开各仪器间的连接线。

10.5.11　调暗观察区的光线,激活电点火源,观察点火及火焰传播过程。若试样未被点火,至少再重复一次试验(见 10.5.1～10.5.11),若仍未被点火,则该浓度为不燃浓度。

注 1:组分比例刚好在可燃范围以外的混合物,点火后呈现的现象是在点火源上方会出现一小的火焰冠;在某些情形下,火焰可能竖直传播至瓶盖处。(若没有火焰冠出现,则有可能是点火能不充足)。若观察到向上和部分向外的火焰传播则说明混合物浓度为极限或近极限浓度。建议在每次试验时记录所观察到的火焰现象,包括注明火焰冠的出现与否,向上、向外、向下的传播等等。这些观察可以作为减小燃与不燃的不确定区域的准则。

10.5.12　不断改变试样量测出可以使火焰传播的最小试样量 L_1 及不能使火焰不能传播的最大试样量 L_2,L_2 小于 L_1(L_1 和 L_2 之间的差别体现了测定材料在试验过程中的变化性)。

10.5.13 试验组数较多时，特别是在测定上限浓度时，应定期拆卸容器进行清洗。

10.5.14 试验应在干净的容器内进行。

注2：用火花点火源去点燃具有高绝缘度或需高点火能的材料时，会遇到点火失败或现象不一的情形，这时可以使用熔丝点火源点火。熔丝点火源同时也可用于确认火花点火试验中点火的有效性。铜丝完全气化与否可以判定熔丝线路接触是否良好。若铜丝没有完全气化，则这一试验无效(除非火焰已经传播)，这时应在确定线路接触完好后重新点火。

10.5.15 记录试样的体积值 L_1 及 L_2。若火焰发生局部传播的试样量范围超过本身试样量的10%，则该范围应在报告中注明，如 LFL=5.4%±0.6%。

10.5.16 从大于 U_2(在10.5.17中定义)的浓度开始上限测试。初始试验的试样量由附录B中B.3提供的方法判定。

10.5.17 记录可使火焰传播的最大试样量 U_1 及不能传播火焰的最小量 U_2($U_2>U_1$)。

10.6 蒸气试样的操作程序

10.6.1 利用压力传感器测量气体和易挥发液体的分压，计算出试样的浓度。容器内压力传感器量程的下限应达到0.07 kPa，读数误差不超过1%。系统应能够抽至0.067 kPa的真空。

10.6.2 抽空容器及试样管至压力为1.33 kPa(或更小)，确保上次试样及燃烧产物已被清除。

注3：容器在真空下绝缘，泄漏度不大于0.1 kPa/min。

10.6.3 通过进口阀加入蒸气试样至期望的压力。按10.5.5导入空气，将压力升至大气压。

10.6.4 视情况执行10.5.6~10.5.17。

10.7 固体试样的操作程序

10.7.1 室温下的固体物质如在测试条件下可完全融化、蒸发或完全升华，即可进行测定。

10.7.2 将测试容器调至大气压。(之前按10.1要求，容器必须排空)

10.7.3 打开盖子，加入一定质量的试样。

10.7.4 视情况执行10.5.6~10.5.17。

注4：在试样气化和升温至测试温度时，可能有小部分的试样从测试容器损失掉。在气化完全后再开始搅拌可以把损失最小化。试样的最大理论损失，虽然很小，但仍可计算得出。

11 计算

11.1 按式(1)或式(2)计算试样量 L 或 U。

$$L=\frac{1}{2}(L_1+L_2) \qquad (1)$$

$$U=\frac{1}{2}(U_1+U_2) \qquad (2)$$

式中：

L——用于式(3)计算 LFL 值的试样量；

U——用于式(3)计算 UFL 值的试样量。

L_1 和 L_2 见10.5.12，U_1 和 U_2 见10.5.17。

11.2 按试样量计算 LFL 和 UFL 值。

11.2.1 液体试样(假设为理想蒸气状态)

$$\text{LFL}=\frac{(L_v)(d)(T)}{(MW)(p)}\times\frac{(V_0)(p_0)(100\%)}{(V)(T_0)} \qquad (3)$$

式中：

V——烧瓶的体积，单位为升(L)；

LFL——燃烧下限(摩尔或体积分数)；

L_v——等于 L，即式(1)计算所得试样体积，单位为立方厘米(cm^3)；

d——试样密度，单位为克每立方厘米(g/cm^3)；

T——测试温度，单位为开(K)；

MW——试样的摩尔质量，单位为克(g)；

p——测试绝对压力(kPa)，单位为千帕(kPa)。

11.2.1.1 对于给定的测试设备，当 $p_0=101.3$ kPa 或在 p_0 和 T_0 下，$V_0=1$ mol 材料的体积，以及 T_0＝标准或测试温度(273K)时，式中的第二项为常数。

11.2.1.2 将式(3)中 LFL 和 L_v 分别用 UFL 和 U_v 代替可以计算 UFL 值。

11.2.2 蒸气试样(假设蒸气为理想状态)

$$\mathrm{LFL}=(L_p/p)\times 100\% \qquad (4)$$

式中：

L_p——等于 L，即式(1)计算所得的试样分压，单位为千帕(kPa)。

分别用 UFL 和 U_p 代替 LFL 和 L_p，$U_p=U$ 为试样的分压，单位为 kPa。

11.2.3 固体试样(假设蒸气为理想状态)

11.2.3.1 用 L_w 代替式(3)中的 $L_v(d)$ 计算 LFL 值，其中 L_w 等于 L，为式(1)所得的试样量。

11.2.3.2 分别用 UFL 和 U_w 代替 LFL 和 L_w 计算 UFL 值。

11.3 复杂液体、固体和混合物——当蒸气的摩尔质量未知或不可认为是理想状态时，无法用摩尔或体积百分比[见式(3)]计算材料的燃烧极限值，这时可以用单位体积的燃烧物质量来表示。

注1：NFPA 69 和标准 E 1515 中都对单位体积得到燃烧物质的质量进行了描述，可由式(5)计算得到。

$$\mathrm{LFL}_w=\frac{\mathrm{LFL}_v}{(100-\mathrm{LFL})\left(\frac{0.0224}{MW}\right)} \qquad (5)$$

11.3.1 计算混合蒸气和非理想蒸气状态的材料的 LFL 值见式(6)。

$$\mathrm{LFL}_w=\frac{L_w}{V}=\frac{L_v(d)}{V} \qquad (6)$$

式中：

L_w——试样质量(mg)；

LFL_w——等于 LFL，单位(mg/L)。

11.3.2 分别用 UFL_w 和 U_w 代替式(6)中的 LFL_w 和 L_w 以计算 UFL 值。

12 试验报告

12.1 记录在测试温度、测试压力和点火源(电弧或桥丝)作用下，通过式(3)、式(4)和式(6)计算得出的燃烧极限值 LFL 和 UFL。

12.2 记录初始的极限值，同时包括所用到的测量单位，即气体或蒸气试样用体积单位(摩尔或体积百分比)，液体或固体用质量单位(毫克每升)。

12.3 若燃烧物的摩尔质量已知，代入式(3)计算极限值时，气体或蒸气可以用质量单位，液体或固体则可用体积单位。报告应该记录是否有非理想蒸气状态行为发生或疑似发生的现象。

12.4 若结果变化范围超过试样量的10%(见13.1)，记录变化度。

13 精密度和偏差

13.1 精密度

碳氢化合物，如戊烷在同一实验室内本测试方法的重复性误差：LFL 不超过 0.1%，UFL 不超过 0.15%。不同实验室间，本测试方法的再现性误差：LFL 不超过 0.1%，UFL 不超过 0.9%。

13.2 偏差

由于没有适合的参考物质可用于测试本方法在测化学物燃烧浓度极限时试验程序的偏差，因此无法得知测量所得的燃烧极限浓度的偏差。

附　录　A
（规范性附录）
难着火、淬火距离大的物质测试方法

A.1　总论

对于淬火距离大的物质，要注意其整个燃烧区间。难以着火的物质，例如氨和一些卤代烃，其燃烧上下限可能没有其他烃类明显。

A.2　术语

A.2.1　定义

A.2.1.1　火焰传播——燃烧上下限没有明显差别的物质，其火焰传播定义更具体些。火焰传播即火焰向上或向左右传播至瓶壁，然后继续沿着瓶壁传播，沿瓶壁传播的角度应≥90°（如图A.1）。图中箭头表示该处火焰的传播。

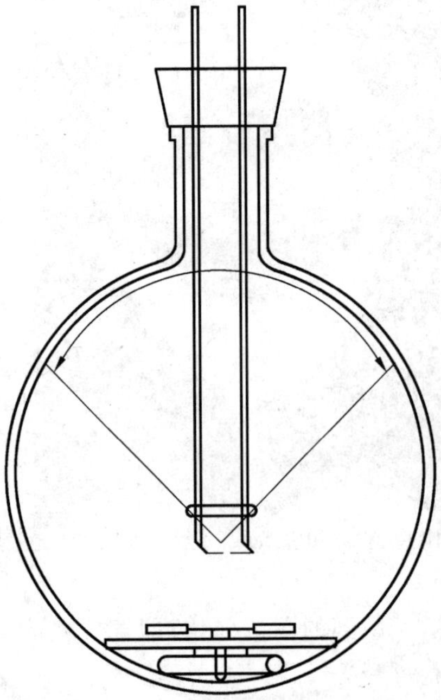

图A.1　12 L玻璃瓶中的火焰传播

A.2.1.2　在测试过程中，没有观察到火焰传播现象，或火焰传播的程度不够（例如：传播不均衡，火焰结构不规则，或者在最佳燃烧浓度下，火焰没传播到半个容器），这时使用50%点火概率来分析，即3次试验中至少得到2次重复的结果，此时认为该结果有效。出现这种情况的物质称为临界可燃物质，例如高度卤代化合物或卤代混合物，其各成分的可燃性被抑制，使得整个混合物不可燃。

注1：使用摄像机记录试验过程，试验结束后通过回放观察最终结果。

注2：电视监视器屏幕需要借助透明的规尺（量角器）来确定试验结果。

A.2.1.3　临界可燃比率（CFR）——指的是混合物中燃料与稀释剂（不可燃且不具有氧化性）的比率，在此比率上再增加燃料的含量，混合物在空气中就具有可燃性。通常这个值被明确定义为燃料/稀释物比率，或简称燃料比率。

A.2.1.4　点火源——点火源的能量和输出结构对燃烧极限的测定有一定的影响，尤其是不易燃烧且燃烧热不大的难着火物质。点火源能量过高时,会误把点火源的火花认为是火焰的传播。

A.2.1.5 火花点火器——如图A.2所示,1 mm粗的两根钨线,间距6.4 mm,插入距瓶底1/3瓶子直径处(见B.1.4),电源和计时器的使用将在B.1.4.4和B.1.4.5中阐述。

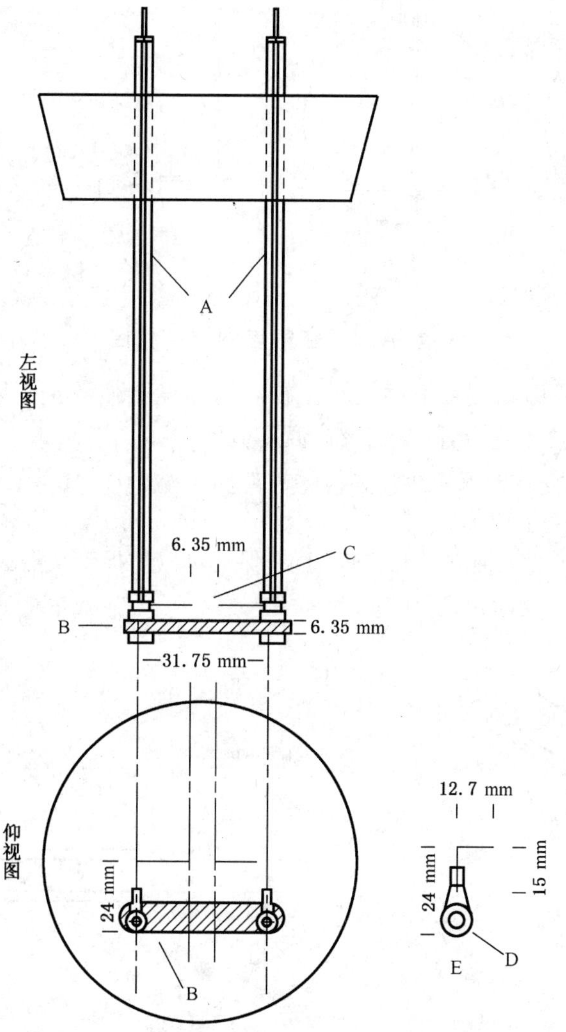

A——玻璃管;

B——底座;

C——点火位置,距瓶底1/3直径处;

D——无焊连接头;

E——点火端。

图A.2 火花电极装置图

A.2.1.6 湿度可以抑制或提高燃烧过程中的化学反应。因此,相应的湿度也应引起注意并记录下来。若测试的是易受潮物质,如一氧化碳和高度卤代化合物,应考虑湿度的影响,或使用E171标准,该标准规定了23℃时50%相对湿度的情形。对于更高的精确要求,湿度应该用绝对值来定义,如每克干燥空气中含水的质量。例如,试验中进入瓶内的每1 g干燥空气要含有0.008 9 g的水分,达到此要求的方法见图A.3。

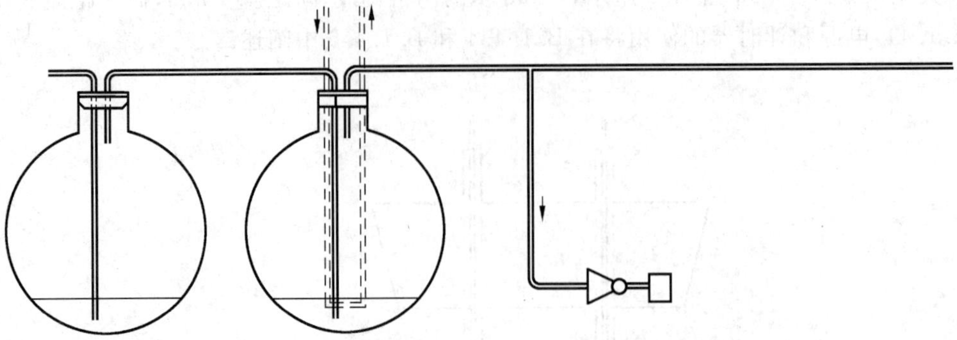

图 A.3 空气增湿器结构图

A.2.1.7 物质的温度同样影响测量值的大小。较高的温度会使燃烧下限变低从而扩大燃烧极限范围。试验应该在关注的温度下进行,同时记录该温度值。

A.2.1.8 测试容器应为 12 L 的玻璃瓶。测试装置如图 1 所示,但有以下几点要求:

A.2.1.8.1 绝缘腔的容积为 12 L。

A.2.1.8.2 观察窗的大小要方便观察和摄像记录,保证可以捕捉到从点火源到瓶颈的全部直径范围。

A.2.1.8.3 搅拌器如图 A.4 所示。

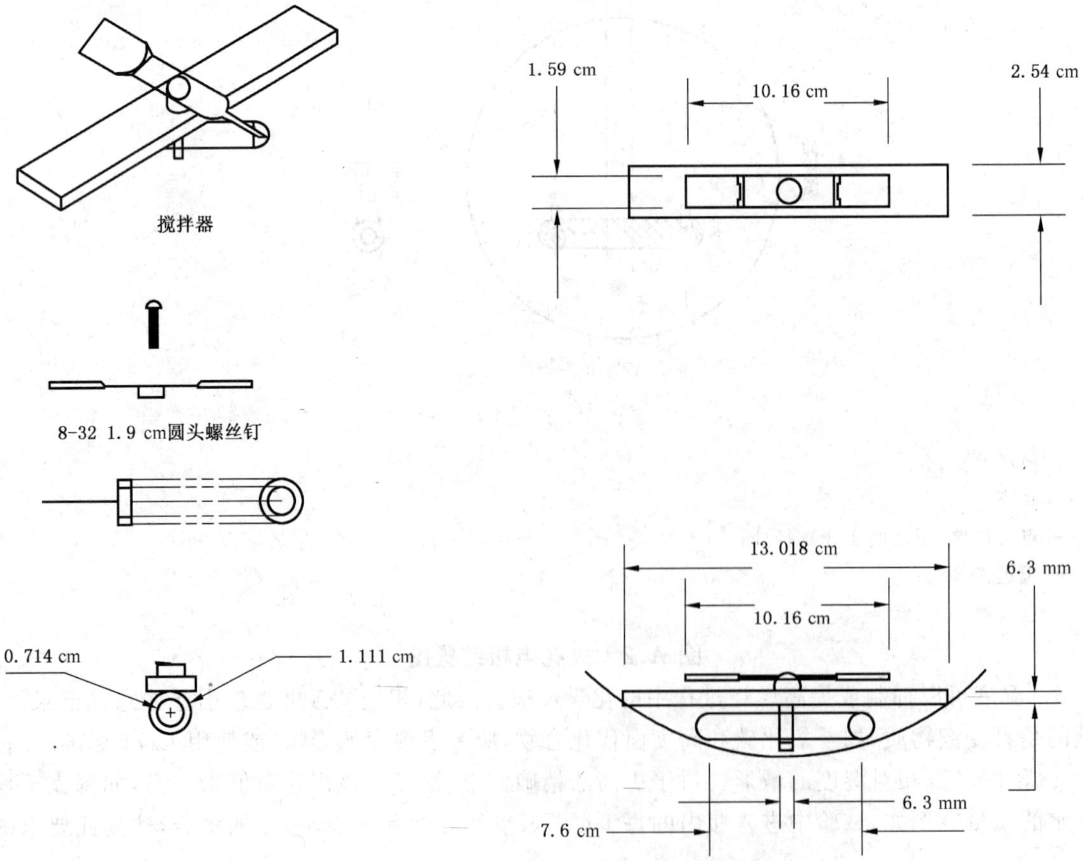

图 A.4 12 L 测试瓶所需搅拌器示意图

A.3 精密度和误差

A.3.1 同一实验室测试结果的重复性误差：燃烧下限不超过 0.2%，上限不超过 0.8%；实验室间的结果再现性误差：燃烧下限不超过 0.9%，燃烧上限不超过 1.8%。

A.3.2 二元化合物的混合物与空气

对于 A.1 中二元混合物 RS/R134a 的临界燃烧比率(CFR)，单个实验室的可重复性误差为混合物中 R32 质量的±0.5%，实验室间的数据重复性误差为 R32 质量的 1.2%。平均临界燃烧比率为 33.5%的 R32 和 66.5%的 R134a。

附 录 B
（资料性附录）
仪器尺寸规格及初始测试试样量估算方法

B.1 图1中仪器的尺寸和规格

B.1.1 测试容器——由光学玻璃制成的长颈烧瓶，短环颈，容积5 000 cm^3，直径约为222 mm，高度约为305 mm。对于A.1中的难着火物质，使用容积为12 000 cm^3 的短环颈瓶，直径约为295 mm，高度约为378 mm。

B.1.2 绝热腔——容积为5 000 cm^3 的烧瓶，尺寸如下：

内部：279 mm×279 mm×305 mm

高度：483 mm，调整后可适应搅拌部件

后板：≥200 mm×200 mm的排放区

顶部开孔：直径70 mm

注1：如果使用A.1中提到的12 L烧瓶，绝热腔和观察窗的尺寸应该更大一些。

进气孔要配合进气单元进行设计。

排气孔要根据简易滑动闸板进行设计。

B.1.2.1 材料——厚度至少为1.151 89 mm (16gage)的薄金属片，表面绝缘。通常情况下，要将部分金属底部移除并由无磁性的材料替代，保证磁性搅拌器的正常运行。后板开一个≥200 mm×200 mm的气孔(尺寸≥200 mm×200 mm)泄压。

B.1.2.2 插销门或铰链门要根据102 mm到127 mm的正方形安全观察窗进行设计，而且厚度至少为12.7 mm。

B.1.2.3 螺栓——在127 mm顶端中心要安装2个1/4-20的螺栓(美国标准，1/4为公称直径，20为每英寸的牙数)来固定容器盖。

B.1.2.4 支座——由穿孔金属制成的圆柱体支座将测试容器固定，使其瓶颈上端刚好高于绝热腔，这样便于气体循环和测试容器的安装和拆卸。

注2：如果绝热腔的前端、顶部、壁面以及基座的前端较厚，而后部和底部由轻质材料组成，一旦容器发生爆炸，将在后端泄爆，从而远离操作者，避免直接作用。

B.1.2.5 其他可选腔体——也可使用其他可以保证操作及安全的恒温箱或加热工具。

B.1.3 加热器——热空气由功率约2 400 W的交流加热器产生，由送风机以约0.38 m^3/min的速度传送到装置中。

B.1.4 点火器

B.1.4.1 点火电极：不锈钢，直径在3.175 mm～4.76 mm之间，长317.5 mm，上端有螺纹连接到高压电源，底端连接到电火花间隙点或桥丝，亦或两者都连。试验要求接触良好，可以通过定期检查阻抗系数(＜0.5 Ω)来确定接触是否良好。电极棒之间至少间隔32 mm。对于高压电火花，电极之间要进行绝缘处理，带有环氧密封材料的玻璃管就是一种很好的绝缘处理方法。

B.1.4.2 火花隙：电极之间的距离为6.4 mm。电极的引出部分由铂或钨连接而成。

B.1.4.3 桥丝：将19 mm环状、直径为0.078 7 mm(40gage)的铜线连接到电极中的火花隙。若铜线完全气化，则表明桥丝环路接触良好，如果没有完全气化，也没有观察到火焰传播，则认为点火不成功。

注3：桥丝发出的强光会影响观察，可以安装遮光罩解决。

B.1.4.4 电源：使用15 kV，30 mA的电源。

B.1.4.5 计时器，将点火持续时间限制在0.2 s～0.4 s。可以采用商用计时器。

B.1.5 搅拌装置

B.1.5.1 搅拌棒：鸡蛋形、塑料外壳的磁性棒，长 63.5 mm。

B.1.5.2 驱动：试验用磁力搅拌器，能够透过测试容器和绝热腔起到作用。

B.1.5.3 并行搅拌：见图 2，可选择使用的搅拌装置。

B.1.6 测试容器盖：容器盖可用 14 号橡胶塞，上面钻电极孔、进样孔、进排气孔和温度测量孔，用于连接各种器件（见图 1）。尤其要注意的是，塞子只是卡在容器顶部，并没有进入瓶子的颈部，方便气体的排出。

注 4：使用特殊配备的金属盖可以在 150℃以上的温度进行试验，真空密封性也能得到提高。

B.1.7 盖夹（见图 1），由蝶形螺母、轻弹簧以及 1/4-20 的螺栓配合使用，用于卡紧容器盖，提高测试容器的真空密封性。

B.2 估计燃烧下限值确定选择初始测试样品量

B.2.1 试验者有责任在选择样品量和进行燃烧极限测试时，使用适当的安全措施。

B.2.2 为避免高能反应，在低于 LFL 值的浓度下开始下限测试是非常重要的。估计的下限浓度可以和式(3)结合起来，计算得出初始的样品量。

B.2.2.1 下面列举了估算燃烧下限的几种方法。对于不同的化学物质，这些方法的计算精度也有所不同。熟悉这些方法后可以提高合理判断的能力，从而提高对各种物质类型下限估算的准确度。

B.2.3 大多数有机物质的燃烧下限在 40 mg/L～60 mg/L 之间。对于大多数物质，一般用 35 mg/L 的样品量来做初次试验。然而，活性燃料，如氢和乙硼烷，下限相对比 30 mg/L 低。如前强调，试验时要小心（见 8.2）。

B.2.4 燃烧下限可以由闭口闪点和蒸气压来估算，见式(B.1)。

$$\frac{p_f}{p_0} \times 100 = \mathrm{LFL}_e \qquad \cdots\cdots (\mathrm{B.1})$$

式中：

LFL_e——估计的燃烧下限值，体积分数；

p_f——闭杯闪点温度时的蒸气压，单位为帕(Pa)；

p_0——标准大气压，等于 101.3 kPa。

B.2.4.1 闭口闪点和蒸气压必须准确有效。

B.2.4.2 闭口闪点可能并不代表物质可燃的最低温度，用这种方法时必须引入安全因子。

B.2.5 燃烧下限可以用理想配比量的函数来估算，在该配比情况下组分完全燃烧生成二氧化碳和水，卤素由 X 变成 HX，系统中的氧气完全被消耗。

B.2.5.1 理想配比成分可以使用燃烧反应的化学平衡方程进行计算。

B.2.5.2 对于仅含有 C、H、O、N、X（卤素）的物质在空气中燃烧的情况，可以简化为式(B.2)（如果 $m \geqslant k+2p$）：

$$C_s = \frac{100}{1 + 4.773\left(n + q + \frac{(m-k-2p)}{4}\right)} \qquad \cdots\cdots (\mathrm{B.2})$$

式中：

C_s——空气中理想配比成分，或摩尔分数；

n——分子中 C 原子的个数；

m——分子中 H 原子的个数；

p——分子中 O 原子的个数；

q——分子中 N 原子的个数；

k——分子中卤素原子的个数。

B.2.5.3 对于仅含C、H、O的饱和化合物，燃烧下限近似等于理想配比情况下下限的0.54倍。

注1：对于不是B.2.5.3中提到的化合物，下限值可能比理想配比时的值要明显大或小，因此使用估算值时应特别小心。下限值表示为理想配比时的函数，如氢的系数为0.14，氨的系数为0.69。

$$LFL_e = 0.54C_s \quad \cdots\cdots (B.3)$$

B.2.6 对于相同系列的材料，下限值也可以基于已知的材料下限值来估算。

B.2.7 成分已知的混合物的下限值可以从各成分已知的下限值，用Le Chatelier定律来估算。这些计算的在Bulletin 627及其他文献中有详细讲述。

B.3 估算燃烧上限值以选择初始测试样品量

B.3.1 上限值不能像下限值估计的那样准确。因此，在估算燃烧上限值以选择初始测试样品量时，要考虑各种可能的因素(见第8章)。

B.3.2 对于仅含C、H、O的饱和化合物，总体来说，燃烧上限小于理想配比情况下上限的3.5倍。

$$UFL_e = 3.5C_s \quad \cdots\cdots (B.4)$$

式中：

UFL_e——估算的燃烧上限。

注1：式(B.4)对于一些不饱和化合物，有机氧化物，氨及其他反应性材料并不适用，因为这些材料的上限已超过3.5倍。这些物质除氨以外，其上限测试建议(见第8章)不要在本测试装置中进行。

用式(B.4)估算的UFL值可用于式(3)估算测试的初始试样量。

B.4 用理想配比来修正已知的上限和下限值

Hilado对如何用理想配比来修正已知的上限和下限值进行了详细阐述，这些方法可获取比B.2和B.3更精确的LFL和UFL估算值。"鉴于许多化学物都具有非正常的燃烧特征，这些估算值应当慎用，估算值毕竟不能代替试验数据。"

B.5 从测试数据中计算燃烧极限

B.5.1 基于式(B.5)。

$$LFL = \frac{\text{测试容器内可燃物摩尔数}}{\text{测试容器内气体总摩尔数}} \times 100 \quad \cdots\cdots (B.5)$$

$$LFL = \frac{(L_v)(d)}{(MW)} \times \frac{1}{\frac{V}{22.4} \times \frac{p}{p_0} \times \frac{T_0}{T}} \times 100 \quad \cdots\cdots (B.6)$$

式中：

LFL——燃烧下限，摩尔或体积分数；

L_v——L为液体试样体积，单位为立方厘米(cm^3)；

d——试样密度，单位为克每立方厘米(g/cm^3)；

MW——试样摩尔质量，单位为克每摩尔(g/mol)；

V——测试容器体积，单位为升(L)；

22.4——标准摩尔体积，单位为升(L)；

p——测试压力，单位为帕(Pa)；

T——测试温度，单位为开(K)；

p_0——标准大气压(101.3 kPa)；

T_0——标准温度，等于273 K。

$$LFL = \frac{(L_V)(d)(T)}{(MW)(p)} \times 100 \quad \cdots\cdots (B.7)$$

$$k=\frac{(22.4)(p_0)(100)}{(V)(T_0)} \quad \cdots\cdots (B.8)$$

B.5.2 计算示例

B.5.2.1 密度为 0.775 g/cm³、摩尔质量为 84.16 g/mol 的液体试样置于容积为 5 100 cm³ 的容器内，测试温度为 24℃，压力为 99 991.5 Pa(750 mmHg)，测试结果：产生第一次火焰传播的试样量为 270 μL，试样量为 260 μL 时没有火焰传播：

$L_V=1/2(L_1+L_2)=1/2(0.270+0.260)\ \text{cm}^3=0.265\ \text{cm}^3$，

$d=0.775\ \text{g/cm}^3$，

$MW=84.16\ \text{g/mol}$，

$V=5.1\ \text{L}$，

$p=750\ \text{mmHg}=99\ 991.5\ \text{Pa}$，

$T=24℃=297\ \text{K}$。

B.5.2.2 应用式(B.9)。

$$k=\frac{(22.4)(p_0)(100)}{(V)(T_0)}=1\ 222.7 \quad \cdots\cdots (B.9)$$

在总体积为 5.1 L 的瓶内进行的所有测试这一值都保持不变。

B.5.2.3 应用式(3)见第 11 章和式(B.7)。

$$\text{LFL}=\frac{(0.265)(0.775)(297)}{(84.16)(750)}\times 1\ 222.7=1.18 \quad \cdots\cdots (B.10)$$

即在 750 mmHg 压力和 24℃下，LFL=1.18%(体积分数)。

ICS 13.300
A 80

中华人民共和国国家标准

GB/T 21845—2008

化学品 水溶解度试验

Chemicals—Water solubility test

2008-05-12 发布 2008-09-01 实施

中华人民共和国国家质量监督检验检疫总局
中国国家标准化管理委员会 发布

前　　言

本标准等同采用经济合作与发展组织(OECD)化学品测试导则105(1995)《水溶解度》(英文版)。

本标准做了下列编辑性修改:

——增加了范围部分;

——将计量单位改为我国法定计量单位。

本标准由全国危险化学品管理标准化技术委员会(SAC/TC 251)提出并归口。

本标准负责起草单位:中国检验检疫科学研究院。

本标准主要起草人:周新、陈会明、王军兵、于文莲、王立峰、郝楠、孙鑫、王峥。

本标准为首次发布。

OECD 引言

本标准是1981年的原始的OECD 105方法的一个修订版本。新版和1981年版在化学物质上没有区别。主要格式被改变了。本版本也基于EC方法“水溶解度”[1]做了修改。

物质的水溶解度受杂质的影响很大。本方法是对纯物质水溶解度测定的方法，该物质须在水中是稳定的且不易挥发。在测定水溶解度之前，得到化合物的一些初步信息是有益的，比如说结构式、蒸气压、解离常数和在pH条件下的水解能力。

本标准介绍了两种方法：柱洗提法和烧瓶法，在本标准中，他们各自适用于溶解度小于和大于10^{-2} g/L的化学品。本标准还介绍了一种简单的预试验。在预试验进行最后一步试验时，所用样品的数量是粗略的，同时要使溶液达到饱和也需要一定的时间。

化学品 水溶解度试验

1 范围

本标准规定了化学品水溶解度试验的范围、定义和单位、参照物、试验方法、数据与报告。

本标准适用于测定化学品的水溶解度。

2 术语和定义

下列术语和定义适用于本标准。

2.1

水溶解度 water solubility

水溶解度是一种物质在给定温度下在水中的饱和质量浓度。水溶解度以单位体积溶液中的溶质的质量表示，其标准单位为 kg/m^3，但通常使用的单位为 g/L。

3 参照物

本标准不需要参照物。

4 试验方法

4.1 试验条件

试验应在 20℃±0.5℃下进行，应使所有设备的有关部分均处于恒定的择定温度下。

4.2 预试验

在室温条件下，在 10 mL 具玻璃磨口塞的量筒中加入约 0.1 g 的待测样品(固体物质必须研磨成粉末)，逐渐增加水的体积，在每次加入一定量水后，搅拌混合 10 min，用肉眼检查是否存在有样品不溶。如果加水 10 mL 后，样品或样品中某些部分仍不溶时，试验应在 100 mL 量筒中继续进行。在表 1 中是样品发生全溶时的近似溶解度(g/L)。当溶解度小，溶解样品需要时间长时，允许至少 24 h。如果 24 h 后物质仍未溶解，允许用更长时间(可长达 96 h)或尝试继续解释，并确定是否采用柱洗提法或烧瓶法。

表 1 初步试验待测物质近似溶解度表

在“x”毫升水中溶解 0.1 g 样品	0.1	0.5	1	2	10	100	>100
近似的溶解性/(g/L)	>1 000	1 000～200	200～100	100～50	50～10	10～1	<1

4.3 柱洗提法

4.3.1 原理

在一微型柱内填充了预先覆盖着过量被测物质的载体，柱洗提法就是从微型柱中用水洗提测试物，随着时间的改变[2]，当流出的洗提液的质量浓度达到一个稳定值时，就是水溶解度。

4.3.2 装置

装置中有保持恒温的微型柱(图 1)，它既联接在一个回流泵上(图 2)，又联接在一个调节水平面的容器上(图 3)。微型柱含有惰性载体，并被固定在一个用于过滤微粒的玻璃棉塞上。用做载体的物质可以是玻璃球，也可以是硅藻土或其他惰性物质。

微型柱如图 1 所示，装配在回流泵上，它有一柱头空间提供了 5 个样品床层的体积(试验开始时不用)和 5 个样品的体积(试验中分析取样用)。如果试验中将水加入到系统中取代初始的 5 个样品床层，以除去杂质的话，可以减小微型柱的尺寸。将微型柱与惰性物质制成的管子连接到回流泵，流速可达到

25 mL/h。回流泵可以是蠕动泵或薄膜泵，要注意管材应没有污染或吸附。

调节水平面容器的安装如图 3 所示。微型柱用一柱塞联接，容器出口处由磨砂玻璃接头和惰性物质制成的管子联接，调节水平面容器的流速约为 25 mL/h。

单位为毫米

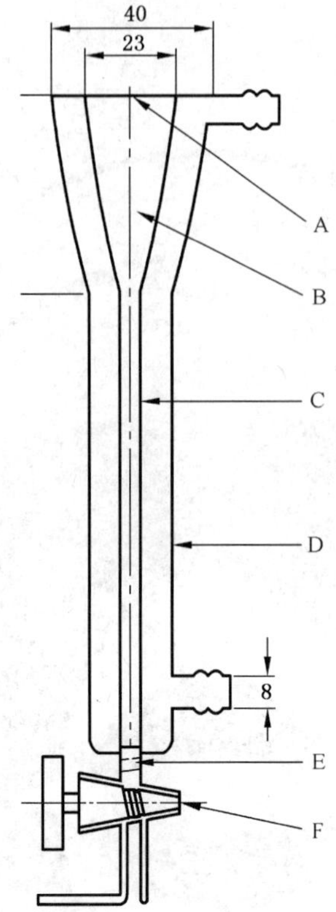

A——磨砂玻璃接口联接；
B——柱头空间；
C——内部 5；
D——外部 19；
E——玻璃棉塞；
F——活塞。

图 1 保持恒温的微型柱

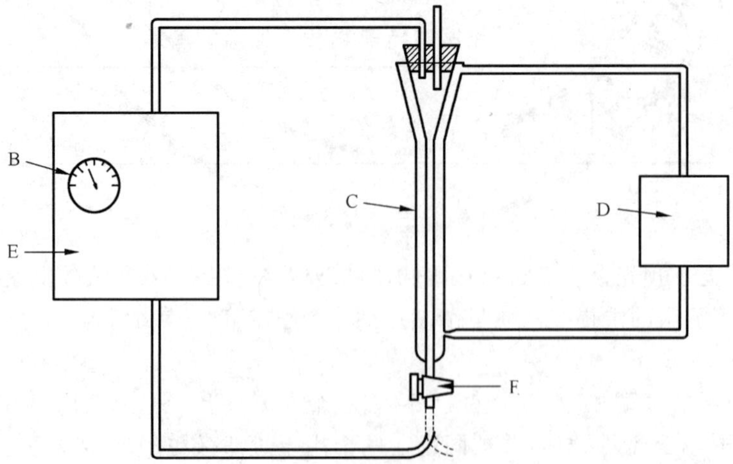

A——大气平衡；
B——流量计；
C——微型柱；
D——恒温控制循环泵；
E——回流泵；
F——采样双通阀。

图 2 回流泵

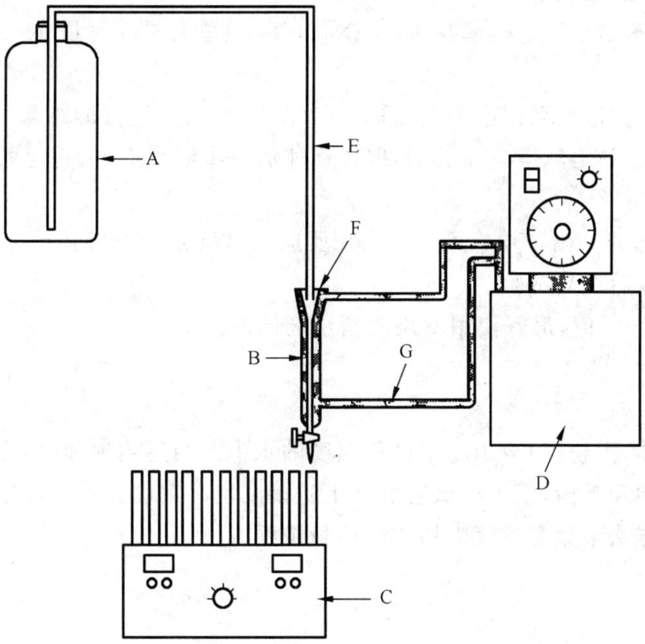

A——调节水平的容器（2.5 L的化学烧瓶）；

B——柱子；

C——分流物积蓄器；

D——恒温器；

E——聚四氟乙烯管；

F——磨砂玻璃联接；

G——水管(恒温器和柱之间,内径约为8 mm)。

图3　联接后的装置

4.3.3　柱填充

将600 mg准备填充到柱中的柱填充物转移到一50 mL的圆底烧瓶中,把适量的待测物质溶解在一分析纯的挥发性溶剂中,取适量的此溶液加到柱填充物支柱物中,将溶剂全部蒸发。譬如,使用一旋转蒸发器,将已涂过的柱填充物在5 mL水中浸泡2 h,再将悬浊液倒入微型柱中;或者采用以下方法:将干的柱填充物倾倒入充满水的微型柱中,放置2 h使之平衡。否则当流出液流出时,还未达到水饱和,这是由于柱填充物的表面部分所致。

柱填充物填充时如果出现问题,往往会导致测试产生错误的结果。例如当待测物质作为一种油被沉积时,应及时检查出这类问题,并详细写入报告。

4.3.4　使用回流泵的步骤

液体通过柱子流动开始,推荐的流速大约25 mL/h,相当于每小时10个所用柱子下垫层的体积。至少最初5个柱子下垫层的体积是除去水溶性杂质。接下来,让泵运行直至达到平衡。规定在任何随机情况下,要有5个成功的样品,他们的浓度差别小于30%。这些样品以流出时间的间隔相互分开,相当于通过至少10个所用柱子下垫层的体积。依靠所用的分析方法,最好建立一条浓度对时间的曲线来表示平衡的到达。

4.3.5　使用水平(平衡)容器的步骤

收集一份一份的成功的流出液,用选择的方法分析。这些从中间范围流出的一份一份的流出液,至少在连续5次流出的每一份流出液的浓度为一常数,差别应在±30%以内,这部分流出液用来测定溶解度。

4.3.6 适用于两种操作的注意事项

洗提液最好用二次蒸馏水。电阻率在 10 MΩ/cm 以上、总有机碳含量在 0.01%以下的去离子水也可使用。

在两种操作下，第二次运行采用第一次流速的一半，如果两次运行的结果一致，表明此试验是圆满的。如果在较低流速测出的溶解度较高的话，取该流速的一半继续进行，直至两次成功的运行得出相同的溶解度。

在两种操作下，每部分流出液均应用 Tyndall 反应来试验是否有胶体产生，如有颗粒存在，将使试验无效，需用柱子过滤以后重复试验。

每个样品应测定其 pH 值，最好使用专用的指示剂试纸。

4.4 烧瓶法

4.4.1 原理

待测物质(如是固体，需粉碎)溶于高于试验温度的水中。当达到饱和时，冷却至试验温度。如果确认取样是适当的，达到饱和平衡，便可在试验温度下直接测定溶解度。水溶液中必须不包括任何不溶解的颗粒，用适当的分析方法来测定溶液中物质的质量浓度[3]。

4.4.2 装置

以下装置是必须的：

——正规的实验室玻璃器皿和测量仪器；

——在控制恒温条件下，溶液的搅拌装置；

——对于乳化胶体，需要离心机(最好是恒温的)；

——分析设备。

4.4.3 操作步骤

从预试验估计的待测物质的量必须满足使预期体积的水达到饱和。称取约 5 倍的量放入具有玻璃瓶塞的 3 个玻璃容器(如离心试管、烧瓶等)中。根据分析方法及溶解度的范围，将 1 体积的水加到每一个容器中，用塞子塞紧容器，在 30℃下不断搅动。装置必须在恒温下具有摇动和搅拌功能，例如，在恒温水浴中的磁搅拌。1 d 后，将其中的一个容器在试验温度下 24 h 不时摇动以达到平衡。在试验温度下，容器中的内容物被离心分离，用适当的分析方法测定在澄清的水相中的被测物质。其他两个烧瓶采用与初始平衡的方法相类似的办法处置，在 30℃分别是 2 d 和 3 d。如果最后两个容器测定出的浓度差在 15%以内，则表明试验结果是有效的。如果从三个容器中的测定结果显示有逐渐增加的倾向，则整个试验将要用更长的平衡时间来重复进行。

试验也可不用在 30℃下的预备阶段，为了顾及达到饱和平衡的速率，搅动的时间应不致长到影响浓度的测定。

每个样品必须测定 pH 值，最好采用特效指示剂试纸。

4.4.4 分析测定

因在测定溶解度时，小量的溶解性杂质能引起较大的误差，所以应采用一种测定物质的特效方法。例如，采用气相或液相色谱法、滴定法、光度法或伏安法。

5 数据与报告

5.1 数据

5.1.1 柱洗提法

在平衡饱和状况下，每次运行从饱和平台上得到至少连续 5 个样品的测定结果来计算平均值和标准偏差，从两次不同的流出液的试验得到的平均值之差应不大于 30%。

5.1.2 烧瓶法

从 3 个烧瓶测定的每个单独的结果，其差别应不大于 15%，取其平均值。

5.2 试验报告

5.2.1 柱洗提法

试验报告必须包括以下内容：

——初步试验结果；

——被测化学品的本体和杂质(若有，写出预先进行的提纯步骤)；

——每个被测物质样品的浓度、流速和 pH 值；

——当每次运行达到饱和平衡时，至少要有 5 个被测物质测定结果的平均值和标准偏差；

——至少两次成功运行的平均值；

——饱和进程时的水温；

——分析方法；

——柱填充物质的性质；

——柱填充物质的填充；

——所用的溶剂；

——试验时被测物质显著的任何化学不稳定性；

——所有有关解释试验结果的内容，特别是有关杂质和物质的物理状态。

5.2.2 烧瓶法

试验报告必须包括以下内容：

——初步试验结果；

——被测化学物质的本体和杂质(若有，写出预先进行的提纯步骤)；

——单独分析测定的结果和平均值(对于每个烧瓶有一个以上的测定时)；

——每个样品的 pH 值；

——不同烧瓶在一致的情况下测定的平均值；

——试验温度；

——分析方法；

——试验时被测物质显著的任何化学不稳定性；

——所有有关解释试验结果的内容，特别是杂质和物质的物理状态。

参 考 文 献

[1] Official Journal of the European Communities L 383 A,54-62(1992).

[2] NF T 20-045 (AFNOR) (September 1985). Chemical products for industrial use-Determination of water solubility of solids and liquids with low solubility-Column elution method.

[3] NF T 20-046 (AFNOR) (September 1985). Chemical products for industrial use-Determination of water solubility of solids and liquids with high solubility-Flask method.

ICS 13.300
A 80

中华人民共和国国家标准

GB/T 21846—2008

工业用化工产品　固体可燃性的确定

Chemical products for industrial use—Determination of the inflammation of solids

2008-05-12 发布　　2008-09-01 实施

中华人民共和国国家质量监督检验检疫总局
中国国家标准化管理委员会　发布

前　言

本标准等同采用 NF T 20-042:1985《工业用化工产品　固体可燃性的确定》(法文版)。

本标准附录 A 为资料性附录。

本标准由全国危险化学品管理标准化技术委员会(SAC/TC 251)提出并归口。

本标准负责起草单位:天津出入境检验检疫局。

本标准参加起草单位:江苏出入境检验检疫局、中国检验检疫科学研究院。

本标准主要起草人:王利兵、汤礼军、于艳军、熊中强、周磊、周新。

本标准系首次发布。

NF T 引言

本标准由法国标准化协会总干事于1985年8月5日批准，于1985年9月5日生效。

在本标准公布之前，国际上对此无相关国际标准，但是它与84/449/CEE委员会A 10指令所述方法相吻合。

本标准是面向那些从事化学品（工业用途）的物理化学性质分析的人士，在这种情况下，必须编写一份技术档案，以便提供一套新的内容，或按照82-950号条款进行准备，同时要考虑到79/831/CEE条款关于第六次修订的67/548/CEE条款对有害物质的相关规定。

本标准确定包括在室温、大气压力条件下点燃样品，然后测定燃烧时间。

国际技术词汇库：化学产品、工业产品、固体、粉状产品、粒状物、膏状物、危险成分、物理化学成分、确定性、可燃性、燃烧速度计算。

工业用化工产品　固体可燃性的确定

依据本标准方法进行试验测试之前，应预先知道样品潜在的爆炸性能信息。

依据本标准方法进行测试之前的样品信息准备不意味着将所有疑似样品均看作可燃，而仅针对快速燃烧且燃烧过程危险的样品，其往往燃烧速度超过一定的极限。

当样品温度达到一定程度时金属粉末也被看作可燃物。

1　范围

本标准适用于确定固体或液体化学品在粉末状、颗粒状或膏状时的可燃性。

2　术语和定义

下述术语和定义适用于本标准。

2.1

固体可燃性　inflammability of solid

试验条件下以固体样品燃烧时间定义，以秒计。

3　原理

将试验样品加入特定的模具中制备成待试验状态，撤除模具后在确定的试验条件下点火，记录是否燃烧及其燃烧时间。

4　试剂和材料

4.1　金属模具

长 250 mm，横截面内高 10 mm、内宽 20 mm，如图 A.1 所示。模具固定于一个金属支撑物上，金属支撑物能在金属托盘上的两个固定杆上自由滑动。

4.2　防火板

其体积要求能够覆盖金属模具(4.1)。

5　试验步骤

5.1　要求

准备足够填充金属模具(4.1)的有代表性的粉末或颗粒状样品。

如果试验样品对潮湿敏感，则需尽快进行试验。

5.2　试验

将足量试验样品(5.1)加入模具(4.1)中，将模具由 2cm 高度摔在金属托盘的坚硬表面，共 3 次。抬起金属制成物，将溢出的多余样品擦掉，在模具上固定防火板(4.2)，一起旋转并脱出模具。

注：若样品为膏状物，则在防火板(4.2)上以横截面 1 cm^2、长 250 mm 的条状展开试验样品。

使用适当的火源(一簇小火苗或温度低于 1 000℃的热铁丝)点燃砌成堆状样品的顶端。当堆状样品燃烧长度为 80 mm 时，记录其后 100 mm 长度的燃烧时间。重复进行 6 次试验，每次均使用一条冷的或常温防火板(4.2)。

6　试验结果

6.1　试验报告

固体样品可燃性以时间为定义，以秒计，取依据步骤 5.2 所进行 6 次试验的平均值。

6.2 结果判断

粉末状、颗粒状或膏状样品依据步骤5.2所确定的燃烧时间小于45 s，则样品为易燃。

金属粉末或合金粉末若能够燃烧或任何样品都有火苗并散发炽热，则样品为易燃。

7 试验报告

测试试验报告应包括下列内容：

a) 样品信息(物理状态、杂质等)；

b) 使用方法参考；

c) 计算结果；

d) 考虑到所有确定试验过程中出现的所有特殊细节；

e) 考虑到所有在现行准则中没有预料到的运作或所有任意运作。

附 录 A
（资料性附录）
试验附图

金属模具见图 A.1。

单位为毫米

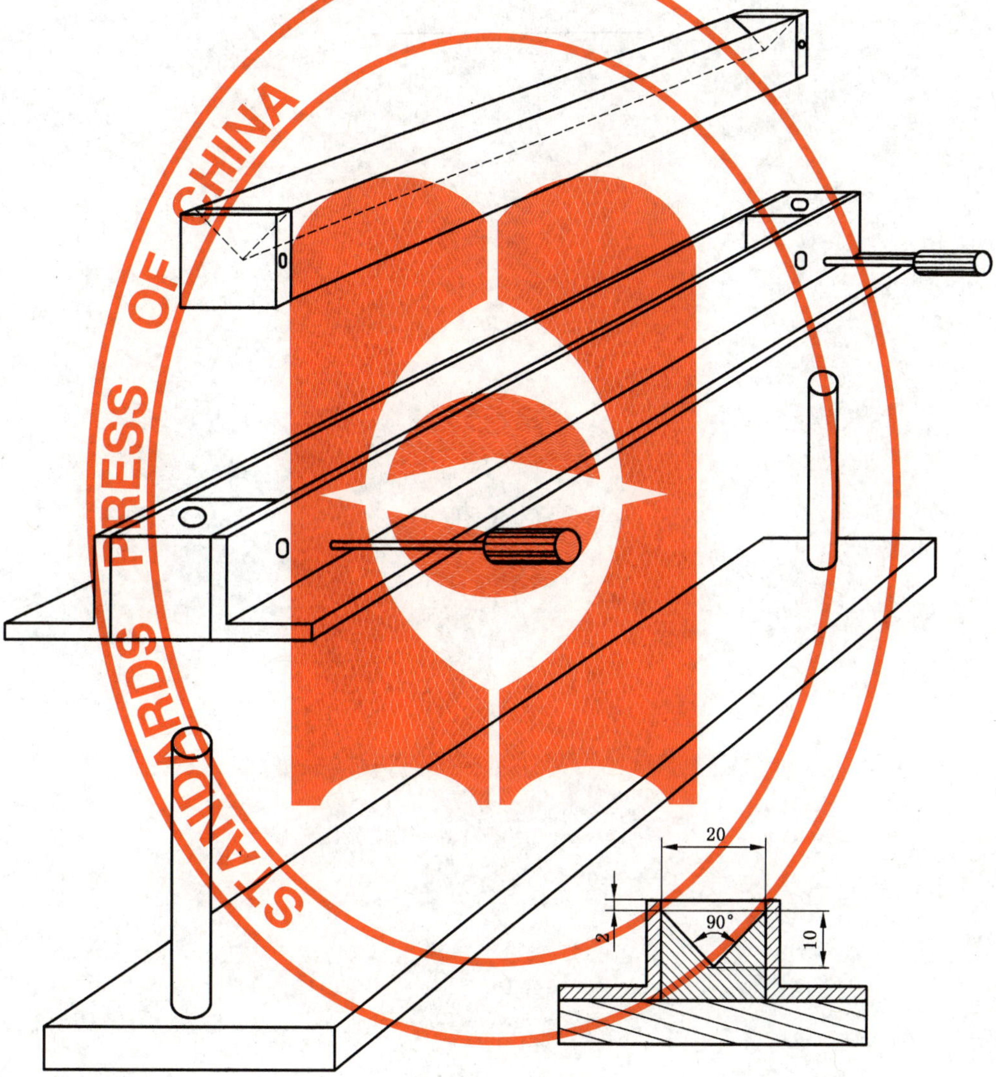

图 A.1 金属模具

参 考 文 献

［1］ 1982年10月21日第82-905号法规，修改的77-771号法规(J.O.1982年10月22日)
［2］ 1967年6月27日理事会67/548/CEE准则(JOCE 1967年8月16日L196号第1页)
［3］ 1979年9月18日理事会79/831/CEE准则(JOCE 1979年10月15日L259号第10页)
［4］ 1989年4月25日委员会84/449/CEE准则(JOCE 1984年8月19日L251号第1页)

ICS 13.300
A 80

中华人民共和国国家标准

GB/T 21847—2008

工业用化工产品　气体可燃性的确定

Chemical products for industrial use—Determination of inflammation of gases

2008-05-12 发布　　2008-09-01 实施

中华人民共和国国家质量监督检验检疫总局
中国国家标准化管理委员会　发布

前　言

本标准等同采用 NF T 20-041：1985《工业用化工产品　气体可燃性的确定》(法文版)。

本标准由全国危险化学品管理标准化技术委员会(SAC/TC 251)提出并归口。

本标准负责起草单位：天津出入境检验检疫局。

本标准参加起草单位：江苏出入境检验检疫局、中国检验检疫科学研究院。

本标准主要起草人：于艳军、冯智劼、徐炎、熊中强、周新、李晶。

本标准系首次发布。

NF T 引言

本标准由法国标准化协会总干事于 1985 年 8 月 5 日批准，于 1985 年 9 月 5 日生效。

在本标准公布之前，国际上对此无相关国际标准，但是它与 84/449/CEE 委员会 A 11 指令所述方法吻合。

本标准是面向那些从事化学品（工业用途）的物理化学性质分析的人士，在这种情况下，必须编写一份技术档案，以便提供一套新的内容，或按照 82-950 号条款进行准备，同时要考虑到 79/831/CEE 条款关于第六次修订的 67/548/CEE 条款对有害物质的相关规定。

本标准方法是将气体和不同比例的空气混合，用电火花接近混合气体并观察混合气体是否有可燃性。

国际技术词汇库：化学产品、工业产品、气体、危险物质、物理化学成分、确定性、易燃性、周围环境测试。

工业用化工产品　气体可燃性的确定

1　范围

本标准适用于确定气体化工产品在周边环境压力下同空气混合后的可燃性。

2　术语和定义

下述术语和定义适用于本标准。

2.1

气体可燃性　inflammability of gas

气体在同空气接触时的最高与最低爆炸极限。最高和最低爆炸极限是易燃气体同空气接触时火势不蔓延的范围。

3　原理

在空气中逐步增加气体浓度，每增加一次浓度点火一次，观察是否有火焰蔓延。

4　试剂和材料

4.1　测试管

高 300 mm、内径 50 mm 的玻璃管，内有间距离 3 mm～5 mm 的点火两极并固定在测试管 60 mm 处。测试管有支架保护。

4.2　点火源

点火源由高压变压器的 10 kV～15 kV 输出电压（最大的输入功率为 300 W）产生的标准间隔 0.5 s 的电火花，作为点火源。

4.3　计量泵

5　试验步骤

在室温及大气压力条件下，在气体测试管（4.1）中由计量泵（4.3）注入一定浓度的试验气体与空气的混合气。

在混合气体中迸发火星，观察火焰产生的情况和在混合气体中蔓延的情况。

在每增加 1%气体计量浓度的情况下，重复试验，直至得到上述描述中的火焰，然后继续增加气体浓度直至混合气体不再迸发火焰。

6　试验结果

试验过程中逐步提升浓度的气体样品在与空气混合后间隔变化的可燃性，产生火焰，以 mL/m^3 计气体浓度。

7　试验报告

试验报告应包括下列内容：

a)　样品信息（杂质等）；

b)　使用方法参考：

——使用的仪器（体积等），

——试验温度条件；

c) 试验结果：

——可燃、不可燃情况下混合气体的浓度，

——若气体不可燃，应详细说明，试验中气体体积分数是从 0%～100% 以每次 1% 的增幅增加的；

d) 考虑到所有确定试验过程中出现的所有特殊细节；

e) 考虑到所有在现行准则中没有预料到的运作或所有任意运作。

参 考 文 献

［1］ 1982 年 10 月 21 日第 82-905 号法规，修改的 77-771 号法规（J.O.1982 年 10 月 22 日）

［2］ 1967 年 6 月 27 日理事会 67/548/CEE 准则（JOCE 1967 年 8 月 16 日 L196 号第 1 页）

［3］ 1979 年 9 月 18 日理事会 79/831/CEE 准则（JOCE 1979 年 10 月 15 日 L259 号第 10 页）

［4］ 1989 年 4 月 25 日委员会 84/449/CEE 准则（JOCE 1984 年 8 月 19 日 L251 号第 1 页）

ICS 13.300
A 80

中华人民共和国国家标准

GB/T 21848—2008

工业用化学品　爆炸危险性的确定

Chemical products for industrial use—Determination of explosion risk

2008-05-12 发布　　2008-09-01 实施

中华人民共和国国家质量监督检验检疫总局
中国国家标准化管理委员会　发布

前　言

本标准等同采用了 NF T 20-038:1985《工业用化学品　爆炸危险性的确定》(法文版),在标准文本格式上按 GB/T 1.1—2000 做了编辑性修改。

本标准的附录 A、附录 B 和附录 C 为资料性附录。

本标准由全国危险化学品管理标准化技术委员会(SAC/TC 251)提出并归口。

本标准负责起草单位:江苏出入境检验检疫局。

本标准参加起草单位:江西出入境检验检疫局。

本标准主要起草人:朱岩、桂家祥、商贵芹、李建军、卢志刚、王红松、高翔。

本标准是首次发布。

工业用化学品　爆炸危险性的确定

1　范围

本标准规定了工业用化学品爆炸危险性的试验方法。

本标准适用于测试固体、液体、膏状化学品，由于其热敏感性或受到冲撞、摩擦情况下，是否存在爆炸危险性。

2　术语和定义

下述术语和定义适用于本标准。

2.1

爆炸产品　explosion products

在火焰作用下发生爆炸，或者比1,3-二硝基苯具有更高的撞击或摩擦敏感度的产品。

3　方法提要

分别取样，依次检验其热敏感性、撞击敏感性以及摩擦敏感性，观察每种实验方式的爆炸危险。

4　安全规范

试验开始先取大约10 mg的样品放置于本生灯灯嘴上直接加热，用木槌和铁錾进行撞击和摩擦试验。如果该产品具有不稳定性和爆炸性，实验人员应该采取特殊的安全防护措施，以避免身体损害。

5　试验方法

5.1　热敏感性实验

5.1.1　原理

将试样放置于具有不同尺寸排气孔的钢管中，加热管体，观察爆炸对管体的破坏。

5.1.2　试剂和材料

燃气：工业丙烷或其他相当气体。

5.1.3　仪器和设备

5.1.3.1　不锈钢管：使用通过拉伸冲压钢板得到内径为24 mm，长度为75 mm，管壁厚度为0.5 mm的不锈钢管(见附录A)。在其开口端需安装一块带有出气孔的钢板用以防御压力。该钢板由两部分螺旋接头(开口螺帽和闭口螺帽)固定在管口。

5.1.3.2　带有循环出气口的钢板(见附录A)：高强度铬钢，厚度为6 mm，带有不同直径的小孔，(ϕ2 mm、ϕ2.5 mm、ϕ3 mm、ϕ4 mm、ϕ5 mm、ϕ6 mm、ϕ8 mm、ϕ10 mm、ϕ12 mm、ϕ14 mm、ϕ16 mm、ϕ18 mm、ϕ20 mm)。

5.1.3.3　开口螺帽和闭口螺帽(见附录A)：由铬锰钢制成，温度升至800℃时不会引起火花。

5.1.3.4　金属实验仪：尺寸见附录B。

5.1.3.5　丙烷燃烧器：尺寸见附录C。

5.1.3.6　木质活塞：直径20 mm。

5.1.4　操作步骤

5.1.4.1　试样制备

将三份同等质量的试样分别放置于不锈钢管(5.1.3.1)中直至高度为60 mm；用木质活塞以不超

过 80 N 的力轻轻将试样压实,如果试样是膏状物,注意避免产生气泡。

5.1.4.2 试验

根据情况,至少进行两个系列的试验,每个系列最多进行三次测试。

第一系列的实验,在装有试样的不锈钢管管口(5.1.3.1)固定带有直径为 2 mm 小孔的钢板(5.1.3.2),如有需要做第二系列的实验,需固定直径超过 2 mm 小孔(例如 ϕ6 mm)的钢板(5.1.3.2)将密闭的管子放置于金属实验仪(5.1.3.4)中,用 4 个丙烷燃烧器环绕试验钢管以 3.2 L/min 的速度在低于 500 hPa 的压力来加热(见附录 B)调节火焰用蓝色火苗均衡加热管体。5 min 后,如果这段时间内没有出现爆炸,操作下两个已经准备就绪的实验以完成第一系列实验以及第二系列的实验,第二系列的实验中每次操作都必需使用新的样品;如果在 5 min 内发生爆炸,管体被炸开为 3 块或者以上,则确定为爆炸,不需要进行后续试验。

5.1.5 结果的表示

在加热后产品是否具有爆炸危险性取决于通过一系列实验(至少 6 次)所取得的实际结果。

5.2 撞击敏感性实验

5.2.1 原理

将试样倒入一个模具中,在进行自由落体跌落实验后,观察有无爆炸或者等同于爆炸的火苗产生。

5.2.2 仪器和设备

5.2.2.1 撞击设备

5.2.2.1.1 一块灰色铸铁(长 230 mm,宽 250 mm,高 200 mm)及一块浇铸体(长 450 mm,宽 450 mm,高 60 mm) 支撑一个刚錾(直径 100 mm,高 70 mm)。

5.2.2.1.2 在铸铁块背面用螺丝固定一块支撑物,并在支撑物上固定一根外径 90 mm,内径 70 mm 的无缝钢管。

5.2.2.1.3 一个 10 kg 淬火钢夯锤带有一个最小直径为 25 mm 的撞击表面,经过 HRC 60～63 (NF A 03～153)硬度处理。把一根 1 m 长的垂直轨道,用螺丝固定在一个 600 mm×600 mm×600 mm 的混凝土立方体上,再将夯锤安置在垂直轨道上。

5.2.2.2 模具

由两个淬火钢制的共轴滚筒组成,一个放置于另一个上面,再将这两个滚筒一起放入另一个空心滚筒内,起导向套圈的作用。两个共轴滚筒的尺寸为:外径 10.003 mm～10.005 mm,高度为 10 mm,表面光滑,硬度为 HRC 58～65 (NF A 03-153)的环形棱边(圆弧半径为 0.5 mm)。空心滚筒的尺寸为:外径为 16 mm,内膛尺寸为 10.010 mm～10.005 mm,高度为 13 mm,内壁光滑。

5.2.2.3 中间刚錾

高度为 26 mm,通过一个中心环和一个停止环调整轴心,消除爆炸产生的气体。

5.2.3 操作步骤

5.2.3.1 试样制备

5.2.3.1.1 固态情况:将样品用符合 NF X 11-501 标准的筛孔孔径为 500 μm 的筛子过筛,如果样品为块状或乳状,将其还原为粉末状,过筛用于实验。

5.2.3.1.2 液态情况:注入样品至钢制滚筒(5.2.2.2)直至与内滚筒相差 1 mm 距离后,保持位置。

5.2.3.2 试验

倒入 40 μL 试样至模具(5.2.2.2)中,根据情况最多做六次实验,将夯锤(5.2.2.1.3)从高度为 400 mm 坠落,砸在装有试样的模具(5.2.2.2)上。

一旦产生爆炸或者火焰,则应立即停止接下来的实验。在这个情况下,就需要一系列新的实验来取代这组模具。

5.2.4 结果的表示

试样在力学撞击后是否具有爆炸危险取决于通过一系列实验(至少 6 次)所取得的实际结果。

5.3 摩擦敏感性实验

5.3.1 原理

将试样放置于一块凹凸不平的板上，保持恒定的力将试样在其表面上来回摩擦，观察爆炸或等同于爆炸的火焰的产生。

5.3.2 仪器设备

5.3.2.1 摩擦设备包括：

5.3.2.1.1 固定在铸铁底座上的摩擦装置。

5.3.2.1.2 白色瓷棒：长 15 mm，直径 10 mm，有一个粗糙的球形端（弧形半径 10 mm），摩擦力必须小于 360 N。

5.3.2.1.3 可移动的白瓷板，长 25 mm，宽 25 mm，厚 5 mm。瓷板表面尽可能达到凹凸不平（纹路深度为 9 μm～32 μm）。板子被固定在一个可在两根轨道内来回滑动的滑动槽内，滑动槽由电动马达带动一根传动杆来驱动，包括一个偏心滑轮和一个齿轮传输系统。瓷板在传动杆带动下在 10 mm 的范围内来回移动。

5.3.3 操作步骤

5.3.3.1 固体产品的试样制备

将试样用筛孔孔径为 500 μm 的筛子过筛，如果样品为块状或乳状，先将其还原为粉末状，过筛用于实验。

5.3.3.2 试验

将 10 μL 的固态、膏状或液态试样放置于瓷板的一部分，注意将瓷板的凹凸不平的横纹与瓷板的运动方向相垂直。然后将摩擦圆柱体放置于试样之上，摩擦时施以 360 N 的垂直力。开动仪器，保证摩擦圆柱体与样品相接触，并使瓷板在 0.44 s 的时间内在 10 mm 的距离上往复运动一次。根据情况，每次在同一块瓷板的不同部位最多 6 次实验。一旦出现爆炸或火焰则立即停止实验。

5.3.4 结果的表示

该产品在力学摩擦后是否具有爆炸危险取决于通过一系列实验（至少 6 次）所取得的试验结果。

5.3.5 试验报告

试验报告应包括以下部分：

a) 样品的详细描述（物理形态、湿度、杂质等）；

b) 试验方式的描述；

c) 试验样品的制备方式（还原、过滤）；

d) 使用的仪器类型；

e) 试验中观察到的现象（反应类型、火星、火苗、爆炸、碎片的数量等）；

f) 每次试验的结果；

g) 试验中发生的所有特殊情况的详细报告；

h) 在现行标准中无预见性的所有操作或者随意地所有操作的报告。

附　录　A
（资料性附录）
开口螺帽和闭口螺帽的示意图

单位为毫米

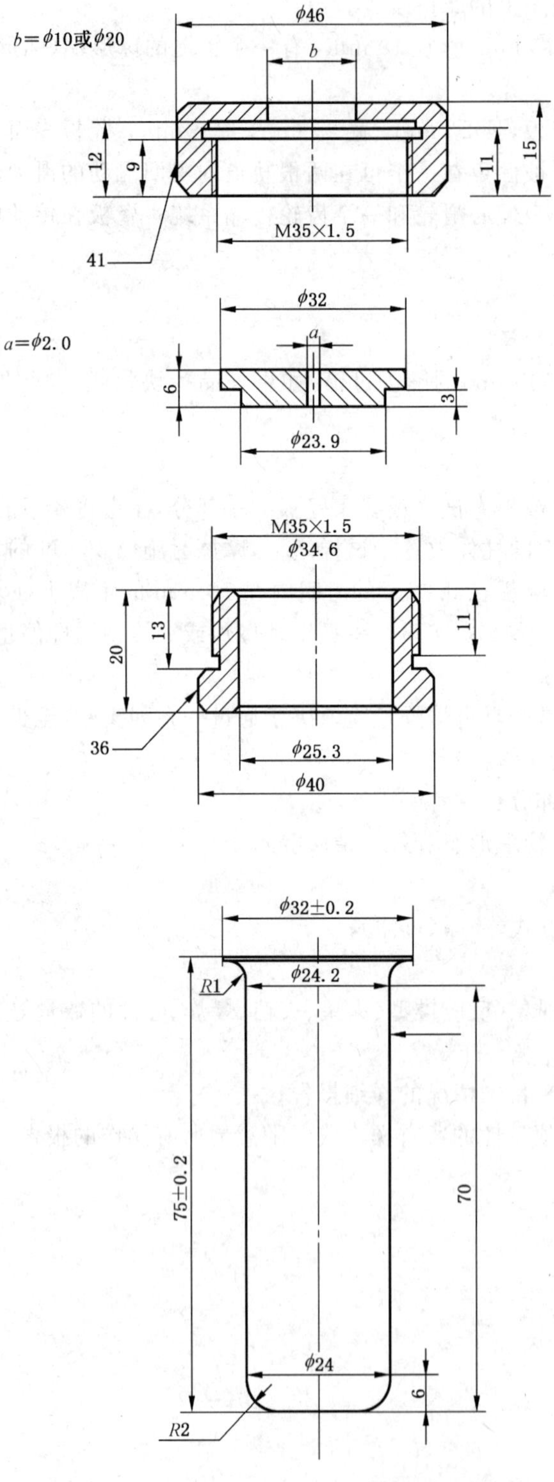

图 A.1　开口螺帽和闭口螺帽的示意图

附 录 B
（资料性附录）
金属实验仪的示意图

单位为毫米

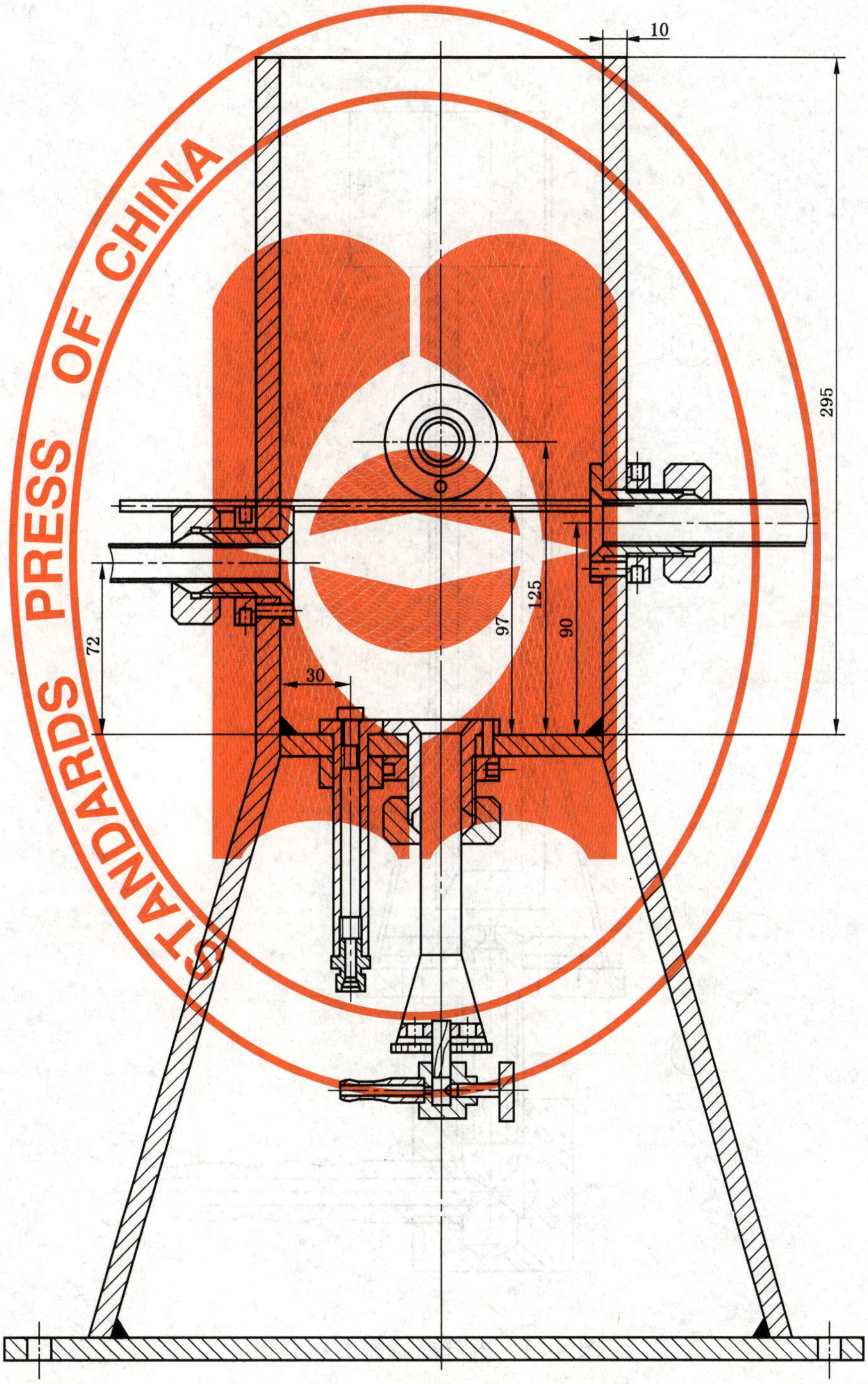

图 B.1 金属实验仪的示意图

附 录 C
（资料性附录）
丙烷燃烧器的示意图

单位为毫米

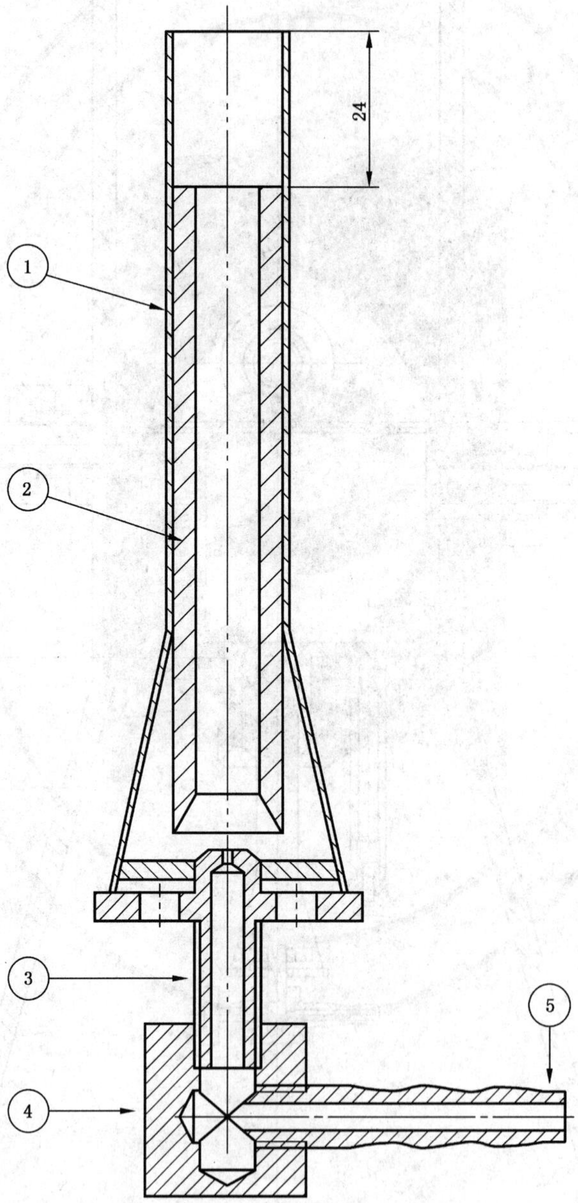

图 C.1 丙烷燃烧器的示意图

单位为毫米

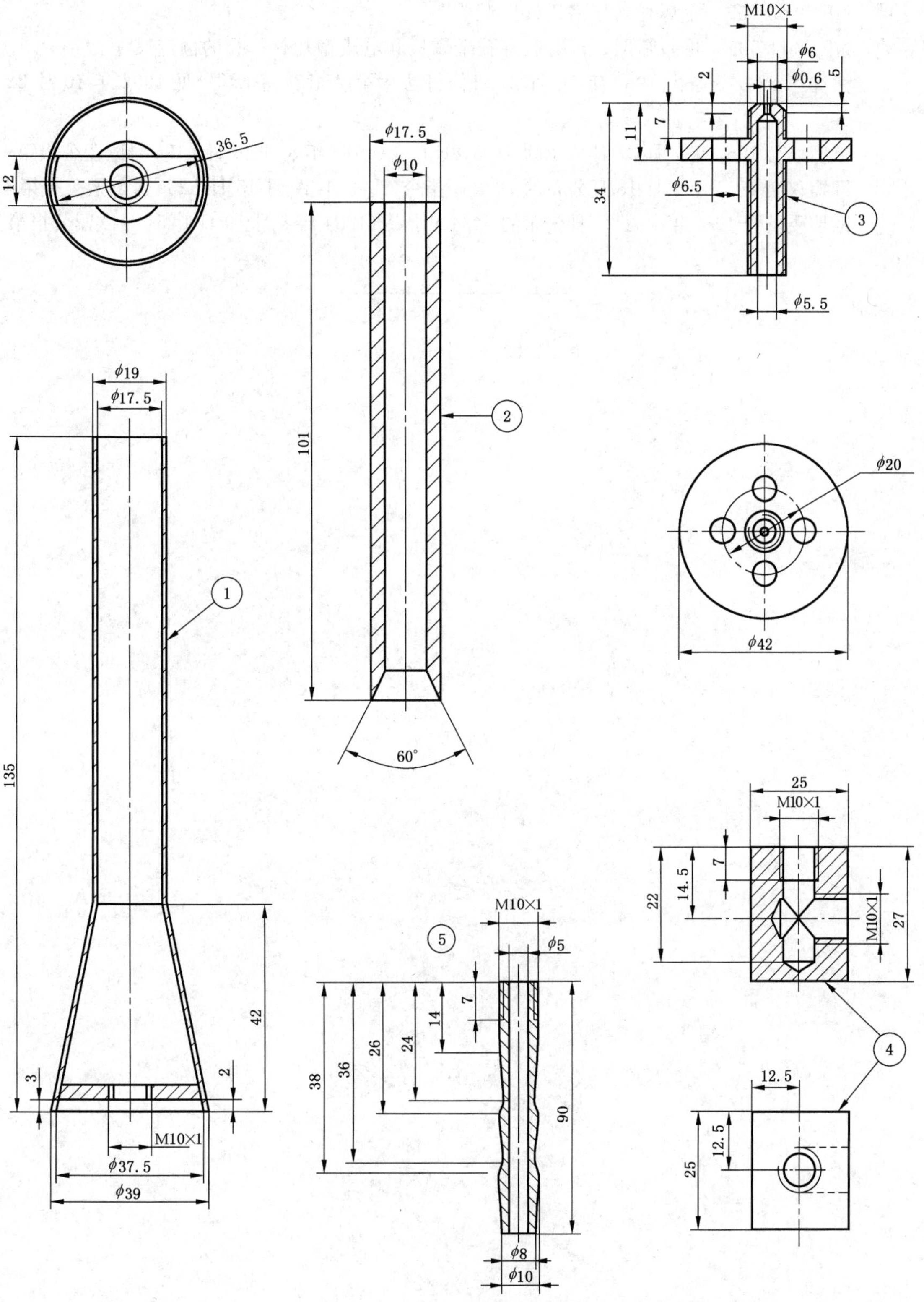

图 C.2　丙烷燃烧器的示意图

参考文献

［1］ NF A 03-153　金属材料　洛氏硬度试验

［2］ NF X 11-501　检验筛网、金属网、穿孔金属板和电成型片材　孔的额定尺寸

［3］ 法律第 82-905 条由 1982 年 10 月 21 日修订法律第 77-771 条所得(见 1982 年 10 月 22 日的公报)

［4］ 欧盟议会 1967 年 7 月 27 日公布的 67/548E 指令(1967 年 8 月 16 日 L196 号欧盟公报第一页)

［5］ 欧盟议会 1979 年 9 月 18 日公布的 79/831 指令(1979 年 10 月 15 日 L259 号欧盟公报第十页)

［6］ 欧盟委员会 1984 年 4 月 25 日公布的 84/449 指令(1984 年 8 月 19 日 L251 号欧盟公报第一页)

ICS 13.300
A 80

中华人民共和国国家标准

GB/T 21849—2008

工业用化学品　固体和液体水解产生的气体可燃性的确定

Chemical products for industrial use—Determination of inflammation of gases formed after hydrolysis of solids and liquids

2008-05-12 发布　　2008-09-01 实施

中华人民共和国国家质量监督检验检疫总局
中国国家标准化管理委员会　发布

前　言

本标准等同采用 NF T 20-040：1985《工业用化学品　固体和液体水解产生的气体可燃性的确定》(法文版)。

本标准附录 A 为资料性附录。

本标准由全国危险化学品管理标准化技术委员会(SAC/TC 251)提出并归口。

本标准负责起草单位：天津出入境检验检疫局。

本标准参加起草单位：江苏出入境检验检疫局、宁波出入境检验检疫局。

本标准主要起草人：李宁涛、于艳军、熊中强、陈路、陈丹超、李晶。

本标准系首次发布。

NF T 引言

本标准由法国标准化协会总干事于1985年8月5日批准,于1985年9月5日生效。

在本标准公布之前,国际上对此无相关国际标准,但是它与84/449/CEE委员会A 12指令所述方法吻合。

本标准是面向那些从事化学品(工业用途)的物理化学性质分析的人士,在这种情况下,必须编写一份技术档案,以便提供一套新的内容,或者按照82-950号条款进行准备,同时要考虑到79/831/CEE条款关于第六次修订的67/548/CEE条款对有害物质的相关规定。

本标准确定的是化学产品在不同水解条件下是否有气体产生并观察气体的可燃性。

国际技术词汇库:化学产品、工业产品、危险物质、水中易燃物质、易燃气体、确定性、易燃性、固体、液体、水解。

工业用化学品　固体和液体水解产生的气体可燃性的确定

当样品与蒸馏水反应后会释放有危险气体或有疑似易燃或有毒气体时，可以使用本标准方法。

1　范围

本标准适用于确定固体或液体化学品水解后产生气体的可燃性。

本标准不适用于那些与空气接触后会自动燃烧的物质。

2　规范性引用文件

下列文件中的条款通过本标准的引用而成为本标准的条款。凡是注日期的引用文件，其随后所有的修改单(不包括勘误的内容)或修订版均不适用于本标准，然而，鼓励根据本标准达成协议的各方研究是否可使用这些文件的最新版本。凡是不注日期的引用文件，其最新版本适用于本标准。

GB/T 21847　工业用化工产品　气体可燃性的确定

3　术语和定义

下列术语和定义适用于本标准。

3.1

水解后的可燃性　inflammation after hydrolysis

试验样品水解后产生气体的可燃性。

3.2

易燃性气体　inflammable gases

自燃性气体或易燃性危险气体，最小气体产生量 1 L/(kg·h)。

4　原理

本标准适用于样品水解后产生气体的可燃性确定，这种确定要在若干各步骤下完成，如果任何一个步骤中出现明火，则其余步骤不再进行。

步骤 1：将样品放在 20℃ 蒸馏水中进行试验，观察所产生气体是否有明火。

步骤 2：将样品放置在漂浮于 20℃ 蒸馏水面上的滤纸上，观察所产生气体是否有明火。

步骤 3：将样品堆砌成堆放在一起，加入几滴蒸馏水，观察所产生气体是否有明火。

步骤 4：将样品与蒸馏水混合，在 7 h 内每隔 1 h 测量气体产生量。

5　试剂

蒸馏水

6　试验仪器

试验过程中所需仪器如下：

6.1　锥形瓶：尺寸 29/32，500 mL(NF B 35-008)。

6.2 恒压滴液漏斗：500 mL(NF B 35-018，ISO 4800)。

6.3 秒表：精确到 0.5 s。

7 试验步骤

7.1 步骤 1

在室温及大气压力条件下，将一定量试验样品放入 20℃蒸馏水槽中。观察并记录是否有气体产生和是否气体自燃。

如果有气体自燃现象则不需进一步试验，样品确认为危险品。

7.2 步骤 2

在室温及大气压力条件下，在适当器皿中加入 20℃蒸馏水并将一张滤纸漂浮于水面，将一定量试验样品放在滤纸上。观察并记录是否有气体产生和是否气体自燃。

如果有气体自燃现象则不需进一步试验，样品确认为危险品。

7.3 步骤 3

在室温及大气压力条件下，将试验样品堆砌成高 2 cm、直径 3 cm 的堆，在顶部挖一个小坑并在小坑中加几滴蒸馏水(第 5 章)。观察并记录是否有气体产生和是否气体自燃。

如果有气体自燃现象则不需进一步试验，样品确认为危险品。

7.4 步骤 4

7.4.1 样品准备

检查试验样品，若含有超过 1%(质量分数)的粉末或样品易碎，则需要在试验之前将样品制成粉末。

7.4.2 试验

将锥形瓶(6.1)和恒压滴液漏斗(6.2)如图 A.1 所示连接。在室温、大气压力条件下向锥形瓶(6.1)中加入足量的试验样品，最多不超过 25 g，使生成的气体量在 100 mL～200 mL 之间。

在恒压滴液漏斗(6.2)中加入蒸馏水(第 5 章)，打开阀门(6.2)并启动秒表(6.3)开始计时。在 7 h 内，记录每隔 1 h 气体产生量。7 h 后若气体产生量有变化或继续增加，则应延长试验时间最多至 5 d。试验中若气体产生量超过 1 L/(kg·h)即停止试验。

研究所产生气体的性质，若忽略该过程或混合物易燃，则应按照同等组成成分，依据 GB/T 21847 要求的方法进行确定试验。

试验应进行 3 次。

8 试验结果

固体或液体产品水解后产生气体的可燃性确定依据 GB/T 21847 要求的方法进行确定试验，气体产生量以 1 L/(kg·h)为最大生成速度。

9 试验报告

试验报告应包括下列内容：

a) 样品信息(物理状态、粒度等)。

b) 使用方法参考。

c) 样品准备。

d) 结果判定：

——在何种状态下，样品被视为危险品；

——在步骤4中：

1） 生成气体的化学成分；

2） 气体生成量。

e） 考虑到所有确定试验过程中出现的所有特殊细节。

f） 考虑到所有在现行标准中没有预料到的运作或所有任意运作。

附 录 A
（资料性附录）
试 验 附 图

试验装置见图 A.1。

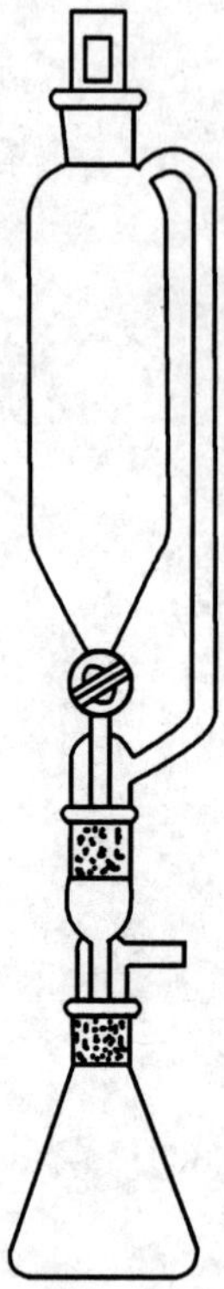

图 A.1 试验装置图

参考文献

[1] NF B 35-008 实验室器皿 锥形瓶和抛光恒压滴液漏斗

[2] NF B 35-018 实验室器皿 滗析管和导管

[3] 1982 年 10 月 21 日第 82-905 号法规,修改的 77-771 号法规(J.O.1982 年 10 月 22 日)

[4] 1967 年 6 月 27 日理事会 67/548/CEE 准则(JOCE 1967 年 8 月 16 日 L196 号 第 1 页)

[5] 1979 年 9 月 18 日理事会 79/831/CEE 准则(JOCE 1979 年 10 月 15 日 L259 号 第 10 页)

[6] 1989 年 4 月 25 日委员会 84/449/CEE 准则(JOCE 1984 年 8 月 19 日 L251 号 第 1 页)

ICS 13.300
A 80

中华人民共和国国家标准

GB/T 21850—2008

化工产品　固体和液体自燃性的确定

Chemical products for industry use—Determination of spontaneous combustion of solids and liquids

2008-05-12 发布　　　2008-09-01 实施

中华人民共和国国家质量监督检验检疫总局
中国国家标准化管理委员会　发布

前　言

本标准等同采用了 NF T 20-039:1985《化工产品　固体和液体自燃性的确定》(法文版),在标准文本格式上按 GB/T 1.1—2000 做了编辑性修改。

本标准由全国危险化学品管理标准化技术委员会(SAC/TC 251)提出并归口。

本标准负责起草单位:江苏出入境检验检疫局。

本标准参加起草单位:江西出入境检验检疫局。

本标准主要起草人:周飞舟、占春瑞、李建军、寇海娟、江红星、陈小卫、刘君峰。

本标准是首次发布。

化工产品 固体和液体自燃性的确定

1 范围

本标准规定了化工产品自燃性的试验方法。

本标准适用于固体、液体以及粉末化工产品在常温下与空气短时间接触后自燃性的确定。

2 术语和定义

下述术语和定义适用本标准。

2.1

自燃 spontaneous combustion

在正常条件下无触发而产生火焰。

3 原理

在常温下，将样品与空气接触5 min内，观察是否有火焰产生。

4 试剂和材料

硅藻土或其他惰性物质。

5 仪器和设备

直径约100 mm的瓷制圆底皿。

6 操作步骤

6.1 液态样品：在常温下，将硅藻土填入圆底皿约5 mm厚，将试样5 mL倒入圆底皿中，观察在5 min内有无火焰产生(重复6次)。

6.2 粉末固态样品：将试样1 mL或2 mL从1 m高处坠到一个不可燃的平面，观察试样在下坠过程中或者落地后5 min内有无火焰产生(重复6次)。

7 结果的表示

该产品的自燃性是取决于通过至少6次的实验所取得的结果来确定。

8 试验报告

试验报告应包括以下部分：

a) 确认样品(物理形态、湿度、杂质等)；

b) 试验方式的依据；

c) 试验结果；

d) 试验中发生的特殊情况的细节报告；

e) 在现行标准中无预见性的所有操作或者随意地所有操作的报告。

参 考 文 献

［1］ 法律第82-905条由1982年10月21日修订法律第77-771条所得(见1982年10月22日的公报)
［2］ 欧盟议会1967年7月27日公布的67/548E指令(1967年8月16日L196号欧盟公报第一页)
［3］ 欧盟议会1979年9月18日公布的79/831指令(1979年10月15日L259号欧盟公报第十页)
［4］ 欧盟委员会1984年4月25日公布的84/449指令(1984年8月19日L251号欧盟公报第一页)

ICS 13.300
A 80

中华人民共和国国家标准

GB/T 21851—2008

化学品 批平衡法检测吸附/解吸附试验

Chemicals—Adsorption-desorption using a batch equilibrium method

2008-05-12 发布 2008-09-01 实施

中华人民共和国国家质量监督检验检疫总局
中国国家标准化管理委员会 发布

前　言

本标准等同采用经济合作与发展组织(OECD)化学品试验导则 No. 106(1998 年)《批平衡法检测　吸附/解吸附试验》(英文版)。

本标准做了下列编辑性修改:

——增加了规范性引用文件部分,所引用的文件来自于标准文本所提及。

——“本导则”一词改为“本标准”。

——将计量单位改为我国法定计量单位。

本标准的附录 A～附录 G 为资料性附录。

本标准由全国危险化学品管理标准化技术委员会(SAC/TC 251)提出并归口。

本标准负责起草单位:中国检验检疫科学研究院。

本标准参加起草单位:中国科学院生态环境研究中心。

本标准主要起草人:周新、陈会明、王军兵、于文莲、秦占芬、郑明辉、郝楠、王立峰、孙鑫、王峥。

本标准为首次发布。

OECD 引言

本标准基于1993年欧洲委员会提交的提案，并且考虑了各成员国就该提案提交的评议意见。为开发吸附试验，在欧盟进行了几次活动，包括一次由于德国联邦环保局[UBA]、Kiel大学和欧洲委员会及其在意大利Ispra的联合研究中心通力合作完成的广泛调查[1],[2]。1988年，UBA组织了一次环状试验，欧盟成员国中有27个实验室参加了此次试验[3]。1995年在意大利Belgirate召开了一次经济合作与发展组织土壤选择专题研讨会[4]。专题达成一致将最新《OECD试验指南106》的主要内容用于吸附/解吸附试验，尤其是在试验中使用土壤类型的特征和选择方面达成了一致。

其他关于吸附/解吸附的指南仅存在于国家层面，并且主要被考虑在农药测试方面[5]~[11]。在制定本标准时考虑到了这些文件及相关的大量文献。

吸附/解吸附研究对于获得关于化学物质迁移率和它们在土壤、水和空气等构成的生物圈中分布的必要信息很有帮助[12]~[21]。这些信息可以在预测和估计化学降解的可用性[22],[23]、生物体的转化和吸收[24]；土壤透过率[16],[18],[19],[21],[25]~[28]；在土壤中的挥发性[21],[29],[30]；以及水土流失率[18],[31],[32]中使用。吸附数据也可以用于进行比较和建模[19],[33]~[35]。

化学物质在土壤和水相之间的分布是一种复杂过程，取决于许多不同因素：这种物质的化学性质[12],[36]~[40]、土壤的特性[4],[12]~[14],[41]~[49]以及气候因素(例如降雨、温度、阳光和风力)。因此，许多在土壤吸附某种化学物质过程中涉及的现象和机制都不能被完全通过一种简化的实验室模型(如旧版的OECD导则)定义。但是，即使这种尝试不能涵盖所有可能出现的环境情况，也提供了关于某种化学物质吸附环境相关的宝贵信息。

本标准为估算土壤中某种物质的吸附/解吸附行为而建立。其目的是获得一个可用来预测在多种环境状况下使用的吸附值；为此，化学物质在各种土壤上的平衡吸附系数被定义为土壤特性的函数(例如，有机碳量、黏土含量、土壤质地和pH)。为了尽量广泛涵盖给定物质与天然土壤的相互作用，必须使用不同的土壤类型。

在本标准中，吸附表示一种化学物质吸附到土壤表面的过程；它不区分不同吸附过程(物理和化学吸附)和表面催化降解、体吸附或者化学反应等过程。由土壤中胶体粒子(直径小于0.2 μm)产生的吸附不被计算在内。

对于吸附有着最重要影响的土壤参数是：有机碳量[3],[4],[12]~[14],[41],[43]~[48]；黏土含量和土壤质地[3],[4],[41]~[48]；以及离子化合物的pH[3],[4],[42]。其他可能影响到某种特殊物质的吸附/解吸附的土壤参数是：实际阳离子交换量[ECEC]、非晶态铁铝氧化物含量，特别是火山和热带土壤[4]，以及一些特殊表面的土壤[49]。

本标准用于估计在有机碳量、黏土含量、土壤质地和pH范围不同的情况下，某种化学物质在不同土壤类型上的吸附。由三步组成：

第1步：初步研究，以便测定：

——土壤/溶液比；

——吸附平衡时间以及平衡状态下被吸附的受试物数量；

——试验容器表面上受试物的吸附作用以及受试物在试验期间的稳定性。

第2步：筛选试验：通过单一浓度吸附动力学，在5种不同土壤类型中研究吸附作用，并测定分布系数 K_d 和 K_{oc}。

第3步：测定Freundlich吸附等温式，确定浓度对土壤吸附的影响。

通过解吸附动力学/Freundlich解吸附等温式进行解吸附研究(附录A)。

化学品　批平衡法检测吸附/解吸附试验

1　范围

本标准规定了化学品批平衡法检测吸附/解吸附试验的范围、定义和单位、试验原理、受试物信息、试验适用性、试验方法、进行吸附/解吸附试验的必要条件、试验步骤、数据与报告。

本标准适用于采用批平衡法检测化学品在土壤中的吸附/解吸附行为。

2　规范性引用文件

下列文件中的条款通过本标准的引用而成为本标准的条款。凡是注日期的引用文件，其随后所有的修改单(不包括勘误的内容)或修订版均不适用于本标准，然而，鼓励根据本标准达成协议的各方研究是否可使用这些文件的最新版本。凡是不注日期的引用文件，其最新版本适用于本标准。

ISO 10381-6　土质　取样　第1部分：取样方法设计指南

ISO 10390-1　土壤质量　pH值的测定

3　定义和单位

定义和单位在第10章和附录B中规定。本标准方程式里提及的土样质量指烘干质量。

4　试验原理

在已经知道干重，且用0.01 mol/L氯化钙溶液平衡好了的土样中，加入已知体积的未标记或已标记的受试物，并且已知其在0.01 mol/L氯化钙溶液中的浓度。搅拌混合物一定时间。然后用离心法分离土壤悬浊液，如果需要，过滤并分析水相。吸附在土样上的受试物的量，等于受试物最初在溶液中的量与在实验结束时剩余的量之间的差(间接法)。

还有一种选择，吸附受试物的量也可以通过土壤分析直接测定(直接法)。虽然这使分析程序变得更加繁琐，涉及到用合适的溶剂进行逐步土壤萃取，因此建议在不能准确测定受试物的溶液浓度差的情况下才使用这种方法。例如下列情况：受试物在试验容器表面上的吸附、受试物在实验中不稳定、在溶液中产生浓度变化不大的弱吸附；以及产生不能被准确地测定的低浓度的强吸附。如果使用放射性标记物，可能会因为燃烧和液体闪烁计数对土相的分析而不必再进行土壤萃取。不过，液体闪烁计数是一种不确定的技术，无法把测试化学物质和它的转化产物区分开来；因此只有受试物在研究期间是稳定的时候，才应该使用这种方法。

5　受试物信息

使用分析纯的化学试剂。建议使用未标记的受试物(已知其成分，纯度至少为95%)，或者已用放射性标记过的受试物(已知其成分和放射纯度)。如果使用半衰期示踪剂，应采用衰变修正。

在进行吸附/解吸附试验之前，应掌握以下关于受试物的信息：

a)　在水中的溶解度[OECD 105]；

b)　蒸气压[OECD 104]和(或)亨利常数；

c)　与pH有关的水解作用[OECD 111]；

d)　正辛醇/水分配系数[OECD 107和117]；

e） 快速生物降解性[OECD 301]，或者土壤中需氧和厌氧的转换条件；

f） 离子化合物的 pKa；

g） 在水中的直接光解(即在水中的紫外可见吸收光谱，量子产率)，以及在土壤中的光降解作用。

6 试验适用性

该试验适用于可以准确分析的化学物质。能影响到结果可靠性的一个重要的参数是(特别是采用间接法时，参见参考文献[5]受试物在试验中的稳定性。因此，在初步研究时检查其稳定性是一个必要条件；如果在试验中观察到有变化，建议同时通过土壤和水相分析来进行研究。

在对水溶解度较低(S_w<10^{-4} g/L)的受试物以及高电性的物质进行试验时，可能会由于不能准确地测得水相里该物质的浓度而出现困难。在这种情况下，必须采取另外的措施。本标准的相关部分对如何处理这些问题提供了指南。

测试挥发性物质时，应该小心避免研究期间挥发造成的损失。

7 试验方法

7.1 仪器和化学试剂

标准实验室设备，特别包括：

a） 进行实验的试管或者容器。这些试管或者容器特别需要具备条件是：

——可直接放入离心机中，尽可能地减少处理和转化错误；

——由惰性材料制成，尽量减少受试物在其表面上的吸附。

b） 搅拌设备：高架搅拌器或者等效设备；搅拌设备应该在搅拌期间让土壤保持悬空。

c） 离心机：最好是高转速的(例如，离心力大于 3 000 *g*)，可控温，能除去水溶液中直径大于 0.2 μm 的颗粒。在搅动和离心的过程中容器应该盖好，避免挥发性和水流失。为了减少容器上的吸附作用，应使用聚四氟乙烯螺纹阀盖。

d） 备选：过滤设备；0.2 μm 孔隙率的无菌单一用途过滤器。在选择过滤器材料时应该特别小心，避免受试物在其上的任何损失；对溶解性不好的受试物，建议不要使用有机过滤器材料。

e） 分析仪器，适于测定受试物的浓度。

f） 恒温箱，能将温度保持在 103℃～110℃。

7.2 土壤特征描述和土壤选择

土壤应该用认为对吸附能力影响最大的三个参数来描述其特征：有机碳量、黏土含量和土壤质地，以及 pH。正如已经在第 4 章中所提及的，土壤的其他物理化学性能可能对某种特殊物质的吸附/解吸附有影响，在这种情况下应考虑到这些因素。

用于土壤特征描述的方法非常重要，并且能显著影响到实验结果。因此，建议应该根据对应的 ISO 方法(ISO 10390-1)在 0.01 mol/L 氯化钙溶液中测量土壤 pH(在吸附/解吸附试验过程中使用的溶液)。同样建议根据标准方法测定其他相关的土壤特性(例如 ISO 的《土壤分析手册》；这样就可以在国际标准化土壤参数的基础上分析吸附数据。参考文献[50]～[52]中给出了关于土壤分析和特征描述现有标准方法的一些指南。对于土壤试验方法的校准，可以考虑使用参考土壤。

吸附/解吸附试验的土壤选择指南可参见表 1。选择的这七种土壤涵盖了温带地理分区中常见的典型土壤类型。对于可电离受试物，被选择的土壤应该涵盖大范围的 pH 值，以便评估该物质在其电离和未电离形式中的吸附作用。关于在检测不同阶段要使用多少土壤的指南，参见第 9 章。

有时候可能会有必要使用其他土壤类型来代表经济合作与发展组织各国更凉爽、温带和热带地区的土壤。因此，如果需要使用其他土壤类型，应该以相同的参数对它们加以特征描述，这些土壤应具有与表 1 中所描述相似的特性变化，即使不能与标准完全相符。

表 1 吸附-解吸附土样选择指南

土壤类型	pH 值范围 (在 0.01 mol/L 氯化钙溶液中)	有机碳含量/%	黏土含量/%	土壤质地[a]
1	4.5～5.5	1.0～2.0	65～80	黏土
2	>7.5	3.5～5.0	20～40	黏壤土
3	5.5～7.0	1.5～3.0	15～25	粉砂壤土
4	4.0～5.5	3.0～4.0	15～30	肥土
5	4.0～6.0[b]	0.5～1.5[b,c]	10～15[c]	壤质砂土
6	>7.0	<0.5～1.0[b,c]	40～65	黏土壤土/黏土
7	<4.5	>10	<10	砂土/壤质砂土

a 根据 FAO(联合国粮食和农业组织)和美国体系[85]。

b 各变量应该尽可能地在所给出范围内。不过,如果很难找到适当土壤材料时,可以接受低于指明最小值的值。

c 有机碳含量低于 0.3%的土壤可能会干扰有机物含量和吸附之间的相互关系。因此,建议所选用的土壤有机碳含量不小于 0.3%。

7.3 土样的收集和储存

7.3.1 收集

没有建议具体的土壤取样技术或者工具;取样技术取决于研究目的[53]～[58]。

应该考虑如下内容:

a) 有必要了解关于现场的历史细节;这包括地理位置、植被覆盖率、农药和(或)肥料处理、生物添加剂或者偶然污染。在取样位置描述方面,应该遵守土壤取样的 ISO 标准建议(ISO 10381-6);

b) 取样位置必须由 UTM(通用横墨卡托投影/欧洲水平数据库)或地理坐标来确定。这样就能在将来重新取样或在不同分类体系下确定土壤种类。同样,只应采集最深为 20 cm 的表层土。尤其对于 7 号土样,若水平面是土壤,则应包含在采样中。

土样应用容器运输,并且运输时应处于保证土壤初始性质不改变的温度条件下。

7.3.2 存储

最好用在现场采集的新鲜土壤。只有在无法使用现场采集土壤时,可使用保存在室温下干燥的环境中的土壤。保存时间没有限制。但保存 3 年以上的土壤,应在实验前对其有机碳含量、pH 和 CEC 重新进行分析。

7.4 试验土样的处理和准备

土壤在室温下(最好在 20℃～25℃)自然干燥。轻微用力使土壤解聚,以保证尽量减少对土壤原来质地的改变。土壤过筛后颗粒的大小应是小于或等于 2 mm。整个筛土过程应按 ISO 取样标准(ISO 10381-6)的建议进行。建议使用均匀的颗粒,增强试验结果的可重现性。

每种土壤的水分含量由三等份试样测得,将这些试样在 105℃加热,烘至恒重(约 12 h)。所有计算中土壤的质量均是指烘干质量,即除去水分的土壤质量。

7.5 应用土壤受试物的准备

受试物溶解于由蒸馏水或去离子水配制的 0.01 mol/L 氯化钙溶液中;氯化钙溶液作为溶剂相,以增加离心作用,减少阳离子交换。储备液的浓度最好是应比所使用分析方法检出限高三个数量级。这一阈值保证了有关遵循本标准(见第 9 章)方法的测量准确度;另外,储备液的浓度应比受试物在水中的溶解度低。

储备液最好是刚好在受试物施加到土样前准备好，并保存在4 ℃阴暗处。保存时间依受试物的稳定性和浓度而定。

只有对于溶解度不佳的物质($S_w<10^{-4}$ g/L)，在受试物难以溶解时，才需要使用适当的助溶剂。这种助溶剂具备下列条件：

a) 应易与水混合(如甲醇、丙酮)；

b) 其浓度不得超过储备液总浓度的1%，并且浓度应小于将与土壤接触的受试物溶液中的含量(<0.1%)；

c) 不应是表面活性剂，或不得与受试化学物质发生溶剂分解反应。使用助溶剂应在实验报告中加以说明。

对低溶解度情况的另一种处理方法是将受试物添加到测定体系：受试物溶于有机溶剂其中一份试样被加入土壤和由蒸馏水或去离子水配制的0.01 mol/L 氯化钙溶液的系统。水相中有机溶剂的含量应尽量少，一般不超过0.1%。但是，实验人员要记住从有机溶液加入会导致溶液的体积无法重现。

因此，由于受试物与助溶剂浓度在各个实验中均不同，将会引入另一种误差。

8 进行吸附/解吸附试验的必要条件

8.1 分析方法

影响吸附测量准确度的关键参数包括：分析液相和吸附相的分析方法、受试物稳定性和纯度、达到吸附平衡、溶液浓度变化大小、土壤/溶液比和平衡过程中土壤结构的变化等分析方法的准确度。有关准确度问题的例子见附录C。

必须在试验过程中可能出现的浓度范围内检查所使用分析方法的重现性。实验人员应可以自由开发具有适当准确度、精密度、重现性、检出限和回收率的适当方法。如何进行这种试验，下面的实验中给出了一些指导方法。

适当体积的0.01 mol/L 氯化钙溶液(如100 mL)与一定质量的土样(如20 g高吸附度，即高有机碳含量和黏土含量)搅拌4 h；这些重量和体积根据分析的需要可以有所不同，但1：5的土壤/溶液比是一个很适宜的开始点。混合物离心后，水相被滤出。在水相中加入一定体积的受试物储备液，使其浓度达到在试验过程中可能会出现的浓度范围。该体积不得超过该水相最终体积的10%，以尽量减小对预平衡溶液性质的改变。分析所得到的溶液。

须进行一个土样+氯化钙溶液(无受试物)的空白实验，以便检验分析方法结果和土壤的基体效应。

可用于吸附测量的方法包括气相色谱法(GC)、高效液相色谱法(HPLC)、光谱法(如GC/质谱，HPLC/质谱)和液体闪烁计数法(测定放射性标记物)。无论用的是什么分析方法，如果回收率在标准值的90%～10%之间，则是适用的。为了进行分离后的检测和评估，分析方法的检出限应至少比正常浓度低两个数量级。

可用于进行吸附研究的分析方法，其特征和检出限对确定试验条件和试验的整个实验性能尤为重要。本标准遵循一般的实验路线，并对选择其他解决方案提供了建议和指导，这些方案中分析方法和实验设备可能施加一些限制。

8.2 最佳土壤/溶液比的选择

吸附研究中选择适当土壤/溶液比取决于分配系数 K_d 和所需要的相对吸附程度。在检测溶液化学物质浓度中，溶液中物质浓度的变化决定了基于吸附方程的形式和分析方法测量的统计准确度。因此，在一般的情况下，设定几个固定比率很有用，其中吸附百分比高于20%并且最好是大于50%[62]，同时，应小心保持受试物在水相中的浓度足以满足精确测量的需要。在高吸附百分比情况下，此点尤为重要。

关于上述评论，一种选择合适的土壤/含水率的方便方法是，通过初步研究或者确定估计技术来估计 K_d值(附录D)。这样根据一个固定吸附百分比的土壤/溶液比对 K_d 的图(见图1)就可以选择适当比率。在该图中，假定吸附方程是线性的[1]。重新整理 K_d 方程式(4)得到的方程式形式适用式(1)：

$$\frac{V_0}{m_{soil}} = \left(\frac{m_0}{m_s^{ads}(eq)} - 1\right)K_d \quad \cdots\cdots(1)$$

或对数形式，假设

$$R = m_{soil}/V_0,\ A_{eq}/100 = \frac{m_s^{ads}(eq)}{m_0}$$

那么

$$\lg R = -\lg K_d + \lg\left(\frac{A_{eq}/100}{1 - A_{eq}/100}\right) \quad \cdots\cdots(2)$$

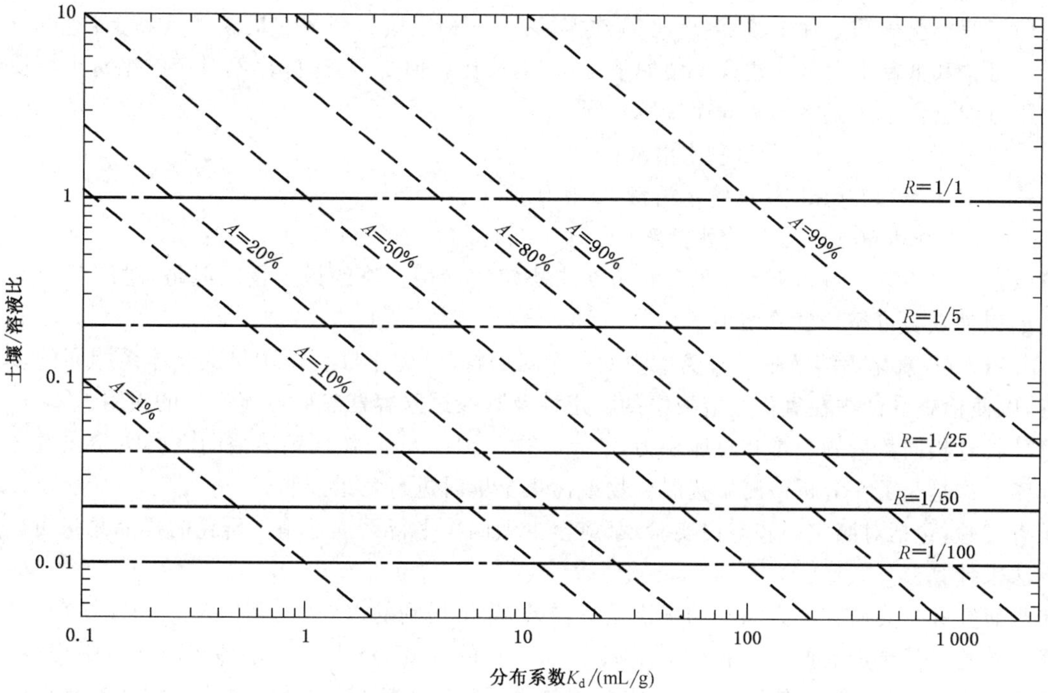

图 1　不同吸附率下土壤/溶液比与 K_d 的关系

图 1 显示，土壤/溶液比作为不同吸附程度时 K_d 的函数。例如，土壤/溶液比为 1∶5 且 K_d 为 20 时，吸附程度就会是约 80%。相同的 K_d 时要达到吸附程度为 50%，土壤/溶液比应为 1∶25。这一选择土壤/溶液比的方法使得实验人员可以灵活满足实验需要。

最难处理的是那些对化学物质的吸附非常轻微或高的地方。吸附不高时，建议采用 1∶1 的土壤/溶液比。虽然对一些有机物多的土壤类型，可能有必要采用较低的比率来获得泥浆。在任何情况下都必须小心地采用适当分析方法来测量溶液浓度的小变化；否则吸附测量将不准确。另一方面，当分布系数 K_d 很大时，可采用 1∶100 的土壤/溶液比，以便在溶液中保留一定量的化学物质。但是，必须注意保证混合均匀且提供足够长的系统平衡时间。在适当分析方法失效时，还有一种处理这些极端情况的方法是，应用基于 P_{ow} 值的估计技术来预测 K_d 值(见附录 D)。这种方法对于 $P_{ow}<20$ 的低吸附/极性化学物质和 $P_{ow}>10^4$ 的亲脂性/高吸附性化学物质尤其有用。

9　试验步骤

9.1　试验条件

所有实验都应在室温下进行，尽可能在介于 20℃～25℃之间恒定温度下进行。

1)　线性关系为 $C_s^{ads}(eq) = K_d C_{aq}^{ads}(eq)$。

离心的条件应是满足去除溶液中大于0.2 μm的颗粒。这个值被认为是固体颗粒的最小值，也是固体和胶体颗粒的限值。关于如何确定离心条件的指南请参见附录E。

如果离心设备不能保证去除大于0.2 μm的粒子，那么可联合使用离心机与0.2 μm过滤器过滤。这些过滤器应由合适的惰性材料制成，以免造成受试物的损失。任何情况下都要证明过滤时受试物没有损失。

9.2 第1步：初步研究

进行初步研究的目的已经在范围部分给出。下面建议的实验给出了设置这样一种试验的指南。

9.2.1 选择最佳土壤/溶液比

使用了两类土壤和三种土壤/溶液比(6次实验)。一种土壤具有高有机碳和低黏土含量，另一种则具有低有机碳和低黏土含量。建议采用如下土壤/溶液比。但是，与这些比例对应的绝对土壤质量和水溶液体积可能会由于实验室的不同而有所不同：

——50 g土壤和50 mL受试物水溶液(比例1/1)；

——10 g土壤和50 mL受试物水溶液(比例1/5)；

——2 g土壤和50 mL受试物水溶液(比例1/25)。

可以根据实验室设施和所使用的分析方法来决定实验用土壤的最小量。但是，建议至少为1 g，最好为2 g，以便获得可靠的试验结果。

0.01 mol/L氯化钙溶液中只有受试物的一个对照样品(无土壤)，须在与试验体系相同的步骤下精确进行，以便检查受试物在氯化钙溶液中的稳定性及其在试验容器表面可能产生的吸附。

每种具有相同数量的土壤和总体积为50 mL的0.01 mol/L氯化钙溶液的空白实验须遵守相同的试验程序。这是为了在分析检测干扰混合物或污染土壤时进行背景控制。

所有实验，包括对照实验和空白实验，都应至少做两次平行。准备用于研究的样品总量可以用后面所述方法来计算。

初步研究和主要研究的方法总的来说是一样的，除了提到的以外。

通过摇晃自然干燥后的土样和最小体积为45 mL的0.01 mol/L氯化钙溶液加以平衡，在实验之日前放置一个晚上(12 h)。然后，加入一定体积的受试物储备液，目的是把最终体积调整到50 mL。加入的储备液体积：

a) 不得超过水相最终体积50 mL的10%，以便尽可能不改变已平衡的溶液；

b) 最好使与土壤接触的受试物的初始浓度(C_0)至少比分析方法检出限高2个数量级。这一阈值保证了即使是在发生强吸附(>90%)时也能精确测量的能力，以及以后确定吸附等温线的能力。如可能，同样建议初始物质浓度(C_0)不能超过溶解度限量的一半。

下面给出怎样计算储备液浓度的一个例子。假定检出限为0.01 μg/mL，吸附为90%；这样，与土壤接触受试物的初始浓度最好为1 μg/mL(比检出限高2个数量级)。假定加入最大推荐体积的储备液，即：5 mL～45 mL的0.01 mol/L氯化钙平衡溶液(=10%的储备液到50 mL的水相总体积)，储备液的浓度应为10 μg/mL。这比分析方法的检出限高了3个数量级。

水相的pH应在与土壤接触前和后进行测量，因为它在整个吸附过程中十分重要，特别是对于可电离物质。

摇晃该混合物，直到达到吸附平衡。在土壤中的平衡时间变化非常大，这取决于化学物质和土壤。一般来说24 h就够了[77]。在初步研究中，样品可在混合48 h后连续收集。但是，分析时间应根据实验工作进度灵活考虑。

有两种分析水溶液中受试物的选择：并行方法；串行方法。应强调的是，尽管并行方法在实验上很麻烦，但结果的数学处理却相对简单(附录F)。但是，选择使用哪种方法在于进行实验的人，这个人需要考虑可用的实验室设备和资源。

a) 并行方法：准备好具有相同土壤/溶液比的样品，研究吸附动力学所需要的时间间隔越多越好。离心（如果需要的话还有过滤）后，第一试管中的水相尽可能恢复完整，等待 4 h 后再测定，第二试管在 8 h 后，第三试管在 24 h 后……。

b) 串行方法：每种土壤/溶液比只准备一个存样。以确定的时间间隔离心混和物，分离水相。立即用少量水相来分析受试物。然后用原混合物继续进行实验。如在离心后过滤，实验室应具备处理少量水相的设施。建议提取试样量的体积不得超过溶液总体积的 1%，以便不会改变土壤/溶液比，并减弱在试验过程中用于吸附的溶质的量。

在标称初始浓度和采样时间（t_i）测定浓度的基础上，计算每个时间点（t_i）的吸收百分比 A_{t_i}，校对空白实验的值。A_{t_i}-时间图（见图 1 和附录 F）用来估计平衡是否趋于稳定[2)]（见附录 E 中图 E.1 和图 E.2）。同时也计算出平衡时的 K_d 值。根据这个 K_d 值，从图 1 中选出合适的土壤/溶液比，以便吸附百分比达到 20%以上，最好是大于 50%[61]。所用适用方程式和测绘原理参见“第 10 章数据与报告”以及附录 F。

9.2.2 吸附平衡时间和平衡状态下吸附物质量的测定

如 9.2.1 所述，A_{t_i} 或 C_{aq}^{ads}-时间图可以估算出吸附平衡程度和平衡状态下所吸附物质的量。附录 F 中图 F.1 和图 F.2 就是这种图。平衡时间是系统达到稳定状态需要的时间。

对于一种特殊土壤，如果没有达到稳定状态，而是稳定上升，这可能是由于一些其他的复杂因素，如：生物降解和慢扩散。生物降解可通过用一种消毒土样重复实验得出。如果在这种情况下还没达到稳定期，实验人员应寻找其具体研究中可能涉及的其他现象。这可通过适当改变实验条件（温度、摇晃时间、土壤/溶液比）实现。尽管有可能达不到平衡，实验人员应自行决定是否继续进行实验。

9.2.3 试验容器的表面吸附和受试物的稳定性

一些关于试验容器表面受试物的吸附及其稳定性的信息，可通过分析对照样品获得。如果用分析方法所得的损耗大于标准误差，则可能涉及到非生物降解和（或）试验容器表面的吸附。通过用一种已知体积的合适溶剂彻底清洗管壁并使用洗溶液来分析受试物，可分清这两种现象。如果在试验容器的表面没有观察到吸附，证明该受试物具有非生物不稳定性。如果观察到吸附，则有必要改变试验容器的材料。但是，从该实验得出的试验容器表面吸附数据不能直接外推到土壤/溶液实验。土壤的存在通常会减弱这种吸附作用。

关于受试物稳定性的额外信息可以通过测定一段时间后亲代质量的平衡来取出。这意味着水相和土壤萃取物以及试验容器的管壁都用来分析受试物，加入测定化学物质和水相中待测化学物质总数的质量与土壤和试验容器管壁萃取物之间的差，等于降解或挥发或未萃取的质量。为了测定质量平衡，应在实验期间达到吸附平衡。

在两种土壤上都进行了质量平衡，并对平衡时损耗大于 20%（最好大于 50%）的每种土壤的土壤/溶液比进行了质量平衡。48 h 后，在分析完最后一份水相样品，完成了测定比例的实验时，用离心方法分离此相，需要的话可过滤。尽可能多回收该水相，在受试物中加入合适的萃取溶剂（萃取系数至少为 95%）。建议至少连续萃取两次。测定土壤中的受试物和试验容器萃取物的数量，并且计算出质量平衡（见式（10）和第 10 章）。如果少于 90%，则试验时标中的受试物被认为是不稳定的。但是，考虑到受试物的不稳定性，研究仍可以继续进行；在这种情况下，建议在主要研究中对两种相都进行分析。

9.3 第 2 步：一种受试物浓度下的吸附动力学

使用表 1 中给出的指南选择 5 种土壤。如果合适的话，在这 5 种土壤中包括在初步研究中所使用的部分或全部 5 种土壤都可以。在这种情况下，在初步研究中所用的土壤不必重复进行第 2 步。

平衡时间、土壤/溶液比、土样重量、接触土壤的水相体积和溶液中受试物的浓度按初步研究的

---

2) 水相中待测物质浓度（C_{aq}^{ads}）-时间图也可用来估计平衡是否达到稳定（参见附录 E 中图 E.2）。

实验结果选择。最好应在约 2 h、4 h、6 h、8 h(也可能是 10 h)和 24 h 接触时间之后再分析。如果是需要较长平衡时间才能得到平衡的化学物质，搅动时间可延长，最长可达 48 h。但是，应灵活考虑分析时间。

每次实验(一次土壤和一次溶液)至少要重复进行两次，以便估计出试验结果的变化。每个实验都进行一次空白实验，空白实验由土壤和 0.01 mol/L 氯化钙溶液组成，没有受试物，并且它们的重量和体积都与实验物相同。仅有溶入 0.01 mol/L 氯化钙溶液受试物的对照样品(无土壤)须遵循同样实验步骤，以防意外情况。该实验按照 9.2 所述步骤进行。

在每个时间点 A_{t_i} 和(或)在每个时间间隔 $A_{\Delta t_i}$ 计算吸附百分率(根据研究需要)，并绘制与时间对应的制图。同样计算平衡状态下的分布系数 K_d 和有机碳的标准吸附系数 K_{oc}(非极性有机化学物质)。

9.3.1 吸附动力学测定结果

线性 K_d 值通常可以精确描述土壤的吸附行为[35],[78]，并表示化学物质在土壤中的固有迁移率。例如：一般情况下，$K_d \leqslant 1$ mL/g 的化学物质被视为性质上的迁移。相似的，MacCaLL 等人已经开发出了一个基于 K_{oc} 值的迁移率分类表[16]。另外，过滤分类表基于 K_{oc} 和 DT-50[3] 之间的关系而存在[32],[79]。

同样，根据误差分析研究[61]，低于 0.3 mL/g 的 K_d 值不能从水相浓度减少中准确估计出，即使是在施加了最佳土壤/溶液比时(从精确观点看)，即 1∶1。这种情况下建议同时分析两相，土壤和溶液。

对于上述论述，建议通过测定三个系统的弗里因德里希吸附等温线来连续研究土壤中化学物质的吸附行为及其潜在迁移率，只要遵循本标准的实验协议，就可以凭此测定准确的 K_d 值。如果 K_d 乘以土壤/溶液比得出的结果大于 0.3，当测量是基于水相浓度的减少(间接方法)，或大于 0.1，当对两个相都进行了分析，就可能准确得出结果(直接方法)[61]。

9.4 第 3 步：吸附等温线和解吸附动力学/解吸附等温线

9.4.1 吸附等温线

使用 5 种受试物浓度，最好涵盖两个数量级；在选择这些浓度时，应考虑水溶得出的水平衡浓度。在研究的同时应保留每种土壤的土壤/溶液比相同。照 9.2.1 所述方法进行吸附试验。不同之处仅在于水相只是在必要时分析一次，以达到第 2 步以前所测定的平衡。从受试物在溶液中的损耗测定溶液中的平衡浓度，计算出吸附量，或者使用直接方法。每单位质量土壤的吸附质量作为受试物平衡浓度的函数作图(见第 10 章)。

9.4.1.1 吸附等温线的实验结果

到目前为止，在数学吸附模型中，弗里因德里希吸附等温线是最常被用来描述吸附过程的。有关吸附模型解释和重要性和详情请参见参考文献[41]，[45]，[80]～[82]。

注：应注意，不同物质的 K_F 值(弗里因德里希吸附系数)只有在这些 K_F 值以相同单位表示时才可以进行比较[83]。

9.4.2 解吸附动力学

本试验的目的是为了调查化学物质在土壤上的吸附是可逆还是不可逆。这一信息很重要，因为解吸附过程在田间土壤中化学物质的行为中也起到很重要的作用。另外，解吸附数据对于过滤和溶解模拟的计算机模型输入也有帮助。如果需要进行解吸附研究，建议在每个解吸附动力实验准确测定 K_d 值的系统上进行下述研究。

与吸附动力学研究一样，有两种解吸附过程选择：并行方法；串行方法。选择使用哪种方法在于进行实验的人，他需要考虑可用的实验室设备和资源。

a) 并行方法：对于选用来进行解吸附研究的每种土壤，准备好具有相同土壤/溶液比的样品，需要进行解吸附动力学研究时的时间间隔越多越好。最好使用在吸附实验中所使用的相同时间间

3) DT-50：50％待测物质的降解时间。

隔;但是,总体时间可能在适当的时候会延长,以便让系统达到解吸附平衡。每次实验(一次土壤,一次溶液)进行一次空白实验。空白实验由土壤和 0.01 mol/L 氯化钙溶液组成,没有受试物,并且他们的重量和体积都与实验物相同。作为一种对照样品,溶入 0.01 mol/L 氯化钙溶液(无土壤)的受试物须遵循同样实验步骤。摇晃土壤里的所有混合物和溶液,直到达到吸附平衡(在第 2 步以前决定)。然后通过离心分开这些相,并且水相去掉得越多越好。被去掉的溶液体积代之以不含受试物的等体积 0.01 mol/L 氯化钙溶液,并再次摇动新混合物。尽可能全部回收第一试管的水相,并且在 2 h 后进行测量,第二试管在 4 h 后,第三试管则在 6 h 后等等,直到达到解吸附平衡。

b) 串行方法:在吸附动力学实验完成后,对混合物进行离心,并尽可能多去掉水相,用等体积不含受试物的 0.01 mol/L 氯化钙溶液代替被去掉的溶液体积。搅动该混合物,直到达到解吸附平衡。在这段时间内,在每个确定的时间间隔,离心该混合物分相。立即用少量水相来分析受试物;然后用原混合物继续进行实验。每次提取试样量的体积不得超过溶液总体积的 1%。在混合物中加入相同数量的新鲜 0.01 mol/L 氯化钙溶液,以维持土壤/溶液比,并且继续搅动,直到下一次时间间隔。

在每个时间点 t_i 和(或)在每个时间间隔 Δt_i 计算吸附率(根据研究需要),并绘制与时间对应的制图。同样计算平衡状态下的分布系数 K_{des}。所有适用方程式在第 10 章和附录 F 中给出。

9.4.2.1 解吸附动力学实验

解吸率 D_{t_i} 和吸附率 A_{t_i} 与时间制图,可估计吸附过程的可逆性。如果即使是在吸附平衡时间两倍的时间内达到解吸附,并且解吸量大于吸附量的 75%,那么此吸附被视为可逆的。

9.4.3 解吸附等温线

弗里因德里希解吸等温线由吸附等温线实验所用土壤决定。按照 9.4.2 中的描述进行解吸附实验,唯一不同的是水相在解吸附平衡时只分析一次。计算解吸受试物的数量。解吸附平衡状态下仍吸附在土壤上的受试物含量作为溶液中受试物平衡浓度函数绘图(见第 10 章和附录 F)。

10 数据与报告

分析数据以表格形式显示(见附录 G)。给定所计算的各个测量值和平均值。提供吸附等温线图表。计算如 10.1 所述。

在该试验中,1 mL 水溶液的质量为 1 g。土壤/溶液比可以用质量分数或质量浓度表示。

10.1 吸附

将吸附率 A_{t_i} 定义为在试验条件下与试验开始时所示数量有关的土壤表面吸附物质的百分数。若试验物质稳定且不明显地吸附在容器上,则按照下面的式(3)来计算每个时间点 t_i 上的 A_{t_i}:

$$A_{t_i} = \frac{m_s^{ads}(t_i)}{m_0} \times 100 \qquad \cdots\cdots(3)$$

式中:

A_{t_i}——时间点 t_i 上的吸附率,%;

$m_s^{ads}(t_i)$——在时间点 t_i 上土壤表面吸附的试验物质的质量,单位为微克(μg);

m_0——试验开始时试管内试验物质的质量,单位为微克(μg)。

附录 F 中针对并行和串行方法给出了有关计算吸附率 A_{t_i} 的详细信息。

分配系数 K_d 为试验条件下达到吸附平衡时土相中物质含量与水溶液中物质的质量浓度之间的比率[见式(4)]。

$$K_d = \frac{C_s^{ads}(eq)}{C_{aq}^{ads}(eq)} = \frac{m_s^{ads}(eq)}{m_{aq}^{ads}(eq)} \times \frac{V_0}{m_{soil}} \qquad \cdots\cdots(4)$$

式中:

$C_{s}^{ads}(eq)$——吸附平衡时土壤表面吸附物质的含量，单位为微克(μg)；

$C_{aq}^{ads}(eq)$——吸附平衡时水相中物质的质量浓度(μg/mL)，这一浓度是通过分析并结合通过空白溶液所得出的数值而确定出来的；

$m_{s}^{ads}(eq)$——吸附平衡时土壤表面吸附的试验物质的质量，单位为微克(μg)；

$m_{aq}^{ads}(eq)$——吸附平衡时溶液中试验物质的质量，单位为微克(μg)；

m_{soil}——土相的数量，以土壤的干质量来表示，单位为克(g)；

V_0——与土壤接触的水相的最初体积，单位为毫升(mL)。

式(5)给出了 A_{eq} 与 K_d 之间的关系：

$$K_d = \frac{A_{eq}}{100 - A_{eq}} \times \frac{V_0}{m_{soil}} \qquad \cdots\cdots(5)$$

式中：

A_{eq}——吸附平衡时的吸附率，%。

有机碳归一化吸附系数 K_{oc} 将分配系数 K_d 与土壤试样的有机碳含量联系起来，见式(6)：

$$K_{oc} = K_d \times \frac{100}{oc} \qquad \cdots\cdots(6)$$

式中：

oc——土壤试样中有机碳含量，%。

系数 K_{oc} 代表一个单一值，此值表现出土壤或沉淀物中有机碳与水之间主要为无极性有机化学物质的分离特性。将这些化合物的吸附率与吸附性固态物质的有机含量相互联系起来[见公式(7)]；因此，K_{oc} 值取决于因起源、发生过程等不同而在吸附能力方面有很大差别的腐殖部分的具体特性。

10.2 吸附等温线

弗罗因德利希吸附等温式将吸附的试验物质数量与平衡时溶液中试验物质的浓度联系起来[见公式(7)]。

将数据作为“吸附”过程中的数据来处理，对每个试管来说，计算吸附试验后土壤表面吸附的试验物质的含量[$C_{s}^{ads}(eq)$]。假定已达到平衡，并且 $C_{s}^{ads}(eq)$ 代表平衡值：

$$C_{s}^{ads}(eq) = \frac{m_{s}^{ads}(eq)}{m_{soil}} = \frac{[C_0 - C_{aq}^{ads}(eq)]V_0}{m_{soil}} \qquad \cdots\cdots(7)$$

式(8)中给出了弗罗因德利希吸附等温式：

$$C_{s}^{ads}(eq) = K_{F}^{ads} C_{s}^{ads}(eq)^{1/n} \qquad \cdots\cdots(8)$$

或者，在一次式[见式(9)]中：

$$\lg C_{s}^{ads}(eq) = \lg K_{F}^{ads} + 1/n C_{aq}^{ads}(eq) \qquad \cdots\cdots(9)$$

式中：

K_{F}^{ads}——弗罗因德利希吸附系数；只有在 $1/n=1$ 的情况下，其单位为 mL/g；

n——回归常数；$1/n$ 通常介于 0.7～1.0 之间，表明吸附数据经常略微地偏向于非线性。

用图将式(8)和式(9)表示出来，利用式(9)通过回归分析计算出 K_{F}^{ads} 值和 $1/n$。也将对数等式的相关系数 r^2 计算出来。图 2 中给出了示图。

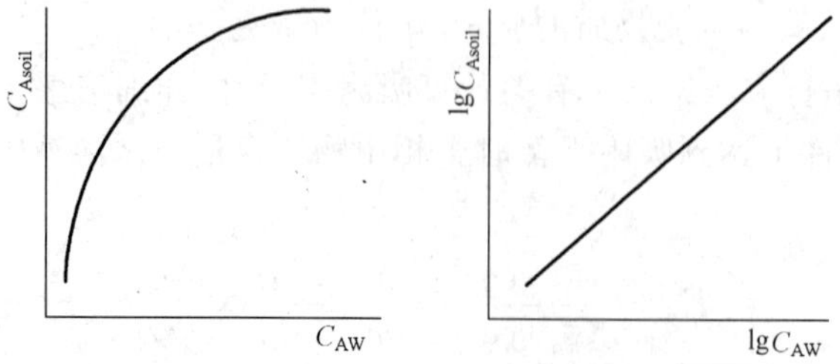

图 2 弗罗因德利希吸附图(正态线性)

10.3 质量平衡

将质量平衡率(MB)定义为吸附试验后可通过分析方法回收的物质与试验开始时物质名义数量的百分比。

若溶剂完全溶于水,则数据处理会有不同。在水溶性溶剂的情况下,在10.4前提下所说明的数据处理可用来确定通过溶剂萃取而回收的物质数量。若溶剂难溶于水,必须确定回收的数量。

按下面的方法针对吸附作用来计算物质平衡率MB;假定符号(m_E)与从土壤中和装有有机溶剂的试验容器表面所萃取的试验化学物质的质量数值相对应,见式(10):

$$MB = \frac{[V_{rec} C_{aq}^{ads}(eq) + m_E]}{V_0 C_0} \times 100 \quad \cdots\cdots (10)$$

式中:

MB——质量平衡率,%;

m_E——从土壤和试验容器壁中分两步萃取的试验物质的总质量,单位为微克(μg);

C_0——与土壤接触的试验溶液的最初质量浓度,单位为微克每毫升(μg/mL);

V_{rec}——吸收平衡后回收的上清液的体积,单位为毫升(mL)。

10.4 解吸附

将解吸附率定义为在试验条件下与以前所吸附物质数量有关的解吸附试验物质的百分比:

$$D_{t_i} = \frac{m_{aq}^{ads}(t_i)}{m_s^{ads}(eq)} \times 100 \quad \cdots\cdots (11)$$

式中:

D_{t_i}——时间点 t_i 上的解吸附率,%;

$m_{aq}^{des}(t_i)$——在时间点 t_i 上从土壤中解吸附的试验物质的质量,单位为微克(μg);

$m_s^{ads}(eq)$——吸附平衡时土壤表面所吸附的试验物质的质量,单位为微克(μg)。

附录F中针对并行和串行方法给出了有关计算解吸附率 D_{t_i} 的详细信息。

表观解吸附系数(K_{des})是在试验条件下达到解吸附平衡时土相中剩余物质含量与水溶液中解吸附物质质量浓度之间的比率,见式(12):

$$K_{des} = \frac{m_s^{ads}(eq) - m_{aq}^{des}(eq)}{m_{aq}^{des}(eq)} \times \frac{V_T}{m_{soil}} \quad \cdots\cdots (12)$$

式中:

K_{des}——解吸附系数,单位为毫升每克(mL/g);

$m_{aq}^{des}(eq)$——解吸附平衡时从土壤中解吸附的试验物质的总质量,单位为微克(μg);

V_T——解吸附动力试验过程中与土壤接触的水相总体积,单位为毫升(mL)。

附录F中给出了计算 $m_{aq}^{des}(eq)$ 的指导性说明。

注:若利用并行方法来完成随后的解吸附试验,将公式(12)中的体积 V_T 看作为 V_0。

10.5 解吸附等温线

弗罗因德利希解吸附等温式将仍吸附在土壤表面的试验物质含量与解吸附平衡时溶液中试验物质的浓度联系起来[见式(16)]。

对于每个试管来说,按下面的方法来计算解吸附平衡时仍吸附在土壤表面的试验物质含量[见式(13)]:

$$C_s^{des}(eq) = \frac{m_s^{ads}(eq) - m_{aq}^{des}(eq)}{m_{soil}} \quad \cdots\cdots (13)$$

将 $m_{aq}^{des}(eq)$ 定义为:

$$m_{aq}^{des}(eq) = m_m^{des}(eq) \times \frac{V_0}{V_r^F} - m_{aq}^A \quad \cdots\cdots (14)$$

式中：

$C_s^{des}(eq)$——解吸附平衡时仍吸附在土壤表面的试验物质含量，单位为微克每克(μg/g)；

$m_m^{des}(eq)$——解吸附平衡时通过分析方式确定的水相中物质的质量，单位为微克(μg)；

m_{aq}^{A}——由于体积置换不完全而在吸附平衡时留下的试验物质的质量，单位为微克(μg)；

$m_{aq}^{des}(eq)$——吸附平衡时溶液中物质的质量，单位为微克(μg)；

$$m_{aq}^{A} = m_{aq}^{ads}(eq) \times \left(\frac{V_0 - V_R}{V_0}\right) \quad \cdots\cdots (15)$$

V_r^F——在解吸附平衡时，为测量试验物质的质量而从试管中抽取出来的溶液体积，单位为毫升(mL)；

V_R——达到吸附平衡之后从试管中除掉的并用等体积的 0.01 mol/L 氯化钙溶液来置换的上清液的体积，单位为毫升(mL)。

公式(16)中给出了弗罗因德利希解吸附等式：

$$C_s^{des}(eq) = K_F^{des} C_{aq}^{des}(eq)^{1/n} \quad \cdots\cdots (16)$$

或者，在一次式中：

$$\lg C_s^{des}(eq) = \lg K_F^{des} + 1/n \lg C_{aq}^{des}(eq) \quad \cdots\cdots (17)$$

式中：

K_F^{des}——弗罗因德利希解吸系数；

n——回归常数；

$C_{aq}^{des}(eq)$——解吸附平衡时水相中物质的质量浓度，单位为微克每毫升(μg/mL)。

可用图来表示公式 (16) 和公式(17)，并利用公式(17)通过回归分析来计算 K_F^{des} 值和 $1/n$。

注：弗罗因德利希吸附或解吸附指数 $1/n$ 等于 1，弗罗因德利希吸附和解吸附结合常数（K_F^{ads} 和 K_F^{des}）将分别等于吸附或解吸附平衡常数（K_d 和 K_{des}），并且，C_s 与 C_{aq} 的关系图为线性图。若指数不等于 1，则 C_s 与 C_{aq} 的关系图为非线性，并且吸附和解吸附常数将沿着等温线发生变化。

11　试验报告

试验报告应包含以下信息：

a)　所用土壤试样的完整标识，其中包括：

——地点的地理信息(纬度、经度)；

——抽样日期；

——使用类型(如耕种土壤、森林土壤等)；

——抽样深度；

——沙子/泥沙/泥土含量；

——pH 值 (0.01 mol/L 氯化钙溶液)；

——有机碳含量；

——有机物含量；

——含氮量；

——C/N 比率；

——阳离子交换能力 (mmol/kg)。

b)　与收集和贮存土壤试样有关的所有信息。

c)　在适用情况下，用来对试验物质的吸附性和解吸附性进行解释的所有相关信息。

d)　每个参数的确定过程中所使用方法的参考信息。

e)　在适用情况下，有关试验物质的信息。

f)　试验温度。

g) 离心过滤的条件。

h) 用来分析试验物质的分析程序。

i) 有关试验物质贮备液配制所用加溶剂的任何使用理由说明。

j) 在有关系的情况下,有关计算修正的说明。

k) 符合表单(附录G)和图解说明的数据。

l) 有助于解释试验结果的所有信息和观察资料。

附 录 A
（资料性附录）
试 验 流 程

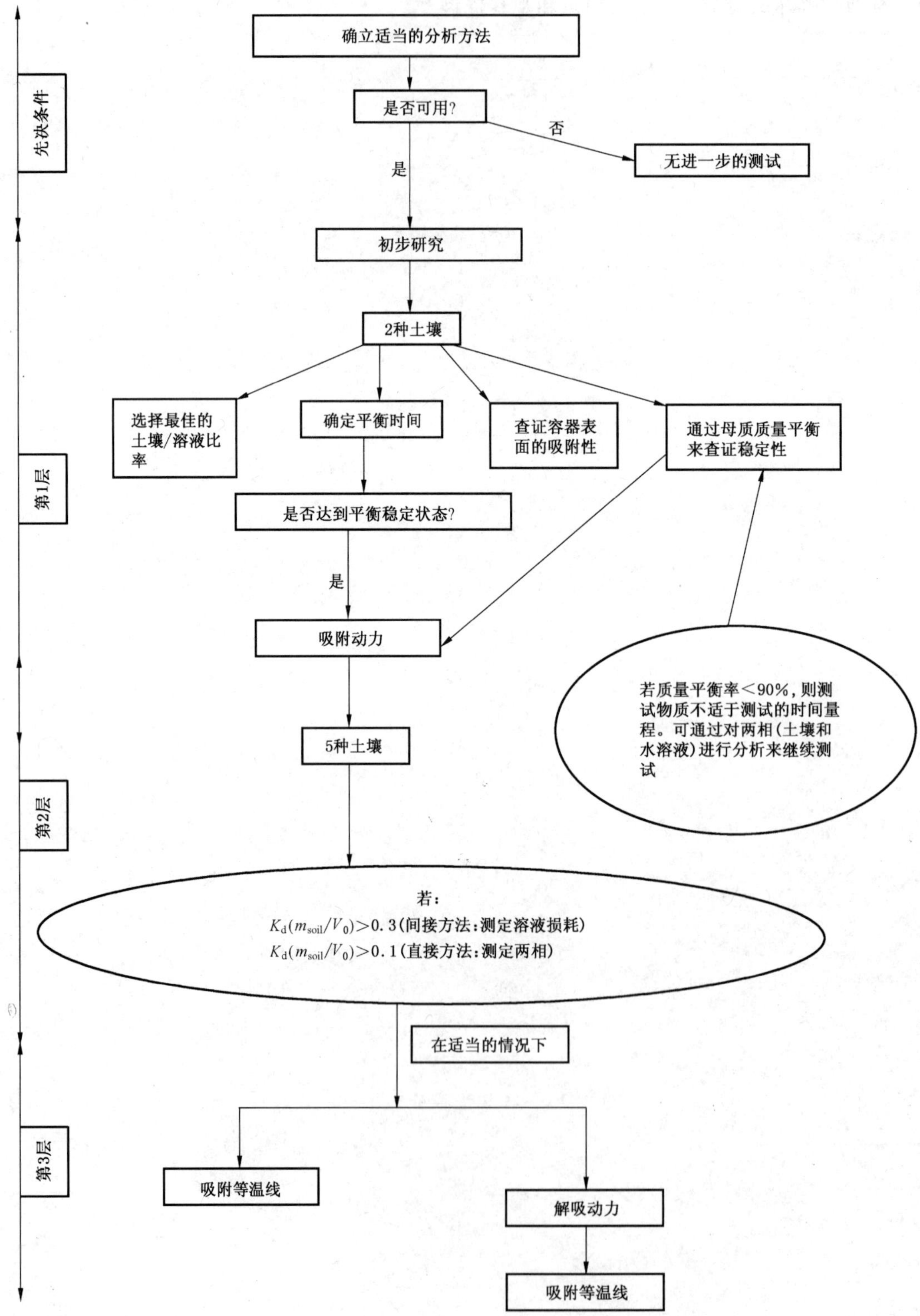

图 A.1 试验流程

附　录　B
（资料性附录）
定义与单位

表 B.1

符　　号	定　　义	单　　位
A_{t_i}	在时间点 t_i 上的吸附百分比	%
A_{eq}	吸附平衡时的吸附百分比	%
$m_s^{ads}(t_i)$	在时间 t_i 上土壤表面吸附的试验物质的质量	μg
$m_s^{ads}(\Delta t_i)$	在时间间隔 Δt_i 内土壤表面吸附的试验物质的质量	μg
$m_s^{ads}(eq)$	达到吸附平衡时土壤表面吸附的试验物质的质量	μg
m_0	吸附试验开始时试管内试验物质的质量	μg
$m_m^{ads}(t_i)$	在时间点 t_i 上在分配部分(V_a^A)中测定的物质的质量	μg
$m_{aq}^{ads}(eq)$	吸附平衡时溶液中物质的质量	μg
m_{soil}	土相数量，用土壤的干物质来表示	g
C_{st}	物质贮备液的质量浓度	μg/mL
C_0	与土壤接触的试验溶液的最初质量浓度	μg/mL
$C_{aq}^{ads}(t_i)$	在分析进行过程中的时间 t_i 点上水相中物质的质量浓度	μg/mL
$C_s^{ads}(eq)$	吸附平衡时土壤上吸附的试验物质的含量	μg/g
$C_{aq}^{ads}(eq)$	吸附平衡时水相中物质的质量浓度	μg/mL
V_0	吸附试验过程中与土壤接触的水相的初始体积	mL
V_a^A	在其中进行试验物质测定的分配部分的体积	mL
K_d	适用于吸附的分配系数	mL/g
K_{oc}	有机碳归一化吸附系数	mL/g
K_{om}	有机物质归一化分配系数	mL/g
K_F^{ads}	弗罗因德利希吸附系数	$\mu g^{1-1/n}(mL)^{1/n}g^{-1}$
$1/n$	弗罗因德利希指数	
D_{t_i}	在时间点 t_i 上的解吸百分比	%
$D_{\Delta t_i}$	与时间间隔 Δt_i 对应的解吸百分比	%
K_{des}	表观解吸系数	mL/g
K_F^{des}	弗罗因德利希解吸系数	$\mu g^{1-1/n}(mL)^{1/n}g^{-1}$
$m_{aq}^{des}(t_i)$	在时间 t_i 上从土壤中解吸出来的试验物质的质量	μg
$m_{aq}^{des}(\Delta t_i)$	在时间间隔 Δt_i 内从土壤中解吸出来的试验物质的质量	μg
$m_m^{des}(eq)$	解吸平衡时在水相中通过分析方式确定的物质质量	μg
$m_{aq}^{des}(eq)$	解吸平衡时解吸出来的试验物质的总质量	μg

表 B.1（续）

符　号	定　义	单　位
$m_s^{des}(\Delta t_i)$	在时间间隔 Δt_i 后仍吸附在土壤表面的物质质量	μg
m_{aq}^{A}	由于体积置换不完全而通过吸附平衡遗留下来的试验物质的质量	μg
$C_s^{des}(eq)$	解吸平衡时仍吸附在土壤上的试验物质含量	μg/g
$C_{aq}^{des}(eq)$	解吸平衡时水相中物质的质量浓度	μg/mL
V_T	在通过串行方法完成的解吸动力试验期间与土壤接触的水相的总体积	mL
V_R	达到解吸平衡后从试管中除掉的并用相同体积的 0.01 mol/L 氯化钙溶液来置换的上清液体积	mL
V_a^D	在利用串行方法进行的解吸动力试验期间，为了进行分析而从试管（*i*）中取样的分配部分的体积	mL
V_r^i	在解吸动力试验中（并行方法），为了测定试验物质而从试管（*i*）中取出的溶液的体积	mL
V_r^F	解吸平衡时，为了测定试验物质而从试管中取出的溶液的体积	mL
MB	质量平衡率	%
m_E	从土壤和试验容器壁中分两步萃取出来的试验物质的总质量	μg
V_{rec}	吸附平衡后回收的上清液的体积	mL
P_{ow}	辛醇/水分配系数	
pKa	离解常数	
S_w	水溶解度	g/L

附　录　C
（资料性附录）
分析方法的准确度与浓度变化对吸附结果准确度的影响

从表 C.1（参考文献[84]中的部分）可以明显地看出，当溶液中试验物质的最初质量（m_0＝110 μg）与平衡质量（m_{aq}^{ads}(eq)＝100 μg）之间的差异很小时，平衡浓度测定中 5％的误差会导致土壤中吸附物质质量计算（m_s^{ads}(eq)）出现 50％ 的误差及 K_d 的计算出现 52.4％ 的误差。

土壤数量　　　m_{soil}＝10 g

溶液体积　　　V_0＝100 mL

表 C.1

	m_{aq}^{ads}(eq) μg	C_{aq}^{ads}(eq) μg /mL	R	m_s^{ads}(eq)[a] μg	C_s^{ads}(eq)[a] μg/g	$R^‡$	K_d^a	$R^‡$
m_0＝10 μg 或 C_0＝1.100 μg/mL	对于 A＝9％							
	100	1.000	真实值	10	1.00	真实值	1	
	101	1.010	1％	9	0.90	10％	0.891	10.9％
	105	1.050	5％	5	0.50	50％	0.476	52.4％
	109	1.090	9％	1	0.10	90％	0.092	90.8％
	对于 A＝55％							
	50.0	0.500	真实值	60.0	6.00	真实值	12.00	
	50.5	0.505	1％	59.5	5.95	0.8％	11.78	1.8％
	52.5	0.525	5％	57.5	5.75	4.0％	10.95	8.8％
	55.0	0.550	10％	55.0	5.50	8.3％	10.00	16.7％
	对于 A＝99％							
	1.100	0.011	真实值	108.9	10.89	真实值	990	
	1.111	0.011 11	1％	108.889	10.88	0.01％	980	1.0％
	1.155	0.011 55	5％	108.845	10.884 5	0.05％	942	4.8％
	1.21	0.012 1	10％	108.790	10.879 0	0.10％	899	9.2％

a $m_s^{ads}(eq)=m_0-m_{aq}^{ads}(eq)$，$C_s^{ads}(eq)=\dfrac{[C_0-C_{aq}^{ads}(eq)]V_0}{m_{soil}}$，$K_d=\dfrac{m_s^{ads}(eq)}{m_{aq}^{ads}(eq)}\cdot\dfrac{V_0}{m_{soil}}$

m_s^{ads}(eq)：平衡时土相中试验物质的质量；

m_{aq}^{ads}(eq)：平衡时水相中试验物质的质量；

C_s^{ads}(eq)：平衡时土相中试验物质的含量；

C_{aq}^{ads}(eq)：平衡时水相中试验物质的质量浓度；

R：m_{aq}^{ads}(eq)确定值中的分析误差；

$R^‡$：由分析误差 R 所导致的计算误差。

附 录 D
（资料性附录）
K_d 的估算方法

D.1 估算方法允许根据与诸如 P_{ow} 值[12],[39],[63]~[68]、水溶解度数据[12],[19],[21],[39],[68]~[73]，或通过在倒相4)[74]~[76]上应用 HPLC 所获得的极性数据等的相互关系来预测 K_d。如表 D.1 和表 D.2 所示，通过式(D.1)、式(D.2)来计算 K_{oc} 或 K_{om}，然后通过等式间接地计算出 K_d：

$$K_{oc} = K_d \times \frac{100}{oc} \quad \cdots\cdots (D.1)$$

$$K_{om} = \frac{K_d}{1.724} \times \frac{100}{oc} \quad \cdots\cdots (D.2)$$

D.2 这些相互关系的概念基于两个假设：

a） 对物质吸附性产生影响的主要是土壤的有机物质；

b） 所涉及的交互作用主要为无极性的。

因此，对于这些相互关系来说：

a） 它们不适用于或只在某种程度上适用于极性物质；

b） 它们不适用于土壤有机物含量很小的这种情况[12]。

另外，虽然在 P_{ow} 与吸收率[19]之间发现了所要求的相互关系，但水溶解度与吸附性水平[19],[21]之间的关系不能满足要求；就此范围来说，这种研究是很矛盾的。

D.3 表 D.1 和表 D.2 中分别给出了吸附系数与辛醇-水分配系数及水溶解度之间相互关系的一些示例。

表 D.1 吸附分配系数与辛醇-水分配系数之间相互关系示例（有关更多示例，参阅参考文献[12]和[68]）

化 合 物	相 互 关 系	作 者
取代的尿素塑料	$K_{om}=0.69+0.52\ \lg P_{ow}$	Briggs (1981)[39]
氯化芳烃	$K_{oc}=-0.779+0.904\ \lg P_{ow}$	Chiou *et al*. (1983)[65]
各种农药	$\lg K_{om}=4.4+0.72\ \lg P_{ow}$	Gerstl 与 Mingelgrin (1984)[66]
芳烃	$K_{oc}=-2.53+1.15\ \lg P_{ow}$	Vowles 与 Mantoura (1987)[67]

表 D.2 吸附分配系数与水溶解度之间相互关系示例（有关更多示例，参阅参考文献[68]和[69]）

化 合 物	相 互 关 系	作 者
各种农药	$\lg K_{om}=3.8-0.561\ \lg S_w$	Gerstl 与 Mingelgrin (1984)[66]
脂肪族、芳香族氯化物	$K_{om}=(4.040+/-0.038)-(0.557+/-0.012)\ \lg S_w$	Chiou et al. (1979)[70]
a-萘酚	$\lg K_{oc}=4.273-0.686\ \lg S_w$	Hasset et al. (1981)[71]
环状脂肪族、芳香族物质	$\lg K_{oc}=-1.405-0.921\ \lg S_w-0.009\ 53\ (mp-25)$	Karickhoff (1981)[72]
各种化合物	$K_{om}=2.75-0.45\ \lg S_w$	Moreale van Blade (1982)[73]

4） OECD 试验指南草案“利用高效液相色谱法（HPLC）来估算土壤和污泥表面吸附系数（K_{oc}）”，1997 年 7 月。

附 录 E
(资料性附录)
用来定义离心过滤条件的计算方法

E.1 式(E.1)给出了离心过滤时间,假定条件为球形粒子:

$$t=\frac{9}{2}\left[\frac{\eta}{\omega^2 r_p^2(\rho_s-\rho_{aq})}\right]\ln\left(\frac{R_b}{R_t}\right) \quad \cdots\cdots(E.1)$$

式中:

ω——圆周速度(=$2\pi rpm/60$),单位为弧度每秒(rad/s);

rpm——每分钟转数;

η——溶液黏度,单位为克每秒每厘米(g/(s·cm));

r_p——粒子半径,单位为厘米(cm);

ρ_s——土壤密度,单位为克每毫升(g/mL);

ρ_{aq}——溶液密度,单位为克每毫升(g/mL);

R_t——从离心机转子中心至离心管中溶液顶部的距离,单位为厘米(cm);

R_b——从离心机转子中心至离心管中溶液底部的距离,单位为厘米(cm);

R_b-R_t——离心管中土壤/溶液混合物的高度,单位为厘米(cm)。

在通常的做法中,将计算出来的次数增加一倍以保证分离完全。

E.2 若将溶液的黏度(η)和密度(ρ_{aq})作为25℃时水的黏度和密度,可进一步将式(E.1)简化;因此,$\eta=8.95\times10^{-3}\,gs^{-1}cm^{-1}$且$\rho_{aq}=1.0$ g/mL。

然后,通过式(E.2)得出离心过滤时间:

$$t=\frac{3.7}{(rpm)^2 r_p^2(\rho_s-1)}\ln\frac{R_b}{R_t} \quad \cdots\cdots(E.2)$$

E.3 从式(E.2)可明显看出,为了实现具有特定尺寸(在本例子中,半径为0.1 μm)的粒子的分离,在定义离心过滤条件时,即,时间(t)和速度(rpm),有两个重要参数:a)土壤密度和b)离心管中混合物的高度(R_b-R_t),即,从溶液顶部至试管底部土壤粒子所覆盖的距离;很明显,对于固定体积来说,试管中混合物的高度将取决于试管半径的平方。

E.4 图E.1针对不同的土壤密度(ρ_s)(图E.1)和离心管中不同的混合物高度(图E.2)表现出离心过滤时间(t)相对于离心过滤速度(rpm)的变化。在图E.1中,土壤密度的影响性非常明显;例如,对于3 000 r/min的典型离心过滤来说,若土壤密度为1.2 g/mL,则离心过滤时间大约为240 min;若密度为2.0 g/mL,则仅为50 min。同样地,在图E.2中,对于3 000 r/min的典型离心过滤来说,若混合物的高度为10 cm,则离心过滤时间大约为50 min;若高度为1 cm,则仅为7 min。但是,重要的是要找出要求最小可能高度的离心过滤与离心过滤后相分离中试验操作容易性之间的最佳关系。

E.5 而且,在针对土壤/溶液相分离而定义实验条件时,重要的是要考虑到胶体这一第三方"伪相"的可能存在性。尺寸小于0.2 μm的这些粒子可对土壤悬浮液中物质的整个吸附机制产生重要的影响。当按上述方法进行离心过滤时,胶体保持在水相中并可能与水相一起分析。因此,将失去有关其影响作用的信息。若进行试验的实验室配有超速离心过滤或超滤设施,可对土壤中物质的吸附性/解吸附性进行更高深度的研究,其中包括有关胶体表面物质吸附性的信息。在这种情况下,为了将土壤、胶体和溶液这三相分离出来,应采用60 000 r/min的超速离心过滤法或过滤器孔隙率为10万D的超滤方法。为了使所有这三相都可经过物质分析,也应对下段中所说明的试验协议进行相应的修改。

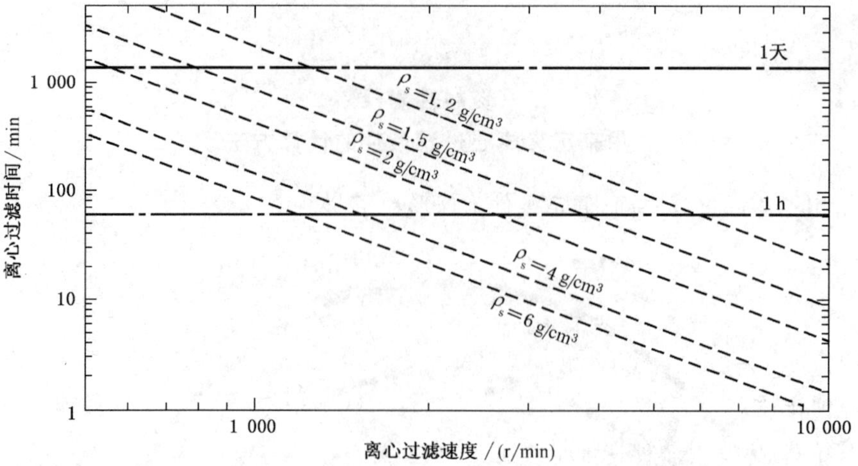

图 E.1 不同土壤密度(ρ_s)的离心过滤时间(t)相对于离心过滤速度(rpm)的变化

在 25℃条件下，$R_t=10$ cm，$R_b-R_t=10$ cm，$\eta=8.95\times10^{-3}$ g/(s·cm)且 $\rho_{aq}=1.0$ g/mL。

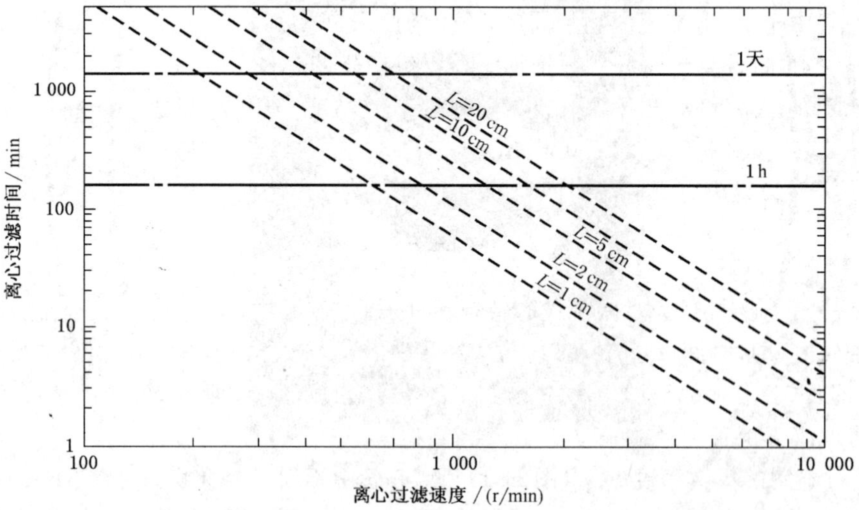

图 E.2 离心管中混合物不同长度[(R_b-R_t)$=L$]的离心过滤时间(t)相对于离心过滤速度(rpm)的变化

在 25℃条件下，$R_t=10$ cm，$\eta=8.95\times10^{-3}$ g/(s·cm)，$\rho_{aq}=1.0$ g/mL 且 $\rho_s=2.0$ g/mL。

附 录 F
（资料性附录）
吸附率 A(%) 和解吸率 D(%)的计算

此程序的时间计划是：

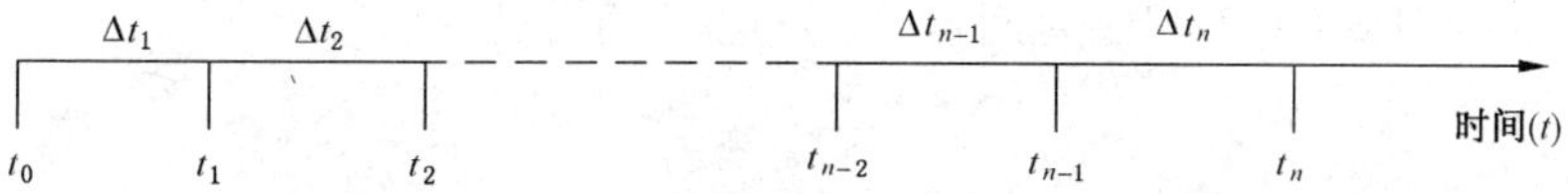

对于所有计算来说，假定试验物质稳定且不明显地吸附在容器壁上。

F.1 吸附率 A(%)

F.1.1 并行方法

根据式(F.1)针对每个试管(i)计算每个时间点(t_i)上的吸附率：

$$A_{t_i} = \frac{m_s^{ads}(t_i)}{m_0} \times 100 \quad \cdots\cdots(F.1)$$ [5]

可按式(F.2)、式(F.3)来计算式(F.1)表示符号的值：

$$m_0 = C_0 V_0 \quad \cdots\cdots(F.2)$$

$$m_s^{ads}(t_i) = m_0 C_{aq}^{ads}(t_i) V_0 \quad \cdots\cdots(F.3)$$

式中：

A_{t_i}——时间点 t_i 上的吸附率，%；

$m_s^{ads}(t_i)$——在分析进行过程中的时间点 t_i 上土壤表面试验物质的质量，单位为微克(μg)；

m_0——试验开始时试管中试验物质的质量，单位为微克(μg)；

C_0——与土壤接触的试验溶液的最初质量浓度，单位为微克每毫升 (μg/mL)；

$C_{aq}^{ads}(t_i)$——在分析进行过程中的时间点 t_i 上水相中物质的质量浓度，单位为微克每毫升(μg/mL)，此浓度是通过分析方法并结合通过空白溶液所得出的数值而确定出来的；

V_0——与土壤接触的试验溶液的最初体积，单位为毫升(mL)。

用图将吸收百分比 A_{t_i} 或 $C_{aq}^{ads}(t_i)$ 的值与时间之间的关系表示出来，并确定达到平衡之前的时间。图 F.1 和图 F.2 中分别给出了这方面的示例图。

F.1.2 串行方法

下列公式涵盖了以特定时间间隔对数量较少的水相分配部分中试验物质进行测量从而完成吸附过程的这种情况。

a) 在每个时间间隔内，按下列方法来计算土壤表面吸附物质的数量：

——对于第一个时间间隔 $\Delta t_1 = t_1 - t_0$ 来说，计算方法见式(F.4)：

$$m_s^{ads}(\Delta t_1) = m_0 - m_m^{ads}(t_1) \times \left(\frac{V_0}{V_a^A}\right) \quad \cdots\cdots(F.4)$$

——对于第二个时间间隔 $\Delta t_2 = t_2 - t_1$ 来说，计算方法见式(F.5)：

$$m_s^{ads}(\Delta t_2) = m_m^{ads}(t_1) \times \left(\frac{V_0}{V_a^A}\right) - m_m^{ads}(t_2) \times \left(\frac{V_0 - V_a^A}{V_a^A}\right) \quad \cdots\cdots(F.5)$$

——对于第三个时间间隔 $\Delta t_3 = t_3 - t_2$ 来说，计算方法见式(F.6)：

$$m_s^{ads}(\Delta t_3) = m_m^{ads}(t_2) \times \left(\frac{V_0 - V_a^A}{V_a^A}\right) - m_m^{ads}(t_3) \times \left(\frac{V_0 - 2 \cdot V_a^A}{V_a^A}\right) \quad \cdots\cdots(F.6)$$

---

5) 适用于直接和间接两种方法的等式。所有其他等式只适用于间接方法。

——对于第 n 个时间间隔 $\Delta t_n = t_n - t_{n-1}$ 来说，计算方法见式(F.7)：

$$m_{\mathrm{s}}^{\mathrm{ads}}(\Delta t_n) = m_{\mathrm{m}}^{\mathrm{ads}}(t_{n-1}) \times \left(\frac{V_0 - (n-2) \cdot V_{\mathrm{a}}^{\mathrm{A}}}{V_{\mathrm{a}}^{\mathrm{A}}}\right) - m_{\mathrm{m}}^{\mathrm{ads}}(t_n) \times \left(\frac{(V_0 - (n-1) \cdot V_{\mathrm{a}}^{\mathrm{A}}}{V_{\mathrm{a}}^{\mathrm{A}}}\right) \quad \cdots(\text{F.7})$$

利用式(F.8)来计算每个时间间隔的吸附百分比 $A_{\Delta t_i}$：

$$A_{\Delta t_i} = \frac{m_{\mathrm{s}}^{\mathrm{ads}}(\Delta t_i)}{m_0} \times 100 \quad \cdots\cdots(\text{F.8})^{6)}$$

同时，通过式(F.9)得出时间点 t_i 上的吸附百分比（A_{t_i}）：

$$A_{t_i} = \frac{\sum_{j=\Delta t_1}^{\Delta t_i} m_{\mathrm{s}}^{\mathrm{ads}}(j)}{m_0} \times 100 \quad \cdots\cdots(\text{F.9})^{6)}$$

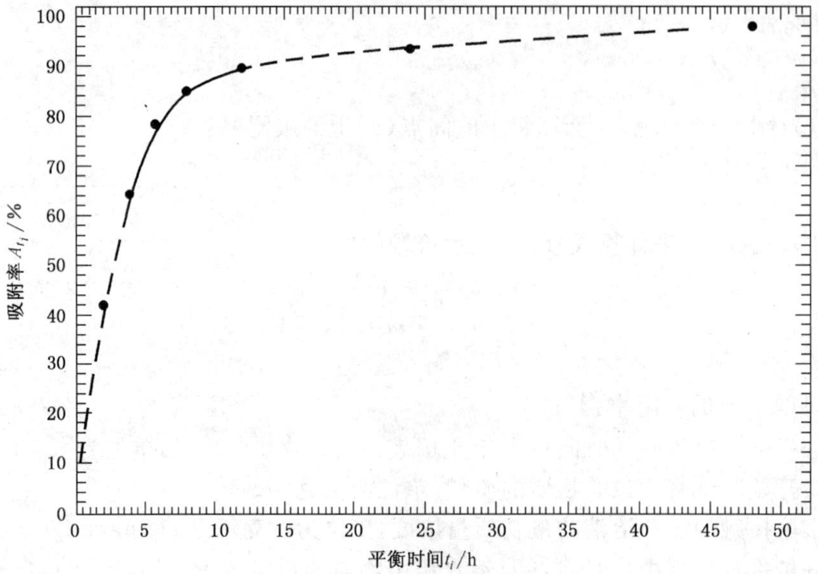

图 F.1 吸附平衡图

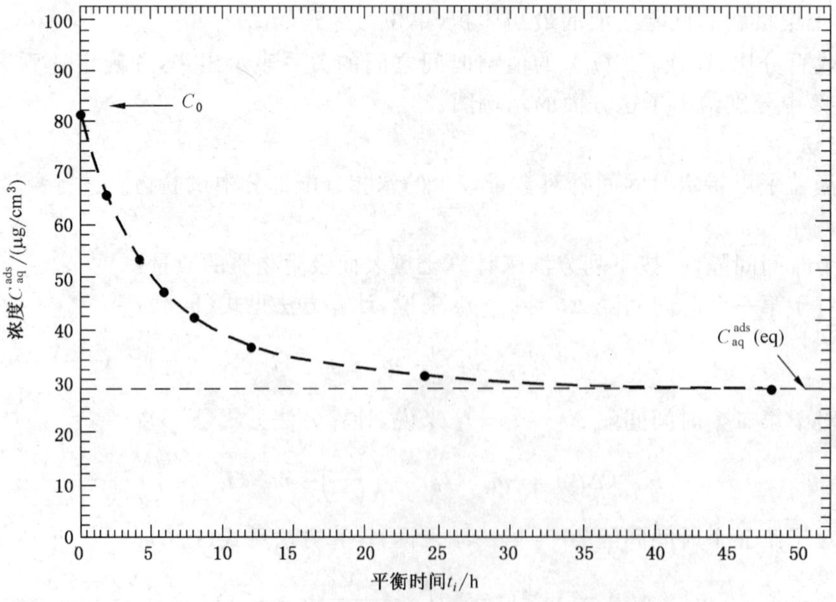

图 F.2 水相中试验物质的质量浓度(C_{aq})与时间之间的关系图

6) 适用于直接和间接两种方法的等式。所有其他等式只适用于间接方法。

用图将(与研究要求有关的)吸附率 A_{t_i} 或 $A_{\Delta t_i}$ 的值与时间之间的关系表示出来，并确定达到吸附平衡之前的时间。

b) 在平衡稳定时间 t_{eq} 上：

——土壤表面吸附的试验物质的质量计算见式(F.10)：

$$m_s^{ads}(eq)=\sum_{\Delta t_i=1}^{n} m_s^{ads}(\Delta t_i) \qquad \text{(F.10)}^{6)}$$

——溶液中试验物质的质量计算见式(F.11)：

$$m_{aq}^{ads}(eq)=m_0-\sum_{\Delta t_i=1}^{n} m_s^{ads}(\Delta t_i) \qquad \text{(F.11)}^{6)}$$

——平衡时的吸附率计算见式(F.12)：

$$A_{eq}=\frac{m_s^{ads}(eq)}{m_0}\times 100 \qquad \text{(F.12)}^{6)}$$

将上面使用的参数定义为：

$m_s^{ads}(\Delta t_1), m_s^{ads}(\Delta t_2), \cdots, m_s^{ads}(\Delta t_n)$——分别在时间间隔 $\Delta t_1, \Delta t_2, \cdots, \Delta t_n$ 期间土壤上所吸附物质的质量，单位为微克(μg)；

$m_m^{ads}(t_1), m_m^{ads}(t_2), \cdots, m_m^{ads}(t_n)$——分别在时间点 $t_1, t_2, \cdots, t_n$ 上在分配部分(V_a^A)中所测量的物质质量，单位为微克(μg)；

$m_s^{ads}(eq)$——吸附平衡时土壤上所吸附物质的质量，单位为微克(μg)；

$m_{aq}^{ads}(eq)$——吸附平衡时溶液中物质的质量，单位为微克(μg)；

V_a^A——在其中对试验物质进行测量的分配部分的体积，单位为毫升(mL)；

$A_{\Delta t_i}$——时间间隔为 Δt_i 的相应吸附率，%；

A_{eq}——吸附平衡时的吸附率，%。

F.2 解吸率 *D*(%)

将解吸动力试验开始时的时间 t_0 当作用等量的 0.01 mol/L 氯化钙溶液来置换(达到吸附平衡后)试验物质溶液最大回收体积的时刻。

F.2.1 并行方法

在时间点 t_i 上，在从试管 $i(V_r^i)$ 中提取的水相中测定试验物质的质量，并根据式(F.13)来计算解吸的质量：

$$m_{aq}^{des}(t_i)=m_m^{des}(t_i)\times\left(\frac{V_0}{V_r^i}\right)-m_{aq}^{A} \qquad \text{(F.13)}$$

当吸附平衡时，$t_i=t_{eq}$，因此，$m_{aq}^{des}(t_i)=m_{aq}^{des}(eq)$

通过式(F.14)得出时间间隔(Δt_i)期间解吸的试验物质的质量：

$$m_{aq}^{des}(\Delta t_i)=m_{aq}^{des}(t_i)-\sum_{j=1}^{i-1} m_{aq}^{des}(j) \qquad \text{(F.14)}$$

计算解吸率：

a) 在时间点 t 上，用式(F.15)计算：

$$D_{t_i}=\frac{m_{aq}^{des}(t_i)}{m_s^{ads}(eq)}\times 100 \qquad \text{(F.15)}$$

b) 在时间间隔(Δt_i) 期间，用式(F.16)计算：

$$D_{\Delta t_i}=\frac{m_{aq}^{des}(\Delta t_i)}{m_s^{ads}(eq)}\times 100 \qquad \text{(F.16)}$$

式中：

D_{t_i}——在时间点 t_i 上的解吸率，%；

$D_{\Delta t_i}$——与时间间隔 Δt_i 相对应的解吸率，%；

$m_{aq}^{des}(t_i)$——在时间点 t_i 上解吸的试验物质的质量，单位为微克(μg)；

$m_{aq}^{des}(\Delta t_i)$——时间间隔 Δt_i 期间解吸的试验物质的质量，单位为微克(μg)；

$m_{m}^{des}(t_i)$——在为了分析而提取的溶液体积 V_r^i，通过分析在时间点 t_i 上测定的试验物质的质量，单位为微克(μg)；

m_{aq}^{A}——由于体积置换不完全而通过吸附平衡遗留下来的试验物质的质量，单位为微克(μg)；

$$m_{aq}^{A} = m_{aq}^{ads}(eq) \times \left(\frac{V_0 - V_R}{V_0}\right) \qquad \cdots\cdots (F.17)$$

$m_{aq}^{ads}(eq)$——吸附平衡时溶液中试验物质的质量，单位为微克(μg)；

V_R——达到吸附平衡后从试管中除掉的并用等量 0.01 mol/L 氯化钙溶液置换的上清液的体积，单位为毫升(mL)；

V_0——在解吸动力试验中，为测定试验物质而从试管(i)中提取的溶液体积，单位为毫升(mL)。

根据研究的需要，用图将解吸率 D_{t_i} 或 $D_{\Delta t_i}$ 的值与时间之间的关系表示出来，并确定达到解吸平衡之前的时间。

F.2.2 串行方法

下列公式涵盖了通过对数量较少的水相分配部分(V_a^A)中试验物质进行测量从而完成随后的吸附过程的这种情况(串行方法，9.4.2)。假定：a) 用等量的 0.01 mol/L 氯化钙溶液来置换解吸动力试验之后从试管中除掉的上清液的体积(V_R)；b) 解吸动力试验期间与土壤接触的水相的总体积(V_T)保持不变，并通过式(F.18)计算出来：

$$V_T = V_0 - \sum_{i=1}^{n} V_a^A(i) \qquad \cdots\cdots (F.18)$$

在时间点 t_i 上：

a) 在数量较少的分配部分(V_a^D)中测量试验物质的质量，并根据式(F.19)来计算解吸的质量：

$$m_{aq}^{des}(t_i) = m_m^{des}(t_i) \times \left(\frac{V_T}{V_a^D}\right) - m_{aq}^{A} \times \left(\frac{(V_T - (i-1)V_a^D)}{V_T}\right) \qquad \cdots\cdots (F.19)$$

b) 解吸平衡时，$t_i = t_{eq}$，因此，$m_{aq}^{des}(t_i) = m_{aq}^{des}(eq)$。

c) 通过式(F.20)来计算解吸率 D_{t_i}：

$$D_{t_i} = \frac{m_{aq}^{des}(t_i)}{m_s^{ads}(eq)} \times 100 \qquad \cdots\cdots (F.20)$$

以时间间隔 (Δt_i)：

a) 在每个时间间隔期间，按下列方法计算解吸物质的数量：

——对于第一个时间间隔 $\Delta t_1 = t_1 - t_0$ 来说，按式(F.21)计算：

$$m_{aq}^{des}(\Delta t_1) = m_m^{des}(t_1) \times \left(\frac{V_T}{V_a^D}\right) - m_{aq}^{A} \text{ 和 } m_s^{des}(t_1) = m_s^{aq}(eq) - m_{aq}^{des}(\Delta t_1) \cdots (F.21)$$

——对于第二个时间间隔 $\Delta t_2 = t_2 - t_1$ 来说，按式(F.22)计算：

$$m_{aq}^{des}(\Delta t_2) = m_m^{des}(t_2) \times \left(\frac{V_T}{V_a^D}\right) - m_{aq}^{des}(\Delta t_1) \times \left(\frac{(V_T - V_a^D)}{V_T}\right) - m_{aq}^{A} \times \left(\frac{(V_T - V_a^D)}{V_T}\right)$$

和

$$m_s^{des}(t_2) = m_s^{ads}(eq) - [m_{aq}^{des}(\Delta t_1) + m_{aq}^{des}(\Delta t_2)] \qquad \cdots\cdots (F.22)$$

——对于第 n 个时间间隔 $\Delta t_n = t_n - t_{n-1}$ 来说，按式(F.23)计算：

$$m_{aq}^{des}(\Delta t_n) = \left[m_m^{des}(t_n) \times \left(\frac{V_T}{V_a^D}\right) - m_{aq}^{A} \times \left(\frac{(V_T - (n-1)V_a^D)}{V_T}\right) - \sum_{i=1, n\neq 1}^{n-1}\left(\frac{(V_T - (n-i)V_a^D)}{V_T} \times m_{aq}^{des}(\Delta t_i)\right)\right]$$

$$m_s^{des}(t_n) = m_s^{ads}(eq) - \sum_{i=1, n\neq 1}^{n} m_{aq}^{des}(\Delta t_i) \quad \cdots\cdots (F.23)$$

b) 最后，利用式(F.24)计算每个时间间隔 $D_{\Delta t_i}$ 的解吸率：

$$D_{\Delta t_i} = \frac{m_{aq}^{des}(\Delta t_i)}{m_s^{ads}(eq)} \times 100 \quad \cdots\cdots (F.24)$$

同时，通过等式得出时间点 t_i 上的解吸率 D_{t_i}：

$$D_{t_i} = \frac{\sum_{j=\Delta t_1}^{\Delta t_i} m_{aq}^{des}(j)}{m_s^{ads}(eq)} \times 100 = \frac{m_{aq}^{des}(t_i)}{m_s^{ads}(eq)} \times 100 \quad \cdots\cdots (F.25)$$

式中：

$m_s^{des}(\Delta t_1)$，$m_s^{des}(\Delta t_2)$，…，$m_s^{des}(\Delta t_n)$——分别在时间间隔 Δt_1，Δt_2，…，Δt_n 之后仍吸附在土壤上的物质质量，单位为微克(μg)；

$m_{aq}^{des}(\Delta t_1)$，$m_{aq}^{des}(\Delta t_2)$，…，$m_{aq}^{des}(\Delta t_n)$——分别在时间间隔 Δt_1，Δt_2，…，Δt_n 期间解吸的试验物质的质量，单位为微克(μg)；

$m_m^{des}(t_1)$，$m_m^{des}(t_2)$，…，$m_m^{des}(t_n)$——分别在时间点 t_1，t_2，…，t_n 上在分配部分(V_a^D)中测定的物质质量，单位为微克(μg)；

V_T——在通过串行方法进行的解吸动力试验期间与土壤接触的水相总体积，单位为毫升(mL)；

m_{aq}^A——由于体积置换不完全而通过吸附平衡遗留下来的试验物质的质量，单位为微克(μg)。

$$m_{aq}^A = \left(\frac{\left(V_0 - \sum_{i=1}^{n} V_a^A(i)\right) - V_R}{\left(V_0 - \sum_{i=1}^{n} V_a^A(i)\right)} \right) \times m_{aq}^{ads}(eq) \quad \cdots\cdots (F.26)$$

式中：

V_R——达到吸附平衡后从试管中除掉的并用等量的 0.01 mol/L 氯化钙溶液来置换的上清液的体积，单位为毫升(mL)；

V_a^A——在通过串行方法进行的解吸动力试验过程中，为了分析而从试管(i)中抽取出来作为试样的分配部分的体积，单位为毫升(mL)。

$$V_a^D \leqslant 0.02 V_T \quad \cdots\cdots (F.27)$$

附　录　G
（资料性附录）
土壤中的吸附-解吸：数据报告单

试验的物质：　　　　　　　　　　　　　　试验的土壤：

土壤的干物质含量（105℃，12 h）：………………………………%

温度：………………………………℃

分析方法的适用性

已称重的土壤	g	
土壤：干物质	g	
氯化钙溶液的体积	mL	
最终溶液名义浓度	μg/mL	
最终溶液分析浓度	μg/mL	

所使用分析方法的原理：

分析方法的校准：

试验的物质： 试验的土壤：

土壤的干物质含量（105℃，12 h）：.. %

温度：.. ℃

遵循的分析方法： 间接法☐ 并行法☐ 串行法☐

直接法☐

吸附试验：试样

项 目	符号	单位	平衡时间		平衡时间		平衡时间		平衡时间	
试管号码										
称重的土壤	—	g								
土壤：干物质	m_{soil}	g								
已称重土壤中水的体积（计算值）	V_{ws}	mL								
用来使土壤平衡的 0.01 mol/L 氯化钙的体积		mL								
贮备液的体积		mL								
与土壤接触的水相的总体积	V_0	mL								
试验溶液的最初浓度	C_0	μg/mL								
试验开始时试验物质的质量	m_0	μg								
搅拌和离心过滤后										
间接方法										
并行方法										
水相中试验物质的浓度，包括空白校正	$C_{aq}^{ads}(t_i)$	μg/mL								
串行方法										
在分配部分 V_a^A 中测定的试验物质的质量	$m_m^{ads}(t_i)$	μg								
直接方法										
土壤表面上吸附的试验物质的质量	$m_s^{ads}(t_i)$	μg								
吸附率的计算										
吸附率	A_{t_i}	%								
	Δt_i	%								
平均值										
吸附系数	K_d	mL/g								
平均值										
吸附系数	K_{oc}	mL/g								
平均值										

试验的物质： 试验的土壤：

土壤的干物质含量（105℃，12 h）：……%

温度：……℃

吸附试验：空白溶液与控制

项　　目	符　号	单　位	空白溶液		空白溶液		控制	
试管 N°								
已称重的土壤		g					0	0
已称重土壤中水的数量（计算值）		mL					—	—
添加的 0.01 mol/L 氯化钙溶液的体积		mL						
添加的试验物质贮备液的体积		mL	0	0				
水相的总体积(已计算值)		mL					—	—
水相中试验物质的最初浓度		μg/mL						
搅拌和离心过滤后								
水相中的浓度		μg/mL						
注：若必要的话，可添加竖栏。								

试验的物质：　　　　　　　　　　试验的土壤：

土壤的干物质含量（105℃，12 h）：…………………………………………%

温度：…………………………………………℃

质量平衡率

项　　目	符号	单位			
试管号码					
已称重的土壤	—	g			
土壤：干物质	m_{soil}	g			
已称重土壤中水的体积（已计算值）	V_{ws}	mL			
用来使土壤平衡的 0.01 mol/L 氯化钙溶液		mL			
贮备液的体积		mL			
与土壤接触的水相的总体积	V_0	mL			
试验溶液的最初浓度	C_0	μg/mL			
平衡稳定时间	—	h			
搅拌和离心过滤后					
吸附平衡时水相中试验物质的浓度，包括空白校正	$C_{aq}^{ads}(eq)$	μg/mL			
平衡稳定时间	T_{eq}	h			
除掉的水相体积	V_{rec}	mL			
添加的溶剂体积	ΔV	mL			
用溶剂进行的第 1 次萃取					
溶剂中的信号分析仪	S_{E1}	var.			
溶剂中试验物质的浓度	C_{E1}	μg/mL			
从土壤和容器壁中萃取的物质质量	m_{E1}	μg			
用溶剂进行第 2 次稀释					
除掉的溶剂体积	ΔV_s	mL			
添加的溶剂体积	ΔV	mL			
用溶剂进行的第 2 次萃取					
溶剂相中的信号分析仪	S_{E2}	var.			
溶剂中试验物质的浓度	C_{E2}	μg/mL			
从土壤和容器壁中萃取的物质质量	m_{E2}	μg			
分两步萃取的试验物质的总质量	m_E	μg			
质量平衡率	MB	%			

试验的物质：　　　　　　　　　　　　　　　　　试验的土壤：

土壤的干物质含量（105℃，12 h）：………………………………………………%

温度：…………………………………………………………………………℃

吸附等温线

项　目	符号	单位								
试管号码										
已称重的土壤	—	g								
土壤：干物质	m_{soil}	g								
已称重土壤中水的体积（已计算值）	V_{ws}	mL								
用来使土壤平衡的 0.01 mol/L 氯化钙溶液的体积		mL								
添加的贮备液的体积		mL								
与土壤接触的水相的总体积（已计算值）	V_0	mL								
溶液浓度	C_0	μg/mL								
平衡稳定时间	—	h								
搅拌和离心过滤后										
水相中试验物质的浓度，包括空白校正	C_{aq}^{ads}(eq)	μg/mL								
温度		℃								
每单位土壤所吸附的质量	C_s^{ads}(eq)	μg/g								

回归分析：

K_F^{ads} 的值：

$1/n$ 的值：

相关系数 r^2：

试验的物质：　　　　　　　　　　　　　试验的土壤：

土壤的干物质含量（105℃，12 h）：………………………………………………%

温度：………………………………………………………………℃

遵循的分析方法：　　　　　间接法□　　　并行法□　　　串行法□

解吸附作用试验

项　　目		符　号	单　位	时间间隔	时间间隔	时间间隔	时间间隔
吸附步骤所产生的试管号码							
吸附平衡时土壤上吸附物质的质量		$m_s^{ads}(eq)$	μg				
已去除的并用等量 0.01 mol/L 氯化钙溶液置换的水相体积		V_R	mL				
与土壤接触的水相的总体积		V_0	mL				
由于体积置换不完全而通过吸附平衡遗留下来的试验物质的质量		m_{aq}^{A}	μg				
解吸动力							
在时间点 t_i 上测定的从土壤中解吸出来的物质的质量		$m_m^{des}(t_i)$	μg				
为测量试验物质而从试管(i)中提取的溶液体积	PM	V_r^i	mL				
	SM	V_a^D	mL				
在时间点 t_i 上从土壤中解吸出来的物质质量(已计算值)		$m_{aq}^{des}(t_i)$	μg				
在时间间隔 Δt_i 期间从土壤中解吸出来的物质质量(已计算值)		$m_{aq}^{des}(\Delta t_i)$	μg				
解吸百分比							
在时间点 t_i 上的解吸率		D_{t_i}	%				
时间间隔为 Δt_i 的解吸率		$D_{\Delta t_i}$	%				
表观解吸系数		K_{des}					

PM：并行方法　　SM：串行方法

参 考 文 献

[1] H. Kukowski and G. Brümmer,(1987),Investigations on the Adsorption and Desorption of Selected Chemicals in Soils. UBA Report 106 02 045,Part II.

[2] O. Fränzle,G. Kuhnt and L. Vetter,(1987),Selection of Representative Soils in the EC-Territory. UBA Report 106 02 045,Part I.

[3] G. Kuhnt and H. Muntau,(Eds.) EURO-Soils: Identification,Collection,Treatment,Characterisation. Special Publication no. 1. 94. 60,Joint Research Centre. European Commission,ISPRA, December 1994.

[4] OECD Test Guidelines Programme,Final Report of the OECD Workshop on Selection of Soils/Sediments,Belgirate,Italy,18-20 January 1995 (June 1995).

[5] US-Environment Protection Agency: Pesticide Assessment Guidelines, Subdivision N, Chemistry: Environmental Fate,Series 163-1,Leaching and Adsorption/Desorption Studies,Addendum 6 on Data Reporting,540/09-88-026,Date: 1/1988.

[6] US-Environment Protection Agency: Prevention,Pesticides and Toxic Substances,OPPTS Harminized Test Guidelines,Series 835-Fate,Transport and Transformation Test Guidelines,OPPTS No: 835. 1220 Sediment and Soil Adsorption/Desorption Isotherm. EPA No: 712-C-96-048,April 1996.

[7] ASTM Standards,E 1195-87,Standard Test Method for Determining a Sorption Constant (Koc) for an Organic Chemical in Soil and Sediments.

[8] Agriculture Canada: Environmental Chemistry and Fate. Guidelines for registration of pesticides in Canada,15 July 1987.

[9] Netherlands Commission Registration Pesticides (1995): Application for registration of a pesticide. Section G. Behaviour of the product and its metabolites in soil,water and air.

[10] Danish National Agency of Environmental Protection (October 1988): Criteria for registration of pesticides as especially dangerous to health or especially harmful to the environment.

[11] BBA (1990),Guidelines for the Official Testing of Plant Protection Products,Biological Research Centre for Agriculture and Forestry,Braunschweig,Germany.

[12] Calvet R.,(1989),"Evaluation of adsorption coefficients and the prediction of the mobilities of pesticides in soils",in Methodological Aspects of the Study of Pesticide Behavior in Soil (ed. P. Jamet),INRA,Paris,(Review).

[13] R. Calvet,(1980),"Adsorption-Desorption Phenomena" in Interactions between herbicides and the soil. (R. J. Hance ed.),Academic Press,London,pp. 83-122.

[14] Hasset J. J.,and Banwart W. L.,(1989),"The sorption of nonpolar organics by soils and sediments" in Reactions and Movement of Organic Chemicals in Soils. Soil Science Society of America (S. S. S. A),Special Publication no. 22,pp 31-44.

[15] van Genuchten M. Th.,Davidson J. M.,and Wierenga P. J.,(1974),"An evaluation of kinetic and equilibrium equations for the prediction of pesticide movement through porous media". Soil Sci. Soc. Am. Proc.,38 (1),29-35.

[16] McCall P. J.,Laskowski D. A.,Swann R. L.,and Dishburger H. J.,(1981),"Measurement of sorption coefficients of organic chemicals and their use,in environmental fate analysis",in Test Protocols for Environmental Fate and Movement of Toxicants. Proceedings of AOAC Symposium,AOAC, Washington DC.

[17] Lambert S. M. ,Porter P. E. ,and Schieferrstein R. H. ,(1965),"Movement and sorption of chemicals applied to the soil". Weeds,13,185-190.

[18] Rhodes R. C. ,Belasco I. J. ,and Pease H. L. ,(1970) "Determination of mobility and adsorption of agrochemicals in soils". J. Agric. Food Chem. ,18,524-528.

[19] Russell M. H. ,(1995),"Recommended approaches to assess pesticide mobility in soil" in Environmental Behavior of Agrochemicals (ed. T. R. Roberts and P. C. Kearney). John Wiley & Sons Ltd.

[20] Esser H. O. ,Hemingway R. J. ,Klein W. ,Sharp D. B. ,Vonk J. W. and Holland P. T. , (1988),"Recommended approach to the evaluation of the environmental behavior of pesticides",IUPAC Reports on Pesticides (24). Pure Appl. Chem. ,60,901-932.

[21] Guth J. A. ,Burkhard N. ,and D. O. Eberle,(1976),"Experimental models for studying the persistence of pesticides in soils". Proc. BCPC Symposium: Persistence of Insecticides and Herbicides, pp 137-157,BCPC,Surrey,UK.

[22] Furminge C. G. L. ,and Osgerby J. M. ,(1967),"Persistence of herbicides in soil". J. Sci. Food Agric. ,18,269-273.

[23] Burkhard N. ,and Guth J. A. ,(1981),"Chemical hydrolysis of 2-Chloro-4,6-bis(alkylamino)-1,3,5-triazine herbicides and their breakdown in soil under the influence of adsorption". Pestic. Sci. ,12,45-52.

[24] Guth J. A. ,Gerber H. R. ,and Schlaepfer T. ,(1977). "Effect of adsorption,movement and persistence on the biological availability of soil-applied pesticides". Proc. Br. Crop Prot. Conf. , 3, 961-971.

[25] Osgerby J. M. , (1973), "Processs affecting herbicide action in soil". Pestic. Sci. , 4, 247-258.

[26] Guth J. A. ,(1972),"Adsorptions-und Einwascheverhalten von Pflanzenschutzmitteln in Böden". Schr. Reihe Ver. Wass. -Boden-Lufthyg. Berlin-Dahlem,Heft 37,143-154.

[27] Hamaker J. W. ,(1975),"The interpretation of soil leaching experiments",in Environmental Dynamics of Pesticides (eds R. Haque and V. H. freed),pp. 135-172,Plenum Press,NY.

[28] Helling C. S. ,(1971),"Pesticide mobility in soils". Soil Sci. Soc. Amer. Proc. ,35,732-210.

[29] Hamaker J. W. ,(1972),"Diffusion and volatilization" in Organic chemicals in the soil environment (C. A. I. Goring and J. W. Hamaker eds),Vol. I,49-143.

[30] Burkhard N and Guth J. A. ,(1981),"Rate of volatilisation of pesticides from soil surfaces; Comparison of calculated results with those determined in a laboratory model system". Pestic. Sci. ,12, 37-44.

[31] Cohen S. Z. ,Creeger S. M. ,Carsel R. F. ,and Enfield C. G. ,(1984),"Potential pesticide contamination of groundwater from agricultural uses",in Treatment and Disposal of Pesticide Wastes, pp. 297-325,ACS Symp. Ser. 259,American Chemical Society,Washington,DC.

[32] Gustafson D. I. ,(1989),"Groundwater ubiquity score: a simple method for assessing pesticide leachability". J. Environ. Toxic. Chem. ,8(4),339-357.

[33] Leistra M. ,and Dekkers W. A. ,(1976). "Computed effects of adsorption kinetics on pesticide movement in soils". J. Soil Sci. ,28,340-350.

[34] Bromilov R. H. ,and Leistra M. ,(1980),"Measured and simulated behavior of aldicarb and its oxidation products in fallow soils". Pest. Sci. ,11,389-395.

[35] Green R. E. ,and Karickoff S. W. ,(1990),"Sorption estimates for modeling",in Pesticides

in the Soil Environment: Process, Impacts and Modeling (ed. H. H. Cheng). Soil Sci. Soc. Am., Book Series no. 2, pp. 80-101.

[36] Lambert S. M., (1967), "Functional relationship between sorption in soil and chemical structure". J. Agri. Food Chem., 15, 572-576.

[37] Hance R. J., (1969), "An empirical relationship between chemical structure and the sorption of some herbicides by soils". J. Agri. Food Chem., 17, 667-668.

[38] Briggs G. G. (1969), "Molecular structure of herbicides and their sorption by soils". Nature, 223, 1288.

[39] Briggs G. G. (1981). "Theoretical and experimental relationships between soil adsorption, octanolwater partition coefficients, water solubilities, bioconcentration factors, and the parachor". J. Agric. Food Chem., 29, 1050-1059.

[40] Sabljic A., (1984), "Predictions of the nature and strength of soil sorption of organic polutants by molecular topology". J. Agric. Food Chem., 32, 243-246.

[41] Bailey G. W., and White J. L., (1970), "Factors influencing the adsorption, desorption, and movement of pesticides in soil". Residue Rev., 32, 29-92.

[42] Bailey G. W., J. L. White, and Y. Rothberg., (1968), "Adsorption of organic herbicides by montomorillonite: Role of pH and chemical character of adsorbate". Soil Sci. Soc. Amer. Proc., 32, 222-234.

[43] Karickhoff S. W., (1981) "Semi-empirical estimation of sorption of hydrophobic pollutants on natural sediments and soils". Chemosphere, 10, 833-846.

[44] Paya-Perez A., Riaz M., and Larsen B., (1989), "Soil Sorption of 6 Chlorobenzenes and 20 PCB Congeners". Environ. Toxicol. Safety, 21, 1-17.

[45] Hamaker J. W., and Thompson J. M., (1972), "Adsorption in organic chemicals" in Organic Chemicals in the Soil Environment (Goring C. A. I. and Hamaker J. W., eds), Vol I and II, Marcel Dekker, Inc., New York, NY, 1972, pp. 49-143.

[46] Deli J., and Warren G. F., (1971), "Adsorption, desorption and leaching of diphenamid in soils". Weed Sci., 19, 67-69.

[47] Chu-Huang Wu, N. Buehring, Davinson J. M., and Santelmann, (1975), "Napropamide Adsorption, desorption and Movement in soils". Weed Science, 23, 454-457.

[48] Haues M. H. B., Stacey M., and Thompson J. M., (1968) "Adsorption of s-triazine herbicides by soil organic preparations" in Isotopes and Radiation in Soil Organic Studies, p. 75, International. Atomic Energy Agency, Vienna.

[49] Pionke H. B., and Deangelis R. J., (1980), "Methods for distributing pesticide loss in field run-off between the solution and adsorbed phase", CREAMS, in A Field Scale Model for Chemicals, Runoff and Erosion from Agricultural Management Systems, Chapter 19, Vol. III: Supporting Documentantion, USDA Conservation Research report.

[50] ISO Standard Compendium Environment: Soil Quality-General aspects; chemical and physical methods of analysis; biological methods of analysis. First Edition (1994).

[51] Scheffer F., and Schachtschabel P., Lehrbuch der Bodenkunde, F. Enke Verlag, Stuttgart (1982), 11th edition.

[52] Black, Evans D. D., White J. L., Ensminger L. E., and Clark F. E., eds. "Methods of Soil Analysis", Vol 1 and 2, American Society of Agronomy, Madison, WI, 1982.

[53] ISO/DIS 10381-1 Soil Quality—Sampling—Part 1: Guidance on the design of sampling

programmes.

[54] ISO/DIS 10381-2 Soil Quality—Sampling—Part 2: Guidance on sampling techniques.

[55] ISO/DIS 10381-3 Soil Quality—Sampling—Part 3: Guidance on safety of sampling.

[56] ISO/DIS 10381-4 Soil Quality—Sampling—Part 4: Guidance on the investigation of natural and cultivated soils.

[57] ISO/DIS 10381-5 Soil Quality—Sampling—Part 5: Guidance on the investigation of soil contamination of urban and industrial sites.

[58] ISO 10381-6,1993: Soil Quality—Sampling—Part 6: Guidance on the collection, handling and storage of soil for the assessment of aerobic microbial processes in the laboratory.

[59] Green R. E., and Yamane V. K., (1970), "Precision in pesticide adsorption measurements". Soil Sci. Am. Proc., 34, 353-354.

[60] Grover R., and Hance R. J. (1970), "Effect of ratio of soil to water on adsorption of linuron and atrazine". Soil Sci., 109-138.

[61] Boesten, J. J. T. I, (1990), "Influence of soil/liquid ratio on the experimental error of sorption coefficients in pesticide/soil system". Pest. Sci., 30, 31-41.

[62] Boesten, J. J. T. I. " Influence of soil/liquid ratio on the experimental error of sorption coefficients in relation to OECD guideline 106" Proceedings of 5th international workshop on environmental behaviour of pesticides and regulatory aspects, Brussels, 26-29 April 1994.

[63] Bastide J., Cantier J. M., and Coste C., (1980), " Comportement de substances herbicides dans le sol en function de leur structure chimique". Weed Res., 21, 227-231.

[64] Brown D. S., and Flagg E. W., (1981), "Empirical prediction of organic pollutants sorption in natural sediments". J. Environ. Qual., 10(3), 382-386.

[65] Chiou C. T., Porter P. E., and Schmedding D. W., (1983), "Partition equilibria of nonionic organic compounds between soil organic matter and water". Environ. Sci. Technol., 17(4), 227-231.

[66] Gerstl Z., and Mingelgrin U., (1984), "Sorption of organic substances by soils and sediments". J. Environm. Sci. Health, B19(3), 297-312.

[67] Vowles P. D., and Mantoura R. F. C., (1987), "Sediment-water partition coefficient and HPLC retention factors of aromatic hydrocarbons". Chemosphere, 16(1), 103-116.

[68] Lyman W. J., Reehl W. F., and Rosenblatt D. H., (1990), Handbook of Chemical Property Estimation Methods. Environmental Behaviour of Organic Compounds. American Chemical Society, Washington DC.

[69] Keniga E. E., and Goring, C. A. I., (1980), "Relationship between water solubility, soil sorption, octanol-water partitioning and concentration of chemicals in the biota" in Aquatic Toxicology (eds J. G. Eaton, et al.), pp. 78-115, ASTM STP 707, Philadelphia.

[70] Chiou C. T., Peters L. J., and Freed V. H., (1979), "A physical concept of soil-water equilibria for nonionic organic compounds". Science, 106, 831-832.

[71] Hassett J. J., Banwart W. I., Wood S. G., and Means J. C., (1981), "Sorption of /-Naphtol: implications concerning the limits of hydrophobic sorption". Soil Sci. Soc. Am. J., 45, 38-42.

[72] Karickhoff S. W., (1981), "Semi-empirical estimation of sorption of hydrophobic pollutants on natural sediments and soils". Chemosphere, 10(8), 833-846.

[73] Moreale A., van Bladel R., (1981), "Adsorption de 13 herbicides et insecticides par le sol. Relation solubilité-reactivité. Revue de l'Agric., 34(4), 319-322.

[74] M. Müller, W. Kördel, (1996), "Comparison of screening methods for the determination/

estimation of adsorption coefficients on soil". Chemosphere, 32(12), 2493-2504.

[75] W. Kördel, G. Kotthoff, M. Müller, (1995), "HPLC-screening method for the determination of the adsorption coefficient on soil-results of a ring test". Chemosphere 30(7), 1373-1384.

[76] W. Kördel, J. Stutte, G. Kotthoff, (1993), "HPLC-screening method for the determination of the adsorption coefficient on soil-comparison of different stationary phases. Chemosphere, 27(12), 2341-2352.

[77] Hance, R. J., (1967), "The speed of Attainment of Sorption Equilibria in Some Systems Involving Herbicides". Weed Research, 7, pp. 29-36.

[78] Koskinen W. C., and Harper S. S., (1990), "The retention processes: mechanisms" in Pesticides in the Soil Environment: Processes, Impacts and Modelling (ed. H. H. Cheng). Soil Sci. Soc. Am. Book Series, No. 2, Madison, Wisconsin.

[79] Cohen S. Z., Creeger S. M., Carsel R. F., and Enfield C. G., (1984), "Potential pesticide contamination of groundwater from agricultural uses", in Treatment and Disposal of Pesticide Wastes, pp. 297-325, ACS Symp. Ser., 259, American Chemical Society, Washington, DC.

[80] Giles C. H., (1970), "Interpretation and use of sorption isotherms" in Sorption and Transport Processes in Soils. S. C. I. Monograph No. 37, 14-32.

[81] Giles C. H., McEwan J. H., Nakhwa S. N., and Smith D., (1960), "Studies in adsorption: XI. A system of classification of solution adsorption isotherms and its use in the diagnosis of adsorption mechanisms and in measurements of pesticides surface areas of soils". J. Chem. Soc., 3973-93.

[82] Calvet R., Tercé M., and Arvien J. C., (1980), "Adsorption des pesticides par les sols et leurs constituants: 3. Caractéristiques générales de l'adsorption". Ann. Agron., 31, 239-251.

[83] Bedbur E., (1996), "Anomalies in the Freundlich equation", Proc. COST 66 Workshop, Pesticides in soil and the environment, 13-15 May 1996, Stratford-upon-Avon, U. K.

[84] Guth, J. A., (1985), "Adsorption/desorption", in Joint International Symposium, Physicochemical Properties and their Role in Environmental Hazard Assessment, July 1-3, Canterbury, UK.

[85] Soil Texture Classification (US and FAO systems): Weed Science, 33, Suppl. 1 (1985) and Soil Sci. Soc. Amer. Proc., 26, 305 (1962).

ICS 13.300
A 80

中华人民共和国国家标准

GB/T 21852—2008

化学品　分配系数(正辛醇-水)高效液相色谱法试验

Chemicals—Partition coefficient(n-octanol/water)—High performance liquid chromatography(HPLC)method

2008-05-12 发布　　2008-09-01 实施

中华人民共和国国家质量监督检验检疫总局
中国国家标准化管理委员会　发布

前　言

本标准等同采用经济合作与发展组织化学品测试导则 No.117(2004 年)《分配系数(正辛醇-水):高效液相色谱法》(英文版)。

本标准作了下列编辑性修改:

——将原正文中推荐的参比物表调整到增加的附录 A;

——将计量单位改为我国法定计量单位。

本标准的附录 A、附录 B 为资料性附录。

本标准由全国危险化学品管理标准化技术委员会(SAC/TC 251)提出并归口。

本标准负责起草单位:环境保护部化学品登记中心。

本标准参加起草单位:沈阳化工研究院安全评价中心、环境保护部南京环境科学研究所、上海市环境科学研究院、中国环境科学研究院。

本标准主要起草人:季诚、刘纯新、葛海虹、蔡磊明、李莹、孔德洋、沈根祥、李捍东。

本标准为首次制定。

化学品　分配系数(正辛醇-水)高效液相色谱法试验

1　范围

本标准规定了化学品分配系数(正辛醇-水)的高效液相色谱法试验的方法概述、试验系统、试验程序、质量保证与质量控制、数据与报告。

本标准适用于测定 $\lg P_{ow}$ 值为 0～6 范围内化学品的分配系数[1],[2],[3],[4],[5]，特殊情况下也可以扩展至 $\lg P_{ow}$ 为 6 ～10 的化学品。本标准不适用于强酸、强碱、金属络合物、与洗脱液发生反应的化合物和表面活性剂。

2　术语和定义

下列术语和定义适用于本标准。

2.1

分配系数　partition coefficient

受试物在互不相溶的两相介质中达到平衡时的浓度之比。

2.2

正辛醇-水分配系数　octanol-water partition coefficient

受试物在正辛醇-水两相介质中达到平衡时的浓度之比，以 P_{ow} 表示。P_{ow} 无量纲，通常用以 10 为底的对数($\lg P_{ow}$)表示。

3　方法概述

3.1　原理

反相高效液相色谱是在分析柱上进行分离的过程。受试物进入色谱柱后，随着流动相在溶剂流动相和烃类固定相之间进行分配。化合物在柱中的保留值与其烃-水分配系数成比例，亲水性化合物先洗脱，亲脂性化合物后洗脱。保留时间以容量因子 k 表示，见式(1)。

$$k = \frac{t_R - t_0}{t_0} \qquad \cdots\cdots (1)$$

式中：

t_R——受试物的保留时间，单位为分(min)；

t_0——死时间，即溶剂分子通过柱子的平均时间，单位为分(min)。

本方法无需定量的分析方法，只需测定保留时间值。

受试物的正辛醇-水分配系数可以通过试验测定其容量因子 k，代入式(2)计算得出。

$$\lg P_{ow} = a + b \times \lg k \qquad \cdots\cdots (2)$$

式中：

P_{ow}——正辛醇-水分配系数；

a，b——线性回归系数。

式(2)由参比物的 $\lg P_{ow}$(正辛醇-水分配系数)对其 $\lg k$(容量因子)作线性回归所得。

对于离子型化合物可以测定其在非离子形态(游离酸或游离碱)下的分配系数，此时试验介质为适当的缓冲液。对于游离酸，缓冲液的 pH 值低于 pKa；对于游离碱，缓冲液 pH 值高于 pKa。

另外，pH-metric 法也可用于测定离子型化合物的分配系数[6]。如果 $\lg P_{ow}$ 值用于环境危害分级或环境风险评估，则试验应在相应的环境 pH 值范围内，即 pH 值为 5.0～9.0 条件下进行。

受试物中杂质的存在，影响色谱峰的准确归属，因此干扰结果分析。对于色谱峰不能完全分离的混合物，应记录 lg P_{ow}值的上下限和每个 lg P_{ow}值所对应色谱峰的面积百分比。对于同系物的混合物，lg P_{ow} 值的加权平均值也应给予说明[7]。以单一 P_{ow}值和相应的面积百分比计算[8]。所有占总面积不小于 5% 的色谱峰，均应纳入计算[9]，见式(3)。

$$X=\frac{\sum_{i}(\lg P_{owi})(A_i\%)}{A}=\frac{\sum(\lg P_{owi})(A_i\%)}{\sum_{i}A\%} \qquad \cdots\cdots(3)$$

式中：

X——$\lg P_{ow}$的加权平均值；

$\lg P_{owi}$——i 组分的 $\lg P_{ow}$值；

A_i——i 组分的面积；

A——面积总和。

3.2 参比物

为了建立受试物的测定容量因子 k 与其 P_{ow}的相关性，需至少用 6 个点绘制校准曲线。因此必须选择合适的参比物。

选用的参比物的 lg P_{ow}应涵盖受试物的 lg P_{ow}值，即至少各有一个参比物的 P_{ow}数值大于和小于受试物 P_{ow}值，特殊情况下可以用外推法。

推荐选择与受试物结构相关的物质作为参比物。用于校准的参比物的 lg P_{ow}值应为可靠的试验数据。对于 lg $P_{ow}\geqslant 4$ 的受试物，除可获得可靠的试验数据外，必须用计算值。若使用外推值，则极限值应予以注明。

若无与受试物结构相关物质的分配系数数据，可采用其他参比物建立校准曲线。推荐的参比物及其 P_{ow}值参见附录 A。对于离子化物质，表中的数据为其非离子型的数值。

4 仪器设备

4.1 液相色谱仪

配有低脉冲泵和匹配的检测系统的液相色谱仪。UV(紫外-可见)检测器(测定波长 210 nm)或 RI(折光指数检测器)可用于测定多族化合物。固定相中极性基团的存在，将严重影响液相色谱柱的柱效，因此固定相极性基团的含量应尽可能低[16]。可用商品化的微粒反向填充柱和快速填充柱。在进样系统和分析柱间加保护柱。

4.2 色谱柱

分析柱填充的固定相为可商品化的键合了长烃链(如 C8、C18)的硅胶柱。

5 试验系统

5.1 试验条件

试验期间温度变化不大于±1℃。

5.2 流动相

HPLC 级甲醇和蒸馏水或无离子水用于配制流动相，流动相在使用前脱气。测定在等度洗脱条件下进行。甲醇-水混合液中水的比例不低于 25%。通常体积比为 3∶1 的甲醇-水混合液，在流速 1 mL/min条件下，适用于洗脱 lg P_{ow}值为 6、保留时间在 1 h 内的受试物。对 $\lg P_{ow}>6$ 的受试物，可通过降低流动相的极性或缩短色谱柱长度缩短洗脱时间。

受试物与参比物在流动相中有足够的溶解浓度以达到测定要求。

只有在例外情况下，甲醇-水混合液中可加入附加剂，因附加剂将改变柱子的性质，因此使用前提为必须确认受试物和参比物的保留时间不受影响。若甲醇-水洗脱体系不能达到试验要求,则可选用其他有机溶剂-水混合洗脱系统,如乙醇-水、乙腈-水或异丙醇(2-丙醇)-水等。

对于离子型受试物,洗脱液的 pH 是试验的关键,推荐在色谱柱适当的 pH 值范围内(通常为 2～8)使用缓冲液。当以有机相-缓冲液为流动相时,注意避免盐沉淀和色谱柱的性能退化。碱性流动相可引起色谱柱性能的急速衰减,因此使用硅胶柱测定时,pH 值不应高于 8。

5.3 试验溶液

受试物与参比物应具高纯度,以便在色谱图中易于分辨目标色谱峰。推荐将受试物与参比物溶解于流动相中,若用其他溶剂溶解受试物与参比物,则最终进样所用试验溶液应用流动相稀释。

6 试验程序

6.1 受试物信息

a) 解离常数;

b) 结构式;

c) 在流动相中的溶解性;

d) 水解特性。

6.2 分配系数的预估测

受试物的分配系数可由计算方法(参见附录 B)或其在纯溶剂中的溶解率估算。

6.3 死时间 t_0 的测定

死时间 t_0 可用无保留特性的有机物(如硫脲、甲酰胺等)测得。更为精确的死时间可由测定一组同系物(如正烷基甲基酮)中 7 个化合物的保留时间值得到[7]。保留时间 $t_{R(nC+1)}$ 是依据 $t_{R(nC)}$ 描绘的曲线,这里 nC 为碳原子的数目。通过实验结果可以得到一条直线,见式(4)。

$$t_{R(nC+1)} = A t_{R(nC)} + (1-A) t_0 \qquad \cdots\cdots(4)$$

式中 A 代表 $k(n\mathrm{C}+1)$为一常数,死时间 t_0 可从截距$(1-A)t_0$ 和斜率 A 而求得。

6.4 回归方程

选取适宜的参比物,以其 $\lg k$ 对 $\lg P$ 作图。参比物的 $\lg P$ 值应与目标受试物的 $\lg P$ 值相近。测定时,6～10 种参比物同时进样,测定保留时间。建议记录仪与检测器系统相联。用所得相应的容量因子 k 的对数 $\lg k$ 对 $\lg P$ 作图。回归方程按一定的时间间隔进行校正,至少一天一次,以解释可能发生的柱效改变。

6.5 受试物 P_{ow} 的测定

受试物以最小可检测量进样。保留时间做两次平行测定。受试物的分配系数用插值法将计算的容量因子带入校准曲线所得。很高和很低的分配系数由外推法计算,在这种情况下必须注意要标明回归直线的置信区间。如果受试物的保留时间值超出了参比物保留时间值的范围,应列出极限值。

7 质量保证与质量控制

a) 为了提高测定的可信度,必须进行平行试验;

b) 重复性:在相同测定条件下,选用同一组参比物重复测定的 $\lg P_{ow}$ 值,变化范围在±0.1 lg 单位;

c) 重现性:如果在选用不同组参比物的条件下重复测定,则结果是不同的;

d) 典型情况下,一组受试物其 $\lg k$ 与 $\lg P_{ow}$ 的相关系数 R 约为 0.9,相当于± 0.5 lg 单位 $\lg P_{ow}$(正辛醇-水分配系数);

e) 多实验室间的比对试验表明,HPLC 方法测得的 $\lg P_{ow}$ 值与由摇瓶法测得的 $\lg P_{ow}$ 值差异在± 0.5 lg 单位之间[2]。其他比较在参考文献[4]、[5]、[10]、[11]、[12]中阐述。通过由结构相关参比物得到的校准曲线,可得到最为准确的结果[13]。

8 数据与报告

试验报告中需包括以下内容：

——如果估算分配系数，则估算值和所用方法；如果用计算方法，则应充分记载包括数据库认证和所选择的碎片的详细信息；

——受试物与参比物：纯度、结构式和 CAS 号；

——实验仪器与操作条件：分析柱、保护柱；

——流动相、检测方法、温度和 pH；

——洗脱谱图(色谱图)；

——死时间及其计算过程；

——保留值数据和从文献中引用的用于计算的参比物的 $\lg P_{ow}$ 值；

——拟合回归直线($\lg k$ 对 $\lg P_{ow}$)的详尽信息和相关系数，包括置信区间；

——平均保留值数据和受试物内插 $\lg P_{ow}$ 值；

——混合物：已归属的洗脱色谱图；

——对应于 $\lg P_{ow}$ 值色谱峰的面积百分比；

——用于计算的回归直线；

——必要时，$\lg P_{ow}$ 值的加权平均值。

附 录 A
（资料性附录）
推荐参比物

本标准推荐的参比物见表 A.1。

表 A.1 推荐的参比物

序号	参照物质(中文名)	参照物质(英文名)	CAS 号	$\lg P_{ow}$	pKa
1	2-丁酮	2-Butanone (Methylethylketone)	78-93-3	0.3	
2	4-乙酰吡啶	4-Acetylpyridine	1122-54-9	0.5	
3	苯胺	Aniline	62-53-3	0.9	
4	乙酰苯胺	Acetanilide	103-84-4	1.0	
5	苯甲醇	Benzyl alcohol	100-51-6	1.1	
6	4-甲氧基苯酚	4-Methoxyphenol	150-76-5	1.3	10.26
7	苯氧基乙酸	Phenoxyacetic acid	122-59-8	1.4	3.12
8	苯酚	Phenol	108-95-2	1.5	9.92
9	2,4-二硝基酚	2,4-Dinitrophenol	51-28-5	1.5	3.96
10	苯腈	Benzonitrile	100-47-0	1.6	
11	苯乙腈	Phenylacetonitrile	140-29-4	1.6	
12	4-甲基苄基醇	4-Methylbenzyl alcohol	589-18-4	1.6	
13	乙酰苯	Acetophenone	98-86-2	1.7	
14	2-硝基酚	2-Nitrophenol	88-75-5	1.8	7.17
15	3-硝基苯甲酸	3-Nitrobenzoic acid	121-92-6	1.8	3.47
16	4-氯苯胺	4-Chloroaniline	106-47-8	1.8	4.15
17	硝基苯	Nitrobenzene	98-95-3	1.9	
18	肉桂醇	Cinnamyl alcohol(Cinnamic alcohol)	104-54-1	1.9	
19	苯甲酸	Benzoic acid	65-85-0	1.9	4.19
20	对甲酚	p-Cresol	106-44-5	1.9	10.17
21	肉桂酸	Cinnamic acid	140-10-3 （反式）	2.1	3.89(顺式) 4.44(反式)
22	苯甲醚	Anisole	100-66-3	2.1	
23	苯甲酸酯	Methyl benzoate	93-58-3	2.1	
24	苯	Benzene	71-43-2	2.1	
25	3-甲基苯甲酸	3-Methyl benzoic acid	99-04-7	2.4	4.27
26	4-氯酚	4-Chlorophenol	106-48-9	2.4	9.1
27	三氯乙烯	Trichloroethylene	79-01-6	2.4	
29	苯乙酸酯	Ethyl benzoate	93-89-0	2.6	

表 A.1（续）

序号	参照物质(中文名)	参照物质(英文名)	CAS号	$\lg P_{ow}$	pKa
30	2,6-二氯苯腈	2,6-Dichlorobenzonitrile	1194-65-6	2.6	
31	3-氯苯甲酸	3-Chlorobenzoic acid	535-80-8	2.7	3.82
32	甲苯	Toluene	108-88-3	2.7	
33	1-萘酚	1-Naphthol	90-15-3	2.7	9.34
34	2,3-二氯苯胺	2,3-Dichloroaniline	608-27-5	2.8	
35	氯苯	Chlorobenzene	108-90-7	2.8	
36	烯丙基苯乙醚	Allyl phenyl ether	1746-13-0	2.9	
37	溴苯	Bromobenzene	108-86-1	3.0	
38	乙苯(苯乙烷)	Ethylbenzene	100-41-4	3.2	
39	苯甲酮	Benzophenone	119-61-9	3.2	
40	4-苯基苯酚	4-Phenylphenol	92-69-3	3.2	9.54
41	麝香草酚(百里酚)	Thymol	89-83-8	3.3	
42	1,4-二氯苯	1,4-Dichlorobenzene	106-46-7	3.4	
43	二苯胺	Diphenylamine	122-39-4	3.4	0.79
44	萘	Naphthalene	91-20-3	3.6	
45	苯甲酸苯酯	Phenyl benzoate	93-99-2	3.6	
46	异丙基苯	Isopropylbenzene	98-82-8	3.7	
47	2,4,6-三氯酚	2,4,6-Trichlorophenol	88-06-2	3.7	6
48	联苯	Biphenyl	92-52-4	4.0	
49	苯甲酸苄酯	Benzyl benzoate	120-51-4	4.0	
50	2,4-二硝基-6-丁基酚	2,4-Dinitro-6-sec-butylphenol	88-85-7	4.1	
51	1,2,4-三氯苯	1,2,4-Trichlorobenzene	120-82-1	4.2	
52	十二烷酸	Dodecanoic acid	143-07-7	4.2	5.3
53	二苯醚	Diphenyl ether	101-84-8	4.2	
54	菲	Phenanthrene	85-01-8	4.5	
55	正丁基苯	n-Butylbenzene	104-51-8	4.6	
56	二联苯酰	Dibenzyl	103-29-7	4.8	
57	2,6-二苯基吡啶	2,6-Diphenylpyridine	3558-69-8	4.9	
58	荧蒽	Fluoranthene	206-44-0	5.1	
59	三苯胺	Triphenylamine	603-34-9	5.7	
60	滴滴涕(DDT)	DDT	50-29-3	6.2	

注：表中数据的真实性和数据质量，在多实验室比对试验中已验证。

附 录 B
（资料性附录）
P_{ow}的计算方法

B.1 引言

该附录简要介绍了 P_{ow}的计算方法。

P_{ow}的计算值主要用于以下几个方面：

a) 决定所采用的实验方法：摇瓶法适用于 $\lg P_{ow}$值在 2～4 之间的受试物；高效液相色谱法(HPLC)适用于 $\lg P_{ow}$值在 0～6 之间的受试物；

b) 使用 HPLC 法时选择条件(参比物，甲醇-水配比)；

c) 检查由实验方法得到的数值的合理性；

d) 评估什么时候实验方法不能应用。

B.2 计算方法的原理

计算方法是根据分子的理论碎片原理。分子断裂成适当的亚结构后，已知这些亚结构可靠的 $\lg P_{ow}$值。通过对碎片值求和对分子内作用修正后得到 $\lg P_{ow}$。

B.3 计算值的可靠性

通常，随着对化合物研究复杂性的增加，其计算方法的可靠性将随之降低。对低分子量并只有一个或两个功能团的简单分子，用碎片法和实测法得到的结果偏差在 0.1 lg P_{ow}～0.3 lg P_{ow}单位之间。误差幅度取决于所用碎片常数的可靠性、识别分子内反应的能力(如氢键)和修正项的正确应用。对于离子化合物，必须考虑电荷和解离度带来的影响。

a) Fujita-Hansch π 法

最先由 Fujita 等人引入的疏水性替代常数 π 定义如式(B.1)：

$$^{\pi}X = \lg P_{ow}(PhX) - \lg P_{ow}(PhH) \qquad \text{(B.1)}$$

式中：

PhX——芳香族化合物的衍生物；

PhH——母体化合物。

例如：$^{\pi}Cl = \lg P_{ow}(C_6H_5Cl) - \lg P_{ow}(C_6H_6) = 2.84 - 2.13 = 0.71$

π 法主要针对芳香族化合物。

b) Rekker 法

应用 Rekker 法，lg P_{ow}值按式(B.2)计算：

$$\lg P_{ow} = \sum_i a_i f_i + \sum A \qquad \text{(B.2)}$$

式中：

A——相互作用项；

a_i——存在于分子中生成物的数目；

f_i——生成物的 lg P_{ow}的增加量。

相互作用项以一个单一常数 C_m(又称万能常数)的整倍数表示。C_m和碎片常数 f_i可由 825 个化合物的 1 054 个实验 P_{ow}值利用多重回归分析而测定。

c) Hansch-Leo 法

Hansch-Leo 法采用式(B.3)进行计算：

$$\lg P_{ow} = \sum_i a_i f_i + \sum_j b_j F_j \qquad \cdots\cdots\cdots\cdots\cdots\cdots\cdots\cdots\cdots\cdots (B.3)$$

式中：

f_i——碎片常数；

F_j——修正项(因子)；

$a_i b_j$——相应的发生的频率。

原子和基团的碎片值、校正限值 F_j 的表由试验和实验值 P_{ow} 的误差推导而来，校正项划分为不同类型。

d) 联合方法

对于复杂分子 lg P_{ow} 的计算已有了改进，如果将分子分成较大的亚结构，而这些亚结构的 lg P_{ow} 值是可获得的，那么，碎片(如杂环、蒽醌、偶氮苯)可以用 Hansch-π 法、Rekker 法或 Leo 法的碎片常数来获取。

B.4 注意事项

a) 当计算需要校正因子时，计算方法仅对部分或全部离子化合物适用；

b) 假设存在分子内氢键，必须加相应的修正项(约为＋0.6～＋1.0 lg P_{ow} 单位)，可以从立体结构或光谱数据确认这种键的存在；

c) 若有几种互变异构体同时存在，则以最常见的形式作为计算的依据；

d) 碎片常数表的修正应谨慎处理。

参 考 文 献

［1］ C. V. Eadsforth and P. Moser. (1983). Assessment of Reverse Phase Chromatographic Methods for Determining Partition Coefficients. *Chemosphere*. 12, 1459.

［2］ W. Klein, W. Kördel, M. Weiss and H. J. Poremski. (1988). Updating of the OECD Test Guideline 107 Partition Coefficient n-Octanol-Water, OECD Laboratory Intercomparison Test on the HPLC Method. *Chemosphere*. 17, 361.

［3］ C. V. Eadsforth. (1986). Application of Reverse H. P. L. C. for the Determination of Partition Coefficient. *Pesticide Secience*. 17, 311.

［4］ H. Ellgehausen, C. D' Hondt and R. Fuerer. (1981). Reversed-phase chromatography as a general method for determining octan-1-ol/water partition coefficients. *Pesticide. Science*. 12, 219.

［5］ B. McDuffie. Estimation of Octanol Water Partition Coefficients for Organic Pollutants Using Reverse Phase High Pressure Liquid Chromatography. (1981). *Chemosphere* 10, 73.

［6］ OECD Guideline for Testing of Chemicals-Partition Coefficient (n-octanol/water): pH-metric Method for Ionisable Substances. Draft Guideline 122. November 2000.

［7］ OSPAR (1995). "Harmonised Offshore Chemicals Notification Format (HOCFN) 1995", Oslo and Paris Conventions for the Prevention of Marine Pollution Programmes and Measures Committee (PRAM), Annex 10, Oviedo, 20-24 February 1995.

［8］ M. Thatcher, M. Robinson, L. R. Henriquez and C. C. Karman. (1999). An User Guide for the Evaluation of Chemicals Used and Discharged Offshore, A CIN Revised CHARM Ⅲ Report 1999. Version 1. 0, 3. August.

［9］ E. A. Vik, S. Bakke and K. Bansal. (1998). Partitioning of Chemicals. Important Factors in Exposure Assessment of Offshore Discharges. *Environmental Modelling &Software* Vol. 13, pp. 529-537.

［10］ L. O. Renberg, S. G. Sundstroem and K. Sundh-Nygård. (1980) Partition coefficients of organic chemicals derived from reversed-phase thin-layer chromatography. Evaluation of methods and application on phosphate esters, polychlorinated paraffins and some PCB-substitutes. ,. *Chemosphere*. 9, 683.

［11］ W. E. Hammers, G. J. Meurs and C. L. De-Ligny. (1982). Correlations between liquid chromatographic capacity ratio data on Lichrosorb RP-18 and partition coefficients in the octanol-water system. , *J. Chromatography*. 247, 1.

［12］ J. E. Haky and A. M. Young. (1984) Evaluation of a simple HPLC correlation method for the estimation of the octanol-water partition coefficients of organic compounds. *J. Liq. Chromatography*. _7, 675.

［13］ S. Fujisawa and E. Masuhara. (1981). Determination of Partition Coefficients of Acrylates Methacrylates and Vinyl Monomers Using High Performance Liquid Chromatography *Journal of Biomedical Materials Research*. _15, 787.

［14］ C. Hansch and A. J. Leo. (1979). Substituent Constants for Correlation Analysis in Chemistry and Biology. John Willey, New York.

［15］ C. Hansch, chairman; A. J. Leo, dir. (1982). Log P and Parameter Database: A tool for the quantitative prediction of bioactivity-Available from Pomona College Medical Chemistry Project, Pomona College, Claremont, California 91711.

[16] R. F. Rekker, H. M. de Kort. (1979). The hydrophobic fragmental constant: An extension to a 1 000 data point set. *Eur. J. Med. Chem.* _ -Chim. Ther. 14, 479.

[17] G. E. Berendsen, P. J. Schoenmakers, L. de Galan, G. Vigh, Z. Varga-Puchony, and J. Inczédy. (1980) On determination of hold-up time in reversed-phase liquid chromatography. *J. Liq. Chromato.* 3, 1669.

ICS 13.300
A 80

中华人民共和国国家标准

GB/T 21853—2008

化学品　分配系数(正辛醇-水)摇瓶法试验

Chemicals—Partition coefficient(n-octanol/water)—Shake flask method

2008-05-12 发布　　2008-09-01 实施

中华人民共和国国家质量监督检验检疫总局
中国国家标准化管理委员会　发布

前　言

本标准等同采用经济合作与发展组织(OECD)化学品测试导则 No. 107(1995 年)《正辛醇-水分配系数:摇瓶法》(英文版)。

本标准做了下列编辑性修改:

——将计量单位改为我国法定计量单位。

本标准由全国危险化学品管理标准化技术委员会(SAC/TC 251)提出并归口。

本标准负责起草单位:环境保护部化学品登记中心。

本标准参加起草单位:环境保护部南京环境科学研究所、沈阳化工研究院安全评价中心、上海市环境科学研究院、中国环境科学研究院。

本标准主要起草人:聂晶磊、刘纯新、卢玲、刘济宁、孔德洋、赵凌菲、沈根祥、李捍东。

本标准为首次制定。

化学品　分配系数(正辛醇-水)摇瓶法试验

1　范围

本标准规定了化学品分配系数(正辛醇-水)摇瓶法试验的方法概述、试验程序、质量保证与质量控制、数据与报告。

本标准适用于测试非表面活性剂类化学品的正辛醇-水的分配系数。

本标准适用于正辛醇-水分配系数为 10^{-2}～10^{4} 范围的化学品的测定。

2　术语和定义

下列术语和定义适用于本标准。

2.1

分配系数　partition coefficient

受试物在互不相溶的两相介质中达到平衡时的浓度之比。

2.2

正辛醇-水分配系数　octanol-water partition coefficient

受试物在正辛醇-水两相介质中达到平衡时的浓度之比,以 P_{ow} 表示。P_{ow} 无量纲,通常用以 10 为底的对数($\lg P_{ow}$)表示。

3　受试物信息

a)　分子式;
b)　结构式;
c)　水中溶解度;
d)　正辛醇中溶解度;
e)　解离常数(pK);
f)　水解性;
g)　表面张力。

4　方法概述

4.1　原理

在恒温、恒压和一定的 pH 条件下,当溶质在任何一相中的浓度不超过 0.01 mol/L 时,其在两种纯溶剂中的分配遵循能斯特(Nernst)定律。通过一定时间的连续振摇,使化学品在脂溶性有机溶剂(正辛醇)与水相中的分配达到平衡,测定平衡时两相中化学品的浓度,可确定化学品的分配系数。

对于可能发生解离的化学品,应采用适当的缓冲溶液。对于自由酸,缓冲液的 pH 值至少为 pK−1;对于自由碱,缓冲液的 pH 值至少为 pK+1,以确保化学品呈分子状态。

表面活性剂类化学品的分配系数可采用其在水中和在正辛醇中的溶解度来计算。

4.2　参比物

本标准无推荐参比物。

5 试验程序

5.1 试验溶剂预处理

试验中必须使用分析纯的正辛醇和蒸馏水(或重蒸馏水,不能使用直接从离子交换器中得到的去离子水)。试验前,正辛醇与水需经预饱和处理,即在试验温度下,采用两个大储液瓶,分别装入正辛醇与足量的水,水与足量的正辛醇,置于恒温振荡器中振摇 24 h 后,静置足够长的时间使两相完全分离,以分别得到水饱和的正辛醇、正辛醇饱和水。

5.2 试验条件

a) 试验温度:20℃～25℃范围内,温度变化±1℃。

b) 正辛醇与水的体积比和受试物加入量的确定应考虑下列因素:

——分配系数的估算值;

——受试物在两相中的最低浓度满足分析测试要求;

——受试物在两相中的最高浓度为 0.01 mol/L。

c) 需进行 3 次试验,以获取准确的分配系数。其中,

——第一次试验采用估算体积比;

——第二次试验采用 2 倍估算体积比;

——第三次试验采用 1/2 估算体积比;

——三次试验中,分别设置两个平行处理。应使用相同的容器,并准确测量两种溶剂的体积与储备溶液的加入量。

5.3 分配平衡的建立

两相体系应充满整个试验容器,以防止受试物因挥发造成的损失。然后将其置于恒温振荡器上振摇 24 h,当采用离心管作为试验容器时,建议使用水平转子的离心机,转速大约 100 r/5 min。

5.4 相分离

一般地,两相分离通过离心来完成,最好在试验温度下进行。若离心机无温度控制功能,则将离心管于试验温度下静置平衡 1 h 后再进行离心处理。否则,静置足够时间以使两相完全分离。

5.5 分析测定

采用特定的化学品分析方法,包括:光度法、气相色谱法或高效液相色谱法等,分别测定两相中受试物的浓度,计算两相中受试物的总量,并与加入量进行比较。

为尽可能避免水相样品中含有痕量的正辛醇,取样时建议采用注射器。先让注射器充满空气,当通过正辛醇层时,轻轻地排出空气,抽取适当体积的水溶液,然后快速抽出注射器并拆去针头。

6 质量保证与质量控制

a) 化学品分析方法应满足测试要求;

b) 不同溶剂比的 6 个测试结果,$\Delta\lg P_{ow}$应在 ±0.3 范围内。

7 数据与报告

7.1 数据处理

根据每次试验得到的两相中受试物浓度值,采用式(1)计算 P_{ow}值。

$$P_{ow} = \frac{C_{n-o}}{C_w} \qquad \cdots\cdots(1)$$

式中:

C_{n-o}——正辛醇中化学品平衡浓度,单位为毫克每升(mg/L);

C_w——水相中化学品平衡浓度,单位为毫克每升(mg/L)。

7.2 结果报告

试验报告应包括以下内容：

a) 受试物：

——化学品主要成分和杂质；

——P_{ow}估算结果；

——有关解释结果的所有相关信息，特别是关于化学品的物理状态和杂质。

b) 试验条件：

——试验温度；

——试验中两相溶剂所用体积；

——化学品加入的量，测定值；

——试验水溶液及所用水的 pH；

——使用缓冲溶液的理由（缓冲溶液的组成成分、浓度和 pH）、试验前后水相的 pH；

——若采用离心分离，离心条件（离心速度和持续时间）；

——分析步骤。

c) 结果

——12 个浓度测定值；

——3 组 P_{ow}测定值，分平均值和总平均值，标准偏差（如果分配系数与试验浓度相关时，应予以说明）；

——用以 10 为底的对数来表示的 $\lg P_{ow}$的总平均值；

——当测定值大于 10^4 或理论值已经计算时，提供理论 P_{ow}。

参 考 文 献

［1］ NF T 20-043 AFNOR (1985). Chemical products for industrial use-Determination of partition coefficient-Shake flask method.

［2］ 40 CFR，796.1550，Office of the Federal Register(1989).

［3］ Jubermann，O. (1958). in Houben-Weyl，Methoden der Organischen Chemie，Band Ⅰ/1，223-339，Georg Thieme Verlag，Stuttgart.

ICS 13.300;13.020.40
A 80

GB

中华人民共和国国家标准

GB/T 21854—2008

化学品 鱼类早期生活阶段毒性试验

Chemicals—Fish early-life stage toxicity test

2008-05-12 发布 2008-09-01 实施

中华人民共和国国家质量监督检验检疫总局
中国国家标准化管理委员会 发布

前　言

本标准等同采用经济合作与发展组织(OECD)化学品测试导则 No. 210(1992 年)《鱼类早期生活阶段毒性试验》(英文版)。

本标准做了下列编辑性修改：

——将术语和定义从原文的附录调整为正文内容；

——推荐鱼种增加稀有鮈鲫(*Gobiocypris rarus*)，并相应增加其驯养、繁殖、试验条件、周期等资料；

——试验系统中增加了亲鱼驯养和设备的内容。

本标准的附录 A、附录 B、附录 C、附录 D 和附录 E 为资料性附录。

本标准由全国危险化学品管理标准化技术委员会(SAC/TC 251)提出并归口。

本标准负责起草单位:环境保护部化学品登记中心。

本标准参加起草单位:上海市环境科学研究院、上海市检测中心、环境保护部南京环境科学研究所。

本标准主要起草人:卢玲、周红、沈英娃、梁丹涛、胡双庆、殷浩文、刘济宁。

化学品　鱼类早期生活阶段毒性试验

1　范围

本标准规定了化学品鱼类早期生活阶段毒性试验的方法概述、试验准备、试验程序、质量保证与质量控制、数据与报告。

本标准适用于确定化学品对受试生物在早期生活阶段的的致死和亚致死效应，以评价对其他鱼种的慢性致死效应和亚致死效应。

2　术语和定义

下列术语和定义适用于本标准。

2.1

最低可观察效应浓度　lowest observed effect concentration，LOEC

与对照相比，对试验生物产生显著($p<0.05$)效应的最低受试物浓度。

2.2

无可观察效应浓度　no observed effect concentration，NOEC

试验中直接低于 LOEC 的受试物设置浓度。

3　受试物信息

a)　结构式；
b)　纯度；
c)　水中溶解度；
d)　蒸气压；
e)　水解离常数(pKa)；
f)　正辛醇/水的分配系数(P_{OW})；
g)　在水中、光中、试验条件下的稳定性；
h)　相同鱼种的急性毒性试验结果；
i)　快速生物降解性试验结果；
j)　在试验液中受试物的可靠定量分析方法及其精确度、检测限。

4　方法概述

4.1　原理

将处于早期生活阶段的鱼(或胚胎)暴露于一定浓度范围的受试物水溶液中，在流水条件或半静态条件下进行试验。开始试验时，将受精卵放入试验容器中，至对照组中所有的鱼都能自由摄食时方可结束试验。通过评价致死和亚致死效应，以及与对照组值的比较来测定受试物的最低可观察效应浓度(LOEC)、无可观察效应浓度(NOEC)。

4.2　参比物

无推荐参比物。

5　仪器和设备

溶解氧测定仪；

水硬度计；
pH 计；
分析天平；
TOC 分析仪；
温度控制仪；
水质测定仪器；
受试物分析仪器；
样品前处理仪器设备；
化学惰性材料制成的水族工具；
连续配制和分配系统；
实验室常用玻璃器皿。

6 试验准备

6.1 受试鱼类

6.1.1 鱼种的选择

推荐使用的淡水鱼种为稀有鮈鲫(*Gobiocypris rarus*)和斑马鱼(*Brachydanio rerio*)等，详见表1和表2。

使用其他鱼种时，试验条件应作相应调整，并在报告中说明鱼种选择理由和试验方法。

表1 推荐的受试鱼种

淡　水	咸　水
斑马鱼 *Brachydanio rerio* 稀有鮈鲫 *Gobiocypris rarus* 虹鳟鱼 *Oncorhynchus mykiss* 黑头软口鲦 *Pimephales promelas* 青鳉 *Oryzias latipes*	鳉 *Cyprinodon variegates*

表2 其他经充分证明且已使用的鱼种示例

淡　水	咸　水
银大麻哈鱼 *Oncorhynchus kisutch* 大鳞大麻哈鱼 *Oncorhynchus tschawytscha* 鳟 *Salmo trutta* 鲑 *Salmo salar* 溪红点鲑 *Salvelinus fontinalus* 湖红点鲑 *Salvelinus namaycush* 白斑狗鱼 *Esox lucius* 白亚口鱼 *Catostomus commersoni* 蓝腮鱼 *Lepomis macrochirus* 斑鮰 *Ictalurus punctatus* 乔氏鳉 *Jordanella floridae* 刺鱼 *Gasterosteus aculeatus* 鲤鱼 *Cyprinus carpio*	月银汉鱼 *Menidia menidia* 半岛银汉鱼 *Menidia peninsulae*

6.1.2 亲鱼的驯养

亲鱼驯化条件的资料见附录A和附录D。

在繁殖前，亲鱼应在符合下列条件的环境中驯养14 d以上：

温度：与试验鱼种相适宜；

光照：每天12 h～16 h光照；

溶解氧：不小于80%空气饱和值；

疾病处理：不做任何疾病处理；

喂养：每天喂食，提供多样化的饵料。

6.2 试验用水

6.2.1 水质

可用曝气除氯的自来水，高质量的天然水或标准稀释水。

稀释水必须保证对照组试验鱼的存活率达到附录B的要求。整个试验期间水质应保持恒定。定期取样分析。每隔三个月测定重金属，主要的阴、阳离子，农药，总有机碳以及悬浮物等指标。合格稀释水的化学特性如附录C所列。

6.2.2 试验溶液

流水式试验中，必须具备受试物贮备液连续分配和稀释系统。试验期间定期检查贮备液和稀释水的流量变化应不大于10%。每24 h流量应不小于试验容器容积5倍。

必要情况下可使用溶剂或分散剂(助溶剂)。

半静态试验中，将存活的受精卵或仔鱼移入新试验液，或将受试生物留在试验容器内，更新2/3以上试验溶液。

7 试验程序

7.1 准备

7.1.1 试验容器

用全玻璃、不锈钢或其他化学惰性材质制成，其尺寸应符合负荷的要求。在试验区域内随机摆放，在每个试验区域中的每个处理组最好也能随机设计，避免不必要的干扰。

7.1.2 胚胎和仔鱼的处理

试验开始时，将胚胎和仔鱼暴露在置于大容器中的更小的玻璃容器或不锈钢容器中，小容器的侧壁或底部有网以便试验液流经容器。这些小容器悬在臂上，通过臂的上下移动且总保持生物体被浸没来保证试验液非紊流地流经小容器。支撑鲑鱼受精卵的架子或者网子需要有足够大的孔径，以保证仔鱼孵化后能够落进大容器中。

仔鱼孵出后，将大容器内用于放卵的容器、格栅或网移开。转移仔鱼时，不得暴露于空气，也不得用网具捞取。转移仔鱼的时机因种类不同而不同，是否转移应根据需要而定。

7.1.3 暴露条件

a) 持续时间：卵受精后开始试验。胚盘开始分裂前，将胚胎浸在试验液中。试验持续到对照组鱼能自由摄食。试验持续时间取决于所选鱼种(见附录B)。

b) 负荷：受精卵的数量应满足统计学的需要。受精卵随机分配于各浓度组，每个浓度组60粒卵，平均分配到两个平行组。保证试验液的溶解氧浓度不低于60%空气饱和值。流水式试验中，24 h流量的负荷率不超过0.5 g/L，容器内溶液的负荷率不超过5 g/L。

c) 光照和温度：光照周期和水温应适合受试生物(见附录B)。

d) 喂食：对不同生长阶段的鱼适时适量投饵。及时清除剩余食物和粪便。喂食方案见附录A。

7.1.4 试验浓度

根据急性毒性试验结果96 h LC_{50}值设定试验浓度范围，试验最高浓度组不超过96 h LC_{50}值或10 mg/L。

以几何级数浓度系列设置5个受试物浓度，浓度的间隔系数不大于3.2。限度试验的浓度组设置可少于5个浓度。浓度设置少于5个时需说明理由。

避免使用助溶剂,如必须使用,其所用浓度不大于0.1 mL/L,且应保持相同。

在试验系列中必须设置一个稀释水对照组,如果试验中使用了助溶剂,还需要设置一个助溶剂对照组。

7.2 试验操作

7.2.1 分析测量的频次

试验期间,定期5次测定受试物浓度。试验持续时间超过1个月,每周测定一次。必要时对样品进行过滤(0.45 μm孔径)或离心。

试验期间,测量所有试验容器中的溶解氧、pH、总硬度、盐度、温度。每周测量一次溶解氧、盐度和温度。试验开始和结束时,测量pH和硬度。对1个试验容器中的温度进行连续测定。

7.2.2 胚胎发育阶段

准确地记录试验开始时胚胎发育所处的时期。可保存部分清洁的卵作样本。

7.2.3 孵出和存活

每天观察一次孵出与存活情况,并记录数量。移走死亡的胚胎、仔鱼和稚鱼。移走死亡个体时应避免磕碰周围的卵或仔鱼或对其造成物理伤害。各生活阶段的死亡判断标准如下:

——卵:特别是在早期阶段,由于蛋白质的凝固作用和(或)沉降作用,引起半透明状显著丧失(变为不透明)兼有颜色上的变化。

——胚胎:没有身体运动或心脏停止搏动。

——仔鱼和稚鱼:静止不动、无呼吸运动、无心脏跳动、中枢神经系统呈白色不透明、对机械刺激无反应等一种或多种症状。

7.2.4 异常表征记录

根据试验周期和出现畸形的类型,定期记录畸形仔鱼或鱼的数量。关注某些鱼种自然发生的胚胎和仔鱼畸形,及其在对照组中占的百分数。及时清除死亡的畸形个体。

7.2.5 异常行为记录

根据试验周期定期记录异常行为,如呼吸急促、不协调的游动、反常的静止和异常的摄食等。

7.2.6 重量称量

试验结束时对所有存活的鱼进行称重,建议逐一进行,对于特别小的鱼,以试验容器为组整组称量干重(60℃烘24 h)。

7.2.7 长度测量

在试验结束时,建议逐一测量鱼体长度;测量指标可用标准长(即体长)或全长。如尾鳍腐烂或腐蚀,应采用标准长。

8 质量保证与质量控制

有效的试验应满足以下的条件:

a) 试验期间,溶解氧浓度应为60%～100%的空气饱和值;

b) 试验期间任何时候,各试验容器之间或各连续时间内的水温差不能超过±1.5℃,且应在受试生物适宜的温度范围内(附录B和附录E);

c) 受试物浓度保持在平均测量值的±20%范围内;

d) 在对照组和相应的溶剂对照组中,受精卵的总存活率必须不小于附录B中规定的限定值;

e) 使用助溶剂时,应设置溶剂对照以证实其对受试生物在早期生活阶段的存活无显著影响,及其他任何不利影响。助溶剂的所有浓度应不大于0.1 mL/L。

9 数据与报告

9.1 数据处理

9.1.1 统计参数

a) 累计死亡率；

b) 试验结束时的健康鱼数；

c) 开始孵出及全部孵出的时间；

d) 每天孵出仔鱼数；

e) 存活个体的长度及重量；

f) 畸形仔鱼数；

g) 呈现异常行为的鱼数。

9.1.2 统计分析方法

允许对试验容器的数量、浓度组数目、试验开始时受精卵数、测量参数等试验设计进行合理调整，建议统计包括试验设计和分析。

方差分析或列联表方法分析浓度组间的变异。对于平行组间差异很小的数据，可使用邓恩特(Dunnett's)方法对各个浓度组与对照组之间的结果进行多重比较。

9.2 试验报告

试验报告应包括下列内容：

a) 受试物：

——物理属性、物理-化学特性(如相关)；

——化学标识数据。

b) 受试生物：

——学名、品系、来源、受精卵的收集方法及其随后的处理。

c) 试验条件：

——所用试验程序(如半静态或流水式，负荷)；

——光照周期；

——试验设计(如试验容器及其平行的数目，每个平行中的胚胎数)；

——制备贮备液的方法及试液更新的频率；若使用助溶剂，须给出其成分和浓度；

——受试浓度的实测值和标准差，分析测量方法以及测量值与受试物实际浓度相关性的证据；

——稀释水特性：pH、硬度、温度、溶解氧浓度、残留氯水平(若测定)，总有机碳、悬浮物、试验介质的盐度(若测定)以及其他测定数据；

——试验容器内的水质，pH、硬度、温度和溶解氧浓度；

——喂食的详细内容(如食物种类、来源、喂食量和喂食频率)。

d) 试验结果：

——对照组总存活率及是否符合该鱼种的有关标准(附录B和附录E)；

——关于胚胎、仔鱼和稚鱼的死亡和(或)存活数据，以及总死亡和(或)存活率；

——孵出天数及孵出数目；

——长度及重量数据；

——形态异常的发生率及描述；

——有行为效应的发生率及描述；

——数据的统计分析及处理；

——所测定的每个反应的无可观察效应浓度(NOEC)；

——所测定的每个反应的最低可观察效应浓度(LOEC)($p=0.05$);
——所有有效的浓度-反应数据及曲线。

e) 结果讨论:

结果讨论,并对偏离测试标准之处加以说明。当试验溶液中所测受试物毒性浓度大小与分析方法的检测限接近时,对结果的阐述应当慎重。

附　录　A
（资料性附录）
推荐的亲鱼和受试鱼及其喂养、繁殖操作要求

推荐的亲鱼和受试鱼及其喂养、繁殖操作要求见表 A.1。

表 A.1　推荐的亲鱼和受试鱼及其喂养、繁殖操作要求

种　类	食　物					孵化后转移时间（如适用）	首次喂食时间
	繁殖亲鱼	初孵仔鱼	稚　鱼				
			种类	数量	频率		
淡水鱼 *Gobiocypris rarus* 稀有鮈鲫	FBS，BSN48	不需要[a]	BSN48	适量	（2～3）次/d	不必	产卵后 4 d～5 d
Brachydanio rerio 斑马鱼	BSN48，片状食物	原生动物[b]，蛋白质[c]	BSN48			不必	产卵后 6 d～7 d
Oncorhynchus mykiss 虹鳟鱼	鲑鱼食物	不需要[a]	鲑鱼酵母	4% 体重/d	（2～4）次/d	孵化后或者能游泳后的 14 d～16 d	孵化后或者能游泳后的 19 d
Pimephales promelas 黑头软口鲦	FBS	BSN	BSN48		没有限制	第一次孵化 90%后	孵化的 2 d 内
Oryzias latipes 青鳉	片状食物	BSN，片状食物（或者原生动物或轮虫）	BSN48，片状食物（或轮虫）		BSN 1 次/d；片状食物 2 次/d 或者片状食物加轮虫 1 次/d	从孵化到游泳	孵化/游泳后的 24 h 内
咸水鱼 *Cyprinodon variegates* 鳉	FBS 或片状食物	BSN	BSN48		（2～3）次/d	不适用	第一次孵化后的 1 d 内

注：FBS 冷冻的卤虫（又称盐水丰年虫，*Artemia* sp.）成体；
　　BSN 卤虫幼体，刚孵出的（无节幼体）；
　　BSN48 卤虫幼体，孵出约 48 h。

[a] 卵黄囊仔鱼（或称早期仔鱼）不需食物；

[b] 混合培养过滤；

[c] 经发酵的小颗粒。

附 录 B
（资料性附录）
推荐鱼种的试验条件、周期和存活率

推荐鱼种的试验条件、周期和存活率见表 B.1。

表 B.1 推荐鱼种的试验条件、周期和存活率

试验种类	试验条件			推荐的试验周期	对照组的存活率最小百分值/%	
	温度/℃	盐度/‰	光照周期/h		孵化率	鱼苗存活率
淡水鱼 *Brachydanio rerio* 斑马鱼	25±2		12～16[g]	孵出后 30 d		70
Gobiocypris rarus 稀有鮈鲫	25±2		12～16[g]	对照组自由摄食后 2 周 （或孵出后 28 d）	>66	70
Pimephales promelas 黑头软口鲦	25±2		16	试验开始后 32 d （或孵出后 28 d）	>66	70
Oncorhynchus mykiss 虹鳟鱼	10±2[a] 12±2[b,d]		c	对照组自由摄食后 2 周 （或孵出后 60 d）	>66	70
Oryzias latipes 青鳉	24±1[a] 23±2[b,e]		12～16[g]	孵出后 30 d		80
咸水鱼 *Cyprinodon variegates* 鳉	25±2	15～30[f]	12～16[g]	试验开始后 32 d （或孵出后 28 d）	>75	80

[a] 对于胚胎；

[b] 对于仔鱼和稚鱼；

[c] 对于仔鱼孵化后的一周内不能光照，除了对它们进行检查时，然后在试验过程中采用柔和光照（12 h～16 h）；

[d] 特殊品系的虹鳟鱼必须使用其他的温度，亲鱼和卵使用的温度应当相同；

[e] 取代以前试验提出的温度控制要求；

[f] 对于任何试验都应当满足变化范围在±2‰；

[g] 同一试验中，光照周期应保持恒定。

附　录　C
（资料性附录）
合格稀释水的化学特性

合格稀释水的化学特性见表 C.1。

表 C.1　合格稀释水的化学特性

物　　质	含　　量
颗粒物	<20 mg/L
总有机碳	<2 mg/L
游离氨	<1 μg/L
残留氯	<10 μg/L
总有机磷农药	<50 ng/L
总有机氯农药与多氯联苯(PCB)	<50 ng/L
总有机氯	<25 ng/L

附 录 D
（资料性附录）
其他已有良好记录的亲鱼和受试鱼喂养、繁殖操作要求

其他已有良好记录的亲鱼和受试鱼喂养、繁殖操作要求见表 D.1。

表 D.1 其他已有良好记录的亲鱼和受试鱼喂养、繁殖操作要求[c]

种类	食物					孵化后转移时间（如适用）	首次喂食时间
	繁殖亲鱼	初孵仔鱼	稚鱼				
			种类	数量	频率		
淡水鱼 *Oncorhynchus kisutch* 银大麻哈鱼	鲑鱼食物	不需要[a]	鲑鱼酵母	4%体重/d	(2～4)次/d	孵化后或者能游泳后的26 d～36 d	转移时能游泳后
Oncorhynchus tschawytscha 大鳞大麻哈鱼	鲑鱼食物	不需要	鲑鱼酵母	4%体重/d	(2～4)次/d	孵化后或者能游泳后的26 d～36 d	能游泳时孵化后的 23 d
Salmo trutta 鳟	鲑鱼食物	不需要	鲑鱼酵母	4%体重/d	5 次/d	孵化后或者能游泳后的21 d	能游泳时
Salmo salar 鲑	鲑鱼食物	不需要	鲑鱼酵母	4%体重/d	5 次/d	孵化后或者能游泳后的21 d	能游泳时
Salvelinus fontinalis 溪红点鲑	鲑鱼食物	不需要	鲑鱼酵母	4%体重/d	5 次/d	孵化后或者能游泳后的21 d	能游泳时
Salvelinus namaycush 湖红点鲑	鲑鱼食物	不需要	鲑鱼酵母	4%体重/d	5 次/d	孵化后或者能游泳后的21 d	能游泳时
Esox lucius 白斑狗鱼	活小鲦鱼	BSN48	仔鱼			每天转移出孵化鱼	孵化后或者游泳卵黄囊阶段的 1 周
Catostomus commersoni 白亚口鱼	FBS	不需要	BSN48		3 次/d	所有胚胎孵化后转移一次	孵化后或者能游泳后的7 d～8 d

表 D.1（续）

种　　类	食　物				孵化后转移时间（如适用）	首次喂食时间
	繁殖亲鱼	初孵仔鱼	稚　鱼			
			种类	频率		
淡水鱼 *Lepomis macrochirus* 蓝鳃鱼	FBS， 鲑鱼食物	BSN	BSN48	3 次/d		游泳时
Ictalurus punctatus 斑鮰	鲇鱼食物	改进的 Oregon	改进的 Oregon	至少 3 次/d	26 ℃时的 6 d～7 d[c]	能游泳时 的 48 h 内
Jordanella floridae 乔氏鳉	FBS，片状食物，BSN	BSN48，片状食物或者原生动物/轮虫[b]	BSN48， 片状食物	*Artemia nauplii* 1 次/d，片状食物 2 次/d 或片状食物和原生动物/轮虫 1 次/d	从孵化 到游泳	孵化后的 24 h 内
Gasterosteus aculeatus 刺鱼	吡甲四 环素 FBS	*Brachionus rubens* （轮虫）	BSN48， 热带鱼薄 片饲料	BSN48（2～3）次/d，热带鱼薄片饲料 1 次/d	孵化后 几小时	孵化后的 24 h 内
Cyprinus carpio 鲤鱼	专用鲤鱼食物，冻干线虫或鲑鱼食物	BSN	BSN48，泥土， 鲑鱼酵母， 片状食物	（3～4） 次/d	一旦孵化 完成	孵化后的 36 h～48 h
咸水鱼 *Menidia menidia* 月银汉鱼	BSN48， 片状食物	1 d～8 d 9 d～11 d 11 d 后	[b] BSN48 和[b] BSN48	3 次/d 2 次/d	不适用	第一次孵化 后的 24 h 内
Menidia peninsulae 半岛银汉鱼	BSN48， 片状食物	1 d～8 d 9 d～11 d 11 d 后	[b] BSN48 和[b] BSN48	3 次/d 2 次/d	不适用	第一次孵化 后的 24 h 内

注 1：BSN 卤虫幼体，刚孵出的（无节幼体）；

注 2：BSN48 卤虫幼体，孵出约 48 h；

注 3：FBS 冷冻的卤虫（又称盐水丰年虫，*Artemia* sp.）成体。

[a] 卵黄囊仔鱼不需食物；

[b] 轮虫-*Brachionus plicatilis*；

[c] 使用内径 6 mm 的玻璃虹吸管处理鱼体。

附 录 E
（资料性附录）
其他已有良好记录鱼种的试验条件、周期和存活率

其他已有良好记录鱼种的试验条件、周期和存活率见表 E.1。

表 E.1 其他已有良好记录鱼种的试验条件、周期和存活率

试验种类	试验条件		推荐的试验周期	对照组的存活率最小百分值/%	
	温度/℃	光照周期/h		孵化率	鱼苗存活率
淡水鱼 *Oncorhynchus kisutch* 银大麻哈鱼	10[a]，12[b]	[c]	孵出后 60 d	>66	70
Oncorhynchus tschawytscha 大鳞大麻哈鱼	10[a]，12[b]	[c]	孵出后 60 d	>66	70
Salmo trutta 鳟	10	[c]	孵出后 60 d	>66	70
Salmo salar 鲑	10	[c]	孵出后 60 d	>66	70
Salvelinus fontinalis 溪红点鲑	10	[c]	孵出后 60 d	>66	70
Salvelinus namaycush 湖红点鲑	12～18	16	孵出后 60 d	>66	70
Esox lucius 白斑狗鱼	7	[c]	试验开始后 32 d	>66	70
Catostomus commersoni 白亚口鱼	15	16	试验开始后 32 d	>66	80
Lepomis macrochirus 蓝鳃鱼	28	16	试验开始后 32 d		75
Ictalurus punctatus 斑鮰	26	16	试验开始后 32 d		65(全部)
Jordanella floridae 乔氏鳉	24～26	16			
Gasterosteus aculeatus 刺鱼	18～20	12～16	28 d	80	80
Cyprinus carpio 鲤鱼	21～25	12～16	孵出后 28 d	>80	75

表 E.1（续）

试验种类	试验条件		推荐的试验周期	对照组的存活率最小百分值/%	
	温度/℃	光照周期/h		孵化率	鱼苗存活率
咸水鱼 *Menidia menidia*[d] 月银汉鱼	22～25	13	28 d	>80	60
Menidia peninsulae[d] 半岛银汉鱼	22～25	13	28 d	>80	60

[a] 对于胚胎；

[b] 对于仔鱼和稚鱼；

[c] 对于仔鱼孵化后的一周内不能光照，除了对它们进行检查时，然后在试验过程中采用柔和光照(12 h～16 h 光照周期，同一试验中光照周期应保持恒定)；

[d] 盐度 20‰。

参 考 文 献

[1] ASTM (1988). Standard Guide for Conducting Early Life-Stage Toxicity Tests with Fishes. American Society for Testing and Materials. E 1241-88. 26pp.

[2] Brauhn J. L. and Schoettger R. A. (1975). Acquisition and Culture of Research Fish: Rainbow trout, Fathead minnows, Channel catfish and Bluegills. p. 54, Ecological Research Series, EPA-660/3-75-011, Duluth, Minnesota.

[3] Brungs W. A. and Jones B. R. (1977). Temperature Criteria for Freshwater Fish: Protocol and Procedures. p. 128, Ecological Research Series EPA-660/3-77-061, Duluth, Minnesota.

[4] Hansen D. J. and Parrish P. R. (1977). Suitability of sheepshead minnows (Cyprindon variegateus) for life-cycle toxicity tests. In Aquatic Toxicology and Hazard Evaluation (edited by F. L. Mayer and J. L. Hamelink), pp. 117-126, ASTM STP 634.

[5] McKim J. M., Eaton J. G. and Holcombe G. W. (1978). Metal toxicity to embryos and larvae of eight species of freshwater fish-II: Copper. Bull. Environ. Contam. Toxicol. 19, 608-616.

[6] Rand G. M. and Petrocelli S. R. (1985). Fundamentals of Aquatic Toxicology. Hemisphere Publication Corporation, New York.

[7] US EPA (1972). Recommended Bioassay Procedure for Fathead Minnows, Pimephales promelas (Rafinesque), Chronic Tests. p. 13, National Water Quality Laboratory, Duluth, Minnesota.

[8] US EPA (1972). Recommended Bioassay Procedure for Bluegill, Lepomis macrochirus (Rafinesque), Partial Chronic Tests. p. 11, National Water Quality Laboratory, Duluth, Minnesota.

[9] Dunnett C. W. (1955). A multiple comparisons procedure for comparing several treatments with a control. J. Amer, Statist. Assoc., 50, 1096-1121.

[10] Dunnett C. W. (1964). New tables for multiple comparisons with a control. Biometrics, 20, 482-491.

[11] McClave J. T., Sullivan J. H. and Pearson J. G. (1980). Statistical Analysis of Fish Chronic Toxicity Test Data. Proceedings of 4th Aquatic Toxicology Symposium, ASTM, Philadelphia.

ICS 13.300
A 80

中华人民共和国国家标准

GB/T 21855—2008

化学品 与pH有关的水解作用试验

Chemicals—Test of hydrolysis as a function of pH

2008-05-12 发布　　2008-09-01 实施

中华人民共和国国家质量监督检验检疫总局
中国国家标准化管理委员会　发布

前　言

本标准等同采用经济合作与发展组织(OECD)化学品试验导则 No.111(2004 年)《与 pH 有关的水解作用》(英文版)。

本标准做了下列编辑性修改：

——增加了范围部分；

——将计量单位改为我国法定计量单位；

——将附录中的术语和定义内容放入正文的术语和定义部分；

——将试验的有效性内容放入第 1 章范围部分。

本标准的附录 A、附录 B 为资料性附录。

本标准由全国危险化学品管理标准化技术委员会(SAC/TC 251)提出并归口。

本标准负责起草单位:中国检验检疫科学研究院。

本标准参加起草单位:中国科学院生态环境研究中心。

本标准主要起草人:周新、陈会明、王军兵、于文莲、秦占芬、郑明辉、郝楠、王立峰、孙鑫、王峥。

本标准为首次发布。

引　言

化学品通过以下途径进入地表水：直接施用，喷雾漂移，流失，排出，废物处理，工业，家庭或农业污水以及大气沉降，并可能在水中被化学物质转化（如水解、氧化），也可能发生光化学和或微生物转化。本标准描述了一种实验室测试方法，以评估所属正常环境中（pH 值为 4～9）水生系统的化学品 pH 值的水解转化，本标准基于以下现有的指南：参考文献[1]、[2]、[3]、[4]、[5]、[6]、[7]。

本试验用以测定：(1)受试物的与 pH 有关的水解速率；(2)水解产物的成分、性质以及生成和解离的速率。本研究对于直接作用于地表水或者经由上述途径很可能渗入环境中的化学品评估是必须进行的。

化学品　与 pH 有关的水解作用试验

1　范围

本标准规定了化学品与 pH 有关的水解作用试验的范围、术语定义、试验原理、受试物的信息、参比物、质量控制、试验方法、数据与报告、结果的解释与评估。

本标准适用于测定化学品与 pH 有关的水解作用能力。本标准适用于那些具有足够的精确度和灵敏度的分析方法的化合物(未标记物和标记物)。适用于轻微挥发性和非挥发性的具有足够水溶解度的化合物。不适用于具有高挥发性(如薰蒸剂、有机溶剂),在实验条件下的水溶液中得以保存的化合物。对极小水溶性的物质试验很难进行[8]。

2　术语和定义

下列术语和定义适用于本标准。

2.1

国际标准单位　standard international (SI) units

在任何情况下使用国际标准单位。

2.2

受试物　test substance

任何物质,包括是母化合物和相应的转化后的产物。

2.3

转化的产物　transformation products

由受试物发生生物或非生物转化反应所生成的所有物质。

2.4

水解产物　hydrolysis products

由受试物发生水解转化反应所产生的所有物质。

2.5

水解　hydrolysis

是指在反应中心某种受试物 RX 加水,其 X 部分与 OH 部分产生的净交换反应,反应式见式(1)。

$$RX + HOH \longrightarrow ROH + HX \quad (1)$$

在这个简化了的过程中 RX 的浓度减小,其反应速率如下:

$$rate = K[H_2O][RX] \quad \text{二级反应}$$

或

$$rate = K[RX] \quad \text{一级反应}$$

取决于速率的决定步骤。因为与受试物相比,水表现为大量过剩,所以这类反应通常被形容为伪一阶反应,其中观察所得速率常数见式(2):

$$K_{obs} = K[H_2O] \quad (2)$$

并可由式(3)定义:

$$K_{obs} = \frac{1}{t}\ln\frac{C_0}{C_t} \quad (3)$$

式中 t 为时间,C_0,C_t 为 RX 在时间 0 和 t 时刻的浓度。

这个常量的单位为时间的倒数,反应的半衰期(RX 参与反应的 50%的时间)见式(4):

$$t_{0.5} = \frac{\ln 2}{K_{obs}} \quad \cdots\cdots (4)$$

注：如果记录变化后的数据-时间图并不能表明线性函数(等同于一级反应速率)，那么式(3)并不适宜决定受试物的水解速率常数。

2.6

半衰期　half-life ($t_{0.5}$)

是受试物水解50%的反应时间，此时反应可以被称为一级动力学：在浓度上是独立的。

2.7

消失时间 DT_{50}　disappearance time 50

是时间概念，其间受试物的浓度减少了50%，它有别于半衰期 $t_{0.5}$，反应并不遵循一级动力学。

2.8

不同温度下 *K* 值的判断

当速率常数已知为两种温度值，那么速率常数在其他温度条件下可以通过阿伦纽斯方程(式(5))算出：

$$K = A \times e^{-\frac{E}{R \times T}} \quad 或 \quad \ln K = \frac{-E}{R \times T} + \ln A \quad \cdots\cdots (5)$$

$\ln K$-1/T 绘出带有一定斜率($-E/R$)的一条直线。

式中：

K——速率常数，用于不同温度条件；

E——活化能（kJ/mol）；

T——绝对温度(K)；

R——气体常数(8.314/(mol·K))。

活化能可以用回归分析法计算或根据式(6)计算：

$$E = R \times \frac{\ln K_2 - \ln K_1}{\left(\frac{1}{T_1} - \frac{1}{T_2}\right)} \quad \cdots\cdots (6)$$

这里 $T_2 > T_1$。

3　试验原理

不同pH值(pH值为4、7和9)的缓冲溶液用受试物处理，在可控的实验室条件下(恒温)在黑暗中培养。经过适当的时间间隔，对缓冲溶液中的受试物和水解产物进行分析。在标记物(例如^{14}C)的标记下，可以更容易建立一种质量平衡。

本标准设计为一种逐级逼近的办法，在附录A中予以说明和解释。每级的试验与前一级的结果相关。

4　受试物的信息

未标记或者标记的受试物，可以用来计算水解的速率。标记物一般用于研究水解的路径和建立质量平衡，但在一些特殊情况下，标记物并非必须。推荐的标记物是^{14}C，其他同位素，如^{13}C，^{15}N，^{3}H，也是可用的标记物。标记物应尽可能定位在分子最稳定的部分。举例来说，如果受试物结构上包含一个环，则应在此环上标记；如果受试物包含两个或两个以上的环，就可能需要单独研究以评估每个标记环的贡献，并获得准确的水解产物形成的资料。受试物纯度不小于95%。

在进行水解试验之前，应准备下列有关受试物的资料供查阅：

a) 水溶解度[OECD 105][9]；

b) 在有机溶剂中的溶解性；

c) 蒸气压[OECD 104][9]和(或)亨利定律常数；

d) 正辛醇-水分配系数[OECD 107 和 117][9]；

e) 离解常数(萃取)[OECD 112][9]；

f) 合适条件下水中直接和间接的光转化率。

还应提供受试物的定量分析方法，以及水溶液中水解产物的鉴别和定量分析方法(见 6.2)。

5 参比物

参比物用于水解产物的鉴别和定量分析，尽可能使用光谱、色谱或其他灵敏方法进行纯度和结构鉴定。

6 质量控制

6.1 回收率

用重复加入缓冲液或提取液后加入受试物的分析方法，可以简单反映出本试验方法的重现性和应用程序的可行性。后阶段试验的回收率由各物质的质量平衡(使用标记物时)来计算得到。标记及未标记化学品的回收率应介于 90%～110%之间[7]。如果在技术上很难达到这个范围时，未标记化学品的回收率仅 70%也是可以接受的，但应分析其原因。

6.2 重现性及灵敏度

在水解产物生成后，通过对相同缓冲溶液(或其提取物)的分析，可以确定用于后期定量分析受试物和水解产物的分析方法的重现性。

分析方法应具有足够的灵敏度，以检测低至 10%或更少的初始浓度的受试物的浓度。水解产物的分析方法也有足够的灵敏度，以检测回收率在 10%～25%(在峰值浓度以下)浓度的水解产物。

6.3 水解动力学数据的置信区间

应连续计算出所有回归系数、速率常数、半衰期和任何其他的动力学参数的置信区间(如 DT_{50})。

7 试验方法

7.1 仪器与设备

试验应在玻璃容器(如试管、小烧瓶)中，并在黑暗环境和无菌条件下进行。特殊情况下，数据资料(如正辛醇-水分配系数)表明受试物可能附着于玻璃上。在这种情况下，须考虑采用替代性材料(如聚四氟乙烯)。使用下列一个或多个方法也可以尽量减轻附着玻璃上带来的问题：

——确定吸附于试验容器上的受试物和水解产物的质量；

——使用超声震荡；

——确保在每个采样间隔用溶剂清洗所有玻璃器皿；

——使用调配物；

——使用加量的辅助溶剂作为系统中受试物的添加物，如果使用一种辅助溶剂，要确保其与受试物不发生反应。

应配备具有温度控制的水浴振动器，或配备培养试验溶液的恒温培养器。

除常用的基本实验室设备外，还应包括以下内容：

——酸度计；

——分析仪器，如气相色谱仪、高效液相色谱仪、薄层色谱仪、配备合适的检测器，用来分析同位素示踪和未标记的物质；

——定性分析的仪器(如质谱、气相色谱-质谱、高效液相色谱-质谱、核磁共振等)；

——液体闪烁计数器；

——液液萃取用的分液漏斗；

——用以浓缩溶液和提取的设备(如旋转蒸发仪);

——温度控制装置(如水浴)。

化学试剂包括:

——有机溶剂,分析级,如正己烷、二氯甲烷等;

——闪烁液;

——缓冲溶液(见7.3)。

水解试验中所有玻璃器皿,试剂级水和缓冲溶液都要经过消毒。

7.2 受试物应用

受试物以水溶液的方式加入到不同的缓冲溶液中(参见附录B)。如果有需要,为充分溶解,允许使用少量的有机溶剂(如乙腈、丙酮、乙醇)作为受试物的助溶剂,但通常不应超过1%。如果使用高浓度的助溶剂,应在能证明该溶剂不影响受试物水解的情况下方能使用(例如,当受试物极难溶解于水时)。

通常不建议使用助溶剂,因为不能排除该溶剂可能会影响水解过程。不过,对于极难溶于水或容易黏着玻璃的受试物(见7.1),也可以使用助溶剂。

可以使用受试物的浓缩液,不应超过0.01 mol/L或饱和浓度的一半(参见附录A)。

7.3 缓冲溶液

水解试验应在pH值为4,7和9的环境下进行。为此,应该用试剂级的化学品和水来制备缓冲溶液。附录B中列举了一些常用的缓冲体系。应该指出的是,缓冲体系有可能影响到水解的速率,如果发现这一问题就应该采用候补缓冲体系1)。

缓冲溶液的pH值应先用校准过的精确到0.1的酸度计在要求的温度条件下进行测定。

7.4 试验条件

7.4.1 试验温度

水解试验应在恒定的温度下进行。出于外推考虑,应将温度在控制在±0.5℃的范围内。

如果受试物的水解行为尚不明确时,初步试验(1级)应在50℃下进行。更高一级的动力学试验应在具有最少三种温度条件(包括50℃试验)下进行,除非受试物的水解行为如第1级试验所界定的一样稳定。建议的温度范围是10℃～70℃(最好至少有一个低于25℃的温度条件),其中包括报告温度25℃以及大部分现场遇到的气温。

7.4.2 光线和氧

所有的水解试验应使用任何合适的方法,以避免光解作用。应采取所有适当的措施以避免与氧气接触(如为溶液准备的前5 min用氦、氮、氩鼓泡等方法)。

7.4.3 试验期限

初步试验应进行5 d,而更高级的试验应进行到90%的受试物水解被观察到,或者为期30 d,以先到者为准。

7.5 试验现象

7.5.1 初步试验(第1级)

初步试验是在温度50℃±0.5℃和pH值为4.0,7.0和9.0下进行。如果5 d后观察到不到10%的水解($t_{0.5}$>1年),则受试物被确定是稳定水解,一般情况下就没有必要进行额外的试验了。如果该受试物在已知的环境温度2)下不稳定,那么初步试验则没有必要进行。分析方法必须有足够灵敏度,要能够检测到初始浓度的10%的降低。

1) 玛贝和米尔推荐使用硼酸或醋酸缓冲而非磷酸[11]。

2) 这些资料可能是来自其他来源,如类似结构化合物的水解数据,文献或其他使用较早发展阶段的试验物的初步,半定量水解测试结果。

7.5.2　不稳定物质的水解(第2级)

在pH值方面,上述初步试验段所界定的受试物质有不稳定的表现,则应进行更高一级(高级)的试验。该受试物的缓冲溶液应该在选定的温度下保持恒温。为测定一阶表现,每个反应溶液都应该按时间间隔加以分析,至少提供6个间距的数据点,通常为10%～90%的受试物质的水解过程。个别平行试验样品(至少有1个盛装于独立反应容器里的平行样品)应予以剔除,对每次至少6个采样时间(至少12个平行数据)进行分析。无菌确认试验应在更高级的试验(即90%水解或30 d)结束时进行。可是,如果没有观察到水解(即转化),则没有必要进行无菌试验

7.5.3　水解产物的鉴别(第3级)

任何主要的水解产物,至少那些代表大于或等于10%的添加剂量的物质,应使用适当的分析方法予以测定。

7.5.4　可选试验

对于不稳定的受试物可做pH值在4,7和9以外的额外的试验。例如,对于生理方面而言,强酸性环境(如pH值为1.2)下的试验,需要采用一个单一的生理相关温度(37℃)。

8　数据及报告

8.1　结果的处理

受试物和水解产物应用初始浓度的百分比来表示,适当情况下以mg/L来表示每个采样间隔,并注明每个pH值和试验温度。另外,当标记受试物质已被使用时,质量平衡也以初始浓度的百分比来表示。

应当做出一份图形报告,用以反映与时间相对的受试物浓度的数据变化记录。至少那些代表大于或等于10%应用剂量的水解产物,应予以检测。其记录变化的浓度应以同样方式绘制,以表达其形成和衰减的速率。

更精确的半衰期或DT_{50}值的测定应通过运用适当的动力学模型计算来获得。报告中应包括:对应各pH值和温度,半衰期或DT_{50}值(包括置信区间)连同一份动力学模型和相关系数(r^2)的描述。在适当的情况下,计算的方法也应适用于水解产物。

至于说在不同温度下对水解速率进行的研究,准一级水解速率常数(K_{obs})应该说是一个温度的函数。计算应基于酸催化速率常数,中性和基于酸催化水解(分别为K_H,$K_{neutral}$和K_{OH})以及阿伦纽斯方程,见式(7):

$$K_{obs}=K_H(H^+)+K_{neutral}+K_{OH}(OH^-)=\sum_{i=H,neutral,OH}A_i e^{-B_i/T} \qquad \cdots\cdots\cdots\cdots(7)$$

这里A_i和B_i是由截距和斜率产生的回归常数,分别具有由线性回归$\ln K_i$对应绝对开氏温度(T)的倒数生成。通过酸性,中性及基催化水解,准一级水解速率常数的纽斯关系的使用,其他的温度环境的半衰期也可以计算出来,而直接实验测定的速率常数是不可行的[10]。

8.2　试验报告

报告应包括下列内容:

a)　受试物:

——通用名称,化学名称,CAS编号,结构式(当使用同位素示踪材料时用以指示标记位置)及有关物理化学性质(见4);

——受试物的纯度(杂质含量);

——标记化合物的纯度和摩尔活性(如果可能的话)。

b)　缓冲溶液:

——准备的日期和细节;

——缓冲液和水的使用情况;

——缓冲溶液的物质的量浓度和 pH 值。

c) 试验条件：

——试验进行的日期；

——所用的受试物的质量；

——用于测试受试物方法和溶剂(种类及数量)；

——用于受试物溶解的缓冲溶液的量；

——温浴系统的描述；

——试验过程中的温度和 pH 值；

——采样时间；

——提取的方法；

——在缓冲溶液中受试物及其水解产物定量和定性的分析方法；

——重复的次数。

d) 结果：

——所用分析方法的重现性和灵敏度；

——回收率；

——平行数据和条件的记录表格；

——在试验期间(使用标记受试物)和试验结束时的质量平衡；

——初步试验的结果；

——结果的讨论和分析；

——所有原始数据和图表。

以下资料只是在水解速率已定时需要：

——受试物的浓度随时间变化示意图，适当的时候反映水解产物在不同 pH 值和温度条件下的情况的示意图；

——阿伦纽斯方程结果的表格，温度 20℃～25℃ ，pH 值，反应速率常数内(h^{-1}和 d^{-1})，半衰期或 DT_{50}，包括置信区间和相关系数(r^2)，以及可参考的其他资料；

——可能的水解路线。

9 结果的解释与评估

大多数水解反应遵循表观一阶反应速率，因此，半衰期都是独立的浓度。这种情况通常允许实验室结果的应用定于 10^{-2} mol/L～10^{-3} mol/L，环境条件(≤10^{-6} mol/L)[10]。许多化学物质在纯净环境下和自然水域所表现的水解速率的有很好的一致性，例子见玛贝和米尔的报告[11]，其中提供了详尽的 pH 值和温度。

附 录 A
(资料性附录)
水解作用试验流程

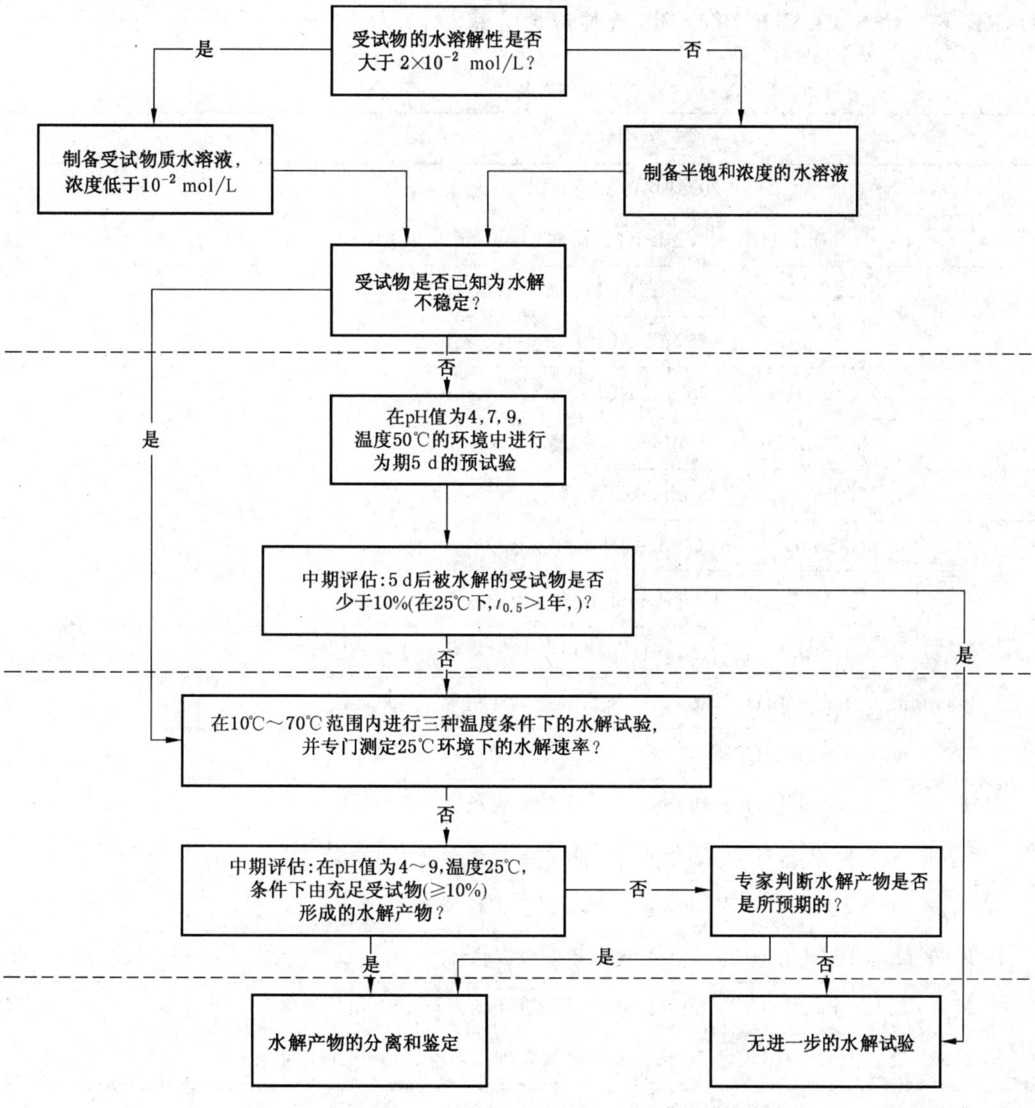

注：50℃条件下受试物10%的水解对应于近似1个半衰期。30 d对应于一个近似值在25℃条件下的1年。

图 A.1 水解作用试验流程

附 录 B
（资料性附录）
缓 冲 体 系

B.1 CLARK 和 LUBS:CLARK 和 LUBS 缓冲混合溶液[3)]

表 B.1

成　分	pH 值
在 20℃时，0.2 mol/L HCl+0.2 mol/L KCl	
47.5 mL HCl+25 mL KCl 稀释至 100 mL	1.0
32.25 mL HCl+25 mL KCl 稀释至 100 mL	1.2
20.75 mL HCl+25 mL KCl 稀释至 100 mL	1.4
13.15 mL HCl+25 mL KCl 稀释至 100 mL	1.6
8.3 mL HCl+25 mL KCl 稀释至 100 mL	1.8
5.3 mL HCl+25 mL KCl 稀释至 100 mL	2.0
3.35 mL HCl+25 mL KCl 稀释至 100 mL	2.2
在 20℃时，0.1 mol/L 苯二甲酸氢钾+0.1 mol/L HCl	
46.70 mL 0.1 mol/L HCl+50 mL 苯二甲酸氢钾稀释至 100 mL	2.2
39.60 mL 0.1 mol/L HCl+50 mL 苯二甲酸氢钾稀释至 100 mL	2.4
32.95 mL 0.1 mol/L HCl+50 mL 苯二甲酸氢钾稀释至 100 mL	2.6
26.42 mL 0.1 mol/L HCl+50 mL 苯二甲酸氢钾稀释至 100 mL	2.8
20.32 mL 0.1 mol/L HCl+50 mL 苯二甲酸氢钾稀释至 100 mL	3.0
14.70 mL 0.1 mol/L HCl+50 mL 苯二甲酸氢钾稀释至 100 mL	3.2
9.90 mL 0.1 mol/L HCl+50 mL 苯二甲酸氢钾稀释至 100 mL	3.4
5.97 mL 0.1 mol/L HCl+50 mL 苯二甲酸氢钾稀释至 100 mL	3.6
2.63 mL 0.1 mol/L HCl+50 mL 苯二甲酸氢钾稀释至 100 mL	3.8
在 20℃时，0.1 mol/L 苯二甲酸氢钾+0.1 mol/L NaOH	
0.40 mL 0.1 mol/L NaOH+50 mL 苯二甲酸氢钾稀释至 100 mL	4.0
3.70 mL 0.1 mol/L NaOH+50 mL 苯二甲酸氢钾稀释至 100 mL	4.2
7.50 mL 0.1 mol/L NaOH+50 mL 苯二甲酸氢钾稀释至 100 mL	4.4
12.15 mL 0.1 mol/L NaOH+50 mL 苯二甲酸氢钾稀释至 100 mL	4.6
17.70 mL 0.1 mol/L NaOH+50 mL 苯二甲酸氢钾稀释至 100 mL	4.8
23.85 mL 0.1 mol/L NaOH+50 mL 苯二甲酸氢钾稀释至 100 mL	5.0

3）在这些表格中的 pH 值已从潜在测量中使用 Sörensen 的标准方程(1909)计算出来 。相应的 pH 值比表列值高 0.04 个单位。

表 B.1（续）

成　分	pH 值
在 20℃时，0.1 mol/L 苯二甲酸氢钾＋0.1 mol/L NaOH	
29.95 mL 0.1 mol/L NaOH＋50 mL 苯二甲酸氢钾稀释至 100 mL	5.2
35.45 mL 0.1 mol/L NaOH＋50 mL 苯二甲酸氢钾稀释至 100 mL	5.4
39.85 mL 0.1 mol/L NaOH＋50 mL 苯二甲酸氢钾稀释至 100 mL	5.6
43.00 mL 0.1 mol/L NaOH＋50 mL 苯二甲酸氢钾稀释至 100 mL	5.8
45.45 mL 0.1 mol/L NaOH＋50 mL 苯二甲酸氢钾稀释至 100 mL	6.0
在 20℃时，0.1 mol/L 苯二甲酸氢钾＋0.1 mol/L NaOH	
5.70 mL 0.1 mol/L NaOH＋50 mL 苯二甲酸氢钾稀释至 100 mL	6.0
8.60 mL 0.1 mol/L NaOH＋50 mL 苯二甲酸氢钾稀释至 100 mL	6.2
12.60 mL 0.1 mol/L NaOH＋50 mL 苯二甲酸氢钾稀释至 100 mL	6.4
17.80 mL 0.1 mol/L NaOH＋50 mL 苯二甲酸氢钾稀释至 100 mL	6.6
23.45 mL 0.1 mol/L NaOH＋50 mL 苯二甲酸氢钾稀释至 100 mL	6.8
29.63 mL 0.1 mol/L NaOH＋50 mL 苯二甲酸氢钾稀释至 100 mL	7.0
35.00 mL 0.1 mol/L NaOH＋50 mL 苯二甲酸氢钾稀释至 100 mL	7.2
39.50 mL 0.1 mol/L NaOH＋50 mL 苯二甲酸氢钾稀释至 100 mL	7.4
42.80 mL 0.1 mol/L NaOH＋50 mL 苯二甲酸氢钾稀释至 100 mL	7.6
45.20 mL 0.1 mol/L NaOH＋50 mL 苯二甲酸氢钾稀释至 100 mL	7.8
46.80 mL 0.1 mol/L NaOH＋50 mL 苯二甲酸氢钾稀释至 100 mL	8.0
在 20℃时，0.1 mol/L 硼酸 in 0.1 mol/L KCl＋0.1 mol/L NaOH	
2.61 mL 0.1 mol/L NaOH＋50 mL 硼酸至 100 mL	7.8
3.97 mL 0.1 mol/L NaOH＋50 mL 硼酸至 100 mL	8.0
5.90 mL 0.1 mol/L NaOH＋50 mL 硼酸至 100 mL	8.2
8.50 mL 0.1 mol/L NaOH＋50 mL 硼酸至 100 mL	8.4
12.00 mL 0.1 mol/L NaOH＋50 mL 硼酸至 100 mL	8.6
16.30 mL 0.1 mol/L NaOH＋50 mL 硼酸至 100 mL	8.8
21.30 mL 0.1 mol/L NaOH＋50 mL 硼酸至 100 mL	9.0
26.70 mL 0.1 mol/L NaOH＋50 mL 硼酸至 100 mL	9.2
32.00 mL 0.1 mol/L NaOH＋50 mL 硼酸至 100 mL	9.4
36.85 mL 0.1 mol/L NaOH＋50 mL 硼酸至 100 mL	9.6
40.80 mL 0.1 mol/L NaOH＋50 mL 硼酸至 100 mL	9.8
43.90 mL 0.1 mol/L NaOH＋50 mL 硼酸至 100 mL	10.0

B.2 KOLTHOFF 和 VLEESCHHOUWER：KOLTHOFF 和 VLEESCHHOUWER 磷酸二氢钾缓冲溶液

表 B.2

成　分	pH 值
在 18℃时，0.1 mol/L 磷酸二氢钾和 0.1 mol/L HCl	
49.7 mL 0.1 mol/L HCl+50 mL 磷酸二氢钾至 100 mL	2.2
43.4 mL 0.1 mol/L HCl+50 mL 磷酸二氢钾至 100 mL	2.4
36.8 mL 0.1 mol/L HCl+50 mL 磷酸二氢钾至 100 mL	2.6
30.2 mL 0.1 mol/L HCl+50 mL 磷酸二氢钾至 100 mL	2.8
23.6 mL 0.1 mol/L HCl+50 mL 磷酸二氢钾至 100 mL	3.0
17.2 mL 0.1 mol/L HCl+50 mL 磷酸二氢钾至 100 mL	3.2
10.7 mL 0.1 mol/L HCl+50 mL 磷酸二氢钾至 100 mL	3.4
4.2 mL 0.1 mol/L HCl+50 mL 磷酸二氢钾至 100 mL	3.6
在 18℃时，0.1 mol/L 磷酸二氢钾和 0.1 mol/L NaOH[4]	
2.0 mL 0.1 mol/L NaOH+50 mL 磷酸二氢钾至 100 mL	3.8
9.0 mL 0.1 mol/L NaOH+50 mL 磷酸二氢钾至 100 mL	4.0
16.3 mL 0.1 mol/L NaOH+50 mL 磷酸二氢钾至 100 mL	4.2
23.7 mL 0.1 mol/L NaOH+50 mL 磷酸二氢钾至 100 mL	4.4
31.5 mL 0.1 mol/L NaOH+50 mL 磷酸二氢钾至 100 mL	4.6
39.2 mL 0.1 mol/L NaOH+50 mL 磷酸二氢钾至 100 mL	4.8
46.7 mL 0.1 mol/L NaOH+50 mL 磷酸二氢钾至 100 mL	5.0
54.2 mL 0.1 mol/L NaOH+50 mL 磷酸二氢钾至 100 mL	5.2
61.0 mL 0.1 mol/L NaOH+50 mL 磷酸二氢钾至 100 mL	5.4
68.0 mL 0.1 mol/L NaOH+50 mL 磷酸二氢钾至 100 mL	5.6
74.4 mL 0.1 mol/L NaOH+50 mL 磷酸二氢钾至 100 mL	5.8
81.2 mL 0.1 mol/L NaOH+50 mL 磷酸二氢钾至 100 mL	6.0

B.3 SÖRENSEN：SÖRENSEN 磷酸盐混合溶液

表 B.3

成　分		Sörensen	Walbum，pH 值		
硼砂/mL	HCl/NaOH/mL	18℃	10℃	40℃	70℃
0.05 mol/L 硼砂+0.1 mol/L HCl					
5.25	4.75	7.62	7.64	7.55	7.47
5.50	4.50	7.94	7.98	7.86	7.76
5.75	4.25	8.14	8.17	8.06	7.95
6.00	4.00	8.29	8.32	8.19	8.08

4）加入细小百里酚晶体或者类似物质以防止霉菌生长。

表 B.3（续）

成　分		Sörensen 18℃	Walbum，pH 值		
硼砂/mL	HCl/NaOH/mL		10℃	40℃	70℃
6.50	3.50	8.51	8.54	8.40	8.28
7.00	3.00	8.08	8.72	8.56	8.40
7.50	2.50	8.80	8.84	8.67	8.50
8.00	2.00	8.91	8.96	8.77	8.59
8.50	1.50	9.01	9.06	8.86	8.67
9.00	1.00	9.09	9.14	8.94	8.74
9.50	0.50	9.17	9.22	9.01	8.80
10.00	0.00	9.24	9.30	9.08	8.86
0.05 mol/L 硼砂＋0.1 mol/L NaOH					
10.0	0.0	9.24	9.30	9.08	8.86
9.0	1.0	9.36	9.42	9.18	8.94
8.0	2.0	9.50	9.57	9.30	9.02
7.0	3.0	9.68	9.76	9.44	9.12
6.0	4.0	9.97	10.06	9.67	9.28

表 B.4

成　分	pH 值
在 20℃时，0.066 7 mol/L 磷酸二氢钾＋0.066 7 mol/L 磷酸氢二钠	
99.2 mL 磷酸二氢钾＋0.8 mL 磷酸氢二钠	5.0
98.4 mL 磷酸二氢钾＋1.6 mL 磷酸氢二钠	5.2
97.3 mL 磷酸二氢钾＋2.7 mL 磷酸氢二钠	5.4
95.5 mL 磷酸二氢钾＋4.5 mL 磷酸氢二钠	5.6
92.8 mL 磷酸二氢钾＋7.2 mL 磷酸氢二钠	5.8
88.9 mL 磷酸二氢钾＋11.1 mL 磷酸氢二钠	6.0
83.0 mL 磷酸二氢钾＋17.0 mL 磷酸氢二钠	6.2
75.4 mL 磷酸二氢钾＋24.6 mL 磷酸氢二钠	6.4
65.3 mL 磷酸二氢钾＋34.7 mL 磷酸氢二钠	6.6
53.4 mL 磷酸二氢钾＋46.6 mL 磷酸氢二钠	6.8
41.3 mL 磷酸二氢钾＋58.7 mL 磷酸氢二钠	7.0
29.6 mL 磷酸二氢钾＋70.4 mL 磷酸氢二钠	7.2
19.7 mL 磷酸二氢钾＋80.3 mL 磷酸氢二钠	7.4
12.8 mL 磷酸二氢钾＋87.2 mL 磷酸氢二钠	7.6
7.4 mL 磷酸二氢钾＋92.6 mL 磷酸氢二钠	7.8
3.7 mL 磷酸二氢钾＋96.3 mL 磷酸氢二钠	8.0

参 考 文 献

[1] OECD (1981). Hydrolysis as a Function of pH. OECD Guideline for Testing of Chemicals Nr. 111, adopted 12 May 1981.

[2] US-Environmental Protection Agency (1982). 40 CFR 796. 3500, Hydrolysis as a Function of pH at 25 ℃. Pesticide Assessment Guidelines, Subdivision N. Chemistry: Environmental Fate.

[3] Agriculture Canada (1987). Environmental Chemistry and Fate Guidelines for registration of pesticides in Canada.

[4] European Union (EU) (1995). Commission Directive 95/36/EC amending Council Directive 91/414/EEC concerning the placing of plant protection products on the market. Annex V: Fate and Behaviour in the Environment.

[5] Dutch Commission for Registration of Pesticides (1991). Application for registration of a pesticide. Section G: Behaviour of the product and its metabolites in soil, water and air.

[6] BBA (1980). Merkblatt Nr. 55, Teil I und II: Prüfung des Verhaltens von Pflanzenbehandlungsmitteln im Wasser (October 1980).

[7] SETAC (1995). Procedures for Assessing the Environmental Fate and Ecotoxicity of Pesticides. Mark R. Lynch, Ed.

[8] OECD (2000). Guidance document on aquatic toxicity testing of difficult substances and mixtures, OECD Environmental Health and Safety Publications Series on Testing and Assessment Nr. 23.

[9] OECD (1993). Guidelines for the Testing of Chemicals. Paris. OECD (1994-2000): Addenda 6-11 to Guidelines for the Testing of Chemicals.

[10] Nelson, H, Laskowski D, Thermes S, and Hendley P. (1997) Recommended changes in pesticide fate study guidelines for improving input to computer models. (Text version of oral presentation at the 14th Annual Meeting of the Society of Environmental Toxicology and Chemistry, Dallas TX, November 1993).

[11] Mabey, W. and Mill, T. (1978). Critical review of hydrolysis of organic compounds in water under environmental conditions. J. Phys. Chem. Ref. Data 7, 383-415.

ICS 13.300;13.020.40
A 80

中华人民共和国国家标准

GB/T 21856—2008

化学品 快速生物降解性 二氧化碳产生试验

Chemicals—Ready biodegradability—
CO_2 evolution test

2008-05-12 发布 2008-09-01 实施

中华人民共和国国家质量监督检验检疫总局
中国国家标准化管理委员会 发布

前　言

本标准等同采用经济合作与发展组织(OECD)化学品测试导则 No. 301B(1992 年)《二氧化碳产生试验》。

本标准做了下列编辑性修改：

——增加了范围、术语与定义、质量控制；

——将计量单位改为我国法定计量单位。

本标准的附录 A、附录 B、附录 C、附录 D 为资料性附录。

本标准由全国危险化学品管理标准化技术委员会(SAC/TC 251)提出并归口。

本标准负责起草单位：环境保护部南京环境科学研究所。

本标准参加起草单位：环境保护部化学品登记中心、上海市检测中心、上海市环境科学研究院。

本标准主要起草人：石利利、刘济宁、单正军、赵浩然、赵圆、李康、沈根祥。

化学品 快速生物降解性 二氧化碳产生试验

1 范围

本标准规定了化学品快速生物降解性 CO_2 产生试验的方法概述、试验准备、试验程序、质量控制、数据与报告。

本标准适用于测试可溶于水的、难溶于水的、不挥发的或有吸附作用的化学品的快速生物降解性。

2 术语和定义

下列术语和定义适用于本标准。

2.1

快速生物降解性 ready biodegradability

受试物在限定时间内与接种物接触表现出的生物降解能力。

2.2

总碳 total carbon, TC

试验介质中有机碳和无机碳的总量。

2.3

总有机碳 total organic carbon, TOC

试验介质(包括溶液和悬浮液)中有机碳的总量。

2.4

溶解性有机碳 dissolved organic carbon, DOC

溶液中有机碳的含量,常指通过 0.45 μm 滤膜过滤后液体中的有机碳含量,或经 4 000 r/min 离心 15 min 后上清液中的有机碳含量。

2.5

理论二氧化碳 theoretical carbon dioxide, $ThCO_2$

由计算得出的受试物含有的已知或经测定的碳完全无机化应产生的二氧化碳的量。通常以每毫克受试物产生的二氧化碳毫克数表示(mg/mg)。

2.6

停滞期 lag phase, LP

试验开始到降解率达到 10%的时期。

2.7

十天观察期 10-d window

生物降解率达到 10%之后的 10 d 试验时间。

2.8

降解期 degradation phase

停滞期结束到降解率达到最大降解率的 90%的时期。

2.9

稳定期 plateau

生物降解率趋于稳定(至少三次测定)的时期。

3 受试物信息

a) 分子式；
b) 水中溶解度；
c) 蒸气压；
d) 结构式；
e) 纯度；
f) 碳含量；
g) 主要成分组成比例；
h) 吸附性；
i) 微生物毒性。

4 方法概述

4.1 原理

在一定体积的接种无机培养基中，含有已知浓度的受试物（10 mg/L～20 mg/L，以 DOC 或 TOC 计）作为唯一的有机碳源，在黑暗或漫射光下，用脱二氧化碳的空气以受控速率对试验培养基进行曝气。通过测定 28 d 二氧化碳产生量来确定降解率。受试物产生的二氧化碳数量用 $ThCO_2$ 的百分率来表示（经只含接种物的空白试验校正）。生物降解率也可采用接种开始和结束时进行的补充 DOC 测定值来计算。

4.2 参比物

本标准推荐苯胺（新蒸馏）、醋酸钠或苯甲酸钠作为参比物。若使用其他参比物，试验报告中应加以说明。

5 试验准备

5.1 设备

a) 烧瓶，2 L～5 L，每个烧瓶安装一个出口接近容器底部的通气管（通气管不能干扰磁性搅拌器的使用）；
b) 磁性搅拌器，在测定难溶受试物时使用；
c) 气体吸收瓶；
d) 控制和测量空气流量装置；
e) 净化空气的装置（去除二氧化碳）；也可用脱二氧化碳的压缩空气（钢瓶气：20%O_2，80%N_2）；
f) 二氧化碳测定装置，滴定仪或无机碳分析仪；
g) 膜过滤装置（可选）；
h) DOC 分析仪（可选）。

5.2 接种物

5.2.1 接种物的选择

接种物可以来自活性污泥、污水出水口、地表水和土壤，或以上几种的混合物。

5.2.2 活性污泥接种物

活性污泥采自污水处理厂或主要处理生活污水的中试规模的处理单元曝气池中的新鲜样品。如有必要，通过细过滤网去除较大颗粒物后，保持污泥有氧培养状态。

活性污泥在去除颗粒物后，沉淀或离心分离（如：1 100 *g*，离心 10 min）将浮在表面上的杂质除去。污泥可用试验培养基进行清洗，使活性污泥在试验培养基中质量浓度为 3 g/L～5 g/L，保持有氧培养直至使用。当污泥中含有抑制剂时，污泥应被清洗，与试验培养基充分混合后沉淀或离心分离后再悬浮污泥，去掉悬浮物，再用试验培养基悬浮洗过的污泥。重复这一操作直到污泥中认为不含酶和抑制剂。试验前从悬浮污泥中抽取一份样品，确定活性污泥的干重。

活性污泥也可用搅拌器以中等速度将污泥搅拌 2 min，使其均质化（3 g/ L～5 g/L），沉淀 30 min 或更长（如有需要），与试验培养基按大约 10 mL/L 的比率，轻轻倒出液体作为接种物。

5.2.3 其他来源接种物

接种物也可采自污水处理厂或处理主要生活污水的中试规模单元的二级出水。采集一个新鲜样品并在运输中保持有氧状态。样品沉淀 1 h 或用粗滤纸过滤后，保持上清液或滤出液在有氧状态直至使用。每升培养基可添加 100 mL 该接种物。

接种物的另一个来源是地表水。收集一份地表水样品，如河水、湖水并保持有氧状态直至使用。如有必要，可通过过滤器或离心将接种物浓缩。

5.2.4 接种物预处理

如有需要，试验温度下，对接种物曝气培养 5 d～7 d。

5.3 试验用水

使用高纯度去除毒性物质（如 Cu^{2+}）的去离子水或蒸馏水，确保有机碳含量不得高于受试物浓度的 10%，每组系列试验使用一批水。

5.4 培养基

5.4.1 试验培养基贮备液

用分析纯试剂制备下列贮备液：

a) 磷酸缓冲液：称取 8.50 g 磷酸二氢钾（KH_2PO_4）、21.75 g 磷酸氢二钾（K_2HPO_4）、33.40 g 二水合磷酸氢二钠（$Na_2HPO_4 \cdot 2H_2O$）和 0.5 g 氯化铵（NH_4Cl），用水溶解，定容至 1 L，pH 值为 7.4。

b) 氯化钙溶液：称取 27.50 g 无水氯化钙（$CaCl_2$）或 36.40 g 二水合氯化钙（$CaCl_2 \cdot 2H_2O$），用水溶解，定容至 1 L。

c) 硫酸镁溶液：称取 22.50 g 七水合硫酸镁（$MgSO_4 \cdot 7H_2O$），用水溶解，定容至 1 L。

d) 氯化铁溶液：称取 0.25 g 六水合氯化铁（$FeCl_3 \cdot 6H_2O$），用水溶解，定容至 1 L。加入 0.05 mL 浓盐酸或 0.4 g/L EDTA 二钠盐缓冲溶液保存。

上述贮备液中如果出现沉淀，则需重新配制。

5.4.2 试验培养基的制备

取 5.4.1 中溶液 a）10 mL 加入 800 mL 试验用水中，再加溶液 b）、c）和 d）各 1 mL，定容至 1 L。

6 试验程序

6.1 组别设计

a) 通常，试验中需要设置下列组别：
  ——含受试物和接种物的试验组；
  ——仅含接种物的接种物空白对照组；
  ——含参比物和接种物的程序对照组。

b) 必要时：
  ——含受试物和消毒剂无菌消毒对照组；
  ——含受试物、参比物和接种物的毒性对照组（见附录 A）。

6.2 受试物贮备液

受试物或参比物的水溶解度若超过 1 g/L，则称取 1 g～10 g，用试验用水溶解并定容至 1 L。否则，用试验培养基配制储备液或将受试物直接加入试验培养基中，确保受试物溶解或均质化，或按附录 B 所述处理受试物。

6.3 烧瓶的准备

以5 L烧瓶装3 L悬浮液为例，在保证准确测定所产生的二氧化碳时，也可用较小体积的烧瓶。每个5 L烧瓶中加入2 400 mL的无机培养基，再加入已制备好的活性污泥，使得接种物的浓度在定容3 L后不超过30 mg/L。对悬浮液用去除CO_2的空气曝气过夜，净化试验系统。

试验瓶中分别加入受试物和(或)参比物贮备液，对于难溶于水的受试物可以直接加入也可采用附录B方式处理，受试物终浓度为10 mg/L～20 mg/L（以DOC或TOC计），空白仅含接种物，最后用脱CO_2的培养基定容到3 L。必要时，有氧无菌对照、毒性对照采用相同处理方式。

采用氢氧化钡溶液作吸收剂时，每个5 L试验烧瓶串接3个吸收瓶，分别加入0.012 5 mol/L的氢氧化钡溶液100 mL(不能含有硫酸盐和碳酸盐沉淀)。当采用氢氧化钠时，串接2个吸收瓶，第二个吸收瓶用以确定产生的二氧化碳在第一个吸收瓶中已完全吸收，吸收瓶用乳胶瓶塞，每瓶中加入0.05 mol/L的氢氧化钠溶液200 mL(可能含有微量的碳酸盐，可通过空白对照校正)。也可直接采样测定DOC(见附录C)或用化学方法分析样品含量。

6.4 试验操作

将去除CO_2的空气以30 mL/min～100 mL/min的流量给悬浮液曝气开始试验。试验前10 d，建议每隔1 d～2 d测定一次CO_2，其后至少每5 d应进行一次，直到第28天，以确定十天观察期和降解率。测定CO_2时，拆下直接与试验烧瓶相连的氢氧化钡吸收瓶，其余吸收瓶顺序前移，并在末端连接一个新吸收瓶。拆下的吸收瓶，以酚酞作指示剂用0.05 mol/L HCl滴定，根据$Ba(OH)_2$浓度的变化确定CO_2产生量。观测第一个吸收瓶出现明显沉淀，但第二个吸收瓶还未出现沉淀所需的时间，以确定采样频率。当用NaOH作吸收剂时，用注射器在直接与试验烧瓶相连的吸收瓶中抽取样品，所需样品的体积依据所使用的碳分析仪，但试验周期内应确保不因取样而使吸收剂的体积发生较大变化。试验结束时，测定第二个吸收瓶中的CO_2含量，以校正试验烧瓶的CO_2产生量。第28天时向各个试验瓶中加入1 mL浓盐酸通宵曝气驱出试验悬浮液中的CO_2，第29天最后测定CO_2产生量。

7 质量控制

a) 在稳定期、试验结束时或十天观察期结束时，平行试验间的降解率最大差别低于20%；

b) 试验进行到第14天时，参比物程序对照的降解率(以$ThCO_2$产生量计)不低于60%；

c) 试验培养基中无机碳含量在试验开始时应低于总碳的5%；

d) 试验结束时接种物空白对照中CO_2产生总量通常不高于40 mg/L，如果高于70 mg/L时，应对数据和试验方法应进行检验。

8 数据与报告

8.1 结果处理

a) 氢氧化钡溶液作吸收剂

根据HCl滴定体积，采用下式分别计算接种物、接种物加受试物所产生的CO_2量，二者之差即为受试物降解产生的CO_2量。见式(1)：

$$TCO_2 = \frac{0.05 \times (50 - V) \times 44}{2} = 1.1 \times (50 - V) \quad \cdots\cdots(1)$$

式中：

TCO_2——受试物降解产生的CO_2量，单位为毫克(mg)；

V——滴定的HCl体积，单位为毫升(mL)。

生物降解百分率计算公式见式(2)和式(3)：

$$D=\frac{m_1}{ThCO_2\times m_2}\times 100 \qquad \cdots\cdots(2)$$

或

$$D=\frac{m_1}{m_3\times 3.67}\times 100 \qquad \cdots\cdots(3)$$

式中：

D——生物降解率，%；

$ThCO_2$——通过元素分析计算而得(见附录C)；

m_1——二氧化碳产生量，单位为毫克(mg)；

m_2——受试物加入量，单位为毫克(mg)；

m_3——试验加入的TOC量，单位为毫克(mg)；

3.67——以碳转换成二氧化碳的系数(44/12)，二氧化碳产生量为累积值。

b) 氢氧化钠溶液作吸收剂

当用NaOH溶液为吸收剂时，用无机碳浓度和使用的吸收剂体积来计算任何时间间隔后的CO_2产生量。计算降解百分率公式见式(4)：

$$D=\frac{m_1-m_2}{m_3}\times 100 \qquad \cdots\cdots(4)$$

式中：

D——生物降解率，%；

m_1——试验烧瓶中无机碳的量，单位为毫克(mg)；

m_2——空白试验中无机碳的量，单位为毫克(mg)；

m_3——试验中受试物加入的TOC量，单位为毫克(mg)。

c) 当有非生物降解对照时，非生物降解百分率计算公式见式(5)：

$$D_a=\frac{TCO_2}{ThCO_2}\times 100 \qquad \cdots\cdots(5)$$

式中：

D_a——非生物降解率，%；

TCO_2——28 d后消毒烧瓶中产生的二氧化碳量，单位为毫克(mg)。

8.2 结果报告

试验报告应包括以下内容：

a) 受试物：

——物理状态及基本理化性质；

——受试物鉴别数据。

b) 试验条件：

——接种物：状态和取样地点，浓度和预处理方式；

——污水中工业废水的比例和状况(若已知)；

——试验周期与温度；

——水中难溶受试物溶液/悬浮液制备方法；

——程序改变的原因及解释说明。

c) 结果：
——将数据填入“数据表”(见附录 D)；
——任何观察到的抑制现象；
——任何观察到的非生物降解；
——化学物质分析数据(若适用)；
——受试物降解产物的分析数据(若适用)；
——受试物及参比物的降解曲线，包括停滞期、降解期和十天观察期；
——稳定期、试验结束时和(或)十天观察期结束时的降解百分率。

d) 结果讨论。

附 录 A
（资料性附录）
受试物对接种物生长抑制作用的处理

当快速生物降解试验中受试物表现为无生物降解性时，为判别是源于受试物对接种物的抑制作用还是因为受试物的惰性，推荐采用以下措施：

微生物毒性试验和生物降解试验采用类似或相同的接种物。

微生物毒性试验可以单独或联合采用以下方法：污泥呼吸速率抑制试验、BOD 和（或）微生物生长抑制试验。

生物降解性试验中，为避免受试物抑制接种物的活性，建议受试物浓度设置为 EC_{50} 的 1/10（或低于 EC_{20}）。若受试物对接种物 EC_{50} 大于 300 mg/L 时，可判定受试物对接种物无抑制影响；

当受试物对接种物 EC_{50} 低于 20 mg/L 时，应设置较低的受试物浓度。推荐采用密闭瓶法试验或使用 ^{14}C 标记材料评价生物降解性；若采用经受试物驯化的接种物，试验时可设置较高的受试物浓度，但试验结果不能用于评价快速生物降解性。

附 录 B
（资料性附录）
难溶性受试物的处理

对于难溶于水的受试物的生物降解性试验，应特别注意以下问题：

鉴于均质的液体很少有采样问题，因此应采用适当的方法使固体物质均质化，避免非均质造成的误差。当需要从混合物或含大量杂质的受试物中采集几毫克的代表样品时，尤其应特别小心。

试验过程中可采用多种搅拌方式，要注意搅拌到足以使受试物分散、但又不至于出现过热、泡沫过多或过强的分散力。

可使用乳化剂使受试物呈稳定的分散状态，但乳化剂在试验条件下应对接种物无毒、不降解，也不起泡。

对溶剂的要求同乳化剂。

对于固体受试物，乳化剂不得属于固体载运剂，但油性受试物可以使用载运剂。

当使用辅助物质如乳化剂、溶剂和载运剂时，应设置辅助物质空白对照。

附　录　C
（资料性附录）
有关参数的计算和确定

C.1　碳百分含量

碳百分含量可以由已知的元素组成计算得到，或由受试物的元素分析得出。

C.2　理论耗氧量(ThOD)

当元素组成确定或已知时，可以计算得出理论耗氧量。对于化合物 $C_c H_h Cl_{cl} N_n Na_{na} O_o P_p S_s$，通常基于形成铵盐的降解方式计算 ThOD，其理论需氧量见式(C.1)：

$$ThOD_{NH_3} = \frac{16\left[2c + \frac{1}{2}(h - cl - 3n) + 3s + \frac{5}{2}p + \frac{1}{2}na - o\right]}{MW} \quad \cdots\cdots\cdots\cdots(C.1)$$

如果预测到或可确定发生硝化作用时，就要基于形成硝酸盐的降解方式来计算 $ThOD_{NO_3}$，其理论需氧量见式(C.2)：

$$ThOD_{NO_3} = \frac{16\left[2c + \frac{1}{2}(h - cl) + \frac{5}{2}n + 3s + \frac{5}{2}p + \frac{1}{2}na - o\right]}{MW} \quad \cdots\cdots\cdots\cdots(C.2)$$

式(C.1)和式(C.2)中：

ThOD——理论需氧量，以每毫克化学品消耗的氧气量表示(mg/mg)；

c——化合物分子中碳原子个数；

h——化合物分子中氢原子个数；

cl——化合物分子中氯原子个数；

n——化合物分子中氮原子个数；

s——化合物分子中硫原子个数；

p——化合物分子中磷原子个数；

na——化合物分子中钠原子个数；

o——化合物分子中氧原子个数；

MW——化合物相对分子质量。

若硝化作用不完全但确已发生，则需通过测定硝酸盐和亚硝酸盐的浓度进行校正 ThOD。

C.3　化学需氧量(COD)

水中可溶性有机物的化学需氧量可用现有方法(如 ISO 6060 法)进行测定。

化学需氧量通常最好用其他方法来测定，即有压力平衡装置的密闭系统 Kelkenberg 法，特别是对于难溶物质的试验中，用该方法可以测定常规方法很难测定的化合物。然而，该方法不能测定像嘧啶类的物质。若重铬酸钾的浓度从 0.002 6 mol/L 增至 0.041 6 mol/L，就可容易地测定 5 mg～10 mg 直接称量加入的物质，这将满足难溶于水物质的化学需氧量测定。

C.4　溶解性有机碳(DOC)

溶解有机碳是溶液中的有机碳，通常指通过 0.45 μm 滤膜的有机碳或经 4 000 r/min 离心 15 min 后保留在上清液中的有机碳含量。

从试验容器中取出样品后立即用适当的过滤器和滤膜过滤，舍去最初的滤出液 20 mL(当使用小过滤器时，此量可相应减少)，保留 10 mL～20 mL(取决于碳分析需要的体积)供碳分析，用有机碳分析仪测定 DOC 浓度，有机碳分析仪必须能够精确测量相当于或低于在试验所用的起始 DOC 浓度的 10％的量。

在同一工作日内不能测定滤液样品时，可在冰箱中 4℃下保存样品，但保存时间不得超过 48 h，在 －18℃可保存较长时间。

C.5 理论二氧化碳($ThCO_2$)

当元素确定或已知时，可以计算得出理论二氧化碳产生量。对于化合物 $C_cH_hCl_{cl}N_nNa_{na}O_oP_pS_s$，其理论二氧化碳产生量见式(C.3)

$$ThCO_2 = \frac{c \times 44}{MW} \qquad \cdots\cdots(C.3)$$

式中：

$ThCO_2$——理论二氧化碳，单位以每毫克受试物产生的二氧化碳量(mg/mg)表示；

c——化合物分子中碳原子个数；

MW——化合物相对分子质量。

注：滤膜表面通常涂有亲水性涂层物质，这样，过滤器就可能含有溶解性有机碳，影响生物降解性的测定。将过滤器放入去离子水中煮沸 3 次、每次 1 h，可去除涂层物质和溶解性有机物，其后过滤器可在水中保存一星期。如果使用一次性的过滤器，则每批都应检查确保其不释放出溶解性有机碳。同时确保受试物不被过滤器吸附。

在离心力 4 000 g(约为 40 000 m/s²)下离心 15 min 可代替过滤，由于不是全部的细菌都能去除，或者细菌体的部分碳会再溶解，该方法不适用于分析 DOC 初始浓度低于 10 mg/L 的样品。

附　录　D
（资料性附录）
CO_2 产生试验数据表

D.1　实验室

D.2　试验开始日期

D.3　受试物

名称：
受试物贮备液浓度：　　　mg/L（以化学物质的质量计）
试验培养基的初始浓度：　　　mg/L（以化学物质的质量计）
烧瓶中增加的总碳：　　　mg
$ThCO_2$：　　　mg

D.4　接种物

来源：
处理方式：
前处理，如有：
在反应混合物中悬浮固体浓度：　　　mg/L

D.5　CO_2 的产生和降解性

表 D.1　CO_2 的产生和降解性测定结果

时间/d	CO_2 产生量/mg					累积 CO_2 产生量（试验减空白的平均值）/mg		$\%ThCO_2=\frac{CO_2\text{ 累积量}}{ThCO_2}\times 100$		
	受试物		空白							
	烧瓶 1	烧瓶 2	烧瓶 3	烧瓶 4	均值[a]	烧瓶 1	烧瓶 2	烧瓶 1	烧瓶 2	均值[a]
0										
n_1										
n_2										
n_3										
n_4										
28										

[a] 如果在重复试验中得到的数据相差很大，不要取平均值。

注：相似的格式适用于参比物和毒性对照实验。

D.6　二氧化碳分析(可选)

表 D.2　二氧化碳测定结果

时间/d	受试物/(mg/L)	空白试验/(mg/L)
0	(C_0)	($C_{bl(0)}$)
28[a]	(C_t)	($C_{bl(t)}$)

[a] 或在培养期结束时。

生物降解率的计算见式(D.1)：

$$D=\left[1-\frac{C_t-C_{bl(t)}}{C_0-C_{bl(0)}}\right]\times 100 \qquad \cdots\cdots\text{(D.1)}$$

D.7　非生物降解(可选)

非生物降解率的计算见式(D.2)：

$$D_a=\frac{TCO_2}{ThCO_2}\times 100 \qquad \cdots\cdots\text{(D.2)}$$

ICS 13.300;13.020.40
A 80

中华人民共和国国家标准

GB/T 21857—2008

化学品　快速生物降解性
改进的 OECD 筛选试验

Chemicals—Ready biodegradability—Modified OECD screening test

2008-05-12 发布　　2008-09-01 实施

中华人民共和国国家质量监督检验检疫总局
中国国家标准化管理委员会　发布

前　言

本标准等同采用经济合作与发展组织(OECD)化学品测试导则 No.301E (1992 年)《改进的 OECD 筛选试验》(英文版)。

本标准做了下列编辑性修改：

——将计量单位改为我国法定计量单位。

本标准的附录 A、附录 B、附录 C 和附录 D 为资料性附录。

本标准由全国危险化学品管理标准化技术委员会(SAC/TC 251)提出并归口。

本标准负责起草单位：环境保护部化学品登记中心。

本标准参加起草单位：沈阳化工研究院安全评价中心、上海市环境科学研究院、环境保护部南京环境科学研究所。

本标准主要起草人：周红、聂晶磊、刘纯新、蔡磊明、赵玉艳、沈根祥、刘济宁。

化学品　快速生物降解性　改进的 OECD 筛选试验

1　范围

本标准规定了化学品快速生物降解性改进的 OECD 筛选试验的方法概述、试验准备、试验程序、质量保证与质量控制、数据与报告。

本标准适用于测试非挥发、水中溶解度不低于 100 mg/L 的化学品的快速生物降解性。

2　术语和定义

下列术语和定义适用于本标准。

2.1

快速生物降解性　ready biodegradability

受试物在限定时间内与接种物接触表现出的生物降解能力。

2.2

初级生物降解　primary biodegradation

受试物在生物作用下化学结构发生变化致使特性丧失的过程。

2.3

溶解性有机碳　dissolved organic carbon，DOC

溶液中有机碳的含量，常指通过 0.45 μm 滤膜过滤后液体中的有机碳含量，或经 4 000 r/min 转速离心 15 min 后上清液中的有机碳含量。

2.4

停滞期　lag phase

试验开始到降解率达到 10% 的时期。

2.5

十天观察期　10-d window

生物降解率达到 10% 之后的 10 d 试验时间。

2.6

降解期　degradation phase

停滞期结束到降解率达到最大降解率的 90% 的时期。

3　受试物信息

a)　分子式和结构式；
b)　水中溶解度；
c)　蒸气压；
d)　碳含量；
e)　纯度；
f)　主要成分组成比例；
g)　吸附性；
h)　微生物毒性。

4　方法简介

4.1　原理

在一定体积的无机培养基中加入已知浓度的受试物(10 mg/L～40 mg/L,以 DOC 计),作为唯一有机碳源,每升培养基接种 0.5 mL 污水处理厂二级出水的滤液。在温度为 22℃±2℃、黑暗或散射光的条件下进行曝气。在 28 d 内,定期测定 DOC 以确定降解率。生物降解率用 DOC 去除浓度(用接种物的空白对照试验校正)计算,以初始浓度的百分比表达。可以通过特定化学分析测定试验开始和结束时受试物的浓度,确定受试物的初级生物降解性。

4.2 参比物

本标准推荐苯胺(新蒸馏)、醋酸钠或苯甲酸钠作为参比物。若使用其他参比物,试验报告中应加以说明。

5 试验准备

5.1 设备

a) 锥形瓶,250 mL～2 L;

b) 震荡器;

c) 配有合适滤膜的过滤器;

d) DOC 测定仪;

e) 溶解氧测定仪;

f) 离心机。

5.2 接种物

5.2.1 接种物的选择

接种物可以采自主要处理生活污水的污水处理厂或中试规模的污水处理装置的二级出水。

5.2.2 接种物的准备

从主要处理生活污水的污水处理厂或中试规模的污水处理装置的曝气池采集二级出水,在运输过程中保持有氧状态。沉淀 1 h 或用粗滤纸过滤,保持上清液或滤出液在有氧状态直到使用。

5.2.3 接种物的预处理

如有需要,在试验温度下,将接种物预处理到符合试验条件,但不是对接种物进行预驯化。预处理包括在试验温度下对(在试验培养基中的)活性污泥或对二级出水曝气培养 5 d ～7 d。

5.3 试验用水

使用去除毒性物质 (如 Cu^{2+})的高纯度去离子水或蒸馏水,并且有机碳含量不得高于受试物浓度的 10%。对于每组系列试验使用同一批水。

5.4 培养基

5.4.1 试验培养基贮备液

用分析纯试剂制备下列贮备液:

a) 磷酸缓冲液:称取 8.50 g 磷酸二氢钾(KH_2PO_4)、21.75 g 磷酸氢二钾(K_2HPO_4)、33.40 g 二水合磷酸氢二钠($Na_2HPO_4 \cdot 2H_2O$)和 0.5 g 氯化铵(NH_4Cl),用水溶解,定容至 1 L,pH 值为 7.4。

b) 氯化钙溶液:称取 27.50 g 无水氯化钙($CaCl_2$)或 36.40 g 二水合氯化钙($CaCl_2 \cdot 2H_2O$),用水溶解,定容至 1 L。

c) 硫酸镁溶液:称取 22.50 g 七水合硫酸镁($MgSO_4 \cdot 7H_2O$),用水溶解,定容至 1 L。

d) 氯化铁溶液:称取 0.25 g 六水合氯化铁($FeCl_3 \cdot 6H_2O$),用水溶解,定容至 1 L。

上述贮备液加入 0.05 mL 浓盐酸或 0.4 g/L EDTA 二钠盐缓冲溶液保存。如果贮备液中出现沉淀,则需重新配制。

e) 微量元素溶液:称取 39.9 mg 四水合硫酸锰($MnSO_4 \cdot 4H_2O$)、57.2 mg 硼酸(H_3BO_3)、42.8 mg七水合硫酸锌($ZnSO_4 \cdot 7H_2O$)、34.7 mg 钼酸铵($(NH_4)_6Mo_7O_{24}$)、100.0 mg 铁-螯

合物($FeCl_3$ · EDTA)用蒸馏水溶解，定容至 1 L。

f) 维生素溶液：称取 15.0 mg 酵母膏溶于 100 mL 蒸馏水中，用 0.2 μm 孔径滤膜过滤除菌，或现用现配制成新鲜的溶液。

5.4.2 试验培养基的制备

在 800 mL 蒸馏水中加入磷酸缓冲液 10 mL，再分别加入氯化钙溶液、硫酸镁溶液、氯化铁溶液、微量元素溶液、维生素溶液各 1 mL，用蒸馏水定容至 1 L。

6 试验程序

6.1 组别设计

a) 通常，试验中需要设置下列组别：

——含受试物和接种物的试验组（两个锥形瓶平行）；

——仅含接种物的接种物空白对照组（两个锥形瓶平行）；

——含参比物和接种物的程序对照组。

b) 必要时：

——含受试物和消毒剂的无菌对照组；

——含受试物、接种物和消毒剂的吸附对照组；

——含受试物、参比物和接种物的毒性对照组（见附录 A）。

6.2 受试物贮备液

受试物或参比物的水中溶解度若超过 1 g/L，则称取 1 g～10 g，用去离子水溶解并定容至 1 L。否则，将受试物直接加入试验培养基中，确保受试物溶液均质化，或按附录 B 所述处理受试物。

6.3 试验操作

6.3.1 锥形瓶的准备

以 2 L 锥形瓶装 1 L 悬浮液为例，锥形瓶中先装入 800 mL 试验培养基，再分别加入受试物或参比物的贮备液，使锥形瓶中 DOC 的质量浓度为 10 mg/L～40 mg/L，调节 pH 值至 7.4。按照每升试验培养基使用 0.5 mL 接种物滤出液的比例将接种物接种进锥形瓶中，用试验培养基定容至 1 L。

同样用试验培养基配制空白对照组，但只加接种物，不加受试物或参比物。

用试验培养基接种一瓶同时含有受试物和参比物的程序对照组检查受试物对接种物的抑制作用。

用经灭菌的未接种的受试物溶液（无菌对照组）检查受试物是否发生非生物降解。可采用滤膜(0.2 μm～0.45 μm)过滤或加入适当的有毒物质来抑制微生物活性。

另外，可采用一个含有受试物、接种物和消毒剂的吸附对照组检验受试物在污泥、容器壁上的吸附性，评价受试物的吸附程度。

混合之后，从每个锥形瓶取样测定其初始 DOC 浓度（附录 C）。用铝箔将锥形瓶口盖住，并确保锥形瓶中试验药液和外界空气能自由交换，将锥形瓶置入震荡器中培养。

6.3.2 取样和 DOC 测定

整个试验期间定期从每个锥形瓶中取样测定 DOC 浓度（两个平行）。必须连续测定试验悬浮液和接种物空白平行试验的 DOC。每次测定 DOC 时，试验悬浮液的取样量以满足试验测定的最小量为宜。在取样之前应向锥形瓶中加入适量的水以补充蒸发掉的水分。取样前将培养基充分混合并确保在取样前粘附在容器壁上的物质再次溶解或悬浮。取出的样品应立即用滤膜过滤或离心分离。取样当天对过滤或分离的样品进行测定。否则在 2 ℃～4 ℃最多保持 48 h 或在－18 ℃以下长期保存。

6.3.3 取样频率

取样频率要保证取得足够的样品，从而可以评估十天观察期内 DOC 的去除百分率。取样的模式无法精确描述。如果在取样的当天进行测定，可根据测定结果确定下次的取样时间。如果将样品保存后再测定，则每天取 1 次或每两天取 1 次样品，先测定最后的样品（第 28 天的），用逐步倒退法选择测定其他样品，这样用相对较小的样品数目可能获得一个很好的生物降解曲线。如果最后的样品（第 28 天的）没有明显降解，其他样品无需再进行测定。

7 质量保证与质量控制

a) 在稳定期、试验结束时或十天观察期结束时，平行试验间的降解率最大差别应低于 20%。

b) 试验进行到 14 d 时，参比物程序对照的降解率（以 DOC 计）不小于 70%。

8 数据与报告

8.1 数据处理

8.1.1 测定数据记录和处理

将试验数据填写在数据记录表中（附录 D）。

8.1.2 生物降解百分率计算

用 DOC 测定平均值计算每次取样时两个试验组的降解率（D_t）。见式（1）：

$$D_t = \left[1 - \frac{C_t - C_{bl(t)}}{C_0 - C_{bl(0)}}\right] \times 100 \qquad \cdots\cdots(1)$$

式中：

D_t——t 时刻的降解百分率，%；

C_0——含受试物和接种物的试验组的初始 DOC 平均浓度，单位为毫克每升（mg/L）；

C_t——含受试物和接种物的试验组 t 时刻的 DOC 平均浓度，单位为毫克每升（mg/L）；

$C_{bl(0)}$——空白对照组的初始 DOC 平均浓度，单位为毫克每升（mg/L）；

$C_{bl(t)}$——空白对照组 t 时刻的 DOC 平均浓度，单位为毫克每升（mg/L）。

所有浓度值为试验中测得。

用两个试验组的平均值，绘图表示降解过程，如果试验符合有效性标准，指出十天观察期。计算和报告在稳定期、试验结束和在十天观察期结束时的 DOC 去除百分率。

当有无菌对照时，用式（2）计算非生物降解百分率：

$$D_a = \frac{C_{s(0)} - C_{s(t)}}{C_{s(0)}} \times 100 \qquad \cdots\cdots(2)$$

式中：

D_a——非生物降解百分率，%；

$C_{s(0)}$——无菌对照组的初始 DOC 浓度，单位为毫克每升（mg/L）；

$C_{s(t)}$——无菌对照组 t 时刻的 DOC 浓度，单位为毫克每升（mg/L）。

8.1.3 初级生物降解百分率计算

当可获得受试物的特定化学分析数据时，可按照式（3）计算初级生物降解百分率。

$$D_t = \frac{S_b - S_a}{S_b} \times 100 \qquad \cdots\cdots(3)$$

式中：

D_t——t 时刻（试验结束时通常为 28 d）的初级生物降解百分率，%；

S_a——试验结束时试验组中受试物的残留量，单位为毫克每升（mg/L）；

S_b——试验结束时无菌对照组中受试物的残留量，单位为毫克每升（mg/L）。

8.2 结果报告

试验报告应包括以下内容：

a) 受试物：

——物理属性，及基本理化性质；

——受试物鉴别数据。

b) 试验条件：

——接种物：状态和取样地点，浓度和预处理方式；

——污水中工业废水的比例和状况(若已知)；

——试验周期与温度；

——如果受试物是非常难溶的物质，提供受试物溶液/悬浮液制备方法；

——程序改变的原因及解释说明。

c) 结果：

——将数据填入“数据记录表”；

——任何观察到的抑制现象；

——任何观察到的非生物降解；

——受试物质特定化学分析数据(如果有)；

——受试物降解产物的分析数据(如果有)；

——受试物及参比物的降解曲线，包括停滞期、降解期和十天观察期和斜率；

——稳定期、试验结束时和(或)十天观察期结束时的降解百分率。

d) 结果讨论。

附 录 A
(资料性附录)
受试物对接种物生长抑制作用的处理

A.1 受试物对接种物生长抑制作用的处理

当快速生物降解试验中受试物表现为无生物降解性时，为判别是源于受试物对接种物的抑制作用还是因为受试物的惰性，推荐采用以下措施：

微生物毒性试验和生物降解试验采用类似或相同的接种物。

微生物毒性试验可以单独或联合采用以下方法：活性污泥呼吸抑制试验、BOD 和(或)微生物生长抑制试验。

生物降解性试验中，为避免受试物抑制接种物的活性，建议受试物浓度设置为 EC_{50} 的 1/10(或低于 EC_{20})。若受试物对接种物 EC_{50} 大于 300 mg/L 时，可判定受试物对接种物无抑制影响。

当受试物对接种物 EC_{50} 低于 20 mg/L 时，应设置较低的受试物浓度。推荐采用密闭瓶法试验或使用 ^{14}C 标记材料评价生物降解性；若采用经受试物驯化的接种物，试验时可设置较高的受试物浓度，但试验结果不能用于评价快速生物降解性。

附 录 B
（资料性附录）
难溶性受试物的处理

对于难溶于水的受试物的生物降解性试验，应特别注意以下问题：

鉴于均质的液体很少有采样问题，因此应采用适当的方法使固体物质均质化，避免非均质造成的误差。当需要从混合物或含大量杂质的受试物中采集几毫克的代表样品时，尤其应特别小心。

试验过程中可采用多种搅拌方式，要注意搅拌到足以使受试物分散、但又不致于出现过热、泡沫过多或过强的分散力。

可使用乳化剂使受试物呈稳定的分散状态，但乳化剂在试验条件下应对接种物无毒、不降解，也不起泡。

对溶剂的要求同乳化剂。

对于固体受试物，乳化剂不得属于固体载运剂，但油性受试物可以使用载运剂。

当使用辅助物质如乳化剂、溶剂和载运剂时，应设置辅助物质空白对照。

附 录 C
（资料性附录）
有关参数的计算和确定

C.1 溶解性有机碳（DOC）

根据定义，溶解性有机碳是指任何化合物或混合物中溶于水并能通过 0.45 μm 滤膜的有机碳。

从试验容器中取出样品后立即用适当的过滤器和滤膜过滤，舍去最初的滤出液 20 mL（当使用小过滤器时，此量可相应减少），保留 10 mL～20 mL（取决于分析需要的体积）供有机碳分析，用有机碳分析仪测定 DOC 浓度，有机碳分析仪必须能够精确测量相当于或低于在试验所用的起始 DOC 浓度的 10％的量。

在同一工作日内不能测定滤液样品时，可在冰箱中 4 ℃下保存样品，但保存时间不得超过 48 h，在－18 ℃可保存较长时间。

注：滤膜表面通常涂有亲水性涂层物质，这样，过滤器就可能含有溶解性有机碳，影响生物降解性的测定。将过滤器放入去离子水中煮沸 3 次、每次 1 h，可去除涂层物质和溶解性有机物，其后过滤器可在去离子水中保存一星期。如果使用一次性的过滤器，则每批都应检查确保其不释放出溶解性有机碳。同时确保受试物不被过滤器吸附。

在离心力 4 000 *g*（约为 40 000 m/s^2）下离心 15 min 可代替过滤，由于不是全部的细菌都能去除，或者细菌体的部分有机碳会再溶解，该方法不适用于分析 DOC 初始浓度低于 10 mg/L 的样品。

附 录 D
（资料性附录）
改进的 OECD 筛选试验数据记录表

D.1 试验室

D.2 试验的开始日期

D.3 受试物

名称：

受试物储备液浓度： mg/L（以化学物质的质量计）

受试物在试验培养基中的初始浓度，C_0： mg/L（以化学物质的质量计）

D.4 接种物

污水的来源：

预处理：

前期调节，如有：

在反应混合物中的浓度：mg/L

D.5 碳的测定

表 D.1 碳分析

碳分析仪：

项目	瓶号		n 天后的 DOC 值/(mg/L)				
			0	n_1	n_2	n_3	n_4
含受试物和接种物的试验组	1	a_1					
		a_2					
		平均值 $C_{a(t)}$					
	2	b_1					
		b_2					
		平均值 $C_{b(t)}$					
仅含接种物的空白对照组	3	c_1					
		c_2					
		平均值 $C_{c(t)}$					
	4	d_1					
		d_2					
		平均值 $C_{d(t)}$					
	平均值 $C_{bl(t)}=\frac{C_{c(t)}+C_{d(t)}}{2}$						

D.6 原始数据的评估

表 D.2 原始数据的评估

瓶 号	结果的计算	n 天后的降解率/%				
		0	n_1	n_2	n_3	n_x
1	$D_1=\left[1-\frac{C_{a(t)}-C_{bl(t)}}{C_{a(0)}-C_{bl(0)}}\right]\times 100$	0				
2	$D_2=\left[1-\frac{C_{b(t)}-C_{bl(t)}}{C_{b(0)}-C_{bl(0)}}\right]\times 100$	0				
平均值[a]	$D_t=\frac{D_1+D_2}{2}$	0				
注：参比物可使用类似的格式。						
[a] 当 D_1 和 D_2 相差很大时不应取平均值。						

D.7 非生物降解

非生物降解百分率根据表 D.3 按式(D.1)计算。

表 D.3 非生物降解

项 目	时间/d	
	0	t
不含接种物的无菌对照组的 DOC 浓度/(mg/L)	$C_{s(0)}$	$C_{s(t)}$

$$D_{a(t)}=\frac{C_{s(0)}-C_{s(t)}}{C_{s(0)}}\times 100 \quad\cdots\cdots\cdots(D.1)$$

式中：

$D_{a(t)}$——t 时刻的非生物降解百分率，%。

D.8 特定化学分析(可选)

表 D.4 特定化学分析

项 目	试验结束时受试物的残留量	初级降解/%
不含接种物的无菌对照组	S_b	
含接种物的试验组	S_a	$\frac{S_b-S_a}{S_b}\times 100$

ICS 13.300;13.020.40
A 80

中华人民共和国国家标准

GB/T 21858—2008

化学品 生物富集 半静态式鱼类试验

Chemicals—Bioconcentration—Semi-static fish test

2008-05-12 发布 2008-09-01 实施

中华人民共和国国家质量监督检验检疫总局
中国国家标准化管理委员会 发布

前　言

本标准等同采用经济合作与发展组织(OECD)化学品测试导则 No.305(1996 年)《生物富集:流水式鱼类试验》(英文版)。

本标准做了下列编辑性修改:

——将计量单位改为我国法定计量单位。

本标准的附录 A、附录 B、附录 C、附录 D 和附录 E 为资料性附录。

本标准由全国危险化学品管理标准化技术委员会(SAC/TC 251)提出并归口。

本标准负责起草单位:环境保护部化学品登记中心。

本标准参加起草单位:上海市检测中心、上海市环境科学研究院、环境保护部南京环境科学研究所。

本标准主要起草人:毛岩、周红、于相毅、赵华清、殷浩文、沈根祥、刘济宁。

化学品　生物富集　半静态式鱼类试验

1　范围

本标准规定了化学品生物富集流水式鱼类试验的方法概述、试验准备、试验程序、质量保证与质量控制、数据与报告。

本标准适用于测试与评价 $\lg P_{ow}$ 值在 1.5～6.0 之间的稳定的有机化学品的生物富集性，也适用于测试与评价 $\lg P_{ow}>6.0$ 的高亲脂性的有机化学品的生物富集性。

2　术语和定义

下列术语和定义适用于本标准。

2.1

生物富集　bioconcentration/bioaccumulation

试验生物体(或特定组织)内某种受试物的浓度相对于试验介质中该物质浓度的增加。

2.2

生物富集系数　bioconcentration factor, BCF

试验吸收阶段的任何时间，试验生物体(或特定组织)内某种受试物浓度与试验介质中该物质浓度的比率。BCF 也可由动力学方程速率常数(K_1/K_2)直接计算得到，记为 BCF_K。

2.3

稳定态　plateau or steady-state

受试物在鱼体中浓度对应时间所绘的曲线与时间轴趋于平行(变化幅度在±20%)时状态。

2.4

稳定态生物富集系数/稳定态生物蓄积系数　steady state bioconcentration factor, BCF_{ss}

在稳定态下，试验生物体(或特定组织)内某种受试物浓度与试验介质中该物质浓度的比率。

2.5

正辛醇-水分配系数　octanol-water partition coefficient, P_{ow}

物质在正辛醇-水两相介质中达到平衡时的浓度之比。通常以 P_{ow} 表示。

2.6

吸收速率常数　uptake rate constant, K_1

受试鱼暴露于含有受试物质的介质中，鱼体或其特定组织中受试物浓度增加速率。通常以 d^{-1} 表示。

2.7

清除速率常数　depuration (loss) rate constant, K_2

受试鱼从含有受试物质的介质中转移到不含受试物质的介质中后，鱼体或其特定组织中受试物浓度降低的速率。通常以 d^{-1} 表示。

3　受试物信息

水中溶解度；

正辛醇-水的分配系数(P_{ow})；

水解性；

在太阳光或模拟太阳光和在生物富集试验光照条件下，测定化学品在水中的光转化作用；

表面张力(若无 P_{ow} 时)；

蒸气压；

快速生物降解性试验结果；

受试物质对受试鱼的毒性，如 LC_{50} 值；

合适的分析方法(已知准确度、精确度和灵敏性)；

样品制备和储存的详细资料；

受试物质在水中和鱼体内的分析检测限；

当受试物质使用 ^{14}C 标记时，应了解放射物质携带杂质的百分率。

4 方法概述

4.1 原理

生物富集试验包括两个阶段：暴露(吸收)阶段和暴露后(清除)阶段。

在吸收阶段，将受试鱼暴露于两个或两个以上浓度的受试物溶液中。吸收阶段一般为 28 d，除非能证明在此之前已达到吸收平衡。附录 C 中的方程式可用于预测吸收阶段的天数和稳定状态时间。如果在 28 d 内尚未达到稳定状态，吸收阶段应延长直至稳定状态为止，最长为 60 d。定期更换试验介质。

在吸收达到稳定状态后，将受试鱼转入不含有受试物的相同的介质，清除阶段开始。清除阶段必不可少，除非在吸收阶段受试物的吸收量可忽略(如，BCF＜10)。

在整个测试过程中，定时测定鱼体(或其特定组织)中的受试物含量。除两组不同浓度的受试物试验之外，应设置空白对照组。

生物富集系数(BCF)的计算选用一次指数模型。如果一次指数模型明显不适用时，应选用更复杂的模型(见附录 E)。

用实测的受试物在鱼体内的浓度和溶液中的浓度拟和模型，并计算吸收速率常数、清除速率常数和生物富集系数的置信限。

BCF 值一般以鱼体总湿重表示。如果鱼体足够大或鱼可以分为可食用部分(鱼肉)和非食用部分(内脏)时，可用特定组织或器官(如肌肉、肝)进行分析。对于高亲脂性受试物质($\lg P_{ow}>3$)，在测定受试物质在受试鱼体内浓度的同时，应测定受试鱼体的脂肪含量。

4.2 参比物

无推荐参比物。

5 仪器和设备

溶解氧测定仪；

水硬度计；

pH 计；

分析天平；

TOC 分析仪；

水质测定仪器；

化学惰性材料制成的水族工具；

温度控制设备；

实验室常用玻璃器皿；

受试物分析仪器；

样品前处理仪器设备。

6 试验准备

6.1 受试鱼类

6.1.1 鱼种的选择

鱼种选择的标准：易于获得、大小合适和实验室内易于驯养。也包括娱乐、商业、生态学价值以及相对灵敏和成功选用前例等。

推荐使用的试验鱼种见附录B。也可以用其他鱼种,但试验条件应作相应调整,并在报告中说明鱼种选择理由和试验方法。

6.1.2 鱼的驯养

受试鱼应在与试验温度相同的水中驯养2周以上,每天投喂相当于鱼体重1%～2%的饵料。应测定饵料的脂肪和总蛋白含量。建议测定农药和重金属含量。

在受试鱼开始驯养48 h内,记录其死亡率并按下列标准评判:

a) 7 d内试验鱼死亡率大于10%:舍弃整批鱼;

b) 7 d内试验鱼死亡率在5%～10%之间:再驯养7 d;

c) 7 d内试验鱼死亡率小于5%:接收本批鱼。如果在第二个7 d内,试验鱼死亡率超过5%,舍弃整批鱼。

畸形或患病鱼不能作为受试鱼,应舍弃。试验期间及试验前两周不应对鱼做任何疾病处理。

如果试验中使用成年鱼,应报告受试鱼是雄性还是雌性或两者混用。如果试验中雄鱼和雌鱼混用时,两者的脂肪含量应没有显著性差异。雄鱼和雌鱼应一起喂养。

6.2 驯养用水

驯养用水一般来源于无污染、相同水质的天然水。受试鱼种在驯养用水中能够存活、成长和繁殖,并且在驯养期间不产生任何外观或行为异常。水的特性指标至少应包括pH、硬度、颗粒物、总有机碳、铵及亚硝酸盐的含量、碱度和含盐量(仅对海水鱼类而言)。附录A推荐了淡水和海水的部分参数的最大浓度值。

7 试验程序

7.1 准备

7.1.1 试验容器

试验容器应使用化学惰性材料制成,对受试验物质没有明显的吸附。建议使用特氟龙材料、不锈钢或玻璃管,将塑料软管减少到最小量。对于有高吸附系数的物质,要求使用硅烷化玻璃。使用过的容器必须废弃。

7.1.2 试验用稀释水

稀释水来源和水质同驯养用水。

在整个试验期间,试验用水的质量应保持稳定不变,pH值应在6.0～8.5之间,pH值的变化幅度应保持±0.5的范围。稀释水应定期取样分析,包括测定重金属(例如Cu,Pb,Zn,Hg,Cd,Ni)、主要的阴离子和阳离子(例如Ca^{2+},Mg^{2+},Na^{+},K^{+},Cl^{-},$SO_4{}^{2-}$)、杀虫剂(例如总有机磷和总有机氯农药)的含量、总有机碳和固体悬浮物。

稀释水中的天然颗粒物最大可接受质量浓度为5 mg/L(孔径0.45 μm滤膜的截留干物质),总有机碳最大可接受数值为2 mg/L(见附录A)。整个试验过程中,试验容器中其他来源的有机碳不应超过来自于受试物的有机碳。如使用助溶剂,不应超过10 mg/L(±20%)。

7.1.3 受试物溶液的配制

配制合适浓度的受试物贮备液。

建议在稀释水中通过简单地混合或搅拌受试物来配制贮备液。应尽量不用或慎用助溶剂或分散剂。可以使用的助溶剂有乙醇、甲醇、乙二醇一甲基醚、乙二醇二甲醚、二甲基甲酰胺和三甘醇。可以使用的分散剂有Cremophor RH40(乙氧基化氢化蓖麻油)、吐温80(脱水山梨醇单油酸酯聚氧乙烯醚)、0.01%甲基纤维素和HCO-40(乙氧基化氢化蓖麻油)。

7.2 试验操作

7.2.1 预备试验

优化试验条件,如受试物浓度的选择、吸收阶段和清除阶段持续时间。

7.2.2 试验设计

鱼类要暴露在受试物至少2个浓度的水溶液中。通常,较高(或最高)的浓度应为急性 LC_{50} 的1%,同时该浓度应为水中受试物的分析方法检出限的10倍以上。最高测试浓度也可以通过96 h急性 LC_{50} 除以恰当的急慢性比率来估计。如果可能,也可以选择其他的浓度系列。如果受到 LC_{50} 的1%和分析下限的限制而不能配制上述浓度时,可以采用小于10倍的浓度级差,或考虑使用 ^{14}C 标记的受试物。任何情况下不得采用大于受试物溶解度的浓度。

当试验中使用了助溶剂时,其体积浓度应小于0.1 mL/L,而且在所有试验容器中的浓度应相同。应测定助溶剂的有机碳含量。

应设立稀释水对照组或助溶剂对照组。

7.2.3 暴露条件

7.2.3.1 吸收阶段的持续时间

吸收阶段持续时间的预测可以从实践经验或凭借一定的经验关系式获得,如利用受试物的水溶解性或正辛醇-水的分配系数(见附录C)。

吸收阶段的持续时间应持续28 d,除非能证实试验可以较早达到平衡。如果第28天时还未达到稳定状态,应延长吸收阶段,进一步测定,直到达到稳定状态或60 d。选时间较短的一种方法。

7.2.3.2 清除阶段的持续时间

清除阶段的时间一般为吸收阶段时间的一半(见附录C对估算的解释)。如果达到95%清除量所需的时间过长,例如超过了样品吸收阶段的两倍时间(如超过56 d),那么清除阶段的时间可以缩短(例如到受试物浓度小于稳定状态浓度的10%为止)。

使用一次指数模型的化学物质,需要较长的清除时间以测定清除速率常数。清除阶段时间应取决于鱼体内受试物浓度测定的分析下限。

7.2.3.3 试验介质更换

试验期间,不要对试验介质充气。在满足质量控制的前提下,确定试验介质的更换频率。更换试验介质时,应快速把试验鱼由原试验容器中转入盛有新鲜试验介质的容器中。新鲜试验介质应提前制备,以确保受试物与稀释水间达到平衡状态。

7.2.3.4 受试鱼的数量

各试验浓度所需受试鱼的尾数应保证每次取样测定,每次取样最少4尾鱼。如果要求更大的统计样本,则需要更多鱼尾数。

试验时,应选择体重相近的受试鱼,最小的鱼体重不小于最大鱼体重的三分之二。所有的受试鱼应是相同鱼龄,相同来源。应准确记录受试鱼的质量和鱼龄。建议在试验前对受试鱼取样称重。

7.2.3.5 承载量

推荐使用的承载率为鱼重(湿重)0.1 g/(d·L)~1.0 g/(d·L)。如果受试物浓度波动能保持在±20%内,并且溶解氧浓度不低于60%饱和值时,可以提高承载量。

在选择适当的承载量时,应考虑鱼种要求的正常生长环境。

7.2.3.6 喂养

在试验期内,使用驯养期间相同的饵料。每天投喂相当于鱼体重1%~2%的饵料。建议在试验前对受试鱼取样称重。可根据最近取样的鱼体重来估算各试验槽中鱼的重量,不得称量在试验槽中的鱼的质量。

每天喂食之后的30 min~60 min以内,用虹吸清除试验槽中剩余的饵料和鱼类排泄物。在整个试验期间尽可能地保持试验槽干净,以保证有机物的浓度尽可能的低。

如果更换试验介质,应在每次更换前1 h~2 h投食。

7.2.3.7 光照和温度

试验期间,光周期应为12 h~16 h,温度应控制在受试鱼种最适宜温度的±2℃以内(见附录B)。

7.2.4 水质测定的频率

试验时应测定所有试验容器中的溶解氧、TOC、pH和温度,对照组和较高或最高试验浓度组应测定总硬度和盐度。在吸收阶段,至少应测定3次溶解氧,即试验开始时、吸收阶段中期和结束时。清除阶段每周1次。TOC的测定应在投入受试鱼前(吸收阶段前24 h~48 h)、吸收阶段和清除阶段至少每周1次。pH应在各个阶段的开始和结束时测定。每次试验测定1次硬度。每日应测量温度,至少连续监测一个试验容器中的温度。

7.2.5 受试鱼和水的取样及分析

7.2.5.1 受试鱼和水的取样计划

在加入受试鱼之前、吸收阶段和清除阶段,均应采集试验槽中的水样进行受试物浓度测定。水样采集频率应不小于鱼样采集频率,且应在投饵之前进行。

在吸收阶段至少采集鱼样5次;在清除阶段,至少4次。在有些情况下,仅这几个样品很难计算出一个足够精确的BCF值,因此在两个阶段中建议增加取样次数(参见附录D)。

附录D给出一个取样计划表样例。用其他 P_{ow} 的估算值去计算吸收95%的暴露时间,也可以迅速得出相关的计划表。

在吸收阶段应连续取样测定,直到出现稳定态或28 d试验期(二者取其短)。如果28 d里尚未达到稳定态,应继续取样直到达到稳定态或达60 d(二者取其短)。在清除阶段开始前,把试验鱼转入清水容器中。

7.2.5.2 取样和样品制备

按虹吸原理,使用惰性材料管从试验槽的中部区域采集水样供分析测定。应保持容器尽可能的干净,并在吸收和清除阶段检测总有机碳的含量。

每次取鱼样时,从试验槽取出适当数量的受试鱼(最少4尾),快速用水冲洗受试鱼,吸干体表水分,用最人道的方法快速致死后称重。

鱼样和水样采集后应尽快测定,以避免降解或其他方面的损失,并近似计算吸收和清除速率。

不能及时测定样品时应用适当的方法保存样品。试验开始前应掌握保存特定受试物的方法、贮存时间和提取方法等。

7.2.5.3 分析方法

对于特定的受试物,需要检查分析方法的准确性和重现性,以及水和鱼体中该受试物的回收率。另外,稀释水中不得检出受试物。必要时,应校正试验中测得的 C_w 和 C_t 值。

7.2.5.4 鱼样测定

在试验中使用了放射性标记物质时,则能够测定放射标记物总量(包括母体和代谢物),或者清洗样品后单独测定母体受试物,在稳定态或吸收阶段末(二者取其短)也可鉴定代谢主产物。如果根据放射性标记残余物总量得到的BCF值不小于1 000,则有必要鉴别稳定态时鱼体组织中的受试物总残留的降解率是否不小于10%,特别对于农药等特殊类别的化合物。如果鱼体组织中的受试物总残留的降解率不小于10%,则需测定受试物在水中的降解。

通常应测定每尾鱼体内的受试物含量,如果这不可能做到,则每次取样后将相同浓度的受试鱼合并,但这将无法进行数理统计分析。如果确实需要进行数理统计,在试验设计时就需充分考虑样品量(受试鱼尾数)。

BCF值可表达为试验鱼体总湿重的函数,对于高亲脂性物质,也可表达为鱼体脂肪含量的函数。如果可能,每次取样都测定鱼样的脂含量。推荐三氯甲烷/甲醇萃取法为标准方法。不同的测试方法得到的结果不会完全相同,所以应给出所用方法的详细步骤。如果可能,脂肪测定和受试物测定应使用相同的样品萃取物,因为受试物测定的色谱分析通常都要去除脂肪。试验结束时与开始时的试验鱼的脂肪含量(以mg/kg湿重表示)差值应小于或等于±25%,同时应报告鱼体组织干重,以了解脂肪含量从湿重转化为干重的比率。

8 质量保证与质量控制

有效的试验应满足以下的条件：

a) 温度变动小于±2℃；

b) 溶解氧浓度不小于60%空气饱和值；

c) 控制受试物在试验照明条件下发生光转化作用，滤除波长小于290 nm的紫外辐射，避免试验鱼暴露于异常的光化产物；

d) 在吸收期，试验容器中的受试物浓度保持在测定平均值的±20%范围内；

e) 直至试验结束时，对照和试验组鱼的死亡率或其他不良影响或疾病小于10%；当试验延长数周或数月时，两组中试验鱼死亡或其他不利影响每月应小于5%，并且在整个过程中不超过30%。

9 数据与报告

9.1 数据处理

将鱼体（或鱼体特定组织）的受试物浓度按时间绘制在坐标纸上形成曲线，如果曲线已经达到了一个稳定的状态，也就是说，对于时间轴已经变成了一条近似的渐近线，用式(1)计算稳定状态的生物富集系数(BCF_{ss})：

$$BCF_{ss} = \frac{C_f}{C_w} \qquad \cdots\cdots(1)$$

式中：

C_f——鱼体组织中受试物的平均浓度；

C_w——试验液中的受试物平均浓度。

当稳定状态没有达到时，也能够计算出80%或95%稳定态的BCF_{ss}值。

动力学富集系数(BCF_K)也可用一次指数方程的吸收速率常数K_1和清除速率常数K_2的比率来确定。清除速率常数K_2通常通过清除曲线（即在图上描绘出的鱼体中受实物浓度对时间的曲线）来确定。吸收速率常数K_1则可根据给定的K_2值和来自于吸收曲线的C_f值计算获得，见附录E。求取BCF_K和K_1、K_2的更好方法是应用非线性参数估计方法软件，否则可用图表法计算K_1、K_2值。如果清除曲线明显不是一次指数方程，则应使用更复杂的方法（见附录C）和生物统计学方法。

9.2 试验报告

试验报告必须包括以下资料。

a) 受试物：

——物理属性及相关的物理化学性质；

——化学性质数据，包括有机碳含量；

——如果使用放射性标记物质，标记原子的准确位置和有关放射性杂质的百分比。

b) 试验生物：

学名、品系、来源、预处理、驯养、年龄和个体大小等。

c) 试验条件：

——所用试验程序；

——所用光源类型、特性及光照周期；

——试验设计，例如试验槽的大小和数量、试验介质更换频率、平行数、每个平行的试验鱼数、受试物浓度的系列、吸收期和清除期的持续时间、鱼和水的取样频率；

——制备试验储备液的方法和储备液更新的频率（当使用了溶剂时，其浓度、对试验液的有机碳含量贡献率）；

——设定的试验浓度、试验容器中测定的浓度平均值和其标准偏差、分析方法；
——稀释水来源、预处理描述、试验鱼在水中生活能力的表现和水质特性：pH、硬度、温度、溶解氧浓度、余氯水平（如果有测定）、总有机碳、悬浮颗粒物、试验介质的含盐量和任何其他测定结果；
——试验容器中的水质、pH、硬度、TOC、温度、溶解氧；
——喂食的详细信息，如饵料类型、来源、成分（至少包括脂肪和蛋白质含量）、投喂量和频率；
——鱼和水样的处理的信息，包括详细的准备、贮存、萃取、对受试物和脂肪含量的分析程序和精确度。

d) 结果：
——预备试验得到的结果；
——对照组和各暴露组的鱼的死亡率、观察到的鱼的异常行为；
——鱼的脂肪含量；
——曲线（包括所有测试数据），表明直到稳定态吸收和清除阶段鱼体中的受试物情况；
——对所有取样时间的 C_f 和 C_w 值（包括标准偏差和变化范围）、对照组 C_w 值以及本底值（C_f 用mg/g 整个鱼体湿重或鱼体特殊组织如脂肪湿重或 mg/kg 表示，C_w 用 mg/g 或 mg/kg 表示）；
——稳定态生物富集系数（BCF_{ss}）和动力学富集系数（BCF_K），如有可能，95％置信限的吸收和清除速率常数（以相关的整鱼、鱼体总脂肪含量或其特殊组织表示），置信限和标准偏差，以及各受试物浓度的计算和数据分析方法；
——当使用放射性标记物质时，在需要的情况下，测得的任何代谢产物；
——试验中的任何异常情况、试验程序的调整及其他相关信息；
——其他说明事项。

e) 结果讨论：
测定方法研究的预试验结果应尽可能避免出现类似“方法检测限下未检测到”的结果，因为这将无法用于计算速率常数。

附 录 A
（资料性附录）
合格稀释水的化学物质特性

合格稀释水的化学物质特性见表 A.1。

表 A.1 合格稀释水的化学物质特性

物 质	极 限 浓 度
颗粒物质	5 mg/L
总有机碳	2 mg/L
游离氨	1 μg/L
余氯	10 μg/L
总有机磷农药	50 ng/L
总有机氯农药与多氯联苯	50 ng/L
总有机氯	25 ng/L
铝	1 μg/L
砷	1 μg/L
铬	1 μg/L
钴	1 μg/L
铜	1 μg/L
铁	1 μg/L
铅	1 μg/L
镍	1 μg/L
锌	1 μg/L
镉	100 ng/L
汞	100 ng/L
银	100 ng/L

附 录 B
（资料性附录）
推荐使用的试验鱼

推荐使用的试验鱼见表 B.1。

表 B.1 推荐使用的试验鱼

试 验 鱼	试验温度范围/℃	试验用鱼体长/cm
斑马鱼（*Brachydanio rerio*）	20～25	3.0±0.5
稀有鮈鲫（*Gobiocypris rarus*）	21～25	3.0±0.5
剑尾鱼（*Xiphoporus helleri*）	21～25	3.0±0.5
黑头软口鲦（*Pimephales promilas*）	20～25	5.0±2.0
鲤鱼（*Cyprinus carpio*）	20～25	5.0±3.0
青鳉（*Oryzias latipes*）	20～25	4.0±1.0
孔雀鱼（*Poecilia reticulata*）	20～25	3.0±1.0
蓝鳃太阳鱼（*Lipomis macrochirus*）	20～25	5.0±2.0
彩虹大马哈鱼（*Oncorhynchus mykiss*）	13～17	8.0±4.0
三刺鱼（*Gasterosteus aculeatus*）	18～20	3.0±1.0

上表所列淡水鱼易饲养且常年都可采集得到，而海水鱼种和河口鱼种可能难于采集。在控制疾病或寄生菌的条件下，它们也可以在养鱼场或实验室中饲养和繁殖，这样就能保证试验鱼的健康和知其来源。

附 录 C
（资料性附录）
吸收阶段和清除阶段持续时间的预测

C.1 吸收阶段持续时间的预测

在试验开始前，估算 K_2 值。根据 K_2 和 P_{ow} 或水溶解度（S）的经验关系式估计达到一定百分比稳定态的时间。

例如可从经验关系式（C.1）中得到 K_2 的估算值：

$$\lg K_2 = -0.414\ \lg P_{ow} + 1.47 \quad (r^2 = 0.95) \tag{C.1}$$

如果分配系数 P_{ow} 未知，可用受试物水溶性估算 P_{ow} 的值，见式（C.2）：

$$\lg P_{ow} = 0.862\ \lg S + 0.710 \quad (r^2 = 0.994) \tag{C.2}$$

式中：

S 为水溶解度，单位为摩尔每升（mol/L）（$n=36$）。

这些关系式仅适用于 $\lg P_{ow}$ 值在 2～6.5 之间的化学品。

到达一定百分比稳定态的时间，可用 K_2 值根据描述吸收和清除的一次指数方程来估算，见式（C.3）：

$$\frac{\mathrm{d}C_f}{\mathrm{d}t} = K_1 \cdot C_w - K_2 \cdot C_f \tag{C.3}$$

当 C_w 是常数时，

$$C_f = \frac{K_1}{K_2} \cdot C_w (1 - e^{-K_2 t})$$

当接近稳定态时（$t \to \infty$），式（C.3）简化为：

$$C_f = \frac{K_1}{K_2} \cdot C_w$$

或

$$\frac{C_f}{C_w} = \frac{K_1}{K_2} = \mathrm{BCF}$$

那么 $\frac{K_1}{K_2} \cdot C_w$ 就是稳定态鱼体中受试物浓度的近似值（$C_{f,s}$）。

式（C.3）可改写为：

$$C_f = C_{f,s} \cdot (1 - e^{-K_2 t}) \tag{C.4}$$

或

$$\frac{C_f}{C_{f,s}} = 1 - e^{-K_2 t}$$

当 K_2 用式（C.1）或式（C.2）估算出后，应用式（C.4）就可估计达到一定百分比稳定态的时间。

作为一个准则，为得到统计上可接受数据（BCF_K），统计上最合适的吸收阶段的时间，是指在鱼体中受试物浓度的对数对线性时间轴绘制曲线，达到稳定态的中点或 $1.6/K_2$（即 80%稳定态）、但小于 $3.0/K_2$（即 95%稳定态）。

根据式（C.4），达到 80%稳定态的时间为：

$$0.80 = 1 - e^{-K_2 t_{80}} \tag{C.5}$$

或

$$t_{80}=\frac{1.6}{K_2}$$

同样，达到95%稳定态的时间为：

$$t_{95}=\frac{3.0}{K_2} \qquad \cdots\cdots\cdots\cdots(C.6)$$

示例：

受试物 $\lg P_{ow}=4$ 的吸收阶段的持续时间可用式(C.1)、式(C.5)和式(C.6)来计算：

$$\lg K_2=-0.414\times4+1.47$$

$K_2=0.652\ d^{-1}$

80%稳定态时间＝1.6÷0.652，即2.45 d(59 h)

或

95%稳定态时间＝3.0÷0.652，即4.60 d(110 h)

类似地，受试物溶解度 $S=10^{-5}$ mol/L(即 $\lg S=-5.0$)的吸收阶段持续时间可用式(C.1)、式(C.2)、式(C.5)和式(C.6)计算：

$\lg P_{ow}=-0.862\times(-5)+0.710=5.02$

$\lg K_2=-0.414\times5.02+1.47$

$K_2=0.246\ d^{-1}$

80%稳定态时间＝1.6÷0.246，即6.5d(156 h)

或

95%稳定态时间＝3.0÷0.246，即12.2 d(293 h)

或者用 $t_{eq}=6.54\times10^{-3}P_{ow}+55.31$ 来计算达到充分稳定态的时间。

C.2 清除阶段持续时间的预测

试验鱼体内受试物起始浓度下降一定百分比所需要的时间可通过描述吸收和清除的一阶指数方程来预测。

对于清除阶段，C_w 假设为零，则方程式变为式(C.7)：

$$\frac{dC_f}{dt}=-K_2\cdot C_f \qquad \cdots\cdots\cdots\cdots(C.7)$$

或

$$C_f=C_{f,0}\cdot e^{-K_2t}$$

式中：

$C_{f,0}$——起初阶段的起始浓度。

达到50%清除率所需要的时间(t_{50})，见式(C.8)：

$$\frac{C_f}{C_{f,0}}=\frac{1}{2}=e^{-K_2t_{50}}$$

或

$$t_{50}=\frac{0.693}{K_2} \qquad \cdots\cdots\cdots\cdots(C.8)$$

同样，达到95%清除率的时间(t_{95})，见式(C.9)：

$$t_{95}=\frac{3.0}{K_2} \qquad \cdots\cdots\cdots\cdots(C.9)$$

假设在吸收阶段吸收了80%($1.6/K_2$)，在清除阶段要清除95%($3.0/K_2$)，那么清除阶段持续时间约为吸收阶段的两倍。

这些估算均以吸收和清除模式都遵循一次指数方程为假定条件。如果明显没有遵从一次指数方程，则应该采用更复杂的模型。

附 录 D
（资料性附录）
$\lg P_{ow}$为 4 的受试物的生物浓度试验取样的理论样例

$\lg P_{ow}$为 4 的受试物的生物浓度试验取样的理论样例见表 D.1。

表 D.1 $\lg P_{ow}$为 4 的受试物的生物浓度试验取样的理论样例

试验鱼取样	取样时间/d		水样数	每次鱼样的尾数
	要求最低的频率	额外取样		
吸收阶段	−1		2[a]	加入 45～80 尾鱼
	0		2	
第一次	0.3		2	4
		0.4	(2)	(4)
第二次	0.6		2	4
		0.9	(2)	(4)
第三次	1.2		2	4
		1.7	(2)	(4)
第四次	2.4		2	4
		3.3	(2)	(4)
第五次	4.7		2	6
清除阶段				把鱼转至清水中
第六次	5.0			4
		5.3		(4)
第七次	5.9			4
		7.0		(4)
第八次	9.3			4
		11.2		(4)
第九次	14.0			6
		17.5		(4)

注：对于 $\lg P_{ow}$为 4.0 的受试物 K_2 的试验前估算为 0.625 d^{-1}。那么试验总时间为 3×吸收阶段＝3×4.6 d，即 14 d。具体计算见附录 C。

[a] 最少替换 3 个试验槽体积的水之后采水样。

如果有额外取样，括号中的数是鱼或水的样品数。

附 录 E
（资料性附录）
生物富集系数的计算

E.1 模式识别

大多数生物富集过程可用简单的二次/二参数模型来描述，在清除阶段，将鱼体内受试物浓度描绘在半对数纸上，可得到一条直线（若清除过程的图形不是直线，则应使用更复杂的模型）。

E.2 图解法计算清除速率常数 K_2

在半对数纸上绘出时间对鱼体中受试物浓度的曲线，该线的斜率即为 K_2，见式(E.1)和图 E.1：

$$K_2 = \frac{\ln(C_{f1}/C_{f2})}{t_2 - t_1} \qquad \cdots\cdots(E.1)$$

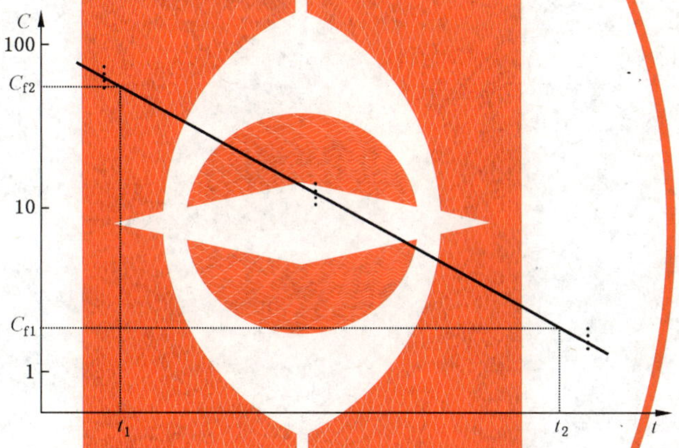

图 E.1 计算清除速率常数 K_2 图解

需要指出的是，回归直线如果有较大的偏差意味着该化学品可能有比一次指数方程更复杂的降解模型。图解法可直观地判断降解是否属于一次指数方程类型。

E.3 图解法计算吸收速率常数 K_1

给定 K_2，可用式(E.2)计算 K_1：

$$K_1 = \frac{C_f K_2}{C_w \times (1 - e^{-K_2 t})} \qquad \cdots\cdots(E.2)$$

C_f 值可平滑吸收曲线的中点读取，此曲线用鱼体中受试物浓度的对数值对时间绘制。

E.4 吸收和清除速率常数的计算机模型

求取生物富集系数、速度常数 K_1 和 K_2 的最佳方法是用计算机来进行非线性参数估算，在给定一组连续时间的浓度数据下，程序可以求出 K_1 和 K_2 值，数学模型为式(E.3)和式(E.4)：

$$C_f = C_w \cdot \frac{K_1}{K_2} \times (1 - e^{-K_2 t}) \quad 当\ 0 < t < t_c\ 时 \qquad \cdots\cdots(E.3)$$

$$C_f = C_w \cdot \frac{K_1}{K_2} \times [e^{-K_2(t-t_c)} - e^{-K_2 t}] \quad 当\ t > t_c\ 时 \qquad \cdots\cdots(E.4)$$

式中：

t_c——吸收阶段结束的时间。

用此模型可得出 K_1 和 K_2 标准差估计值。

在大多数情况下，K_2 可以比较精确地从清除曲线进行估算，并且如果同时估算 K_1 和 K_2 二个参数的话，它们之间存在的显著的相关性，因此建议首先从清除曲线仅估算 K_2 值，然后再用非线性回归方法从吸收曲线估算 K_1 值。

参考文献

[1] OECD,Paris (1993). OECD Guidelines for testing of chemicals.

[2] CEC,Bioaccumulation of chemical substances in fish: the flow-through method-Ring Test Programme,1984-1985 Final report,March 1987. Authors: P. Kristensen and N. Nyholm.

[3] OECD, Paris (1996). Direct Phototransformation of chemicals in water. Environmental Health and Safety Guidance Document Series on Testing and Assessment of Chemicals No. 3.

[4] Connell D. W. (1988). Bioaccumulation behaviour of persistent chemicals with aquatic organisms. Rev. Environ. Contam. Toxicol. Vol. 102,pp. 117-156.

[5] Bintein S. ,Devillers J. and Karcher W. (1993). Nonlinear dependance of fish bioconcentration on n-octanol/water partition coefficient. SAR and QSAR in Environmental Research 1: 29-390,1993.

[6] Kristensen P. (1991). Bioconcentration in fish: comparison of bioconcentration factors derived from OECD and ASTM testing methods; influence of particulate organic matter to the bioavailability of chemicals. Water Quality Institute,Denmark.

[7] US EPA 822-R-94-002 (1994). Great Lake Water Quality Initiative Technical Support Document for the Procedure to Determine Bioaccumulation Factors.

[8] US Food and Drug Administration. Revision. Pesticide analytical manual. Vol. 1. 5600 Fisher's Lane,Rockville,MD 20852,July 1975.

[9] US EPA (1974). Section 5,A(1) Analysis of Human or Animal Adipose Tissue,in Analysis of Pesticide Residues in Human and Environmental Samples,Thompson J. F. (ed),Research Triangle Park,N. C; 27711.

[10] Compaan H. (1980) in The determination of the possible effects of chemicals and wastes on the aquatic environment: degradation, toxicity, bioaccumulation. Ch. 2. 3 in Part II. Government Publishing Office,The Hague,The Netherlands.

[11] Gardner et al. ,(1995). Limnol. & Oceanogr. ,30:1099-1105.

[12] Randall R. C. ,Lee H. ,Ozretich R. J. ,Lake J. L. and Pruell R. J. (1991). Evaluation of selected lipid methods for normalizing pollutant bioaccumulation. Environ. Toxicol. Chem. Vol. 10, pp. 1431-1436.

[13] ASTM E-1022-84 (Reapproved 1988). Standard Practice for conducting Bioconcentration Tests with Fishes and Saltwater Bivalve Molluscs.

ICS 13.300
A 80

中华人民共和国国家标准

GB/T 21859—2008

气体和蒸气点燃温度的测定方法

Method of test for ignition temperature of gases and vapours

2008-05-12 发布　　2008-09-01 实施

中华人民共和国国家质量监督检验检疫总局
中国国家标准化管理委员会　发布

前　言

本标准等同采用 BS 4056:1966《气体和蒸气点燃温度的测定方法》(英文版)。

本标准由全国危险化学品管理标准化技术委员会(SAC/TC 251)提出并归口。

本标准负责起草单位:湖北出入境检验检疫局、上海出入境检验检疫局、广东出入境检验检疫局。

本标准主要起草人:崔海容、郭坚、蒋伟、陈相、赵晓亚、凌约涛、陈强、潘瑞花、叶诚。

本标准为首次发布。

气体和蒸气点燃温度的测定方法

1 范围

本标准规定了在常压条件下的一种蒸气或化学气体的点燃温度的测定。

2 术语和定义

下列术语和定义适用于本标准。

2.1

点燃温度 ignition temperature

按照本标准所规定的点燃发生时的最低温度。

3 原理

将待测气化物注入加热后的 200 mL 开口锥形瓶中，注入 5 min 后或是在点燃发生前，在暗房中观察瓶中的气体。根据瓶中火焰的出现来判断点燃是否发生。点燃发生时的瓶中最低温度，就是其在常压下的点燃温度。

4 设备

细节详见图 1 至图 5。

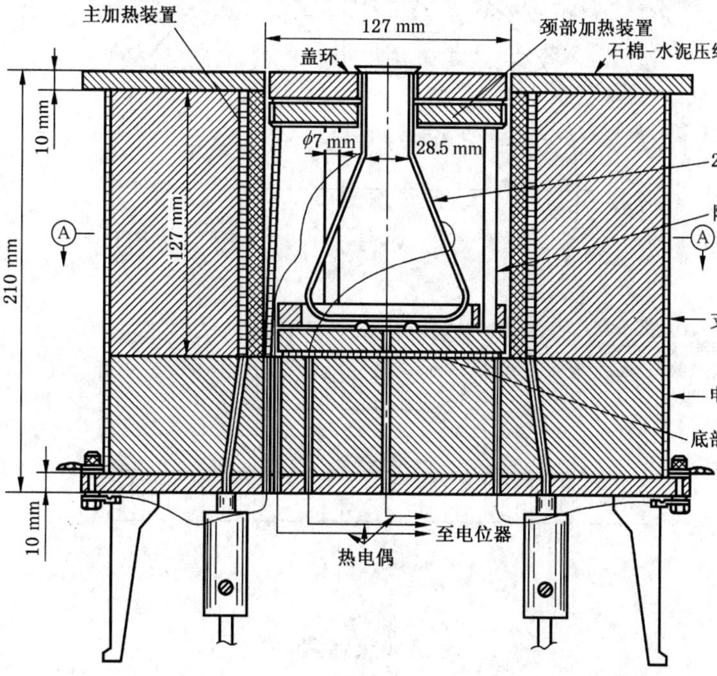

图 1 实验设备总体结构

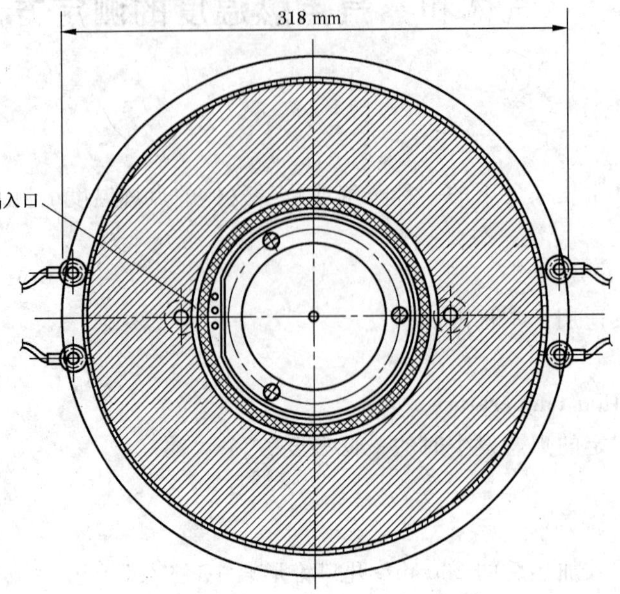

图 2　实验设备局部

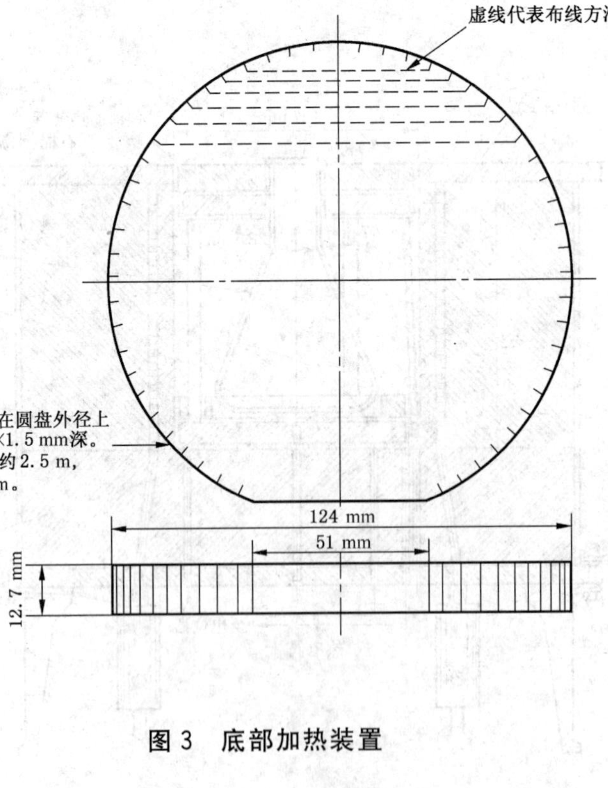

图 3　底部加热装置

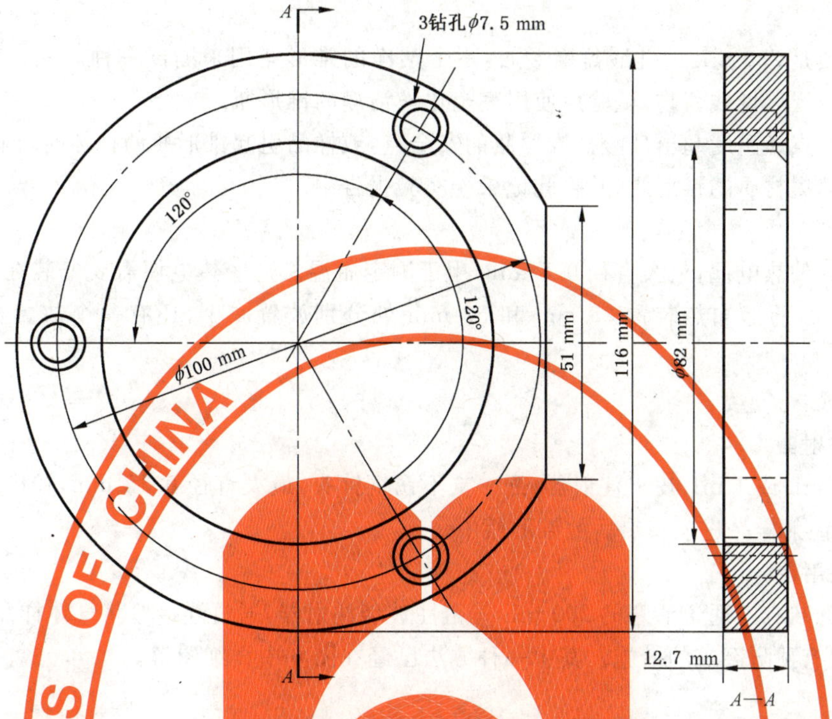

图 4　瓶导环

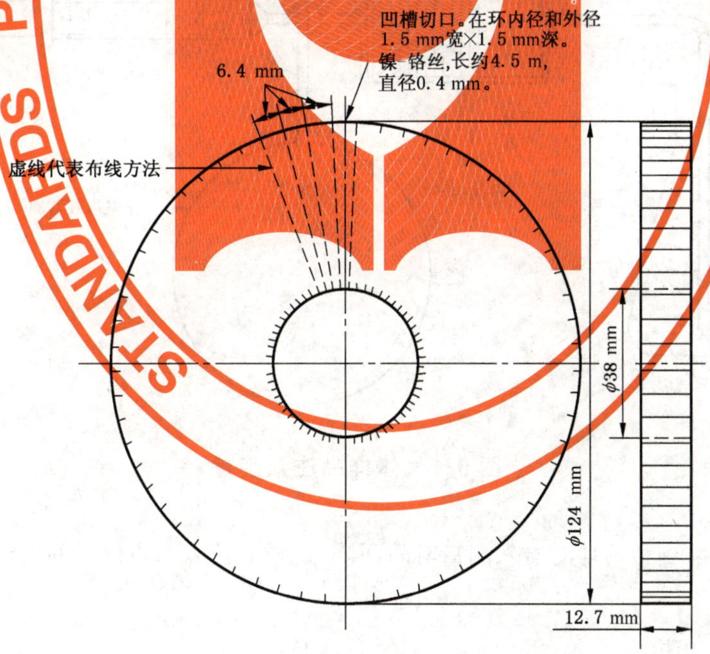

图 5　颈部加热装置

4.1　熔炉

熔炉内表面必须是耐温材料,直径为 127 mm,长度为 127 mm,沿其长度方向在内壁周围缠绕功率为 1.2 kW 的加热装置。外壳使用绝缘材料,石棉-水泥压缩板盖圈和瓶颈圈,一个 300 W 颈部加热装置和一个 300 W 底部加热装置。

按照4.3描述安装3套加热器和热电偶。

4.2 测试瓶

测试瓶必须是200 mL的硅酸盐锥形瓶，一个洁净的锥形瓶用来测试一种产品。产品测试结束前瓶底可能覆盖一层可见残留物，试验应使用完全化学洁净的锥形瓶。

当测试物的点燃温度超出硅酸盐锥形瓶的安全点，或样品引起锥形瓶的损坏时，例如：化学腐蚀，应使用石英或者金属材质的锥形瓶，并将此记录于实验报告中。

4.3 热电偶

三个校准后的热电偶，最大直径0.8 mm，用于测定瓶温。这些热电偶需要安装在熔炉中以便于紧密的靠近瓶壁，在颈部加热装置25 mm和50 mm处分别放置一个，还有一个放置在瓶底部中心的位置。

4.4 注射器

4.4.1 皮下注射器

一支0.25 mL或1 mL皮下注射器，配一支不锈钢针头，最大直径0.15 mm，校准最小刻度单位为0.01 mL，用来注射样品进入加热后的锥形瓶中。

4.4.2 气密注射器

一支经校准装有三通道活塞的200 mL气密性玻璃注射器，通过连接管将气体样品注入测试瓶中。

注意：必须有预防倒流的措施。其中一种方法已经在图6中详细图解。

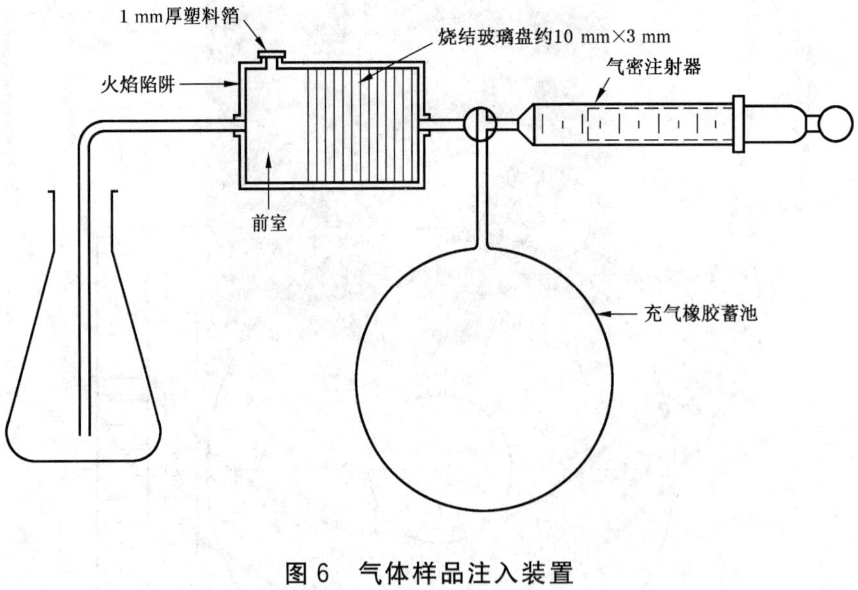

图6 气体样品注入装置

4.5 计时器

点燃前用一支校准到秒的计时器来测量时间间隔(既样品注入与点燃之间的时间间隔，用火焰出现来判定)。

5 操作步骤

5.1 温度控制

调节加热炉的温度，使200 mL锥形瓶的顶部、中心和底部的温度在预计温度±1℃以内。

5.2 样品注入

如果测试样品的沸点与室温接近时，保持样品温度的稳定，保证在样品气体注入测试瓶之前没有其他状况发生。

5.2.1 液体样品

使用皮下注射器将待测液体样品注入测试瓶中。尽可能快速的注入样品，最好能在 2 s 内完成。然后迅速抽出注射器。

5.2.2 气体样品

将气体样品装满注射器和连接管，重复地推入以保证待测气体样品填满待测瓶。以 25 mL/s 的速率向测试瓶中注入要求体积的样品，整个注入过程尽可能保证匀速、稳定。

5.2.3 起始样品体积

合适的起始注入体积为液体 0.07 mL，气体 20 mL。

5.3 时间测定

在样品注入测试瓶后应尽可能迅速的开始计时，观察到火焰后停止计时。如果 5 min 以后还没有观察到火焰，停止计时。

5.4 观察

在暗房中，通过放置在测试瓶下方一定角度的镜子，观察测试瓶的内部情况。

通常以黄色或是蓝色火焰的发生来判定点燃的发生。当然，在一些情况下也会出现淡蓝、红色或是混合颜色的火焰。如果 5 min 以后还没有观察到火焰，则认为该体积待测样品在测试瓶中此温度条件下是非易燃的；如果观察到火焰，则应立即停止计时，并记录下样品注入直至火焰产生的间隔时间。

5.5 后续实验

在不同温度、不同体积条件下重复实验，直至获得点燃温度的最低点。每次测试应注入洁净、干燥的气体，并保持足够的时间间隔，在样品注入前确定测试瓶的温度稳定在期望温度。测试结束时温度增高不超过 2℃。

6 点燃温度

记录点燃发生时的最低瓶温。以最低温度，重复该实验 5 次，如果没有点燃现象发生，将其温度记录为点燃温度。在点燃和气压测定前记录相应的时间间隔和压力。

7 结果分析

7.1 重复性

同一试验装置获得重复的试验结果的偏差在 2%以上，重复性试验结果不可信。

7.2 再现性

不同实验室获得的试验结果的平均值偏差在 5%以上，再现性试验结果不可信。

注意：以上实验重复性和再现性的公差是根据大量积累的实验信息暂定的。

8 数据

记录实验名称、来源、易燃性、测试号码、试验数据、常温、压力、样品性质、点燃温度和点燃前的间隔时间。

ICS 13.300
A 80

GB

中华人民共和国国家标准

GB/T 21860—2008

液体化学品自燃温度的试验方法

Liquid chemicals—Test method for the autoignition temperature

2008-05-12 发布　　2008-09-01 实施

中华人民共和国国家质量监督检验检疫总局
中国国家标准化管理委员会　发布

前　言

本标准等同采用 ASTM E 659-78(2005)《液体化学品自燃温度的试验方法》(英文版)。

本标准附录 A、附录 B、附录 C 为资料性附录。

本标准由全国危险化学品管理标准化技术委员会(SAC/TC 251)提出并归口。

本标准负责起草单位:天津出入境检验检疫局。

本标准参加起草单位:中国石油化工股份有限公司石油化工科学研究院、上海出入境检验检疫局。

本标准主要起草人:熊中强、陈丽卿、蒋伟、于艳军、赵黎华、周磊。

本标准为首次发布。

液体化学品自燃温度的试验方法[1)]

本标准是测试化学品危险性的多种方法之一，其被设计为与其他方法相结合从而鉴别化学品在测试条件下的潜在危险性。

1 范围

本标准适用于在大气压下液态化学品在一个均匀被加热的容器内的热焰、冷焰自燃温度的判定。

注：在特定条件下，本标准同样适用于固态化学品自燃温度的测定，要求是这类固态化学品在低于测试温度条件下即已经熔解并蒸发气化。

本标准适用于衡量和描述原料、产品在试验室内的受控条件下，受热或火焰后的反应，而不可用于评价处于实际火焰条件下的着火危险或风险。然而，本测试方法的结果，可作为评价特定使用的燃烧危险性的多种评估因素之一。

2 规范性引用文件

下列文件中的条款通过本标准的引用而成为本标准的条款。凡是注日期的引用文件，其随后所有的修改单(不包括勘误的内容)或修订版均不适用于本标准，然而，鼓励根据本标准达成协议的各方研究是否可使用这些文件的最新版本。凡是不注日期的引用文件，其最新版本适用于本标准。

ASTM D 2883　液体和固体材料反应临界温度测定方法[2)]

3 术语和定义

下列术语和定义适用于本标准。

3.1

着火　ignition

燃烧的开始。

出现火焰并伴随气相温度的急速上升。由于某种类型火焰如冷焰非常难于观察到，因此试验观察在完全黑暗条件下进行。

3.2

自燃　autoignition

物质在空气中，并无外燃源如火花，由于氧化反应而导致的燃烧。

3.3

自燃温度　autoignition temperature，AIT

物质在试验测试条件下，自燃现象出现的最低温度。

自燃温度，即自发燃烧温度、自身燃烧温度、自生燃烧温度，缩写为 AIT 和 SIT。由本方法得到的AIT，是物质在大气压下，未借助外部能源如火花或火焰，产生热焰的最低温度。它是可燃混合物燃烧所需达到的最低温度，此时热氧化反应的放热速率超过向环境的热损失从而引发燃烧。

3.4

冷焰　cool-flame

在低于自燃温度(AIT)时出现的物质发出的微弱的、淡蓝色的冷光或火焰。

注：冷焰产生于碳氢化合物及含氧碳氢化合物的饱和蒸气和空气混合物中，是多级点火过程的第一部分。

---

1)　本测试方法为授权于 ASTM 委员会 E-27 关于危险关于化学品潜在危害，即小组委员会 E27.04 关于液体化学品可燃性和着火性。现行版本 1978 年 8 月 25 通过，1978 年 11 月发行。

2)　Annual Book of ASTM Standards，Vol 05.02。

3.5

着火延迟时间　ignition delay time

物质从受热到着火之间的时间，是指从样品加入试验烧瓶至着火的时间。着火延迟时间在最小自燃温度时达到最大值，也称为着火滞后。

4　方法原理

4.1　将试样加入均匀加热到预定温度的500 mL玻璃烧瓶中之后，在黑暗的环境下观察10 min或直到发生自燃。烧瓶内突如其来的火焰和气体混合物的温度急剧上升证明了自燃。热焰产生时的烧瓶内最低温度可作为自燃温度(AIT)。同时应测量着火延迟时间(着火时间差)，以确定着火延迟与着火温度间的关系。

4.2　混合气体温度产生小幅急升时，应记录相应的着火延迟时间及此时的冷焰温度。冷焰产生时的最低烧瓶温度记作冷焰自燃温度(CFT)。最低烧瓶温度就是该反应起始温度(RTT)。

注：本方法得到的热焰自燃、冷焰自燃及反应起始温度接近ASTM D2883方法得到的对应温度。

5　意义及用途

5.1　自燃，就其性质而言，依赖于物料的化学和物理性质及其所采用的方法及仪器的影响。特定方法下的自燃温度不一定代表材料能在空气中自己燃烧的最低温度。容器的体积对自燃有较大影响，较大的容器体积会导致自燃温度低(参见附录B)。容器本身的材质也是重要的因素之一。

5.2　本方法检测得到的温度是空气氧化导致燃烧时的温度。此温度随试验压力和氧气浓度变化而变化。

5.3　本测试方法不适用于评价热分解性物质。对于这类材料来说，燃烧取决于热力学和动力学性质、样品的量及体系导热性能。

5.4　本方法可用于测试那些在测试温度下熔化、气化或者升华的固体化学品。任何液体、固体等浓缩态物质在着火发生时不应存在于测试体系。

5.5　本测试方法不适用于测定那些在测试温度下是固体或液体的材料(如木、纸、棉、塑料及高沸点化学品)。此类物质会在烧瓶中热降解且积累的降解产物可能会燃烧。

5.6　本测试方法主要是用于液体化学品，也可测试易挥发的固体，并且可将此方法应用于热稳定性、沸点或者降解特性不明的固形物。

6　试验装置

6.1　加热炉

采用能够容纳试验烧瓶且使烧瓶内部温度保持一致的电热坩埚炉或流砂浴。炉腔内部呈圆筒形，内径和深至少达到127 mm、178 mm。加热炉温度至少能达到600℃。

6.2　温控仪

温度控制系统的控制精度要求在加热炉内温度到达350℃前误差在±1℃内，加热炉温度超过350℃时，误差在±2℃内。采用3支热电偶分别监控烧瓶底部、中部和颈部。为了保持烧瓶的温度均匀，应随时调节控制器。如果没有控制器，可使用合适的自耦变压器或者可变电阻器热电偶。

6.3　试验烧瓶

体积为500 mL的短径圆底硼硅酸盐玻璃烧瓶。

6.3.1　为使温度均匀，烧瓶是紧紧包裹在反光的金属箔中的(如铝)，并悬于加热炉中，使得顶部、颈部在保温层之内(如图1所示)。

6.3.2　烧瓶悬于炉内或砂浴内，有很厚的保温层，底部也有反光金属箔。

6.4 注射器

500 μL～1 000 μL 注射器配备 15.24 cm(6 in)、26 号或更细的不锈钢针，并精确至 10 μL。注射器用于将液体样品注入到加热了的烧瓶中。建议使用有直角弯的针头，这样操作者的手可以远离烧瓶。

6.5 天平

使用精度 10 mg 天平称量固体样品，使用量 0.01 g～1.00 g。

6.6 漏斗

60 mm 长的漏斗用于向烧瓶内加固体粉末。

6.7 热电偶

烧瓶内的温度采用镍铬热电偶(36B and S gage 型)测量，温度检测点设置在烧瓶中央。热电偶需经过校准并经常调试。不应采用铁-镍铜合金热电偶，因为它们可能使氧化铁表面催化氧化。烧瓶外温度的测量可使用 20 B and S Gage 型或更精细的热电偶，应安装在烧瓶的顶部(t_1)、中部(t_2)和底部(t_3)(见图 1)。

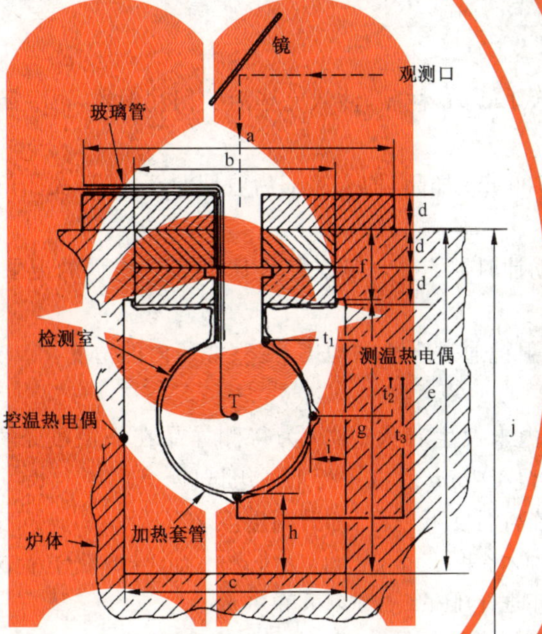

图 1 液体自燃温度试验装备图

6.8 记录器

可快速反应(1 s 或更短)、可变量程、可变速度的电位记录器，用于记录气体内部热电偶(T)的信号。x-y 记录仪较为适合。

6.9 计时器

秒表或电子计时器(最好具有脚踏开关)在 0.1 s 或 0.2 s 单位内校正，用来确定的着火时间间隔(时间间隔指样品从插入到有外观火焰)。如果着火难以观察，那么温度-时间记录可以被用来估计滞后时间。

6.10 反射镜

通过使用 15.24 cm(6 in)或其他合适的尺寸的反射镜，观察烧瓶内的情况。

6.11 热空气枪

热空气枪用来吹出每次反应后的产物气体。温度可控的热空气枪可以明显地缩短测试时间。

7 安全性

7.1 本方法基本没有爆炸危险，只是火焰会偶尔高出烧瓶端口，所以应一直使用反射镜来观察。使用直角针头和对于固体使用漏斗的时候应特别注意手指远离烧瓶开口。

7.2 建议整套设备安装在通风橱内或者配备排气管，以防止暴露在潜在的有毒燃烧产物或者分解产物中。各种涉及到有毒化学品的测试，都应使用足够的排气通风系统。

7.3 本方法很少用于爆炸性材料或者推进剂材料。如果需要此类产品的 AIT，那么一定要使用上安全屏障。

8 试验步骤

8.1 温控过程

在烧瓶内部温度(T)达到预计温度后，调整温控仪使得温度在理想的范围内，维持系统平衡。

8.2 照明

在样品置入前，环境光线应非常暗。样品放入后，应完全熄灭灯光。冷焰测试通常是在完全黑暗中完成的。眼睛也要适应，以便观察。

8.3 样品加入

8.3.1 液体

用注射器向烧瓶内注入 100 μL 样品，注入完毕后收回注射器，再关闭灯光。

8.3.2 固体

用漏斗向烧瓶内加入 100 mg 样品，加入完毕后收回漏斗，然后关闭灯光。

8.4 时间测量

样品置入烧瓶开始启动计时器。在大多数情况下，内部热电偶的记录时间代表了样品的放入时间。

8.5 试验观察与试验

在黑暗环境中，使用反射镜通过合适的角度，观察烧瓶内的情况。

8.5.1 未发生着火

若试验系统在 10 min 内未发生着火，则认为待测样品在该温度条件下不会着火，使用热空气枪(6.11)将系统吹扫干净、停留 10 min 后再进行下一组试验。

下一组试验温度可在较高温度下进行，如升高温度 30℃。

注：大部分的材料测试时间不会超过 10 min，但某些化学品(如饱和环状烃)的测试时间要长数倍。初测试验可在较短短延迟时间条件下进行，但最终测试须采用 10 min。

8.5.2 发生着火

若系统在 10 min 内发生着火，记录样品加入至着火的时间间隔作为着火延迟时间。使用热空气枪(6.11)吹扫并停留后，降低试验温度(如降低 30℃)再进行试验，直至不发生自燃止。

自不发生自燃温度开始，每升高 3℃进行一次试验，至系统发生自燃时止，此温度为发生自燃的最低温度。

8.5.3 增加试验样品量试验

在 8.5.2 试验所得相同温度条件下，增加试验样品量至 150 μL/150 mg 进行试验。

若自燃温度低于 8.5.2 试验，则使用 200 μL/200 mg 或 250 μL/250 mg 样品进行试验，确定自燃温度。

若自燃温度高于 8.5.2 试验，则使用 70 μL/70 mg 并最终使用 50 μL/50 mg 样品进行试验，确定自燃温度。

实验结束后，烧瓶内会附着反应残渣，因此每种产品的测试都应使用一个新烧瓶。

8.6 自燃

自燃通常是体现为各种颜色的热焰，通常是黄色，红色，或蓝色，但有时是冷焰，其蓝色只有在完全黑暗的环境中才观察得到。一般情况下热焰产生温度高，至少几百度以上，而冷焰则上升不到 100℃。冷焰产生时，烧瓶温度低于热焰产生时的温度，但其可在一个温度范围之内发生，因此试验须记录发生的最低温度。在低于这个温度时，可能发生无焰的预燃反应，其可通过很低的甚至几乎检测不到的温度变化识别。

8.7 数据记录

测试温度、气压、样品量、燃烧延迟时间、温升。在判定自燃温度的同时，可以得到燃烧延迟时间与温度的对应关系图。

8.7.1 自燃测试还有冷焰测试结果中，延迟时间的对数与绝对温度的倒数成线性关系，且穿过自燃温度与冷焰温度试验点。

9 试验报告

试验报告应包括：热焰自燃温度（AIT）、冷焰自燃温度（CFT）、时间延迟、气压值、反应起始温度（RTT）。

10 精密度

下列标准应当用来判断结果的可接受性（95％置信区间）。

10.1 重复性

由同一操作者测得的实验结果，温度变化不超过2％。

10.2 再现性

由两个实验室测得的实验结果，温度变化不超过5％。

附 录 A
（资料性附录）
试验装置

A.1 仪器尺寸

图1是坩埚炉中典型测试烧瓶的安装方法图。能保证测试所需温度其他种类的坩埚炉或者砂浴也可以。下面是 Heavy-Duty 实验室坩埚炉的尺寸[3)]：

(a) 17.8 cm(7in)

(b) 12.7 cm(5in)

(c) 14.0 cm($5\frac{1}{2}$in)

(d) 2.5 cm(1in)

(e) 25.4 cm(10in)

(f) 4.8 cm($1\frac{7}{8}$in)

(g) 20.6 cm($8\frac{1}{8}$in)

(h) 6.4 cm($2\frac{1}{2}$in)

(i) 1.9 cm($\frac{3}{4}$in)

(j) 43.2 cm(17in)

A.2 绝热保温层

绝热保温层是自行加工制成的，可以拆分，以方便烧瓶的装入和取出。

A.3 热电偶

A.3.1 测试温度的热电偶(T)为镍/铬(K型)，安装在测试容器的中间位置，用小的玻璃导管用来导入烧瓶内部，但不可伸入肩部以下，以避免淬熄效应。热电偶应与记录器相连。

A.3.2 测试外部烧瓶温度的热电偶 t_1、t_2 和 t_3，应被安装在烧瓶与铝箔间。用带图记录器或手动电位记录热电偶读数，若试验温度已建立起充分的均匀性控制条件，如A.5所述，日常使用中则没有必要外装热电偶。3个外部热电偶主要是为了测试那些多顶、有侧壁、并有底部的系统的温度均一情况。

A.3.3 炉控制热电偶在坩埚的空腔内表面位置，如图1所示。

A.4 烧瓶位置

如炉深允许，烧瓶颈部应置于保温层顶部的下方，烧瓶应在炉加热器中心线附近，如图1。由此产生最佳烧瓶位置和最小热损失，而且由于使用铝箔，烧瓶温度均匀。

A.5 温度一致性

表A.1的温度对应图1中所标位置，此炉采用垂直加热系统。

表 A.1

测试温度/℃	烧瓶外侧温度/℃		
	t_1	t_2	t_3
81	81	82	82
232	232	236	235
343	342.3	349	347
505	504.5	512	509.5

3) 可从实验室装备供应获得的 Lindberg Model 55621 试验装置已被证明适用于本测试。

附 录 B
（资料性附录）
体积对 AIT 的影响

B.1 许多研究表明随着测试容器容积的增大[4]，自燃温度将下降。因此，从本方法所得到的试验温度在实际应用过程中须谨慎[5][6]。

B.2 要确定容器容积效应的影响，就应在相同几何比例条件下，采用例如 250 mL、500 mL、1 000 mL 或 5 000 mL 容器多次重复试验。通过自燃温度与容器容积的对数关系图，可以估计出其他容积对应的自燃温度。

附 录 C
（资料性附录）
压力对 AIT 的影响

许多研究表明，压力升高，自燃温度将下降。

4） Setchkin，N. P.，Self-Ignition Temperatures of Combustible Liquids，Research Paper 2516，Journal of Research，National Bureau of Standards，Vol. 53，No. 49，1954。

5） Zabetakis，M. G.，Scott，G. S.，and Kennedy，R. E.，Autoignition of Lubricants at Elevated Pressure，U. S. Bureau of Mines RI 6112，1962。

6） Kuchta，J. M.，Summary of Ignition Properties of Jet Fuels and Other Aircraft Combustible Fluids，Technical Report AFAPL-TR-70，Air Force Aero Propulsion Labortory，Sept. 1975。

ICS 43.180
R 80

中华人民共和国国家标准

GB 21861—2008

机动车安全技术检验项目和方法

Items and methods of power-driven vehicles safety technology inspection

2008-05-26 发布　　　　2009-06-01 实施

中华人民共和国国家质量监督检验检疫总局
中国国家标准化管理委员会　发布

前 言

本标准第4章的4.1～4.3、第6章、第12章的12.1～12.4及附录A、附录B、附录C、附录D为强制性，其余均为推荐性。

本标准附录A、附录B、附录C、附录D、附录E、附录F、附录G、附录H均为规范性附录。

本标准由中华人民共和国公安部提出。

本标准由公安部道路交通管理标准化技术委员会归口。

本标准实施的过渡期要求：

——第4章表1中对使用年限超过20年的非营运乘用车进行底盘输出功率测试的要求，自2009年7月1日起实施；

——本标准中涉及机动车安全技术检验机构与公安机关交通管理部门联网的条文（如联网查询送检机动车是否发生过交通事故及涉及尚未处理完毕的交通安全违法行为），在条件具备后实施，条件不具备时暂不实施。

本标准负责起草单位：公安部交通管理科学研究所。

本标准参加起草单位：公安部交通安全产品质量监督检测中心、北京市公安局公安交通管理局车辆管理所、成都市公安局机动车安全检测中心、中国质量认证中心、温州市江兴汽车检测设备厂、石家庄华燕交通科技有限公司。

本标准主要起草人：应朝阳、俞春俊、赵德军、周向东、谢鹏鸿、周申生、陈南峰、秦东炜、于荣春、张涛、廖庆斌、张竑钧、吴云强、褚桂旸。

本标准为首次制定。

引　言

《中华人民共和国道路交通安全法实施条例》第十五条第一款规定:"机动车安全技术检验由机动车安全技术检验机构实施。机动车安全技术检验机构应当按照国家机动车安全技术检验标准对机动车进行检验,对检验结果承担法律责任"。目前,我国尚未出台机动车安全技术检验的国家标准,机动车安全技术检验机构主要按照公共安全行业标准《机动车安全检验项目和方法》(GA 468—2004)对机动车进行安全技术检验,确认机动车所检项目的技术条件是否符合国家标准《机动车运行安全技术条件》(GB 7258)等机动车国家安全技术标准的要求。

《中华人民共和国道路交通安全法》第十三条第二款明确规定:"对机动车的安全技术检验实行社会化。具体办法由国务院规定。"而《中华人民共和国道路交通安全法实施条例》第十五条第二款则进一步规定:"质量技术监督部门负责对机动车安全技术检验机构实行资格管理和计量认证管理,对机动车安全技术检验设备进行检定,对执行国家机动车安全技术检验标准的情况进行监督"。这说明,机动车安全技术检验行为已经由公安机关交通管理部门的一种行政行为转化为由具有第三方公正性的检验机构向社会出具检验检测数据的行为,机动车安全技术检验机构的资格管理和监督职责也主要由质量技术监督部门承担。此外,国家质量监督检验检疫总局和国家标准化管理委员会已于2004年7月12日联合批准发布了GB 7258—2004,而GA 468—2004的主要制定依据是GB 7258—1997,许多GB 7258—2004新增的要求在GA 468—2004中并没有得到反映。因此,尽快制定机动车安全技术检验国家标准,在全国范围内统一机动车安全技术检验的项目和方法,既是进一步规范机动车安全技术检验行为的客观要求,也是切实贯彻《中华人民共和国道路交通安全法》及其实施条例的具体举措之一。

本标准在制定过程中确定的主要原则有:

a) 参照GB 7258—2004新增的技术要求,结合我国道路交通安全管理的实际需要,根据《中华人民共和国道路交通安全法》及其实施条例等现行道路交通安全法律法规的规定,在GA 468—2004的基础上制定机动车安全技术检验项目和方法国家标准。

b) 明确注册登记检验和在用机动车检验的不同要求,强化机动车安全技术检验的"源头管理"作用,确保国家现行机动车管理法律、法规、政策有效实施。

c) 明确机动车安全技术检验项目,细化检验方法和审核要求,以期进一步提高标准的科学性和可操作性。

本标准列出了尾气排放的检验项目,但考虑到北京等部分地区已经实行了"机动车环保检验合格标志",且国家环保总局也正酝酿在全国范围内推广"机动车环保检验合格标志",本标准规定:实行"机动车环保检验合格标志"的地方,排放(排气污染物测量)不再列入安全技术检验。

需要说明的是,根据《中华人民共和国道路交通安全法》及其实施条例的相关规定,经国家机动车产品主管部门依据机动车国家安全技术标准认定的企业生产的机动车型,该车型的新车在出厂时经检验符合机动车国家安全技术标准,获得检验合格证的,申请机动车登记时,免于安全技术检验。

机动车安全技术检验项目和方法

1 范围

本标准规定了机动车安全技术检验的检验项目和检验方法等要求。

本标准适用于机动车安全技术检验机构对在我国道路上行驶的机动车进行安全技术检验，本标准也适用于进出口机动车检验机构对入境机动车进行安全技术检验。对经有关部门批准进行实际道路试验的机动车进行安全技术检验时，可参照本标准进行。

2 规范性引用文件

下列文件中的条款通过本标准的引用而成为本标准的条款。凡是注日期的引用文件，其随后所有的修改单(不包括勘误的内容)或修订版均不适用于本标准，然而，鼓励根据本标准达成协议的各方研究是否可使用这些文件的最新版本。凡是不注日期的引用文件，其最新版本适用于本标准。

GB 7258　机动车运行安全技术条件

3 术语和定义

GB 7258 确定的及下列术语和定义适用于本标准。

3.1

注册登记检验　inspection for unregistered vehicles

机动车安全技术检验机构对经国家有关部门许可生产(入境)，或经有关执法部门罚没、拍卖，需领取机动车牌证上道路行驶的机动车，在其申请注册登记时进行的安全技术检验。

3.2

在用机动车检验　inspection for in-use power-driven vehicles

机动车安全技术检验机构对已注册登记的机动车进行的安全技术检验。

3.3

车辆唯一性认定　identification of vehicles

对机动车的号牌号码、车辆类型、品牌/型号、颜色、发动机号码、车辆识别代号(或整车出厂编号)及主要特征和技术参数进行核查，核对车辆识别代号(或整车出厂编号)的拓印膜，以确认送检机动车的唯一性。

3.4

底盘动态检验　chassis operating inspection

在行驶状态下，定性地判断送检机动车的转向系、传动系、制动系、仪表和指示器是否符合运行安全要求。

4 检验方式和检验项目

4.1　四轮及四轮以上机动车(轮式专用机械车除外)的安全技术检验的检验方式和检验项目见表 1，二、三轮机动车的安全技术检验的检验方式和检验项目见表 2。

4.2　进出口机动车检验机构对需领取机动车牌证方可上道路行驶的入境机动车进行检验时，其检验项目应覆盖表 1(包括附录 A 和附录 B，下同)和表 2(包括附录 A 和附录 C)规定的注册登记检验项目。

4.3　检验项目按属性分为否决项和建议维护项。仪器设备检验项目中，排放、制动、前照灯远光光束发光强度、轮偏和底盘输出功率为否决项，其余为建议维护项。人工检查项目的项目属性见附录 B 的表 B.1、表 B.2、表 B.3 和附录 C 的表 C.1 的“项目属性”栏。

4.4 轮式专用机械车的安全技术检验项目按照相关国家标准和行业标准的要求参照表1确定。

4.5 拖拉机运输机组等上道路行驶的拖拉机的安全技术检验项目另行制定。

表1 机动车安全技术检验的检验方式和检验项目(四轮及四轮以上机动车)

检验方式	检验项目		备注
车辆唯一性认定	① 号牌号码;② 车辆类型;③ 品牌/型号;④ 颜色;⑤ 发动机号码;⑥ 车辆识别代号(或整车出厂编号)及打刻特征;⑦ 主要特征及技术参数[a]		
联网查询	查询送检机动车是否发生过交通事故及涉及尚未处理完毕的道路交通安全违法行为		
线外检验	车辆外观检查	① 车身外观;② 照明和电气信号装置;③ 发动机舱;④ 驾驶室(区);⑤ 发动机运转状况;⑥ 客车内部;⑦ 底盘件;⑧ 车轮;⑨ 其他	具体检查项目见附录B的表B.1
	底盘动态检验	① 转向系;② 传动系;③ 制动系;④ 仪表和指示器	具体检验项目见附录B的表B.2
线内检验	车速[b]	车速表指示误差	仅对最高设计车速超过40 km/h的车辆要求
	排放[c]	1. 点燃式发动机汽车双怠速法排气污染物: CO、HC的体积分数,过量空气系数λ。 2. 压燃式发动机汽车自由加速法排气烟度: 排气光吸收系数(对2001年10月1日起生产的汽车)或滤纸式烟度值(对2001年9月30日及该日期以前生产的汽车)。 3. 低速货车自由加速法排气烟度: 滤纸式烟度值	过量空气系数λ的测试仅对使用闭环控制电子燃油喷射系统和三元催化转化器技术的点燃式发动机汽车进行。 采用简易工况法进行排放测量时,检验项目另行确定
	制动[d](含轮重)	① 轮重;② 左、右轮最大制动力;③ 制动力增长全过程中的左右轮制动力最大差值;④ 制动协调时间;⑤ 车轮阻滞力;⑥ 驻车制动力	制动协调时间(④)在用滚筒式制动检验台检验时不要求;车轮阻滞力(⑤)仅对汽车要求
	侧滑	转向轮横向侧滑量	前轴采用独立悬架的汽车侧滑量测试值不做评判依据
	前照灯	① 前照灯远光光束发光强度;② 前照灯远光光束照射位置(光束中心左右偏移量及上下偏移量);③ 前照灯近光光束照射位置(明暗截止线转角折点位置)	前照灯远光光束照射位置检验仅对远光光束能单独调整的前照灯要求
	车辆底盘	① 转向系;② 传动系;③ 行驶系;④ 制动系;⑤ 电器线路;⑥ 底盘其他部件	具体检查项目见附录B的表B.3
	功率	底盘输出功率	仅对使用年限超过20年的非营运乘用车要求

表 1（续）

检验方式	检验项目		备注
路试检验	行车制动	制动距离和制动稳定性，或充分发出的平均减速度、制动协调时间和制动稳定性	通常只对无法上线检验的车辆及线内检验结果有质疑的车辆进行
	驻车制动	驻车制动性能	
	车速	车速表指示误差	仅在相关管理部门有要求时对全时四驱车辆等无法上线检测车速表指示误差的车辆进行

[a] 主要特征及技术参数是指机动车已认证（登记）的结构、构造或者特征，以及国家机动车产品主管部门公告的数据（详见附录 A）。

[b] 对全时四驱车辆等无法上线检测车速表指示误差的车辆不进行。

[c] 实行环保检验合格标志的地方，排放（排气污染物测量）不再列入安全技术检验。

[d] 轴荷超过检验设备允许承载能力的车辆、多轴无法上线的车辆不进行线内制动检验，应路试

表 2　机动车安全技术检验的检验方式和检验项目（二、三轮机动车）

检验方式	检验项目		备注
车辆唯一性认定	① 号牌号码；② 车辆类型；③ 品牌/型号；④ 颜色；⑤ 发动机号码；⑥ 车辆识别代号（或整车出厂编号）及打刻特征；⑦ 主要特征及技术参数[a]		
联网查询	查询送检机动车是否发生过交通事故及涉及尚未处理完毕的道路交通安全违法行为		
线外检验	外观检查	① 车辆外观；② 发动机运转状况；③ 照明和信号装置；④ 安全防护装置；⑤ 电器线路；⑥ 其他部件	具体检查项目见附录 C
	动态检验	① 转向系；② 离合器；③ 变速器；④ 传动装置；⑤ 制动系	具体检验项目见附录 C
线内检验	车速	车速表指示误差	仅对最高设计车速大于 40 km/h的车辆要求
	排放[b]	1. 摩托车和轻便摩托车怠速法排气污染物：CO、HC 的体积分数。 2. 三轮汽车自由加速法排气烟度：滤纸式烟度值	
	制动（含轮重）	① 轮重；② 各轮最大制动力；③ 制动力增长全过程中左右轮制动力最大差值；④ 驻车制动力	③、④仅对三轮汽车和正三轮摩托车要求
	轮偏	前后轮中心平面偏差	仅对二轮机动车和边三轮摩托车主车要求
	前照灯	① 前照灯远光光束发光强度；② 前照灯远光光束照射位置（光束中心左右偏移量及上下偏移量）；③ 前照灯近光光束照射位置（明暗截止线转角折点位置）	对装用一只前照灯的机动车只检验远光光束发光强度，远近光光束照射位置仅做功能性检查；对其他机动车，前照灯远光光束照射位置检验仅适用于远光光束能单独调整的前照灯
	下部检查	① 车架；② 电器线路固定；③ 相关部件	具体检查项目见附录 C

表 2（续）

检验方式	检验项目		备注
路试检验	行车制动	制动距离和制动稳定性，或充分发出的平均减速度、制动协调时间和制动稳定性	通常只对无法上线检验或线内检验结果有质疑的三轮机动车进行
	驻车制动	驻车制动性能	

a 主要特征及技术参数是指机动车已认证（登记）的结构、构造或者特征，以及国家机动车产品主管部门公告的数据（详见附录 A）。

b 实行环保检验合格标志的地方，排放（排气污染物测量）不再列入安全技术检验。

5 检验流程和对送检机动车的基本要求

5.1 检验流程

机动车安全技术检验的检验流程见图 1，机动车安全技术检验机构可根据自身情况对图 1 所示流程适当加以调整。

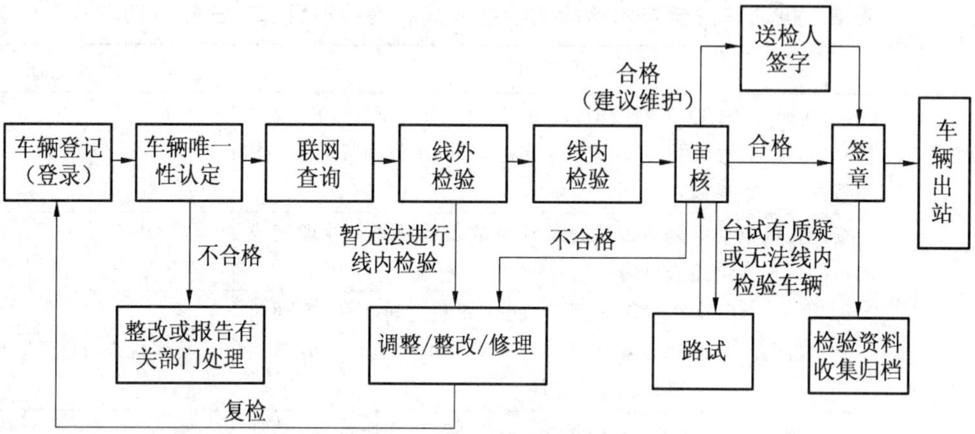

图 1 机动车安全技术检验流程图

5.2 对送检机动车的基本要求

5.2.1 送检机动车应清洁，无明显漏油、漏水、漏气现象，轮胎完好，轮胎气压正常且胎冠花纹中无异物，发动机怠速应正常。对达不到以上基本要求的送检机动车，机动车安全技术检验机构应要求整改符合要求后再进行安全技术检验。

5.2.2 在用车检验时，送检人应提供送检机动车的机动车行驶证和有效的机动车第三者责任强制保险凭证，对不能提供以上证件、凭证的送检机动车，机动车安全技术检验机构不应予以安全技术检验。

6 车辆唯一性认定

送检机动车应停放在指定位置，发动机停转。

车辆唯一性认定工作中的主要特征及技术参数认定宜结合车辆外观检查和车辆底盘检查进行。检查时常用的设备和工具主要有：长度测量工具（钢卷尺、钢直尺等）、铅锤、照明器具及称重设备。

6.1 注册登记检验

6.1.1 检验项目和要求

应逐一核对送检机动车的车辆类型、品牌/型号、颜色、车辆识别代号（或整车型号和出厂编号）和发动机号码，认定机动车的主要特征和技术参数（详见附录 A），对货车（含三轮汽车、低速货车，下同）应测算后悬，对具有牵引功能的机动车还应测算比功率，确认是否符合 GB 7258 等机动车国家安全技术标准并与国产机动车的整车出厂合格证明、进口机动车的进口凭证等证明、凭证记载及车辆产品标牌的内容一致。对货车、挂车、车长大于6 m的客车应用量具测量相关尺寸参数，对货车、挂车还应用称重设备测量相关质量参数。同时，还应核对车辆识别代号(或整车出厂编号)的拓印膜，查验车辆识别代号(或整车出厂编号)、发动机号码有无被凿改嫌疑。

6.1.2 **异常情形的处理**

6.1.2.1 发现送检机动车有被盗抢嫌疑[如车辆识别代号(或整车型号和出厂编号)、发动机号码有凿改、挖补、打磨痕迹或垫片、擅自另外打刻等异常情形的，或车辆识别代号(或整车型号和出厂编号)、发动机号码与相关证明、凭证记载不一致的]或非法拼装嫌疑时，此次安全技术检验终止，机动车安全技术检验机构及其检验员应详细登记该送检机动车的相关信息并立即向公安机关有关部门报告，等待有关部门核实查处。

6.1.2.2 发现送检机动车的外廓尺寸、后悬及整备质量、核载、比功率等主要特征及技术参数、技术指标不符合GB 7258等机动车国家安全技术标准或与公告的数据不一致时，此次安全技术检验终止，机动车安全技术检验机构及其检验员应详细登记送检机动车的车辆类型、品牌/型号、车辆识别代号(或整车型号和出厂编号)、发动机号码、整车生产厂家、生产日期、公告批次(进口机动车除外)等信息，并尽快向所在地公安机关交通管理部门和质量技术监督部门报告。

6.2 **在用车检验**

6.2.1 **检验项目和要求**

应逐一核对送检机动车的号牌号码、车辆类型、品牌/型号、颜色、车辆识别代号(或整车型号和出厂编号)和发动机号码，确认是否与送检机动车的机动车行驶证记载的内容及其他相关资料一致；核对车辆识别代号(或整车出厂编号)拓印膜，查验车辆识别代号(或整车型号和出厂编号)、发动机号码有无被凿改嫌疑。同时，还应检查送检机动车是否具有私自改装或擅自改变机动车已登记的结构、构造、特征的情形，必要时应用量具测量相关尺寸参数、用称重设备测量相关质量参数。对变更车身/车架或变更发动机后的在用机动车进行安全技术检验时，还应核对车身/车架和发动机的来历凭证及公安机关交通管理部门批准允许变更车身/车架的相关证明材料。

6.2.2 **异常情形的处理**

6.2.2.1 发现送检机动车的车辆识别代号(或整车型号和出厂编号)、发动机号码与机动车行驶证记载不一致，或者有凿改、挖补、打磨痕迹或垫片、擅自另外打刻等异常情形的，或者送检机动车有私自改装或擅自改变机动车已登记的结构、构造或者特征的情形时，此次机动车安全技术检验立即终止。送检机动车有被盗抢嫌疑时，机动车安全技术检验机构及其检验员应详细登记送检机动车的相关信息并尽快向所在地公安机关有关部门报告，等待有关部门核实查处；送检机动车有私自改装或擅自改变机动车已登记的结构、构造、特征的情形时，机动车安全技术检验机构应书面告知车主需将车辆恢复原状后才能再次进行安全技术检验，并同时将相关信息报告所在地公安机关交通管理部门和工商行政管理部门。

6.2.2.2 对变更车身/车架或变更发动机后的在用机动车进行安全技术检验时，对不能提供相关证明材料的，此次机动车安全技术检验立即终止，机动车安全技术检验机构及其检验员应详细登记送检机动车的相关信息并尽快向所在地公安机关交通管理部门报告。

7 联网查询

7.1 应联网查询送检机动车是否发生过交通事故及涉及尚未处理完毕的道路交通安全违法行为。

7.2 对发生过交通事故的送检机动车，应根据交通事故时送检机动车的损伤部位和损伤情况确定需重点检查的部位和项目。

7.3 对涉及尚未处理完毕的道路交通安全违法行为的送检机动车，应在《机动车安全技术检验报告》的"备注"栏中简要说明情况，提醒机动车所有人及时到公安机关交通管理部门处理道路交通安全违法行为。

8 线外检验

8.1 车辆外观检查

送检机动车应停放在指定位置，发动机停转（“发动机运转状况”项目除外）。

检查时常用的设备和工具主要有：轮胎气压表、轮胎花纹深度计、透光率计、长度测量工具、手锤、铁钩及照明器具。

8.1.1 车身外观

8.1.1.1 目视检查以下各项，必要时应用钢直尺等量具测量相关尺寸参数：

a) 保险杠、后视镜、下视镜等部件是否完好。

b) 风窗玻璃是否完好及是否张贴有镜面反光遮阳膜。

c) 车体是否周正，车体外缘左右对称部位高度差是否符合规定，车身外部可能触及行人、骑自行车人等交通参与者的任何部件、构件是否有任何可能使人致伤的尖锐凸起物（如尖角、锐边等）。

d) 车身（车厢）及其漆面是否有明显的锈蚀、破损现象。

e) 货厢安装是否牢固，其栏板和底板是否规整及强度是否明显不足，装置的安全架是否完好无损。

f) 车长大于 7.5 m 的客车是否设置有车外顶行李架，其他客车设置的车外顶行李架是否长度不超过车长的 1/3 且高度不超过 300 mm。

g) 车身（或车厢）外部的图形和文字标志是否符合规定：

——车长大于 6 m 或总质量大于 4 500 kg 的货车、挂车，其车身（车厢）后部是否喷涂有符合规定的放大牌号；

注：地方性法规规定应喷涂放大牌号的车辆类型比《道路交通安全法实施条例》更广时，应按地方性法规规定的车辆类型检查车辆是否喷涂了符合规定的放大牌号。

——气体燃料汽车、两用燃料汽车和双燃料汽车，其车身是否按照规定标注了其使用的燃料类型；

——消防车、救护车、工程救险车和警车的车身颜色、外观制式是否符合相关规定。

h) 喷涂、粘贴的标识或车身广告是否影响安全驾驶。

i) 乘用车自行加装的前后防撞装置及货运机动车自行加装的防风罩、水箱、工具箱、备胎架，是否影响安全和号牌识别。

8.1.1.2 注册登记检验时，应记录汽车是否在前风窗玻璃右上角粘贴有符合规定的整车 3C 标志并检查以下各项：

a) 机动车是否设置了能够满足号牌安装要求的号牌板（架）；

b) 车身外表面易见部位是否至少装置有一个能永久保持的商标（或厂标）；

c) 汽车（三轮汽车和低速货车除外）是否设置了规定数量和类型的后视镜，其他机动车是否在左右至少各设置有一面后视镜，车长大于 6 m 的平头货车和平头客车在车前是否至少设置有一面前下视镜；

d) 乘用车和车长小于 6 m 的客车的前后部是否设置了保险杠，货车（三轮汽车除外）是否设置了前保险杠；

e) 货车货箱（自卸车、装载质量 1 000 kg 以下的货车除外）前部是否安装有比驾驶室高至少 70 mm的安全架。

8.1.2 照明和电气信号装置

8.1.2.1 目视检查以下各项：

a) 前位灯、前转向信号灯、前部危险警告信号灯、示廓灯和牵引杆挂车标志灯等前部照明和信号

装置是否齐全完好,前照灯的远、近光光束变换功能,近光光形是否有明显的明暗截止线;

b) 后位灯、后转向信号灯、后部危险警告信号灯、示廓灯、制动灯、后雾灯、后牌照灯、倒车灯、后反射器是否齐全完好,制动灯的发光强度是否明显大于后位灯的发光强度;

c) 侧转向信号灯、侧标志灯和侧反射器是否齐全完好;

d) 对称设置、功能相同的灯具的光色和亮度是否有明显差异;

e) 除转向信号灯、危险警告信号及消防车、救护车、工程救险车和警车安装使用的标志灯具外,其他外部灯具是否有闪烁的情形;

f) 道路运输危险货物车辆标识是否符合相关规定,必要时应用量具测量相关尺寸参数;

g) 消防车、救护车、工程救险车和警车安装使用的标志灯具是否完好有效;

h) 附加的灯具、反射器或附属装置是否影响 GB 7258 规定安装的灯具和信号装置的性能或对其他的道路使用者造成不利影响。

8.1.2.2 检查机动车设置的喇叭是否具有连续发声功能,工作是否可靠,必要时应用声级计测量其喇叭声级是否符合规定。

8.1.2.3 对 2005 年 2 月 1 日起注册登记的总质量不小于 12 000 kg 的货车和总质量大于 3 500 kg 的挂车,检查其后部车身反光标识的粘贴技术规范及车身反光标识材料的式样(颜色、宽度等)是否符合相关标准的规定;对 2005 年 2 月 1 日起注册登记的车长不小于 10 m 的货车和总质量大于 3 500 kg 的挂车,检查其侧面车身反光标识的粘贴技术规范及车身反光标识材料的式样是否符合相关规定;必要时应使用量具测量相关尺寸参数。

8.1.2.4 注册登记检验时,应重点检查车辆外部照明和信号装置的数量、位置、光色是否符合相关标准的规定,必要时应用量具测量相关尺寸参数。对 2006 年 12 月 1 日起新出厂的总质量不小于 12 000 kg 的货车和总质量大于 3 500 kg 的挂车,还应检查其安装的车身反光标识材料的白色单元上是否加施有符合规定的 3C 标志。

8.1.3 发动机舱

8.1.3.1 打开发动机罩(或翻转驾驶室),检查目视可见的发动机各系统机件是否齐全有效;检查蓄电池桩头与导线连接是否牢固;检查目视可见的电器导线捆扎、固定、绝缘保护等是否完好,各种管路是否完好、固定可靠。

对于使用液压制动(含液压传动离合)的汽车,目视检查储液器的液面高度及有无泄漏。

注:自 1999 年 7 月 1 日起出厂的使用液压制动的汽车,其储液器的加注口必须易于接近,且从结构设计上必须保证在不打开容器的条件下就能很容易地检查液面;若不能满足该条件,则必须安装制动液面过低报警装置。

8.1.3.2 注册登记检验时,如气缸体上打刻(或铸出)的发动机型号和出厂编号不易见,应检查在发动机易见部位是否具有能永久保持的发动机型号和出厂编号的标识。如车辆产品标牌位于发动机舱,还应检查车辆产品标牌是否能永久保持及其内容是否规范、清晰耐久。

8.1.4 驾驶室(区)

8.1.4.1 记录里程表读数,目视检查以下各项:

a) 门锁及门铰链是否完好;

b) 驾驶员座椅固定是否可靠,汽车(三轮汽车除外)驾驶员座椅前后位置调节装置能否正常工作,安全带是否齐全有效;2005 年 8 月 1 日起出厂的座位数不大于 5 的乘用车及 2006 年 2 月 1 日起出厂的座位数大于 5 的乘用车的所有座椅(第三排及第三排以后的可折叠座椅除外)是否均配置了有效的安全带;

c) 前风窗玻璃及风窗以外玻璃用于驾驶员视区部位的可见光透射比是否不小于 70%(必要时用透光率计检查可见光透射比);

注:风窗以外玻璃驾驶人视区部位是指驾驶员驾驶时用于观察后视镜的部位。

d) 刮水器、洗涤器能否正常工作;

e) 2005年2月1日起新注册登记的车长大于9 m的长途客车和旅游客车是否安装了汽车行驶记录仪；对安装有汽车行驶记录仪的长途客车和旅游客车、道路运输危险货物车辆、半挂牵引车、总质量不小于12 000 kg的货车，其汽车行驶记录仪的固定、连接是否安全、可靠，能否正常显示；

f) 折翻式驾驶室的固定是否可靠。

8.1.4.2 注册登记检验时，还应检查：

a) 车辆是否按照规定装备了各种仪表；

b) 车辆是否设置了符合规定的操纵件、指示器及信号装置的图形标志；

c) 对乘用车和货运机动车，按照相关标准核定的乘坐人数是否与机动车注册登记证明、凭证记载的内容一致；

d) 车长大于9 m的长途客车和旅游客车是否安装了符合规定的汽车行驶记录仪；2006年12月1日起新出厂的，安装有汽车行驶记录仪的长途客车和旅游客车、道路运输危险货物车辆、半挂牵引车、总质量不小于12 000 kg的货车，其行驶记录仪主机外壳的易见部位是否加施有符合规定的3C标志；

e) 机动车的警告性文字是否有中文标注，折翻式驾驶室翻转操纵机构附近易见部位是否有提醒驾驶员如何正确使用该操纵机构的文字；

f) 车辆产品标牌[如位于驾驶室(区)]是否能永久保持及其内容是否规范、清晰耐久。

8.1.5 发动机运转状况

检查发动机能否正常起动；起动发动机，检查怠速运转、电源充电状况、各仪表及指示器工作是否正常；检查发动机急加速过程中及在较高转速时急松油门能否回至怠速状态和有无“回火”、“放炮”等异常状况；检查有无漏水、漏油、漏气现象及水温、油压指示是否正常；检查点火开关关闭后发动机能否迅速熄火；对柴油车还应检查停机装置是否灵活、有效。

8.1.6 客车内部

8.1.6.1 目视检查以下各项：

a) 客车座椅/卧铺的数量是否与机动车行驶证记载内容一致，座椅间距是否符合规定，座椅扶手和卧铺护栏安装是否牢固；

b) 车厢灯、门灯能否正常工作；

c) 客车地板密封是否良好，车内行李架的安装是否牢固；

d) 客车配备的灭火器是否齐全有效、固定可靠；

e) 长途客车和旅游客车安全出口处标注的“安全出口”字样是否完好，车内是否按照规定装备了用于击碎安全出口玻璃的专用手锤，安全门是否锁止可靠及能否正常开启；

f) 卧铺客车每个铺位的安全带是否齐全有效，长途客车和旅游客车前面没有座椅的座椅、前面护栏不能起到有效防护作用的座椅及其他按照规定应安装安全带的座椅的安全带是否齐全、有效。

8.1.6.2 注册登记检验时，还应检查客车安全出口的数量、位置和大小及座椅/卧铺位的数量和布置是否符合规定，乘客通道的宽度和高度是否能保证符合规定的通道测量装置顺利通过，通向安全门的通道宽度是否符合要求。

8.1.7 底盘件

8.1.7.1 目视检查以下各项：

a) 燃料箱是否固定可靠，燃料箱盖是否完好；

b) 挡泥板、牵引钩是否完好；

c) 蓄电池、蓄电池架的固定是否牢固可靠；

d) 贮气筒排污阀功能是否有效；

e) 钢板弹簧的形式、片数是否符合规定，有无裂纹和断片，安装是否紧固；

f) 2003 年 3 月 1 日起出厂的总质量大于 3 500 kg 的货车和挂车，其装备的侧面及后下部防护装置是否完好有效，货车列车的牵引车和挂车之间是否装备了有效的侧面防护装置；

g) 汽车列车的牵引连接装置是否连接可靠且装有防止车辆行驶中脱开的安全装置。

8.1.7.2 注册登记检验时，应重点检查货车和挂车的侧面防护装置的下缘离地高度、防护范围和前缘形式及后下部防护装置的离地高度、宽度、横截面宽度是否符合相关规定(必要时应用量具测量相关尺寸参数)，检查后下部防护装置的强度是否具有明显不足的情形。

8.1.8 车轮

8.1.8.1 目视检查以下各项，必要时应使用轮胎花纹深度计或量具测量：

a) 同轴两侧是否装用同一型号、规格轮胎；

b) 轮胎的型号、速度级别及胎冠花纹深度、轮胎气压是否符合规定，乘用车轮胎的胎面磨损标志是否已可见；

c) 轮胎的胎面、胎壁有无长度超过 25 mm 或深度足以暴露出轮胎帘布层的破裂和割伤及其他影响使用的缺损、异常磨损和变形；

d) 轮胎螺栓、半轴螺栓是否齐全、紧固。

8.1.8.2 若送检机动车装用轮胎的型号、速度级别不符合规定，或所装用轮胎的胎面、胎壁和胎冠花纹深度不符合规定，此次安全技术检验终止，应要求送检人换装符合规定的轮胎复检。若送检机动车轮胎气压不符合规定，应要求送检人将轮胎气压调整到规定气压后再进行其他项目的检验。

8.1.8.3 注册登记检验时，对 2004 年 10 月 1 日起出厂的使用小规格备胎的乘用车，检查在备胎附近明显位置(或其他适当位置)是否装置有能永久保持的、提醒驾驶员正确使用备胎的标识及标识的相关提示内容是否有中文。

8.2 底盘动态检验

起步并行驶一段距离，检验转向系、传动系、制动系。底盘动态检验可结合其他检验方式进行。

8.2.1 转向系

检查方向盘的最大自由转动量是否符合要求及行驶时转向是否沉重，必要时应用方向盘转向力-转向角检测仪检测；行驶时检查车辆是否具有自动回正能力及保持直线行驶的能力。

8.2.2 传动系

在车辆行驶过程中检查：

a) 离合器接合是否平稳，有无异响、打滑、抖动、沉重、分离不彻底等现象；

b) 变速器倒挡能否锁止，换挡是否正常，有无异响；

c) 传动轴/链有无异响、抖动；驱动桥的主减速器和差速器有无异响。

8.2.3 制动系

以 20 km/h 左右的速度正直行驶，双手轻扶方向盘，急踩制动踏板后迅速放松，初步掌握车辆制动协调时间、释放时间和有无跑偏现象。对气压制动汽车，踩下并放松制动踏板若干次，使制动气压下降至低于起步气压(未标起步气压者，按 400kPa 计)，检查低气压报警装置是否报警；对装用弹簧储能制动器的车辆，报警后起步行驶，检查在低气压时弹簧储能制动器自锁装置是否有效。

对 2005 年 2 月 1 日起新注册登记的总质量大于 12 000 kg 的长途客车和旅游客车、总质量大于 10 000 kg的挂车、总质量大于 16 000 kg 允许挂接总质量大于 10 000 kg 的挂车的货车、半挂牵引车，还应检查其装备的防抱制动装置自检功能是否正常。

8.2.4 仪表和指示器

底盘动态检验过程中，检验员应注意观察车辆配备的各种仪表和指示器是否有异常情形。

8.3 发现否决项不合格时的处理

检验出现否决项不合格的情形时，检验员应继续进行其他线外检验项目的检验。不合格项不会影响仪器设备检验结果的，还应进行线内检验。

8.4 发现其他不符合机动车国家安全技术标准情形时的处理

在车辆外观检查和底盘动态检验过程中，如发现有其他不符合 GB 7258 等机动车国家安全技术标准的情形[如：2005 年 2 月 1 日起新注册登记机动车的警告性文字没有中文；汽车(三轮汽车除外)未按规定装备三角警告牌，或装备的三角警告牌在车上未妥善放置；消防车、救护车、工程救险车和警车未装备与其功能相适应的装置，或装备的装置布局不合理、固定不可靠等]，检验员应在人工检验记录单备注栏内记录不符合现象。

9 线内检验

机动车上线检验前，应对检测设备/仪器进行检查，保证其工作正常。

9.1 车速表指示误差检验

9.1.1 检验设备的选择

车速表指示误差检验宜在滚筒式车速表检验台上进行。

9.1.2 检验程序

a) 将车辆正直居中驶上检验台，驱动轮停放在测速滚筒上；

b) 降下举升器或放松滚筒锁止机构，必要时在非驱动轮前部加止动块(前轮驱动车使用驻车制动)；

c) 当车速表指示 40 km/h 时，测取实际车速，检验结束；

d) 升起举升器或锁止滚筒，将车辆驶出检验台。

9.1.3 注意事项

a) 测速时车辆前、后方及驱动轮两旁不准站立人员；

b) 检验结束后，检验员不可采取任何紧急制动措施使滚筒停止转动；

c) 对于不能在车速表检验台上检验的车辆，应路试检验车速表指示误差。

9.2 排气污染物测量

按照国家环境保护行政主管部门的相关规定进行。

9.3 台试制动性能检验

9.3.1 检验设备的选择

a) 机动车制动性能的检验宜采用滚筒反力式制动检验台或平板制动检验台进行，对于前轴驱动的乘用车，更宜采用平板制动检验台测试。采用滚筒反力式制动检验台时，制动检验台的电气系统应能分别控制左右两组滚筒停机以测得左、右车轮的最大制动力。

b) 对于部分无法在滚筒反力式制动检验台上检测的车辆(如全时四轮驱动车辆、多轴半挂车等)，应路试检验制动性能；平板制动检验台能检验时，可用平板制动检验台检验。

9.3.2 检验前准备

a) 制动检验台滚筒(或平板)表面应清洁，没有异物及油污；

b) 检验辅助器具应齐全；

c) 气压制动的车辆，贮气筒压力应能保证该车各轴制动力测试完毕时，气压仍不低于起步气压(未标起步气压者，按 400 kPa 计)；

d) 液压制动的车辆，根据需要将踏板力计装在制动踏板上。

9.3.3 用滚筒反力式制动检验台检验

a) 被检车辆正直居中行驶，各轴依次停放在轮重仪上，并按仪器说明书规定的时间停放，分别测出静态轮荷(轮重、制动分列式)。

b) 被检车辆正直居中行驶，将被测试车轮停放在滚筒上，变速器置于空挡。

c) 起动滚筒电机，在 2 s 后开始采样并保持足够的采样时间(5 s)，测取采样过程的平均值作为阻滞力。按附录D的D.1规定计算各车轮的阻滞力百分比。

d) 检验员按显示屏指示在5 s～8 s内(或按厂家规定的速率)将制动踏板逐渐踩到底(对气压制动车辆)或踩到制动性能检验时规定的制动踏板力,测得左、右车轮制动力增长全过程的数值及左、右车轮最大制动力,并依次测试各车轴;对驻车制动轴,操纵驻车制动操纵装置,测得驻车制动力数值。按附录D的D.1规定计算各车轴的制动率、左右轮制动力差百分比、整车制动率、驻车制动力百分比。

e) 制动检验时,如果被测试车轮在滚筒上抱死,但制动率未达到合格要求的,应采用f)或g)方法进行检验。

f) 在车辆上增加足够的附加质量或相当于附加质量的作用力(在设备额定载荷以内,附加质量或作用力应在该轴左右车轮之间对称作用,不计入轴荷)。为防止被检车辆在滚筒反力式制动检验台上后移,可在非测试车轮后方垫三角垫块或采取整车牵引的方法。

g) 用平板制动检验台检验制动力或按标准规定的路试方法检验制动距离或充分发出的平均减速度和制动协调时间。

h) 台试检验左右轮制动力差不合格,但底盘动态检验过程中点制动时车辆无明显跑偏现象的,应换用平板制动检验台或采用路试方法检验。

9.3.4 用平板制动检验台检验

a) 检验员将被检车辆以5 km/h～10 km/h的速度(或制动检验台生产厂家推荐的速度)滑行,置变速器于空挡后(对自动变速器车辆可位于“D”挡),正直平稳驶上平板;

b) 当被测试车轮均驶上平板时,急踩制动,使车辆停止,测得各车轮的轮荷(对乘用车应为动态轮荷)、阻滞力、最大轮制动力等数值,按照附录D的D.2规定计算各车轴的制动率、左右轮制动力差百分比、整车制动率等指标;

c) 重新起动车辆,待车辆驻车制动轴驶上平板时操纵驻车制动操纵装置,测得驻车制动力数值,按照附录D的D.2规定计算驻车制动力百分比;

d) 车辆制动停止时如被测试车轮已离开平板,则此次制动测试无效,应重新测试;

e) 对制动反应迟缓的车辆,必要时应连接踏板开关信号,检验车辆制动协调时间是否符合规定。

9.4 转向轮横向侧滑量检验

9.4.1 检验设备的选择

转向轮横向侧滑量的检验应在侧滑检验台上进行,侧滑检验台宜具有轮胎侧向力释放功能。

9.4.2 检验程序

将车辆正直居中驶近侧滑检验台,并使转向轮处于正中位置,在驱动状态以不高于5 km/h的车速平稳通过侧滑检验台,读取最大示值。

9.4.3 注意事项

a) 车辆通过侧滑检验台时,不得转动方向盘;

b) 不得在侧滑检验台上制动或停车;

c) 应保持侧滑检验台滑板下部的清洁,防止锈蚀或阻滞。

9.5 前照灯检验

9.5.1 检验设备的选择

前照灯光束照射位置检验及前照灯远光光束发光强度测量应使用具备远近光光束照射位置检验功能的前照灯检测仪。

9.5.2 检验前仪器及车辆准备

a) 检测仪受光面应清洁;

b) 对手动式前照灯检测仪应检查其电池电压是否在规定范围内;

c) 轨道内应无杂物,使仪器移动轻便;

d) 前照灯应清洁。

9.5.3 检验方法

用自动式前照灯检测仪检验时：

a) 车辆沿引导线居中行驶至规定的检测距离处停止，车辆的纵向轴线应与引导线平行，如不平行，车辆应重新停放，或采用车辆摆正装置进行拨正；

b) 置变速器于空挡，车辆电源处于充电状态，开启前照灯远光灯；

c) 给自动式前照灯检测仪发出启动测量的指令，仪器自动搜寻被检前照灯，并测量其远光发光强度及远光照射位置偏移值；

注：前照灯远光照射位置偏移值检验仅对远光光束能单独调整的前照灯进行；远光光束能单独调整的前照灯是指手工或通过使用专用工具能够在不影响近光光束照射角度的情况下调整远光光束照射角度的前照灯，通常情况下远近光束一体的前照灯其远光光束照射角度不能单独进行调整。

d) 被检前照灯转换为近光光束，自动式前照灯检测仪自动检测其近光光束明暗截止线转角（或中点）的照射位置偏移值；

e) 按上述c)、d)步骤完成车辆所有前照灯的检测；

f) 在对并列的前照灯（四灯制前照灯）进行检验时，应将与受检灯相邻的灯遮蔽。

用手动式前照灯检测仪检验时，参照上述方法进行。

9.6 底盘输出功率测试

9.6.1 检验设备的选择

底盘输出功率测试应在汽车底盘测功机上进行。

9.6.2 测试前仪器及车辆准备

测试时发动机冷却水和润滑油温度应达到汽车使用说明书所规定的热状态。

9.6.3 测试程序

a) 将待检汽车驱动轮置于底盘测功机滚筒上，举升器下降，做好安全防护。

b) 关闭空调系统等非汽车运行所必须的耗能装置，启动汽车。手动挡汽车逐步加速并换至直接挡，使汽车以直接挡的最低车速稳定运转；自动挡汽车挂正常行车挡起步。

c) 将油门踏板踩到底，扫描最大功率点（设最大功率点速度为 V_P）。

d) 设定测功机按速度 V_P 进行定速测功。

e) 待汽车速度在设定的检测速度 V_P 下稳定 5 s 后，记录仪表显示不少于 3 s 内的汽车底盘输出功率值平均值；在读数期间，实际检测速度与设定检测速度的允差为±0.5 km/h。

g) 测试结束，车辆停车，举升器上升，车辆驶离。

9.6.4 注意事项

a) 测试时车辆前方及驱动轮两旁不准站立人员；

b) 在底盘测功机滚筒高速旋转时，不得在底盘测功机上急踩制动；

c) 如对同一辆车连续重复测试，应用风机对准发动机部位吹风散热。

9.7 车辆底盘检查

9.7.1 待检车辆准备

车辆停放在地沟上方的指定位置，发动机停止运转。

9.7.2 转向系检查

由驾驶室操作人员配合来回转动方向盘，检查转向器固定情况（宜使用汽车悬架转向系间隙检查仪）；检查转向机构各部件紧固、锁止、限位情况，检查在转向过程中有无干涉或摩擦痕迹/现象，检查各机件有无损伤和横、直拉杆是否有拼焊情况。

注：检查各部件有无损伤、管线是否固定时应使用专用手锤，以下 9.7.3～9.7.7 同。

9.7.3 传动系检查

a) 检查变速器及分动器支架连接是否可靠；

b) 检查传动各部件连接是否可靠；传动轴、万向节安装是否正确及中间轴承及支架有无裂纹和松旷现象；检查有无漏油现象。

9.7.4 行驶系检查

a) 检查钢板吊耳及销有无松旷；中心螺栓、U形螺栓是否紧固；检查有无车桥移位现象(必要时用卷尺测量左、右侧轴距差值)；

b) 检查车架纵梁、横梁有无变形、损伤，铆钉、螺栓有无缺少或松动；

c) 检查车桥与悬架之间的拉杆和导杆有无松旷和移位，检查减震器有无漏油。

9.7.5 制动系检查

a) 检查制动系部件有无擅自改动；

b) 检查制动主缸、轮缸、制动管路等有无漏气、漏油，制动软管有无老化；

c) 检查制动系管路与其他部件有无摩擦和固定松动现象。

9.7.6 电器线路检查

检查电器导线是否布置整齐、捆扎成束、固定卡紧及线路有无破损现象；检查接头是否牢固并有绝缘套，在导线穿越孔洞时是否装设绝缘套管。

9.7.7 底盘其他部件检查

a) 检查发动机的固定是否可靠；

b) 检查排气管、消声器是否完好，固定是否可靠；排气管口指向是否符合要求；

c) 检查燃料箱、燃料管路是否固定可靠；燃料管路与其他部件有无碰擦及软管有无明显老化现象。

10 路试检验

10.1 行车制动

10.1.1 路试制动性能检验应在纵向坡度不大于1%、轮胎与地面间的附着系数不小于0.7的硬实、清洁、干燥的水泥或沥青路面上进行。检验时车辆变速器应置于空挡。

10.1.2 对于无法上制动检验台检验的车辆及经台架检验后对其制动性能有质疑的车辆，用制动距离或者充分发出的平均减速度和制动协调时间判定制动性能。必要时应安装踏板力计，检查达到规定制动效能时的制动踏板力是否符合标准。

10.1.3 在试验路面上，按照GB 7258划出规定的试车道的边线，被测车辆沿着试车道的中线行驶。使用便携式制动性能测试仪进行测试时，行驶至规定初速度后，置变速器于空挡，急踩制动，使车辆停止，测量充分发出的平均减速度(MFDD)和制动协调时间，并检查车辆有无驶出车道边线；当使用第五轮仪或非接触式速度仪进行测试时，行驶至高于规定的初速度后，置变速器于空挡，滑行到规定的初速度时，急踩制动，使车辆停止，测量车辆的制动距离和检查车辆有无驶出车道边线。

10.1.4 对已在制动检验台上检验过的车辆，制动力平衡及前轴制动率符合要求，但整车制动率未达到合格要求时，用便携式制动性能测试仪检测，对于乘用车及其他总质量不大于4 500 kg的汽车的制动初速度应不低于30 km/h，对于其他汽车、汽车列车及无轨电车，制动初速度应不低于20 km/h，急踩制动后测取MFDD及制动协调时间。

10.2 驻车制动

将车辆驶上坡度为20%(总质量为整备质量的1.2倍以下的车辆为15%)，附着系数不小于0.7(混凝土或沥青路面)的坡道上，按正反两个方向保持固定不动，其时间不少于5 min，检验车辆的驻车制动是否符合要求。

10.3 车速表指示误差

对全时四驱车辆、具有驱动防滑控制功能的车辆等无法上线检验车速表指示误差的车辆，可采用第五轮仪等仪器进行路试检验。

11 二、三轮机动车检验的补充说明

11.1 线外检验

11.1.1 外观检查

外观检查时，应注意检查二、三轮机动车的前、后减振器、转向上下联板和方向把是否有变形和裂损，左右后视镜是否齐全有效，座垫、扶手(或拉带)、脚蹬和挡泥板是否齐全、牢固可靠；对无驾驶室的三轮汽车，还应检查货箱前部是否安装有高出驾驶员座垫平面至少 800 mm 的安全架，并确认安全架的强度是否明显不符合要求。外观检查的其他项目参照 8.1.1 进行。

11.1.2 动态检验

车辆静止时，检验员左右转动方向把检验转向轮转动是否灵活，有无发卡和松旷现象；起步并行驶一段距离，检查离合器、变速器换挡、转向、油门操纵是否正常；运行中检查传动轴/链有无异响、明显松旷现象；车速在 15 km/h 左右时，检验制动是否正常，检查是否有漏油及操纵发卡现象。

11.2 线内检验

11.2.1 车速表指示误差

摩托车及最高设计车速大于 40 km/h 的轻便摩托车应进行车速表指示误差检验，检验方法如下：

a) 将车辆被测试车轮推上车速表检验台的前、后滚筒之间；

b) 扶正方向把，启动夹紧装置夹紧非测试车轮，使被测车轮尽可能与滚筒成垂直状态；

c) 启动电机逐渐加速，当车辆速度表指示值达到规定的检测速度(30 km/h)时，读取车速表检验台的数值，数值在 23.6 km/h～30 km/h 时为合格；

d) 检测完毕，关闭电机，松开车轮夹紧装置，将车辆推下车速表检验台。

11.2.2 排气污染物测量

按照国家环境保护行政主管部门的相关规定进行。

11.2.3 台试制动性能检验

参照 9.3 进行。

11.2.4 轮偏检验

两轮摩托车、两轮轻便摩托车及边三轮摩托车的主车应进行轮偏检验：

a) 将被检机动车推行至轮偏检测仪，并使前、后轮分别处于相应的前、后夹紧装置的中间位置；

b) 使摩托车处于直线行驶的状态，轻扶方向把，启动车轮夹紧装置；

c) 测取前、后轮偏移量数值(mm)；

d) 测试结束后，松开前、后轮夹紧装置，把被检机动车推下轮偏检测仪。

11.2.5 前照灯检验

a) 将车辆停止在规定的位置；

b) 保持前照灯正对检测仪，有夹紧装置的将车轮夹紧；

c) 开启前照灯检测仪进行检测，检测过程中车辆应处于充电状态(挡位置于空挡，无级变速的车辆应实施制动)；

d) 对装用一只前照灯的机动车，记录前照灯远光光束发光强度。对装用两只或两只以上前照灯的机动车，还应记录近光光束明暗截止线转角(或中点)偏移值，对远光光束能单独调整的前照灯，则还应记录远光光束照射位置偏移值。

11.2.6 下部检查

检查二、三轮机动车的车架有无明显的变形、损伤；检查电器线路固定是否完好、有效；检查排气管、消声器、燃料箱及燃料管路是否完好、固定可靠。

下部检查宜与外观检查同步进行。

12 检验结果审核和检验报告处置

12.1 全自动检测线各检测设备的检验数据应通过计算机网络自动传输、存储及判断，车辆外观检查、底盘动态检验、车辆底盘检查、路试等工位的检验员应根据车辆出厂日期和注册登记日期按照 GB 7258 等机动车国家安全技术标准确认检验结果是否符合要求。车辆外观检查、底盘动态检验、车辆底盘检查等工位的不合格项目及路试、线内仪器设备检验项目的检验数据和检验结果应打印在《机动车安全技术检验报告》上。

12.2 授权签字人对检验数据应认真分析，根据检验类型(注册登记检验、在用车检验等)对检验结果逐项确认并签注整车检验评判结论，评判结论分为合格、合格(建议维护)、不合格三类：

12.2.1 送检机动车所有检验项目的检验结果均合格的，评判结论为合格。

12.2.2 送检机动车检验项目中，所有否决项的检验结果均合格，检验结果为不合格的建议维护项小于等于 6 项的，评判结论为合格(建议维护)。

12.2.3 送检机动车检验项目中，有任一否决项的检验结果不合格，或检验结论为不合格的建议维护项多于 6 项的，评判结果为不合格。

12.2.4 项目数对人工检验项目按附录 E、附录 G 编号计算，一个编号对应的项目包括多项检查内容时，有任一项检查内容不合格则该项目不合格；对仪器设备检验项目，建议维护项按 4 项计算，分别为：前照灯远光偏移、前照灯近光偏移、车速表指示误差、转向轮横向侧滑量。

12.3 发现异常情况，机动车安全技术检验机构应及时分析处理，发现误判或对检验结果有质疑时应重新检验。

12.4 检验报告评判结论为“合格(建议维护)”时，送检人应在《机动车安全技术检验报告》上签字。机动车所有人应及时调修建议维护项目。

12.5 人工检验记录单格式见附录 E 和附录 G，《机动车安全技术检验报告》格式见附录 F 和附录 H。

13 检验报告签发与资料收存

13.1 机动车安全技术检验完毕后，机动车安全技术检验机构应签发《机动车安全技术检验报告》。

13.2 机动车安全技术检验机构应妥善保管人工检验记录单(含车辆识别代号拓印膜)和《机动车安全技术检验报告》副本(纸质或电子档案)等资料，保存期限应不少于 2 年。

附 录 A
（规范性附录）
主要特征和技术参数

A.1 基本信息

制造国、制造厂名称
车辆类型、车辆品牌/型号
车辆识别代号或整车出厂编号/发动机号码
出厂日期
车身颜色

A.2 技术参数

发动机型号、排量/功率、燃料种类
外廓尺寸
货箱内部尺寸
轴数、轴距
轮距、轮胎数、轮胎规格
总质量、整备质量
核定载质量
比功率、准牵引总质量
后轴钢板弹簧片数
转向形式
核定载客人数/驾驶室载客人数

A.3 车辆安全装置配备情况

汽车安全带
汽车行驶记录仪
防抱制动装置(ABS)
侧面及后下部防护装置
车身反光标识
道路运输危险货物车辆标识
机动车用三角警告牌
灭火器

注：车辆安全装置配备情况检查仅对按照 GB 7258 等机动车国家安全技术标准及道路交通安全法律法规相关规定应配备上述车辆安全装置的车辆进行。

附 录 B
（规范性附录）
车辆外观检查、底盘动态检验和车辆底盘检查 检验项目

表 B.1 车辆外观检查项目

序号	检验项目	内 容	项目属性
1	车身外观	保险杠	注册登记检验时为否决项
		后视镜、下视镜、车窗玻璃	否决项
		车体周正、尖锐突出物	否决项
		漆面	建议维护项
		货厢、安全架、车外顶行李架	否决项
		外部喷涂与文字标志、标识和车身广告	否决项
		自行加装装置对号牌识别的影响	否决项
		号牌板（架）	注册登记检验，否决项
		商标（或厂标）	注册登记检验，否决项
2	照明和电气信号装置	前后位灯/后牌照灯/示廓灯/挂车标志灯	否决项
		转向信号灯（前、侧、后），危险警告信号灯	否决项
		前照灯（远光、近光）	否决项
		制动灯、后反射器、后雾灯、倒车灯	否决项
		侧标志灯、侧反射器	否决项
		道路运输危险货物车辆标识	否决项
		特种车辆标志灯具	否决项
		附加的灯具、反射器或附属装置	否决项
		喇叭（功能性检查）	否决项
		车身反光标识	否决项
3	发动机舱	发动机各系统机件	建议维护项
		蓄电池桩头及联线	建议维护项
		电器导线、各种管路	否决项
		储液器（使用液压制动的汽车）	否决项
		发动机标识	注册登记检验，否决项
4	驾驶室（区）	门锁及门铰链	建议维护项
		驾驶员座椅	否决项
		安全带	否决项
		前风窗玻璃及其他风窗玻璃用于驾驶员视区的部位	否决项
		刮水器	否决项
		洗涤器	建议维护项
		汽车行驶记录仪	否决项
		驾驶室固定	否决项
		仪表数量类型，操纵件、指示器及信号装置图形标志	注册登记检验，否决项
		警告性文字的中文标注，车辆产品标牌	注册登记检验，否决项

表 B.1(续)

序号	检验项目	内　容	项目属性
5	发动机运转状况	起动性能	否决项
		怠速、电源充电、仪表及指示器	建议维护项
		加速踏板控制	建议维护项
		漏水、漏油、漏气,水温、油压	建议维护项
		关电熄火/(柴油车)停机装置	否决项
6	客车内部	座椅/卧铺数量、座椅间距	否决项
		扶手和卧铺护栏	建议维护项
		车厢灯、门灯	建议维护项
		客车地板、车内行李架	建议维护项
		灭火器、安全出口标识、安全手锤、安全门	否决项
		安全带	否决项
		安全出口的数量、位置和尺寸	注册登记检验,否决项
		乘客通道,通往安全门的通道	注册登记检验,否决项
7	底盘件	燃料箱、燃料箱盖	否决项
		挡泥板/牵引钩、蓄电池、蓄电池架	建议维护项
		贮气筒排污阀	建议维护项
		钢板弹簧	否决项
		侧面及后下部防护装置	否决项
		牵引连接装置	建议维护项
8	车轮	轮胎型号/规格/速度级别	否决项
		轮胎胎冠花纹深度,胎面破裂/割伤、磨损/变形	否决项
		轮胎螺栓、半轴螺栓	否决项
		备胎标识	注册登记检验,否决项
9	其他	整车 3C 标志	注册登记检验,记录项
		其他不符合 GB 7258 等机动车国家安全技术标准的情形	注册登记检验时为否决项

表 B.2　底盘动态检验项目

序号	检验项目	内　容	项目属性
1	转向系	方向盘最大自由转动量	否决项
		转向沉重	否决项
		自动回正、保持直线行驶能力	建议维护项
2	传动系	离合器	建议维护项
		变速器	建议维护项
		传动轴/链	建议维护项
		驱动桥	建议维护项

表 B.2（续）

序号	检验项目	内　　容	项目属性
3	制动系	点制动跑偏(20 km/h)	建议维护项
		低气压报警装置	否决项
		弹簧储能制动器	建议维护项
		防抱制动装置指示灯(自检功能)	注册登记检验，否决项
4	驾驶区	仪表和指示器	否决项

表 B.3　车辆底盘检查项目

序号	检验项目	内　　容	项目属性
1	转向系	转向器固定	否决项
		转向各部件	否决项
2	传动系	变速器及分动器支架	否决项
		传动各部件	否决项
3	行驶系	钢板吊耳及销	否决项
		中心螺栓、U 型螺栓	建议维护项
		车桥移位	否决项
		车架纵梁、横梁	建议维护项
		悬架杆系	建议维护项
4	制动系	制动系部件、结构改动	否决项
		制动主缸、轮缸、制动管路漏气、漏油	否决项
		制动软管老化	否决项
		制动管路固定	否决项
5	电器线路	电器线路检查	否决项
6	底盘其他部件	发动机固定	否决项
		排气管、消声器	否决项
		燃料管路	否决项

注：表 B.1、表 B.2、表 B.3 的项目属性栏中，“否决项”指该项目在注册登记检验和在用车检验时均要进行，且均为否决项；“建议维护项”指该项目在注册登记检验和在用车检验时均要进行，但均为建议维护项；“注册登记检验时为否决项”指该项目在注册登记检验和在用车检验时均要进行，但仅在注册登记检验时为否决项，在用车检验时则为建议维护项；“注册登记检验，否决项”指该项目仅在注册登记检验时进行且为否决项，在用车检验时不进行；“注册登记检验，记录项”指该项目仅在注册登记检验时记录相关情况。

附 录 C
(规范性附录)
二、三轮机动车人工检验项目

表 C.1 二、三轮机动车人工检验项目

序号	检验项目	内 容	项目属性	适用车型
1	外观检查	后视镜	否决项	二、三轮机动车
		前风窗玻璃及其他风窗玻璃、刮水器	否决项	有驾驶室的三轮机动车
		货厢、安全架	建议维护项	三轮机动车
		漆面	建议维护项	二、三轮机动车
		仪表	建议维护项	二、三轮机动车
		前照灯(远、近光)	否决项	二、三轮机动车
		转向信号灯(前、后)	否决项	二、三轮机动车
		后位灯、后牌照灯、制动灯、后反射器	否决项	二、三轮机动车
		侧反射器	建议维护项	二、三轮机动车
		喇叭(功能性检测)	否决项	二、三轮机动车
		轮胎型号/规格	否决项	二、三轮机动车
		胎冠花纹深度,胎面破裂/割伤/磨损/变形	否决项	二、三轮机动车
		轮胎螺栓	否决项	三轮机动车
		前、后减振器	建议维护项	二、三轮机动车
		转向上下联板、方向把	否决项	二、三轮机动车
		座垫、扶手(或拉带)、脚蹬和挡泥板	建议维护项	二、三轮机动车
		仪表数量和类型	注册登记检验,否决项	二、三轮机动车
		车辆产品标牌	注册登记检验,否决项	二、三轮机动车
		整车 3C 标志	注册登记检验,记录项	摩托车及轻便摩托车
		其他不符合 GB 7258 等机动车国家安全技术标准的情形	注册登记检验时为否决项	二、三轮机动车
2	发动机运转状况	起动性能	否决项	二、三轮机动车
		怠速、电源充电、仪表及指示器	建议维护项	二、三轮机动车
		加速手把/踏板控制	建议维护项	二、三轮机动车
		(柴油车)停机装置	否决项	三轮汽车
3	动态检验	转向轮左右转角	否决项	二、三轮机动车
		方向盘最大自由转动量	否决项	采用方向盘转向的三轮机动车
		离合装置	建议维护项	二、三轮机动车
		变速器	建议维护项	二、三轮机动车
		传动装置	建议维护项	二、三轮机动车
		油门控制	建议维护项	二、三轮机动车
		制动性能	建议维护项	二、三轮机动车

表 C.1（续）

序号	检验项目	内　　容	项目属性	适用车型
4	下部检查	车架	建议维护项	二、三轮机动车
		电器线路固定	否决项	二、三轮机动车
		排气管/消声器	否决项	二、三轮机动车
		燃料箱	否决项	二、三轮机动车
		燃料管路	否决项	二、三轮机动车
注：“否决项”指该项目在注册登记检验和在用车检验时均要进行，且均为否决项；“建议维护项”指该项目在注册登记检验和在用车检验时均要进行，但均为建议维护项；“注册登记检验时为否决项”指该项目在注册登记检验和在用车检验时均要进行，但仅在注册登记检验时为否决项，在用车检验时则为建议维护项；“注册登记检验，否决项”指该项目仅在注册登记检验时进行且为否决项，在用车检验时不进行；“注册登记检验，记录项”指该项目仅在注册登记检验时记录相关情况。				

附　录　D
（规范性附录）
制动性能参数计算方法

D.1　用滚筒反力式制动检验台检验时

D.1.1　车轮阻滞力百分比为测得的该车轮阻滞力与该车轮所在轴（静态）轴荷之百分比。

D.1.2　轴制动率为测得的该轴左、右车轮最大制动力之和与该轴（静态）轴荷之百分比。

D.1.3　以同轴左、右轮任一车轮产生抱死滑移或左、右轮两个车轮均达到最大制动力时为取值终点，取制动力增长过程中测得的同时刻左右轮制动力差最大值为左右车轮制动力差的最大值，用该值除以左、右车轮最大制动力中的大值或（静态）轴荷，得到左右轮制动力差最大值百分比。

D.1.4　整车制动率为测得的各轮最大制动力之和与该车各轴（静态）轴荷之和之百分比。

D.1.5　驻车制动力百分比为测得的驻车制动力与该车各轴（静态）轴荷之和之百分比。

D.2　用平板制动检验台检验时

D.2.1　轴制动率为测得的该轴左、右车轮最大制动力之和与该轴轴荷之百分比，对乘用车轴荷取左、右轮制动力最大时刻所分别对应的左、右轮荷之和，对其他机动车轴荷取该轴静态轴荷。

D.2.2　左右轮制动力差最大值百分比、整车制动率、驻车制动力百分比等指标的计算见附录D的D.1。

附　录　E
（规范性附录）
机动车安全技术检验记录单（人工检验部分）

机动车安全技术检验记录单（人工检验部分）

号牌号码（编号）：　　　　　　　　　　车辆类型：　　　　　　　　　　里程表读数：　　km

车辆出厂日期：　年　月　日　　　　　初次登记日期：　年　月　日　　　　　检验日期：　年　月　日

方式	检验项目	检验内容	判定
车辆外观检查	车辆唯一性认定*	1. 车辆号牌 2. 车辆类型．品牌/型号 3. 车身颜色 4. VIN（整车出厂编号） 5. 发动机号码	
		6. 主要特征及技术参数	
	车身外观	7. 保险杠	
		8. 后视镜*/下视镜* 9. 车窗玻璃* 10. 车体周正、尖锐突出物*	
		11. 漆面	
		12. 货箱/安全架/车外顶行李架* 13. 车身广告与文字标志、标识* 14. 自行加装装置*	
		15. 整车3C标志	
		16. 其他注册登记检验增加项目*	
	照明和电气信号装置*	17. 前位灯/后位灯、侧标志灯 18. 后牌照灯 19. 示廓灯/挂车标志灯 20. 转向信号灯（前、后、侧）、危险警告信号灯 21. 前照灯（远光、近光） 22. 制动灯 23. 后反射器、侧反射器 24. 后雾灯 25. 倒车灯	
		26. 道路运输危险货物车辆标识 27. 特种车辆标志灯具 28. 附加灯具、反射器或附属装置	
		29. 喇叭	
		30. 车身反光标识	
	发动机舱	31. 发动机各系统机件 32. 蓄电池桩头及联线	
		33. 电器导线、各种管路* 34. 液压制动储液器液面*	
		35. 发动机标识*	
	驾驶室（区）	36. 门锁及门铰链	
		37. 驾驶员座椅* 38. 安全带*	

方式	检验项目	检验内容	判定
车辆外观检查	驾驶室（区）	39. 风窗玻璃驾驶员视区部位* 40. 刮水器*	
		41. 洗涤器	
		42. 汽车行驶记录仪*	
		43. 驾驶室固定、安全带* 44. 仪表数量和类型*	
		45. 操纵件、指示器及信号装置的图形标志* 46. 警告性文字的中文标注* 47. 车辆产品标牌*	
	发动机运转状况	48. 起动*	
		49. 怠速、仪表、电源充电 50. 加速踏板控制 51. 漏水、油、气/水温、油压	
		52. 关电熄火/柴油车停机装置*	
	客车内部	53. 座椅/卧铺数量，座椅间距*	
		54. 扶手和卧铺护栏 55. 车厢灯、门灯 56. 客车地板、车内行李架	
		57. 灭火器、安全出口标识、安全手锤、安全门* 58. 安全带*	
		59. 安全出口的数量、位置和尺寸* 60. 乘客通道，通往安全门的通道*	
	底盘件	61. 燃料箱、燃料箱盖*	
		62. 挡泥板/牵引钩、蓄电池、蓄电池架 63. 贮气筒排污阀	
		64. 钢板弹簧* 65. 侧面及后下部防护装置*	
		66. 牵引连接装置	
	轮胎	67. 轮胎型号/规格/速度级别* 68. 胎冠花纹深度、胎面* 69. 轮胎螺栓、半轴螺栓*	
		70. 备胎标识*	
	其他	71. 其他不符合规定的情形	

机动车安全技术检验记录单(人工检验部分)(续)

号牌号码(编号)：　　　　　　　　车辆类型：　　　　　　　　里程表读数：　　km

车辆出厂日期：　年　月　日　　　初次登记日期：　年　月　日　　　检验日期：　年　月　日

方式	检验项目	检验内容	判定	方式	检验项目	检验内容	判定
底盘动态检验	转向系	72. 方向盘最大自由转动量＊		车辆底盘	行驶系	89. 钢板吊耳＊	
		73. 转向沉重＊				90. 吊耳销＊	
		74. 自动回正、直线行驶能力				91. 中心螺栓	
	传动系	75. 离合器				92. U型螺栓	
		76. 变速器				93. 车桥移位＊	
		77. 传动轴/链				94. 车架纵梁	
		78. 驱动桥				95. 车架横梁	
	制动系	79. 点制动跑偏(20 km/h)				96. 悬架杆系	
		80. 低气压报警装置＊			制动系＊	97. 制动系部件、结构改动	
		81. 弹簧储能制动器				98. 制动主缸、轮缸、制动管路漏气、漏油	
		82. 防抱制动装置＊				99. 制动软管老化	
	驾驶区	83. 仪表和指示器＊				100. 制动管路固定	
车辆底盘	转向系＊	84. 转向器固定			电器线路	101. 电器线路检查＊	
		85. 转向各部件			底盘其他部件＊	102. 发动机固定	
	传动系＊	86. 变速器支架				103. 排气管、消声器	
		87. 分动器支架				104. 燃料管路	
		88. 传动各部件					

检验方式	不合格项	检验员签字
车辆外观检查		
底盘动态检验		
车辆底盘检验		

备　注
(VIN拓印膜粘贴区)

注：判定栏中√为合格；数字为相应不合格项。带＊项为否决项，否决项不合格，车辆检验为不合格。

附 录 F

（规范性附录）

机动车安全技术检验报告

机动车安全技术检验报告（正面）

代号：××× 检验日期：×××××× 检验流水号：××× 资格许可证号：×××× 电话：××××××

号牌(自编)号		所有人					
号牌种类		车辆类型		品牌/型号			
VIN(出厂编号)		发动机号		燃料类别			
驱动型式		驻车轴		转向轴悬架形式			
前照灯制		前照灯远光光束能否单独调整					
初次登记日期		出厂年月		里程表读数			
检验类别		检验项目		登录员		引车员	

代号	台试检测项目		轮(轴)荷(kg) 左	轮(轴)荷(kg) 右	最大制动力(10 N) 左	最大制动力(10 N) 右	过程差最大差值点(10 N) 左	过程差最大差值点(10 N) 右	制动率(%)	不平衡率(%)	阻滞率(%) 左	阻滞率(%) 右	项目判定	单项次数
B	制动*	一轴												
		二轴												
		三轴												
		四轴												
		驻车												
		整车												
		动态轮荷(左/右)(kg)	1 轴 /			2 轴 /				3 轴 /		4 轴 /		

代号		项目	远光发光强度*(cd)	远光偏移 垂直(mm/10 m)	远光偏移 水平(mm/10 m)	近光偏移 垂直(mm/10 m)	近光偏移 水平(mm/10 m)	灯中心高(mm)		
H	前照灯	左外灯								
		左内灯								
		右内灯								
		右外灯								

代号										
X	排放*	高怠速	CO(%)	HC(10^{-6})	λ	怠速	CO(%)	HC(10^{-6})		
		排气烟度	1)	2)	3)	平均值				
S	车速表					km/h				
A	侧滑					m/km				
路试制动性能*				路试检验员						

人工检验项目		不合格否决项(打编号)	不合格建议维护项(打编号)	检验员
1	车辆外观检查			
2	底盘动态检验			
3	车辆底盘检查			

检验结论		批准人		整车判定/总检次数	
备注		送检人(签字)		单位盖章	××××××××××检测站

重要提示：《道路交通安全法》规定，上道路行驶的机动车未放置有效检验合格标志的，公安机关交通管理部门将扣留机动车并处以罚款。检验合格后请及时到公安机关交通管理部门办理相关手续并领取检验合格标志，有不合格建议维护项时请及时调修车辆。

机动车安全技术检验报告(反面)

说明：

(1) 报告中带“＊”项为否决项，否决项不合格，车辆检验不合格。

(2) 报告中项目判定栏及单项不合格指标后所用标记含义为：

O：合格；

×：不合格；

—：未检；

※：车轮抱死。

(3) 人工检验项目各栏中，标注为“无”则表示无不合格项。

(4) 柴油车排放测试方式及单位由微机打入空格中[光吸收系数(m^{-1})或烟度(Rb)]。

(5) 路试制动性能中 按选择的如下路试检测项目打印项目名称(单位)、数据：

制动初速度，制动距离(m)，制动稳定性；

制动初速度，MFDD(m/s^2)，协调时间(s)，制动稳定性。

(6) 制动动态轮荷仅在使用平板制动检验台检测乘用车时需打印。

(7) 单项次数栏打印本检验周期内单项检测的次数(含初复检)、以便明确该数据是第几次检测结果。

(8) 总检次数栏打印本检验周期内该车总上线检测的次数(含初复检)。

附　录　G

（规范性附录）

二、三轮机动车安全技术检验记录单（人工检验部分）

二、三轮机动车安全技术检验记录单（人工检验部分）

号牌号码（编号）：　　　　车辆类型：　　　　里程表读数：　　　km

车辆出厂日期：　年　月　日　　　初次登记日期：　年　月　日　　　检验日期：　年　月　日

方式	检验项目	检验内容	判定
外观检查	车辆唯一性认定 *	1. 号牌及安装 2. 车辆类型、品牌/型号 3. 车身颜色 4. VIN（整车出厂编号） 5. 发动机号	
		6. 主要特征及技术参数	
	外观	7. 后视镜 * 8. 风窗玻璃※ * 9. 刮水器※ *	
		10. 货厢、安全架※	
		11. 漆面	
	仪表照明和电气信号装置	12. 仪表	
		13. 前照灯（远、近光）* 14. 转向信号灯（前、后）* 15. 后位灯 *、后牌照灯 * 16. 制动灯 * 17. 后反射器 *	
		18. 侧反射器	
		19. 喇叭 *	
	轮胎 *	20. 轮胎型号规格 21. 轮胎花纹深度 22. 胎面破裂/割伤/磨损/变形 23. 轮胎螺栓※	
	转向系行驶系	24. 前后减振器	
		25. 转向上、下联板 * 26. 方向把 *	
	安全防护装置	27. 座垫、扶手（或拉带）、脚蹬 28. 挡泥板	
	注册登记检验项目	29. 仪表数量和类型 * 30. 车辆产品标牌 *	
		31. 整车 3C 标志	
	其他	32. 其他不符合规定情形	

方式	检验项目	检验内容	判定
外观检查	发动机运转状况	33. 起动性能 *	
		34. 怠速 35. 电源充电 36. 仪表及指示器 37. 加速手把/踏板控制	
		38. 柴油车停机装置※ *	
动态检验	转向系	39. 转向轮左右转角 * 40. 方向盘最大自由转动量※ *	
	离合器 变速器 传动装置	41. 离合器接合情况 42. 变速器换挡 43. 传动轴/链及传动各部件	
	油门	44. 油门控制	
	制动	45. 制动性能	
下部检查	车架	46. 车架	
	电器线路	47. 电器线路固定 *	
	相关部件	48. 排气管 * 49. 消声器 *	
		50. 燃料箱、燃料管路 *	

检验方式	不合格项	检验员
外观检查		
动态检验		
下部检查		

备　注

（VIN 拓印膜粘贴区）

标记说明：1. ※为三轮机动车检验项目，带 * 项为否决项。

2. 判定栏中√为合格；数字为相应不合格项编号。

附 录 H
（规范性附录）
二、三轮机动车安全技术检验报告

二、三轮机动车安全技术检验报告

代号：××× 检验日期：×××××× 检验流水号：××× 资格许可证号：×××× 电话：××××××

号牌(自编)号		所有人			
号牌种类		车辆类型		品牌/型号	
VIN(出厂编号)		发动机号		燃料种类	
前照灯制		前照灯远光光束能否单独调整			
初次登记日期		出厂年月		里程表读数	
检验类别		检测项目		登录员	

台试检测数据									引车员			
代号	项目		质量(kg)		制动力(10 N)		过程差最大差值点(10 N)		制动率(%)	不平衡率(%)	项目判定	单项次数
			左	右	左	右	左	右				
B	制动*	前轮										
		后轮(轴)										
		驻车										
		整车										

代号		项目	远光发光强度*(cd)	远光偏移 垂直(mm/10 m)	远光偏移 水平(mm/10 m)	近光偏移 垂直(mm/10 m)	近光偏移 水平(mm/10 m)	灯中心高(mm)	
H	前照灯	左(单)灯							
		右灯							

代号	项目								
X	排放*	摩托车/轻便摩托车	CO：	%	HC：	10^{-6}			
		三轮汽车	1) Rb	2) Rb	3) Rb	平均 Rb			
S	车速表		km/h						
A	轮偏*		mm						
路试制动性能*					检验员				

人工检验项目		不合格否决项(打编号)	不合格建议维护项(打编号)	检验员
1	外观检查			
2	动态检验			
3	下部检查			

检验结论		批准人		整车判定/总检次数	
备注		送检人(签字)		单位盖章	××××××××××检测站

标记说明：*：否决项；O：合格；×：不合格(项目判定栏及单项不合格指标后)；—：未检；※：车轮抱死。

重要提示：《道路交通安全法》规定，上道路行驶的机动车未放置有效检验合格标志的，公安机关交通管理部门将扣留机动车并处以罚款。检验合格后请及时到公安机关交通管理部门办理相关手续并领取检验合格标志，有不合格建议维护项时请及时调修车辆。

参 考 文 献

[1] GA 468—2004 机动车安全检验项目和方法

[2] 《中华人民共和国道路交通安全法》(2003 年 10 月 28 日中华人民共和国主席令第 8 号公布)

[3] 《中华人民共和国道路交通安全法实施条例》(2004 年 4 月 30 日国务院令第 405 号公布)

[4] 《机动车登记规定》(2004 年 4 月 30 日公安部令第 72 号公布)

[5] 中华人民共和国公安部文件《关于印发〈机动车驾驶证业务工作规范〉和〈机动车登记工作规范〉的通知》(公交管[2004]115 号)

[6] 中华人民共和国国家经济贸易委员会、公安部文件《关于进一步加强车辆公告管理和注册登记有关事项的通知》(国经贸产业[2002]768 号)

[7] 欧盟指令《on the approximation of the laws of the Member States relating to roadworthiness tests for motor vehicles and their trailers》(96/96/EC)

[8] 俄联邦国家标准《汽车安全行驶对技术状况的要求 检测方法》(гост25478-91)

[9] 货车验车员手册(中华人民共和国香港特别行政区运输署验车部)

[10] 私家车轻型货车(车辆总质量不超过 1.9 公吨)验车员手册

[11] 美国联邦机动车安全法规 49CFR570—Vehicle In Use Inspection Standards

[12] 《Vermont periodic inspection manual》(TA-VN-112 03/01 INTERNET CAL Reprinted: March 2001)

[13] 《Inspection standard for exported used cars》(JAAI 6-30B, March 23, 1995)

ICS 13.300
A 80

中华人民共和国国家标准

GB/T 21862.2—2008/ISO 2811-2:1997

色漆和清漆　密度的测定
第2部分:落球法

Paints and varnishes—Determination of density—
Part 2:Immersed body(plummet)method

(ISO 2811-2:1997,IDT)

2008-05-12 发布　　　　2008-09-01 实施

中华人民共和国国家质量监督检验检疫总局
中国国家标准化管理委员会　发布

前　言

GB/T 21862《色漆和清漆　密度的测定》包括以下4个部分：

——第2部分：落球法；

——第3部分：振动法；

——第4部分：压杯法；

——第5部分：比重计法。

本部分为GB/T 21862的第2部分。

本部分等同采用了ISO 2811-2:1997《色漆和清漆　密度测定　第2部分：落球法》(英文版)。

本部分与ISO 2811-2:1997相比做了下列编辑性修改：

——用"本部分"代替"ISO 2811的本部分"；

——用已等同采用转化为我国国家标准代替对应的国际标准或国外标准；

——用小数点"."代替作为小数点的逗号","；

——删除国际标准的前言。

GB/T 21862《色漆和清漆　密度的测定》的相关标准：GB/T 6750—2007《色漆和清漆　密度的测定　比重瓶法》(ISO 2811-1:1997,IDT)。

本部分的附录A为规范性附录，附录B为资料性附录。

本部分由全国危险化学品管理标准化技术委员会(SAC/TC 251)提出并归口。

本部分负责起草单位：江苏出入境检验检疫局。

本部分参加起草单位：中化化工标准化研究所、海洋化工研究院、中国化工建设总公司常州涂料化工研究院。

本部分主要起草人：商贵芹、梅建、何松涛、王桂荣、朱岩、潘生林、赵玲。

本部分是首次发布。

色漆和清漆 密度的测定
第2部分:落球法

1 范围

本部分规定了落球法测定色漆、清漆及相关产品密度的方法。

本部分适用于低黏性或中等黏性的材料,适合于生产工艺控制。

2 规范性引用文件

下列文件中的条款通过GB/T 21862的本部分的引用而成为本部分的条款。凡是注日期的引用文件,其随后所有的修改单(不包括勘误的内容)或修订版均不适用于本部分,然而,鼓励根据本部分达成协议的各方研究是否可使用这些文件的最新版本。凡是不注日期的引用文件,其最新版本适用于本部分。

GB/T 3186—2006 色漆、清漆和色漆与清漆用原材料 取样(ISO 15528:2000,IDT)

GB/T 20777—2006 色漆和清漆 试样的检查和制备(ISO 1513:1992,IDT)

3 术语和定义

下列术语和定义适用于本部分。

3.1

密度 density

ρ

物料的质量与体积的比值,用克每毫升(g/mL)表示。

4 原理

本方法是基于阿基米德原理。在试验中,向一个置于天平上的容器装入一定体积的待测样品,将安装在三脚架上的落球浸没在待测样品中,记录落球浸没前后天平的读数。样品的密度通过落球浸没前后天平的读数计算得到。

5 温度

5.1 相对填充性质,温度对密度的影响很大,且与产品的类型有关。

5.2 本部分规定23℃±0.5℃为标准温度。在一些特定情况下,可采用其他认同的温度进行测定如20℃±0.5℃(参见附录B)。

5.3 在整个试验过程中,待测样品和落球应该保持在特定温度下,而且应该确保在整个试验过程中,温度的变化不超过0.5℃。

6 仪器

日常的实验室仪器和玻璃仪器及以下仪器。

6.1 落球

由耐腐蚀的金属制成,如铜锌合金(黄铜)、不锈钢或者铝,形状如图1所示。图1中的落球的体积可以为10 mL或100 mL。每个落球都应表明其体积、标准温度、参考液体的表面张力和密度,具体如下：

100 mL　23℃　25 mN/m　1.2 g/mL

单位为毫米

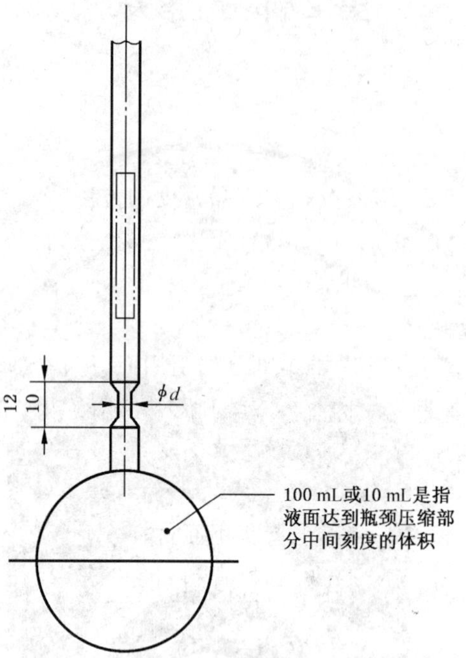

100 mL 落球：$d=3$ mm

10 mL 落球：$d=1$ mm

图 1　落球示意图

6.2　天平

精确到 10 mg。

6.3　温度计

精确到 0.2℃或更高精度。

6.4　恒温室

可以容纳天平、落球、以及待测样品而且可以控制上述三者在特定温度或者共同认可的温度(见第 5 章)。

6.5　三脚架或其他合适的仪器

可以悬挂落球并可以精确调整落球的浸没深度。

7　取样

按 GB/T 3186 规定取样，按 GB/T 20777 规定检查和制备待测样品。

8　步骤

8.1　概述

8.1.1　试验要重复两遍，且每次都要使用新的样品。

8.1.2　定期检查落球的体积，如每试验 100 次后检查落球是否发生任何可观察的变化(见附录 A)。

8.2　试验

8.2.1　步骤选择

本部分中有两种试验步骤：一种适用于所有涂料，一种只适用于含有快速挥发溶剂的涂料。

8.2.2 一般步骤

8.2.2.1 确保落球(6.1)在使用前清洗干净。将落球、待测样品、天平(6.2)放置在恒温室(6.4)中大约30 min。

8.2.2.2 向一个大小适中的容器中加入足够多的样品(100 mL 的落球需 400 mL 的容器,10 mL 的落球需 100 mL 的容器)。

8.2.2.3 用温度计(6.3)测量待试验样品的温度。在整个试验过程中,要确保恒温室的温度变化在允许的范围之内。

8.2.2.4 将装有样品的容器置于天平上,记录当前质量 m_1,精确至 10 mg。将落球安装到三脚架上,要确保落球能浸没到样品中,并且不与容器的壁接触(见图 2)。

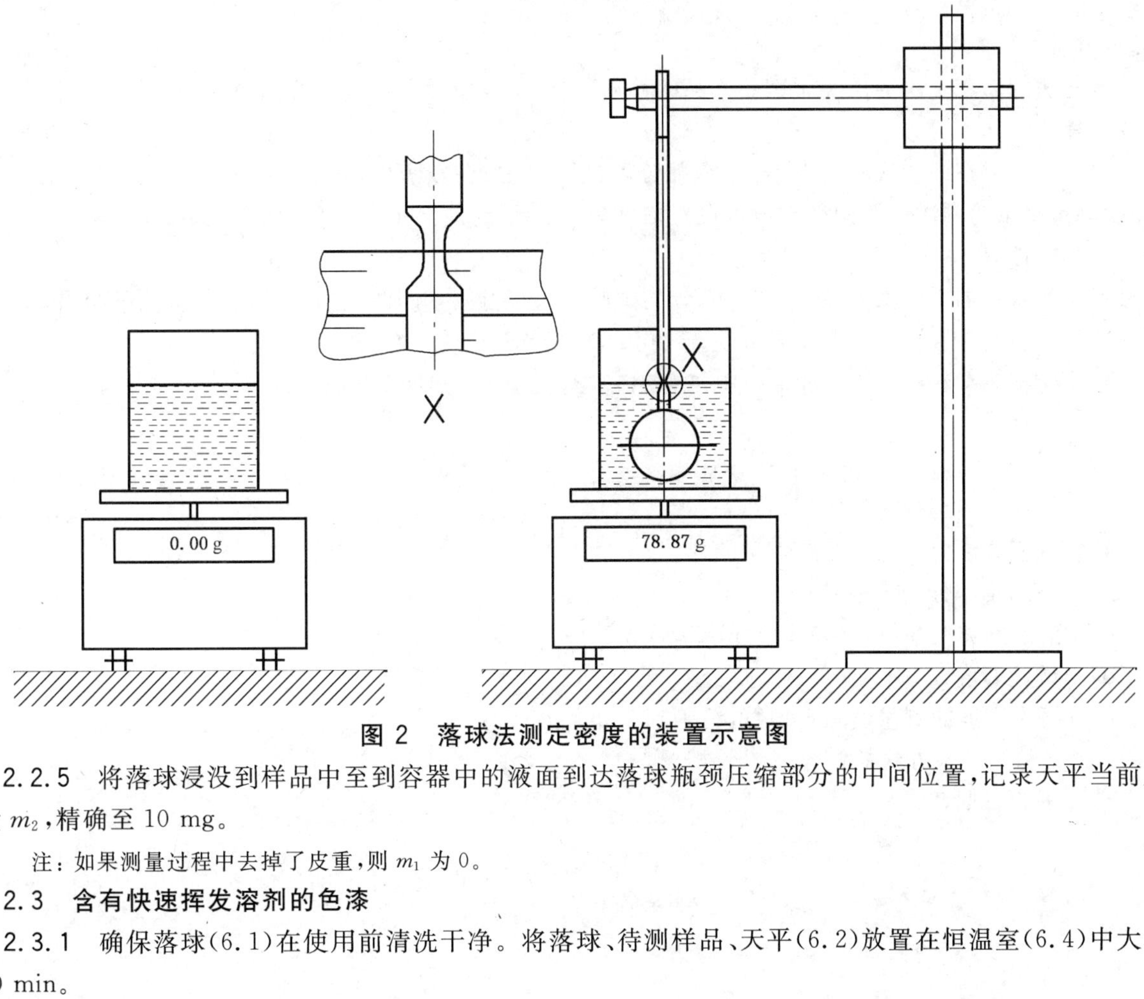

图 2 落球法测定密度的装置示意图

8.2.2.5 将落球浸没到样品中至到容器中的液面到达落球瓶颈压缩部分的中间位置,记录天平当前质量 m_2,精确至 10 mg。

注:如果测量过程中去掉了皮重,则 m_1 为 0。

8.2.3 含有快速挥发溶剂的色漆

8.2.3.1 确保落球(6.1)在使用前清洗干净。将落球、待测样品、天平(6.2)放置在恒温室(6.4)中大约30 min。

8.2.3.2 用温度计(6.3)测量待测样品的温度,记为 t_T。在整个试验过程中,要确保恒温室的温度变化在允许的范围之内。

8.2.3.3 向置于升降台上的一个大小适中的容器中加入足够多的待测样品。

8.2.3.4 将落球安装到铁架台上,并放到天平上,要确保通过升高升降台落球能够被样品浸没,并且不与容器的壁接触。记录当前质量 m_2,精确至 10 mg。

8.2.3.5 升高升降台至容器中的液面到达落球瓶颈压缩部分的中间位置,记录天平当前质量 m_1,精确至 10 mg。

8.2.3.6 样品的密度可以按式(1)计算:

$$\rho = \frac{m_2 - m_1}{V_t} \qquad \cdots\cdots(1)$$

式中：

m_1——落球未浸没到样品中时装有样品的容器的质量，单位为克(g)；

m_2——落球浸没到样品中时装有样品的容器的质量，单位为克(g)；

V_t——落球在试验温度 t_T 下达到瓶颈压缩部分的中间位置时的体积，测量方法见附录 A。

9 计算

9.1 样品在试验温度 t_T 下的密度按式(1)计算。

9.2 如果试验温度不是标准温度，样品的密度可以按照附录 B 中的式(B.1)计算。

10 精密度

10.1 概述

本方法的精密度主要取决于试验样品的性质，对于不含有残留空气的样品以下的数据是可信的。

10.2 重复性 *r*

同一操作者在同一实验室中，采用本部分的试验方法，在较短的时间间隔内完成的两次检测结果(每次测量结果为两次试验的平均值)，在置信度为 95%下的差异在 0.002 g/mL 之内。

10.3 再现性 *R*

不同实验室的不同操作者，采用本部分的试验方法进行测量的两次检测结果(每次测量结果为两次试验的平均值)，在置信度为 95%下的差异在 0.004 g/mL 之内。

注：这些数据是采用 DIN 53217-3:1991，平移漂浮发测定色漆和清漆以及相关产品的密度。

11 试验报告

试验报告中应至少包括以下信息：

a) 所有关于受试产品必要信息的介绍；

b) 注明本部分的标准号；

c) 落球的类型和体积(如 100 mL 球形)；

d) 试验温度；

e) 每次密度的测量值和平均数，精确到 0.001 g/mL；

f) 任何与试验方法的差异；

g) 试验日期。

附 录 A
（规范性附录）
落球的校正

A.1 步骤

A.1.1 用适当的溶剂清洗落球，确保所用溶剂不含有任何蒸发残留。

A.1.2 将落球、用来校正落球体积的液体以及天平置于恒温室内恒温 30 min。所选择的液体的密度要与待测样品的密度接近。向大小适中的容器中加入足够多的用来校正落球体积的液体。

A.1.3 用温度计测量液体的温度。在整个试验过程中，要确保恒温室的温度变化在允许的范围之内。

A.1.4 将装有液体的容器置于天平上，记录当前质量 m_1，精确至 10 mg。将落球安装到三脚架上，要确保落球能浸没到液体中，并且不与容器的壁接触（见图 2）。

A.1.5 将落球浸没到液体中到容器中的液面到达落球瓶颈压缩部分的中间位置，记录天平当前质量 m_2，精确至 10 mg。

A.1.6 记录完质量 m_2 后迅速测量液体的温度。所测温度将作为最后的校正温度。

注：蒸馏水可以用来作为校正落球体积的液体，但是它的缺点是表面张力（72 mN/m）大于色漆和清漆以及相关产品的表面张力。如果用水作为校正液体，通常加入几滴润湿剂将其表面张力减少到 30 mN/m 至 40 mN/m 之间。此外，表面张力在 30 mN/m 至 40 mN/m 之间的有机溶剂经玻璃 pyknometer 密度计精确测量过密度后也可以作为校正液体。

A.2 落球体积的计算

落球的体积 V_t（mL）可按式（A.1）计算：

$$V_t = \frac{m_2 - m_1}{\rho_C} \quad \cdots\cdots\cdots\cdots (A.1)$$

式中：

m_1——落球未浸没到样品中时装有校正液体的容器的质量，单位为克（g）；

m_2——落球浸没到样品中时装有校正液体的容器的质量，单位为克（g）；

ρ_C——所用校正液体的密度，单位为克每毫升（g/mL）。

附 录 B
(资料性附录)
温 度 变 化

B.1 落球热膨胀的校正

如果试验温度 t_T 与落球校正温度相差大于 5℃，则所测样品的密度需因落球体积的改变而校正。落球在试验温度 t_T 下的体积 V_t 可按式(B.1)计算：

$$V_t = V_C[1 + \gamma_p(t_T - t_C)] \qquad \cdots\cdots(B.1)$$

式中：

V_C——落球在校正温度 t_C 下的体积，单位为毫升(mL)；

t_T——实际样品的试验温度，单位为摄氏度(℃)；

t_C——落球的校正温度，单位为摄氏度(℃)；

γ_p——落球所用材料的热膨胀系数，单位为每摄氏度(℃$^{-1}$)(见表 B.1)。

表 B.1 落球所用材料的热膨胀系数

材料	γ_p/ ℃$^{-1}$
铜锌合金(黄铜)	54×10^{-6}[$CuZn_{37}$(Ms_{63})的值]
奥氏体不锈钢	48×10^{-6}
铝	69×10^{-6}

B.2 由试验温度下的密度计算样品在标准温度下的密度

如果样品的试验温度与标准温度不同，则样品在标准温度下的密度可以按式(B.2)由试验温度下的密度计算：

$$\rho_C = \frac{\rho_t}{[1 + \gamma_m(t_C - t_T)]} = \rho_t[1 - \gamma_m(t_C - t_T)] \qquad \cdots\cdots(B.2)$$

式中：

t_C——标准温度，单位为摄氏度(℃)；

t_T——实际样品的试验温度，单位为摄氏度(℃)；

γ_m——待测样品的热膨胀系数，水性涂料的热膨胀系数为 2×10^{-4}℃$^{-1}$，其他涂料的热膨胀系数为 7×10^{-4}℃$^{-1}$；

ρ_t——样品在试验温度下的密度，单位为克每毫升(g/mL)。

ICS 13.300
A 80

中华人民共和国国家标准

GB/T 21862.3—2008/ISO 2811-3:1997

色漆和清漆　密度的测定
第3部分:振动法

Paints and varnishes—Determination of density—
Part 3:Oscillation method

(ISO 2811-3:1997,IDT)

2008-05-12 发布　　　　2008-09-01 实施

中华人民共和国国家质量监督检验检疫总局
中国国家标准化管理委员会　发布

前　言

GB/T 21862《色漆和清漆　密度的测定》包括以下4个部分：

——第2部分：落球法；

——第3部分：振动法；

——第4部分：压杯法；

——第5部分：比重计法。

本部分为GB/T 21862的第3部分。

本部分等同采用了ISO 2811-3:1997《色漆和清漆　密度的测定　第3部分：振动法》(英文版)。

本部分与ISO 2811-3:1997相比做了下列编辑性修改：

——用“本部分”代替“ISO 2811的本部分”；

——用已等同采用转化为我国国家标准代替对应的国际标准或国外标准；

——用小数点“.”代替作为小数点的逗号“,”；

——删除国际标准的前言。

GB/T 21862《色漆和清漆　密度的测定》的相关标准：GB/T 6750—2007《色漆和清漆　密度的测定　比重瓶法》(ISO 2811-1:1997,IDT)。

本部分的附录A为规范性附录，附录B和附录C为资料性附录。

本部分由全国危险化学品管理标准化技术委员会(SAC/TC 251)提出并归口。

本部分负责起草单位：江苏出入境检验检疫局。

本部分参加起草单位：中化化工标准化研究所、海洋化工研究院、中国化工建设总公司常州涂料化工研究院。

本部分主要起草人：徐炎、王晓兵、杨东方、王桂荣、陈路、潘生林、赵玲。

本部分是首次发布。

色漆和清漆　密度的测定
第3部分:振动法

1　范围

本部分规定了振动法测定色漆、清漆及相关产品密度的方法。

本部分适用于所有的涂料,包括厚浆状涂料。若使用抗压装置,气溶胶也可测定。

2　规范性引用文件

下列文件中的条款通过GB/T 21862的本部分的引用而成为本部分的条款。凡是注日期的引用文件,其随后所有的修改单(不包括勘误的内容)或修订版均不适用于本部分,然而,鼓励根据本部分达成协议的各方研究是否可使用这些文件的最新版本。凡是不注日期的引用文件,其最新版本适用于本部分。

GB/T 3186—2006　色漆、清漆和色漆与清漆用原材料　取样(ISO 15528:2000,IDT)

GB/T 20777—2006　色漆和清漆　试样的检查和制备(ISO 1513:1992,IDT)

ISO 3696:1987　试验室用水　规格和试验方法

3　术语和定义

下列术语和定义适用于本部分。

3.1

密度　density

ρ

物料的质量与体积的比值,用克每毫升(g/mL)表示。

4　原理

将待测样品盛放在一个玻璃或者不锈钢的U-型管中,盛满。管子的两端进行固定,并开始振动。装满样品的管子的振动频率会随管中样品质量的不同而不同。

5　温度

5.1　相对填充性质,温度对密度的影响很大,且与产品的类型有关。

5.2　本部分规定23℃±0.5℃为标准温度。在一些特定情况下,可采用其他认同的温度进行测定如20℃±0.5℃(参见附录C)。

5.3　在整个测试过程中,待测样品,管子和振荡器应该保持在特定温度下,而且应该确保在整个测试过程中,温度的变化不超过0.5℃。

6　仪器

日常的实验室仪器和玻璃仪器及以下仪器。

6.1　振荡器

由U-型玻璃管或不锈钢管和使其振动的仪器组成。一个模板显示振动频率,另一个模板计算并显示密度值。

6.2 温度计

精确到0.2℃或更高精度。

6.3 恒温室

可以将振荡器和测试样品的温度控制在特定温度或者共同认可的温度(见5.2)。

6.4 可任意使用的塑料注射器

能够将样品注入U-型管中。

7 取样

按GB/T 3186规定取样,按GB/T 20777规定检查和制备待测样品。

8 步骤

8.1 概述

重复试验两遍,每次都要使用新的样品。

8.2 试验

8.2.1 通过检查和核对显示屏是否显示大气密度(或共振周期)以确保仪器清洁。

8.2.2 根据振荡器的出厂说明(液面高于固定U-型管两端的平面),将待测样品注入到U-型管中(大约2 mL),避免带入气泡,否则将引起读数的不稳定。

注:空气中看不见的气泡将会引起测量值的明显的不稳定。

8.2.3 关闭上端的注入口。用温度计(6.2)测量恒温室中的温度是否在特定的范围之内。

8.2.4 根据厂家的说明,开启振荡器。

8.2.5 若采用的仪器以共振的方式输出,则至少要记录三遍共振周期 T 和至少两遍的温度值。共振周期 T 的差异不能超过0.000 1 ms。如果超过了0.000 1 ms,则进行三次以上的测量。

8.2.6 若采用的仪器以密度的方式直接输出,则记录至少三遍密度值和至少两遍的温度值。密度值的差异不能超过0.000 2 g/mL。如果超出,则要测量三次以上。

8.2.7 测量完毕,根据厂家说明,清洗仪器。要确保仪器洁净、干燥,并保证此时的显示值为空气的密度(或共振周期)。

9 计算

9.1 若读数为振荡周期 T,则密度的计算可根据附录A中式(A.1)计算。

9.2 若测试温度不是标准温度,则密度的计算可根据附录C中式(C.1)计算。

10 精密度

10.1 重复性 *r*

同一操作者在同一试验室中,采用本部分的测试方法,在很短的时间间隔内完成的两次测试结果(每次测量结果为两次试验的平均值),在置性度为95%下的差异在0.000 1 g/mL之内。

10.2 再现性 *R*

不同试验室的不同操作者,采用本部分的测试方法进行测量的两次测试结果(每次测量结果为两次试验的平均值),在置信度为95%下的差异在0.000 5 g/mL之内。

注:这些数据是采用ASTMD 4052:1996《数字密度计测量液体的密度和相对密度》。

11 试验报告

试验报告中应至少包括以下信息:

a) 所有关于受试产品必要信息的介绍;

b) 注明本部分的标准号;

c) 所用仪器类型;

d) 试验温度;

e) 每次密度的测量值和平均数,精确到 0.000 1 g/mL;

f) 任何与试验方法的差异;

g) 试验日期。

附　录　A
（规范性附录）
仪器的校正（仪器常数的测定）

A.1　概述

A.1.1　若采用的仪器是以共振周期的形式输出的，则仪器的常数的计算应根据式（A.1）计算。

A.1.2　若采用的仪器是以密度的形式直接输出，则仪器常数直接输入到仪器的数字处理中进行记忆。

A.1.3　仪器的常数必须进行测定，且用户需要经常的检查。这些数值经常是在空气中和在蒸馏水或者去离子水（至少是满足 ISO 3696 要求的二级纯净水的要求）中获得。密度值参见附录 B 的表 B.1 和表 B.2。

注：其他已知精确密度的液体也被作为参考液体。如果可能，可选择液体使其密度值在所需的测试范围之内，例如：四氯乙烯（沸点 121℃）。此种液体的沸点参见附录 B 中的表 B.3。

A.2　步骤

A.2.1　利用空气和水，按照 8.2 的步骤，每隔几分钟测量几次。若测量结果有变化，则重复试验。

A.2.2　只有当温度与测试温度 t_T 相同，差异不超过 0.5℃时，测定的仪器常数才是有效的。若温度与测试温度 t_T 不同，则需重新测试。

A.2.3　仪器常数应在每一系列试验时测量，并在试验结束后进行检查。

注：杂质的存在会引起共振周期的不同。

A.3　仪器常数的计算公式

计算水 T_W 和空气 T_A 的共振周期的平均数。利用它们的平均值计算仪器两个常数 A 和 B，见式（A.1）：

$$\rho = 1/A \times (T^2 - B) \qquad \cdots\cdots\cdots\cdots (A.1)$$

附 录 B
（资料性附录）
潮湿空气、不含有空气的水以及四氯乙烯的密度值

B.1 潮湿空气密度值

潮湿空气密度值参见表B.1。

表B.1 潮湿空气密度值

温度/℃	压力/kPa								相对湿度/%
	90	92	94	96	98	100	101.325	105	
	密度 ρ_A/(g/mL)								
15	0.001 08	0.001 11	0.001 13	0.001 15	0.001 18	0.001 20	0.001 22	0.001 26	89
20	0.001 06	0.001 09	0.001 11	0.001 13	0.001 16	0.001 18	0.001 20	0.001 24	65
25	0.001 05	0.001 07	0.001 09	0.001 12	0.001 14	0.001 16	0.001 18	0.001 22	48
30	0.001 03	0.001 05	0.001 07	0.001 10	0.001 12	0.001 14	0.001 16	0.001 20	35.8
35	0.001 01	0.001 03	0.001 06	0.001 08	0.001 10	0.001 12	0.001 14	0.001 18	27
40	0.001 00	0.001 02	0.001 04	0.001 06	0.001 08	0.001 11	0.001 12	0.001 16	20.6
45	0.000 98	0.001 00	0.001 02	0.001 05	0.001 07	0.001 09	0.001 10	0.001 14	15.9
50	0.000 96	0.000 99	0.001 01	0.001 03	0.001 05	0.001 07	0.001 09	0.001 13	12.3

B.2 不含有空气的纯水的密度值

不含有空气的纯水的密度值参见表B.2。

表 B.2 不含有空气的纯水的密度值

温度 t/℃	密度 ρ_w/(g/mL)	温度 t/℃	密度 ρ_w/(g/mL)	温度 t/℃	密度 ρ_w/(g/mL)
10	0.999 7	22	0.997 77	25	0.997 04
11	0.999 6	22.1	0.997 75	25.1	0.997 02
12	0.999 5	22.2	0.997 72	25.2	0.996 99
13	0.999 38	22.3	0.997 7	25.3	0.996 97
14	0.999 24	22.4	0.997 68	25.4	0.996 94
15	0.999 1	22.5	0.997 65	25.5	0.996 91
16	0.998 64	22.6	0.997 63	25.6	0.996 89
17	0.998 77	22.7	0.997 61	25.7	0.996 86
18	0.998 59	22.8	0.997 58	25.8	0.996 83
19	0.998 4	22.9	0.997 56	25.9	0.996 81
20	0.998 2	23	0.997 54	26	0.996 78
20.1	0.998 18	23.1	0.997 51	27	0.996 51
20.2	0.998 16	23.2	0.997 49	28	0.996 23
20.3	0.998 14	23.3	0.997 46	29	0.995 94
20.4	0.998 12	23.4	0.997 44	30	0.995 65
20.5	0.998 1	23.5	0.997 42	31	0.995 34
20.6	0.998 08	23.6	0.997 39	32	0.995 02
20.7	0.998 05	23.7	0.997 37	33	0.994 7
20.8	0.998 03	23.8	0.997 34	34	0.994 37
20.9	0.998 01	23.9	0.997 32	35	0.994 03
21	0.997 99	24	0.997 29	36	0.993 68
21.1	0.997 97	24.1	0.997 27	37	0.993 33
21.2	0.997 95	24.2	0.997 24	38	0.992 96
21.3	0.997 92	24.3	0.997 22	39	0.992 59
21.4	0.997 9	24.4	0.997 19	40	0.992 2
21.5	0.997 88	24.5	0.997 17		
21.6	0.997 86	24.6	0.997 14		
21.7	0.997 84	24.7	0.997 12		
21.8	0.997 81	24.8	0.997 09		
21.9	0.997 9	24.9	0.997 07		

B.3 四氯乙烯的密度值

四氯乙烯的密度值参见B.3。

表 B.3 四氯乙烯的密度值

温度 t/℃	密度 ρ/(g/mL)
0	1.655 8
15	1.631 1
20	1.622 8
25	1.614 6
30	1.606 4
35	1.598 3

附 录 C
(资料性附录)
由测试温度下的密度计算样品在标准温度下的密度

C.1 如果待测样品的密度值不是在标准温度下所测密度值 ρ_C，则可根据式(C.1)进行转化：

$$\rho_C = \frac{\rho_t}{[1+\gamma(t_C - t_\gamma)]} = \rho_t[1-\gamma(t_C - t_\gamma)] \qquad \cdots\cdots(C.1)$$

式中：

t_C——标准温度，单位为摄氏度(℃)；

t_γ——试验温度，单位为摄氏度(℃)；

γ——待测产品的热膨胀系数，水性涂料的近似值为 2×10^{-4} ℃$^{-1}$，其他涂料为 7×10^{-4} ℃$^{-1}$；

ρ_t——试验温度下的样品的密度值，单位为克每毫升(g/mL)。

ICS 13.300
A 80

中华人民共和国国家标准

GB/T 21862.4—2008/ISO 2811-4:1997

色漆和清漆 密度的测定 第4部分:压杯法

Paints and varnishes—Determination of density—Part 4:Pressure cup method

(ISO 2811-4:1997,IDT)

2008-05-12 发布

2008-09-01 实施

中华人民共和国国家质量监督检验检疫总局
中国国家标准化管理委员会 发布

前　言

GB/T 21862《色漆和清漆　密度的测定》包括以下4个部分：

——第2部分：落球法；

——第3部分：振动法；

——第4部分：压杯法；

——第5部分：比重计法。

本部分为GB/T 21862的第4部分。

本部分等同采用了ISO 2811-4:1997《色漆和清漆　密度的测定　第4部分：压杯法》(英文版)。

本部分与ISO 2811-4:1997相比做了下列编辑性修改：

——用“本部分”代替“ISO 2811的本部分”；

——用已等同采用转化为我国国家标准代替对应的国际标准或国外标准；

——用小数点“.”代替作为小数点的逗号“,”；

——删除国际标准的前言。

GB/T 21862《色漆和清漆　密度的测定》的相关标准：GB/T 6750—2007《色漆和清漆　密度的测定　比重瓶法》(ISO 2811-1:1997,IDT)。

本部分的附录A为规范性附录，附录B为资料性附录。

本部分由全国危险化学品管理标准化技术委员会(SAC/TC 251)提出并归口。

本部分负责起草单位：江苏出入境检验检疫局。

本部分参加起草单位：中化化工标准化研究所、海洋化工研究院、中国化工建设总公司常州涂料化工研究院。

本部分主要起草人：王红松、王晓兵、陈小卫、毛蕾蕾、韦锋、周志荣、赵玲。

本部分是首次发布。

色漆和清漆　密度的测定
第4部分:压杯法

1　范围

本部分规定了压杯法测定色漆、清漆及相关产品密度的方法。

本方法适用于含有气泡的样品,例如乳状色漆经常含有小的空气泡而且这些气泡在测定密度时仍存在。

2　规范性引用文件

下列文件中的条款通过GB/T 21862的本部分的引用而成为本部分的条款。凡是注日期的引用文件,其随后所有的修改单(不包括勘误的内容)或修订版均不适用于本部分,然而,鼓励根据本部分达成协议的各方研究是否可使用这些文件的最新版本。凡是不注日期的引用文件,其最新版本适用于本部分。

GB/T 3186—2006　色漆、清漆和色漆与清漆用原材料　取样(ISO 15528:2000,IDT)

GB/T 20777—2006　色漆和清漆　试样的检查和制备(ISO 1513:1992,IDT)

ISO 3696:1987　实验室用水　规格和试验方法

3　术语和定义

下列术语和定义适用于本部分。

3.1

密度　density

ρ

物料的质量与体积的比值,用克每毫升(g/mL)表示。

4　原理

样品被压缩在一个圆柱型压力杯中,以消除样品中未除尽的空气泡所带来的测量误差。样品的密度可以用压力杯的质量和体积计算得到。

5　温度

5.1　相对填充性质,温度对密度的影响很大,且与产品的类型有关。

5.2　本部分规定23℃±0.5℃为标准温度。在一些特定情况下,可采用其他认同的温度进行测定,如20℃±0.5℃(参见附录B)。

5.3　在整个试验过程中,试样和压力杯应该保持在特定温度下,而且应该确保在整个试验过程中,温度的变化不超过0.5℃。

6　仪器

日常的实验室仪器和玻璃仪器及以下仪器。

6.1　压力杯

包含一个中空的圆筒,底部带有一个螺丝固定的活塞,顶部有一个可以释放压力的盖子(如图1所示)。螺丝上的一个校准扣可以在圆筒内体积达到 100 mL 时阻止活塞进一步运动。顶部的盖子可以在圆筒内压力超过(1±0.1)MPa(10 bar)时让圆筒内的液体流出。压力杯应该由坚硬、惰性材料制成(例如不锈钢),而且应该方便拆除清洗。

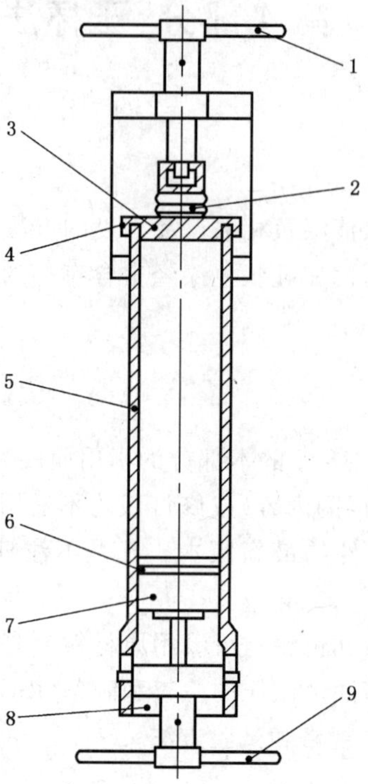

1——设置阀;
2——压力释放装置;
3——弹簧盒盖;
4——密封圈;
5——圆筒(密封体积为 100 mL);
6——活塞密封圈;
7——活塞;
8——校准扣;
9——压力控制阀。

图 1 压力杯装置图

6.2 温度计

精确到 0.2℃或更高精度。

6.3 恒温室

可以容纳压力杯和待测样品,而且可以控制上述二者在特定温度或者共同认可的温度(见 5.2)。

6.4 天平

精确到 10 mg。

7 取样

按 GB/T 3186—2006 规定取样,按 GB/T 20777—2006 规定检查和制备待测样品。

8 步骤

8.1 概述

试验要重复两遍,且每次都要使用新的样品。

8.2 试验

8.2.1 试验前应确保压力杯清洗干净，在装置移动的地方涂上适量润滑剂。将活塞移动到圆筒的最底部。

8.2.2 称量整个装置的质量 m_1，精确到 10 mg。将整个装置和待测样品放置在恒温室(6.3)中恒温至少 30 min。

8.2.3 将待测样品倒入圆筒内到满为止，让样品和压力杯在试验温度下平衡足够长时间。用温度计确认当前温度是否正确。按照使用说明书的要求，将压力杯顶部的盖子放到正确的位置。

8.2.4 旋动螺丝压缩样品。当压力杯中的压力大于 1 MPa 时，过量的色漆将会从圆筒和顶部的盖子之间流出。继续旋动螺丝至到校准扣停止移动。

8.2.5 将压力杯的外壁清洗干净、干燥，称量当前的整个装置的质量 m_2，精确到 10 mg。

8.2.6 旋松活塞以减小压力，拆除整个装置，将样品倒出，清洗压力杯。

8.2.7 对于参比试验和日常周期性试验中，应用水作为校正液体来校正压力杯(见附录 A)。

9 计算

样品在试验温度 t_T 下的密度 ρ 按式(1)计算：

$$\rho = \frac{m_2 - m_1}{V_t} \qquad \cdots\cdots(1)$$

式中：

m_1——空的压力杯的质量，单位为克(g)；

m_2——在试验温度 t_T 下压力杯装满样品时的质量，单位为克(g)；

V_t——压力杯在试验温度 t_T 的体积(具体测量方法见附录 A)，单位为毫升(mL)。

10 精密度

10.1 重复性 *r*

同一操作者在同一实验室中，采用本部分的试验方法，在较短的时间间隔内完成的两次检测结果(每次测量结果为两次试验的平均值)，在置信度为 95%下的差异在 0.005 g/mL 之内。

10.2 再现性 *R*

目前还没有相应数据。

11 试验报告

试验报告中应至少包括以下信息：

a) 所有关于受试产品必要信息的介绍；

b) 注明本部分的标准号；

c) 压力杯的供应商和序列号或者其他相关信息；

d) 试验温度；

e) 每次密度的测量值和平均数，精确到 0.01 g/mL；

f) 任何与试验方法的差异；

g) 试验日期。

附 录 A
（规范性附录）
压力杯的校正

A.1 步骤

A.1.1 将压力杯放在一个处于天平附近的容器中，在室温下放置 30 min。称量压力杯的质量 m_1。

A.1.2 向压力杯中充满蒸馏水或者符合 ISO 3696 标准的 2 级去离子水，而且事先应将所用的水的温度调整到与试验温度相差不超过 1℃。按照使用说明书的要求，将压力杯顶部的盖子放到正确的位置。

A.1.3 将压力杯放到恒温室内恒温至试验温度。旋动螺丝压缩压力杯中的水至到校准扣停止移动。用吸水纸或者布擦干压力杯外壁的水。将压力杯移出恒温室，并将其表面干燥。迅速称量压力杯当前的质量 m_2。

注：尽量减少手与压力杯的接触以减小压力杯温度的上升。

A.2 计算压力杯的体积

压力杯在试验温度 t_T 下的体积 V_t(mL)可按式(A.1)计算：

$$V_t = \frac{m_3 - m_1}{\rho_W} \qquad \text{(A.1)}$$

式中：

m_1——空的压力杯的质量，单位为克(g)；

m_3——在试验温度 t_T 下压力杯装满蒸馏水时的质量，单位为克(g)。

ρ_W——在试验温度 t_T 下所用蒸馏水的密度，单位为克每毫升(g/mL)(见表 A.1)。

表 A.1 不含有空气的纯水的密度

温度 t_T/℃	密度 ρ_W/(g/mL)	温度 t_T/℃	密度 ρ_W/(g/mL)	温度 t_T/℃	密度 ρ_W/(g/mL)
10	0.999 7	22	0.997 8	25	0.997 0
11	0.999 6	22.1	0.997 8	25.1	0.997 0
12	0.999 5	22.2	0.997 7	25.2	0.997 0
13	0.999 4	22.3	0.997 7	25.3	0.997 0
14	0.999 2	22.4	0.997 7	25.4	0.996 9
15	0.999 1	22.5	0.997 7	25.5	0.996 9
16	0.998 9	22.6	0.997 6	25.6	0.996 9
17	0.998 8	22.7	0.997 6	25.7	0.996 9
18	0.998 6	22.8	0.997 6	25.8	0.996 8
19	0.998 4	22.9	0.997 6	25.9	0.996 9
20	0.998 2	23	0.997 5	26	0.996 9
20.1	0.998 2	23.1	0.997 5	27	0.996 5
20.2	0.998 2	23.2	0.997 5	28	0.996 2
20.3	0.998 1	23.3	0.997 5	29	0.995 9

表 A.1（续）

温度 t_T/℃	密度 ρ_W/(g/mL)	温度 t_T/℃	密度 ρ_W/(g/mL)	温度 t_T/℃	密度 ρ_W/(g/mL)
20.4	0.998 1	23.4	0.997 4	30	0.995 7
20.5	0.998 1	23.5	0.997 4	31	0.995 3
20.6	0.998 1	23.6	0.997 4	32	0.995 0
20.7	0.998 1	23.7	0.997 4	33	0.994 7
20.8	0.998 0	23.8	0.997 3	34	0.994 4
20.9	0.998 0	23.9	0.997 3	35	0.994 0
21	0.998 0	24	0.997 3	36	0.993 7
21.1	0.998 0	24.1	0.997 3	37	0.993 3
21.2	0.998 0	24.2	0.997 2	38	0.993 0
21.3	0.997 9	24.3	0.997 2	39	0.992 6
21.4	0.997 9	24.4	0.997 2	40	0.992 2
21.5	0.997 9	24.5	0.997 2		
21.6	0.997 9	24.6	0.997 1		
21.7	0.997 8	24.7	0.997 1		
21.8	0.997 8	24.8	0.997 1		
21.9	0.997 8	24.9	0.997 1		

附 录 B
（资料性附录）
温度变化

B.1 压力杯热膨胀的校正

如果试验温度 t_T 与压力杯体积校正温度相差大于 5℃，则所测样品的密度需因压力杯体积的改变而校正。压力杯在试验温度 t_T 下的体积 V_t 可按式(B.1)计算：

$$V_t = V_C[1+\gamma_p(t_T - t_C)] \quad \cdots\cdots\cdots\cdots (B.1)$$

式中：

V_C——压力杯在校正温度 t_C 下的体积，单位为毫升(mL)；

t_T——实际样品的试验温度，单位为摄氏度(℃)；

t_C——压力杯的校正温度，单位为摄氏度(℃)；

γ_p——压力杯所用材料的热膨胀系数，单位为每摄氏度(℃$^{-1}$)(见表 B.1)。

表 B.1 压力杯所用材料的热膨胀系数

材料	γ_p/ ℃$^{-1}$
奥氏体不锈钢	48×10^{-6}

B.2 由试验温度下的密度计算样品在标准温度下的密度

如果样品的试验温度与标准温度不同，则样品在标准温度下的密度 ρ_C 可以按式(B.2)由试验温度下的密度计算得：

$$\rho_C = \frac{\rho_t}{[1+\gamma_m(t_C - t_T)]} = \rho_t[1-\gamma_m(t_C - t_T)] \quad \cdots\cdots\cdots\cdots (B.2)$$

式中：

t_C——标准温度，单位为摄氏度(℃)；

t_T——实际样品的试验温度，单位为摄氏度(℃)；

γ_m——待测样品的热膨胀系数，水性涂料的热膨胀系数为 2×10^{-4}℃$^{-1}$，其他涂料的热膨胀系数为 7×10^{-4}℃$^{-1}$；

ρ_t——样品在试验温度下的密度，单位为克每毫升(g/mL)。

ICS 13.300
A 80

中华人民共和国国家标准

GB/T 21862.5—2008

色漆和清漆 密度的测定 第5部分：比重计法

Paints and varnishes—Determination of the density—Part 5：Areometer method

2008-05-12 发布 2008-09-01 实施

中华人民共和国国家质量监督检验检疫总局
中国国家标准化管理委员会 发布

前　言

GB/T 21862《色漆和清漆　密度的测定》包括以下4个部分：

——第2部分：落球法；

——第3部分：振动法；

——第4部分：压杯法；

——第5部分：比重计法。

本部分为GB/T 21862的第5部分。

本部分等同采用了NF T 30-028：1989《色漆和清漆　密度测定　比重计法》（法文版）。

GB/T 21862《色漆和清漆　密度的测定》的相关标准：GB/T 6750—2007《色漆和清漆　密度的测定　比重瓶法》（ISO 2811-1：1997，IDT）。

本部分由全国危险化学品管理标准化技术委员会（SAC/TC 251）提出并归口。

本部分负责起草单位：江苏出入境检验检疫局。

本部分参加起草单位：中化化工标准化研究所、海洋化工研究院、中国化工建设总公司常州涂料化工研究院。

本部分主要起草人：汪蓉、梅建、江红星、毛蕾蕾、宋杰、寇海娟、赵玲。

本部分是首次发布。

色漆和清漆　密度的测定
第5部分：比重计法

1　范围

本部分规定了比重计法测定色漆、清漆及相关产品密度的方法。

本部分适用于制造色漆、清漆及液体和透明体原料的密度测定。

2　规范性引用文件

下列文件中的条款通过GB/T 21862的本部分的引用而成为本部分的条款。凡是注日期的引用文件，其随后所有的修改单(不包括勘误的内容)或修订版均不适用于本部分，然而，鼓励根据本部分达成协议的各方研究是否可使用这些文件的最新版本。凡是不注日期的引用文件，其最新版本适用于本部分。

NF B 35-302　玻璃制品和试验相关器材　圆柱形刻度试管

NF B 35-502　玻璃制品和试验相关器材　杆状精确温度计

NF B 35-510　玻璃制品和试验相关器材　液体比重计、构造原理和标准化原理

NF T 30-048　色漆　取样方法(色漆、清漆、相似制剂和它们的制作原料)

NF T 30-058　色漆　正常环境下的试验和规定条件下的试验

3　原理

比重计法是基于阿基米德原理，当比重计沉入液体时，排开一部分液体，并受到自下而上的等于排开的液体重量的浮力。排开液体重量等于比重计本身的重量时，比重计处于平衡状态，此时样品的密度可以从比重计上直接读出。

4　仪器

4.1　比重计

4.1.1　以下比重计可用于液体密度的测定：

a)　M 100 0 800 0 900 NF B 35-510；

b)　M 100 0 900 1 000 NF B 35-510；

c)　M 100 1 000 1 100 NF B 35-510。

4.1.2　当液体密度处于0.8 g/mL～1.1 g/mL的范围之外时，应使用相同精度的液体比重计。

4.2　试管

其内径至少比液体比重计的外径大20 mm，其高度应允许液体比重计的底端与试管底部保持最少25 mm的距离(参见NF B 35-302)。

4.3　温度计

精度应符合STL/0.2/15/45，NF B 35-502的要求。

5　样品的准备

5.1　按NF T 30-048的规定取样。

5.2　所取的样品量应能够满足三次试验。

注：取样时应避免向试管内注入含有气泡及悬浮物的产品。

6 试验步骤

6.1 试验前，将液体比重计、装有样品的密封小瓶及试管放置在一个房间或恒温器内，恒温大约 2 h，温度需恒定为 23℃±1℃。

6.2 将已处理好的样品倒入试管，让样品中的气泡缓慢上升到表面，测量其温度后再将其倒入液体比重计内。

6.3 待样品在液体比重计内静止后，根据液面的弯月面进行读数，精确到 0.005 g/mL。

7 结论

7.1 按照三次试验读取液体比重计的值进行平均(此时读数精度为 0.005)，质量密度的平均值精确到 0.01。

7.2 当测量温度在 15℃～25℃之间时，则测量所得密度需要校正。当测量温度超过 23℃时，温度每上升 1℃，密度减小 0.007 g/mL，当测量温度小于 23℃时，温度每下降 1℃，密度增加 0.007 g/mL。

8 试验报告

试验报告应包含以下几个方面：

a) 受试产品的性质；

b) 注明本部分的标准号；

c) 实际试验温度；

d) 实际试验结果；

e) 可能影响了试验结果的各种因素；

f) 试验日期。

参 考 文 献

[1] NF T 60-101 石油产品 石油产品的质量密度-液体水平仪法.
[2] NF ISO 6883 动物脂肪和植物 在空气中质量密度的判定(指数等级:T 60-214).

ICS 13.300
A 80

中华人民共和国国家标准

GB/T 21863—2008

凝胶渗透色谱法(GPC)用四氢呋喃做淋洗液

Gel permeation chromatography(GPC)—Tetrahydrofuran as elution solvent

2008-05-12 发布　　2008-09-01 实施

中华人民共和国国家质量监督检验检疫总局
中国国家标准化管理委员会　发布

前 言

本标准等同采用德国标准化组织 DIN 55672-1:2007《凝胶渗透色谱法(GPC) 第1部分:用四氢呋喃(THF)作洗脱溶剂》(德文版)。

本标准的附录A、附录C为规范性附录,附录B为资料性附录。

本标准由全国危险化学品管理标准化技术委员会(SAC/TC 251)提出并归口。

本标准起草单位:中国检验检疫科学研究院、中化化工标准化研究所。

本标准主要起草人:于文莲、陈会明、王军兵、周新、郝楠、梅建、王晓兵、王立峰、孙鑫、王峥。

本标准为首次发布。

凝胶渗透色谱法(GPC)
用四氢呋喃做淋洗液

1 范围

本标准规定了凝胶渗透色谱法(GPC)测定在四氢呋喃(THF)中溶解的聚合物的分子量分布、数均分子量 M_n 和重均分子量 M_w 的方法和试验条件。

如果试样/洗脱剂/分离材料系统中发生特殊的相互作用(例如吸收),即使单个聚合物得到色谱分离且有良好的可重复性也不适用本方法。

凝胶渗透色谱(GPC)是相对测定方法,需要用市售线性、使用绝对方法已知分子量的聚苯乙烯标准物质进行校正。其结果对于具有不同结构的聚合物试样仅可以作为相同结构试样组的参考值。

本标准不适用于测定 M_w 大于 10^6 g/mol 的聚合物(见附录 C)。

本标准无法实施校正方法(如消除峰值扩散)。如果需要测定绝对摩尔质量,则应使用绝对方法(例如:用于测定 M_n 的膜渗压法,或者 M_w 的光散射法)。

2 规范性引用文件

下列文件中的条款通过本标准的引用而成为本标准的条款。凡是注日期的引用文件,其随后所有的修改单(不包括勘误的内容)或修订版均不适用于本标准,然而,鼓励根据本标准达成协议的各方研究是否可使用这些文件的最新版本。凡是不注日期的引用文件,其最新版本适用于本标准。

GB/T 3186—2006 色漆、清漆和色漆与清漆用原材料 取样(ISO 15528:2000,IDT)

GB/T 6379.1 测量方法与结果的准确度(正确度与精密度) 第1部分:总则与定义(GB/T 6379.1—2004,ISO 5725-1:1994,IDT)

GB/T 20777—2006 色漆和清漆 试样的检查和制备(ISO 1513:1992,IDT)

DIN 50014 气候及其技术应用 标准大气压

3 术语和定义

下列术语和定义适用于本标准。

3.1

凝胶渗透色谱(GPC) gel permeation chromatography

凝胶渗透色谱法是液相色谱法的特殊形式,聚合物试样分子分散溶解到洗脱剂里,根据溶质分子的体积大小分离,大分子先行洗脱,小分子随后洗脱,聚合物按照分子量大小得到分离。淋洗体积在规定的试验条件下是聚合物分子的单一函数。

4 方法概要

试样溶解在淋洗液中,制备成待测试样溶液(质量浓度小于 5 g/L),并将试样溶液以整除部分注入 GPC 系统中。淋洗液中溶质从色谱柱洗脱,经检测器连续检测,其对应浓度通常由示差折光检测器测量,从而得到相应色谱图,使用该系统测定的校正曲线计算相对分子量分布、数均分子量 M_n 和重均分子量 M_w 以及重均数均比 M_w/M_n。

5 试验设备

5.1 总则

凝胶渗透色谱法(GPC)仪器由以下部件组成(见图 1),这些部件在下文中作了详细说明。

在选择这些仪器时通常应保证：所有与淋洗液或者试样溶液接触的部件对其具有耐受性，且不会发生任何类型的吸收和吸附效应。用四氢呋喃作为淋洗液的仪器部件之间应使用钢管或者钛管连接。

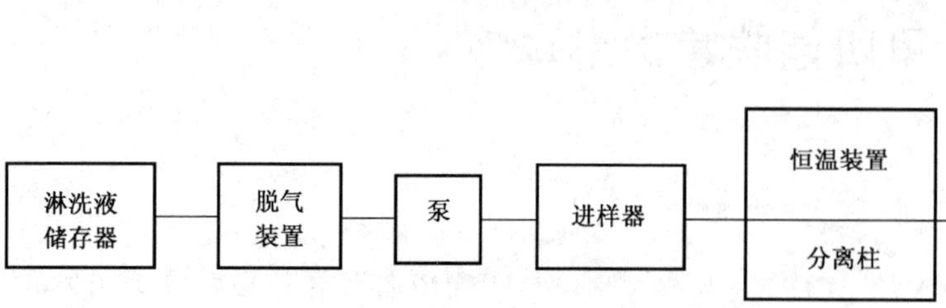

图 1　GPC 仪器的方框示意图

5.2　淋洗液储存器

淋洗液的储存器应防止淋洗液受到外部的影响(接触空气、光线照射)，必要时需在液体表面使用惰性气体防护。

对于仪器状态调节和进行多次重复分析，淋洗液的储存器应能够储存足够的淋洗液。因泵系统抽取和进入检测器时减压会产生气泡，淋洗液在使用前应脱气；也可以在溶剂储存器和泵系统之间加装在线脱气机。排气原理(例如：气泡沉淀、用氦气在线排气、真空排气)可以自由选择。

5.3　泵系统

泵系统应尽可能均匀和无脉动地将淋洗液输送过分离柱。流速为 1 mL/min(见附录 A)。泵系统在该流速和系统反压下，处于理想的输送区域，泵系统的流速精密度偏差不允许超过 0.1%。

5.4　进样系统

进样系统应保证将试样溶液定量和固定间隔时间精确注入分离柱。可以使用手动进样器，也可以使用自动进样器。

在注入和输送淋洗液时应通过足够大的冲洗量，即使存在扩散效应也可以将进样管精确地使用试样溶液进行填充，接着无保留地排出。

因先前的试样溶液造成的进样系统的记忆效应，通过足够的冲洗加以排除。

5.5　分离柱

根据试样情况选择使用一个或者多个依次连接的填充有球状渗透填料的分离柱组成。填料孔径与待测聚合物分子大小相匹配。

典型填料由聚合方法制成的苯乙烯-二乙烯苯共聚物(S-DVB)，淋洗液通过该聚合物仅会造成微小变化，在设定流量的压力下也不会变形。

除了这种球型大孔径 S-DVB 填料，也可使用其他以二氧化硅为基料的有机单体粒子制成的填料。在使用该填料时，起决定性的条件是该材料表面不会发生与聚合物试样分子的相互吸收作用。此外试样和色谱系统不允许导致化学和结构上的变化。

由于试样和填料表面的相互作用(例如：吸收)可能在个别情况下对 GPC 分离机理造成干扰。对此效应的特征现象和对策在附录 C 中作了说明。如果这类试样来自不同实验室的分析进行相互比较，需要对试验条件进行本标准以外的约定。

本方法在不同的实验室、不同 GPC 仪器测定相同的试样时，为获得尽可能一致的结果，在峰加宽效应(通过理论塔板数表示)和分离效率应遵守以下最低要求。

a)　理论塔板数

根据半峰宽法测定每米分离柱长度的理论塔板数(见图 2)。在聚合物分析所使用的试验条件下，乙苯进样量最多 20 μL(质量浓度=1 g/L)(见附录 A)。得到的色谱图根据式(1)进行分析：

$$N = 5.54 \times \left(\frac{V_e}{W_{1/2}}\right)^2 \times \frac{100}{L} \quad \cdots\cdots(1)$$

式中：

V_e——峰高的淋洗体积或者淋洗时间；

$W_{1/2}$——半峰宽；对于 V_e 和 $W_{1/2}$ 应使用相同单位；

L——分离柱（组合）的长度，单位为厘米（cm）。

针对每米分离柱长度的理论塔板数作相对说明，本标准的分离柱组合理论塔板数要求达到每米至少 20 000。

注：色谱峰的前伸和拖尾见附录 C。

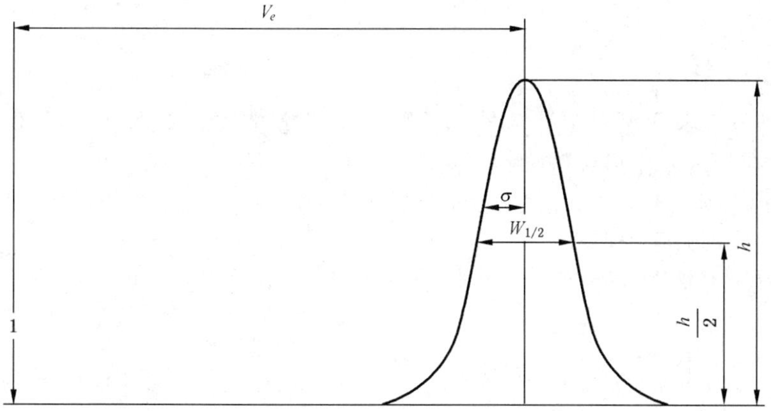

$$N=\left(\frac{V_e}{\sigma}\right)^2$$

$$N=5.54\times\left(\frac{V_e}{W_{1/2}}\right)^2\times\frac{100}{L}$$

图 2　根据半峰高法测定理论塔板数

b）　分离度

为了获得足够的分离，校正曲线 lg$M$ 对所使用分离柱组合的淋洗体积 V_e 不能超过特定的比例；聚合物试样的峰高范围中适用以下关系，见式(2)：

$$\frac{V_{e,M_x}-V_{e,(10\times M_x)}}{A_c}>6.0 \qquad \cdots\cdots(2)$$

式中：

V_{e,M_x}——聚苯乙烯摩尔质量 M_x 的淋洗体积，单位为平方厘米（cm^2）；

$V_{e,(10\times M_x)}$——十倍的摩尔质量的淋洗体积，单位为平方厘米（cm^2）；

A_c——色谱柱横截面面积（圆柱十字交叉区域），单位为平方厘米（cm^2）。

在选择 M_x 时应使待测聚合物试样的峰高在两个淋洗体积的中间。

5.6　恒温装置

在室温下（15℃～35℃），或者在不超过 40℃的更高温度下进行分析；在分析过程中，分离柱的温度变化不能超过 1℃（见附录 C）。

5.7　检测器

使用示差折光检测器。检测池体积不大于 0.010 mL（见附录 A）。

注：对于个别检测器型号的限制见附录 C。

如果对共聚合物试样或者聚合物混合物进行试验，则应保证所有成分在淋洗浓度和检测器信号之间存在较大的比例系数（对于示差折光检测器：比折光指数增量 dn/dc），对于比例系数 k_i 和 k_j，所有的成分 i 和 j 适用以下比例，见式(3)：

$$0.2\leqslant\frac{k_i}{k_j}\leqslant 5 \qquad \cdots\cdots(3)$$

注：如果对于试样或者试样组的分析无法遵守该比例，则可以另选其他的检测器或者合适的检测器组合。如果这一类试样的测量在不同的实验室间相互进行比较，则应对检测器的选择进行约定。与该标准的偏差在试验报告中单独说明理由；见附录 C。

对于下述注入量，干扰电平在最低可调节的阻尼下小于聚合物峰值最大高度的1%。因为该干扰电平，其对于示差折光检测器会因压力、温度和流速变化而被放大，因此应采取合适的措施稳定温度并防止振动。

5.8 数据采集

通过电子数据系统采集由检测系统输出的信号：详细内容见第11章。

6 试剂(淋洗液)

四氢呋喃作淋洗液，质量分数符合以下要求：

四氢呋喃	>99.5%
水	<0.05%
过氧化物	<0.005%

在四氢呋喃中，加入抗氧化剂2,6-二叔丁基对甲基苯酚(BHT)(最高质量浓度0.250 g/L)，防止形成过氧化物。在使用前检验四氢呋喃的过氧化物含量(例如：使用测试带)。

注1：如果在淋洗液THF中添加质量分数最大为10 g/L的其他成分，在试验报告中应说明原因，以便在对特殊试样进行分析时避免干扰(详细内容见附录C)。

注2：在本标准中，不管是在对分离柱进行预处理还是在分析时，淋洗液均应一次性使用，不能将其重新放回淋洗液储存器中。

7 仪器的校正

7.1 总则

GPC仪器的校正通过窄分布线性聚苯乙烯标准物质进行(见附录C)，聚苯乙烯标准物质通过独立的绝对方法，用于在分析聚苯乙烯试样之前评价GPC分析的校正曲线。如果校正曲线用于其他成分和结构的试样分析，其结果被称为“聚苯乙烯相对分子量”(参见参考文献)。

7.2 校正标准物质的要求

依据峰最大值时的摩尔质量M_p，标准物质的分布宽度应在以下极限值之内：

$M_p < 2\ 000$ g/mol	$M_w/M_n \leqslant 1.2$
$2\ 000$ g/mol $\leqslant M_p < 10^6$ g/mol	$M_w/M_n \leqslant 1.05$
10^6 g/mol $\leqslant M_p$	$M_w/M_n \leqslant 1.2$

从单个色谱图峰值最大值划分前后一半高度的峰值宽度A和B计算来自经验的非对称系数，并在以下范围中，见式(4)：

$$\frac{A}{B} = 1.00 \pm 0.15 \qquad \cdots\cdots(4)$$

宽度A和B通过电子数据采集装置，以每个峰值至少60格测量点的采集密度进行测定。对每种单独用于校正的聚苯乙烯标准物质最低要求是：

a) 通过绝对方法测量至少一种摩尔质量平均值M_n、M_w或M_z；

b) 通过至少一种方法测定摩尔质量分布；

c) 规范用于实施该方法所使用的参数；

d) 结果和数据应以一种对于用户可以理解的形式进行提交，并负责交付。

注：这一类数据文件的示例参见附录B。

如果校正标准物质具有低分子或者高分子肩峰、前伸峰或拖尾峰，则干扰峰面积与峰值面积的比应小于2.0%，否则不适合用作校正标准物质。

聚苯乙烯标准物质系列用己基苯在低分子末端进行修饰，己基苯以M=162 g/mol的摩尔质量包含在校正曲线中。

如果在低分子区域校正标准物质获得良好的分离，从而可以识别独立的低聚物峰值，则可以在考虑最终群组的情况下将该校正标准物质和其实际的摩尔质量包含进校正曲线中。

7.3 校正标准溶液的制备

校正标准物质在室温下搅拌溶解在淋洗液中，溶液在室温下进行保存。溶液使用 0.45 μm 的膜过滤，如果在过滤过程中出现明显的堵塞，则试样不适用于进行校正分析。该溶液应在 48 h 内使用。

如果所有峰值都是基线分离，一次进样可以对多种校正标准物质同时进行分析。

该溶液中单个校正标准物质的质量浓度根据峰高摩尔质量为：

$M_p<50\ 000$ g/mol	1.0 g/L
50 000 g/mol $\leqslant M_p<10^6$ g/mol	0.5 g/L
10^6 g/mol $\leqslant M_p$	0.1 g/L

进样量与分离柱尺寸的匹配不通过浓度进行，而是通过进样质量。根据第 10 章的规定确定进样质量，既适用于校正，也适用于试样测量。

7.4 校正测量的实施

校正测量的试验条件除了进样溶液的浓度外与试样分析的试验条件相同。

7.5 保留的测量

自进样起始点至峰最大值测量淋洗体积(V_e)和保留时间(t_R)。在计算最大值时，以进样至峰值的分析时间为准，线性基线漂移可以允许最大峰值高度 5%的偏差。在漂移较大或者峰值区域的基线变化时应重复进行分析。

保留时间的测量可以通过内部标准进行检验，必要时进行线性修正。

7.6 校正曲线的结构

校正曲线以分子量的对数 $\lg M_p$ 对淋洗体积 V_e 或者校正后的保留时间 t_R 做图来表示，即以半对数表示。每个摩尔质量级数至少需要两个校正点，总计至少五个校正点。在低分子区域，校正曲线在使用己基苯峰值时结构包含在系统峰值内。

在高分子区域，一方面首次淋洗的校正标准物质最大值，应大于试样的高分子极限值；另一方面应测定排阻极限值的位置。

校正曲线既可以表格的形式也可以表示为一个或者多个依次的任意形式的平衡曲线，并转换为分析图表；此外校正曲线应通过相应的表达随时可以直接进行检验。因为在分析色谱图在不同分布曲线中的变化时需要校正区域第一次推导的倒数(见 11.4)，因此 $\lg M=f(V_e$ 或者 $t_R)$ 是微分函数。

为了检验校正曲线结构与测量的符合性，对于单个的校正点而言，按百分比计算的偏差如下：

$$\frac{M_{p,\text{校正值}}-M_{p,\text{计算值}}}{M_{p,\text{校正值}}}\times 100$$

应对 V_e 或者 t_R 作图表说明。根据该图可以检验，沿着淋洗横坐标在统计学上是否分布有正负差值。导致单个淋洗区域频繁出现正负差异的校正曲线的回归模型是不适用的。如果由于在实验室中存在的回归模型(见附录 C)无法对这一类的残数分布加以改善，则应在结果中使用较大的误差进行计算，并在试验报告中对其加以说明。

仅对于在方法上会导致测量点和校正点重合的校正曲线结构，可以取消残数分布测试(例如：多边形偏移，无补偿的拟和运算法则)。对于该方法应通过其他方式保证计算的校正曲线不包含在物理上无意义的区域，例如：相对极限值。

8 试样提取

根据试验产品的状态按照 GB/T 3186—2006 提取平均试样，并按照 GB/T 20777—2006 准备试验。

9 试验的程序

9.1 试样溶液的制备

称量可除尽数的聚合物试样，并使用储存器中的淋洗液进行溶解，室温条件下保存。试样溶液的浓度取决于所使用分离柱的总体积和进样体积；详细内容见第10章。

室温下摇晃试样瓶使加快溶解和均质，对于低于700 000 g/mol的中等摩尔质量的试样也可以使用磁性搅拌器。由于存在聚合物分解的可能性，通常不允许使用超声波。应避免使用较高的温度(最高60℃)。特殊情况应在试验报告中说明情况(例如：对于聚氯乙烯的试验)。

称量的试样通常应使用几乎不含溶剂的聚合物试样。但如果存在溶剂且为敏感试样，可以对原始溶液直接进行称量或者在室温下以真空浓缩的形式进行称量。其聚合物含量通过特定测定方法进行测定；所使用的方法应在试验报告中加以说明。如果对于这一类的试样造成了溶剂、系统和聚合物峰值的重叠，其分析应限制在无干扰的聚合物区域，且说明校正聚合物摩尔质量单位的分析极限值。对于不同试样的比较试验应选择相同的分析极限值。

无法溶解的添加剂(例如：颜料、添加剂、抗冲击成分)通过合适的措施(超高速离心、过滤、膜过滤)从溶液中去除。即使是外观比较清澈的溶液通常也推荐在2 μm至0.2 μm之间的膜过滤。

如果试样包含无法溶解的聚合物成分(例如：微凝胶)，应在报告中明确指出：本试验结果仅以溶解的成分为准，应说明观察到的现象。

试样溶液应在48 h内使用。

9.2 分析仪器的使用

按照第10章设定的仪器参数进行工作。事先用淋洗液平衡仪器，直至检测器灵敏度低于5.7规定的噪声，且满足7.5规定的基线条件，从该时间点开始进行分析。

10 分析参数

进样溶液的浓度：介于0.1 mg/mL至5.0 mg/mL之间。

进样体积：针对所使用的分离柱进行调整，且每300 mm×7.8 mm分离柱不允许超过100 μL；总计不允许超过250 μL(见附录A)。

对于较紧密分布和较高的摩尔质量，淋洗体积取决于进样聚合物的质量；如果观察到试样的这种情况，则应稀释试样，直至对M_w数值的影响低于5%。

如果特殊的聚合物由于不合适的检测器参数需要较高的进样量，应在试验报告中明确加以说明。

试样多次进样分析，在试验报告中说明进样的总次数；最后两次进样单独进行分析，结果单独加以说明。进样顺序应可以识别。

不同实验室之间的比较试验，应进行至少两种分别使用的试样溶液的进样。

在5.5所述的试样溶液和分离材料表面之间可能存在的吸收相互作用的现象，应在试验报告中加以说明。

11 数据采集和分析

11.1 总则

色谱图的采集使用电子数据采集设备进行。在分离柱组合的排阻极限值前开始，在返回最终系统峰淋洗完全的基线后结束。

假定测量点密度为等距，对于使用的校正曲线的M组至少需要20个测量点；对每个进行分析的单独峰值应至少分布25个测量点。

检测器振幅分辨率在最小可证明的测量值与扣除基线的净色谱图的峰值最大值之间至少为1∶500。

试样和校正分析的数据应至少保存1年，以便可以重复进行分析。

11.2 原始数据的净色谱图的计算

11.2.1 基线测定

检测器零点信号的基线在排阻极限值前和最终系统峰值后的淋洗区域之间确定为直线，也就是说在 GPC 理想分离区域的基线为直线。

在该区域基线在总分析时间至占 10%总分析时间的时间段内存在检测器信号，否则该分析视为无效。如果在该时间间隔内识别到与基线的偏差，则分析同时失效。使用该区域内基线点计算偏差：

a) 在高、低分子量和分析极限值之间所有偏差的总和；

b) i－原始测量点－在该位置的基线内插点；

c) 在下文中被称作净色谱图。

11.2.2 测量值和净色谱图的修正

在本标准中不允许进行原始测量数据或者净色谱图的修正或者校正(例如：峰加宽效应的消除、浓度延迟的校正等)。

仅允许采取通过补偿最多五个相邻点的补偿措施或者间接的补偿措施，例如：在内插测量值用于数据压缩时或者在匹配测量点和校正曲线网格时进行的补偿措施；对于一个点需要的补偿计算限制在小于 0.25lg$M$ 单位的间隔内。所有这一类的数据操作应详细加以说明。

除了 13.2 中的数据允许对平均值或者平均分布曲线的重复分析结果附加进行说明(例如：色谱图叠加或者平均摩尔质量平均值)；所使用的方法应以可理解的方式加以说明，并说明发现的标准偏差。

11.2.3 分析极限值

在开始分析前测定系统或者溶剂峰的起点。在低分子量末端，色谱图在无系统或者溶剂峰的情况下进行分析，淋洗体积为低分子量分析极限值，其数值在试验报告中在说明相关校正曲线摩尔质量的情况下加以说明。

色谱图在系统或者溶剂峰区域有拖尾现象，本标准中无法加以分析，应加以弃除。

11.3 平均值的计算

在上文所作的测量点密度的假定中，可以使用通过求和获得分析需要的积分面积，色谱图曲线通过由带平行侧面的面积带组成的分级曲线代替。

可以确定的是，单独的测量点位于这一类面积带的中间，在校正曲线第 i 个测量点上读取的摩尔质量适用于整个 i 测量间隔。

如果测量点假定为等距的，因此在下述所有的计算中简化间隔宽度，间隔面积可以直接通过在第 i 间隔的测量值 H_i 所代表。

摩尔质量平均值根据式(5)～式(8)进行计算：

数均值：
$$M_n=\frac{\sum_{i=1}^{n}H_i}{\sum_{i=1}^{n}H_i/M_i} \quad \cdots\cdots(5)$$

重均值：
$$M_w=\frac{\sum_{i=1}^{n}H_i\times M_i}{\sum_{i=1}^{n}H_i} \quad \cdots\cdots(6)$$

z 均值：
$$M_z=\frac{\sum_{i=1}^{n}H_i\times M_i^2}{\sum_{i=1}^{n}H_i\times M_i} \quad \cdots\cdots(7)$$

$(z+1)$ 平均值：
$$M_{z+1}=\frac{\sum_{i=1}^{n}H_i\times M_i^3}{\sum_{i=1}^{n}H_i\times M_i^2} \quad \cdots\cdots(8)$$

聚合分布宽度指数 D 通过 M_w 和 M_n 相除获得。因为不进行峰加宽修正，该测量方法通过 GPC 指数应可以进行特征化，以便与从绝对测量的摩尔质量数计算结果的数值加以区分。

为了测定 M_p，在净色谱图中寻找具有较大高度 H 的测量点，并从校正曲线中读取相关的 M 值。平均值的重现性既可以通过说明重复分析的标准偏差，也可以根据所使用 GPC 仪器的经验值加以说明。

根据式(9)计算粘均分子量 M_v 仅当试样和校正标准物质在化学结构特征上一致，或者两者在所使用的淋洗液中其相同的 Mark-Houwink 方程均有效时才有意义。

$$M_v = \left(\frac{\sum_{i=1}^{n} H_i \times M_i}{\sum_{i=1}^{n} H_i} \right)^{1/a} \quad \cdots\cdots(9)$$

11.4 分布曲线的计算

积分分布曲线 $S(M)$ 通过整个面积上标记的间隔面积相加获得。确定 $S(M)$ 为从低分子量分析极限值直至通过横坐标 M_i 所确定分布曲线点的总面积，见式(10)：

$$S(M_i) = \frac{\sum_{j=1}^{i} (H_{j-1} + H_j)/2}{\sum_{j=1}^{n} H_j} \times 100 \quad \cdots\cdots(10)$$

此外通过 $j=1$ 确定低分子量的分布终点，通过 $j=n$ 确定高分子量的分布终点。

对数微分分布曲线的形状 $W(M)$ 取决于所选择的横坐标；对于此处规定的描述，lg$M$ 的相对频率 W 形成式(11)、式(12)用于从净色谱图和横坐标 V_e 或者 t_R 计算 W：

$$W(\lg M_i) = (-1) \times \frac{H_i}{\sum_{j=1}^{n} H_j} \times \left(\frac{dV_e}{d\lg M} \right)_i \quad \cdots\cdots(11)$$

或者

$$W(\lg M_i) = (-1) \times \frac{H_i}{\sum_{j=1}^{n} H_j} \times \left(\frac{dt_R}{d\lg M} \right)_i \quad \cdots\cdots(12)$$

也就是说，标准的净色谱图和校正曲线第一次推导的负的导数相乘。

12 精密度

12.1 总则

该方法的精密度用数理统计的方法计算获得(见附录 C)。

如果对于单个试样出现和分离材料表面的相互作用，如 5.5 所述则可以将标准偏差增大至规定数值的数倍。

12.2 重复性

重复性根据 GB/T 6379.1 的方法，应在尽可能恒定的条件下进行试验，在较短的时间间隔内在相同的实验室、由相同的操作人员以相同的装置进行测量。重复性标准偏差 σ_r 以下列测量值的百分比表示：

M_n	3%
M_w	2%
M_z	3%
M_w/M_n	3%
M_p	2%

12.3 再现性

再现性根据 GB/T 6379.1 的方法，以在比较条件下进行的测量为基础，试验结果是用相同的试验材料，在不同的实验室由不同的操作人员和不同的设备根据标准的试验方法获得。比较标准偏差 σ_R 对于在 11.3 中所述的摩尔质量平均值 M_n、M_w 等与类型无关，与上述重复性标准偏差 σ_r 相比系数增大 5。

对于再现性标准偏差 σ_R，群组范围与 5%拆分部分相比，平均积分分布曲线得出以下数值(详细内容见附录 C)：

——在 0%至 10%的低分子区域： $\sigma_R=50\%$

——在 10%至 90%的区域： $\sigma_R=11\%$

——在 90%至 100%的高分子区域： $\sigma_R=38\%$

注 1：由于重复性标准偏差 σ_r 和再现性标准偏差 σ_R 之间较大的差值，在不同实验室之间对可比较性通过附加的约定对本标准的规定进行改进。

注 2：对于末端平直的色谱图峰高低分子成分的不同评价表现为个别实验室之间重大的偏差来源：应特别注意 11.2.3和 11.2.1 中的规定；对于基线和分析极限值的确定这一点主要在显示器或者通过自动运行的软件程序加以确定。

13 试验报告

13.1 总则

试验报告在说明本标准的情况下包括以下数据；此外在试验时，试样在相同的条件下仅根据 13.2 进行一次报告。使用(*)号标识的数据仅在实验室进行记录，但不需要在每个试验报告中加以说明。

13.2 测量数据

13.2.1 系统参数

a) 淋洗液、保护气体和淋洗液的脱气、必要时淋洗液的添加剂；

*b) 泵系统；

*c) 进样系统；

d) 分离柱(生产商、分离材料和孔尺寸类型、数量、尺寸和所使用分离柱的顺序)；

e) 根据 11.2.3 规定的低分子分析极限值的数据和原因；

*f) 在所使用的仪器中每米分离柱组合的理论塔板数，根据 5.5 分析试样最大值范围内的分离度；

g) 分离柱温度；

*h) 恒温装置类型；

*i) 检测器(测量原理、型号、检测池体积)；

*j) 数据采集、分析硬件和软件：生产商、型号、版本编号。

13.2.2 校正数据

*a) 易于理解的说明建立校正曲线的程序；

*b) 对于该方法典型的质量标准数据(例如：误差平方和、相关系数、单次测量的平均误差)；

*c) 所有附加假定的数据，例如：通过外插法延长校正曲线、边缘条件和附加的仿样结构的附加节点、单个测量点的权重；

*d) 以校正曲线结构为基础的测量应通过对于每个校正点包含以下数据的表格加以记录：

——校正标准物质的名称；

——校正标准物质的生产商；

——由生产商说明的或者通过补充测量获得的特征性参数 M_p、M_n、M_w、M_w/M_n，说明测定方法；

——进样溶液的浓度，单位：mg/mL；

——进样体积，单位：μL；

——用于校正的 M_p 数值；

——在峰值最大值测量到的淋洗体积 V_e 以及经过修正的保留时间 t_R；

——在峰值最大值处计算出的 M_p；

——以百分比表示的误差，根据公式：

$$\frac{M_{p,\text{校正值}} - M_{p,\text{计算值}}}{M_{p,\text{校正值}}} \times 100$$

13.2.3 **分析**

*a) 以时间为基础进行分析时：说明用于使所要求的校正和试样分析之间流量的恒定性和重复性的措施（校正方法、标准等）；

b) 未完整分析的聚合物峰值：分析极限值数据；

c) 说明直接或者间接实施的修改措施；

*d) 必要时说明重复分析的相加数据。

13.3 **试样的特殊数据**

a) 试样的名称。

b) 试样的类型。

*c) 可能需要的非挥发性成分的测定结果。

d) 试样的准备（预处理、称量形式、溶解过程、对进样溶液的清洁操作）。

e) 观察未溶解的聚合物成分。

f) 分析参数：进样体积（μL），进样浓度（mg/mL）。

g) 试验结果：

摩尔质量平均值 M_n、M_w、(M_w/M_n)GPC 和必要的 M_z、M_{z+1}、M_p 以及 M_v 针对每次分析单独加以说明；如果还需要计算 M_v，则应说明两次使用的 Mark-Houwink 系数 k 和 α。如果已知，也需要针对试验的聚合物等级说明所使用 GPC 仪器的重复性标准偏差。

对于由聚苯乙烯组成，其聚合物成分不到 100% 的所有试样应详细说明，并非绝对摩尔质量数值，而是“聚苯乙烯相对摩尔质量”。

分布曲线：所得到的分布曲线（微分丰度对 lg$M$ 或总的百分比对 lg$M$）以表格或者图示的形式附上。

h) 包含基线和分析极限值的原始色谱图。

i) 对理想的 GPC 分离机理造成的叠加作用的其他效应的观察数据。

j) 与本标准不一致的试验条件。

k) 试验日期。

附　录　A
（规范性附录）
在分离柱尺寸存在差异时，试验参数的换算

本标准中的流速、进样体积、进样量和单位体积数值以 300 mm×7.8 mm（比较柱）的分离柱为基准。如果与该分离柱的尺寸有偏差，应对试验参数进行相应的调整（见表 A.1）。

为了获得理想的分离效率，应在相同的线性流速下进行工作。流速 F_1（单位：mL/min）可以根据式（A.1）进行计算：

$$F_1 = F_2 \times \left(\frac{D_1}{D_2}\right)^2 \qquad \cdots\cdots(A.1)$$

式中：

F_2——比较柱的流速；F_2＝1 mL/ min；

D_1——所使用的分离柱的柱直径，单位为毫米（mm）；

D_2——比较柱的柱直径；D_2＝7.8 mm。

对于淋洗体积、进样量和单位体积的匹配应考虑所提供的孔体积。进样体积可以按照式（A.2）进行换算：

$$F_1 = F_2 \times \left(\frac{D_1}{D_2}\right)^2 \times \frac{L_1}{L_2} \qquad \cdots\cdots(A.2)$$

式中：

L_1——所使用分离柱的长度，单位为厘米（cm）；

L_2——比较柱的长度；L_2＝30 cm。

表 A.1　不同分离柱尺寸的试验参数

分离柱尺寸 mm×mm	流速 F/（mL/min）	测定峰宽时最大进样体积/μL	测定峰宽时最大进样质量/μg	试样溶液的最大进样体积/μL
50×20	6.25	20	20	100
300×8.0	1.0	20	20	100
300×7.8	1.0	20	20	100
150×7.8	1.0	10	10	50
250×4.6	0.35	10	10	50
250×4[a]	0.25	5	5	25
250×3[a]	0.15	3	3	15
250×2[a]	0.05	1	1	5

[a] 为了减小峰展宽效应，该尺寸的分离柱需要在检测器中使用微形单元。

附 录 B
（资料性附录）
聚合物标准数据文件示例

质量证明

聚合物类型：聚苯乙烯

批次编号：ps15057

摩尔质量分布

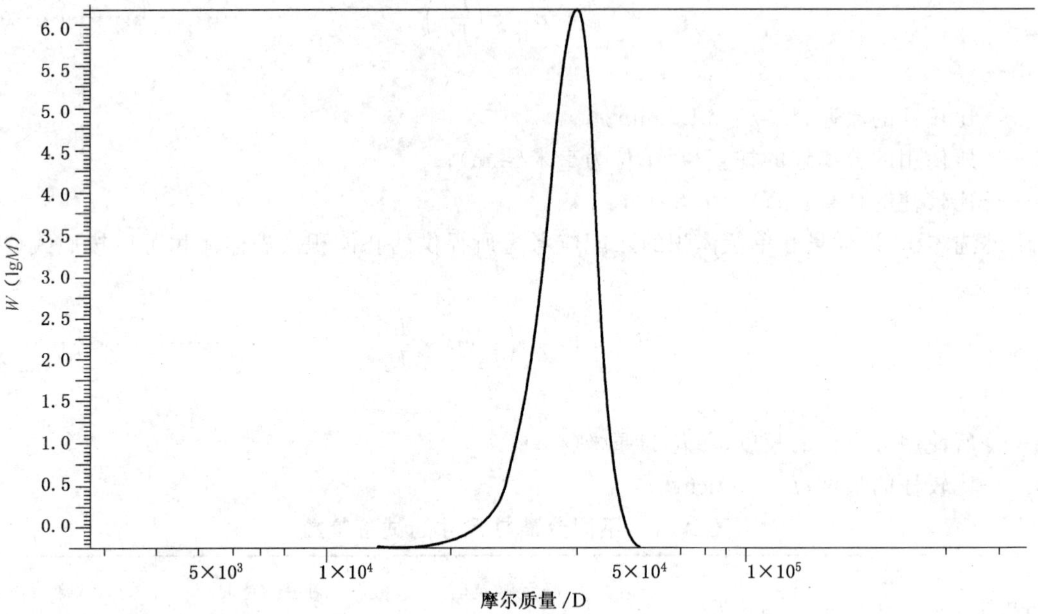

参数：

试样浓度：1.00 g/L　　进样体积：20 μL

溶剂：THF　　流速：1.00 mL/min

色谱柱：PSS SDV 5 μm 10e3A/10e5A/10e6A　　温度：25℃

数据采集软件：PSS WINGPC 7　　操作员：操作员姓名

聚合物特征性

检测器	M_w/D	M_n/D	M_p/D	$D(M_w/M_n)$
Shodex RI-71	37 600	36 500	39 200	1.03

注：

M_w——重均分子量；

M_n——数均分子量；

M_p——峰值最大分子量；

D——聚合物分布宽度指数。

附　录　C
（规范性附录）
说　　明

C.1　关于第1章　范围

GPC分析聚合物试样的 M_w 值大于 10^6 g/mol。

本标准在上述形式中不适用于 M_w 数值大于 10^6 的试样。为了避免在第一个分离柱中进样溶液稀释时的干扰效应，对于这一类的试样应将进样溶液的质量浓度降低至大约0.03 g/L。为了获得足够的检测器信号，可以将进样体积增大2～3倍进行补偿。对于具有较高摩尔质量的试样应需要更长的溶解时间。

为了避免剪切分解，流速应降低系数3～5或者使用更粗的分离材料（颗粒直径大约20 μm～36 μm）。

本条件应使分离柱、连接管路和检测器之间保持恒温。由于越来越小的测量信号，与标准情况相比需要使用更昂贵的检测器和数据采集装置。

如果希望对不同实验室间这一类试样的GPC检测结果进行比较，则需要对测量条件进行特别的规定。

C.2　关于第4章　方法概要

GPC方法与低分子量化合物液相色谱法，本质的区别在于所使用的分离材料（见5.5）以及校正和分析（见第7章和第11章）。

分子量 x 的淋洗体积通过式（C.1）进行说明：

$$V_{r,x} = V_0 + K_x \times V_i \quad \cdots\cdots\cdots\cdots\text{(C.1)}$$

式中：

V_0——分离材料颗粒之间流动相的体积（“空间”或者“空隙体积”）；

V_i——分离阵列可达到最大的内部体积（孔体积）；

K_x——此尺寸分子量 x 可进入的孔内部体积。

K_x 和 V_e 是在规定试验条件下所分析分子的群组大小的单一函数。

C.3　关于5.5　分离柱

在微分分布曲线中出现肩峰或者次最大值。

如果在分析试样的微分摩尔质量-分布曲线中出现肩峰或者次最大值，则该曲线形状并不一定是试样的特征。该影响也可能因为总的孔体积或者孔体积分布具有较大偏差的组合分离柱形成。理论上表现为校正曲线是弯曲的；通过在该标准中要求的每个分子量组的标准点数量也可以轻易看出。此外，目前商业上可提供的说明校正曲线存在数学函数的GPC分析软件，大部分无法对这一类的不平滑度加以调节。其后果是通过计算的拟和微分摩尔质量分布曲线。

如果在特殊情况下需要决定是否实际为拟和曲线，则建议在相对于该标准更严格的条件下重复该GPC分析：在进行分离时，使用具有唯一分离材料类型的分离柱组合，其理想的分离区域包含高于和低于临界淋洗区域分子量组。在该区域中，分离效率明显高于在式(2)中对于标准情况需要的分离效率。所谓的具有大于三个分子量组的线性分离区域的线性分离柱，由于其在较小的区域内仅有较小的分离效率大部分不适用。校正曲线在两组间隔中通过至少10个均匀分布的点加以测定。校正曲线在该区域具有无干扰的、均匀的坡度。不需要对于所有的试样需要的分离区域进行优化，在临界区域之外出现的拟和图（例如：因达到排阻极限值或者渗透极限值）可以忽略，因为该区域在低于标准条件下进行分析试验。

因分离材料表面和进样聚合物试样之间特殊的相互作用造成的GPC分离效果干扰，在(通过聚合)制备有机分解的GPC分离材料时，部分对于悬浮液聚合需要的辅助材料系统会发生不可逆转的组合。这些成分经常比化合的基本聚合物更容易反应，因此，可以导致和待分析试样的可反应功能基团(例如：羟基或者氨基)发生相互作用。

类似的作用还表现在以二氧化硅为基础的分离材料的硅烷基。通过表面修饰尽管可以减小这一类的作用，但不能完全消除。

这一类的相互作用可以通过肉眼观察到，例如通过以下观察：

——待分析试样的聚合物峰拖尾远超出溶剂峰和系统峰；

——聚合物峰延迟至系统和溶剂峰中；

——净色谱图的面积在直接相继的重复分析中不恒定，而是系统性变化(大部分是变为较大的数值)；

——聚合物峰的位置在连续的重复分析时不恒定，而是系统性移动(大部分沿着更小淋洗体积的方向)，此外分析还可以得出系统化变化的摩尔质量平均值；

——可以看到化学上结构不同的试样先前的分析对色谱峰尺寸、色谱峰位置和计算结果的影响；

——色谱图面积成比例高于测定的进样量或进样量。

色谱图在几次预处理分析后对于其他进样尽管经常可以有良好的重复，但不保证是否是实际上根据群组大小分布或者混合效果进行分离。

这一类的影响经常通过一系列的措施加以处理和减小：

——更换另一种类型的分离柱或者一种结构完全不同的分离材料；

——使用淋洗液添加剂，以便掩盖分离材料或者进样试样的反应基团；

——更换淋洗液。

通过这些措施会超过上述标准的部分极限值。如果这一类的聚合物主要在实验室进行试验，则需要对合适的试验条件进行约定。

C.4 在塔板数测定时的峰型

塔板数峰应尽可能对称，见式(C.2)：

$$A = \frac{W_f}{W_b} \qquad \cdots\cdots\cdots\cdots (C.2)$$

也就是说商值应尽可能接近1.0。

式中：

W_f, W_b——垂直线与前、后峰值之间在10%最大高度时的峰宽(见图C.1)。

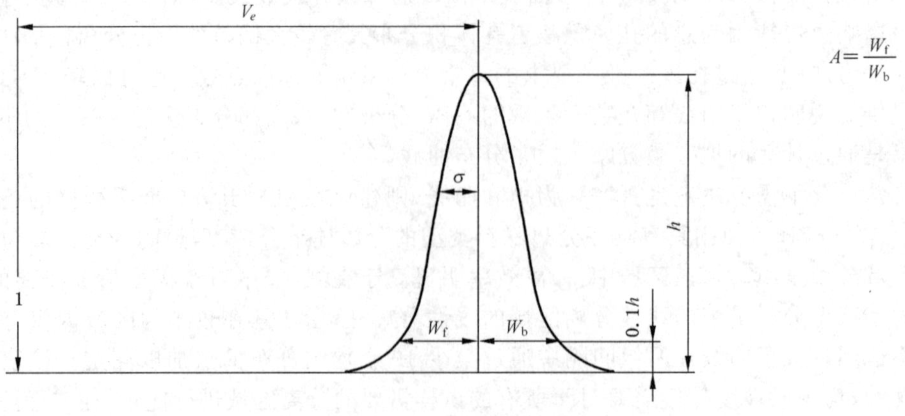

图C.1 测定色谱峰的不对称性

峰两侧的走向在根据半峰宽法进行塔板数测定时可以忽略;但前或者后拖尾部分对分离柱组合可达到的分离效果具有决定性的影响。

值的期望的是,在该标准的GPC分析中确定尽可能对称的塔板数峰和通过相应的参数,确定缺少前或者后拖尾部分。因为目前大部分的分离柱生产商无法保证接受该特征,该要求只有在日后的修订中加以实现。

C.5 分离效率

分离效率的测定数据可以从校正曲线的测定中获得,不需要额外进行分析。

C.6 关于5.6 恒温装置

分离柱的温度(因为淋洗液的黏度和可压缩性)会影响试样的分离。分离柱因此应与外部的温度变化隔绝或者将其置于恒温装置中。

C.7 关于5.7 检测器

检测器持续地测定从分离柱中流出的试样淋洗浓度,并提供与浓度成比例的电子信号。

为了不对从分离柱中淋洗试样的浓度造成超过必需水平的干扰,应对检测器检测池的最大尺寸进行调整(见5.7和附录A)。

除了示差折光检测器,还存在其他类似敏感度的检测器(例如:紫外光度或者紫外光谱)。浓度和检测器信号之间的比例系数为淋洗物特有的大小,该大小取决于检测原理和淋洗物的化学成分和结构。如果对共聚物或者由化学上或者结构上存在差异的聚合物组成的试样内的成分,随着分子大小进行变化的聚合物混合物进行试验,则单独的检测原理会得出不同形状的色谱图。因为上述标准未对共聚物做出限制,因此对部分检测器型号进行规定是必要的。如果由于在式(3)中要求的示差折光检测器通用性,试样的部分成分无法或者仅有部分可检测,则可以用多种检测原理组合进行比较。与该标准的偏差根据比例系数(示差折光检测器:比折光指数增量dn/dc,紫外线检测器:消光系数ε单独说明原因。

C.8 关于7 仪器的校正

C.8.1 校正标准物质

本校正提供的紧密分布的聚苯乙烯标准物质通过阴离子聚合制得。该标准物质在其一侧包含一个丁基末端基团。因此同系列的起始列不是乙基苯,而是已基苯,因此也可以用于测定该标准中校正曲线的低分子走向。使用具有其他末端基团的聚苯乙烯标准物质(例如:两端H原子,也就是说乙基苯作为同系列的起始列)可以导致在低聚物区域校正曲线的另一种走向,因此在该标准中不允许使用。

C.8.2 关于7.6 校正曲线的结构

校正曲线的回归模型:

目前广泛流传的多项式包含至淋洗体积V_e的三次方程,见式(C.3):

$$\lg M = A_0 + A_1 \times V_e + A_2 \times V_e^2 + A_3 \times V_e^3 \qquad \text{(C.3)}$$

该模型经常显示为在7.6描述的未作统计的残数分布。增加下列更高的乘方,尽管可以改善其匹配,但也会导致校正曲线中出现无意义的物理最大值和最小值。较好的方法是公式仅包含奇数次方,例如式(C.4):

$$\lg M = A_0 + A_1 \times V_e + A_3 \times V_e^3 + A_5 \times V_e^5 + A_7 \times V_e^7 \qquad \text{(C.4)}$$

同样有利的是增加公式的单个的双曲线部分H_1/V_e或H_2/V_e或$H_3 \times \lg[(H_4 - V_4)/V_e]$,形成一个上述的抛物线公式,其中$H_i$通过与回归相匹配的系数进行说明。

另一种可能性在于不直接使用淋洗体积V_e,而是使用根据$(V_e - K_0)$减小后的大小作为独立的变量,其中K_0小于或者最大等于排阻极限值的淋洗体积。

C.9 关于12 精密度

根据 GB/T 6379.1 计算精度，在两次环行试验中对以下试样进行分析，见表 C.1：

表 C.1

试样	M_w 聚苯乙烯摩尔质量/(g/mol)	M_w/M_n	参与的实验室数量
聚苯乙烯	2 100	5	17
显著小分子侧面的聚苯乙烯	187 000	50	16
含氢氧基的亚克力树脂	19 600	6	10
氯乙烯-马来酸酯共聚物	56 000	37	10
醇酸树脂(酸值 13)	7 000	7	9
反相醇酸树脂(酸值 65)	8 400	12	10
三聚氰胺-甲醛树脂	3 400	6	10
苯酚酚醛树脂	2 900	9	9

在计算所有试样的单独标准偏差时根据各自的实验室数量进行加权。偏差值首先通过使用 r 值检验根据 Nalimove 进行排除。如果对于一个试样而言一个实验室的分子量值结果大于偏差值，则同时不考虑该实验室的其他 M 以及 M_w/M_n 数值。

参 考 文 献

[1] W. V. Smith, Rubber Chem. & Technol. 45(1972)S. 667-708, insbesendere S. 676.

ICS 13.300
A 80

中华人民共和国国家标准

GB/T 21864—2008

聚苯乙烯的平均分子量和分子量分布的检测标准方法　高效体积排阻色谱法

Standard test method for molecular weight averages and molecular weight distribution of polystyrene—High performance size-exclusion chromatography

2008-05-12 发布　　2008-09-01 实施

中华人民共和国国家质量监督检验检疫总局
中国国家标准化管理委员会　发布

前　言

本标准等同采用美国材料与试验协会标准 ASTM D 5296:2005《聚苯乙烯的平均分子量和分子量分布的检测标准方法　高效体积排阻色谱法》(英文版),其有关的技术内容与上述方法完全一致。

本标准附录 B 为规范性附录、附录 A 为资料性附录。

本标准由全国危险化学品管理标准化技术委员会(SAC/TC 251)提出并归口。

本标准负责起草单位:中国检验检疫科学研究院、中化化工标准化研究所。

本标准主要起草人:于文莲、陈会明、王军兵、周新、郝楠、梅建、王晓兵、王立峰、孙鑫、王峥。

本标准为首次发布。

聚苯乙烯的平均分子量和分子量分布的检测标准方法　高效体积排阻色谱法

1　范围

1.1　本标准规定了用高效体积排阻色谱法(HPSEC)测定线性可溶性聚苯乙烯平均分子量(M_w)和分子量分布的方法。本方法不是绝对的方法,要求使用市售窄分子量分布聚苯乙烯标准物质进行校正。本标准适用于含有分子量组分的淋洗体积,在聚苯乙烯标准物质确定的范围内的样品测定(分子量一般在 2 000 g·mol^{-1}～2 000 000 g·mol^{-1})。

1.2　HPSEC 不同于传统尺寸排阻色谱 SEC(参考凝胶渗透色谱 GPC),每米塔板数是 SEC 的 10 倍(见 ASTM D 883 和 ASTM D 3016)。HPSEC 系统由低体积液相色谱部件组成,色谱柱填装小的微孔颗粒(3 μm～20 μm)。高效液相色谱仪器和自动数据处理系统用于数据采集和处理。

1.3　本标准使用国际单位制单位。

1.4　本标准未给出所有相关的安全性,如果有其他的安全性也应结合使用。本标准的使用者有责任建立安全和健康守则,在操作期间测试规定应用限制。第 9 章规定了特定的预防措施。

2　规范性引用文件

下列文件中的条款通过本标准的引用而成为本标准的条款。凡是注日期的引用文件,其随后所有的修改单(不包括勘误的内容)或修订版均不适用于本标准,但是鼓励根据本标准达成协议的各方研究是否可使用这些文件的最新版本。凡是不注日期的引用文件,其最新版本适用于本标准。

ASTM D 691　测定试验方法精密性进行实验室间研究的标准规范

ASTM D 883　塑料术语定义

ASTM D 2857　聚合物稀释溶液黏度的测定方法

ASTM D 3016　液相排阻色谱法术语及其相互关系使用标准规范

ASTM E 685　液相色谱法用固定波长光度探测装置试验的标准实施规程

3　术语和定义

下列术语和定义适用于本标准。

3.1

定义　Definition

本标准使用塑料技术术语见 ASTM 883。

4　方法概要

4.1　本方法为在聚苯乙烯样品稀释溶液注入含有同样溶剂的流动相。流动相将聚合物载入和通过色谱柱(或系列色谱柱),柱填料可使用微粒、半刚性有机凝胶、刚性固体、多孔填料,按照聚合物分子大小顺序分离。自进样开始检测器持续监测从柱中出来的淋洗体积(时间),从柱中流出分子按照尺寸分离,并按照其浓度分离的分子量被检测和记录。通过校正曲线,淋洗体积(时间)可以转为分子量,样品的各种分子量参数可由分子量/浓度数据计算得出。

5　意义和范围

5.1　**一般应用**

分子量(M_w)和分子量分布(M_wD)是聚合物样品的性能参数,在性能研究中广泛使用。例如:观察到的分子量分布(M_{wD})可与设定的聚合反应的动力学和机能相比较。其不同数值将允许理论调整和经验设定。与之相似聚合物的强度、熔体流动和其他性质依赖于 M_w 和 M_{wD}。广泛用于相关参数研究、处理或产品应用。测定分子量(M_w)和分子量分布(M_{wD})用于聚合物质量控制。

5.2 时效性

因为在研究中需要特殊聚合物类型校正,且特殊真实的聚合物/溶剂/柱填料相互反应,本方法仅对聚苯乙烯有效,避免非排阻效应。方法的许多规则可用于发展其他聚合物体系的 HPSEC 方法。例如使用通用校正规定(见 ASTM D 3016)。

6 单位和符号

6.1 单位和符号见表 1。

6.2 本方法对应单位如下:

普通单位/符号	SI 单位和符号
1 mL · min^{-1}	$=1.667\times10^{-8}$ $m^3 \cdot s^{-1}$
1×10^7 dyn · cm^{-2}	=145 psi=1 MPa

表 1 与函数相关单位和符号

函 数	普通单位/符号	SI 单位/符号
基本性能定义	分子量(道尔顿)	g · mol^{-1}
溶剂流速	mL · min^{-1}	$m^3 \cdot s^{-1}$
样品重量(质量)	mg	[a]
样品溶液体积	μL, mL	[a]
孔尺寸	Å	[a]
颗粒尺寸	μm	[a]
洗脱体积	μL, mL	[a]
洗脱时间	s	[a]
色谱峰高	mm	[a]
柱反压	dyn · cm^{-2}	N · m^{-2}或 Pa

[a] 与普通单位相同。

7 试验设备

7.1 概述

HPSEC 是特殊形式的液相色谱,与传统 SEC 不同,HPSEC 使用的色谱柱的理论塔板数是 SEC 的 10 倍,HPSEC 色谱柱的填料随后讨论。

7.2 仪器必要组分

由溶剂储存器、泵系统、进样器、填充柱、溶质检测器、低死体积液相色谱管路和接口、废液储存器、记录仪和数据处理系统。所有组分安全性和操作应符合以下要求。

7.2.1 相关组分见图 1,仪器操作在室温下进行,建议在流动相储存器或在流动相储存器和泵系统之间使用脱气机,以脱去流动相中气泡。典型实验室玻璃仪器和分析天平。

注:可以使用市售的几种系统和部件用于运行 HPSEC。

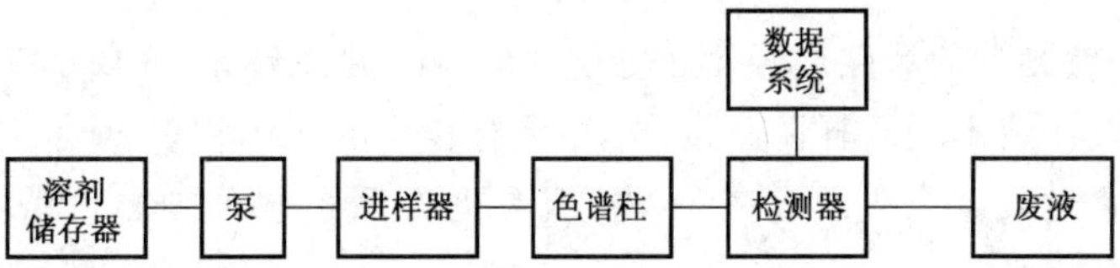

图 1 HPSEC 系统结构图

7.3 溶剂储存器

应保证足够的溶剂以完成实验；同时溶剂应与空气隔绝。必要时可用磁性搅拌。

7.4 溶剂泵系统

规定要求泵系统能够以持续稳定和无脉冲的流速将溶剂通过色谱柱。流速应在 $0.1\ mL \cdot min^{-1}$～$5.0\ mL \cdot min^{-1}$ 连续可调，反压不能超过色谱柱制造者规定的限制（例如 28 MPa）。如果洗脱体积不能直接测量或校正系统变化，在本条件下测量和运行一个典型分析的时间内流速精密度应低于±3%。

7.5 进样器

进样系统的目的是当引入样品进入液流形成尖锐带。阀和进样管装置或者任何液相色谱自动进样器均可使用。要求包括最小的带展宽，进样器具备在色谱柱产生的反压下工作的能力、进样体积的重现性、无滞后现象。

7.6 色谱柱

HPSEC 使用均匀高光亮度内壁的不锈钢柱，长度为 15 cm～50 cm，建议使用特定接口和管路，具有较小死体积；填料可使用微粒、半刚性有机凝胶、刚性固体、多孔填料。一般填料微粒有窄尺寸分布，直径分布在 3 μm～20 μm。填料也可使用其他形状和孔径。也可装填相关均匀孔径或"混合床"颗粒得到宽范围孔径用于聚合物分离。如果使用系列色谱柱，推荐色谱柱连接从进样器出口开始，从小孔径到大孔径排列。

注：柱填料和 HPSEC 填充柱可使用符合要求的市售凝胶色谱柱。建议本方法的使用者按照生产商提供的指南保护和使用 HPSEC 柱。例如可能因为小孔径填料的脆弱性，指南建议使用者改变本标准推荐的系列色谱柱排列顺序。

7.7 检测器

检测器的目的是持续不断监测从色谱柱洗脱的溶质浓度。同时检测器应具有足够的灵敏度和溶质浓度线性响应。另外检测器不能出现液流中浓度梯度失真的情况。这要求在检测器中的溶液体积施加严重的限制，例如本方法不接受检测池体积大于 15 μL 的检测器。HPSEC 使用的大多数检测器基于光度测量，可使用示差折光检测器，紫外检测器，黏度检测器等。ASTM E 685 提供了使用液相色谱系统测试光度检测器性能的导则。其他检测器也可适用。微分折射计有适宜的灵敏度和通用性。溶剂和色谱柱洗脱物折光指数（ΔRI）不同提供成比例信号。检测器响应（10^{-7}～10^{-8}）ΔRI 单位，其检测池体积不得大于 10 μL。

注 1：分子量远远大于 5 000 $g \cdot mol^{-1}$ 的聚苯乙烯的折光指数增量 dn/dc 的变化是很微小的，但检测器在测定聚苯乙烯数均分子量时将导致平均分子量不可估计的错误。微分折光检测器的主要缺点是要求精确控制温度、压力和流速以保持稳定信号，获得适宜的灵敏度水平。如大多数有机溶剂温度系数是每开(K)变化 10^{-4} RI 单位，因此示差折光检测器检测池的温度应控制在 10^{-4}℃。

注 2：过氧化苯甲酰在合成聚苯乙烯时通常用于苯乙烯的自由基引发剂，存在微小浓度的引发剂片段有极强的生色团，如苯甲酸盐类是过氧化苯甲酰的分解产物，聚合物端基能够显著改变聚苯乙烯的紫外吸收特征（注 3）。因此端基相应浓度的增加降低聚合物平均分子量，检测器响应和聚合物浓度（比尔-朗伯定律中的摩尔吸光系数）之间的关系可引起平均分子量改变。光度检测器（紫外和荧光）对存在极强的生色团端基特别灵敏。选择检测器和波长是非常重要的，可以保证平均分子量单纯浓度响应。如果不这样做，可能会导致得出错误的平均分子量和分子量分布。

注 3：Garcia Rubio，L. H.，Ro，N.，R. D.，Macromolecules，17，1984，p. 1998。

7.8 管路和接口

所有连接进样器和检测器的管路内径不大于 0.25 mm，并能够承受 42 MPa 的压力。连接色谱柱的接口应尽可能的短，设计成不同式样防止混淆，并具有较小的死体积。

7.9 记录器/绘图仪：满量程响应时间应在 2s 内，或数据处理系统可画出色谱图。宜选择笔响应和信噪比，使浓度信号不受影响。

7.10 数据采集和处理系统

应能提供测定 HPSEC 色谱峰高或面积积分，处理和报告数据。最好是用计算机或实时数据采集系统，并可离线或在线处理数据。

注：HPSEC 系统的数据采集和处理系统可采用市售计算机软件数据处理系统不是标准化的。现在有几家不同的生产商提供色谱处理软件，包括 HPSEC 软件。目前一些使用者开发了自己特定的 HPSEC 软件。

7.11 其他组分

特殊溶剂在线过滤、压力监测器、脉冲阻尼器、流速计、柱温箱、虹吸计数器、绘图仪、原始数据存储系统、软件等，以及那些与上文提到的基本部件结合经常使用的部件。

7.12 HPSEC 系统

其他任何符合第 12 章要求的部件，也可用于 HPSEC 系统。系统结构图见图 1。

8 试剂和材料

8.1 溶剂：本方法推荐使用四氢呋喃(THF)。任何与 HPSEC 系统组分和柱填料相容的溶剂并且对聚苯乙烯更好的溶剂可以考虑使用。温度应足够高保持洗脱液在低黏度状态(通常 1 mPa·s 或更低)又不至于沸腾或在检测池中产生气泡。考虑到检测器的限制，溶剂折光指数与聚苯乙烯相似的不能用微分折光指数检测器，同时有强紫外吸收的溶剂，如甲苯不能使用紫外(254 nm)检测器。选择溶剂时应当考虑试剂的纯度和一致性，例如：除非是现场蒸馏并用惰性气体隔绝空气保存在玻璃(棕色)瓶中。因四氢呋喃易与氧气发生氧化反应，产生过氧化物产生紫外吸收并且在蒸发浓缩中有危险性，因此四氢呋喃应添加抗氧化剂(含量为 0.025%～0.1%的 2,6-二叔丁基对甲苯酚)或持续搅拌或用惰性气体氦防止氧化反应发生。

8.2 聚合物标准物质：单分散、已知分子量的窄分子量分布聚苯乙烯标准($\overline{M}_w/\overline{M}_n$ 小于 1.1)用于校正。理想状态是基于绝对分子量方法，如端基分析、渗透压法、光散射或超离心法。

8.3 低分子量标准物质：低分子量物质，如高纯度邻二氯苯，用于计算塔板数或做内标。在大多数 HPSEC 系统用 THF 做流动相时，硫磺作为良好的内标用于监测流速变化。硫磺在由低分子量组分或进样空气组成 HPSEC 的“废”峰之后洗脱，硫磺宜有尽可能高的纯度。

9 危害性

9.1 本方法使用的溶剂具有毒性或高易燃性，或二者皆有。避免直接与皮肤接触或吸入溶剂蒸气。建议使用者查阅文献，然后建立安全处理溶剂的程序。相似的预防措施适用于处理低分子量标准物质。

10 仪器准备

10.1 组装

按照图 1 组装 HPSEC 系统，准备好运行。市售仪器按照说明书组装并操作。

10.2 温度

本方法不规定操作温度，温度敏感的内部部件(进样管、色谱柱、检测器和连接管路)应相对恒定，并且对所选溶剂稳定。在校正实验过程中上面提到的内部部件的温度变化范围在 3℃。

10.3 流速

当选择流速和起始溶剂泵系统柱子和仪器生产商推荐以下方式，建议采用 1 mL·min^{-1} ±

0.1 mL·min^{-1},本方法不要求流速。如需要泵系统应调节使从检测器流出的溶质相对稳定和无脉冲。用溶剂流出体积或重量监测在足够长的时间段内的流速,在适宜的条件下应保证流量精密度为±0.3%。在校正过程中和每次分析前和后均应测定流速。内标(见12.5)或流量监测器,如阻尼泵可以用于监测流速变化。

10.4 检测器

检测器设定和波长选择,对于光度检测器应为溶质检测提供合适的灵敏度,避免引起不当基线噪声或输出信号过载。

10.5 数据处理系统:推荐使用者使用计算机或数据系统生产者设定数据采集和积分参数。

11 溶液配制

11.1 聚合物样品溶液

称取10 mg~50 mg聚合物样品放入洁净干燥的50 mL带螺口盖子的溶剂惰性材料的烧瓶中,也可使用带磨口塞子的容量瓶。然后加入从溶剂储存器中取出的溶剂到瓶2/3部分,盖上塞子;室温下使聚合物溶解,可用磁力搅拌器搅拌或用振荡器振荡加快溶解。本方法不能用加热或超声的方法加快聚合物溶解,这样会使聚合物降解;待聚合物全部溶解后,加入溶剂定容至刻度。(聚合物溶液可从11.3描述的含内标的"储备"液制备)。只要M小于500 000 g·mol^{-1},用四氢呋喃溶解的聚苯乙烯溶液非常稳定,溶液在24 h内使用。

11.2 聚合物标准溶液

除了两个或更多窄分布"鸡尾酒"聚苯乙烯标准物质,按照11.1配制系列混合标准溶液。这些鸡尾酒式溶液用于分子量校正和测定分离度。对于高分子量聚合物标准(M大于800 000 g·mol^{-1})建议做单标,并多次稀释溶液以减少校正过程中与溶液中聚合物尺寸相关的问题。

注:为保证良好的精密度,标准和样品每次分析进样质量应一致。

11.3 低分子量标准溶液

按照11.1配制低分子量标准溶液(含量为0.1%),如邻二氯苯稀释标准溶液,用于测定理论塔板数(见12.1)。低分子量化合物稀释溶液(含量不大于0.01%)也可作为内标加入聚合物溶液。"储备"液含有内标,如当使用THF时,硫磺可直接在制备聚合物溶液时加入,或在已制备溶液加入等分的硫磺。

注:典型储备液含有含量为0.03%硫磺,用从溶剂储存器取出的THF制备。常用超声装置帮助硫磺溶解。硫磺可用微分折光指数和紫外检测器在254 nm测定。

11.4 过滤

除了高分子量样品外,建议所有溶液进入仪器之前应用0.2 μm~0.5 μm滤膜(滤膜孔径不能超过5 μm)过滤,去除可堵塞色谱柱和系统的微小颗粒和其他物质。过滤器应对溶剂惰性并在过滤时不能堵塞。

注:溶液中经常有肉眼可见的微凝胶,在过滤时会堵塞滤膜的微孔,在这种情况下,应使用过压装置。如果堵塞情况发生,聚合物溶解部分在过滤时发生部分转移,堵塞膜在此充当了超滤装置。在这种情况下,滤液中的聚合物不再表示样品溶质的部分,因此色谱结果值得怀疑。

11.5 测试样品溶液的适宜性

HPSEC分析聚合物的进样质量一般在0.05 mg~0.5 mg之间,可以得到期望的分子量分布宽度(对于较紧密分布和高分子量的样品,应降低样品量)。本方法假设进样的聚合物质量足够小,聚合物的流体力学体积和色谱分离机理与进样聚合物质量或浓度无关。如果进样溶液浓度过高,特别是高分子量聚合物样品,峰淋洗体积(时间)和色谱峰形可能受到影响,导致错误分子量测定。推荐的做法是对未知样品或标准用一半起始浓度进样(增加检测器灵敏度2倍),保证峰淋洗是可重复的。如果变化明显,后面检测应按照低浓度重复进样。lgM_w与进样质量之间的关系一般是连续函数。稀释应保证低范围质量可提供足够可识别的信噪比。对于聚苯乙烯四氢呋喃溶液，$\lg M_w$ 对进样质量作图，斜率是比较小的，说明重复稀释不会严重影响测定 M_w。

12 系统性能要求

12.1 塔板数

塔板数 N 是无量纲量，与柱效和色谱系统中分散过程相关。多种程序和方法用于估算塔板数 N。本方法建议使用色谱柱制造商评估新柱子的方法。测定塔板数应与本方法其他方法相同条件。例如可用下列测试条件：

溶剂：四氢呋喃(THF)；

温度：30℃；

流速：1 mL·min^{-1}；

测试溶质：邻二氯苯；

浓度：含量不大于 0.1%；

进样体积：(1～5)μL。

12.1.1 假定溶质峰是均匀并接近高斯分布，式(1)可用于计算塔板数 N：

$$N = 16(V_R/W)^2 \quad \cdots\cdots(1)$$

式中：

V_R——测定溶质峰最大时的峰淋洗体积(时间)；

W——峰底宽度，自色谱峰两侧的转折点所作切线在基线上的截距，见图 2。

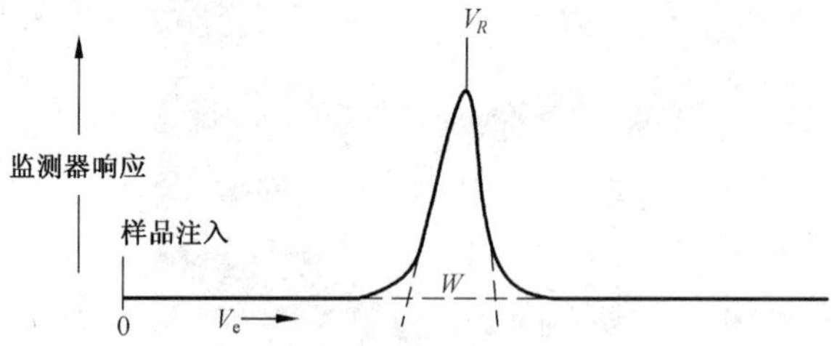

图 2 测定峰宽

12.1.2 塔板数 N 是无量纲参数，塔板数不管 V_R 和 W 用淋洗体积或淋洗时间测量都有同样数值。比较不同系统的塔板数与色谱柱长度 L 相关，见式(2)：

$$N' = N/L \quad \cdots\cdots(2)$$

12.1.3 HPSEC 色谱柱要求等于或超过 N' 为 13 100 塔板/m。如果 HPSEC 系统不符合上述性能要求应重新检定或更换色谱柱。在解决 HPSEC 系统出现柱效相关的问题时使用监测塔板数。

12.2 分离度

分离度 R 对于色谱性能来说是比塔板数 N' 更重要的参数。R 代表色谱柱和系列色谱柱的分离能力，与分散和带展宽效应相关。两个窄分布标准聚合物标准 MWDs($\overline{M}_w/\overline{M}_n$ 小于 1.1)的分离度 R，两个标准样品谱峰的分离度用式(3)来表示：

$$R_s = 2 \cdot (V_{R2} - V_{R1})/[(W_1 + W_2) \cdot \lg(M_1/M_2)] \quad \cdots\cdots(3)$$

式中：

V_{R1}，V_{R2}——标准样品 1 和 2 峰位的淋洗体积或时间；

W_1，W_2——标准样品 1 和 2 峰底宽度，见图 3；

M_1，M_2——标准样品 1 和 2 的峰位分子量。

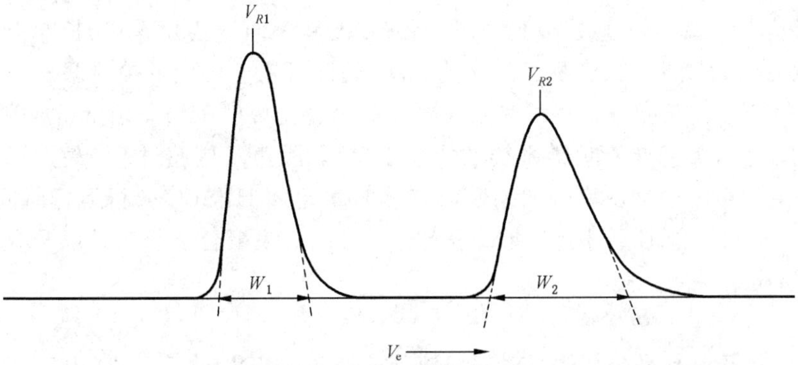

图 3　测定分离度 R_S 使用窄分布聚苯乙烯标准品 M_1 大于 M_2

12.2.1　两个标准样品的已知分子量应不同且因数大约是 10，进样浓度不大于 0.05%，进样量不大于 100 μL。建议每测定 10 个样品分子量后测定分离度 R_S，并至少使用 3 个聚合物标准，其混合标样一次进样可以同时测定几个 R_S。本方法规定 R_S 不小于 1.7 时为可接受分离度，可用于在此分子量范围内的样品分析。分离度是无量纲参数，用淋洗体积或淋洗时间计算，R_S 是相同数值。

注：混合物或"鸡尾酒"3 个或更多聚合物标准溶液一次进样可测定几个 R_S。例如分子量 10 000 g·mol^{-1}、100 000 g·mol^{-1} 和 1 000 000 g·mol^{-1} 聚苯乙烯混合标准溶液可以测定分子量范围在 10 000 g·mol^{-1}～1 000 000 g·mol^{-1} 范围的分离度。以此类推分子量 2 000 g·mol^{-1}、20 000 g·mol^{-1} 和 2 000 000 g·mol^{-1} 标准溶液可以测定更大分子量范围的分离度。保持足够低的溶液浓度非常重要可以避免浓度效应(见 11.5)。

12.2.2　上述混合标样的淋洗峰应是基线分离的，在测定 HPSEC 系统性能变化时，混合物会经常用到，应经常运行以保证校准(见 13.2)。

12.2.3　分离度可以根据校正曲线的斜率确定(见 13.4)，如果校正曲线斜率 S 是直线，超过淋洗体积范围的聚合物也可以分析，式(3)可用式(4)表示：

$$R_S = [-0.5S \cdot (W_1 + W_2)]^{-1} \quad \cdots\cdots (4)$$

如果聚合物标准 $W = W_1 \times W_2$ 淋洗在校正曲线的直线范围内，分离度的极限值由式(5)确定：

$$\lim R_S = (-W \cdot S)^{-1} \quad \cdots\cdots (5)$$

在这种情况下，校正曲线的斜率或聚合物标准峰宽的变化代表了 HPSEC 系统的性能变化。

12.3　检测器响应

选择 HPSEC 操作条件和设定最优化检测器响应，使用者可根据 ASTM E 685 第 5 部分和第 7 部分测试液相色谱检测器的性能。如果测试方法是有效的，聚合物检测峰高或所有峰面积积分值应直接与进样聚合物质量成比例。聚苯乙烯的线性关系(比尔-朗伯定律)应如图 4 所示。

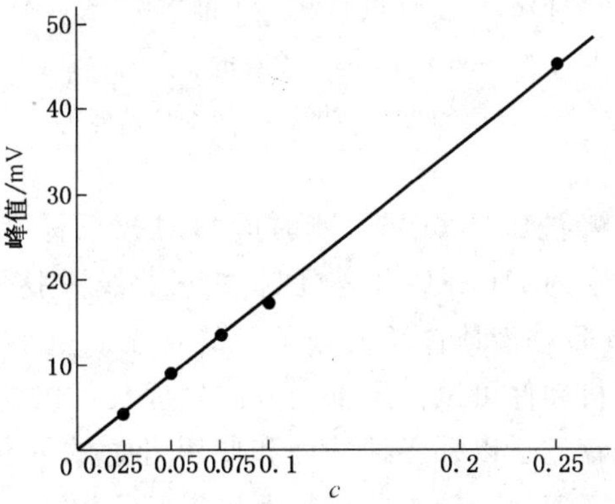

图 4　聚苯乙烯样品浓度与检测器响应的线性关系

12.4 基线稳定性

所选仪器条件应保证最小的基线噪声。ASTM E 685 将噪声分为短噪声、长噪声和漂移。短噪声的反复频率和持续时间大大短于聚合物样品淋洗时间，因此可用于确定低检测限。一般短噪声不能超过 2%最大聚合物峰信号。长噪声指超过时间间隔类似聚合物峰(1 min～10 min)，因此应在分析前减到最小。长噪声的发生经常意味着色谱系统功能不正常，长噪声不应超过 5%最大聚合物峰信号。漂移为在超过 1 h 测量噪声的平均斜率。如果倾斜持续时间超过 HPSEC 分析运行时间、数据处理系统能校正倾斜基线，漂移可以忽略不计。如果漂移超过 2%的最大聚合物峰信号以及数据系统不能抵消漂移基线，则导致错误结果。

12.5 流速

在 HPSEC 系统校正和样品分析运行时间内溶剂流速微小变化(大于 3%)，则可导致得出的 M_w 值有较大的系统误差。测定系统的平均流速测量在分析时间段溶剂流出的体积或重量。如果连续几天流速变化超过 3%，建议加装在线流速监测器。如果 HPSEC 系统没有在线流速监测器或其他仪器，可自动和准确的监测流速变化，或在样品中加入内标监测流速变化。

13 校正

13.1 选择聚苯乙烯标准物质

按照 11.2 当时配制聚苯乙烯校正标准溶液。校正标准溶液应尽可能稀释以减小浓度效应；实际上溶液仅在校正过程而不用于测定分子量可以容忍较高的基线噪声(见 12.4)。可以使用任何来源的等效标准品。在超过待测样品的分子量范围里，每 10 个级别分子量最少需要 3 个标准溶液校正。待测样品需在分析前进样估计分子量范围，以便选择合适的聚苯乙烯校正标准溶液。

13.2 聚苯乙烯标准溶液进样

使用干净的微量注射器(或自动进样器)，在每次进样前用溶剂清洗进样管和注射器赶出气泡。如果标准物质的分子量低于 800 000 g・mol^{-1}、含有 2 个或更多聚苯乙烯标准的混合溶液应过滤后进样，进行校正，标准物质的洗脱峰基线分离见图 2。

13.2.1 分子量不小于 800 000 g・mol^{-1}的标准

应使用几个不同浓度的单标。每个校正标准溶液应全部洗脱完毕后，才能进行下一次进样。所有标准溶液不管浓度如何，进样体积应相同。最大进样体积与 HPSEC 色谱柱的直径(填充体积)相关，直径在 0.6 cm～0.8 cm 的色谱柱，进样量不大于 100 μL；直径在 0.8 cm～1.0 cm 的色谱柱，进样量不大于 150 μL。

13.3 数据采集

典型的数据系统参数是测定各种聚合物标准物质(内标)洗脱峰最大值和对应洗脱体积或时间(淋洗时间乘以流速可以转化为淋洗体积)。以测定的每一高分子量标准(不小于 800 000 g・mol^{-1})洗脱峰最大值的洗脱体积(或时间)对进样浓度或质量作图，外推“零”浓度估算“真实”或 V_R 的浓度内在值[当系统校正时，测定和记录内标 V_{IS} 的平均洗脱体积(或时间)]。

注：测量峰洗脱体积(或时间)从样品进样起始点(或时间)到记录色谱峰的最大值(图 2)。

13.4 校正曲线

HPSEC 的校正曲线以测量峰洗脱体积 V_R(或时间)，对校正标准物质的计算“峰”或分子量值 $(M_w \cdot M_n)^{1/2}$ 的对数作图。在实际的 HPSEC 分离机制，校正曲线一般假设为 s 型(见图 5 中波折线)，高于溶质 A 分子量的和低于溶质 D 柱液体体积的分子量的是无效量。在这两个极限值之间是可使用分离范围。数据处理系统或计算机软件可以使用不同方法处理校正数据。

13.4.1 本方法不能区分除了推荐方法以外各种处理和使用者尝试平滑或获得“最适合”的数据，与一些聚苯乙烯标准 M_w 相关的错误。实际上校正曲线与上述聚苯乙烯 M_w 值和实验淋洗参数 V_R 相关。

13.4.2 通过色谱柱设计或选择，有可能获得更大分子量范围的校正曲线线形。直线部分聚合物的淋洗体积在此范围内(在图5溶质B和溶质C之间),在 lg M 与 V_R 之间存在简单的比例关系。校正曲线线形范围的比例常数等于斜率 S,见式(6):

$$\lg M = S_0 + S \cdot V_R \qquad (6)$$

式中:

S_0 为系统常数。

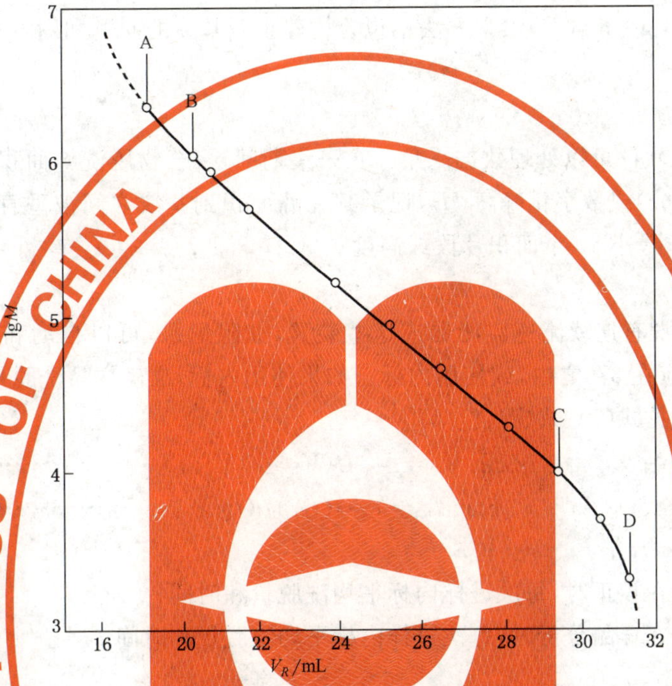

图5 HPSEC校正曲线

14 操作程序

14.1 分析准备

按照11.1、11.4、11.5配制聚合物样品溶液,如果使用内标,在每一样品中加入;也可使用含有内标用于监测流速的储备液(11.3)。设定仪器并满足系统性能要求(见第12章)。

14.2 样品溶液进样

按照13.2的规定,进样量应与校正时相同。在进样时尖峰增加和反压脉动显示HPSEC系统有严重问题,应在继续进行实验前解决此问题。样品和内标应完全洗脱后,才能进行下一次进样。

14.3 基线测定

12.4讨论了符合要求的基线标准。识别在聚合物色谱起始和结束的淋洗体积 V_a 和 V_b(见图6)。在 V_a 和 V_b 之间的基线认为是直线。

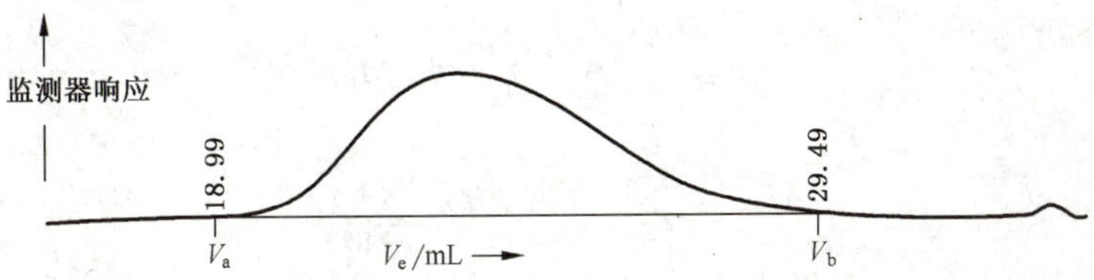

图6 应用本方法的典型色谱图

14.3.1 设定低淋洗体积 V_a(高分子量)色谱节点是直接的,这时基线一般是稳定的,不会影响低分子量纯度。

14.3.2 设定淋洗体积 V_b 是比较困难的，极大地依赖于聚合物峰与低分子量不纯峰之间的分离和稳定基线的重现性。选择 V_b 是因为明显基线分离和重现性。

14.3.3 图 6 图示了聚苯乙烯样品在聚合物和不纯峰充分分离和良好基线重现性的情况。在此示例中，V_a 和 V_b 依次选为 18.99 mL 和 29.49 mL。

14.3.4 图 7 图示了聚合物和不纯峰不完全分离的情况。聚合物明显有低分子量"拖尾"，超过本方法有效范围(M 小于 2 000 g·mol^{-1})。本方法不包含构建正确基线的问题和图 6 中色谱的临界值，这些样品不能使用本方法。

14.4 数据采集

数据系统和计算机软件可以处理数据采集。在采集期间，聚合物脱洗峰面积的数据通常处理成离散片段 A_i(积分面积部分)或数字化峰高 H_i，记录其在峰面积到基线之间被垂直分割成设定间隔的洗脱体积 V_i。本方法要求最小 40 个面积片段或高度。

14.5 流速校正

如果 HPSEC 系统没有连续流速监测器或这些装置，如阻尼泵，可以自动和精确监测洗脱体积增量，在校正时流速变化应在 3%之内，或使用内标。如果使用内标，准确样品洗脱量 V_i'或时间 t_i'(与使校正值一致)有以下关系，见式(7)、式(8)：

$$校正\ V_i = V'_i \cdot (V_{IS})/(V_{IS})' \qquad (7)$$

$$校正\ t_i = t'_i \cdot (t_{IS})/(t_{IS})' \qquad (8)$$

式中：

(V_{IS})和(t_{IS})——在校正时，每次进样内标平均洗脱量和时间；

$(V_{IS})'$和$(t_{IS})'$——在样品分析时，每次进样内标平均洗脱量和时间。

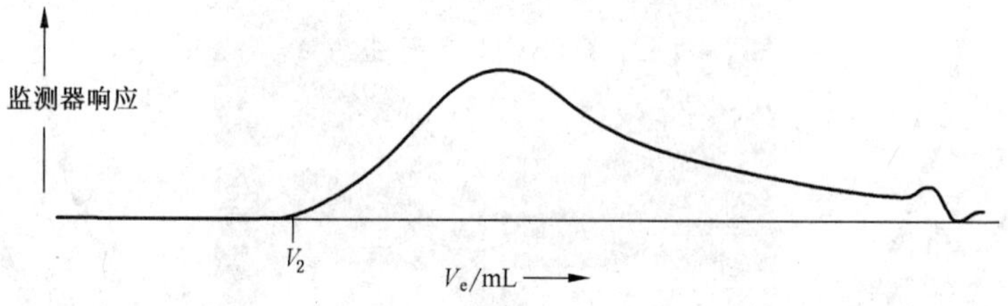

图 7 本方法不能使用的色谱图示例

15 结果计算

15.1 数据列表

记录的数据列于附录 A 的表 A.1，从 13.4 M_w 校正曲线得出适当的分子量值。

15.2 平均分子量计算

使用附录 A 中数据，用式(9)～式(11)计算数均分子量 M_n，重均分子量 M_w 和 z 均分子量 M_z：

$$M_n = \sum_{i=1}^{N} A_i \Big/ \sum_{i=1}^{N} (A_i/M_i) \qquad (9)$$

$$M_w = \sum_{i=1}^{N} (A_i \cdot M_i) \Big/ \sum_{i=1}^{N} A_i \qquad (10)$$

$$M_z = \sum_{i=1}^{N} (A_i \cdot M_i^2) \Big/ \sum_{i=1}^{N} (A_i \cdot M_i) \qquad (11)$$

如果淋洗体积间隔 ΔV_i 是常数，参数 A_i 和 M_i 是色谱峰片面积，聚苯乙烯 M_w 与校准后的淋洗体

积 V_i 相关，N 等于从色谱峰 V_a 和 V_b 之间获得的数据点的数量。附录 A 列举了本计算方法。如果 N 足够大，使用面积片段 A_i 和峰高 H_i 将得出等同的结果。

15.3 特性黏度计算

测定聚合物在稀释溶液的黏度[η]采用 ASTM D 2857（见注）测定。黏度[η]值与聚合物 M_w 的关系用 Mark-Houwink 公式表示：

$$[\eta] = K \cdot M_v^a \qquad \cdots\cdots(12)$$

式中 K 和 a 是得自聚合物/溶剂系统在特定温度条件下的常数，M_v 是从 HPSEC 数据计算出的黏均分子量：

$$M_v = \left[\sum_{i=1}^{N}(A_i \cdot M_i^a) \Big/ \sum_{i=1}^{N} A_i\right]^{1/a} \qquad \cdots\cdots(13)$$

当从 HPSEC 数据计算 K 和 a 值参数时，应采用测试方法 D2857 中聚合物类型、溶剂和温度条件。在聚苯乙烯在稀释四氢呋喃溶液中，在 25℃下可接受的参数是 $K=0.016\ \text{mL}\cdot\text{g}^{-1}$，$a=0.706$（见注）。

注：Provder，t.，and Rosen，E. M.，*Separation Science*，SESCA，5，1970，p. 437.

15.4 分子量分布-累计重量分数分布

计算累积分布使用标准数字积分程序积分不同淋洗体积（分子量），然后上述面积除以色谱峰总面积，此面积比率是累积重量分数 W_i 并等于聚合物重量分数，其保留体积大于 V_i，分子量低于 M_i。以 W_i 对 lg M_i 作图为分布图形。附录 A 给出了使用峰面积片段计算累积重量分布的方法。如果峰高可以测定和淋洗体积间隔 V_i 是常数，溶质的累积重量分数 M_w 小于或等于 M_i，用式（14）定义，见图 B.1：

$$W_i = 1 - \sum_{j=1}^{i} H_{N,J} = 1 - \sum_{j=1}^{i} H_j \Big/ \sum_{j=1}^{N} H_j \qquad \cdots\cdots(14)$$

15.5 分子量分布-微分分子量分布

重量微分分布函数 $f_w(M)$ 和 $F_w(\lg M)$ 定义列于附录 B。如果测定正确，使用不同 HPSEC 系统分析相同样品，以微分分布函数对 lg$M$ 作图应是相同的。分布函数用式（15）、式（16）定义：

$$F_w(\lg M_i) = H_{N,i}/(\text{dlg}M/\text{d}V) \qquad \cdots\cdots(15)$$

微分分子量分布可用式（16）测定：

$$\text{d}W/\text{d}(\lg M) = \lg M \qquad \cdots\cdots(16)$$

16 报告

16.1 报告包括下面信息

16.1.1 仪器

16.1.1.1 系统类型和型号

16.1.1.2 色谱柱填料类型，尺寸和生产商

16.1.1.3 柱温，℃

16.1.1.4 溶剂（加入添加剂和处理，如果有）

16.1.1.5 溶剂流速（$\text{mL}\cdot\text{min}^{-1}$）

16.1.1.6 检测器类型和型号

16.1.1.7 内标或流速监测（如用），或两者

16.1.1.8 进样量，μL

16.1.1.9 聚合物样品浓度（$\text{mg}\cdot\text{mL}^{-1}$）。

16.1.2 塔板数和分离度

塔板数 N（板数/m）= ，使用________作测试溶质。

分离度 R_s ______，使用标准________和[式（3）～式（5）]________。

16.1.3 **校正标准物质**

来源	描述	$(M_w/M_n)^{1/2}$	峰面积 V_R
	1		
	2		
	3		
	4		
	5		
	6		
	以此类推		

16.1.4 **计算平均分子量 M_w 和参数**

$\overline{M}_n$=__________

$\overline{M}_w$=__________ $\overline{M}_w/\overline{M}_n$=__________

$\overline{M}_z$=__________ $\overline{M}_z/\overline{M}_n$=__________

16.1.5 **计算黏均 M_w 和固有黏度**

$\overline{M}_v$=_______ $[\eta]$=_____ $mL \cdot g^{-1}$

使用 K=_____ $mL \cdot g^{-1}$ a=_____

17 精密度和偏差

17.1 局限性和考虑的因素

从 HPSEC 获得分子量，应使用已知分子量并与未知样品相同的标准样品。本方法限于分析线性聚苯乙烯样品。本方法如果用于支化聚苯乙烯将得出不准确的分子量数值。

17.2 实验室间研究

表 2～表 8 基于在 1990 年按照 ASTM E 691 进行的实验室间研究，包括 28 个实验室分别测试3 种聚苯乙烯材料。每个材料测溶液均由各实验室自行配制，使用不同 HPSEC 系统和条件重复测试 3 次。因为塔板数(N)、分离度(R_s)、校正、流速、检测器响应、基线稳定、数据采集或样品制备不符合性能标准，由于这些原因只有 18 个不同实验室测试结果列于表 2～表 8。

注：r 和 R 的解释仅用当前有意义的方式，考虑本方法的近似精密度。表 2～表 8 的数据不能用于材料的接受或拒绝，这些数据仅用于在比对试验测试材料，不可能严格代表其他批次、组成、条件、材料或实验室。本方法的使用者应用 ASTM E 691 得到特定材料和实验室的数据(或特定实验室之间)。17.2.1 到 17.2.1.3 的规则对这些数据是有效的。

17.2.1 在表 2～表 8 中 r 和 R 的概念

如果 S_r 和 S_R 从足够的参与测试实验室的数据计算，测试结果是 3 个溶液的每个测试结果的平均值，结果如下：

17.2.1.1 重复性

在一个实验室内，同一测试材料的两个测试结果如果差异超过 r 值，应被判定为不等效的。r 是同一操作者同一实验室，使用同一仪器在同一天内对同样材料检测的两个测试结果之间的临界差。

17.2.1.2 再现性

在不同实验室，同一测试材料的两个测试结果如果差异超过 R 值，应被判定为不等效的。R 是在不同实验室不同操作者使用不同仪器，对同样材料检测的两个测试结果之间的极限值。

17.2.1.3 按照 17.2.1.1 可接受的重复性和再现性应在 95%(0.95)左右。

17.3 偏差

本方法用偏差(ASTM 定义)代替精确度，精确度比较平均测定结果与绝对参考值；偏差是平均测定结果与可接受参考值之间的比较。这是本方法与绝对检测方法如光散射和膜渗透压法测定聚合物 M_w 的重要区别。几个参加测试的成员自愿参加应用光散射、膜渗透压法和稀释溶液黏度技术测定聚苯乙烯标准的平均分子量，用比对试验评估本方法。希望测定和报告的绝对数均分子量($\overline{M}_n$)、重均分子量($\overline{M}_w$)、Z 均分子量($\overline{M}_z$)(或[η])将被作为可接受参考值，用于准备陈述偏差。

17.4 比对试验测试结果在本节中概述。

17.5 统计信息；比对试验测试结果

比对试验测试结果的统计信息将在本节提供。

18 关键词

18.1 高效尺寸排阻色谱(SPSEC)、平均分子量、分子量分布、聚苯乙烯。

表 2 聚苯乙烯 M_n 测定的重复性和再现性

材料	平均值	s_r	s_R	r	R
A	98 389	4 524	7 850	12 667	21 679
B	118 533	4 691	10 869	13 134	30 433
C	159 898	1 600	11 433	4 481	32 013

表 3 聚苯乙烯 M_w 测定的重复性和再现性

材 料	平均值	s_r	s_R	r	R
A	258 122	6 131	17 860	17 167	50 008
B	383 459	8 043	33 637	22 521	94 182
C	167 745	3 036	12 057	8 501	33 761

表 4 聚苯乙烯 M_z 测定的重复性和再现性

材料	平均值	s_r	s_R	r	R
A	493 511	31 966	73 406	89 504	205 536
B	935 058	28 228	160 256	80 864	448 717
C	174 470	3 787	13 199	10 604	36 957

表 5 聚苯乙烯 M_w/M_n 测定的重复性和再现性

材料	平均值	s_r	s_R	r	R
A	2.638 0	0.087 1	0.267 5	0.244	0.749 1
B	3.257 2	0.117 5	0.389 0	0.329 0	1.089 0
C	1.049 6	0.011 1	0.023 0	0.031 1	0.064 3

表 6 聚苯乙烯 M_z/M_n 测定的重复性和再现性

材料	平均值	s_r	s_R	r	R
A	5.091 2	0.231 4	0.767 8	0.648 0	2.149 3
B	7.901 1	0.495 6	1.570 1	1.387 7	4.396 3
C	1.091 2	0.013 8	0.036 6	0.038 5	0.102 3

表 7 聚苯乙烯 M_v 测定的重复性和再现性

材料	平均值	s_r	s_R	r	R
A	233 518	9.086	17 422	25 441	48 783
B	335 318	5.142	23 424	14 397	65 586
C	166 381	630	11 577	1 763	32 416

表 8 聚苯乙烯[η]测定的重复性和再现性

材料	平均值	s_r	s_R	r	R
A	97.601	1.925	5.239	5.390	14.670
B	126.639	2.209	7.568	6.186	21.192
C	77.458	1.496	4.087	4.188	11.443

附 录 A
（资料性附录）
从第 14 章和第 15 章得出的计算结果

表 A.1 从第 14 章和第 15 章得出的计算结果

1	V/mL	M/(g·mol^{-1})	A_i	$\sum_{l=1}^{l} A_l$	W_i	$F_w(\lg M_i)$
1	18.99	2 175 000	0	0	1	0
2	19.14	1 993 000	70	70	0.999 8	0.004 1
3	19.29	1 828 000	150	220	0.999 5	0.008 9
4	19.44	1 680 000	230	450	0.999 0	0.013 8
5	19.59	1 344 000	340	790	0.998 3	0.020 7
6	19.74	1 422 000	455	1 245	0.997 3	0.028 1
7	19.89	1 310 000	650	1 895	0.995 8	0.040 3
8	20.04	1 207 000	879	2 774	0.993 9	0.055 3
9	20.19	1 115 000	1 271	4 045	0.991 1	0.081 4
10	20.34	1 030 000	1 756	5 801	0.987 2	0.113 8
11	20.49	952 900	2 273	8 074	0.982 2	0.148 2
12	20.64	881 700	2 906	10 980	0.975 8	0.191 1
13	20.79	816 500	3 598	14 578	0.967 8	0.239 4
14	20.94	756 900	4 330	18 908	0.958 3	0.290 6
15	21.90	701 800	5 141	24 049	0.947 0	0.347 4
16	21.24	651 200	5 950	29 999	0.933 8	0.405 4
17	21.39	604 600	6 778	36 777	0.918 9	0.466 1
18	21.54	561 800	7 583	44 360	0.902 1	0.526 4
19	21.69	522 300	8 491	52 851	0.883 4	0.592 3
20	21.84	485 700	9 339	62 190	0.862 8	0.655 1
21	21.99	451 900	10 159	72 349	0.840 4	0.718 1
22	22.14	420 700	10 899	83 248	0.816 4	0.773 5
23	22.29	391 600	11 577	94 825	0.790 8	0.824 1
24	22.44	364 700	12 050	106 875	0.764 3	0.864 0
25	22.59	339 900	12 302	119 177	0.737 1	0.888 7
26	22.74	316 900	12 918	132 095	0.708 6	0.932 5
27	22.89	295 400	13 202	145 297	0.679 5	0.956 0
28	23.04	275 400	13 478	158 775	0.649 8	0.975 9
29	23.19	256 700	13 553	172 328	0.619 9	0.987 0
30	23.34	239 500	13 666	185 994	0.589 7	0.996 9

表 A.1（续）

1	V/mL	M/(g·mol^{-1})	A_i	$\sum_{l=1}^{l} A_l$	W_i	$F_w(\lg M_i)$
31	23.49	223 300	13 711	199 705	0.559 5	0.994 0
32	23.64	208 200	13 565	213 270	0.529 6	0.988 8
33	23.79	194 300	13 541	226 811	0.499 7	0.990 4
34	23.94	181 200	13 353	240 164	0.470 2	0.969 0
35	24.09	168 900	13 104	253 268	0.441 3	0.951 8
36	24.24	157 600	12 867	266 135	0.413 0	0.935 2
37	24.39	146 900	11 852	277 987	0.386 8	0.858 1
38	24.54	136 900	12 277	290 264	0.359 7	0.883 7
39	24.69	127 500	11 932	302 196	0.333 4	0.852 8
40	24.84	118 800	11 500	313 696	0.308 0	0.824 6
41	24.99	110 700	11 163	324 859	0.283 4	0.796 3
42	25.14	103 000	10 684	335 543	0.259 9	0.755 8
43	25.29	95 890	10 248	345 791	0.237 2	0.722 6
44	25.44	89 210	9 803	355 594	0.215 6	0.685 8
45	25.59	82 930	9 351	364 945	0.195 0	0.650 6
46	25.74	77 090	8 869	373 814	0.175 4	0.612 1
47	25.89	71 580	8 278	382 092	0.157 2	0.565 0
48	26.04	66 430	7 753	389 845	0.140 1	0.527 6
49	26.19	61 660	7 306	397 151	0.124 0	0.492 8
50	26.34	57 140	6 728	403 879	0.109 1	0.449 1
51	26.49	52 950	6 191	410 070	0.095 5	0.410 2
52	26.64	49 020	5 709	415 779	0.082 9	0.369 0
53	26.79	45 250	5 189	420 968	0.071 4	0.336 0
54	26.94	41 900	4 704	425 672	0.061 0	0.305 3
55	27.09	38 700	4 171	329 843	0.051 8	0.264 7
56	27.24	35 700	3 681	433 524	0.043 7	0.231 2
57	27.39	32 920	3286	436 810	0.036 5	0.204 0
58	27.54	30 320	2 913	439 723	0.030 0	0.178 8
59	27.69	27 900	2 525	442 248	0.024 5	0.153 1
60	27.84	25 640	2 178	444 426	0.019 7	0.129 7
61	27.99	23 520	1 905	446 331	0.015 5	0.112 2
62	28.14	21 580	1 562	447 893	0.012 0	0.091 1
63	28.29	19 760	1 313	449 206	0.009 1	0.075 4
64	28.44	18 080	1 148	450 354	0.006 6	0.065 1

表 A.1（续）

1	V/mL	M/(g·mol^{-1})	A_i	$\sum_{l=1}^{l} A_l$	W_i	$F_w(\lg M_i)$
65	28.59	16 520	892	451 246	0.004 6	0.049 9
66	28.74	15 080	774	452 020	0.002 9	0.042 6
67	28.89	13 740	580	452 600	0.001 6	0.031 5
68	29.04	12 510	401	453 001	0.000 8	0.021 5
69	29.19	11 360	250	453 251	0.000 2	0.013 2
70	29.34	10 314	95	453 346	0	0.004 9
71	29.49	9 340	0	453 346	0	0

$M_n = \sum_{i=1}^{N} A_i \Big/ \sum_{i=1}^{N} (A_i/M_i) = 115\ 000\ \text{g}\cdot\text{mol}^{-1}$　　$M_w = \sum_{i=1}^{N} (A_i \cdot M_i) \Big/ \sum_{i=1}^{N} A_i = 253\ 000\ \text{g}\cdot\text{mol}^{-1}$

$M_z = \sum_{i=1}^{N} (A_i \cdot M_i^2) \Big/ \sum_{i=1}^{N} (A_i \cdot M_i) = 446\ 000\ \text{g}\cdot\text{mol}^{-1}$　　$M_w/M_n = 2.20 M_z/M_n = 3.38$

$M_v = \left[\sum_{i=1}^{N} (A_i \cdot M_i^a) \Big/ \sum_{i=1}^{N} A_i \right]^{1/a} = 229\ 000\ \text{g}\cdot\text{mol}^{-1}$　　$[\eta] = 0.016 M_v^{0.706} = 97.3\ \text{mL}\cdot\text{g}^{-1}$

附 录 B
（规范性附录）
重量微分分布和累积分子量分布函数

B.1 重量微分分布的分子量 $f_w(M)$ 的定义是分子量密度和分子量频率分布。聚合物重量分数是 $f_w(M)\mathrm{d}M$ 在分子量 M 到 $(M+\mathrm{d}M)$ 的间隔，或 $F_w(\lg M)\mathrm{dlg}M$ 从 $\lg M$ 到 $(\lg M+\mathrm{dlg}M)$ 的间隔，所以：

$$f_w(M)\mathrm{d}M = f_w(M)2.303M\mathrm{dlg}M = F_w(\lg M)\mathrm{dlg}M \quad \cdots\cdots(\mathrm{B.1})$$

B.1.1 进一步，分子量分数积分所有分子量等于 1，为：

$$\int_0^\infty f_w(M)\mathrm{d}M = \int_0^\infty F_w(\lg M)\mathrm{dlg}M = 1 \quad \cdots\cdots(\mathrm{B.2})$$

B.1.2 对于质量检测器非标准检测器信号 $H(V)$ 给出式(B.3)：

$$H(V) = \propto C(V) \quad \cdots\cdots(\mathrm{B.3})$$

式中 $C(V)$ 是在保留体积每单位体积洗脱的溶质质量浓度，V 是检测器响应因子。标准检测器信号 $H_N(V)$ 等于其原始色谱，在洗脱体积范围 V 到 $V+\mathrm{d}V$ 的溶质的重量分数给出式(B.4)：

$$\frac{C(V)\mathrm{d}V}{\int_0^\infty C(V)\mathrm{d}V} = \frac{H(V)\mathrm{d}V}{\int_0^\infty H(V)\mathrm{d}V} = H_N(V)\mathrm{d}V \quad \cdots\cdots(\mathrm{B.4})$$

B.1.3 积分面积应可计算均匀或非均匀洗脱体积间隔 ΔV，使用梯形法则：

$$\int_0^\infty H(V)\mathrm{d}V = \sum_{i=1}^{N-1}\left(\frac{H_i + H_{i-1}}{2}\right)\cdot \Delta V_i \quad \cdots\cdots(\mathrm{B.5})$$

式中：

$\Delta V_i = V_{i+1} - V_i$

从式(B.2)和式(B.4)的同一性：

$$\int_0^\infty f_w(M)\mathrm{d}M - \int_0^\infty H_N(V)\mathrm{d}V \quad \cdots\cdots(\mathrm{B.6})$$

重量微分分布函数见式(B.7)：

$$f_w(M) = \frac{-H_N(V)}{2.303M(\mathrm{dlg}M/\mathrm{d}V)} \quad \cdots\cdots(\mathrm{B.7})$$

和

$$F_w(\lg M) = \frac{-H_N(V)}{(\mathrm{dlg}M/\mathrm{d}V)} \quad \cdots\cdots(\mathrm{B.8})$$

B.1.4 式(B.7)和式(B.8)的导数得出分析微分校正曲线。例如，如果一个多项式适合校正点：

$$\lg M = a + b\cdot V + c\cdot V^2 + f\cdot V^3 \quad \cdots\cdots(\mathrm{B.9})$$

式中 a，b，c 和 f 是常数，然后导数被代进式(B.7)和式(B.8)：

$$\mathrm{dlg}M/\mathrm{d}V = b + 2c\cdot V + 3f\cdot V^2 \quad \cdots\cdots(\mathrm{B.10})$$

B.2 使用有限的不同数学等式近似积分应避免因曲线非线性部分造成的不准确。同时提示建议在拟和多项式时研究多项式如何外推至校正曲线起始和最终点之外的区域。曲线拟和程序应给出合理外推方法。尽管并不总是可能的，最好的方法是仅在校正数据范围内工作，不依靠任何外推法。下面累积分子量分布函数从式(B.4)形成，代表在洗脱体积范围 V_a 到 V 范围内的溶质重量分数，或分子量重量范围 M_a 到 M：

$$W(M) = 1 - \int_{V_a}^{V} H_N(V)\mathrm{d}V \quad \cdots\cdots(\mathrm{B.11})$$

重量分数低于或等于式(B.12)给出的 M_i：

$$W_i = 1 - \sum_{j=2}^{i-1} \left(\frac{H_{N,j} + H_{N,j+1}}{2} \right) \cdot \Delta V_j \quad \cdots\cdots (B.12)$$

B.3 重量微分和累积分布图示例，使用式(B.8)和式(B.12)作图见图 B.1 和图 B.2。

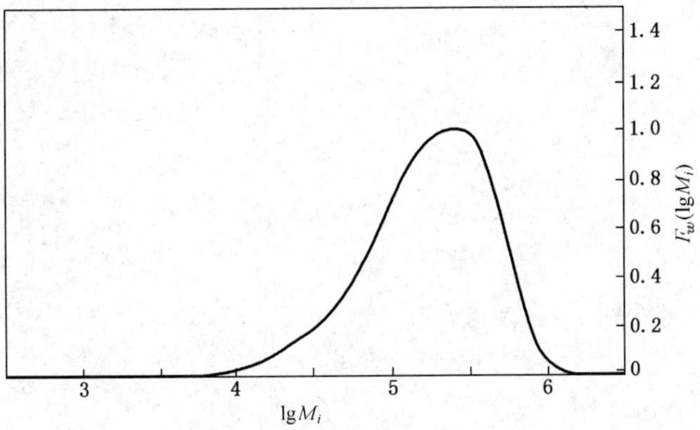

图 B.1 重量微分分布图

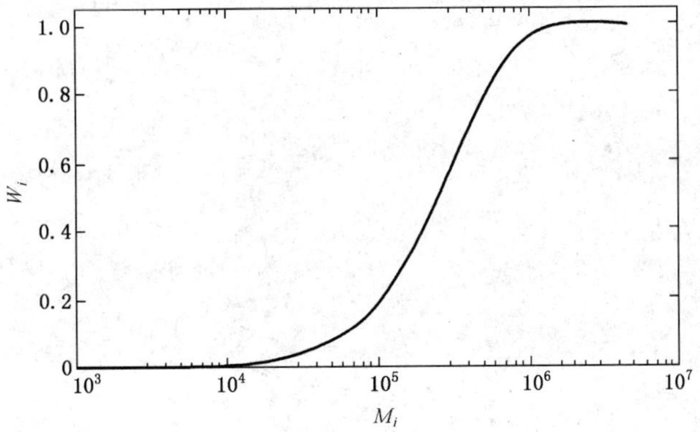

图 B.2 累积重量分布图

ICS 13.300
A 80

中华人民共和国国家标准

GB/T 21865—2008

用半自动和自动图像分析法测量平均粒度的标准测试方法

Standard test methods for determining average grain size using semiautomatic and automatic image analysis

2008-05-12 发布　　2008-09-01 实施

中华人民共和国国家质量监督检验检疫总局
中国国家标准化管理委员会　发布

前　言

本标准等同采用美国材料与试验协会标准 ASTM E 1382:04《用半自动和自动图像分析法测量平均粒度的标准测试方法》(英文版)。

本标准作了下列编辑性修改：

——删除了原文中的前言部分；

——删除了原文中的章节目录部分。

本标准的附录 A 是规范性附录;附录 B 是资料性附录。

本标准由全国危险化学品管理标准化技术委员会(SAC/TC 251)提出并归口。

本标准起草单位:中国检验检疫科学研究院、中化化工标准化研究所、广东出入境检验检疫局。

本标准主要起草人:陈会明、王立峰、王军兵、于文莲、周新、梅建、陈强。

本标准为首次发布。

用半自动和自动图像分析法测量平均粒度的标准测试方法

1 范围

本标准规定了金属和非金属多晶体材料的平均晶粒度、截距和晶粒面积分布的基本测量方法。

本标准适用于等轴型和伸长型晶粒结构的单一相和双相系试样。

本标准同样适用于其他类似晶型结构的物质，如蜂窝结构的物质。

本标准需要使用半自动或全自动图像分析仪器。

本标准仅作为推荐性试验方法，它不能确定受检验材料是否接受或适合适用的范围。

本标准未考虑与试验相关的所有安全问题。试验人应自己负责与安全及健康相关的措施。

2 规范性引用文件

下列文件中的条款，通过本标准的引用而成为本标准的条款。凡是注日期的引用文件，其随后所有的修改单(不包括勘误的内容)或修订版均不适用于本标准，然而，鼓励根据本标准达成协议的各方研究是否可使用这些文件的最新版本。凡是不注日期的引用文件，其最新版本适用于本标准。

ASTM E 3　金相试样制备的标准指南

ASTM E 7　与金相学相关的标准术语

ASTM E 112　测定平均粒度的标准试验方法

ASTM E 407　微蚀金属和合金的标准实施规程

ASTM E 562　用系统的人工逐点计数法测定体积因数的标准试验方法

ASTM E 883　反射光显微摄影标准指南

ASTM E 930　评价在金相磨片中观察到的最大晶粒(ALA 晶粒)的标准试验方法

ASTM E 1181　描述双重粒度特性的测试方法

ASTM E 1245　用自动图像分析法测定金属的夹杂物或次生相要素含量的标准操作规程

3 术语和定义

ASTM E 7 确立的以及下列术语和定义适用于本标准。

3.1

截距　chord(intercept)length

随机在晶粒上放置一条测试线段，测试线与晶界的两个相邻交点之间的距离即为截距。

3.2

截线数　grain intercept count

测试线在穿越测量平面上的晶粒时被分割的次数(相切视为 1/2 个截线数)。

3.3

截点数　grain boundary intersection count

测试线跨越晶界或者相切的次数(三联点交叉点视为 3/2 交叉点)。

3.4

图像处理　image processing

一系列利用视讯技术，对图像进行边界辨识，边界强化，图像清理，预先测量的技术。

3.5

骨架化 skeletonization

一个反复的图像处理过程，在这个过程中，要删除晶界外围的一些像素使其变瘦，也可以对其他一些形貌进行处理，直到每个像素点最多与另外两个像素点相连为止（交叉点除外）。但是，删除之后会影响晶粒完整性的像素不得删除。之后还要对缺失的或边界不明确的晶界进行修补，这主要是通过延伸线条，使其与其他线条的端点进行连接来完成的。

3.6

分水岭分割 watershed segmentation

一个反复的图像处理过程，在这个过程中，要对晶粒和其他形貌进行单像素化处理，在此基础上再用细线描绘这些像素以重建晶界。

3.7 符号

α：双相系中的基相；

$\overline{A}_{\alpha}$：基相的平均晶粒面积；

$\overline{A}_{A\alpha}$：基相晶粒的面积分数；

A_{gi}：第 i 视场晶粒的总面积；

A_i：第 i 视场晶粒的面积，或第 i 视场晶粒的测试面积；

$\overline{A}_i$：第 i 视场晶粒的平均面积；

$A_{\max}$：最大晶粒的面积；

A_{ti}：第 i 视场真实测量面积；

d：测试圆直径；

G：ASTM 晶粒度级别数；

$\overline{l}$：晶粒平均截距；

$\overline{l}_{\alpha}$：基相晶粒平均截距；

$\overline{l}_{\alpha i}$：基相第 i 视场晶粒平均截距；

L：测试线的长度；

$\overline{L}_A$：单位测试面积的平均晶界长度；

L_{Ai}：第 i 视场内单位测试面积的平均晶界长度；

l_i：第 i 晶粒的截距；

$\overline{l}_i$：第 i 视场的平均截距长度；

L_i：第 i 视场晶界长度；

L_{ti}：第 i 视场测试线或扫描线的真实长度；

L_V：单位体积的晶粒边界长度；

M：观测所用的放大倍数；

n：测量的视场数或放置网格的次数或其他测量的次数；

N：晶粒个数或截距个数；

$\overline{N}_A$：n 个视场单位面积平均晶粒数的平均值；

N_{Ai}：第 i 视场内单位面积的晶粒数；

$\overline{N}_{\alpha}$：基相中与测试线或扫描线相交的平均晶粒数；

$N_{\alpha i}$：第 i 视场内测量线与基相晶粒相交的晶粒数；

N_i：第 i 视场内与测试线或扫描线相交的晶粒数或第 i 视场内的晶粒数；

$\overline{N}_L$：n 个视场内单位长度的测试线对应的平均晶粒截线数；

N_{Li}：第 i 视场内单位长度测试线穿越的晶粒数；

P_i：第 i 视场内测试线与晶界相交的截点数；

$\overline{P}_L$：n 个视场内单位长度测试线与晶界相交的平均截点数；

P_{Li}：第 i 视场单位长度测试线对应的截点数；

$\overline{P}_{P\alpha}$：基相晶粒的点分数；

s_V：单位体积晶粒的表面积；

s：$[(1/(n-1)\sum(X_i-\overline{X})^2)]^{1/2}$ 标准差；

$\overline{X}$：$\sum X_i/n$ 平均数；

X_i：单一量值；

95%CI：95%置信度；

%RA：%相对精度。

4 方法概要

4.1 本标准使用单位面积晶粒数、单位面积晶界长度、晶粒面积、单位长度上截距数、单位长度上截线数等来测定试样的平均晶粒度。为了满足统计学上的精度要求，需要对大量的晶粒进行测量。

4.2 将测量的截距或晶粒面积用柱状图的形式表现出来就可以得到晶粒截距和面积的分布情况。为充分描述分布情况，应进行大量的测量，获得充分的数据。

5 意义和用途

5.1 本标准规定了金属和非金属多晶体材料的平均晶粒度、截距和晶粒面积分布的基本测量方法。本测试方法适用于等轴型和伸长型结构的单一相和双相系试样。

5.2 本测试方法需要使用半自动或全自动图像分析仪。这些设备能够减少大量的人工测量工作，因此，在使用这些设备时，可以收集更多信息，测量更多样品，得到比人工方法更高的统计学精度。

5.3 试验结果的精密度和正确度取决于试样的“代表性”、试样准备的质量、晶界的清晰程度（腐蚀技术和使用的腐蚀剂）、测量的晶粒数或测量的面积、识别晶界的准确度、腐蚀其他特征的准确度（碳化物，夹杂物，双界等）、测量网格的代表性以及操作误差等因素。

5.4 测试结果可以用于判别产品的规格，可以用于比较不同的制造过程或工艺，也可以为结构特性行为研究提供数据支持。

6 干扰因素

6.1 抛光技术运用不当会致使抛光面产生擦痕、变形、微观结构拖尾效应、外拉和其他缺陷，影响测量精度，尤其是使用全自动图像分析仪，误差更为严重。

6.2 应避免使用不能使晶界完全显示出来的腐蚀技术和腐蚀剂，否则将影响测量精度。

6.3 在使用全自动图像分析仪测定晶粒度时，应避免使用能够显示退火孪晶的腐蚀技术和腐蚀剂。在使用半自动数字化仪时，允许存在孪晶界，不过产生误差的可能也随之提高。应使用不显示孪晶界的腐蚀技术和腐蚀剂。全自动图像分析仪的图像修正技术可以识别一般的晶界，但不适用于孪晶界。操作者在操作之前应慎重考虑它的可靠性，并在测量之前对被测区域进行仔细检查，如有必要应进行手工编辑。

6.4 利用图像处理技术对晶界进行修补时，操作不当将产生错误的晶界。在进行晶粒对比/试样着色腐蚀时，可以使用图像处理技术增加新的晶界，但操作不当，新产生的晶界有可能不在要对比的相邻晶粒/需要着色腐蚀的晶粒之间，影响测量精度。

6.5 在使用全自动图像分析仪时，晶粒内部的夹杂物，碳化物，氮化物，以及其他类似组分可能被误以为是晶界，因此，在测试前应消除这些干扰因素。

6.6 应避免使用定向敏感腐蚀剂，这种腐蚀剂会导致腐蚀程度不一。如果使用定向敏感腐蚀剂对模糊的晶界进行腐蚀处理，有可能改变晶粒本身的形貌，导致晶界长度和晶粒面积的测量误差，在使用全自动或半自动图像分析仪器时，这种误差会更加明显。

6.7 使用全自动图像分析仪识别含铁素体和珠光体材料(及其他有类似结构的合金)先共析层基相晶粒时，如果层间间隔非常粗糙，识别出来的可能只是珠光体内的铁素体而非晶界。使用的放大倍率越高，越容易出现这一问题。对于这种结构，应尽可能降低放大倍率，用半自动设备进行测量。

6.8 测量表面上的灰尘、纸片，油垢、水垢，及其他碎片都会影响测量精度。

6.9 在使用数字化仪对照片进行测量时，照片的放大倍率测量错误将导致测量误差。

6.10 振动会导致图像模糊并产生测量误差，在使用全自动图像分析仪时，应尽量减少或消除振动。

6.11 显微镜或成像系统上的灰尘有可能产生虚假的图像信息，被误以为是一个晶界，因此，成像系统应保持清洁。

6.12 不均匀的光照会影响晶粒特征的辨识，因此在分析之前应将光源置于中心，并调整测试网格和光圈以获得最佳的图像清晰度(如显微镜操作说明所述)。可以使用数字校准法对照度不均匀进行修正，但不应用于显微镜的对准和调教。

7 仪器

7.1 高质量的研究型反射光显微镜是最常用的微观结构成像设备(也可使用电子金相仪器成像)。在使用数字化仪时，对于某些试样而言，采用光照模式会更加有效。例如，光学各向异性材料，这种材料难以腐蚀，需要使用交叉偏振光进行观察。这种成像更多地展示晶粒的反差或颜色差异，而非晶界。这种成像通常在低照度下观察，可以使用数字化仪进行测量，使用全自动图像分析仪测量比较困难。

在使用全自动图像分析仪测量时，正立式金相显微镜比倒置式金相显微镜更具优势，因为前者更易于观察试样的表面。

7.2 用于晶粒度测量的数字化仪的精度应不小于0.1 mm。测试的方法有很多，最简单的就是将一个照片(通常为放大的)固定在一个平面上，然后在照片上覆盖一个合适的网格，网格也可以刻在目镜上，观察人员通过目镜观察时就可以看见网格。第三种方法就是网格和照片共同放置到一个屏幕上，合成图像进行观察。

网格有很多种形式，可以是透明的薄片网格也可以是目镜刻线网格。当测量晶粒截线数时可以使用标准 ASTM E 112 中的圆形网格。当测量截距的长度时，可以使用平行等距线网格。

7.3 应使用镜头灵敏性很高的全自动图像分析仪测量晶界和晶粒内部特征。

7.4 应使用可编程自动化载物台可以防止出现视场选择误差。

7.5 应使用电脑分析处理数据。

7.6 应使用打印机输出相关结果和图形。

7.7 仪器应放置在一个空气洁净度较高的地方，并保持适当的湿度，避免振动。

8 取样

8.1 试样应具有代表性。所谓“代表性”即试样在加热、处理、生成等各方面性能比较平均，能够代表试样的平均水平。取样地点和次数应根据协议决定。

8.2 切取试样应避开剪切、加热影响的区域。禁止使用改变晶粒结构的方法切取试样。

9 测量试样

9.1 等轴晶粒试样可以在任何方向上进行测量。经过锻造处理的试样，则只能在与变形力作用轴平行的抛光面上进行测量。因此，建议在准备试样时选择纵向的试样，这样抛光平面平行于变形力作用轴或晶粒伸长的方向。

9.2 如果晶粒结构等轴，且试样由纵向切取，那么晶粒度的测定精度将能够达到本标准规定的精度。

如果晶粒的结构是伸长型而非等轴型，那么试样切取方法不同，测量的结果也会不同。这种情况下，应根据具体试样的形状分别测量晶粒纵向、横向、法向、径向或横向面的晶粒度，最后根据附录A的方法求取平均值。如果使用有向测试线（而不是随机）测量圆盘形或板形非等轴晶粒截线数，在这种情况下，只需在两个基本方向上进行测量即可，见附录A.4.2和附录A.4.3。

9.3 抛光面应足够大，在放大的情况下应至少包含五个测量视场。大多数情况下（除薄板或线形试样外），面积达到160 mm^2 即可满足要求。

9.4 比较薄的产品测量面一般达不到要求，这时可将多个试样纵向排列（如果是非等轴晶结构也可以是横向），直到试样面积足够大为止。应调整控制台，以避免将相邻试样间的缝隙纳入测量范围。

10 试样处理

10.1 制备试样测量面。具体步骤和建议见标准ASTM E 3。

10.2 抛光过程中应消除所有因切割和摩擦导致的变形和擦痕。应清除直径大于1 μm 的擦痕，抛光后试样应仔细清洗并晒干。

10.3 被切取的试样应该在预期的热处理条件下（例如，溶液退火、退火、淬火、调质）具有“代表性”。如有必要，也可以在其他条件下进行测量，例如热轧、热铸造、冷拔等，但在这些条件下，晶粒的结构可能发生变化。

10.4 应视试样的形状和大小及现有的设备合并试样；或者出于试样大小和形状考虑，采用手工抛光时也可以合并试样。

10.5 合并之后的抛光面应大于测量所需的面积，避免边缘的干扰。在使用全自动图像分析仪时，测量范围之外的抛光面面积应该大于所需的测量面积，见12.2。

10.6 试样的腐蚀是一个非常关键的准备步骤。应根据试样的组成和热处理条件选择适当的腐蚀剂。如果使用全自动图像分析仪，当晶界在灯光下看上去很黑时，就需要进行腐蚀。标准ASTM E 407和参考文献[1]、[3]列出了部分腐蚀剂。

10.7 如果使用半自动数字化仪，则有更多的腐蚀剂类型可以选择。晶粒对比和着色腐蚀剂都很有效，可以全面显示晶粒结构。

10.8 对于某些试样，例如奥氏体不锈钢，应通过对试样进行处理，使碳化物沉积在晶界附近，改善晶界的清晰度。

10.9 由于孪晶界难以辨识，所以含退火孪晶的试样很难测定其晶粒度。对于这类试样，建议使用半自动数字化仪。参考文献[1]、[3]、[4]中描述的电解腐蚀技术可以用于显示晶界，但不能用于显示孪晶界。

10.10 经过渗碳处理的试样按照McQuaid-Ehn法进行测量，具体见ASTM E 112。对于这种试样，应选用能使渗碳体变黑的腐蚀剂，如碱性苦味酸钠（见ASTM E 407或参考文献[1]）或贝拉哈（Beraha）的钼酸钠着色腐蚀剂。不在晶界上的渗碳体可以忽略或删除。

10.11 在淬硬合金钢试样中显示奥氏体晶界是相当困难的，通常需要相当长的试验时间。试验中如果需要进行热处理，回火温度的控制是非常重要的。如果试样存在回火脆化周期，可以通过热处理提高腐蚀效果，但如果磷、锡、砷、锑的含量非常低时，效果就不再明显了。一般来说，粗晶粒试样更容易腐蚀。参考文献[1]给出了奥氏体晶界的处理方法。一般情况下，很难将奥氏体晶界显示到全自动分析仪所需要的清晰程度，因此在测量之前需要对图像进行适当编辑。

10.12 应使用能够促使奥氏体分层的热处理方法辨识晶界，尤其在处理粗晶粒钢时，效果更加明显。

10.13 图像信号处理技术，如骨架化或分水岭分割，可用来修补晶界或在晶粒对比/着色腐蚀中产生晶界。但是，这些技术应谨慎使用，因为骨架化可能产生虚假的晶界，而分水岭分割产生的晶界可能不在颜色或灰色水平相近的两个晶粒之间。光笔、鼠标和跟踪球可以用来修补晶界。

10.14 在使用数字化设备进行测量之前，需要准备一张显微照片，具体见标准ASTM E 883。如果照片经过了放大，则应确定放大的倍率，误差不得大于±1%。同时应保证照片上有足够的网格数，确保统计精度，且网格的选取不应带有目的性。

10.15 附录A描述了测量非等轴晶粒试样晶粒度以及各向异性系数（晶粒伸长的程度）的试验方法。

10.16 附录B给出了几种金属和合金的显微照片，其中部分腐蚀合理，部分腐蚀不合理。

11 校准与标准化

11.1 使用测微计确定每个目标和目镜组合使用时的放大倍率。

11.2 用拍摄的单位测微计长度除显微照片中图像的长度，得出显微照片的放大倍率。

11.3 如果放大是由摄影底片产生的，通过测量单位长度的测微计的底片可以得到放大倍率。然后，使晶粒处于同样的放大器下进行成像。同理，也可以通过比较放大的形貌与接触印相照片得出放大倍率。具体程序是对照片中几个形貌做上述比较，求出平均放大倍率，乘以接触印相照片的放大倍率即可。

11.4 如果试验中使用了视频成像系统，那么还需要利用测微计确定视频成像系统的放大倍率。

11.5 如果使用全自动图像分析仪，需要利用测微计确定测试面积和放大倍率。

11.6 使用毫米级别的直尺测量测试线的长度和测试圈的直径。

11.7 使用测微计测量目镜刻痕的长度或测试圈的直径。

11.8 如果使用了摄像机，应按照制造商的建议调整显微镜光源并设定正确的照度。

11.9 如果使用全自动图像分析仪进行测量，需使用晃动法使晶界或晶粒内部在镜头和图像之间来回切换，以确定最佳的灰度阈值，具体见13.3。

12 程序：半自动数字化仪

12.1 对照片进行测量时，选择合适的放大倍率确保有至少50个晶粒在视场内。视场内的晶粒不宜过多，否则会影响计算精度。为减少操作量，保证测量精度，照片上最小的晶粒直径应不小于5 mm。随机抽样显微照片，随机选取测试网格，准备足够数量的照片以供选择，通常至少需要有5个，这样才能保证足够的统计精度。测试过程中要固定好照片，防止滑动。将测量网格放到照片上，并防止出现偏差，固定好网格，防止滑动。

12.2 使用显微镜对晶粒进行成像时，将试样放置在载物台上，使其平面垂直于光轴。如果使用倒置式显微镜，应把标本正面朝下放在测试台上，夹紧即可。如果是正立式显微镜，则应把标本放在滑片上，并调整至水平。按照标准ASTM E 1245的要求，正确使用棉纸。

12.2.1 显微镜光源和照度应满足摄像机的要求。

12.2.2 测试网格应随机选取。

12.2.3 网格一般选取5～20个。

12.2.4 调整放大倍率，使观察者通过目镜可以看到至少50个晶粒，放大倍率不应过小，否则会影响到测量精度。为了确保截距和晶粒面积的精度，最小晶粒的直径应不小于5 mm。

注：对于部分全自动图像分析仪，其像素密度大大超过了常用的512×512阵列，此时晶粒直径稍微小于5 mm仍可保证一定的测量精度，但操作者应确定测量最小晶粒时直径偏差不超过10%、面积测量偏差不超过20 %（见参考文献[9]）。

12.2.5 半自动数字化仪和显微镜配合使用时，应选择合适的网格目镜，确保视场内至少有50个晶粒，可见晶粒过多也会影响到测量精度。

12.2.6 以下关于晶粒度的测量方法能够确保足够的精确，但并不排除存在其他可行的方法，或其他等同的程序。操作者在使用下列方法和程序时，应事先进行精度和准确性评估。因为不同的方法考察晶粒的角度不同，得到的结果也可能不同。而对于等轴晶粒来说，一个很小的偏差可能会加速这种不同。平均晶粒面积或单位面积上的晶粒数直接与单位体积的晶界长度 L_V 有关。平均截距或单位长度上截点数直接与单位体积的晶粒表面积 S_V 有关。因为这些量都是基于晶粒的两个不同的几何参量计算而成，因此在使用 L_V 和 S_V 计算晶粒度时就可能产生一定的偏差。

12.3 截距法

12.3.1 当按照 12.3.2 的方法使用平行测试线测量截距时，只需测量截断晶粒的测试线的长度(也就是测量连接两个晶界的线段长度)。一般来说，从晶粒内部开始或在晶粒内部结束的截距不需要测量(见表 1)。

表 1 半自动和全自动图像分析仪测量概要与限制

方 法	章节号	符 号	应 用 范 围
半自动图像分析仪			
截距	12.3	l_i	测量完整的截距，终点落在晶粒内部的不要测量
截线和截点数	12.4	P_{Li}，N_{Li}	圆形网格的直径和视场内的晶粒数
晶粒数	12.5	N_{Ai}	只计算完全落入测量区域内的晶粒
晶粒面积	12.6.1	A_i	只计算完整晶粒的面积
ALA 法	12.6.2	A_{max}	测量面积最大的晶粒
双相法	12.7.1	$l_{\alpha i}$	测量完整的截距，终点落在晶粒内部的不要测量
双相法	12.7.2	$A_{A\alpha}$，$P_{P\alpha}$，N_α	无
全自动图像分析仪			
晶界长度/面积	13.5.1	L_{Ai}	视场内晶粒足够多时无限制
截点数	13.6.1	P_{Li}	视场内晶粒足够多时无限制
截距	13.7.1	l_i	只测量完整的截距，删除所有与测试线边界相交的晶粒
晶粒数	13.8.1	N_{Ai}	只计算完全落入测量区域内的晶粒
晶粒面积	13.9.1	$\overline{A}_i$，A_i	只计算完整晶粒的面积
ALA 法	13.9.9	A_{max}	测量面积最大的晶粒
两相法	13.10	l_α，$\overline{A}_\alpha$	只测量完整的截距和完整晶粒的面积

12.3.2 测试网格由一系列平行线构成，平行线间的间距应大于表观平均粒径，并随机地叠加在照片或图像上，如果是各向异性晶粒，应至少在两个方向上进行测量。如果晶粒结构明显伸长，则应根据伸长的方向取四个不同方向进行测量，例如，0°，45°，90°和 135°四个方向，具体见 ASTM E 1181。这一程序应反复进行，直到测量够 500 个截距为止，每张测量的照片都应从最少 5 张中随机挑选而定。如果要计算晶粒的伸长率，可以根据晶粒变形的方向取 0°和 90°两个方向进行测量。晶粒伸长率(各向异性系数)就是平行与伸长方向(0°)的平均截距与垂直于变形方向(90°)的平均截距之比。附录 A 给出了测量非等轴晶结构晶粒度和晶粒伸长率(各向异性系数)的方法。

12.3.3 平均截距 l 是由 N 和 l_i 计算得到的，单位为 μm 或 mm。

12.3.4 使用柱状图分析截距的一致程度和分布，也可以判断分析双相晶系。具体方法见 ASTM E 1181 附录 X2。

12.3.5 计算标准差 s。大多数的数字化设备都自带标准差计算软件。如果在进行柱状图分析时发现双相晶系存在，应分别计算两相的标准差。首先将截距按升序排列，分为两组，分别计算 l 和 s。如果数据能够导入数据处理软件内，计算将非常简单。

12.4 截距和截点计数法

12.4.1 测量晶界截点数 P_i 或测量被截的晶粒数 N_i，通常建议测量前者，测量方法分别与 ASTM E 112 中测量 P 和 N 的测量方法一致。

12.4.2 测试网格可以是单圆也可以是三圆，见 ASTM E 112。圆可以为任一周长，但并不建议使用相对较小的圆，那样会降低测量效率。一般建议使用总周长为 500 mm 的单圆或三圆，这与 ASTM E 112 中的规定相同。平均截线数或截点数应控制在 100 左右，不得少于 70，不得多于 150。这一规定还要根据具体的放大倍率和视场外的情况而定，可能要做相应调整。如果使用网格目镜，建议网格直径远大于最大晶粒直径，这样可以减少操作量。在这种情况下，每个圆上的截点数应控制在 25 个左右。

12.4.3 在至少 5 张显微照片上进行测量，直到测量的截点或截线数达到了 500 个以上为止。如果只有 5 张显微照片，每张进行一次测量之后总的截线数或截点数不到 500，可以在一张照片上改变测量区域重复测量，直到平均每张截距或截点数达到 100 为止。

12.4.4 网格可以由线段组成，但由于线段终点的计数存在问题，因此通常情况下不建议使用这类网格，具体见标准 ASTM E 112。

12.4.5 使用圆形网格就不存在上述的终点问题，在计算截点时，如果测量线段与晶界相切，则计为 1 个截点。三个晶粒汇合点的截点计数为 3/2 个。四个晶粒汇合点的截点计数为 2 个。

12.4.6 P_{Li} 和 N_{Li} 的计算公式见式(1)～式(2)：

$$P_{Li} = \frac{P_i}{L_{ti}} \qquad \cdots\cdots(1)$$

$$N_{Li} = \frac{N_i}{L_{ti}} \qquad \cdots\cdots(2)$$

式中的 L_{ti} 可按式(3)～式(4)计算：

$$L_{ti} = \frac{\pi d}{M}\ (\text{单圆}) \qquad \cdots\cdots(3)$$

$$L_{ti} = \frac{(\pi d_1) + (\pi d_2) + (\pi d_3)}{M}\ (\text{三圆}) \qquad \cdots\cdots(4)$$

12.4.7 下一步计算 $\overline{P}_L$ 和 $\overline{N}_L$。

12.4.8 下一步计算 $\overline{l}$ 见式(5)，单位为 μm 或 mm：

$$\overline{l} = \frac{1}{\overline{P}_L} = \frac{1}{\overline{N}_L} \qquad \cdots\cdots(5)$$

12.4.9 分别计算 P_{Li} 和 N_{Li} 的标准差 s。

12.5 晶粒数法

12.5.1 晶粒度可以由 Jeffries 平面法进行测量。由于 Jeffries 平面法是手工操作，需要在计数时对已经计数的晶粒进行标记，因此在效率上不如截距法。该方法最好使用显微照片进行计数。

12.5.2 随机准备最少 5 张显微照片，每张最少应包含 50 个完整的晶粒，记录观察的晶粒数 N_i。

12.5.3 确定测量区域，然后确定测量区域的面积 A_i 及包含的晶粒数 N_i。A_i 除以放大倍率的平方 (M^2) 得到真实的面积 A_{ti}。

12.5.4 计算单位面积内的晶粒数 N_{Ai}，见式(6)：

$$N_{Ai} = \frac{N_i}{A_{ti}} \qquad \cdots\cdots(6)$$

12.5.5 计算 n 次测量的平均值 $\overline{N}_A$。

12.5.6 计算每个 N_{Ai} 的标准差。

12.5.7 计算平均晶粒度 $\overline{A}$，见式(7)：

$$\overline{A} = \frac{1}{N_A} \qquad \cdots\cdots(7)$$

12.6 面积法

12.6.1 可以使用数字化仪测量晶粒面积，但是由于数据量非常大，因此不建议采用这种方法。

12.6.2 测量最大晶粒的面积或 ASTM E 930 中的 ALA 晶粒面积时可以使用数字化仪。

12.6.3 测量抛光并腐蚀过的试样，拍摄下最大晶粒的照片，用数字化仪或其他方法测量出其面积 A_{max}。

12.7 两相结构相关的方法

12.7.1 使用数字化仪对基相进行测量，最简单的方法就是按照 12.3.2 的步骤测量截距。只需测量与目标晶粒相交的测试线截距即可，平均截距和标准差按照 12.3.3 和 12.3.5 的规定计算。

12.7.2 另外一种测量两相结构晶粒度的方法比较复杂，首先需要测量其中一相的 $\overline{A}_{A\alpha}$ 和 $\overline{P}_{P\alpha}$，然后叠加一个圆形网格，测量与测试线相交的晶粒数 N_α，利用式(8)计算平均截距 $\overline{l}_\alpha$：

$$\overline{l}_\alpha = \frac{(\overline{A}_{A\alpha})(L_{ti})}{\overline{N}_\alpha} = \frac{(\overline{P}_{P\alpha})(L_{ti})}{\overline{N}_\alpha} \qquad \cdots\cdots(8)$$

式中：

$\overline{A}_{A\alpha}$——基相的平均面积分数；

$\overline{P}_{P\alpha}$——基相的平均点分数；

L_{ti}——网格的真实长度(测试圆的周长除以放大倍率 M)；

$\overline{N}_\alpha$——基相中与测试线相交的晶粒数 n 次测量后的平均值。

12.7.3 应对测量值求标准差，计算值无需求标准差。测量中，还应计算基相的面积分数和点分数以及 $N_{\alpha i}$ 的标准差。然而很难把这些标准差整合到一起，最简单的方法就是分别对每个网格计算一次 $l_{\alpha i}$，然后计算 n 次测量的标准差。

13 程序：全自动图像分析仪

13.1 全自动图像分析仪测量晶粒度的精度取决于腐蚀质量的高低。以下描述的关于晶粒度的测量方法所得到的结果能够满足本标准的精度要求，使用除此之外的方法时，应事先进行精确度评估(见 12.2.6)。

13.2 按照 12.2 的要求把试样放在载物台上。

13.2.1 按照 12.2.1 的要求调整光源和照度。

13.2.2 按照 12.2.2 的要求随机选择测量网格。

13.2.3 按照 12.2.3 的要求测量网格，如果要提高结果的精度，则需要测量更多的网格。

13.2.4 按照 12.2.4 的要求选择合适的放大倍率。

13.3 根据分析技术的要求，调整灰度阈值设定。可以使用“晃动法”帮助正确设定。

13.4 在测量截距或晶粒面积时，可以先将要测量的图像储存在内存中，然后删掉与测量区域相交的晶粒以消除边界影响。在晶粒内部填补“空洞”来消除碳化物、氮化物或夹杂物等粒子。这种图像可以通过倒置处理(反向检测和非检测像素)产生晶界。利用腐蚀技术除去晶界附近的粒子可以使晶界变窄，然后将这个图像倒置，产生晶粒内部的图像。通过综合晶界图和晶粒内部图就可以得到测量区域的面积 A_{ti}。最终图像上的晶界应该由 1～2 个像素组成，这样晶界的宽度对截距或晶粒面积的测量所产生的影响会明显降低。

13.4.1 在测量截距或晶粒面积时，如果没有删除非测量区域，将对测量结果产生影响，误差会随着放大倍率的增加而增加。为了使截距和晶粒面积的测量精度达到要求，监视器下晶粒最小直径应不小于 5 mm(见 12.2.4 和下面的注)。

注：还有其他处理非测量区域颗粒的方法，这些方法都利用特定规则判断哪些与测试边界相交的晶粒有完整的尺寸。但这些方法没有对原测量区作相应修正，与该区域晶粒的关系也不确定。通常假设有很多网格要测量，各个网格之间的差异会因测量而抵消。由于不确定的因素是这些程序带来的，所以在弄清楚它们的影响之前应慎重使用。

13.4.2 如果要测量 P_L 和 $\overline{L}_A$，则不需要删除非测试区域的晶粒，见表 1。

13.5 晶界长度/面积法

13.5.1 测量单相结构中晶粒度最简单的方法是按照 13.3 和 13.4 要求测量晶界长度 L_i，然后除以真实的测量面积 A_{ti}，得到单位面积内的晶界长度 L_{Ai}，见式(9)，单位为 mm/mm²。

$$L_{Ai} = \frac{L_i}{A_{ti}} \qquad \cdots\cdots(9)$$

13.5.2 然后计算 P_{Li}，见式(10)：

$$P_{Li} = \frac{L_{Ai}}{\pi/2} \qquad \cdots\cdots(10)$$

13.5.3 根据 n 个 P_{Li} 测量值计算平均值 $\overline{P}_L$。

13.5.4 根据式(9)计算平均截距 $\overline{l}$。根据式(10)计算标准差 s。

13.6 截点法

13.6.1 测量测试线与晶界相交的截点数，为消除各向异性效应，应根据使用方法的不同采取措施将图像进行旋转。

13.6.2 计算 P_{Li}，见式(11)：

$$P_{Li} = \frac{P_i}{L_{ti}} \qquad \cdots\cdots(11)$$

13.6.3 对 n 个网格进行测试，根据式(7)求取平均值 $\overline{P}_L$。

13.6.4 根据式(9)计算平均截距 $\overline{l}$。根据式(10)计算标准差 s。

13.7 截距法

13.7.1 晶粒度可以通过测量截距获得。按照 13.3 和 13.4 的步骤对晶粒内部进行识别。删除所有与测量区域相交的晶粒。如果是等轴晶粒，测量方向可以任意设定。如果是各向异性结构，应根据使用方法的不同采取措施将图像进行旋转。如果要测量伸长率或各向异性系数，应按照 12.3.2 的步骤，计算平行于变形方向(0°)的平均截距与垂直于变形方向(90°)的平均截距之比即可。

附录 A 给出了非等轴结构晶粒度的测量方法以及各向异性系数的测量方法。

13.7.2 用总截距除以截线数计算得到平均截距，对于网格测量来说，该值与 l_i 等效。

13.7.3 重复上述步骤最少 5 次，计算 l，单位为 μm 或 mm。

13.7.4 计算 n 个 l_i 的标准差 s。

13.7.5 另外一种方法是：分别测量截距长度并将其值储存在内存中，然后根据式(1)计算平均截距 l。利用柱状图按照 12.3.4 要求表示截距的分布，根据式(2)计算标准差 s。如果晶粒是双相分布，则按照 12.3.5 和 ASTM E 1181 附录 X2 的步骤分别测量两相的晶粒度。

13.8 晶粒数法

13.8.1 晶粒度可以通过测量一个已知测量区域内的晶粒数计算得到。按照 13.4 和 13.5 的步骤对晶粒进行识别，并删除所有与测量区域边界相交的晶粒。测试区域的面积 A_{ti} 就是剩下的晶界和晶粒内部面积的总和。

13.8.2 N_i 为测量区域内的晶粒数，N_i 除以 A_{ti} 得到 N_{Ai}。

13.8.3 重复上述步骤，对最少 5 个网格进行测量，得到 n 个 N_{Ai}，计算其平均值 $\overline{N}_A$。

13.8.4 计算 N_{Ai} 的标准差 s。

13.9 平均晶粒面积法

13.9.1 晶粒度可以通过测量平均晶粒面积 A_i 计算得到。网格内所有晶粒的总面积除以晶粒数即平均晶粒面积 A_i。

13.9.2 计算 $\overline{A}_i$，见式(12)：

$$\overline{A}_i = \frac{A_{gi}}{N_i} \qquad \cdots\cdots(12)$$

13.9.3　最少在 5 个网格内重复上述测量步骤，得到 n 个 $\overline{A}_i$，计算其平均值 $\overline{A}$，单位为 μm^2 或 mm^2。

13.9.4　计算 A_i 的标准差 s。

13.9.5　单晶粒面积法——晶粒度可以通过测量一固定区域内的完整的单晶粒面积计算得到。按照 13.3 和 13.4 的步骤对晶粒内部进行检测。删除所有与测量区域边界相交的晶粒(见表 1)。

13.9.6　测量每个晶粒内部的面积 A_i，测量 n 个网格，直到所测量的晶粒数达到 500 以上为止。记录下每个晶粒的面积，计算平均晶粒面积 $\overline{A}$，单位为 μm^2 或 mm^2。

13.9.7　利用柱状图表示晶粒面积出现的频率，步骤与 12.3.4 中描述截距的方法一致。

13.9.8　计算测量的晶粒面积 A_i 的标准差 s。

13.9.9　观察区域内最大的晶粒面积以及标准 ASTM E 930 中描述的 ALA 的晶粒度都可以使用全自动图像分析仪测量。

13.9.10　检查抛光并腐蚀过的试样，将最大的晶粒放入视场中，测量其面积 A_{max}。

13.10　两相结构的测量方法

13.10.1　两相结构中基相的晶粒度可以使用全自动图像分析仪来测量。按照 13.3 和 13.4 的步骤对晶粒进行检查。删除所有与测量区域边界相交的晶粒。

13.10.2　按照 13.7 的步骤测量基相的截距并计算平均截距 l_{α}。平均截距可以按照 13.7.2～13.7.5 描述的平均法测量，也可以按照 13.7.5 的描述先测量单个截距再计算平均截距 L_{α}。

13.10.3　按照 13.9 的步骤测量基相的晶粒面积并计算平均晶粒面积 $\overline{A}_{\alpha}$。平均截距可以按照 13.9.2～13.9.4 描述的平均法测量，也可以按照 13.9.5～13.9.8 的描述先测量单个晶粒面积再计算平均晶粒面积 $\overline{A}_{\alpha}$。

14　计算结果

14.1　测量了 n 个网格或测量了 N 个晶粒之后，计算其平均值及标准差。根据使用的方法不同，计算不同参量的平均值，以此来估计晶粒度级别数。

14.2　表 2 给出了 $\overline{N}_A$、$\overline{A}$、$\overline{N}_L$、$\overline{P}_L$ 和 l 与 G 之间的关系。根据计算的结果查找对应的级别数。

表 2　任意取向、均匀、等轴晶粒的显微晶粒度关系

显微晶粒度级别数 G	单位面积内晶粒数 $\overline{N}_a$		晶粒平均截面积 $\overline{A}$		单位长度内晶粒数 $\overline{N}_L$ 单位长度的截点数 $\overline{P}_L$	平均截距 l	
	1/in² (100×)	1/mm² (1×)	mm²	μm²	mm⁻¹	mm	μm
00	0.25	3.88	0.258 1	258 100	2.210	0.452 5	452.5
0	0.50	7.75	0.129 0	129 000	3.125	0.320 0	320.0
0.5	0.71	10.96	0.091 2	91 200	3.716	0.269 1	269.1
1.0	1.00	15.50	0.064 5	64 500	4.419	0.226 3	226.3
1.5	1.41	21.92	0.045 6	45 600	5.256	0.190 3	190.3
2.0	2.00	31.00	0.032 3	32 300	6.250	0.160 0	160.0
2.5	2.83	43.84	0.022 8	22 800	7.433	0.134 5	134.5
3.0	4.00	62.00	0.016 1	16 100	8.839	0.113 1	113.1
3.5	5.66	87.68	0.011 4	11 400	10.511	0.095 14	95.1
4.0	8.00	124.00	0.008 06	8 060	12.500	0.080 00	80.0
4.5	11.31	175.36	0.005 70	5 700	14.865	0.067 27	67.3
5.0	16.00	248.00	0.004 03	4 030	17.678	0.056 57	56.6
5.5	22.63	350.73	0.002 85	2 850	21.023	0.047 57	47.6

表 2（续）

显微晶粒度级别数 G	单位面积内晶粒数 $\overline{N}_a$		晶粒平均截面积 $\overline{A}$		单位长度内晶粒数 $\overline{N}_L$ 单位长度的截点数 $\overline{P}_L$	平均截距 l	
	1/in^2(100×)	1/mm^2(1×)	mm^2	μm^2	mm^{-1}	mm	μm
6.0	32.00	496.00	0.002 02	2 020	25.000	0.040 00	40.0
6.5	45.25	701.45	0.001 43	1 430	29.730	0.033 64	33.6
7.0	64.00	992.00	0.001 01	1 010	35.356	0.028 28	28.3
7.5	90.51	1 402.90	0.000 713	713	42.045	0.023 78	23.8
8.0	128.00	1 984.00	0.000 504	504	50.000	0.020 00	20.0
8.5	181.02	2 805.81	0.000 356	356	59.461	0.016 82	16.8
9.0	256.00	3 968.01	0.000 252	252	70.711	0.014 14	14.1
9.5	362.04	5 611.61	0.000 178	178	84.090	0.011 89	11.9
10.0	512.00	7 936.02	0.000 126	126	100.001	0.010 00	10.0
10.5	724.08	11 223.22	0.000 089 1	89.1	118.922	0.008 409	8.4
11.0	1 024.00	15 872.03	0.000 063 0	63.0	141.423	0.007 071	7.1
11.5	1 448.15	22 446.44	0.000 044 6	44.6	168.181	0.005 946	5.9
12.0	2 048.00	31 744.06	0.000 031 5	31.5	200.002	0.005 000	5.0
12.5	2 898.31	44 892.89	0.000 022 3	22.3	237.844	0.004 204	4.2
13.0	4 096.00	63 488.13	0.000 015 8	15.8	282.845	0.003 536	3.5
13.5	4 792.62	89 785.77	0.000 011 1	11.1	336.362	0.002 973	3.0
14.0	8 192.00	126 976.25	0.000 007 9	7.9	400.004	0.002 500	2.5

14.2.1 对于标准 ASTM E 930 中的 ALA 晶粒度，表 2 中的平均面积列与 ASTM E 930 中表 1 的数据完全相同。可以使用这些数据得出最大晶粒的面积 $A_{\max}$。

14.3 表 3 给出了 G 与 $\overline{N}_A$、$\overline{N}_L$、$\overline{P}_L$、$\overline{A}$、l 之间的计算公式。表 3 第 5 个公式可以用于计算 ALA 晶粒度。

表 3 晶粒度级别数计算公式

序号	公 式	单 位
1	$G=(3.321\,928\lg\overline{N}_A)-2.954$	$\overline{N}_A$ 的单位 mm^{-2}
2	$G=(6.643\,856\lg\overline{N}_L)-3.288$	$\overline{N}_L$ 的单位 mm^{-1}
3	$G=(6.643\,856\lg\overline{P}_L)-3.288$	$\overline{P}_L$ 的单位 mm^{-1}
4	$G=(-6.643\,856\lg l)-3.288$	l 的单位 mm
5	$G=(-3.322\,3\lg\overline{A})-2.955$	$\overline{A}$ 的单位 mm^2

14.4 平均晶粒度 G 的 95%置信区间的计算公式见式(13)～式(14)：

$$95\%\mathrm{CI}=\pm\frac{ts}{\sqrt{n}} \qquad (13)$$

或

$$95\%\mathrm{CI}=\pm\frac{ts}{\sqrt{N}} \qquad (14)$$

式中：

n——测量的网格数；

N——测量的晶粒面积数或截线数。

表 4 给出了 t 和 n、N 之间的关系。

表 4　95%置信区间系数

视 场 数	t	视 场 数	t
5	2.776	19	2.101
6	2.571	20	2.093
7	2.447	21	2.086
8	2.365	22	2.080
9	2.306	23	2.074
10	2.262	24	2.069
11	2.228	25	2.064
12	2.201	26	2.060
13	2.179	27	2.056
14	2.160	28	2.052
15	2.145	29	2.048
16	2.131	30	2.045
17	2.120	31	2.020
18	2.110	32	2.000
		∞	1.960

14.5　测量结果的相对精度%RA 按式(15)计算：

$$\%RA = \frac{95\%CI}{\overline{X}} \times 100 \qquad \cdots\cdots(15)$$

式中：

$\overline{X}$——测量值的平均值($\overline{N}_A$、$\overline{N}_L$、$\overline{P}_L$、$\overline{A}$ 和 l)。

14.6　如果试样是非等轴结构(见附录 A)，首先测量试样的平均晶粒数、晶粒面积或任意纵向、横向、法向的截距。如果只测量了纵向平面的截距，求其平均值。如果在一个、两个或三个平面上使用了测试线，计算测量值的平均值，并计算各向异性系数。根据表 2 或表 3 计算晶粒度级别数。如果进行了两次以上的测量，则应计算标准差(见附录 A)，还应计算 95%CI 和%RA，具体公式见式(13)～式(15)。

14.7　对于双相系分布的结构，标准 ASTM E 1181 附录 X2 给出了具体的分析方法。

15　试验报告

15.1　报告应记录试样的身份信息，包括试样的组成、名称、消费者信息、分析数据、热处理信息、试样位置和取向、腐蚀剂和腐蚀方法、分析方法等。

15.2　将测量的网格数、截线数、晶粒数、放大倍率、测量面积和总测量面积等以表的形式表达。

15.3　如果需要，还应提供显微照片。

15.4　如果对图像进行了预处理，应说明具体使用的方法。

15.5　给出平均测量值，及其标准差、95%CI 和相对精度。

15.6　给出计算的或估算得到的 ASTM 晶粒度级别数。

15.7　对于两相结构，应按照 15.5 和 15.6 的要求，描述测量相或组分的特性、组成和测量结果。

15.8　对于双相结构，应按照标准 ASTM E 1181 附录 X2.10 描述的方法记录双相系中每一相的分布情况和测量结果。

15.9 如果是非等轴结构、伸拉结构的试样，记录测量的平面，测量的特征（随机性——晶粒数、晶粒面积、截距、测试线），使用的测量方法，选取的测量方向，测量的平均值和晶粒度级别数等。如果存在多个平均值，还应给出标准差，95%CI 和相对精度。如果只在一个方向上进行了测量，比如纵向，记录测量方向及测量方法，并对数据进行统计分析。如果有各向异性系数或其他描述晶粒形状的参数，其相关内容也应记录在内。

16 精密度和标准偏差

16.1 使用半自动和全自动图像分析仪测量晶粒度的精度和偏差受很多因素影响，本标准及 ASTM E 112、ASTM E 930、ASTM E 1181 都给出相关描述。

16.2 测量结果的精度和偏差还与所选取的试样的“代表性”、抛光面上测量区域的选取等因素有关。如果产品内部晶粒度变化很大，应充分选取试样和测量区域，使测量能更加真实地反映产品的情况。

测量结果的精度会随着测试试样的增加而不断提高。对于单个试样而言，测量结果的精度会随着选取的测量网格的增加而不断提高。

16.3 试样处理不充分会导致结果出现偏差。深腐蚀、产生变形等情况都会导致结果出现误差。而且全自动图像分析仪比半自动的更容易受这些因素的影响。

16.3.1 清晰完整的晶界有助于提高结果的精确度。

16.3.2 晶粒内部的内含物、碳化物、氮化物、退火孪晶、变形孪晶等都会对结果产生影响，因此应在分析之前进行处理。

16.3.3 灰尘会对结果造成影响，因此应清除试样、棉纸、污点和其他表面上的灰尘。

16.3.4 放大倍率会对结果产生影响，因此应准确确定显微镜、照片、监视器的放大倍率。

16.3.5 在使用图像处理技术时可能会产生错误的晶界，修补晶界时可能修补不完全，腐蚀时可能效果不佳，识别晶界时可能由于两个相邻晶粒灰度相近而无法识别，因此应谨慎使用图像处理技术。

16.4 如果晶粒结构有变形，那么只分析一个切面是不够的，在这种情况下，应按照附录 A 的要求对三个基本方向上分别进行测量并求其平均值。

16.5 如果试样存在双相粒度分布，则应对每一部分的分布分别测量，而不应该将其整合成一个平均值，具体见标准 ASTM E 1181。

16.6 如果操作合理，ASTM 晶粒度级别数的精确度可以达到 ±1 级，在 95% 置信度下相对误差小于 10%。

16.7 ASTM 晶粒度级别数可由不同的参数计算得到，它们的结果具有很好的一致性。如果是试样处理合理，且为等轴晶粒时，通常级别数误差为 ±2 级。

17 关键词

ALA 晶粒度，各向异性系数，面积分数，ASTM 晶粒度级别数，奥氏体晶粒，全自动图像分析仪，校准，置信水平，数字化仪，双相晶粒结构，等轴晶粒，腐蚀剂，铁素体晶粒，晶界，晶粒，晶粒度，截距，截点数，放大倍率，非等轴晶粒，多晶的，预先奥氏体晶界，相对误差，半自动图像分析仪，骨架化，标准差，孪晶界，分水岭分割。

附 录 A
（规范性附录）
非等轴结构试样晶粒度的测量

A.1 本附录规定了非等轴单相结构试样晶粒度测量和计算的方法。

A.2 对于圆盘或板型材料，如果晶粒的等轴性发生了变化，应分别测量纵向(l)、横向(t)和法向(p)的晶粒度。如果是圆条形材料，应分别测量径向和横向面的晶粒度。如果晶粒只在纵向上发生变形，则只需测量纵向的晶粒度。如果在分析过程中使用了有向测试线，则只要测量纵向和横向两个方向的晶粒度即可。

A.3 晶粒数和晶粒面积法

A.3.1 首先测量三个基本方向上单位面积(1×)内的平均晶粒数 $\overline{N}_{Al}$、$\overline{N}_{At}$ 和 $\overline{N}_{AP}$ 或三个基本方向上的平均晶粒面积 $\overline{A}_l$、$\overline{A}_t$、$\overline{A}_p$。平均晶粒面积即为平均晶粒数的倒数。

A.3.2 试样单位面积上的平均晶粒数 $\overline{N}_A$ 可以通过三个基本方向上的平均晶粒数计算得到，见式(A.1)：

$$\overline{N}_A=(\overline{N}_{Al}\cdot\overline{N}_{At}\cdot\overline{N}_{Ap})^{1/3} \quad\cdots\cdots\cdots\cdots\cdots(\text{A.1})$$

平均面积 $\overline{A}$ 的计算公式见式(A.2)：

$$\overline{A}=(\overline{A}_l\cdot\overline{A}_t\cdot\overline{A}_p)^{1/3} \quad\cdots\cdots\cdots\cdots\cdots(\text{A.2})$$

$\overline{A}$ 是 $\overline{N}_A$ 的倒数。

A.3.3 对于非等轴结构的试样，可以仅利用 $\overline{N}_{Al}$ 或 $\overline{A}_l$ 估算晶粒度。

A.3.4 利用表 2 的数据或表 3 的公式计算 ASTM 晶粒度级别数。结果四舍五入到最近的级别。

A.4 截点数和截距法

A.4.1 非等轴结构试样的晶粒度可以通过测量单位长度内截点数 $\overline{P}_L$ 或平均截距 $\overline{l}$ 计算得到。这些量需在同一平面的 4 个不同方向分别测量获得，也可在纵向、横向、法向上测量（$\overline{N}_L$ 和 $\overline{P}_L$ 的处理方法相同，但只有关于 $\overline{P}_L$ 的方程，因此建议测量截点数）。

A.4.2 对于从三个基本方向上随机测量出来的 $\overline{P}_L$ 和 $\overline{l}$ 值，用式(A.3)～式(A.4)求其平均值：

$$\overline{P}_L=(\overline{P}_{Ll}\cdot\overline{P}_{Lt}\cdot\overline{P}_{Lp})^{1/3} \quad\cdots\cdots\cdots\cdots\cdots(\text{A.3})$$

$$\overline{l}=(\overline{l}_l\cdot\overline{l}_t\cdot\overline{l}_p)^{1/3} \quad\cdots\cdots\cdots\cdots\cdots(\text{A.4})$$

利用表 2 的数据或表 3 的公式计算 ASTM 晶粒度级别数。结果四舍五入到最近的级别。

A.4.3 对于非等轴结构的试样，可以仅利用 $\overline{P}_{Ll}$ 或 l_l 估算晶粒度。

A.4.4 测量下列各量：

$\overline{P}_{Ll(0°)}$：与晶粒伸拉方向平行的纵向平面上单位长度内的平均截点数。

$\overline{P}_{Lt(90°)}$：与晶粒伸拉方向垂直的横向平面上单位长度内的平均截点数。

$\overline{P}_{Lp(90°)}$：与晶粒伸拉方向垂直的法向平面上单位长度内的平均截点数。

$l_{l(0°)}$、$l_{t(90°)}$ 和 $l_{p(90°)}$ 是对应的截距。

A.4.4.1 图 A.1 给出了圆盘形和板型材料测试方向的示意图。图 A.2 是图 A.1 的一种变换形式。图 A.3 给出了所有 6 条测试线的取向。

$$\begin{aligned}
\overline{P}_{Ll(0°)}&=\overline{P}_{Lp(0°)}\\
\overline{l}_{l(0°)}&=\overline{l}_{p(0°)}\\
\overline{P}_{Ll(90°)}&=\overline{P}_{Lp(90°)}\\
\overline{l}_{l(90°)}&=\overline{l}_{t(90°)}\\
\overline{P}_{Lp(90°)}&=\overline{P}_{Lt(0°)}\\
\overline{l}_{p(90°)}&=\overline{l}_{t(0°)}
\end{aligned} \quad\cdots\cdots\cdots\cdots\cdots(\text{A.5})$$

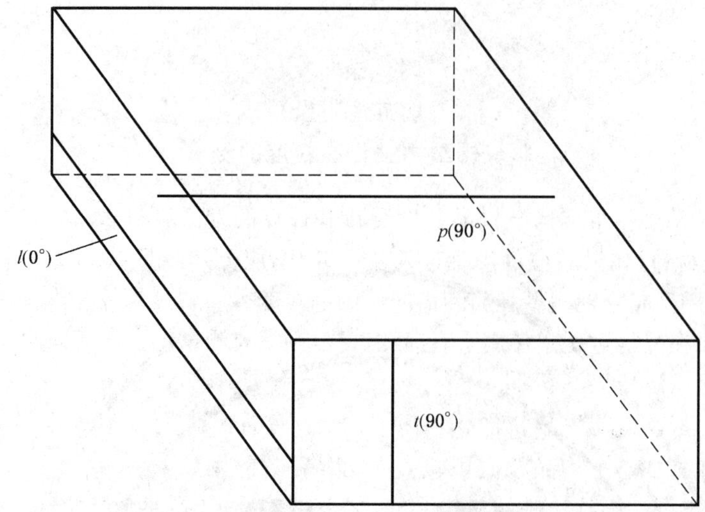

图 A.1 圆盘或板型材料基本方向上的测试线

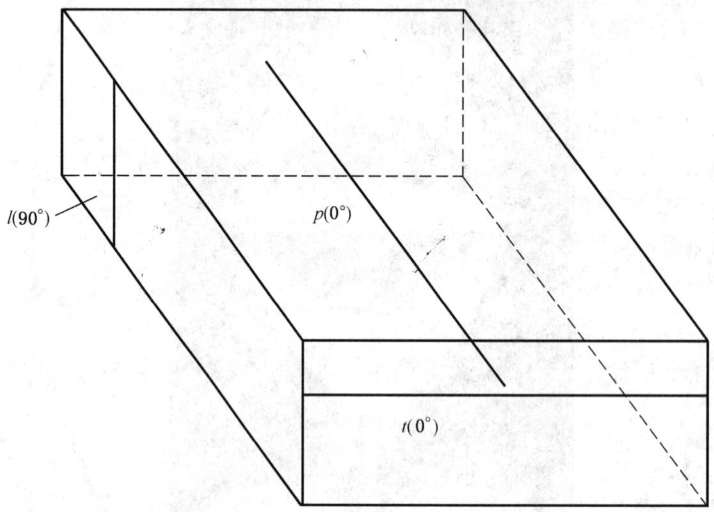

图 A.2 圆盘或板型材料基本方向上测试线的变换形式

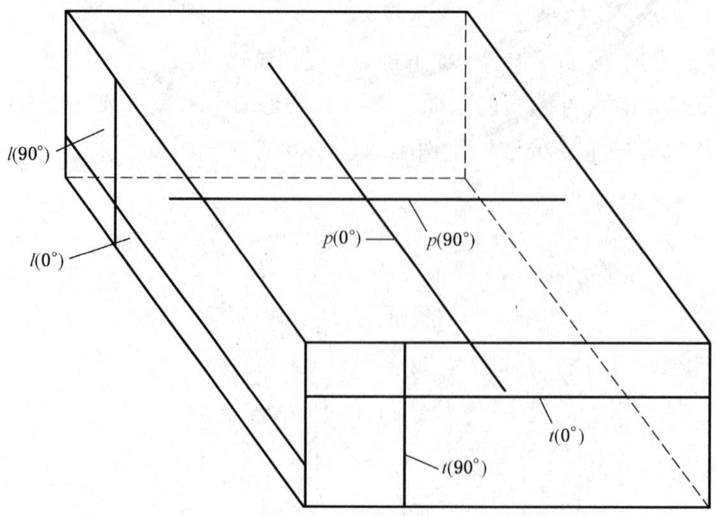

图 A.3 圆盘或板型材料的有向测试线

A.4.4.2 由于这些取向的特殊性，在测量 $\overline{P}_L$ 和 l 时，只需测量三个基本面中的两个即可。例如，在利用式(A.6)或式(A.7)计算薄板材料的 $\overline{P}_L$ 时，可以用 $t(0°)$ 代替 $p(90°)$ 进行计算，这样就只需要在两个平面上进行测量。

A.4.4.3 计算单位长度内的平均截点数 $\overline{P}_L$ 和平均截距 $\bar{l}$：

$$\overline{P}_L = (\overline{P}_{Ll(0°)}\overline{P}_{Lt(90°)}\overline{P}_{Lp(90°)})^{1/3} \quad\cdots\cdots(A.6)$$

$$\bar{l} = (\bar{l}_{t(0°)}\bar{l}_{t(90°)}\bar{l}_{p(90°)})^{1/3} \quad\cdots\cdots(A.7)$$

利用表 2 的数据或表 3 的公式计算 ASTM 晶粒度级别数。结果四舍五入到最近的级别。

A.5 三个方向上的标准差可以综合成一个值，见式(A.8)：

$$s_{pooled}^2 = \frac{(n_l-1)s_l^2+(n_t-1)s_t^2+(n_p-1)s_p^2}{(n_l-1)+(n_t-1)+(n_p-1)} \quad\cdots\cdots(A.8)$$

式中：

n——单一平面上测量的次数(单独测量的次数 N)；

s——标准差。

A.6 各向异性系数(晶粒伸长率)

A.6.1 通常晶粒的各向异性系数 AI(伸长率)是通过测量 $\overline{P}_L$ 或 $\bar{l}$ 计算得到的，见式(A.9)～式(A.10)：

$$AI = \frac{\overline{P}_{Ll(90°)}}{\overline{P}_{Ll(0°)}} \quad\cdots\cdots(A.9)$$

$$AI = \frac{\bar{l}_{l(0°)}}{\bar{l}_{l(90°)}} \quad\cdots\cdots(A.10)$$

A.6.2 可以利用三个基本方向上的平均截距，用 $L_{l(0°)}/L_{t(90°)}/L_{p(90°)}$ 形式来表示三维平均晶粒度。还可以对这个形式进行标准化处理，即三项都除以其中数值最小的一项，以比率的形式表示。

A.7 各向异性系数计算实例

A.7.1 一个板型试样，其原始晶粒度级别数为 ASTM～10，后经冷轧处理，将其厚度和纵长压缩 30%。对试样的横向和法向进行测量，使用平面法测量 $\overline{N}_A$，使用截距法测量 l。测试线符合 A.1.4.4 的要求，测量数据见表 A.1.1。

A.7.2 使用式(A.1)计算 $\overline{N}_A$：

$$\overline{N}_A = (7\,056.25\times 11\,625\times 3\,493.75)^{1/3} = 6\,593.05\ \text{mm}^{-2}$$

根据表 3 中关于 $\overline{N}_A$ 和 G 的公式，计算得到的 ASTM 晶粒度级别数为 9.73(本例中级别数保留了两位小数，这只是为了说明测量方法的准度，通常 G 应该四舍五入到最近的级别)。如果利用式(7)将 $\overline{N}_A$ 转化成了 $\overline{A}$，可以通过式(A.2)计算出总的平均值 $\overline{A}$，然后再根据表 3 和 $\overline{A}$ 计算 G。

A.7.3 利用 $\overline{P}_L$ 和式(A.3)计算晶粒度：

$$P_L = (123.6\times 141.44\times 68.31)^{1/3} = 106.094\ \text{mm}^{-1}$$

根据表 3 的公式，计算得出 G 为 10.17。如果利用式(5)将 $\overline{P}_L$ 转化为 l，可以通过式(A.4)计算出 $\bar{l}$，最后根据表 3 计算出 G。

A.7.4 利用三个基本方向上的测量值求晶粒度：

$$\overline{P}_L = (60.6\times 167.71\times 74.5)^{1/3} = 91.144\ \text{mm}^{-1}$$

其中：

$L = 0.010\,97$ mm。

利用表 3 可以求出 G 为 9.73。如果 $\overline{P}_L$ 转化成了 l，利用式(A.7)求出 l 的平均值，再按表 3 的公式计算，也可以得到相同的结果。

A.7.5 利用变换方向的测试线求晶粒度。根据式(A.6)计算：

$$\overline{P}_L=(56.1\times167.71\times93.56)^{1/3}=95.838\ \text{mm}^{-1}$$

式中：

l=0.010 43 mm；

G=9.88。

A.7.6 利用表 A.1.1 中两个基本方向的数据计算得到的 G 值如下：9.95(无法向数据)，9.66(无纵向数据)，9.73(无横向数据)。

A.7.7 根据式(A.9)计算各向异性系数：

$$AI=167.71/60.6=2.77$$

如果 $\overline{P}_L$ 变成了平均截距，也可以利用式(A.10)得到同样的结果(横向和法向上各向异性系数分别为 0.56 和 1.33)。

A.7.8 按照 A.6.1 的要求，三维晶粒度应该表示为 16.5/5.96/13.4(单位为 μm)。三项都除以最小项进行标准化，结果为 2.77 : 1 : 2.25。为了避免混淆，可以加上标注标明方向，如 $16.5_l/5.96_t/13.4_p$ 或 $2.77_l : l_t : 2.25_p$。

附 录 B
（资料性附录）
关于合理显示晶界和不合理显示晶界的例子

B.1 本附录给出了一些显微照片，这些照片中有些腐蚀的比较合理，而有些则腐蚀的不够合理。用2％的硝酸酒精溶液对低碳钢板试样进行处理后铁素体的晶界（纵向平面，见图B.1）。如果不做进一步的处理，晶界的清晰程度就达不到全自动图像分析仪的要求。

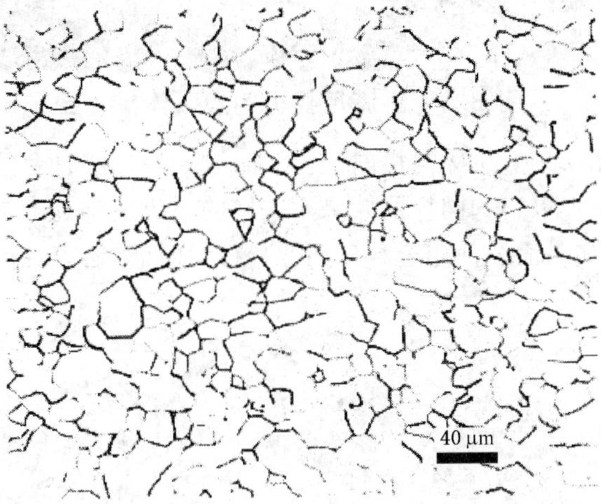

图 B.1 不满足要求的铁素体晶界图

B.2 图B.2中的材料与图B.1中的材料相同，不过试样在2％的硝酸酒精溶液中沉浸3 s后又在Marshall试剂（50％体积分数的5 mL硫酸＋8 g草酸＋100 mL水溶液，50％体积分数的30％双氧水溶液）中沉浸了3 s。

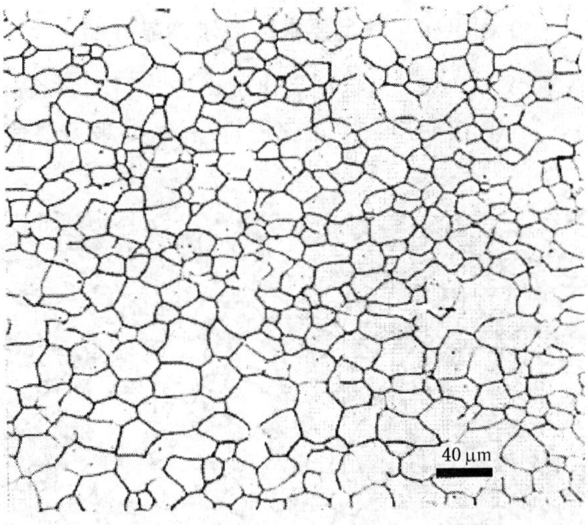

图 B.2 满足要求的铁素体晶界图

B.3 用质量分数为2％的硝酸酒精溶液对粗粒碳钢试样进行腐蚀后的McQuaid-Ehn渗碳结构，见图B.3，结果渗碳体晶界很难判断，无法识别。

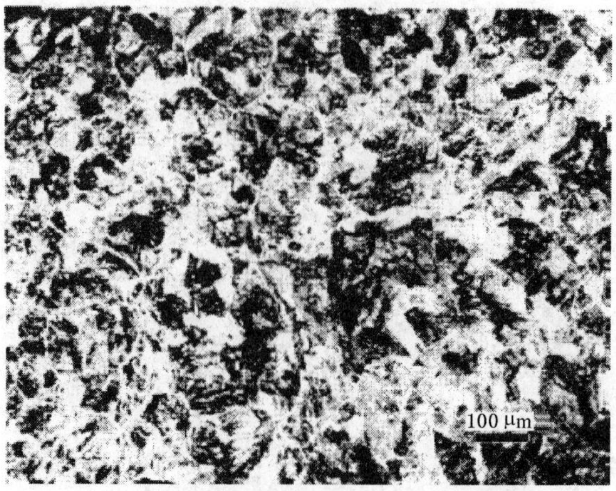

图 B.3 不满足要求的渗碳体晶界图

B.4 图 B.4 中的材料与图 B.3 中的材料相同，使用 Beraha 的钼酸钠色彩腐蚀剂(1,2)进行腐蚀。使用碱性苦味酸钠煮或电解都可以达到同样的效果。这样的晶界情况还比较理想，在这种情况下可以直接使用数字化仪进行测量，如果需要使用全自动图像分析仪的话，还需要再做一些处理。

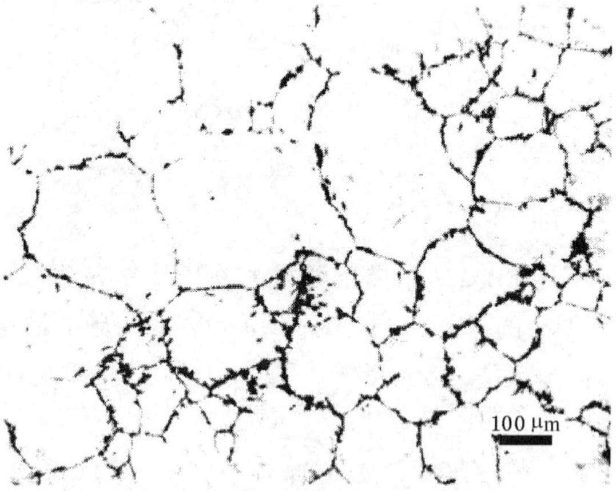

图 B.4 满足要求的渗碳体晶界图

B.5 用 2%的硝酸酒精溶液对 AISI 9310 合金钢氧化试样进行腐蚀，以提高晶界的清晰度，见图 B.5。这样的晶界情况还比较理想，可以直接使用数字化仪进行测量，如果需要使用全自动图像分析仪的话，还需要再做一些处理。

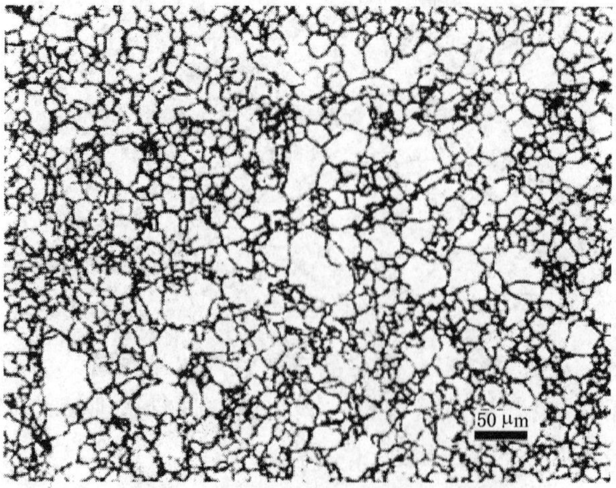

图 B.5 满足要求的合金钢晶界图

B.6 在 1 300℉(704℃)恒温下使试样奥氏体化,以渗碳体/珠光体来显示原始奥氏体晶界,见图 B.6。这样的晶界情况还比较理想,可以直接使用数字化仪进行测量,如果需要使用全自动图像分析仪的话,还需要再做一些处理。

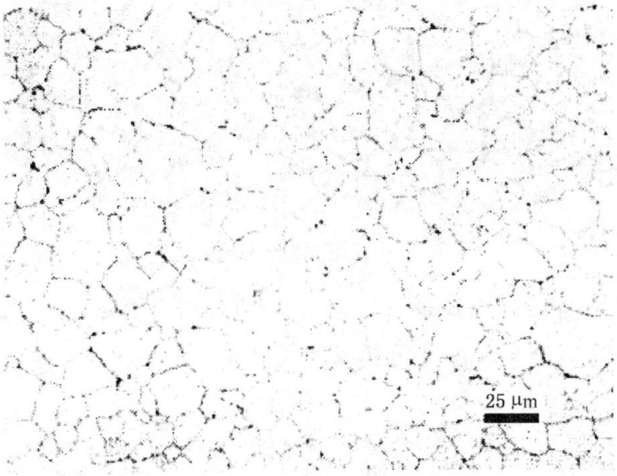

图 B.6　满足要求的奥氏体晶界图

B.7 用 10%的三氧化铬水溶液(9 A/cm², 5 min)电解淬硬的 18NI250 马氏体时效钢来显示原始奥氏体晶界,图像中有些晶界缺失,在测量前应修补完全,见图 B.7。

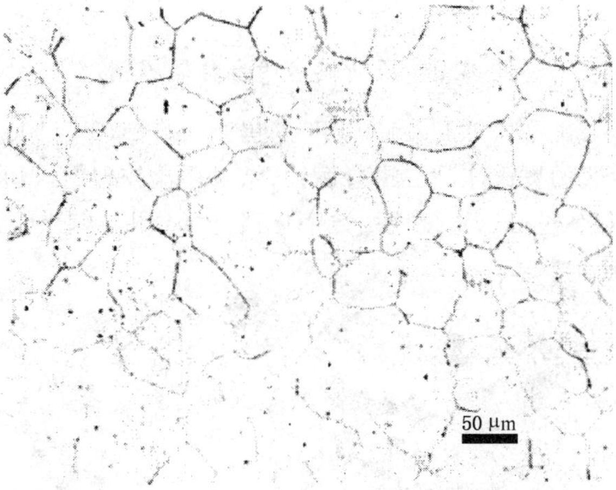

图 B.7　马氏体时效钢晶界图

B.8 用饱和的苦味酸水溶液和润湿剂(十三苯磺酸钠)对 AISI4340 合金钢的贝氏体结构进行腐蚀,图像中有些晶界线条很淡,有些缺失,需要对图像进行修补。如果使用全自动图像分析仪进行分析,还需要对晶界进行骨架化,见图 B.8。

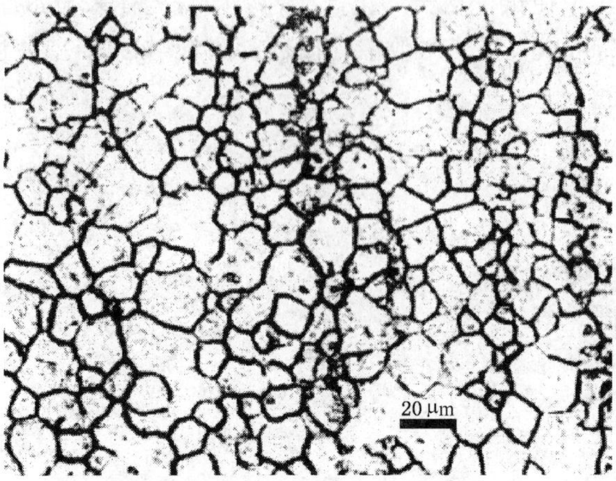

图 B.8　贝氏体结构晶界图

B.9　用 Glyceregia 试剂对经过淬硬和双倍老化的沃斯帕洛伊合金的奥氏体晶粒进行腐蚀，结果有些晶界缺失，微弱的退火孪晶会对全自动图像分析仪产生影响，但不会影响数字化仪，见图 B.9。

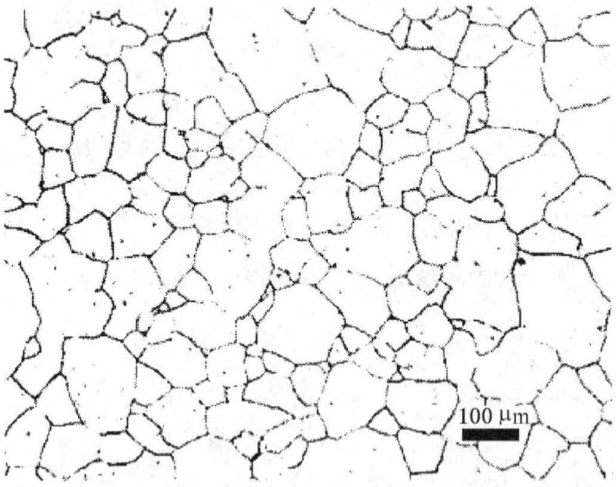

图 B.9　沃斯帕洛伊合金晶界图

B.10　用贝拉哈色彩腐蚀剂(50%盐酸、1 g/100 mL 的焦亚硫酸钾、2 g/100 mL 氟化氢铵)对经过淬硬和双倍老化的沃斯帕洛伊合金的奥氏体晶粒进行腐蚀，结果还比较理想，但是由于退火孪晶的存在限制了全自动图像分析仪的使用，不过可以直接使用数字化仪进行分析，见图 B.10。

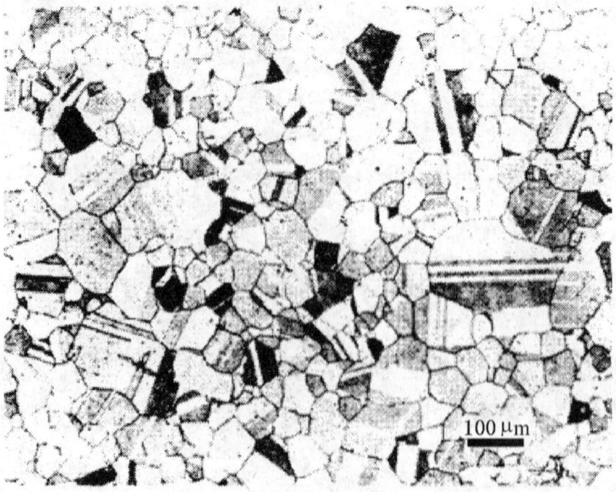

图 B.10　沃斯帕洛伊合金晶界图

B.11 用 Kalling 试剂对 AISI 316L 不锈钢进行腐蚀后的奥氏体晶粒结构。部分晶界没有显示出来，同时伴有部分的退火孪晶。腐蚀质量很差，很难在此基础上对图片进行编辑，见图 B.11。

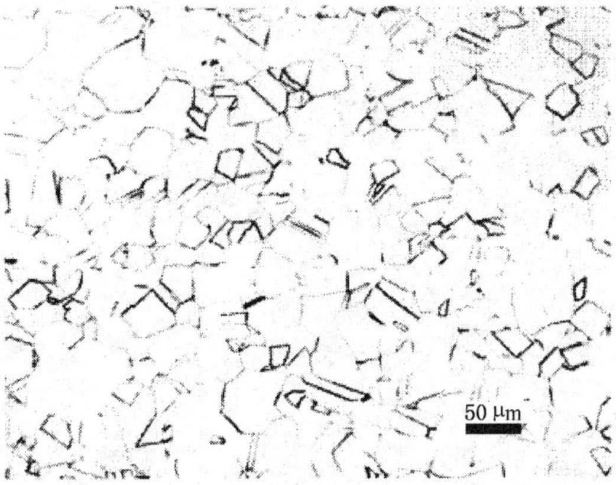

图 **B.11** 不满足要求的不锈钢晶界图

B.12 用 60%的硝酸溶液对 AISI 316L 不锈钢进行电解(Pt 阴极，1 V 直流，20 s)腐蚀后的奥氏体晶粒结构。晶界几乎完全显示，而且几乎见不到退火孪晶，测量前只需进行很小的修补即可，见图 B.12。

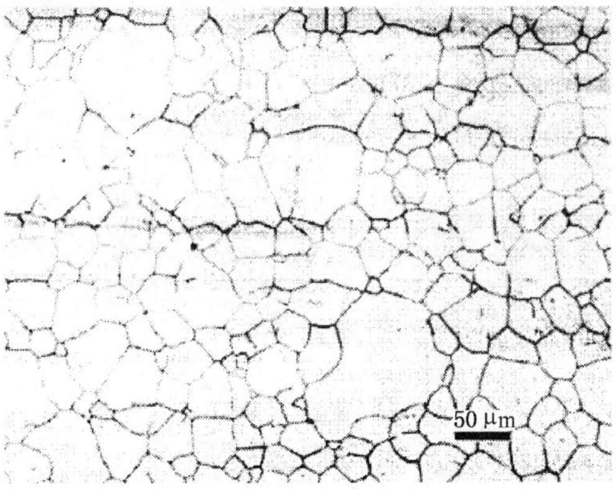

图 **B.12** 满足要求的不锈钢晶界图

B.13 用乙酸 Glyceregia 试剂对铁素体不锈钢(26%Cr-1%Mo)进行腐蚀(纵向面)后的晶粒结构。从图上可以看出腐蚀的效果很差，不能适用于测量，见图 B.13。

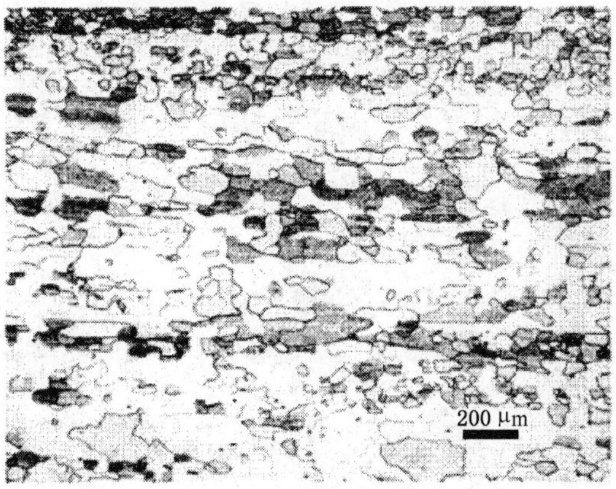

图 **B.13** 不满足要求的铁素体不锈钢晶界图

B.14 用60%的硝酸溶液对铁素体不锈钢(26%Cr-1%Mo)进行腐蚀后的晶粒结构。腐蚀效果很好，可以直接使用数字化仪进行测量，如果使用全自动图像分析仪也只需进行很少的修补即可，见图B.14。

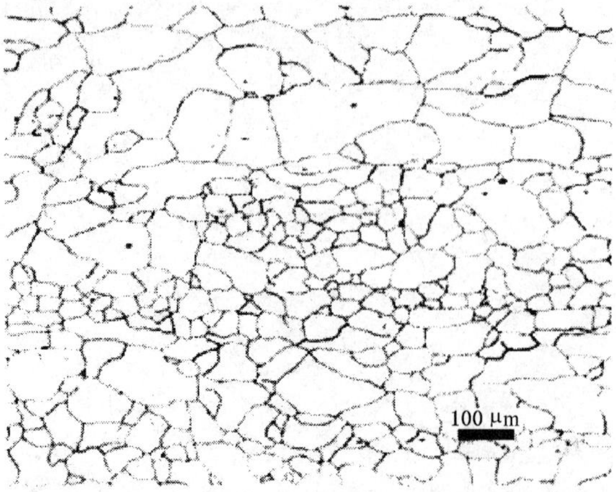

图B.14 满足要求的铁素体不锈钢晶界图

参 考 文 献

［1］ Vander Voort,G. F. ,Metallography:Principles and Practice,McGraw-Hill Book Co. ,Inc. , New York,1984.

［2］ Beraha,E. and B. Shpigler,Color Metallography,American Society for Metals,Metals Park, OH,1977.

［3］ Bell, F. C. and D. E. Sonon,"Improved Metallographic Etching Techniques for Stainless Steel and Stainless Steel to Carbon Steel Weidments,"Metallography,Vol 9,1976:91-107.

［4］ Stephenson,J. M. and B. M. Patchett,"Grain-Boundary Etches for Austenitic and Ferritic Cr-Mo Corrosion-Resistant Alloys,"Sheet Metal Industries,1979,(56):45-50,57.

［5］ Meyer, F. , "Iterative Image Transformations for an Automatic Screening of Cervical Smears,"The Journal of Histochemistry and Cytochemistry,1979,27(1):128-135.

［6］ Serra,J. ,Image Analysis and Mathematical Morphology,Vol I,Academic Press,London, 1982.

［7］ Beucher,S. and Ch. Lantuejoul,"Use of Watersheds in Contour Detection,"Proceedings of the International Workshop on Image Processing,CCETT,Reimes,France,1979.

［8］ Russ,J. C. and J. C. Russ,"Improved Implementation of a Convex Segmentation Algorithm,"Acta Stereologica,1988,7(1):33-40.

［9］ Vander Voort,G. F. ,"Influence of Magnification on Feature-Specific Image Analysis Measurements,"Metallography,1988,21:327-345.

［10］ Vander Voort,G. F. ,"Grain Size Measurement,"Practical Applications of Quantitative Metallography,ASTM STP 839,ASTM,Philadelphia,PA,1984:85-131.

ICS 87.040
G 50

中华人民共和国国家标准

GB/T 21866—2008

抗菌涂料（漆膜）抗菌性测定法和抗菌效果

Test method and effect for antibacterial capability of paints film

2008-05-14 发布　　　　2008-10-01 实施

中华人民共和国国家质量监督检验检疫总局
中国国家标准化管理委员会　发布

前　言

本标准由中国石油和化学工业协会提出。

本标准由全国涂料和颜料标准化技术委员会归口。

本标准起草单位:中国建筑材料科学研究总院、中化建常州涂料化工研究院、广东省微生物分析检测中心、深圳市立新纳米应用技术有限公司、奥麒化工(中国)有限公司、上海富臣化工有限公司、深圳市展辰达化工有限公司、北京展辰化工有限公司、华夏贝能(北京)生态科技有限公司、广东巴德士化工有限公司、深圳方浩实业有限公司。

本标准主要起草人:王静、冀志江、赵玲、陈仪本、曹文、刘伟、叶荣森、朱胜美、严修才、陈延东、王继梅、丁楠。

抗菌涂料(漆膜)抗菌性测定法和抗菌效果

1 范围

本标准规定了建筑和木器用抗菌涂料(漆膜)抗细菌性能的测定方法及抗细菌效果。

其他涂料(漆膜)抗细菌性能的测定也可参照使用。

2 规范性引用文件

下列文件中的条款通过本标准的引用而成为本标准的条款。凡是注日期的引用文件,其随后所有的修改单(不包括勘误的内容)或修订版均不适用于本标准,然而,鼓励根据本标准达成协议的各方研究是否可使用这些文件的最新版本。凡是不注日期的引用文件,其最新版本适用于本标准。

GB/T 1250 极限数值的表示方法和判定方法

GB/T 1727 漆膜一般制备法

GB/T 3186 色漆、清漆和色漆与清漆用原材料 取样(GB/T 3186—2006,ISO 15528:2000,IDT)

GB/T 4789.2 食品卫生微生物学检验 菌落总数测定

GB/T 9278 涂料试样状态调节和试验的温湿度(GB/T 9278—2008,ISO 3270:1984,IDT)

GB 19258 紫外线杀菌灯

GB 19489 实验室 生物安全通用要求

3 术语和定义

3.1

抑菌 bacteriostasis

抑制细菌、真菌、霉菌等微生物生长繁殖的作用。

3.2

杀菌 sterilization

杀死细菌、真菌、霉菌等微生物营养体和繁殖体的作用。

3.3

抗菌 antibacterial

抑菌和杀菌作用的总称。

3.4

抗菌涂料 antibacterial coating

具有抗菌作用的涂料。

4 方法简述

本方法通过定量接种细菌于待检验样板上,用贴膜的方法使细菌均匀接触样板,经过一定时间的培养后,检测样板中的活菌数,并计算出样板的抗细菌率。

5 试验条件

5.1 实验室要求

抗菌试验的实验室应符合 GB 19489 规定的实验室生物安全管理和设施条件要求。

5.2 主要设备

5.2.1 恒温培养箱(37±1)℃、冷藏箱(0～5)℃、超净工作台、压力蒸汽灭菌锅、电热干燥箱、天平(精度0.01 g)。

5.2.2 灭菌平皿、灭菌试管、灭菌移液管、接种环、酒精灯。

5.3 主要材料

5.3.1 覆盖膜

聚乙烯薄膜,标准尺寸为(40±2)mm×(40±2)mm、厚度为(0.05～0.10)mm。用70%乙醇溶液浸泡10 min,再用洗脱液冲洗,自然干燥。

5.3.2 培养基

5.3.2.1 营养肉汤培养基(NB)

牛肉膏	5.0 g
蛋白胨	10.0 g
氯化钠	5.0 g

制法:取上述市售材料按比例依次加入1 000 mL蒸馏水中,加热溶解后,用0.1 mol/L NaOH溶液(分析纯)调节pH值为7.0～7.2,分装后置压力蒸汽灭菌器内,121℃灭菌30 min。

5.3.2.2 营养琼脂培养基(NA)

1 000 mL营养肉汤(NB)中加入15 g琼脂,加热熔化,用0.1 mol/L NaOH溶液调节pH值为7.0～7.2,分装后置压力蒸汽灭菌器内,121℃灭菌30 min。

5.3.3 试剂

5.3.3.1 消毒剂

70%乙醇溶液。

5.3.3.2 洗脱液

含0.85% NaCl的生理盐水。为便于洗脱可加入0.2%无菌表面活性剂(如吐温80)。用0.1 mol/L NaOH溶液或0.1 mol/L HCl溶液调节pH值为7.0～7.2,分装后置压力蒸汽灭菌器内,121℃灭菌30 min。

5.3.3.3 培养液

营养肉汤(NB)/生理盐水溶液。建议用于大肠杆菌的培养液浓度为1/500,金黄色葡萄球菌的培养液浓度为1/100。为便于细菌分散可加入0.2%无菌表面活性剂(如吐温80)。用0.1 mol/L NaOH溶液或0.1 mol/L HCl溶液调节pH值为7.0～7.2,分装后置压力蒸汽灭菌器内,121℃灭菌30 min。

5.3.4 检验菌种

a) 金黄色葡萄球菌(*Staphylococcus aureus*) AS1.89

b) 大肠埃希氏菌(*Escherichia coli*)AS1.90

根据产品的使用要求,可增加选用其他菌种作为检验菌种。

注:实验用菌种应来源于国家级菌种保藏管理中心。

5.4 样板

5.4.1 阴性对照样板

编号A,是未放任何试板的直径为90 mm或100 mm的灭菌培养平皿中50 mm×50 mm面积大小的空板。

5.4.2 空白对照样板

编号B,是未添加抗菌成分的涂料试板,此对照涂料样品要求不含有任何无机或有机抗菌剂、防霉剂、防腐剂。

注:空白对照样板可在中国建筑材料科学研究总院得到。

5.4.3 抗菌涂料试验样板

编号C,是添加抗菌成分的涂料试板。

5.4.4 涂料试板制备

按 GB/T 3186 的规定进行取样。制备试板所用底材通常应是实际使用底材(例如水泥板、木板、金属板、塑料板、贴膜纸板)。按照 GB/T 1727 要求制作涂膜,涂料的施涂一般为两次涂刷,第一遍表干后涂刷第二遍,涂膜总厚度湿膜小于 100 μm,样板应平整、无锈、无油污等。若以木板作为试板底材,则要求漆膜封住整个木板。试板涂刷后按照 GB/T 9278 规定的条件干燥 7 d,保证试板涂膜完全干后再用于实验。

将涂刷好的试板裁成 50 mm×50 mm 大小的试板 10 片,在试验前应进行消毒,建议用超净工作台中紫外灭菌灯消毒处理试板 5 min,备用。

6 检验程序

6.1 菌种保藏

将菌种接种于营养琼脂培养基(NA)斜面上,在(37±1)℃下培养 24 h 后,在(0~5)℃下保藏(不得超过 1 个月),作为斜面保藏菌种。

6.2 菌种活化

使用保藏时间不超过 2 周的菌种,将斜面保藏菌种转接到平板营养琼脂培养基上,在(37±1)℃下培养(18~20)h,试验时应采用连续转接 2 次后的新鲜细菌培养物(24 h 内转接的)。

6.3 菌悬液制备

用接种环从 6.2 培养基上取少量(刮 1~2 环)新鲜细菌,加入培养液中,并依次做 10 倍递增稀释液,选择浓度为(5.0~10.0)×10^5 cfu/mL 的菌液作为接种菌液,按 GB/T 4789.2 的方法操作。

6.4 样品试验

分别取 0.4 mL~0.5 mL 试验用菌液(6.3)滴加在阴性对照样板(A)、空白对照样板(B)和抗菌涂料样板(C)上。

用灭菌镊子夹起灭菌覆盖膜分别覆盖在样(A)、样(B)和 样(C)上,一定要铺平且无气泡,使菌均匀接触样品,置于灭菌平皿中,在(37±1)℃、相对湿度 RH>90%条件下培养 24 h。每个样品做 3 个平行试验。

取出培养 24 h 的样品,分别加入 20 mL 洗液,反复洗样(A)、样(B)、样(C)及覆盖膜(最好用镊子夹起薄膜冲洗),充分摇匀后,取洗液接种于营养琼脂培养基(NA)中,在(37±1)℃下培养(24~48)h 后活菌计数,按 GB/T 4789.2 的方法测定洗液中的活菌数。

7 检验结果计算

将以上测定的活菌数结果乘以 1 000 为样品 A、样品 B、样品 C 培养 24 h 后的实际回收活菌数值,数值分别为 A、B、C,保证试验结果要满足以下要求,否则试验无效:

样品 A 的实际回收活菌数值 A 应均不小于 1.0×10^5 cfu/片,且样品 B 的实际回收活菌数值 B 应均不小于 1.0×10^4 cfu/片;

同一空白对照样品 B 的 3 个平行活菌数值要符合 (最高对数值－最低对数值)/平均活菌数值对数值小于或等于 0.3。

抗细菌率计算公式为:

$$R = (B - C)/B \times 100$$

式中:

R——抗细菌率,以(%)表示,数值取四位有效数字,按照 GB/T 1250 中规定进行;

B——空白对照样板 24 h 后平均回收菌数(cfu/片);

C——抗菌涂料样板 24 h 后平均回收菌数(cfu/片)。

8 抗菌耐久性能试验

采用1支30 W、波长为253.7 nm的紫外灯，紫外灯符合GB 19258，抗菌涂料试板距离紫外灯0.8 m～1.0 m，照射100 h，经处理后的试板抗菌耐久性能按第6章和第7章进行试验。

9 抗菌涂料的抗细菌效果和试验结果记录

9.1 抗菌涂料抗菌效果

按抗菌效果的程度，抗菌涂料分为Ⅰ级和Ⅱ级两个等级，Ⅰ级适用于抗菌性能要求高的场所，Ⅱ级适用于有抗菌性能要求的场所，抗菌效果符合表1规定。

表 1

项目名称		抗细菌率/%	
		Ⅰ	Ⅱ
抗细菌性能	≥	99.00	90.00
抗细菌耐久性能	≥	95.00	85.00

9.2 试验结果记录

记录试验细菌的种类、接种菌液量、样品A和样品B的活菌数值、抗细菌率、样品的类型，如果在试验菌液中加入了表面活性剂应记录它的名称和浓度。